江苏仁通节能科技有限公司

　　江苏仁通节能科技有限公司是于2011年组建的股份制企业，主要从事特种涂料生产和销售，坚持高起点、高品质的发展战略。为了保证产品技术的先进性，公司先后与南京工业大学、扬州大学、上海涂料研究所等院校及科研单位进行技术合作，开发生产了水性反射隔热涂料和水性保温隔热涂料二大系列产品。产品具有高效、环保、经济等优势。

　　公司已取得ISO 9001质量保证体系认证、ISO 14001环境管理体系认证、GB/T 28001职业健康安全管理体系认证。引进了先进的自动化生产线及检测设备，始终坚持以开发绿色、安全系列产品，注重高科技、高品质为目标，产品主要性能优于同类产品，在中国石化、中海石油、中国中化、国家能源、铁路系统、钢铁等行业得到广泛应用，节能效果显著。

　　公司尊崇"创新、协作、服务、分享"的企业精神，并以诚信、共赢的经营理念，创造良好的生产环境，以全新的管理模式、完善的技术、周到的服务、卓越的品质为生存根本，始终坚持用户至上、用心服务于客户，坚持用自己的服务去打动客户。

水性反射隔热涂料(RT101型)产品说明

1. 高反射率：RT101型涂料是通过具有高反射率的陶瓷微粒和二氧化钛，对0.75～300μm 范围内太阳红外光波（太阳能）进行有效反射，使储罐表面吸热量降低，避免太阳光的热量向内部传递，从而起到隔热降温的效果。涂料的红外反射率可达95％，全太阳反射率≥85％，半球发射率≥85％。通常在罐的外表面只需喷涂0.25～0.3mm厚度，即使在夏天高温季节，储罐不喷淋降温也能满足生产需要。

2. 延展性好：RT101反射隔热涂料具有较好的延展性，当环境温度随季节而改变时，不会因钢板的热胀冷缩出现开裂和起鼓现象。

3. 耐酸碱抗老化：RT101涂料中的陶瓷微粒具有很高的耐酸碱性；涂料粉化和变色级均为0级；800小时盐雾实验合格，同时还具有优越的抗紫外线性能。

4. 超强的抗沾污性：涂膜表面对油污、灰尘等吸附性小，不易黏附，具有卓越的耐擦洗功能，雨水冲刷后自洁如新。

5. 环保性：RT101涂料为单组份产品，溶剂为水，不含有害的有机挥发物，产品无毒、无味。在施工过程中不会产生有害的废弃物和气体。

水性保温隔热涂料（RT201型）产品说明

1. 低导热系数：涂料能在物体表面由中空陶瓷微珠将其连接在一起形成三维网络空心结构，空心陶瓷微珠和微珠之间形成了一个个叠加的静态真空组，也就是一个个保温隔热单元，可达到或低于空气导热系数，能很好地降低热量的传导散热速率，以减少热量损失。此外，它还具有较低的热辐射率，可减少设备表面的热辐射能损失，从而起到保温效果。其导热系数小于0.035kcal/（m·h·℃）。

2. 耐酸碱抗老化：RT201涂料中的陶瓷微粒具有很高的耐酸碱性；涂料粉化和变色级均为0级；800小时盐雾实验合格，具有优越的抗紫外线性能；具有良好的耐候性和耐盐雾性，特别适合沿海地区海洋大气环境下的防腐蚀。有效期8年以上。

3. 环保性：RT201涂料为单组分产品，溶剂为水，产品无毒、无味，不含有害的VOCs物质成分、致癌性物质及其他有害聚合物、分解物和副产物。

应用范围：本公司的水性保温隔热涂料和水性反射隔热涂料的适用范围很广，适用于任何需要保温和隔热的物体，如储罐、球罐、加热炉、粮库、仓库、料库、建筑物外墙、体育馆场、车、船、集装箱等。

公司地址：江苏省常州市金坛区通闸路239-6号

法人代表：李文洪

联系电话：0519-82680208　　18961200123

联 系 人：顾志强

联系电话：0519-82680198　　18961208818

E-mail：rentong@china.com　　czjtgu@qq.com

PRIMO普锐马® 法兰连接完整性管理技术与服务

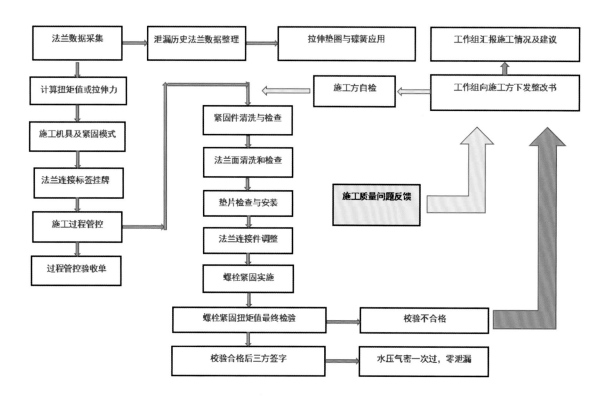

法兰连接完整性管理技术与服务是 **PRIMO普锐马** 根据ASME PCC-1—2013 《压力边界螺栓法兰连接装配指南》、GB 150—2011《压力容器》及其他国家标准和行业标准，并结合PRIMO普锐马多年在石油石化装置检修工程的实践经验所编制，目的是对装配全过程进行质量控制，确保法兰连接零泄漏。

上海舜诺机械有限公司
Shanghai Primo Tools Co., Ltd.

地址：上海市金山工业区定业路77号　　电话：4006-114-200　021-51028700　　邮编：201506
网址：www.primotorc.cn　　邮箱：liuyl@primotorc.cn　　传真：021-51069350

诚信致远 同步未来

30m长换热器

山东美陵化工设备股份有限公司始建于1958年，自1967年起专业生产化工设备与配件，是国内最早给石化行业配套的生产厂家之一，也是国内最早进行高效节能换热器开发制造的厂家。现主要产品有Ⅰ、Ⅱ、Ⅲ类高效节能换热器、高效旋风分离器、有色金属压力容器、新型加氢反应器内构件、汽车零配件、高强度紧固件、重型锻件。公司拥有A1、A2级压力容器制造资质和A2级压力容器设计资质、美国ASME 资质。公司是国家守合同重信用企业，国家高新技术企业，建有山东省企业技术中心、山东省高效节能换热器工程技术研究中心、山东省院士工作站和山东省博士后创新实践基地。

公司是中国石化物资资源市场成员、中国石油物资装备公司炼化设备与配件一级网络供应厂家及中国海油主力供应商。"美陵"牌高效节能换热器为中国名牌产品、中国石油和化学工业知名品牌产品，"美陵"牌高强度紧固件为山东名牌产品。2013年公司荣获淄博市首届市长质量管理奖。公司1998年通过ISO9001质量管理体系认证，后来相继通过环境管理体系认证、职业健康安全管理体系认证、测量管理体系认证、ISO/TS16949质量管理体系认证及知识产权管理体系认证，2009年公司在行业内率先实施ERP信息化管理。

公司始终坚持产、学、研相结合的发展模式，先后与中国石油大学、清华大学、山东大学、北京化工大学、南京航空航天大学、中国石化洛阳工程有限公司、中国石化工程建设公司、上海紧固件与焊接材料研究所等大专院校、科研单位建立了密切的技术协作关系，共同致力于新型节能换热设备和高技术含量炼化配件产品的研制与开发。其中高效节能换热设备主要有DMTO 大型立式换热器、T型翅片管重沸器、折流杆换热器、双/三弓形折流板换热器、波纹管换热器、螺旋波纹管换热器、螺旋折流板换热器、08Cr2AMo管换热器、渗铝管换热器、双相不锈钢换热器及特种金属材料（钛、镍、锆、铝、铜）换热器及设备。公司产品技术先进、质量稳定可靠，在中国石化、中国石油、中国海油、中国化工及地方炼油、化工、煤化工企业中得到广泛应用，产品远销美国、哈萨克斯坦、印度等国家，得到用户的信赖和一致好评。

公司秉承"诚信致远，同步未来"的经营理念，愿与国内外广大客户真诚合作，共图大业，共创辉煌。

公司产品

DMTO大立换　　　　转化器　　　　主冷器

出口换热器　　　　大型重叠式换热器　　　　旋风分离器

高强度紧固件　　　　加氢内件　　　　大型锻件

地址：山东省淄博市临淄区牛山路998号　　电话：0533-7088766　　传真：0533-7080508
邮箱：sd.meiling@163.com　　网址：www.sdmeiling.com.cn

hydratight®

专业级的螺栓紧固与现场机加工服务
通过ASME PCC-1认证的法兰连接完整性管理服务

Hydratight的历史可追溯至1901年。我们在上个世纪四十年代开发出了螺栓拉伸器，从此进入螺栓紧固与法兰管理领域。

数十年来，Hydratight一直致力于开发无泄漏连接技术。如今，我们在螺栓拉伸和扭矩紧固方面有丰富的专业知识和经验，在法兰连接领域具有出色的技术和工艺领先优势。在2014年，我们的法兰连接完整性管理服务体系经过权威机构审核并通过了ASME PCC-1的认证。Hydratight已在两大洲的四个地点建有生产工厂，在全世界25个国家设立了分公司，并设有大量的服务网点，建立起遍布全球的服务网络。

目前Hydratight的主营业务,由三大板块组成:
- 兰连接完整性管理服务
- 螺栓紧固类产品的销售和现场螺栓紧固服务
- 现场机加工类产品的销售和现场在线机加工服务

实用动力（中国）工业有限公司

热线: 400-885-6280
官网: www.hydratight.com.cn

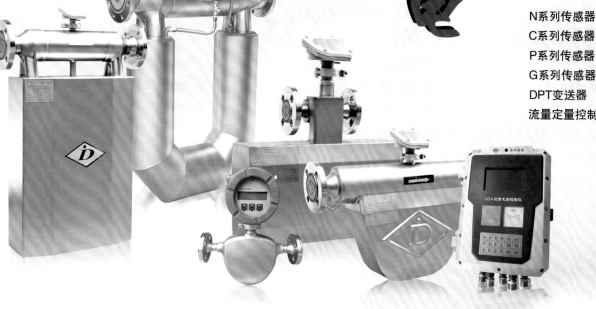

LULUTONG

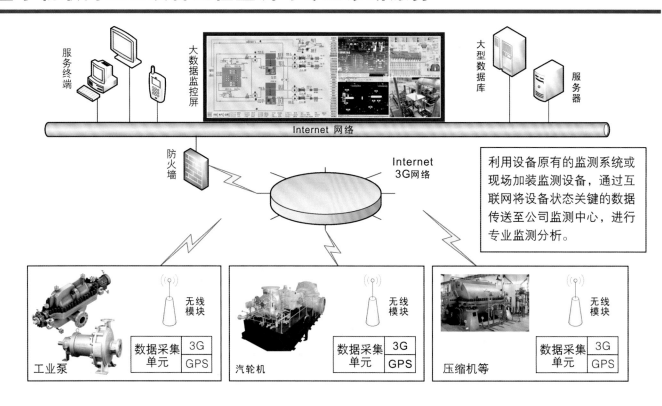

工业泵专业技术服务

杭州大路实业有限公司利用其在炼油、乙烯、煤化工、化肥等装置研制的高压液氨泵、加氢进料泵等高端关键设备的设计开发、制造与过程控制创新技术和在国产化机泵过程中所积累的经验，专业为石油与天然气、石油化工、煤化工、化肥等用户提供高端石油化工流程泵（高压液氨泵、高压甲铵泵、加氢进料泵、高压切焦水泵、辐射进料泵、裂解高压锅炉给水泵等）的工程技术服务。

同时公司利用其在无泄漏磁力传动技术和磁力泵方面的技术优势，为石油与天然气、石油化工、煤化工、化肥、冶金、海洋工程、国防军工等用户提供普通流程泵无泄漏改造、进口磁力泵国产化、进口磁力泵技术支持、检维修、配件供应、节能改造等。

越南宁平30/52高压甲铵泵检维修

内蒙古博大50/80高压甲铵泵检维修

内蒙古亿鼎30/52高压甲铵泵检维修

大庆石化45/80高压甲铵泵检维修

大庆石化45/80高压液氨泵检维修

独山子石化急冷水泵国产化改造

广西石化减底泵国产化改造

磁力泵国产化替代或配件国产化

工业驱动汽轮机、压缩机及阀门等专业技术服务

公司从事工业汽轮机设计制造已经10余年，凭借其优势技术，为顾客提供工业汽轮机专业技术服务，主要包括进口汽轮机开车、装置维护、检维修、进口汽轮机或配件国产化改造、局部系统改造、机组或系统节能改造等。同时公司结合人力资源专业聚焦优势，引入专业制造厂家技术，为顾客提供国内外制造的各种形式压缩机（离心式与往复式）、风机、阀门、燃汽轮机等产品的工程技术服务。

独山子石化进口汽轮机服务

广西石化进口汽轮机服务

进口汽轮机检修前后

进口汽轮机检修前后

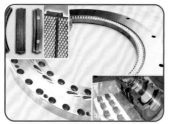
进口汽轮机配件国产化

空气压缩机检维修服务

压缩机配件国产化

阀门工程技术服务

CJPCE

湖北长江石化设备有限公司
HUBEI CHANGJIANG PETROCHEMICAL EQUIPMENT CO., LTD.

耐腐蚀材料的摇篮
高效换热器的基地

- 中国石化集团公司资源市场成员
- 中国石化股份公司换热器、空冷器总部集中采购主力供货商
- 中国石油天然气集团公司一级物资供应商
- 全国锅炉压力容器标准化技术委员会热交换器分技术委员会会员单位
- 中国工业防腐蚀技术协会成员
- 美国HTRI会员单位

渤海装备兰州石油化工机械厂

中国石油集团渤海石油装备制造有限公司兰州石油化工机械厂是炼油化工特种装备专业制造厂，是中国石油设备故障诊断技术中心（兰州）烟气轮机分中心、中国石油烟气轮机及特殊阀门技术中心。公司秉承"国内领先、国际一流"的理念，为用户制造烟气轮机、特殊阀门、执行机构及炼化配件等装备，是中石油、中石化、中海油一级供应商，与中石油、中石化签订了烟气轮机备件框架采购协议，并建立了集中储备库。产品获国家、省部级科技进步奖29项，其中烟气轮机和单、双动滑阀获首届国家科学大会奖，"YL系列烟气轮机的研制及应用"获国家能源科技进步三等奖，烟气轮机荣获甘肃省名牌产品称号，冷壁单动滑阀荣获中国石油石化装备制造企业名牌产品称号。

企业能为客户提供技术咨询、技术方案、机组总成、人员培训、设备安装、开工保运、烟气轮机远程监测诊断、设备再制造、专业化检维修、合同能源等服务与支持。建有中华烟机网（http://www.yl-online.com.cn/），为用户提供全天候的支持与服务。

主要产品与服务

烟气轮机是能量回收透平机械，应用于炼油、化工、电力和冶金行业。工质（具有一定压力的高温烟气）通过烟气轮机膨胀输出轴功，驱动其它工作机械或发电机发电。烟机效率处于国际领先水平，节能效果显著。兰州石油化工机械厂可提供2000～33000kW全系列烟气轮机，已累计生产烟气轮机280余台。

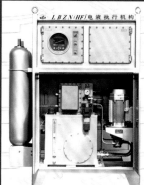

执行机构用来精确控制催化装置的滑阀、蝶阀、闸阀等设备，也可广泛用于电力、冶金、水利等行业要求高精度控制的设备上，具有技术领先、工作可靠、控制精准等显著优点。

特殊阀门主要有滑阀、蝶阀、闸阀、塞阀、止回阀、焦化阀、双闸板阀等，可以生产满足420万吨／年以下催化装置使用的全系列特殊阀门。其中双动滑阀通径可达2360mm，高温蝶阀通径可达4000mm，三偏心硬密封蝶阀通径可达1600mm，具有900℃的耐高温性能和高耐磨性能。

阀门的控制方式有气动控制、电动控制、电液控制、智能控制。可靠性和灵敏度指标均达到国际先进水平。兰州石油化工机械厂已为全国各大炼厂及化工企业生产了近万台特阀产品。

专家团队监测接入诊断技术中心的烟气轮机运行情况，实时分析诊断，发现异常及时与用户沟通，并指导现场处理问题。还可定期为用户提供诊断报告，提出操作建议。

专业的服务队伍装备精良、技术精湛、全天候响应。为炼化企业提供优质的技术指导、设备安装、开工保运及现场检维修等服务。

地　　址：甘肃省兰州市西固区环行东路1111号　　　　电子邮箱：lljxcjyk@163.com

联系电话：0931-7849708　7849736　　　　　　　　　传　　真：0931-7849888

客服电话：0931-7849803　7849744　　　　　　　　　邮　　编：730060

石化用工艺气
单螺杆压缩机
SINGLE-SCREW COMPRESSOR
PETROCHEMICAL PROCESS GAS

HMOG 系列

产品介绍
Product description

好米动力设备有限公司参照API 619标准，联合中国石化及知名高校，历时多年成功研制了高压比单螺杆压缩机机组，具有高压比、高效、高经济性等优点，打破了国外的技术封锁，填补了国内单螺杆压缩机在石化领域的空白，技术处于国际领先水平。

产品优势
Benefits to customers

a）单级压比高，处理量大

单级压比高，减少了级间分离和换热设备，节约成本，具有极好的经济性。

b）极高的容积效率

较双螺杆压缩机容积效率提高10%左右，大大降低了能耗，具有很好的节能性。

c）拥有发明专利技术的型线设计

流体动力性能更佳，采用喷水润滑，无二次污染，也可按用户要求采用喷油润滑。

d）无不平衡力和往复脉动

确保轴承有更高的使用寿命，产品可靠性更高，节省运行和维修成本。

e）拥有专利技术的石化工艺气专用机械密封设计

可采用湿式或干式密封，为用户提供更高的可靠性和更多的选择性。

f）集成化的撬装系统设计

采用整体共用底座，减小了设备的安装需求，结构布置合理，安装和维修极为方便。

g）拥有专利技术的PLC控制和实时远程监控系统

可满足各种工艺需求，与用户DCS系统准确对接，实时监控，更加智能和安全。

好米动力设备有限公司
上海市闵行区马桥镇紫旭路508号3幢
电话：021-60190217
传真：021-60190221
网址：http://www.ihmpower.com

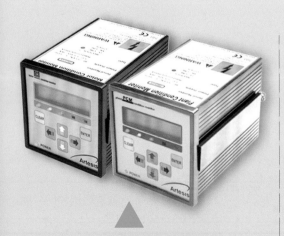

石油化工设备维护检修技术

Petro-Chemical Equipment Maintenance Technology

（2019 版）

中国化工学会石化设备检维修专业委员会　组织编写

本书编委会　编

中国石化出版社

内 容 提 要

本书收集的石油化工企业有关设备管理、维护与检修方面的文章和论文，均为作者多年来亲身经历实践积累的宝贵经验。内容丰富，包括：设备管理、长周期运行、状态监测与故障诊断、腐蚀与防护、检维修技术、润滑与密封、节能与环保、新设备新技术应用、工业水处理、仪表自控设备、电气设备等11个栏目，密切结合石化企业实际，具有很好的可操作性和推广性。

本书可供石油化工、炼油、化工及油田企业广大设备管理、维护及操作人员使用，对提高设备技术、解决企业类似技术难题具有学习、交流、参考和借鉴作用，对有关领导在进行工作决策方面，也有重要的指导意义。本书也可作为维修及操作工人上岗培训的参考资料。

图书在版编目（CIP）数据

石油化工设备维护检修技术：2019版／《石油化工设备维护检修技术》编委会编．—北京：中国石化出版社，2019.3
ISBN 978-7-5114-5223-8

Ⅰ．①石… Ⅱ．①石… Ⅲ．①石油化工设备-检修-文集 Ⅳ．①TE960.7-53

中国版本图书馆CIP数据核字（2019）第031045号

中国石化出版社出版发行
地址：北京市朝阳区吉市口路9号
邮编：100020 电话：(010)59964500
发行部电话：(010)59964526
http://www.sinopec-press.com
E-mail：press@sinopec.com
北京科信印刷有限公司印刷
全国各地新华书店经销
*
889×1194毫米16开本 33印张 28彩页 893千字
2019年3月第1版 2019年3月第1次印刷
定价：168.00元

《石油化工设备维护检修技术》
编 辑 委 员 会

主 任：胡安定

顾 问：高金吉　中国工程院院士

　　　　王玉明　中国工程院院士

副主任：张　涌　杨　锋　徐　钢　周　敏　赵　岩　唐汇云

　　　　温新生　王子康

主 编：胡安定

编 委：（以姓氏笔画为序）

何成厚	邹吉翼	汪剑波	沈洪源	宋运通	宋晓江
张华平	张军梁	张迎恺	张国相	张国信	张继兵
张继锋	张维波	张锁有	张耀亨	陈立义	陈志明
陈兵	陈忠明	陈金林	陈彦峰	陈燕斌	陈攀峰
邵建雄	苗一	苗海滨	范明新	范根芳	国少强
易拥军	易强	罗辉	金强	周卫	周文鹏
孟庆元	赵亚新	赵勇	赵晓博	郝同乐	胡红叶
胡佳	胡洋	侯跃岭	施华彪	贺力奇	贺立军
袁庆斌	袁根乐	莫少明	粟雪勇	夏智富	夏翔鸣
顾雪东	钱广华	钱义刚	徐文广	徐际斌	翁刚
高金初	高峰	高海山	谈文芳	黄卫东	黄绍硕
黄梓友	黄琦	黄毅斌	崔正军	康宝惠	章文
盖金祥	梁国斌	隋祥波	彭乾冰	董玉波	董雪林
蒋文军	蒋利军	蒋蕴德	韩玉昌	韩敬翠	曾小军
谢小强	赖华强	蔡培源	蔡清才	臧庆安	瞿春荣
潘传洪	魏冬	魏治中	魏鑫	瞿滨业	

固三基　谋创新　强化设备管理
为打造世界一流奠定物质基础*
——代《石油化工设备维护检修技术》序

石油化工是技术密集、资金密集、人才密集的行业，其中设备（包括机、电、仪等）占总资产70%以上！设备是石油化工行业的物质基础。随着国民经济和社会的发展，石油化工行业的设备管理也面临着新要求、新环境、新挑战，我们必须继承创新相结合，适应新常态，提出新思路，采取新举措，重点在以下方面开展工作。

1. 切实提高企业"三基"工作的水平。

一是抓好基层队伍的建设。基层队伍是设备管理的根本，基层队伍不仅是设备管理人员，还包括车间操作人员，要牢固树立"操作人员对设备耐用度负责"的理念。二是基础工作要适应新形势的变化，要利用现代化的信息技术提升设备管理效率和水平。基础工作的加强是永恒的主题。三是员工基本功的训练要加强，"四懂三会""沟见底、轴见光、设备见本色"等优良传统要恢复和传承。

2. 强化全员参与设备管理。

为了延长设备使用寿命，不断降低使用成本，最大限度地发挥好每一台设备的效能，只有在实际工作中做到全员参与到设备管理中去，才能真正地使设备管理上升到一个新的水平。一是要加强领导，落实设备管理责任。要建立单位一把手积极支持、分管设备领导主管、全员广泛参与的设备管理体系，做到目标定量化、措施具体化。二是要强化专业训练和基层培训。设备管理人员不仅自己通过培训学习提升技能，还要帮助他人特别是操作人员掌握设备管理和设备技术知识，提高全体员工正确使用和保养设备的管理意识，使每台设备的操作规程明确，设备性能完善，人员操作熟练，设备运转正常。三是完善全员设备管理规章制度，建立具有良好激励作用的奖惩考核体系，激励广大员工用心做好设备管理工作。

3. 重视应用新技术、新工艺加强设备管理。

一是加强设备腐蚀、振动、温度等物理参数状态变化的监测分析。随着大型装置的建设和原料物性的复杂化以及长周期高负荷生产，近年来设备表现出来的问题都会以振动、温度、压力和材料的腐蚀等物理特征来表现出来。各企业要结合自己的特点，充分利用动设备状态监测技术、特种设备检测和监测技术等各种技术手段确保生产装置的安全可靠运行。二是加强新材料、新装备的推广应用。石化装备研究部门要加强开发适应石化要求的新材料和新装备；物资供应部门要探索新材料和新装备的供应渠

＊选自时任中国石化股份公司高级副总裁戴厚良同志在2015年中国石化集团公司炼油化工企业设备管理工作会议上的讲话，有删节。

道，优选新材料和新装备；设备管理部门对于已经经过验证是有效解决问题的新材料和新装备要积极采用。三是加强新技术和新工艺的推广应用。近年来，各企业在改造发展方面的投入很大，应用新技术、新工艺的积极性很高。乙烯装置裂解炉综合改造技术，使得裂解炉效率提高到95%以上。一大批污水深处理回用技术使得炼油和化工取水单耗大幅降低，部分企业甚至走到了世界的前列。大型高效换热器的推广应用使石化装置的能耗大幅下降。我们要加强系统内相关技术的总结、提升和推广。

4. 不断深化信息化技术在设备管理中的应用。

一是信息化系统建设应统一。目前在总部层面已经上线和正在建设的、与设备管理相关的系统有：设备管理系统（简称 EM 系统）、设备实时综合监控系统、设备可靠性管理系统、智能故障诊断与预测系统、检维修费用管理系统、智能管道系统等，还有企业自己开发建设的腐蚀监测、泵群监测等系统。在设备管理业务领域的信息系统建设，存在业务多头管理，重复建设，相互之间业务集成不够，部分系统存在着功能重叠，应用不规范，基础数据质量有待进一步提高等问题。二是设备管理信息系统开发要坚持"信息化服务于设备管理业务"的原则，以设备运行可靠性管理为核心，建设动、静设备的状态监测、检维修管理平台、修理费管理分析等模块，并实现各模块的系统集成和数据共享，使设备管理上一个新台阶。在当前形势下，设备管理智能化发展很快，值得关注，在体制机制上我们也要积极创新，例如对乙烯大型机组进行集中监控，在线预测，提供分析数据，进行预知维修，科学判断检修时间。

5. 规范费用管理，推进电气仪表隐患整治。

一是规范使用修理费。当前炼化板块的效益压力大，各项费用控制得紧。各企业要认真对有限的检维修费用的支出进行解剖，严格控制非生产性支出；技改技措等固定资产投资项目也要严控费用性支出。同时，要提高检维修计划的准确性和科学性，减少不必要的检查或检维修项目，做到应修必修，不过修，不失修，确保检修质量，同时要严格检维修预结算工作，对工程量严格把关，对预算外项目严格审批，把有限的检维修费用用到刀刃上。二是推进电气仪表的隐患整改。电气仪表一旦发生故障，波及面广，影响范围大，造成的损失也比较大。针对近期出现的电气故障，我们将有针对性地采取电气专项治理。

6. 强化对承包商的规范化管理。

一是重视承包商在检修过程的安全管理。从近几年检修过程中的安全事故来看，很大一部分是由于承包商违反安全规定、违章操作引起的，这一方面与承包商安全意识薄弱、人员流动性大、对石化现场作业管理规定不熟悉、安全教育流于形式和责任心不强有很大的关系。另外，也与我们企业自身的管理密不可分，"有什么样的甲方，就有什么样的乙方"，同样的承包商在不同企业有着截然不同的表现。因此，在加强对承包商教育、考核的同时，还要从企业自身的管理找原因，切实保证检修安全。二是建立承包商管理机制。要严格执行对承包商的相关规定，进一步规范外委检维修承包商市场的管理，完善承包商准入机制，对承包商承揽的工程严禁转包和非法分包。抓好承包商的日常管理和考核评价，建立资源库动态管理机制。加强对承包商安全、质量、服务、进度、文明施工等各环节管理情况的检查、监督和考核，每年淘汰一部分承包商。三是严格规范执行承包商选用机制。各企业要按照有关规定，结合承包商近年来的业绩及考核情况，为运行维护、大检修等业务选用安全意识浓、有资质的、技术力量雄厚、有诚信的、技术水平高的、责任心强的专业队伍。

当前我们面临的形势非常严峻，低油价、市场进一步开放的影响逐步增强。但是不管风云如何变幻，炼油和化工企业作为高温高压流程制造工业，加强设备管理，强化现场管理，是我们企业永恒的主题。炼油化工企业全体干部员工要认真学习贯彻集团公司工作会议精神，稳住心神，扑下身子，以"三严三实"的态度，立足长远抓当前，强本固基练内功，打好设备管理的基础，为集团公司调结构，转方式，打造世界一流能源化工企业奠定基础，作出应有的贡献。

编 者 的 话

(2019 版)

　　《石油化工设备维护检修技术》2019 版又和读者见面了。本书由 2004 年开始，每年一版。2019 版是本书出版发行以来的第十五版，也是本书出版发行的第 15 年。

　　《石油化工设备维护检修技术》由中国化工学会石化设备检维修专业委员会组织编写，由中国石油化工集团公司、中国石油天然气集团公司、中国海洋石油总公司、中国中化股份有限公司和国家能源投资集团有限责任公司(原神华集团有限责任公司)有关领导及其所属石油化工企业设备管理部门有关同志组成编委会，全国石化企业及为石化企业服务的有关科研、制造、维修单位，以及有关大专院校供稿参编，由中国石化出版社编辑出版发行。

　　本书为不断加强石油化工企业设备管理，提高设备维护检修水平，不断提高设备的可靠度，以确保炼油化工装置安全、稳定、长周期运行，为企业获得最大的经济效益，并以向石油化工企业技术人员提供一个设备技术交流的平台为宗旨，因而出版发行十多年来，一直受到广大石油化工设备管理、维护检修人员以及广大读者的热烈欢迎和关心热爱。

　　每年年初本书征稿通知发出后，广大石油化工设备管理、维护检修人员以及为石化企业服务的有关科研、制造、维修单位和广大读者积极撰写论文为本书投稿。来稿多为作者多年来亲身经历实践积累起来的宝贵经验总结，既有一定的理论水平，又密切结合石化企业的实际，内容丰富具体，具有很好的可操作性和推广性。

　　为了结合本书的出版发行，使读者能面对面地交流经验，由 2010 年开始，中国石化出版社先后在苏州、南昌、西安、南京、大连、宁波、珠海、长沙及杭州召开了每年一届的"石油化工设备维护检修技术交流会"。交流会每年 6 月中旬召开，会上交流了设备维护检修技术的具体经验和新技术，对参会人员帮助很大。在此基础上，成立了中国化工学会石化设备检维修专业委员会，围绕石化设备检维修管理，突出技术交流，为全国石化、煤化工行业相互学习、技术培训等提供了一个良好的平台。

　　本书 2019 版仍以"状态监测与故障诊断""腐蚀与防护""检维修技术"栏目稿件最多，这也是当前石化企业装置长周期运行大家关心的重点。本书收到稿件较多，但由于篇幅有限，部分来稿未能编入，希望作者谅解。本书每年年初征稿，当年 9 月底截稿，欢迎读者踊跃投稿，E-mail：gongzm@sinopec.com。

　　编者受石化设备检维修专业委员会及编委会的委托，尽力完成交付的任务，但由于水平有限，书中难免有不当之处，敬请读者给予指正。

目　录

四、腐蚀与防护

五、检维修技术

六、润滑与密封

基于风险的炼化企业设备完整性管理

许述剑　刘小辉　屈定荣　邱志刚　方　煜　孙德青
（中国石化青岛安全工程研究院，山东青岛　266100）

摘　要　针对我国炼化企业设备管理存在的问题，对标国外企业设备管理的先进做法，在借鉴国外设备完整性管理理论并结合我国炼化企业设备管理实际做法的基础上，建立了我国炼化企业设备完整性管理新模式，并在企业开展了实践应用，取得了显著成效，强化了设备管理弱项，提升了企业设备管理水平，促进了企业长周期安全运行。

关键词　炼油化工设备；设备完整性管理；风险理念

1　我国炼化企业设备管理存在的问题

我国炼化企业设备管理经过 30 多年的发展，目前实行公司–分厂–车间三级管理或公司–联合车间二级管理的模式，公司设备管理部门负责制定公司设备管理的相关制度、规定，提出公司设备管理的工作目标，并进行监督考核等；厂级设备管理部门落实公司设备管理的规章制度，制定相应实施细则，并组织开展设备技术状况分析、全厂设备信息统计汇总、落实考核工作；车间主要负责设备的日常管理。

设备管理内容包括技术管理和经济管理。企业在自主探索和引进吸收的基础上，形成了许多优良的管理方法，如镇海炼化的"医生+护士"模式、武汉石化的预防性维修、上海赛科公司的 BP 管理模式、扬巴公司的巴斯夫管理模式、扬子石化的杜邦管理模式、广州石化全面规范化生产维护(TnPM)管理、青岛炼化成套防腐蚀技术服务及茂名石化基于风险的检验(RBI)等。这些优秀实践极大地促进了企业设备管理水平。近年来企业装备趋于大型化，加工原料持续劣质化，使用环境越来越苛刻，安全和环保要求越来越严格。同时，企业生产任务繁重、经济增长内动力不足等，这些情况对企业设备管理提出了更高的要求，主要表现在以下几个方面：

（1）企业设备管理大多是基于经验积累，且做法不一，没有形成统一的设备管理体系和标准，优良做法没有共享和传承。各个企业自主探索形成了许多良好的管理方法，但是传统的设备管理是基于经验的积累、管理人员的责任心等，偏重于每一台设备的完好，并将费用和资源平均分配到每个设备，这是一种碎片式、非系统化的管理方式，效率低、浪费大，而且各个企业设备管理面临个性化强、不易复制的问题，没有及时总结和推广应用，未形成体系化、标准化、流程化的模式，无法与其他企业共享和传承。

（2）偏重设备工程技术的改进，轻设备管理体系的优化，体系化管理的理念不强。设备存在隐患、发生故障和事故等问题时，总是寻求更加先进的工程技术，很少去梳理与优化工作流程、人员职责、操作规程、维修方案等。在思想上把设备管理水平的提高等同于提高个别设备工程技术，没有全面考虑综合管理体系的优化和设备技术的改进，没有实现对设备管理体系自身的持续改进。

（3）设备全寿命周期管理中风险技术应用不深、不广。近年来设备风险技术发展迅速，国际上已普遍使用 RBI、RCM、SIL、RAM、IOW 等方法。设备管理形式由被动逐步向主动转变。但是我国炼化企业相关技术应用不规范、不彻底、不普及，主要依靠外部咨询公司和科研机构进行实施，企业人员无法自主完成。这就造成收集的基础数据不够真实，分析结论没

作者简介：许述剑（1971—），男，博士，高级工程师，主要研究方向为石化设备腐蚀与防护、风险评价及完整性管理技术等。

有真正应用到管理环节中，不能实现重大风险有效管控和资源的集中利用。同时，在设备前期管理中风险技术应用和风险管理缺乏。

（4）设备管理绩效评价指标过于陈旧，与炼化企业现有的管理水平不相适应。设备完好率、利用率及泄漏率等30年前评价和衡量设备管理的指标和方法目前仍然在用。然而目前企业的设备管理水平、技术水平、人员能力和经验都有了很大的提升，因此现有的绩效评价指标不能准确反映现在的管理水平，如：没有系统的统计和趋势分析，没有设备风险及可靠性的定量表征等，这将不利于衡量设备管理绩效、提高设备管理水平。

（5）设备管理工作存在诸多矛盾，如检维修管理问题、"三基"管理滑坡、设备全过程管理标准不高和把关不严、设备运维投力不足、维修费使用不规范、设备更新改造投入不足等。这些会影响设备"安、稳、长、满、优"运行，将造成设备腐蚀明显加剧，设备可靠性降低、故障频发，设备老化、磨损严重，装置非计划停工次数增多等现象。

因此，在加强日常管理工作的同时，开展设备管理模式的创新，探索管理层创新、管理方法创新及管理体系创新，通过创新来解决设备管理中的矛盾，这是提升设备管理水平，保障企业长周期安全运行的基础。

2　国外炼化企业设备管理的发展趋势

对标国外知名炼油及化工企业的设备管理，几十年来其纷纷推行设备完整性管理，采取技术改进和规范管理相结合的方式来保证设备功能状态的完好，实现设备安全、可靠、经济的运行。国际设备管理呈现两大特点：一是经过事后维修到预测维修等方式的转变，进入全员参与及追求寿命周期经济费用（LCC）的综合管理阶段，目前已经进入基于风险的设备设施完整性管理的现代设备管理阶段；二是继承所有历史发展阶段优点，设备管理集成化、全员化、计算机化、网络化、智能化，设备维修社会化、专业化、规范化，设备要素市场化、信息化等。具体表现在以下五个方面：

（1）基于风险的完整性管理是现代化设备管理的发展趋势。西方国家自20世纪60年代起开始研究和采用预防维修策略，80年代开始研究和应用预测维修策略，90年代初期研究和应用基于可靠性的维修，90年代中期研究和应用全员生产维修（TPM），进入21世纪，研究和应用基于风险的不同技术组合的维修策略。设备管理经过维修方式的转变，进入追求寿命周期经济费用（LCC）的综合管理，现在进入设备设施完整性管理的现代设备管理阶段。

（2）知名企业都有自己特色的设备完整性管理体系做法。SHELL的设备完整性管理系统是设计完整性、技术完整性和操作完整性的组合，包含S-RCM、S-RBI、IPF（仪表保护功能）、Civil RCM四个方面的技术支撑；BP在设备完整性管理体系程中整合了腐蚀控制、完整性操作窗口、腐蚀流分析、RBI、IDMS（智能设备监控系统）等先进技术；埃克森美孚OIMS体系强调了过程安全中的信息资料、工艺操作与设备维护、机械完整性、操作界面管理；RS体系关注可靠性和维护绩效的管理，对OIMS管理体系进行了补充；中海油设备完整性管理体系基于BSI PAS55资产完整性管理规范，遵循的PDCA循环，分四层体系文件，做五方面的工作：建立完整性管理体系、开发完整性管理审核系统、建立专职完整性管理队伍、整合完整性管理信息系统、引进适用的完整性管理技术。

（3）借助互联网、云计算、大数据、物联网、智能工厂等平台，建立综合、集成化的设备完整性管理平台是信息化管理的必然。随着信息化技术的高速发展，企业设备管理也在随之发生深刻的变化，经过自动化和网络信息化，进入数字化和智能化，设备管理平台的建立不仅是一个信息化建设的过程，同时也是设备专业管理集成和提升的过程，不仅要引入CBM、TPM、RCM等先进的管理理念，还需要通过对设备的运行状态进行跟踪，建立设备设施完整性管理数据库，实现设备设施寿命周期的完整性管理。

（4）风险评估技术发展迅速，成为设备管理的有力工具。近年来，风险技术发展迅速，相继出现了HAZOP、QRA、LOPA、RBI、RCM、SIL、FFS、RAM、IOW等，风险技术是风险管理的基础，国际上已普遍使用，管理形式由被动逐步向主动转变，极大地提高了设备风险管理水平。如何将风险管理理念贯彻到中国石化设备管理中、风险工具应用到设备全寿命周期管理过程中值得思考。

（5）先进的监检测技术为现代化设备管理奠定坚实的基础。机泵群智能监测预知维修平台、基于物联网技术应用和智能管控系统的点检仪开发和应用、非侵入式壁厚测量和腐蚀监测仪器等的开发应用，为实现设备完整性管理奠定了坚实的基础。

3 炼化企业设备完整性管理

3.1 设备完整性管理的定义和内涵

设备完整性是指设备在物理上和功能上是完整的、处于安全可靠的受控状态，符合预期功能。设备完整性具有整体性，是指一套装置或系统的所有设备的完整性。单个设备的完整性与设备的重要程度有关。

而设备完整性管理则是确保主要运行设备在使用年限内符合其预期用途的必要活动的总和。设备完整性管理的目标是确保设备在使用年限内，符合其预期功能用途的要求。

设备完整性管理体系是指企业设备完整性管理的方针、策略、目标、计划和活动，以及对于上述内容的规划、实施和持续改进所必需的程序和组织结构。设备完整性管理体系的建立和实施，遵循"计划→实际→实施→检查→持续改进"（PDCA）的运行模式。

企业应根据规范要求建立、实施、保持和持续改进设备完整性管理体系，通过计划、实施及监督检查、审核评审等全过程的运行控制和闭环管理，确保设备完整性管理体系各要素的有效实施并持续改进，不断提高设备完整性管理水平。

设备完整性管理既包括各种具体技术和分析方法，又涵盖了系统的管理方法，环环相扣、缺一不可，形成一个完善的技术管理系统，如图1所示。

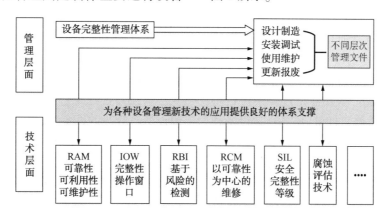

图1 设备完整性管理的技术管理系统

3.2 设备完整性管理体系

炼化企业设备完整性管理体系包括：方针和目标，组织机构、资源、培训与文件控制，设备选择和分级管理，风险管理，质量保证，检查、测试和预防性维修，缺陷管理，变更管理，检查与审核，持续改进这10个主要要素，构成一个良性的可以持续改进的管理循环回路，如图2所示，能够使得炼化企业实现设备的完整性及全面优化管理。其中风险管理、质量保证、缺陷管理、预防性维修要素是完整性管理体系的核心内容。

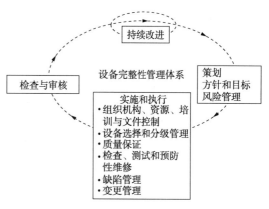

图2 设备完整性管理体系

风险管理是设备完整性管理中的一个重要基础，其目标是识别可能发生的风险事件的原因、后果和可能性，并通过检验、测试和预防性维修等活动来管理这些风险，采取消除或减缓措施控制风险在可接受的水平，并且对风险管理的审核和跟踪过程也促进了设备管理中各项质量控制程序的持续改进，进一步降低了风险。在风险管理中，融合进风险管理的技术有FMEA/FMECA、RAM、RCM、RBI、LOPA、装置腐蚀适应性评价、劣质原油加工装置设防值分析、腐蚀监测方案优化分析等。在这些技术的支持下确保了风险管理流程的顺利推进，便于做好风险登记以及风险信息的使用和维护。

缺陷管理方面，设备投入运行后，可能由于存在制造缺陷，或运输及安装施工过程中受到损伤，或经过长期使用受到腐蚀、工艺波动造成的超温、超压等影响因素所引发一些毛病、问题或异常(但还未形成事故)，这些毛病、问题、异常通称为缺陷。可以通过对设备运行状况的监测，以及在设备管理活动中发现设备的异常状况来判断设备当前是否存在缺陷。在设备寿命周期各阶段建立设备状况的评估程序，依据相关标准来识别设备缺陷，包括在：①新设备制造或安装验收；②在使用过程中进行检查、测试和预防性维修(ITPM)任务；③设备检修期间检验和测试等过程中识别设备缺陷，进行适当的评估，并记录观察和评估结果。

检验、测试和预防性维修(ITPM)是设备完整性管理方法中维护设备保持完整性的关键活动，其目的是确定并执行ITPM任务，以确保设备的持续完整性，摆脱事后维修理念，开展主动维修，树立更为积极主动的维护设备完整

性的理念。预防性维修包括所有预防或预测设备故障的主动维修。建立ITPM管理程序，在制定和实施ITPM任务过程中，落实设备完整性计划，提高设备的可靠性。

10个要素之间存在紧密的关联，共同构成一个可以不断自我循环更新的管理体系。风险管理、缺陷管理是关键，由此来监测、发现设备问题；检验、测试、预防性维修是核心，着力解决设备问题，防止故障及事故发生；目标计划、方针策略、及资源保障支撑等均可依据风险评估及预防性维护的实际进行不断改进；质量保证是为了确保所有活动均达到预期目标并符合相关法律法规、标准；绩效评估与纠正预防措施以及管理评审和持续改进，是对管理效果的检查和反馈。

3.3　设备完整性管理支撑技术

设备完整性管理包含技术和管理两个层面，在管理层面应重视设备综合管理，着眼于设备全过程管理，从设计、制造、安装、使用、维护，直至报废，是一种基于风险的设备管理理念；在技术层面以风险分析技术作支撑，主要包括：①针对全部设备的设备可靠性评估及维护策略优化技术、装置长周期安全运行评估技术、腐蚀检查技术、失效分析技术等；②针对静设备、管线的设备安全运行边界评估(IOW)、基于风险的检验(RBI)技术、腐蚀适应性评估技术、设防值评估技术、腐蚀监检测优化技术等；③针对动设备的以可靠性为中心的维修(RCM)技术；④针对安全仪表系统的安全完整性等级(SIL)技术等。各种风险技术的应用范围和关系如图3所示。

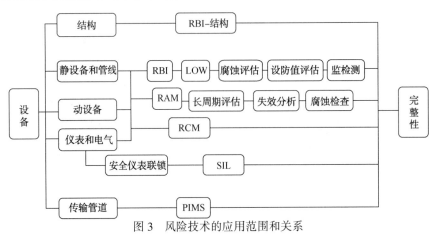

图3　风险技术的应用范围和关系

各种风险技术针对的设备类型并不相同，其要实现的功能也是不同的。同时，在设备完整性管理中的应用阶段也不相同。从时间顺序上来说，RBI是对腐蚀风险"结果"的管理控制技术，而IOW是对腐蚀风险"过程"的管理控制技术。从RBI技术的角度出发，可以引申出许多具体腐蚀风险控制技术，如定点测厚方案优化技术、腐蚀探针监测方案优化技术、以腐蚀适应性评估为指导的大修腐蚀检查技术等；从IOW技术的角度出发也可以引申出许多具体应用，如设防值(其本质为原油或原料油中硫含量及环烷酸含量的操作窗口的设定)、露点腐蚀控制(具体部位操作温度窗口的设定)及其他具体腐蚀介质或工艺操作参数指标的设定等。

4 炼化企业设备完整性管理应用

4.1 设备完整性管理体系建设与应用

某炼化一体化公司开展了设备完整性管理的实际应用，建立和实施设备完整性管理体系，相关工作进行了五个阶段：

(1) 设备管理初始状况评估 ①通过设备管理现状评估工作，验证了炼化企业设备完整性体系规范能够覆盖企业现有设备管理内容，子要素既体现了炼化企业设备管理的特点，同时又吸收了风险理念和完整性管理要求，符合企业设备管理体系继续改进的方向；②34项内容的评估，发现高风险6项、中高风险6项、中风险14项、低风险8项，如图4所示；③发现风险管理、缺陷管理和变更管理等要素与设备完整性管理体系要求存在较大差异，并提出改进意见。

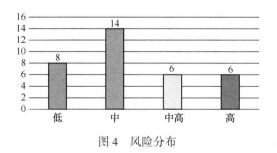

图4 风险分布

(2) 设备完整性管理体系策划 ①分析公司设备管理的重要活动和关键流程，识别出对设备完整性影响较大的关键流程；②针对目前公司设备管理内容与设备完整性管理体系进行对照，涵盖设备管理的实际工作要点，形成某石化公司设备完整性管理要素与企业实际工作要点对照文件；③梳理设备管理制度，形成某石化公司完整性体系文件目录及拟新增的管理程序和管理办法。

(3) 设备完整性管理体系文件编写与审核

针对公司实际，进行了公司设备管理制度梳理，形成某石化公司完整性体系文件目录及拟新增的管理程序和管理办法。编制了1个手册、5个程序文件、3个管理办法完整性体系文件。体系文件架构如图5所示。

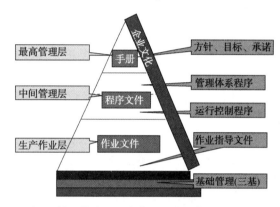

图5 某石化公司设备完整性管理体系文件架构

(4) 设备完整性管理体系实施与运行 针对公司设备完整性管理体系运行，进行了运行机制的建设，根据企业的实际管理情况，建立了管理、专业、人员三维运行架构；进行了组织机构调整，成立设备完整性技术支持中心；开展了一系列设备完整性管理的宣贯培训；建立了设备完整性管理综合平台，信息平台是设备完整性管理有效实施的重要支撑。经过制度梳理与完善、机构调整、人员安排、体系文件编写、工作流程和表单制定、培训等，设备完整性管理体系得以在公司发布运行。

(5) 设备完整性管理体系管理评审 本阶段主要内容是进行审核员培训，实施企业完整性管理审核，并进行设备管理评审。管理评审需在收集设备绩效指标基础上，进行趋势分析，并进行相关内容的评审。对审核和管理评审中发现的不符合进行纠正，并制定预防措施，同时提出持续改进的措施，并编制管理评审报告。与其他体系审核不同的是，设备审核员在要求掌握体系审核知识的同时，还应具备设备专业技能。

4.2 应用效果

（1）在完整性管理职责和相应组织架构、风险管理和风险工具的使用、培训和资源保障、缺陷管理和根原因分析、设备变更管理程序、质量保证及设备可靠性管理、检维修承包商管理等方面，依照完整性体系各要素的要求对该公司现有设备管理提出了相应的改进提升建议，为补充完善相应制度和程序提供了有益参考，该公司也依据相应建议，对相关弱项进行了全面改进与完善。

（2）针对变更管理及缺陷管理两个要素展开了深入梳理研究，该公司变更管理存在分级管理不到位的不足，缺陷管理需要进一步流程化，并加强根原因分析。以这两个要素作为突破口，进行了该公司设备完整性管理体系的策划。

（3）在试点工作中，通过现状评估及试点策划和管理体系文件梳理，逐步开展了多方面的该公司设备完整性管理的提升和完善工作：设立设备技术支持中心，从组织架构上为实现设备完整性管理提供有力支撑和保障；有关设备管理方面更多地将权责及实务落实到机动处等相应部门，提高管理的效率；修改原有的一些动设备、静设备管理制度；在风险管理上达成共识，进一步细化在风险识别、登记、评价等方面的管理内容；进一步引入风险管理工具；在设备变更管理上进行了有益的尝试，界定清楚不同变更的管理要点，明确各个部门在设备变更管理上的职责，尤其是生产部门与机动部门在变更管理上的协调，避免疏漏；对于缺陷管理，梳理相关管理流程和信息系统，进一步加强缺陷、故障失效的根原因分析；对设备数据管理进行加强，特别是在不同信息系统之间数据的流转以及设备信息数据的有效利用方面，该公司借助缺陷管理及后续系统开发将相关设备信息数据进行系统化梳理并进行资源化利用。通过各方努力，体系的管理要素正在逐步运行，并且已取得一些预期的良好效果。

（4）通过引入完整性管理体系，制定相关程序文件和管理制度，引入动设备预防性维修系统，建立设备监测和防护技术中心，强化了管理弱项，提升了设备管理水平。

全厂机电仪设备故障率明显下降，以动设备专业为例，设备突发故障抢修加班人次由2010年90人次/月降低至2016年11人次/月，如图6所示，机泵设备故障检修率从15.3%降至4.6%，平均无故障间隔时间从21个月上升至79.6个月。

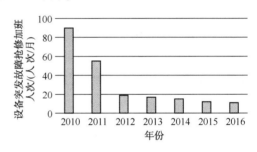

图6　设备突发故障抢修加班人次趋势图

运行四年的装置在2016年停工大检修前无一起非计划停工发生。

目前该公司设备管理人员的观念有了比较大的转变，增强了风险意识与体系化思维，并积极采取措施全面落实完整性管理体系。

参 考 文 献

1　牟善军，姜春明. 过程安全与设备完整性管理技术. 安全、健康和环境，2006，6（8）：2-5

2　牟善军. 建立设备完整性管理体系的必要性. 中国石化，2006，250（7）：30-32

设备完整性管理体系在武汉石化的应用

武文斌

（中国石化武汉分公司，湖北武汉　430082）

摘　要　设备完整性管理是近年来石油石化行业的热点概念，本文介绍了中国石化武汉分公司（简称武汉石化）根据中国石化设备完整性体系内容，结合公司自身的特色，建立了具有武汉石化特色的设备完整性管理体系，从设备组织架构改革、技术工具创新、管理流程整合（建立设备完整性管理系统）等几个方面介绍了武汉石化如何将设备完整性管理体系应用到武汉石化的设备管理中，并取得了阶段性的成果。

关键词　设备完整性管理；全生命周期；设备组织架构；技术工具创新；管理流程整合；设备完整性管理系统

2012 年中国石化选定武汉石化作为首批两个试点单位之一，探索炼油企业完整性管理体系的建设。武汉石化通过探索与实施基于风险的设备完整性管理，将技术改进和加强管理相结合，相辅相成进行设备管理，基于设备的运行状态合理使用检维修资源，同时改进、完善工作流程，保证设备管理全过程的质量，使整套装置中所有设备都处于良好的运行状态，从而达到装置长周期运行，取得更高的成本效益。

在总部炼油事业部的指导下，以设备完整管理性体系为基础，以设备（设施）风险管控为中心，以"可靠性+经济性"为原则，以岗位职责为依据，以长周期运行为主线，以信息技术为依托，通过管理与技术的融合，建立武汉石化设备完整性管理系统。

1　机械完整性介绍

机械完整性（Mechanical Integrity，简称 MI）源自美国职业安全与健康管理局（OSHA）的高度危险性化工过程安全管理办法的第 8 条款。经过数年的推广，机械完整性已成为一个独立领域，得到了世界各大石化公司的普遍认同与应用。

机械完整性的内容为设备的机能状态完好，即设备正常运行情况下应有的状态。就是通过采取技术措施和规范管理相结合的方式来保证整个装置中设备运行状态的完好性。其目的是在设备全生命周期内，保持设备处于可满足其特定服务功能的状态。

机械完整性体系从上至下由四个层级构成：①经营管理和 HSE 政策是进行设备完整性管理最重要的依据；②设备完整性管理策略由企业的决策层来制定，应符合企业的商业和 HSE 策略目标；③程序文件表明其组织机构，明确各自的职责分工，保证体系有效运行；④操作文件为特定的技术文件，即具体的作业规程，对同一作业即使不同的人实施也会得到同样的结果，减少人为因素的影响。

机械完整性十大要素包括方针、目标、机构培训文件、设备选择分级、检验/测试和预防性维修（ITPM）、质量保证、风险管理、变更管理、检查和审核、持续改进。

完整性管理能带来的价值有：①实现设备本质安全，保障装置平稳生产；②最优化的方式使全生命周期成本达到最小；③提升企业管理水平，改善健康、安全和环保绩效，促进可持续发展。

2　武汉石化设备完整性管理体系建设

2012 年在总部炼油事业部牵头，青岛安工院技术支持下，武汉石化开始推进设备完整性管理体系建设。创设设备完整性管理体系三维框架，实施组织架构改革、技术工具创新，管理流程整合，有效植入设备完整性管理系统。公司设备领域人员、技术、管理三融合，初步实现设备管理标准化、标准程序化、程序表单化、表单信息化,致力于最终实现全生命周期、全过程、全方位的设备管理。

2.1 制定武汉石化设备完整性管理体系手册

依据《中国石化炼化企业设备完整性管理体系规范》,结合武汉石化设备管理实际,围绕本质安全、预防维修、全员参与、经济高效、科学管理、持续改进的公司设备完整性管理方针,将中国石化设备完整性管理体系在原有十大要素的基础上细化为九个专业管理要素、五个基础管理要素、三个综合管理要素,遵循 PDCA 闭环循环原则,建立了武汉石化设备完整性管理体系,编制了《中国石化武汉分公司设备完整性管理体系手册》和支撑其运行的程序文件、作业文件,修订完善了管理制度和流程。表 1 为要素划分表。

表 1 要素划分表

要素类别	要素名称	基 本 功 能	备注说明
基础管理要素	A1 方针目标	体系文件必需,支持管理体系有效运行	
	A2 总结规划		
	A3 机构培训文件		
	A13 绩效评估		
	A14 评审改进		
专业管理要素	A4 前期管理	设备完整性管理主要特征要素,保证设备完整性管理体系运行的有效性、符合性和完整性	实现设备全生命周期管理要素
	A5 现场检查		
	A6 使用维护		
	A7 运行监控		
	A8 维护维修		
	A9 设备处置		
	A10 风险管理		
	A11 变更管理		
	A12 缺陷管理		
综合管理要素	A15 临时事务	检查、统计、分析和评估各要素执行情况,实现不合格项的自我封闭和持续改进	保证设备完整性管理体系运行的有效性、符合性和完整性
	A16 定时事务		
	A17 作业许可		

2.2 建立完整性管理体系的三维框架

完整性管理体系三维框架图如图 1 所示。

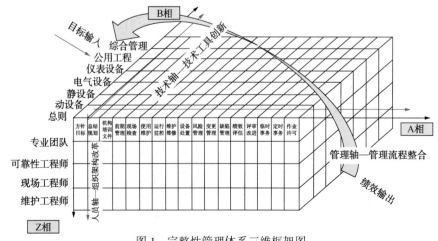

图 1 完整性管理体系三维框架图

A相(管理轴)：将管理流程进行整合，创设设备完整性管理系统，将制度、流程、表单融入到管理系统中，真正做到设备管理标准化、标准程序化、程序表单化、表单信息化。

B相(技术轴)：技术工具创新。各专业根据专业需求，开发各种监测系统。

Z相(人员轴)：组织机构改革，建设以机动处管总，专业团队在专家组指导下，主导专业建设工作，片区在车间设备主任带领下，组织现场工程师、可靠性工程师和维修工程师，主战。

2.3 设备组织架构改革

随着技术进步，设备可靠性提高，预防性工作深化，武汉石化的设备专业人均设备台件数不断增加，如图2所示，并且武汉石化设备专业人员台件数在中石化各分公司中排名第一，但武汉石化设备管理架构一直采用公司-机动处-车间传统直线职能制管理模式。

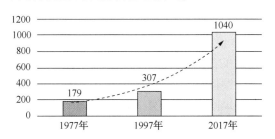

图2　武汉石化设备专业人均设备台件数趋势图

为完善设备管理体系，适应公司发展，为设备完整性管理提供组织保障和人员保障，进一步做实基层设备管理，结合武汉石化设备管理实际情况，开展了以建立设备技术支持中心为突破点的设备组织构架改革。主要解决以下几个方面的问题：

(1) 基层设备管理似实非实；

(2) 倒逼落实岗位责任制；

(3) 与现代设备管理体系配套；

(4) 理清设备专业管理责任；

(5) 提升设备专业技术队伍技能水平。

2015年3月正式启动联合一设备组织架构改革试点，推行"专业管理"+"片区管理"的矩阵式设备组织架构。截至2017年7月，联合一、联合二、联合三、联合四、联合五共五大片区相继全部成立，全厂生产装置全部按改进后的设备管理架构，按"专业管理+区域协调"

的设备管理新模式运行。

2.3.1 改革前、后设备管理架构对比

改革前武汉石化设备管理为两级直线式管理架构，机动处牵头，生产车间、设监中心、检安公司共同参与，各负其责，管理较为分散。

改革后武汉石化设备管理由机动处统管，负责公司设备专业顶层设计，建立设备管理体系和开展管理架构改革，发布各类设备管理业务制度、标准及要求；专家团队受机动处委托，对公司设备管理体系运行情况进行分析、评价，提出改进的建议和措施，对专业团队进行技术指导，组建专业团队，制定专业工作方针、目标、规划；专业团队在专家组技术指导下，在公司层面，负责落实专业技术分析，牵头组织隐患排查，并按专业开展设备可靠性分析和风险识别；片区团队是团队内的技术中心、成本中心、维护维修中心，负责落实和执行各项设备管理制度、标准和技术要求；维护团队由维保单位构成，按片区设置维护片长，负责落实预防性检维修策略和维护、维修计划，组建高效的检维修服务团队，提高检维修服务水平和质量。从检维修角度对设备专业技术管理提出建议，同时参与设备专业技术管理。改革后设备管理架构图如图3所示。

2.3.2 设备管理构架改革成效

设备管理构架改革后效果明显，体现在以下三个方面：

(1) 效率提升　在设备主任领导下，由可靠性工程师、现场工程师和维修工程师组成的区域团队，使得设备管理重心下移，形成区域"管、用、修"一体化的设备工作团队，一般工作流程区域内封闭，业务处理效率得到明显提升。

(2) 素养提高　机动处专业工程师在专家组指导下，制定专业规划。组织可靠性工程师、现场工程师和维修工程师，编制专业工作策略和规范，并统筹实施，形成标准起点高、专业性强、协调一致性好的专业工作新格局。

(3) 绩效提高　生产装置可靠性指数持续增长，设备突发故障显著减少，设备管理主要KPI指标持续向好，设备管理绩效明显提高。同时，设备管理人才梯队得以健康成长。

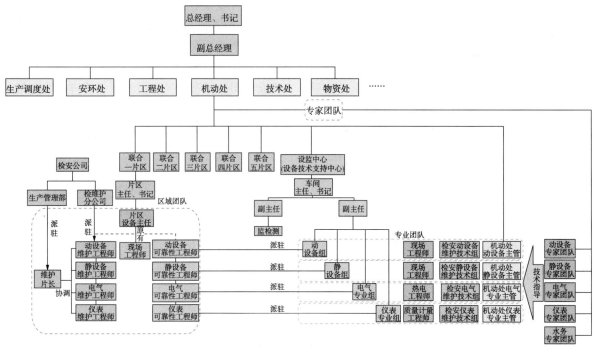

图3　改革后设备管理架构图

2.4　技术工具创新

完整性技术体系是不同维修理念的支撑，核心是对设备设施大数据的应用，最大程度地发挥预防性维修、预知性维修以及预测性维修等优点，实现设备设施经济可靠。武汉石化根据完整性体系的理念，不断完善和创新设备管理的技术工具。

2.4.1　设备关键性评价

武汉石化在原设备分级管理基础上，对设备的关键性进行量化评价，用以指导专家分析策略、风险评估策略、检验维修策略的制定。

表2　设备关键性评价

要素	重要性	使用率	安全性	设计成熟性	维修复杂性	费用后果
要素说明	评价设备重要程度，参照设备故障强度等级分级，表示故障停机时对装置造成的影响，等级越高评分越高	评价设备使用频率，使用时间越长分数越高	评价设备发生介质泄漏可能造成的人员伤害，越严重分数越高	评价设备设计成熟度，越创新分数越高	评价设备维修便利性，检修量越大分数越高	故障后大修造成的修理费用

目前，转动设备根据表2设备关键性评价的六个因素，已完成对公司设备进行关键性量化评价。静设备、电仪专业此项工作正在进行。

2.4.2　转动专业技术工具创新

转动专业2014年在RCM理论基础的支持下，建立了以动态可靠性为基础的机泵预防性维修系统（DRBPM），并与2017年对DRBPM系统升级；同时DRBPM扩展往复式压缩机能效监测功能，对全厂43台往复式压缩机的工艺参数与机械参数进行采集和分析，实现了对往复

式压缩机的监测预警并实时测算压缩机能效。

2.4.3　静设备专业技术工具创新

静设备专业建立以RBI为基础的设备技术体系，在信息化系统中建立静设备基于风险的管理模块，与现有腐蚀监控系统实现关联，并将各生产装置的基础数据和检测数据导入；在生产装置依次开展RBI评估，掌握装置风险分布情况，并利用设备对定点测厚策略进行优化，依靠信息化系统对设备进行基于风险的管理；开展设备运行状况监控，对影响设备的工艺波

动进行监控，对工艺变更及时进行风险评估与管控；建立换热器能效监测系统。

2.4.4　电仪专业技术工具创新

建立以寿命管理、状态监测、故障统计为基础的预防性工作体系。其特点如下：

（1）扩展 DRBPM 系统功能，实现电机的动态预防性维修；

（2）依据设备基础数据、设计寿命、使用年限，综合统计分析电仪专业专巡检数据及实时的状态监控数据、设备检维护数量以及设备检修、改造、更新等信息；

（3）结合电气、仪表设备的运行环境、工况特点、失效模式和规律；

（4）依托专家分析和数学建模建立故障诊断模型、状态预测模型和维修决策模型。

2.4.5　综合专业技术工具创新

武汉石化经过行业内外多方调研，结合企业实际情况，提出了设备 KPI 指标体系及测算规则，推荐总部在行业内实施设备 KPI 指标体系，已发布实施。KPI 指标将武汉石化的年度工作目标分解为可操作的工作目标，已经成为分析武汉石化设备管理运行状况的重要依据，指导设备管理工作的开展。

武汉石化根据具体情况，制定了故障强度分析工具、风险评估矩阵（见图 4）、根原因分析表，对提升设备的故障、风险管理水平起到了很大作用。对设备故障进行根原因分析，查找管理层面、操作层面、维护层面的原因，从而加强设备各方面的管理，降低设备故障。

时间等级定义 隐患强度定义	D1　10天内可能发生	D2　10天~1个月内可能发生	D3　1个月~3个月内可能发生	D4　3个月~6个月可能发生	D5　6个月~1年内可能性生	D6　1年内不会发生
S1　全厂生产波动，2套以上生产装置非计划停工或全厂生产降量						
S2　单套装置非计划停工或2套以上装置异常波动						
S3　系统或装置局部停工，大机组急停						
S4　单套生产装置异常波动						
S5　单台设备停运						
S6　无影响						

风险分级：■（红色）：高风险重点关注；　　（黄色）：较大风险加强关注；　　（绿色）：一般风险关注

图 4　风险评估矩阵

2.5　管理流程整合

设备完整性体系建设，一方面需要将已有的技术工具和规范管理，如以可靠性为基础的动态预防性维修（DRBPM）、SIL 评估、RBI 分析等，进行标准化、固化；另一方面，将管理体系中缺乏的，如设备变更管理、风险管控等要素，进行补充完善。最终形成覆盖设备生命全周期、全过程，覆盖设备管理全方位、各层级的设备管理体系，真正做到设备管理标准化、标准程序化、程序表单化、表单信息化，实现不同的人干同一件事、执行同一流程、遵照同一标准、达到同样结果。

设备完整性管理体系以风险管控为中心，以"可靠性+经济性"为原则，以全生命周期运行为主线，以业务流程为依据，以信息技术为依托，通过管理与技术的融合，搭建武汉石化设备完整性管理系统。

2.5.1　搭建管理系统三维框架图

武汉石化设备完整性系统根据完整性管理的基本原则将设备完整性经过三级细分（A 相为要素相、B 相为专业相、Z 相为管理层级相），分为 17 个一级要素、55 个二级要素、85 个三级要素，搭设了三维框架结构。同时，也确立了以业务流为导向的系统架构。

1）A 相（要素相）

根据完整性管理的基本原则及实际工作流

程，将设备完整性的 10 个关键要素细分为 17 个，并进一步细分为具有武石化特色的 55 个二级要素(要素向下兼容)。根据持续评审改进，要素会有增加或进一步细分。

2)B 相(设备专业相)

分为动设备专业、静设备专业、仪表专业、电气专业、公用工程专业和综合专业，并按各专业设备特性进一步细分。如动设备细分为特护机组、非特护机组、一般机泵、特种设备等。

3)Z 相(管理层级)

分为专业团队、机动处(专业团队)、支持中心(可靠性工程师)、生产装置(现场工程师)、检维修单位(维护工程师)。

2.5.2 建立完整性管理系统

按照设备完整性体系指导思想，对现有管理工作及制度文件进行了全面梳理。根据设备完整性管理的要求，对涉及到的法律法规、规章制度、技术标准与规范、操作规程、设备说明书逐一进行清理，为各管理要素提供支撑；根据完整性管理要素要求，逐个要素模块编写说明书，编制管理流程，制定输入输出表单；在此基础上，开发计算机程序，构建设备完整性管理系统(见图 5)。

武汉石化设备完整性管理系统采用计算机和互联网技术，整合了武汉石化现有的各类信息化管理系统(如 EM 系统、设备离线巡检系统、DRBPM 系统、S8000 系统、机泵能效系统、数据采集系统、腐蚀监测系统、换热器能效系统等)，紧密结合实际工作流程、定时性事务、临时性事务对现场设备进行管理，是具有武汉石化特色的设备管理系统。

武汉石化设备完整性管理系统共 17 个模块，将其主要分为三大块：

(1)基础管理模块 5 个　A1 方针目标、A2 规划总结、A3 人员机构文件、A13 绩效评估、A14 持续改进，这些模块是保证体系有效运行的基础。

(2)专业管理模块 9 个　A4 前期管理、A5 现场检查、A6 使用维护、A7 运行监控、A8 维护维修、A9 设备处置、A10 风险管理、A11 变更管理和 A12 缺陷管理等，这些要素与设备完整性管理基本特征要素的相吻合，贯穿于设备全生命周期管理。

(3)综合管理模块 3 个　A15 临时事务、A16 定时事务和 A17 作业许可，这是武汉石化设备完整性管理体系所独有的要素，是对管理体系的创新，其作用是在管理体系运行过程中，检查、统计、分析和评估各基本要素及支持性要素的执行情况，从而实现管理体系运行中不符合项的自我封闭和持续改进，保证了设备完整性管理体系运行的有效性、符合性和完整性，对管理体系的改进与提高具有重大意义。

武汉石化完整性系统特点如下：

(1)优化风险管理要素　设备完整性管理是以"风险管控"为中心的。在设备管理流程应用风险评估与风险管控工具，在完整性管理系统中设备缺陷故障管理、设备隐患排查、设备变更管理等多个管理要素，均与风险管控要素建立关联。图 6 为隐患排查和风险管控的流程图，设备隐患通过分类后，黄区和红区隐患进入风险管控模块进行管控。

图 5　武汉石化设备完整性管理系统

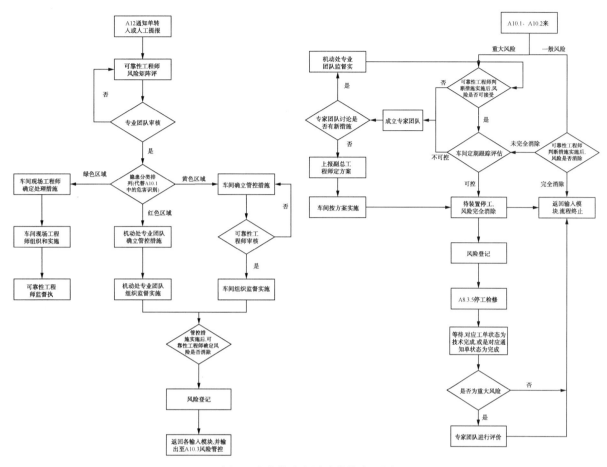

图6　隐患排查和风险管控流程图

（2）优化变更管理要素　变更管理模块中将变更分为设备本体改造、运行环境、状态变更和管理变更，不同变更流程不同。

（3）特设自动监控要素　设备完整性管理系统中特设具有定时性工作提醒、待办提醒、累积统计、事务超时统计、临时性事务管理、会议管理、在线审批等功能。通过对动静电仪各专业设备管理制度、规范执行情况及专业技术管理工作日常执行情况监督检查，保证各项

工作落实，同时实现设备完整性管理体系的自我审核、自我完善和持续改进。

（4）系统与设备管理、组织架构相融合　系统实现读取ERP中通知单数据，对其进行故障分类，风险管控直至缺陷、风险消除。图7为系统模块的串接示意图。通过划分现场工程师、可靠性工程师、专家团队、维修工程师等不同角色权限，与设备管理组织架构改革一致，覆盖到设备管理的各层级。

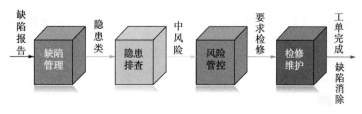

图7　各要素子模块串接设备管理实践业务示意图

（5）系统与设备管理技术工具融合　设备完整性管理系统具有包容性、开放性特点，通过接入各类分析、管理程序，整合各类专业管

理工具。目前，所应用的机泵离线监测系统、DRBPM系统等均与设备完整性管理系统实现数据交互，并实现ERP/EM系统数据读取功能。

设备完整性管理系统从 ERP/EM 系统取数并计算。读取 ERP 系统相关数据作为基础数据库，如读取设备台账主数据、通知单、工单、设备一台一档、开停机以及润滑记录等信息。根据对应取数方法，自动计算设备 KPI 指标。

3　设备完整性体系实施成果

设备完整性体系成果：

（1）建立了设备完整性管理规范标准《中国石化炼化企业设备完整性管理体系要求》。

（2）建立了设备完整性体系实施方案《中国石化炼化企业设备完整性管理体系实施指南》。

（3）建立了一套完整的体系文件构架。

（4）建立了设备完整性体系的运行机制。

（5）建立了设备完整性体系评估和审核方法。

（6）建立了一套绩效考核指标，其中包括《炼化企业设备 KPI 指标》和《武汉石化 KPI 指标取数方案》。

（7）建立了武汉石化设备完整性信息化系统。目前系统涵盖了设备全生命周期的管理的17 个要素，已开发完毕 9 个要素模块和 2 个监控执行模块，其中设备培训、前期管理、设备处置、绩效管理、持续改进未开发，后续继续补充作业许可、备品备件、大检修、计划费用、供应商管理、公用工程等模块，使完整性系统涵盖所有专业和设备全寿命周期。

应用实践成果：

（1）对专业安全的认识大幅提高，培养了一批具有现代设备管理思想的队伍。可靠性分析和风险管控成常态。

（2）装置可靠性系数大幅度提高，KPI 的指标不断提高，如设备故障维修次数下降(千台机泵故障次数 15.97)，仪表实际自控率上升至 96.1%，动设备专业机泵平均无故障间隔时间 MTBF 从 2010 年 21 个月上升至 2016 年 79.6 个月。

（3）制定根原因分析制度，使用维护达到一致性；预防性维修成为主流，故障强度稳中有降。故障抢修次数减少，承包商的加班抢修

次数降低，绩效显著提高。设备突发故障抢修月均加班人次由 2010 年 90 人/月降低至 2016 年 11 人/月。预防性检修占总检修工作量的 93% 以上。

（4）法规、制度、规程融入完整性体系管理，通过提示和预警，保证定时性工作的落实，从而使设备使用的合规合法性得到保证。

（5）设备管理绩效得以提升，设备可靠性与安全性得到保障。对比武汉石化设备完整性管理全面实施前后的十大管理要素评估情况可以看出：设备管理绩效总体量化评估平均增幅达到 32.4%，其中设备缺陷管理、风险管控、设备分级管理、设备变更管理四大要素进步最为明显，增幅同比分别达到 67.5%、65.9%、55.2% 和 35.1%，这也正是设备完整性管理绩效的直接体现。

4　结语

通过设备完整性管理体系在武汉石化的试点，公司设备专业建立基于风险的可靠性管理，大大降低了设备故障率、优化了工作流程、提高了工作效率。截至目前，已经取得了阶段性的成果，但同时也暴露出其他一些问题：①工艺依赖：工艺生产对设备依赖性过强(工艺管理过于依赖设备可靠性)，导致应急处置能力弱，部分工艺生产安全设置减弱甚至部分工艺安全设置取消，加重设备管理负担；②思想转变：少数设备管理人员对设备完整性体系管理和新技术应用持观望态度，工作主动性不强；③人员培训：设备运行架构改革初步完成后，设备从业人员的技术与管理能力亟待提升，设备信息化工具的熟练使用也成当务之急。通过我们对完整性体系的实施和理解的不断深入，在后续的发展中一定能够实现全寿命周期运营成本最优化、充分创造企业经济效益和社会价值。

参　考　文　献

1　刘小辉，许述剑，方煜译. 机械完整性体系指南. 北京：中国石化出版社，2015

完整性管理在惠州石化设备检维修中的应用

张继锋 李 锋 顾天杰

（中海油惠州石化有限公司，广东惠州 516086）

摘 要 本文运用设备完整性管理理念，基于风险管理策略，建立了设备预防性维修体系，不断提高设备的可靠性，实现设备本质安全。同时结合完整性管理的实际需求，开发出一套完整性管理信息系统，为装置的安稳长满优运行提供了有力保障。

关键词 设备完整性管理；基于风险；预防性维修；信息系统

1 前言

中海油设备完整性管理包括管理完整性、技术完整性、经济完整性和全生命周期管理，对设备进行系统的、动态的、基于风险的全生命周期管理，通过管理优化和技术提升，确保设备经济可靠，实现管理目标和可持续发展。通过开展设备完整性管理，可有效管控风险，提高效率，降低成本，实现设备保值增值及最大经济回报。设备完整性管理流程如图1所示。

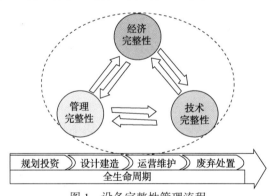

图1 设备完整性管理流程

技术完整性作为设备完整性管理建设的重要组成部分，为管理完整性和经济完整性提供技术支撑和保障。中海油惠州石化依据不同设备特点，基于现有技术及可预见的技术发展方向，建立了完整性技术体系，共分为五类，每一类完整性技术均有一套完整的分析与评估方法，可实现PDCA循环。技术流程包括数据采集分析、风险评估、制定检验策略、现场检验、缺陷处理及适应性评估等，涵盖了数据采集分析技术、监测检测技术、风险评估技术、完整性评估技术、维护维修技术等。

技术完整性引入了基于风险的技术，如RCM、RBI、SIL等，在风险管理的基础上，抓住主要风险，避免"过剩检修"与"检修不足或无效"，从而降低检修成本，改进设备、系统的可靠性，在安全的基础上，获得最大效益，达到安全与经济的统一，如图2所示。

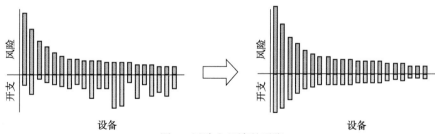

图2 风险和经济的平衡

惠州石化全方位推行设备完整性管理，完善了设备管理体系，覆盖了《ISO 55000资产管理》管理要素，实现 PDCA 闭环管理。应用RBI、RCM、SIL等完整性技术方法，科学合理地制定检维修策略，保证设备正常运行，减少设备故障次数，降低维修费用。

2   检维修策略制定

完整性技术体系是不同维修理念的支撑，核心是对设备大数据的应用，最大程度地发挥事故后维修、预防性维修、预测性维修以及主动性维修等优点，实现设备设施经济可靠。来自于"美国维护和可靠性专业协会"的资料显示，在最佳装置上不同模式维护资源的花费如图3所示。

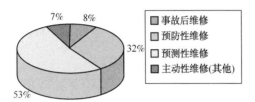

图3   在最佳装置上不同模式维护资源的花费

惠州石化运用设备完整性管理理念，利用RCM、RBI、SIL等基于风险的管理方法，控制设备中高风险，实现设备安全经济可靠。充分发挥基于状态的预防性维修和基于时间的预防性维修的优点，采用有针对性的管理和技术措施，避免重大事故的发生或非计划性停车。将状态监测/检测系统、设备管理系统等有机地结合，通过流程整合业务，形成完整的基于风险及可靠性的设备检维修策略制定方法和机制，如图4所示。

图4   设备检维修策略制定方法和机制

2.1 基于风险管理方法应用

基于风险的管理是设备完整性管理的核心思想，设备管理工作以降低设备风险、保障长周期运行、为企业创造核心价值为宗旨（见图5）。

1）基于风险检验（RBI）技术应用

惠州石化委托专业的第三方资质机构，对全厂17套主生产装置进行了基于风险的检验

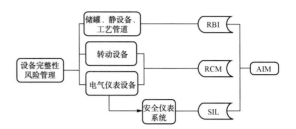

图5   设备完整性风险管理示意图

（RBI）工作。

通过对装置的腐蚀定性分析，明确了装置的重点腐蚀部位及腐蚀机理。同时对装置范围内容器与管道进行风险计算，得到装置风险分布情况与统计结果，如图6所示。

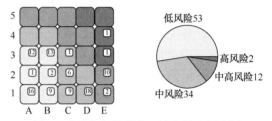

图6   汽油加氢精制装置设备风险矩阵图

通过此次RBI工作，建立了静设备风险分布台账，明确了不同风险等级静设备的维护策略；明确了宏观检查、射线检测或超声检测方法的适用范围及适用设备名称；明确了需要定期抽样进行壁厚测定的设备及管线部位，优化了测厚点、检验周期。

2）可靠性维修（RCM）技术应用

通过对高压加氢裂化装置106-K-101A新氢压缩机和106-K-102循环氢压缩机进行详细的RCM分析，优化了维修策略，有效控制了设备运行风险，提升了设备可靠性。通过收集压缩机历史故障及维修数据，整理汇总，识别出故障原因，归类故障模式。对故障原因进行逻辑决断分析，制定相应的维修策略和维修工作内容。RCM分析优化了压缩机维修策略，降低了设备风险等级。新氢压缩机106-K-101A维修策略效果对比如图7所示。

对于现有的大修内容进行了补充增加。如对于十字头的大修检查，原大修内容为检查十字头磨损情况。除了要检查十字头是否有磨损外，建议进行扭矩检查和无损检测。增加检查确认空气控制阀状态，必要时进行更换；增加检查确认活塞密封状态，必要时进行更换。

设备数据		失效数据					故障特性			风险评估			维修策略	维修数据		采取措施之后风险减少		
设备位号	设备名称	失效模式代码	失效模式	子单元	可维修部件	失效描述	是否为显性故障	是否与工龄相关	状态监测是否有效	严重程度S	发生的可能性L	风险等级		维修活动描述	周期	严重程度S	发生的可能性L	风险等级
106-K-101A	新氢压缩机	AIR	异常仪表读数	润滑油系统	润滑油	污染	是	有关	否	4	4	16	定期检测	油品分析,分析油品的粘度、酸值、水分和磨损分析,及清洁度分析	1M	4	2	8
106-K-101A	新氢压缩机	AIR	异常仪表读数	压缩机本体	活塞-活塞杆	活塞体磨损	有关	有关	否	4	4	16	定期检测	进行活塞体目视检查和无损探伤	4Y	4	2	12
106-K-101A	新氢压缩机	AIR	异常仪表读数	润滑油系统	润滑油泵	主滑油泵密封老化	有关	是	是	4	4	16	巡检	检查主润滑油泵是否漏油	1S(每班)	4	2	8
106-K-101A	新氢压缩机	AIR	异常仪表读数	润滑油系统	润滑油泵	主滑油泵电机轴承磨损	有关	是	是	4	4	16	巡检	振动测量	1S(每班)	4	2	8
106-K-101A	新氢压缩机	AIR	异常仪表读数	润滑油系统	润滑油泵	主滑油泵轴承损	有关	是	是	4	4	16	巡检	振动测量	1S(每班)	4	2	8
106-K-101A	新氢压缩机	ELP	外部泄漏-工艺介质	压缩机本体	气缸	垫压缸套内径磨损	是	有关	是	4	4	16	定期检查	确认气缸套表面检查是否有磨损和椭圆化	1Y	4	2	12
106-K-101A	新氢压缩机	ELU	外部泄漏-公用介质	压缩机本体	气缸	垫压缸套内径磨损	是	有关	是	4	4	16	在线监测	在线活塞杆位移探头	实时	4	2	8
106-K-101A	新氢压缩机	ERO	不稳定的输出	压缩机本体	连杆	连杆大头瓦磨损或剥落	有关	有关	否	4	4	16	定期检测	检查连杆大头瓦的磨损情况,并测量大头瓦的间隙	4Y	4	2	12
106-K-101A	新氢压缩机	ERO	不稳定的输出	压缩机本体	连杆	连杆大头瓦磨损或剥落	是	有关	否	4	4	16	定期检测	油品分析,分析油品的粘度、酸值、水分	1M			

图7　新氢压缩机 106-K-101A 维修策略效果对比表

2.2　基于状态维修策略应用

设备状态管理是通过设备在线监测系统和设备巡检系统对设备进行全方位的状态监测、数据收集及分析。

通过状态监测掌握设备运行状态,提前发现故障,避免恶性事故发生,以及预测故障的发展趋势,如图8所示。如根据频谱分析等技术方法,确定设备故障原因、故障部位,从而根据实际情况制定视情况维修任务,有针对性地确定维修内容、维修级别、维修标准等,合理安排预防性维护工作。

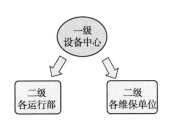

图9　二级监测网路制度

表1　状态监测系统汇总表

序号	状态监测系统名称	备注
1	关键机组状态监测在线监测系统	S8000,16 台
2	关键机组油液在线监测系统	广研院,GT10-0511
3	机泵群无线监测系统	SKF、RMC9000
4	关键机泵离线精密监测	XPR300
5	设备润滑油液监测分析	广研院
6	腐蚀探针在线监测系统	沈阳中科
7	腐蚀监测管理系统	洛阳防腐中心
8	35KV 电缆中间头温度监测系统	116 个测温点
9	设备点检巡检系统	

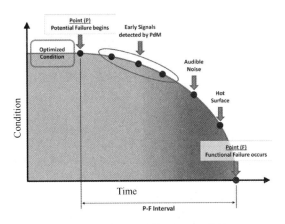

图8　故障发生趋势图(P-F 曲线)

惠州石化对于设备状态监测建立了二级设备监测网络制度,如图9所示。

惠州石化现有设备状态监测系统,如表1所示。

通过对关键机组的轴承测振、定转子的测量,如压力、温度等,进行实时监控,查看实时监测数据(见图10),若出现振幅异常,进行异常状态分析和重点跟踪,把握状态变化规律,找出故障根源,进行及时的预防性维修。

通过润滑油液监测系统,实现对润滑油的实时监测,掌握油品温度、黏度等关键指标数据,如有异常,及时发现,及时更换,及时调节。

通过腐蚀监测系统、腐蚀探针监测系统，掌握实时的设备腐蚀状况，密切关注监测设备腐蚀速率情况(见图 11)，发现异常情况，及时采取措施，将损失降到最低值。

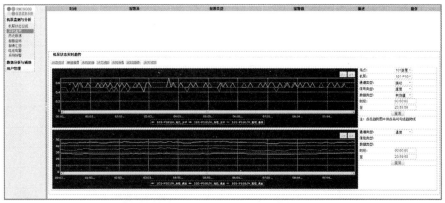

图 10　机泵实时监测示意图

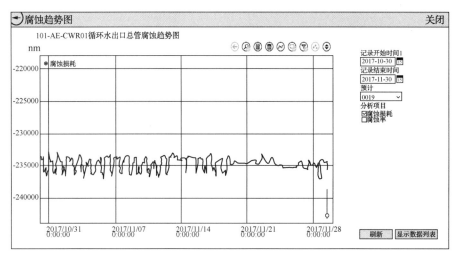

图 11　循环水出口总管腐蚀趋势图

2.3　基于时间维修策略应用

基于时间的设备检维修策略是预防性维修的重要部分。周期性的预防性维修可以排除潜在缺陷，减少设备故障停机次数。但是并不意味着预防性的维修周期可以无限制地缩短，预防性维修频率增大，会造成维修停机时间增长，费用增加。维修周期与停机时间关系如图 12 所示。

设备维修周期的确定主观上基于维修经验判断给出，客观上建立设备故障数据库，依托数据采集与分析技术，总结设备故障周期，不断优化修正运行时间，确定基于时间的检维修策略。

以轴承为例，通过建立与设备主数据关联的轴承数据库，根据系统预设的理论运行寿命、轴承累计运行时间、轴承剩余运行时间，系统

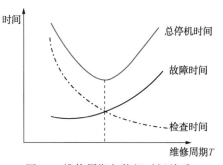

图 12　维修周期与停机时间关系

自动提前(1 个月)预警提示，以便组织对重要设备轴承的计划检修。如果一般设备轴承运行状况良好，可经状态监测保证轴承安全可靠运行，直到轴承出现异常时进行检修。在数据库的记录中可详细查询部门、单元轴承的状态情况，如运行时间、设备位号等信息，如图 13 所示。

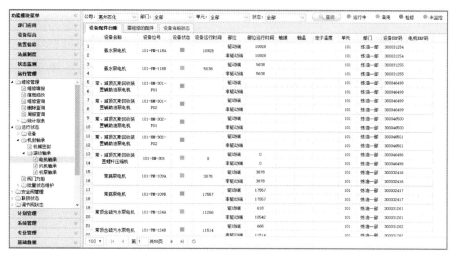

图 13　电机轴承使用情况统计

3　设备完整性管理信息系统

　　设备完整性管理信息系统是设备完整性管理的重要支撑工具，也是完整性管理成果展现的重要手段。

　　惠州石化设备完整性管理信息系统是在原有的设备预防性维修平台基础上，进行二次开发，打通数据传输接口，达到完整性管理的要求。系统开发模式如图 14 所示。

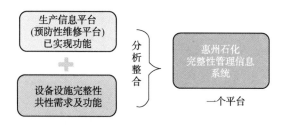

图 14　设备完整性管理信息系统开发模式

　　信息系统按管理完整性、技术完整性、经济完整性和全生命周期管理四大管理要素和 23 个子要素设计功能模块。系统功能架构如图 15 所示。

4　设备完整性管理实践效果

　　1）降低设备维修成本，圆满完成年度目标

　　实现"四个为零"：关键机组非计划停机次数为零、报集团公司重大设备事故为零、A 类电气设备故障率为零、仪表误动作造成装置联锁停车次数为零。设备完好率 99.8%，关键设备完好率 100%，检维修项目及技改技措项目工程质量合格率 100%。

　　在全面完成管理目标的同时，设备管理相关成本费用支出均控制在预算内。

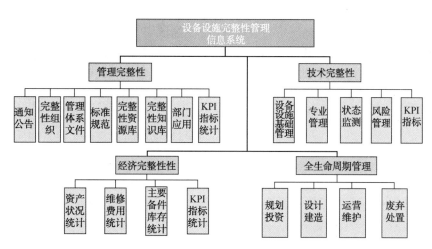

图 15　设备完整性管理信息系统功能框架

2）全面推行预防性维修，有效降低设备故障

2017 年累计开展设备维修 2746 次，其中预防性维修 2629 次，故障维修 117 次，月均故障维修 10 次，预防性维修率 95.7%，完成了年初制定的预防性维修率 85% 的目标。具体如表 2 所示。

表 2　2017 年 1~12 月预防性维修统计

专业	动设备	静设备	电气	仪表	合计
总维修次数	1216	631	324	575	2746
预防维修次数	1173	611	316	529	2629
故障维修次数	43	20	8	46	117

运用设备完整性管理理念，通过开展预防性维修，设备故障次数逐年降低，并趋于合理数据，既保证了设备的可靠性，又节约了维修成本。故障统计情况如图 16 所示。

惠州石化某维保单位贯彻落实设备完整性管理理念，通过开展预防性维修，对设备故障类型进行数据分析，并采取有效措施，优化维修策略，降低了设备故障次数，提高了设备管理水平，如图 17 和图 18 所示。

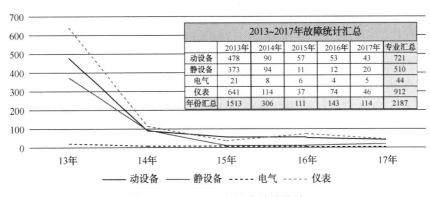

图 16　2013~2017 年设备故障统计

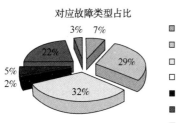

图 17　某维保单位 2018 年 4 月份
仪表故障维修情况

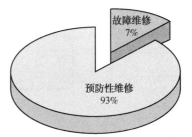

图 18　某维保单位 2018 年 4 月份
预防性维修情况

3）推进信息化建设，提升管理质量与效率

惠州石化借助信息化手段提升设备管理工作质量和效率，以设备的预防性维修为主线，开发完善设备完整性管理信息系统，合理运用设备检维修大数据，为设备检维修提供有力支持。

5　结语

惠州石化设备检维修基于完整性管理理念，建立了设备完整性管理体系，制定了科学有效的检维修策略，节约了设备维修成本，达到了"降本增效"的目的，在圆满完成既定的设备管理目标的同时，实现了设备本质安全。

大型石化项目加热炉模块化制造的集成创新

赵 岩 郑明光 章颖顾 李晓晨 刘宝君

（中海油惠州石化有限公司，广东惠州 516086）

摘 要 本文介绍了惠州炼化二期项目推行加热炉模块化制造的成功经验，通过对加热炉模块化制造特点分析，识别评估了各类风险，达到了理想效果，成为项目管理的创新亮点，具有广泛的推广应用价值。

关键词 加热炉；模块化；制造创新

中国海油惠州炼化二期项目 2014 年 10 月份开工建设，1000 万吨炼油工程于 2017 年 9 月份建成投产；120 万吨乙烯工程于 2018 年 4 月份建成投产。该项目共有 39 台加热炉，具备模块化制造的大型加热炉有 22 台，其中包括 9 台乙烯裂解炉（单台能力 15 万吨/年）、2 台常减压加热炉、重整四合一反应炉、加氢反应炉、加氢分馏炉等。鉴于装置规模大，加热炉变成了超大型设备，以乙烯裂解炉为例，其钢结构外形尺寸为 28m×13.8m×16.2m，给项目的工程设计、制造、安装、平面布置带来了诸多困难。为此，大型加热炉的工厂模块化制造与现场安装结合已经为新建项目的科学管理带来了新课题。本项目在大型加热炉施工管理上改变了传统的现场制造安装模式，同时也舍弃了近年来国内普遍采用的分片化模块制造带来的弊端，在加热炉模块化制造上取得了成功经验，聚集了制造、运输、吊装的核心亮点，为石化行业项目建设模式创新树立了典范。

1 加热炉模块化制造方式选择

加热炉的模块化制造分为整体模块、分段模块、分片模块三种方式。本项目只选择了前两种方式：对于小型圆筒形加热炉，因结构尺寸较小，不受场地运输和吊装限制，可以采用整体在制造厂完成，现场一次吊装找正安装就位，如重整分馏炉、航煤加氢反应炉、催化汽油脱硫反应炉、裂解汽油加氢分馏炉（见图 1）；对于钢结构框架复杂的超大型加热炉，采用辐射室、对流室分段在工厂模块化制造，现场组对安装，如乙烯裂解炉、常减压装置的常压炉和减压炉、重整装置的四合一反应炉（见图 2）。模块化制造在降低现场高空作业风险、减少工作界面、场地布局、提高效率、质量控制、节约投资等诸多方面都体现出明显的优势，达到了预期效果，是国内石化行业加热炉模块化制造安装最成功的案例。第三种方式目前国内应用比较广泛，属于半模块化性质，与传统的现场制造安装相比，现场施工工作量和界面并没有明显减少，不建议采纳。

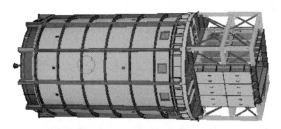

图 1 圆筒炉整体模块

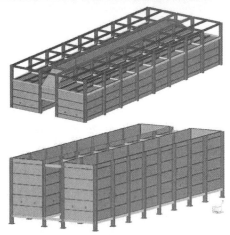

图2　箱式炉分段模块

2　模块化制造与传统现场安装相比的优势

传统的加热炉现场制造安装工序概括为：钢结构梁柱安装—炉体板铺设—炉内结构件安装—炉管安装—探伤—热处理—梯子平台安装—炉管试压—燃烧器和风道安装—衬里浇筑或安装。以整体分段模块为例（见图3），模块化制造安装工序概括为：工厂模块化分段制造—海运运输—现场分段安装—梯子平台安

图3　工厂化制造完成的模块

装—辐射室与对流室之间跨接管连接、探伤、热处理—燃烧器和风道安装—辐射室衬里浇筑或安装。与传统的加热炉现场制造相比，模块化制造在以下方面具有优势。

2.1　安全管理

由于模块化制造在制造厂房内进行，作业环境优良，桥式吊车随时配合，脚手架通常以移动架为主、固定架为辅，专用机具和工装使用方便。现场的主要安装工作是对流室模块吊装、梯子平台安装、辐射室衬里砌筑安装，高空作业人员大幅度减少，脚手架搭拆数量小，工作界面简单清晰，施工风险有效识别，现场安全措施落地。

2.2　质量控制

厂房内的制造设备、检验设备专业化，制造质量不受气候干扰，制造工艺标准化、自动化、流水化程度高，发现问题容易检查整改，材料进场质量检验、防腐质量、焊接质量、模块制造质量都能可靠控制，通过预组装保证现场整体安装精度和质量。

2.3　进度保证

由于制造厂具有设计和制造双重资质，制造厂对项目主设计单位提出的条件和要求通过二次转化设计，加快了设计进度，材料及时采购，制造工艺成熟，各工序间可以深度优化。现场安装减少了吊车长期占用和多工种交叉作业，长期由一家单位施工的独立性强，缩短现场施工时间，让业主和监理更加省心省力。

2.4　投资对比

加热炉在工厂模块化制造具有技能熟练工人占比例大、机械化程度先进、作业效率高的优势，降低了现场施工的人工费、机械调遣费、临时设施费，减少了现场吊车长期使用费和频繁搭拆的脚手架费用。此外，由于二次设计由制造厂完成，通过"量体裁衣"订购材料，降低了材料消耗。模块化制造的最大缺点就是显著增加了运输成本。经过综合对比分析，模块化制造安装与现场制造安装相比，投资至少可以节省3%～5%。

2.5　文明施工

加热炉现场制造占地面积大，专业、工序、界面复杂，现场需要提供很大的施工作业场地，以满足吊车站位、材料摆放、脚手架搭设等要求，模块化制造弥补了以上缺点，模块运输到现场立即安装就位，与其他施工没有任何交叉影响，不需要特殊预留场地，现场实现了工完、料净、场地清(见图4)。

图4 模块现场组装

3 风险控制措施

3.1 设计风险

(1)主设计单位必须要保证加热炉的各项性能指标满足工艺操作条件要求，自保联锁可靠。

(2)主设计和二次设计都要严格控制结构整体稳定性。利用专用软件对钢结构强度和刚度精确计算，确定分块切分节点，找准模块重心，设置临时加固支撑，保证在运输、吊装、安装过程的牢固可靠。

(3)结合加热炉整体结构，对模块连接面采用特殊结构设计，满足现场安装和整体密封要求。

(4)优化衬里结构设计，采用轻型复合结构，应用莫来石砖、纳米板、超级隔热板等新型材料保证模块制造后的隔热性能，正常操作工况下炉体外壁温度不超过75℃，也有些加热炉要求外壁不超过55℃。

(5)制造厂的二次设计必须经过主设计单位复核确认，把二次设计内容全部落实在主设计单位的施工图和竣工图之中。

3.2 制造风险

(1)所有材料进厂检验必须满足规范和图纸要求，对主要材料性能指标要进行复验；主要材料和附件必须按照业主指定短名单采购，业主参与验收。

(2)制造过程需控制焊接变形，钢结构的

平直度满足设计或规范要求；附属设备、钢结构防腐质量和涂料选择严格质量检验工序。

(3)对裂解炉模块整体工厂预组装，炉管组件做悬吊检验(见图5)，确保整体模块组装的现场安装精度。

图5 裂解炉辐射炉管悬挂试验

(4)炉管保护、模块加固满足运输要求，做好外部密封防护，确保模块的抗折和防水。

(5)优化分段处结合面衬里的设计，确保衬里的隔热和密封效果。

3.3 安装风险

(1)根据模块结构，设计制作吊装框架并进行载荷试验，保证模块整体吊装平稳，受力均匀，就位精准控制。

(2)鉴于炉管材质的特殊性，炉管焊接安装完成后，需要对焊口再次抽查检测硬度、无损探伤、热处理，以防止产生延迟裂纹。

(3)衬里施工工序必须放在最后，要在模块安装、炉管整体试压结束后进行，且衬里施工要保证每道工序的间隔时间，以保证衬里施工整体质量。

(4)增设临时防雨、防水、防潮、防锈蚀措施，重点保护好烟囱、电仪设备、风机、衬里、炉管、设备管线法兰、地脚螺栓和法兰螺栓、燃烧器、烟道挡板、执行机构等。

3.4 运输风险

(1)选择拥有丰富经验的运输公司，模块化制造工厂要靠近码头，单个模块最大重量420t，实现模块出厂与装船运输无障碍。

(2)水上运输采用无动力甲板驳船，布置临时钢桩与甲板焊接牢固，并用缆风绳固定，保证模块在运输过程的稳定性。依靠岸边潮位变化采用滚装滚卸，保证模块平稳上下船(见图6)。

图6　模块装船运输

（3）从模块装船到卸船后的陆地运输采用多轴线自行液压遥控平板运输车（每个轴线载重量达到30t，车轮可以360°旋转）。优先做好沿路运输障碍清除、转弯处临时道路铺设、加热炉基础处的路基平整碾压，为安全顺畅运输创造条件。

（4）利用自行液压遥控平板车的自卸功能，将下段模块（主要是辐射段）直接走行到加热炉基础处，通过液压升降实现自动卸车、精准找正、安装就位。

4　项目实施效果

加热炉模块化制造安装从方案策划、市场调研、能力评估、制造商选择，到设计审查、驻厂监造、过程验收、水陆运输、现场安装，均实现了计划控制得力，风险评估全面，工序安排科学，全程组织完美。

（1）实现了安全制造、运输、安装，各合作方严格按照实施方案开展消项作业，由于现场施工人员和机具少，安全措施投入得力，施工周期短，没有发生任何大小事故或事件。

（2）制造质量优良，性能考核达标。我们通过对制造安装实体质量检验、现场外观检查、使用性能测试，加热炉结构设计总体合理，风机、燃烧器、风门、挡板、火焰监测等控制系统可靠。尽管目前还没有达到满负荷运行，但已经完成标定的加热炉热效率均达到了92%以上。

（3）制造进度受控，现场安装简洁。由于制造厂与设计院、运输公司、业主沟通协调顺畅，设计、采购、制造各环节无缝衔接，现场施工工序简单，重点是集中精力组织燃烧器及附件、衬里、梯子平台施工，每台加热炉现场

有效施工工期均不超过2个月。

（4）管理界面简单，现场组织方便。制造厂与其他施工承包商交叉施工少，施工人员快进快出，没有合同补偿或劳资纠纷，业主管理省心、放心、安心。

5　经验与体会

（1）组建由建设单位牵头，设计、制造、施工、采办参加的核心团队是项目成功的关键。参与加热炉模块化制造的核心团队技术全面、经验丰富、敢于担当、责任心强，大家都经历了风雨，见证了彩虹，收获了成果。

（2）选择优秀的设计单位、制造单位、运输单位是提升项目价值和影响力的前提。我们取得的成功是与设计、制造、运输单位协同作战的结果，凝聚了各相关方的智慧和力量。

（3）方案策划与制定需要领导者有睿智和勇气，思维开阔、业务精通、善于创新，直面困难和挑战，用正确的行动和百倍的信心赢得优异成果。

6　结语

惠炼二期项目加热炉模块化制造的成熟做法得到了石化同行的高度评价，是项目管理的杰出亮点之一，尤其是大型乙烯裂解炉首次模块化设计、制造和安装开创了乙烯行业先河，为其他项目提供了宝贵经验（见图7）。我们会继续总结提升，持续改进，把加热炉模块化制造打造成行业标准化模板，推动大型设备的模块化制造向纵深发展。

图7　投产后的乙烯裂解炉

依托 ERP 系统　实施设备生命周期管理降低修理费

张开红

（中国石化扬子石化有限公司，江苏南京　210048）

摘　要　ERP 是信息时代现代化企业的运行管理广泛应用的信息系统，已在国内很多领域积累了很好的使用经验，而从设备运行管理的角度来说，充分挖掘 ERP 系统的功能，探索和改进设备运行管理新模式，实现设备运行可靠、节约修理费、ERP 系统功能应用最大化具有重要意义。

关键词　ERP 系统；设备；生命周期；修理费

1　前言

在企业生产过程中，不可避免地要对生产运营状况进行经济活动分析。与生产装置的经济活动分析不同，设备专业的经济活动分析重点是对设备的日常运行维护检修等过程所发生的经济活动进行分析，主要表现在对设备管理过程中所消耗的备件物料、人工等费用的使用情况进行分析。如分析物料费、人工费占比，修理费、固定资产总额占比，各专业修理费占比等。但是具体到每台设备每年的检修次数、备件费、人工费以及现场哪些设备故障率高、检修费用高等，在传统的设备管理过程中很难精确统计。

2　ERP 系统概念及设备全生命周期管理内涵

2.1　ERP 基本概念

ERP（Enterprise Resource Planning）就是"企业资源计划"，ERP 是现代化的企业管理理念。

ERP 系统是基于 ERP 企业管理理念上的高度集成化的计算机信息系统，是一套集成了 ERP 管理理念与企业具体业务流程、借助于 ERP 计算机应用软件来实现新型企业管理模式的企业资源管理系统。用以支持企业主要的核心业务流程，通常包括：财务会计、生产计划、销售分销、物料管理、工厂维护、人力资源等；整体、实时地提供与各项业务相关的数据，包括以前难以及时获取的数据；可以向领导者提供企业整体的状况，反映企业的盈利能力和各项业务活动的情况；所有业务处理和活动通过统一的数据库进行及时更新，以改善用户存取、提高业务信息质量及减少数据校验，内嵌可配置的行业最佳业务模式。

2.2　设备全生命周期管理内涵

全生命周期是指从项目的长期经济效益出发，在预期的生命期限内，全面考虑项目的规划、设计、制造、选型、购置、安装、运行、维护、检修、改造、更新直至报废的全过程。简单地将全寿命周期管理分为三个阶段：投运前期、运行维护期、修旧及报废期。全生命周期简图如图 1 所示。

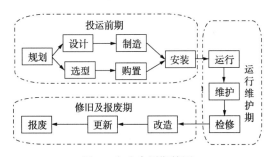

图 1　全生命周期简图

设备全寿命周期管理，要综合考虑设备的可靠性和经济性，是从前期设备选型、安装，运行维护直至更新报废全过程的角度，制定完善的管理规范和制度，为日常设备管理提供依据，通过统计设备的全生命周期各阶段数据，为设备的可靠性分析、成本估算、经济分析等活动提供数据支撑和决策依据，在保证设备可靠性的基础上，使全生命周期成本最小的一种管理理念和方法。

作者简介：张开红（1967—），女，江苏人，1988年毕业于兰州化工学校化工仪表与自动化专业，高级工程师，现就职于扬子石化公司水厂设备管理科。

传统的设备管理主要是指设备在役期间的运行维修管理，其出发点是从保证设备可靠性的角度出发，具有为保障设备稳定可靠运行而进行维修管理的相关内涵。主要包括设备的安装、使用、维修直至拆换，体现出的是设备的物质运动状态。如果对设备的选型、采购、运行维护、报废等每个环节进行控制、记录、分析，对设备运行状况、故障状况、检修情况以及费用消耗都进行统计，同时针对故障频繁、备件消耗多、检修频繁的设备，分析原因、寻找对策、落实措施，从而提高设备可靠性，达到节约修理费、降价成本目的。

3 依托 ERP 系统实现设备全生命周期管理的具体做法

依托 ERP 系统，构建设备全寿命周期管理系统。该系统不仅具有资产管理、设备管理、维修工时和成本管理等基本功能，还具有信息综合分析、报警功能、故障数据统计、专家诊断功能等，对资产、故障、润滑、备件、维修工时、成本等信息能资源共享，进行综合分析。用户按要求将相关信息按时按规定记录（必须真实）并输入 ERP 系统内，例如将故障类型、产生原因、停车天数、维修工时、累计运行时数、备件消耗等相关数据及时录入系统，并对信息进行分析处理，然后利用分析结果采取针对性措施，以达到故障率大幅下降的目的。

在 ERP 系统中，通过设备管理与资产管理（EM）、物资管理（MRO）、项目管理（PS）、财务管理的集成等，都是站在设备全生命周期的角度，从项目规划、设备台账、资产台账对应、检修费用、维修成本汇总，设备可靠性分析，后期报表数据分析等角度完善管理，以达到全生命周期成本最小的目的。

3.1 投运前期管理

设备前期管理重点包括规划决策、计划、调研、采购、安装调试等内容。

3.1.1 决策选型阶段

在投资前期做好设备的能效分析、技术调研与交流，确保选用的设备能够发挥最佳状态。

3.1.2 采购管理阶段

进行招标比价，在保证性能满足需求的情况下进行最低成本购置。

3.1.3 安装调试阶段

通过现场规范施工管理，严格施工质量验收，确保设备安装规范，满足安稳运行要求。

3.1.4 资产管理阶段

前期工作结束后，实现投资过程资产化。在 ERP 系统中，所有的功能实现都是从设备主数据开始，它反映的是企业设备基本信息及其资产状况，具有静态和动态两部分数据：静态数据主要有设备编号、名称、型号规格、厂商信息、所属单位、原值、主要性能参数等；动态数据有设备故障率、累计运行时间、物耗能耗等。建立设备主数据就要确保账、物对应，实现设备与资产的对应，动态数据与静态数据关联。通过设备号与资产号的关联，实现财务数据与设备价值等信息的一一对应。为了保证设备台账和资产卡片上信息的一致性，对于设备规格型号、技术参数、生产厂家、技术对象类型、功能位置、维护工厂、计划员组、主资产号等信息设为必输关键字段。其中通过主资产号实现设备价值与固定资产的有机统一。当设备上的相关信息变化时，其资产数据也会同步更新，通过设备号与资产号的关联还可以查询到有关此设备的账务数据。设备资产字段见表1。

表 1　设备资产字段

SAP 字段名	中文名称	SAP 字段名	中文名称
RM63E-EQUNR	设备号	ITOB-ANLNR	主资产号
ITOB-SHTXT	设备说明	ITOB-ANLUN	资产次级编号
RM63E-EQTYP	设备种类	PRPS-POSID	WBS 元素
ITOB-DATAB	有效日期	ITOB-KOSTL	成本中心
ITOB-EQART	技术对象类型	ITOB-IWERK	计划工厂
ITOB-BEGRU	技术对象授权组	ITOB-INGRP	计划人员组

续表

SAP 字段名	中文名称	SAP 字段名	中文名称
ITOB-BRGEW	毛重	ITOBATTR-WERGW	工作中心工厂
ITOB-GEWEI	重量单位	ITOBATTR-GEWRK	维护工作中心
ITOB-GROES	大小/尺寸	ITOB-TPLNR	功能位置
ITOB-INVNR	库存号	ITOB-TIDNR	技术标识号
ITOB-INBDT	开始日期	ITOB-SUBMT	构造类型
ITOB-ANSWT	购置值	ITOB-RBNR	类别参数文件
ITOB-WAERS	货币	ITOB-HEQUI	上级设备号
ITOB-ANSDT	购置日期	ITOBATTR-TXT_ HEQUI	上级设备描述
ITOB-HERST	制造商	RMCLF-KLART	类种类
ITOB-HERLD	制造商国家	RMCLF-CLASS	分类
ITOB-TYPBZ	规格型号	RMCLF-KLTXT	分类描述
ITOB-BAUJJ	构建年份	RMCLF-CLASS	分类
ITOB-BAUMM	构建月份	RMCLF-KLTXT	分类描述
ITOB-MAPAR	制造商零件号	RMCLF-CLASS	分类
ITOB-SERGE	系列号	RMCLF-KLTXT	分类描述
ITOB-SWERK	维护工厂	系统动作	活动(非激活/激活)
ITOB-BEBER	工厂区域	系统动作	删除标记(设置/重新设置)
ITOB-STORT	位置	RILO0-STTXU	用户状态
ITOB-ABCKZ	ABC 标识	ZIMPSTHQ01160-SBNM	实物内码
ITOB-EQFNR	分类字段	BGMKOBJ-GWLDT_ I	开始担保日期
ITOB-BUKRS	公司代码	BGMKOBJ-GWLEN_ I	保修结束日期
ITOB-GSBER	业务范围	ITOB-MSGRP	房间

3.2　运行维护期管理

3.2.1　设备运行管理

依托 ERP 系统平台,实时记录设备运行状况,作好开停车记录。

设备开停机信息记录准确、完整。所有转动设备的当月运行月报满足月度时间的要求,报表中计算出的故障停机时间、运行时间及累计运行时间要准确,如图 2 所示。

图 2　设备运行月报

设备运行记录中的停机记录与停机维修的故障通知单中的停机信息一致。涉及到故障停机,必须维护关联正确的通知单、工单编号。

因计划检修创建的设备运行记录,要准确、完整地填写检修开始时间和检修完成时间。

设备停机相关信息要与现场检修工作时间信息一致。保证设备运行时间的计算准确性,满足设备运行时间的统计查询,以确保通过累计运行时间进行预防性维修的准确性。

3.2.2　设备维护保养

根据公司关于动设备润滑管理规定,按照五定指示表进行加、换油操作。定期完整、准确地填写换油记录及登记油品消耗量,以便利用 ERP 系统统计全年的润滑油品消耗量,为年度油品消耗分析提供数据支撑。

3.2.3　设备维修管理

依托 ERP 系统,采用现代化管理思想和方法,强化设备基础管理,注重信息收集管理与分析,加强维修成本统计与分析,提高设备可靠性,降低维修成本。设备管理人员根据设备关键性及其各项经济技术指标针对不同类型的设备分别采用状态检测维修、定期维修、事后维修、改善性维修等不同的维修模式，编制维修计划，记录维修信息，核算维修费用；其目的是保证设备在运行过程中经常处于良好技术状态，并有效地降低维修费用。

传统的检修管理中，检修成本没有精确落实到具体的设备上，造成无法掌握设备的全生命周期中(重点故障处理、检修、备件消耗)产生的费用情况。依托 ERP 系统，通过对设备创建通知单、工单的形式对设备进行检修安排、备件上报、维修单位落实以及详细的故障分析以及措施等情况进行统一管理落实，实现对设备的运行成本全面掌握与精确控制。设备检修管理流程如图 3 所示。

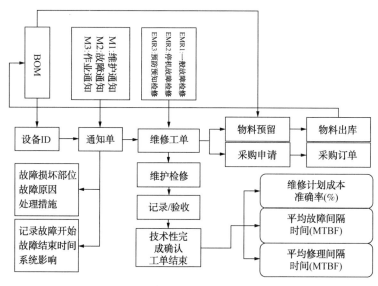

图 3　设备检修管理流程

工单是 ERP 系统的 EM 模块对设备实施检修、进度控制和成本核算的工具。每个工单的创建都必须来源于通知单，而通知单则是准确记录设备运行状况、故障时间与检修信息的关键数据(见图 4)。通过与具体设备 ID 一一对应，以此来实现检修信息和修理费精确统计与分析。

生产设备维修工单要求全面体现该设备的维修内容及维修成本，维修对象、描述、工序、组件、基本开始时间和基本完成时间等数据要填写完整、准确。工单中的计划成本或估算成本要求准确填写。如系统计算出的材料计划成本与真实成本差异较大时，要求填写较准确的估算成本；且要按实际维修工作量，准确填写预算或测算的外委服务计划成本。

由图 4 所示，维修工单被审批下达以后，备件直接上报公司到物装科生成销售单号，人工费生成采购申请单号。当期项目检修完成以后，及时进行验收，档案整理归档，技术完成后，把工单实际发生的费用上载到财务不同科目上。财务人员对完成业务的工单进行成本结转，并生成相应的财务凭证，纳入到成本管理中，计算单个工作的计划费用准确率。

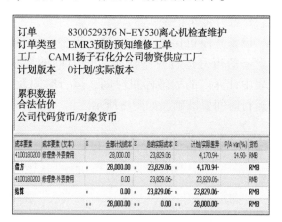

图 4　工单成本分析

通过设备的通知单可以统计一段时间内单台设备故障间隔时间(MTBF)、故障时间、修理间隔时间(MTBR)，通过工单可以直接查询设备维修成本及维修工单计成本的准确率。

3.3 修旧及报废期管理

3.3.1 修旧利废

对于部分可修复设备，设备的定期进行轮换和离线修复保养，然后继续更换使用，也是降低备件购置维修成本最关键环节，是值得推广与鼓励的行为。在大修期间，共实现备件、阀门及其他辅件等修旧利废约 1500 台件，折合人民币约 221.7 万元，大大节约了修理费用。

3.3.2 设备报废

设备整体已到使用寿命，故障频发，影响到运行的稳定性与设备的可靠性，其维修成本已超出设备购置费用，已失去了修复价值，必须对设备进行更换。更换后的设备资产进行变卖或转让或处置，残值回收，进入企业的报废流程，在 ERP 系统中登记为报废状态，使资产处置在账管理，既有利于追溯设备使用历史，也利于资金回笼。至此，设备寿命正式终结。

3.3.3 设备更新

依托 ERP 系统，通过对设备整体使用经济性、可靠性及其管理成本进行科学的分析，可以选择更加先进、性价比高的设备，并重新进行全寿命周期的跟踪；也可以仍然选择原型号的设备，并应用原设备的历史数据进行更加科学的可靠性管理及维修策略，使其可靠性及维修经济更加优化。

4 应用效果

在设备的生命历程中，每个阶段都被赋予不同的经济活动，其中前期管理与修旧利废及报废管理通过对设备整体使用经济性、可靠性及其管理成本作出科学合理的分析，并辅助设备采购决策，确保性价比高的设备得到应用。在运行维修管理阶段通过对设备运行数据进行更加科学的可靠性管理及维修策略，使其可靠性及维修经济更加优化，提高性能、降低支出，延长使用寿命，最终实现设备的全生命周期管理。

通过一年应用总结发现，依托公司的 ERP 系统进行设备全生命周期管理，将设备管理和资产管理、财务管理、项目管理、物资管理集成起来，规范业务流程，取得了很好的应用效果。

（1）全面健全设备 BOM 值，建立备件和物一一对应关系，提高设备备件对应率，优化设备的维护性和经济性，在申报备件时，只要打开设备 ID 号即可，避免找码的困难和输入物码时可能出现的错误，2017 年全年维护设备 BOM 值达 1934 条。

（2）通过在设备上创建 M2 故障通知单，统计得到年平均 MTBF 为 7999.74 小时、年平均 MTBR 为 1014.90 小时。

（3）全年创建工单 265 条，可以精确统计设备全年的检修频率、检修原因以及备件消耗与人工消耗，计划准确率达 89.51%。

（4）全年创建物料计划 1191 条，累计费用达 1377 万元左右，比 2016 年减少了近 150 万元。

（5）全年创建采购订单 345 条，累计金额达 2000 万元左右，比 2016 年减少了 176 万元。

利用 ERP 系统，实施设备规范管理，全面掌握设备运行状况和设备检修状况。通过对设备的全生命周期内精准管理，准确统计设备 MTBF、MTBR 数据，统计分析设备的各类备件消耗情况、故障原因、处理措施，并以此为依据，对设备的寿命、设备故障时间、备件更换和维护对系统寿命的影响进行分析，从而大幅度减少设备修理费，全面提升设备可靠性，延长使用寿命，确保设备经济运行提供保障，同时也拓宽设备管理思路，全面提高设备管理水平。

参 考 文 献

1 刘迅．基于 ERP 系统的设备资产全生命周期管理．湖南电力，2014，34（3）：45-47

推行精细化管理　有效保证机泵可靠性

焦永建

（中国石油独山子石化分公司，新疆独山子　833600）

摘　要　本文介绍了中国石油独山子石化分公司推行精细化管理，有效保证了机泵的可靠性。主要是：以设备"标准化"为抓手，夯实机泵的基础管理；加强关键机组的"特级维护"，提升管理的高度；狠抓机泵的运行管理，杜绝故障检修；广泛引用新技术，开展机泵的隐患治理等。

关键词　机泵；可靠性；精细化管理；标准化

独山子石化转动设备共7821台，主要分布在炼油厂、乙烯厂和热电厂。三个厂都有新区、老区两套装置，老区装置设备运行时间长、技术较落后，长周期运行管理难度大。近年来独山子石化公司立足于设备基础精细化管理，加大管理力度，制定各项设备提升措施，收到了良好的效果。

1　夯实机泵的基础管理

1.1　以设备"标准化"为抓手，提高机泵基础管理

1.1.1　2017年设备"标准化"工作成绩

独山子石化公司2017年设备管理"标准化"验收中设备完好率达99.94%，主要设备完好率为99.85%，静密封点泄漏率为0.044‰，仪表完好率为99.92%、使用率为99.94%、控制率为99.88%。"标准化"管理验收区域（装置）申报验收1118个（套），通过验收1097个（套），验收平均通过率98.12%。

1.1.2　2018年设备"标准化"重点工作

（1）修订"标准化管理检查评分表"量化评分标准，排查设备"标准化"管理工作短板，制定整改措施和提升目标，把提高设备完整性管理作为工作重点，强化设备基础管理，将总部实现设备管理"四化"和"把完好标准从表面达标向本质安全转化，把标准化建设工作不断推向更高水准"的要求落到实处（见图1和图2）。

（2）明确设备日常检查、检维修质量验收标准。持续推进设备预知检修，提高预知预判能力；强化检维修验收管理，保证检维修质量，遏制设备泄漏等重大事故，保证设备运行的可靠性；对各单位开展设备"标准化"管理工作进行督促检查，并将检查情况进行通报和严格考核。

（3）各单位在推进设备"标准化"管理工作而进行设备整改、消缺、技改实施过程中，要优化设备运行工况、节能降耗，针对设备运行过程中出现的故障进行攻关，提高设备运行效率，提高设备运行的可靠性、经济性。

（4）通过设备管理信息系统，建立和完善设备基础资料信息，规范设备故障管理程序，将预防性维修和计划维修相结合，逐步形成预防性检修体系。充分发挥设备综合管理平台，完善并建立动态管理机制，使之更好地为设备管理工作服务。

1.1.3　设备"标准化"管理指标

设备完好率≥98%、主要设备完好率≥99%、泄漏率≤0.3‰、"标准化"机泵房（区）验收通过率≥95%、"标准化"仪表控制室验收通过率≥95%、"标准化"变（配）电室验收通过率≥95%、"标准化"罐区验收通过率≥92%、"标准化"装置验收通过率≥92%、"标准化"平均验收通过率≥92%（上半年验收指标为年度指标降低5%）。对以上指标的完成情况按《独山子石化公司专业管理考核实施细则》的要求给予考核。

1.2　提升关键机组管理高度，实现管理标准化

（1）独山子石化公司34台关键机组执行统一的"钳、电、仪、管、操"五位一体标准化管理模式。

**独山子石化公司2018年设备
"标准化"管理工作计划**

公司各单位：

通过2017年设备管理"标准化"工作，公司设备完好率达99.94%，主要设备完好率99.85%、静密封点泄漏率0.044‰、仪表完好率99.92%、使用率99.94%、控制率99.88%。"标准化"管理验收区域（装置）申报验收1118个（套），通过验收1097个（套），验收平均通过率98.12%。其中：炼油厂平均通过率96.81%，乙烯厂平均通过率99.04%，热电厂平均通过率99.22%，供水供电公司平均通过率96.72%，完成了公司下达的平均通过率≥92%与单项验收通过率≥85%的目标。为落实《炼化分公司2018年设备专业工作要点》中"坚持短板整治持续开展"65431"工作"的要求和"独山子石化公司2018年工作会议"精神，2018年将继续在公司范围内开展设备"标准化"管理提升工作。各单位要按照股份公司"关于全面开展炼化企业设备现场标准化管理工作的通知"（附件1）和《炼化企业设备现场管理标准》（附件2），在已经取得的成绩基础上，由表及里继续深化，把完好标准从表面达标向本质安全转化，把标准化建设工作不断推向更高水准。各单位要认真组织学习《炼化企业设备现场管理标准》和机动设备处2018年新修订的《设备"标准化"管理检查评分表》，巩固2017年"标准化"验收成果，在基础管理、技术管理、设备检修、攻关、技措、隐患治理、装置面貌规范化整改、设备日常巡检、维护等工作中，持续推进设备设施完整性管理，不断提升设备管理水平，为石化公司的安稳长生产提供可靠的设备基础保障。

2018年设备"标准化"管理工作安排如下：

一、领导小组

组 长：任立新、林霞宇

组 员：焦永建、程勇、陆军、田志、王晓栋、牛文合、张舟

设备"标准化"管理工作领导小组办公室设在公司机动设备处。

办公室主任：焦永建

成 员：徐泽伟、蔡志勇、张顶福、徐国良、刘新忠、越立新、季明强、王小龙、许小林、万文新、王艳东、冷忠、张林全、李卫平、于洪波、宋波

二、时间安排

2018年3月15日前直属单位成立领导小组、制定工作目标、确定申报区域及实施计划报机动设备处。

2018年3月至12月为各单位计划落实、技措实施、设备检修、隐患消除、自查验收、工作总结阶段。

2018年7月和12月各单位自评总结，公司机动设备处将按照《炼化企业设备现场管理标准》的要求和《设备"标准化"管理检查评分表》进行上半年和全年验收总结。

三、工作要求

1、根据股份公司下发的"关于全面开展炼化企业设备现场标准化管理工作的通知"和《炼化企业设备现场管理标准》的要求，结合实际与2017年验收结果，各单位按照机动设备处新修订的"标准化管理检查评分表"的要求量化评分，排查设备"标准化"管理工作短板，制定整改措施和提升目标，把提高设备完整性管理作为工作重点，强化设备基础管理，将总部实现设备管理"四化"和"把完好标准从表面达标向本质安全转化，把标准化建设工作不断推向更高水准"的要求落到实处。

2、各单位加强设备日常检查、检维修与维护管理，做好检修、维护施工现

图1 2018年设备"标准化"工作计划

"标准化"机、泵房（区）评分标准

申报单位（盖章）： 机泵房名称：

检查项目	检查内容	评定标准	标准分数	扣分原因	实际得分
1、设备状态好（35分）	1.1房（区）内设备每台完好，选型合理，运行可靠，不见脏、乱、缺、锈，无"跑、冒、滴、漏"，设备运行参数符合操作规程要求。	1、房（区）内有设备计划检修不扣分，非计划检修扣2分/台次；2、发现脏、乱、缺、锈或"跑、冒、滴、漏"每处扣1分；3、设备运行参数每发现一处不符合规程要求扣3分。	5		
	1.2设备、管道、阀门、电气线路、表盘、表计等安装规范，横平竖直。	1、每发现一处不符合要求扣0.5分。	3		
	1.3基础、机座稳固可靠，地脚螺栓和各部螺栓连接紧固、齐整，螺纹满扣且长度均为适宜，顶丝处于自由状态。	1、每发现一处不符合要求扣0.5分。	2		
	1.4围栏、平台、爬梯、保温（冷）、油漆、安全防护设施完整，无损伤。	1、围栏、平台、爬梯破损或损伤，每发现一处扣0.5分；防腐、保温（冷）、油漆不完整、有破损，每发现一处扣0.5分；设备安全防护不符合标准要求，每发现一处扣2分；无防护措施的，每发现一处扣5分。	5		
	1.5现场显示仪表完好，定期校验，并有正常运行参数的范围标识；工业视频监控系统布置合理，投用良好。	1、现场仪表不完好、未定期校验，每发现一处扣2分；2、每发现其它一处不符合扣0.5分。	5		
	1.6房（区）内设备标识、安全警示标识、定置定位标识、闲置标识、设备铭牌等齐全完好，设置规范、字迹清晰。	1、每发现一处不符合要求扣0.5分。	5		
	1.7设备隐患制订风险削减与安全防范措施并纳入设备隐患台帐管理。	设备隐患未形成闭环管理，每发现一处扣2分。	5		
	1.8转动设备状态监测系统（离线监测或在线监测）全覆盖。	1、每发现一处不符合要求扣0.5分。	2		
	1.9各转动设备振动达标（随机资料有振动标准的按资料执行，无说明的参照SHS01003-2004标准执行。）。	1、每发现一台转动设备振动不达标扣0.5分。	3		
	2.1认真执行岗位责任制及设备检修、维护保养等规章制度。	1、岗位界限不清楚、属地管理责任、维保单位责任不明确本项不得分；2、维护制度执行不力，每发现1项以上扣0.5分。	3		

图2 "标准化"机、泵房评分标准

（2）关键机组特护例会制度标准化，公司机动设备处一个季度组织召开一次关键机组特护例会，分厂机动一个月组织召开一次特护例会，属地车间一周组织召开一次例会。

(3) 关键机组特护手册标准化。公司34台关键机组每机一本特护手册，执行统一的模版进行编制，内容包括“钳、电、仪、设备、工艺”五位一体各专业特护内容，每一专业内容包设备日常检查内容及标准和特护检查内容及标准(见图3和图4)。每年度进行修订和完善，严格按标准化手册开展机组特护检查工作。

1.3 设备检修标准化

设备检修作业过程的安全、质量控制执行统一作业指导书管理模式(见图5~图7)。严格执行作业指导书编制导则。内容包括检修作业概况、JSA分析、应急措施、检修作业步骤、检修总结和设备详细安装数据等。检修步骤还包括作业中的起吊方案、需测量的部位、填写数据、重要零部件检查等内容。检修作业过程按指导书内容步步确认。实现检修全过程的安全质量管理，设备检修后根据使用情况对指导书及时修订完善。关键机组的检修作业指导书，作业前应经过相关部门审批合格后使用。目前石化公司一共编制7000份设备检修作业指导书，实现了每台设备均有对应的作业指导书。作业指导书的制订和实施在2017年石化公司下半年HSE审核的末次会议上得到了中国石油炼化分公司领导表扬，肯定了作业指导书在检修现场的作用。

1.4 设备润滑管理标准化

1.4.1 设备润滑管理制度标准化

润滑管理规章制度主要遵循总部颁发的《中国石油天然气股份有限公司炼油与化工分公司设备润滑管理规定》的相关内容，充分消化吸收，在职责、管理流程、记录、考核等方面进行细化，形成山子独石化公司《设备润滑管理规定》程序文件(见图8)，各单位设备润滑管理执行统一标准。

××联合车间××关键机组特护管理方案

前言(××联合车间××机组是公司级关键机组,为了确保关键机组的安全、平稳、长周期运行,按照石化公司《关键机组管理规定》制定关键机组的特护管理方案。)

一.机组概况

1.机组简介(机组型号、结构、厂家、投用等日期)

2.机组工艺简介(工艺性能介绍)

3.机组主要性能参数(机械性能参数,表格形式)

二.机组特护小组组织机构和职责

1.特护小组成员

2.特护小组职责

2.1生产车间工艺专业职责(从DCS\HMI监屏操作,工艺操作、运行参数核对,工艺卡片执行、工艺操作培训、工艺危害分析、工艺技改措施、操作规程、特护手册编制等方面。)

2.2生产车间设备专业职责(从日检、周检,状态监测,润滑油理化分析、设备磨损监测,特护会、设备运行总结、特护手册编制、日常检修等方面。)

2.3仪表车间专业职责(从日检、周检、特护手册编制,特护人员分工、仪表故障判断、特护服务报告、预防性检查等方面。)

2.4电气车间专业职责(从日检、周检、特护手册编制,特护人员分工、电气故障判断、特护服务报告、预防性检查等方面。)

2.5钳工车间专业职责(从日检、周检、特护手册编制,特护人员分工、钳工故障判断、特护服务报告等方面。)

三.机组特护范围

1.生产车间特护范围(按系统划分各维护范围:密封系统、润滑油系统、复水系统、抽真空系统、辅助系统等;按设备划分:动设备、静设备、电气设备、仪表设备、钳工设备等。)

2.仪表车间特护范围(如上:)

3.钳工车间特护范围(如上:)

4.电气车间特护范围(如上:)

四.机组特护检查内容及标准

1.1生产车间工艺日常检查内容及标准(日常工艺职责范围内的检查内容和标准。)

1.2生产车间工艺特护检查内容及标准(特护工艺职责范围内的检查内容和标准,体现周、月、或是季度要进行的检查及标准。)

2.生产车间设备检查及标准

2.1生产车间设备日常检查内容及标准(日常设备职责范围内的检查内容和标准。)

2.2生产车间设备特护检查内容及标准(特护设备职责范围内的检查内容和标准,体现周、月、或是季度要进行的检查及标准。)

3.仪表专业检查内容及标准

3.1仪表专业日常检查内容及标准(日常仪表专业职责范围内的检查内容和标准。)

3.2仪表专业特护检查内容及标准(特护仪表专业职责范围内的检查内容和标准,体现周、月、或是季度要进行的检查及标准。)

4.电气专业检查内容及标准

4.1电气专业日常检查内容及标准(日常电气专业职责范围内的检查内容和标准。)

4.2电气专业特护检查内容及标准(特护电气专业职责范围内的检查内容和标准,体现周、月、或是季度要进行的检查及标准。)

5.钳工专业检查内容及标准

5.1钳工专业日常检查内容及标准(日常钳工专业职责范围内的检查内容和标准。)

5.2钳工专业特护检查内容及标准(特护钳工专业职责范围内的检查内容和标准,体现周、月、或是季度要进行的检查及标准。)

五.机组特护检查内容计划

1.生产车间工艺特护检查内容计划(针对四.1.2中的特护内容制定相对应的计划和安排)

2.生产车间设备特护检查内容计划(针对四.2.2中的特护内容制定相对应的计划和安排)

3.仪表车间特护检查内容计划(针对四.3.2中的特护内容制定相对应的计划和安排)

4.电气车间特护检查内容计划(针对四.4.2中的特护内容制定相对应的计划和安排)

5.钳工车间特护检查内容计划(针对四.5.2中的特护内容制定相对应的计划和安排)

六.关键机组特护相关附件(该机组特护内容所支撑的附件,包括操作维护手册、机组联锁台账、润滑油台账、设备隐患台账、等等相关附表)

1.××机组操作维护手册

2.××机组××.

X.××机组××.

图3 关键机组特护手册模版

乙烯一联合车间裂解气压缩机关键机组 特护管理方案

前言

乙烯一联合车间裂解气压缩机是公司级关键机组。为了确保关键机组的安全、平稳长周期运行,按照石化公司《关键机组管理规定》制定关键机组的特护管理方案。

一.机组概况

1.机组简介

裂解透平型号为SST-600(EHNK63/56)。抽汽凝汽式透平,进汽为超高压蒸汽SS(压力11.7MPa,温度515℃)。抽汽高压蒸汽HS(压力4.1MPa,温度390℃)。

裂解气压缩机型号为STC-SH(20-4-B)STC-SH(20-4-B)STC-SH(14-B-B),压缩机为三缸五段离心式压缩机,机组轴端密封为干气密封。

裂解气压缩机机组生产厂家为德国西门子,2009年9月17日。

2.机组工艺简介

裂解气压缩机主要作用是将裂解气由入口0.13MPa(绝压)绝提高至出口压力约3.8MPa(绝压)。为了降低压缩过程的温度,少量的锅炉除盐水注入到裂解气压缩机缸内,减少压缩机内件上的结垢和聚合物的沉积。

裂解气压缩机由抽汽凝汽式蒸汽透平10-KT-3101驱动,裂解气压缩机的吸入压力通过改变透平的速度来控制,排出压力由预冷段分离出口氢气所要求的压力确定。

3.机组主要性能参数

序号	性能参数	指标
1	透平额定功率	56967kW
2	透平最小控制转速(75%)	3105r/min
3	透平额定转速(100%)	4104r/min
4	透平最大转速(105%)	4347r/min
5	透平脱闸转速	4782r/min
6	透平设计输出功率	56967kW
7	透平驱动蒸汽压力(SS)	11.6MPa
8	透平驱动蒸汽温度	515℃
9	压缩机一段吸入压力	0.03MPaG
10	压缩机五段排出压力	3.73MPaG

二.机组特护小组组织机构和职责

1.特护小组成员

序号	部门	姓名	职务	备注
1	乙烯一联合车间	郑海涛	主任	组长
2	乙烯一联合车间	潘延红	书记	副组长
3	乙烯一联合车间	宿伟毅	设备主任	
4	乙烯一联合车间	曾飞鹏	工艺主任	工艺专业
5	乙烯一联合车间	甘桂根	设备工程师	设备专业
6	乙烯一联合车间	刘泽插	设备工程师	设备专业
7	乙烯一联合车间	刘智存	工艺工程师	工艺专业
8	仪表车间	于洪波	主任	仪表专业
9	仪表车间	吕刚峰	设备主任	仪表专业
10	仪表车间	詹光丽	维护区区长	仪表专业
11	仪表车间	兰师	维护区区长	仪表专业
12	仪表车间	李建立	维护区班长	仪表专业
13	仪表车间	张募	维护区助理工程师	仪表专业
14	仪表车间	祁志峰	维护区助理工程师	仪表专业
15	电气车间	王成	设备主任	电气专业
16	电气车间	李海泽	维护区班长	电气专业
17	电气车间	赵吉金	维护区技术员	电气专业
18	电气车间	赵海洲	维护区区长	电气专业
19	电气车间	乔德柱	维护区区长	电气专业
20	钳工车间	刘军	副主任	钳工专业
21	钳工车间	祝维心	专业工程师	钳工专业
22	钳工车间	马风龙	专业工程师	钳工专业
23	钳工车间	王传来	维护班长	钳工专业
24	钳工车间	苏家军	技术员	钳工专业
25	钳工车间	张林春	技术员	钳工专业
26	机动处	鄜征	动设备工程师	
27	机动处	陈云飞	仪表工程师	
28	机动处	葛威	电气工程师	

2.特护小组职责

2.1生产车间工艺专业职责

(1)负责关键机组日常运行管理工作,保证机组完好运行,及时协调维护单位处理各类故障缺陷;

(2)负责对日常DCS,HMI操作的监屏工作;

(3)负责机组的日常工艺操作调整;

(4)负责机组的工艺运行参数核对及工艺卡片执行工作;

(5)负责大机组日常操作及事故处理的培训工作;

(6)负责大机组工艺危害分析(HAZOP)工作;

(7)负责大机组工艺技改技措工作;

图4　关键机组特护手册

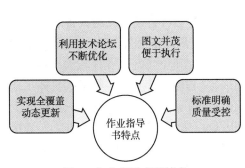

图5　作业指导书的特点

独石化公司炼油厂催化装置 气压机组 J-901 检修作业指导书

编号：Qg0001

生效	签字	日期	备注
制　定		年　月　日	
审　批		年　月　日	
生产车间		年　月　日	
机动处		年　月　日	

设备检修公司炼油钳工车间

年　月

图6　检修作业指导书

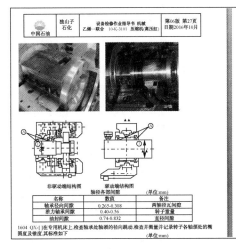

厚度均匀,各瓦块厚度最大不应超过0.01mm或符合图纸要求,否则应更换

1608 QX-[ ]瓦块合金表面有磨痕,可以用粗布或石油进行抛光

1609 QX-( )将轴承外壳放在装配位置中检查,轴向间隙应不大于0.05mm,若差值应调整外壳轴向定位环厚度,但注意不要太紧

1610 QX-( )止推轴间隙、油封间隙应符合表内的规定值,否则进行调整或更换

1611 QX-[ ]检查止推盘粗糙度应不大于Ra0.2,两端面平行偏差应小于0.01mm

1612 QX-[ ]检查轴的锥度及椭圆度均不得大于0.01mm,推力盘的轴向跳动不得大于0.015mm,并进行着色探伤检查微细纹。转子无损探伤检查必要时做全面的无损探伤

1613 QX-[ ]检查径向轴承各瓦块的工作面的接触及磨损是否均匀,合金表面有无过度磨损、电腐蚀、裂纹、夹渣、气孔、剥落等缺陷。严重者应更换

1614 QX-( )检查各瓦块的活动情况,瓦胎内、外弧及销钉孔有无磨亮痕迹定位销钉是否弯曲、松动

1615 QX-( )检查各瓦块背部接触痕迹及合金表面余留高度

1616 QX-( )检查瓦块接触,角度应在60-90℃范围内,最大不超过120℃,否则应进行修整或更换

1617 QX-( )径向瓦间隙值应符合《压缩机产品合格证明书》的要求

1618 QX-( )检查各瓦块连接螺栓应无咬死、损坏和变形,否则应更换

1619 QX-( )测量止推轴承盘轴向定位标记,同时将止推轴承盘周向位置做好标记,推力盘的轴向跳动量不得大于0.015mm,并进行着色探伤检查微细纹

1620 QX-[ ]拆下固定螺钉和止推盘锁紧螺母,注意拆下的螺钉、螺母做好记号

1621 QX-[ ]用胶带将轴上螺纹、及光洁度很高的部分微微包裹好

1622 QX-[ ]止推轴承的拆除

止推轴承盘轴向移动的行程的5-10%时,液压增大至规定值5mpag的5-6倍,这样会

图7　检修作业指导书内容

独山子石化公司企业标准

Q/SY DS G 465-2017

设备润滑管理规定

1 范围

本标准规定了公司设备润滑管理内容和要求。

本标准适用于公司部门和单位

公司相关部门和单位。

2 规范性引用文件

《物资储存及配送管理规定》 Q/SY DS G 853

《采购物资质量管理规定》 Q/SY DS G 854

《报废物资管理规定》 Q/SY DS G 352

《设备润滑管理手册》 Q/SY DS 3000

《独山子石化公司关键设备润滑技术规范》

3 术语和定义

3.1 五定

a） 定点：规定每台设备的润滑部位及加油点；

b） 定人：规定每个加、换油点的责任人；

c） 定质：规定每个加油点的润滑油品牌号；

d） 定时：规定加、换油时间；

e） 定量：规定每次加、换油数量。

3.2 三级过滤

指从领油大桶到岗位贮油桶，从岗位贮油桶到油壶，从油壶到加油点的过滤。

3.3 润滑油品常规理化检测分析

润滑油（脂）常规分析项目主要有粘度、酸值、闪点、水份、泡沫特性、分水性、液相锈蚀等项目。

编制单位：机动设备处	编制：韩战勋	审核：徐泽伟	批准：林震宇	版本：B
批准：2017-08-21	发布：2017-08-21		实施：2017-09-21	

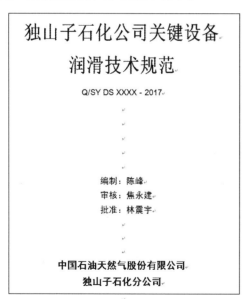

图 8 设备润滑管理规定程序文件

1.4.2 设备用油选油标准化

石化公司组织研究院设备润滑专业管理等专业部门，编写《独山子石化公司关键设备润滑技术规范》（见图 9 和图 10），统一设备用油选油技术规范。该规范明确了公司 34 台关键机组、66 台关键机泵用油型号和范围，其他设备制定了用油选油原则，规范了标准。

独山子石化公司关键设备

润滑技术规范

Q/SY DS XXXX - 2017

编制：陈峰

审核：焦永建

批准：林震宇

中国石油天然气股份有限公司

独山子石化分公司

图 9 设备润滑技术规范

1.4.3 设备加油操作标准化

现场设备加油、换油、检验、油品存储等实际操作管理执行石化公司颁布的《设备润滑管

目 录

前 言……1

第一章 石化关键机组润滑油的选用……2

1. 关键机组润滑油选用的基本原则……2

2. 关键机组润滑油的选用……2

第二章 关键机泵润滑油的选用……5

1. 关键机泵润滑油选用基本原则……5

2. 关键机泵润滑油的选用……17

第三章 石化关键机组及机泵磨损及润滑监测规范……33

1. 关键机组及机泵磨损及润滑监测的实施步骤……33

2. 关键机组润滑油品重点监测……33

3. 关键机泵润滑油品重点监测……47

附件 1 常见术语……52

1. 设备润滑规范常用术语中英文对照……52

2. 设备润滑规范常用术语解释……53

3. 国际润滑相关机构及组织名称……53

附件 2 常用汽轮机油新油（桶装）验收重点监测项目及指标……61

附件 3 常用液压油新油（桶装）验收重点监测项目及指标……68

附件 4 常用压缩机油新油（桶装）验收重点监测项目及指标……70

附件 5 常用齿轮与轴承油新油（桶装）验收重点监测项目及指标……72

图 10 润滑技术规范内容

理手册》的统一标准。该手册规定了加油标准、润滑器具管理与使用、新油品检验指标、现场油品更换指标、五定三滤等具体内容，全公司范围设备润滑执行统一标准。2018 年石化公司与昆仑润滑公司深度对接，对润滑油公司“管家式”服务的设备润滑管理工作进行研究和调研，计划深度开展此项工作。

2 狠抓设备运行管理、杜绝设备故障检修

2.1 大力开展设备状态监测，做到设备预知维修

设备状态监测执行公司《转动设备状态监测管理规定》程序文件，统一标准。具体工作由研究院专业部门、设备检修公司、属地车间设备管理人员、属地班组操作人员四层人员执行监测（见图 11）。各层人员监测设备覆盖面相互交叉，侧重点不同。

研究院专业部门主要负责公司级 34 台关键机组、115 台主要设备的在线润滑磨损、振动监测工作，一个月全覆盖一次，出具分析报告。对异常机组及时发出预警，提供指导性建议。2018 年截至目前，关键机组未发生一起因振动、磨损原因导致的非计划停机。

设备检修公司主要负责公司 4045 台设备状态监测工作。监测设备每周使用 BH550 智能巡检仪开展离线监测设备共 1296 台，每月使用 VM63 振动分析仪离线监测一般设备 2713 台，使用冲击脉冲仪监测挤压机 11 台。2018 年一季度通过状态监测工作发现设备预警故障 21 台次，实现了故障设备的预知性检修。

图 11　针对小组状态监测故障分析

2.2　不断提高设备点检工作质量

在公司范围内推广利用状态监测技术与现有工作相结合所取得的设备管理成果，把设备运行数据在独山子石化公司范围内的网络数据共享，提高巡检质量，促进预防检修。

（1）细化点检要求，规范点检内容，以相应的考核细则来支持，提高设备故障分析质量。

（2）精简巡检点，代之以电脑录入数据的电子签到法，由管理人员进入相关平台，直接检测点检设备运行情况。

（3）用先进的仪器取代传统巡检工具进行数据采集，消除人为测量误差。

（4）将点检获取的设备运行参数录入相应的设备管理平台，建立设备技术档案，积累形成云数据。依托大数据，掌控设备动态。

从 2015 年统计分析来看，设备点检的工作质量起到了明显的效果，发现设备问题逐年上升，2017 年通过点检发现问题 1281 项。

2.3　计划检修和预防性检查紧密结合

大力推广将动设备按照仪表、电气、钳工和工艺四个专业，并参照设备资料、标准规范制定了主要动设备各系统和部件的检查和更换周期。按照制定的周期进行预防性检查和计划检修，各单位统一标准每季度发布设备预防性检查和计划检修的项目，审核并上网公示，公司机动管理部分督查项目的准确率，目前公司范围内设备检修项目准确率达 90% 以上。例如公司范围内的往复式压缩机、泵均 100% 执行计划检修，有效地遏制了设备严重损坏的故障发生；每年度风机预防性检查，在 3~5 月份天气较为凉爽阶段，在大部分风机还未运行时，提前对所有空冷风机制订计划，进行预防性检查，对十字头、风机叶片、皮带轮等各个螺栓紧固

情况进行检查，对风机皮带完好性进行检查，并进行风机加脂，延长风机运行周期，故障检修频次逐年下降。

2.4　提升估配件储备管理水平

推进机泵备件精细化管理，建立所有机泵设备配件台账，明确备件图号型号和生产厂家。制定详细配件管理要求严控储备定额，严禁各单位超储备采购。在配件国产化和改型等方面，严格执行配件国产化和设备变更管理规定，同时与供货商签订技术协议明确配件使用参数、技术要求和使用寿命，确保配件质量满足运行要求。优化在配件的采购计划上报、验货和领用各环节的流程（见图 12）。通过对配件的精细化管理，利用专业知识对配件进行修复，减少申报领用，一季度修理费下降 23.42%。

3　加强设备故障管理、开展机泵隐患治理

3.1　抓故障管理与提高统计分析

（1）细化设备故障管理层级，关键机组和主要设备故障管理分为公司、分厂、专业公司、属地车间四级管理。同时细化故障管理，每一起设备故障组织召开原因分析会，制定预防措施，后续考核和跟踪落实，形成闭环管理。

（2）提高统计分析，找出设备共性管理问题，集中整治短板。故障统计分析由公司机动统一管理，各分厂每月上报设备故障检修台数，内容包括原因分析、措施制定等内容。2017 年共发生设备故障检修 84 起，炼油占 25 起，乙烯占 42 起，热电占 17 起。同比 2016 年设备故障检修 109 起，减少 35 起。

3.2　强化机泵隐患治理

3.2.1　高危泵管理和危险介质泵治理

独山子石化公司 2012 年依据股份公司《中国石油炼化企业高危泵管理指导意见》要求共排查出高危泵数量 585 台，按照计划安排已于 2015 年完成全部改造，目前运行状况良好，运行时间均建立台账并统计，高危泵密封平均故障间隔时间为（MTBF）90.3，大于炼化板块 48 个月要求。

3.2.2　危险介质机泵排查情况

在高危泵风险控制的基础上，独山子石化公司进一步排查危险介质泵。对机泵运行的密

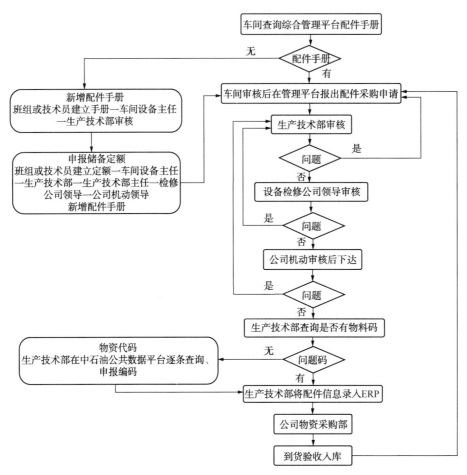

图 12　配件申报流程图

封泄漏的介质为危险介质的机泵进行排查密封，共排查出 80 台。对密封使用情况重新进行评估，制定密封改造升级计划，17 年 12 月已完成 48 台密封改造，目前运行良好，杜绝密封失效存在的隐患。剩余 32 台炼油新区有 34 台泵主要问题是储液罐不满足 API 682、无远传信号至操作室等要求，计划在 2019 年大修时实施。

3.2.3　大力开展机泵隐患排查、高失效泵的治理

　　根据板块 2018 年板块设备工作要点及上半年 HSE 体系审核检查的重点，公司机动设备处组织开展了高失效泵的统计分析，根据统计分析开展攻关工作，控制机泵运行风险，确保设备长周期运行（见图 13）。此次共排查高失效泵 36 台，高失效泵的类型包括螺杆泵、轴流泵、单级离心泵、旋壳泵、隔膜泵、多级泵等；各类泵的工艺特性包括高压水、强碱弱碱、液氨、LPG 原料等。其中因工艺原因导致密封泄漏频

繁的有 27 台，工艺负荷高隔膜运行故障高的有 2 台，机械故障频率高的有 7 台，均制定了高失效泵的攻关措施及计划。

4　广泛引用新技术

4.1　建立设备管理系统，发挥新技术优势开展设备管理工作

　　为推广机泵检修和设备管理规范化、精细化，检修作业过程全面受控，提高设备管理水平，开发了设备管理系统（见图 14）。该系统搭建电子管理平台和状态监测技术信息网，使设备管理走上全新的电子化模式。内容包括设备信息"一键式"查询、设备检修动态管理等几个方面，大大增加了设备管理工作的效率，取得了良好的效果。

4.2　利用 SPM 冲击脉冲技术，开展特殊设备诊断维护工作

　　石化公司五套聚烯烃装置有 11 台挤压造粒机，机组运行时冲击和扭矩大，齿轮箱、电机、

高失效泵统计清单

序号	单位	车间	设备名称	设备位号	失效原因说明	计划采取的措施	措施的计划完成时间	备注
1	炼油厂	第三联合车间硫磺装置	碱液循环泵	P-401A/B	厂家设计时叶轮板和叶轮材料不符合工艺条件,叶轮形式不符合技术协议要求,振动偏高,使设备运行困难	要求厂家按协议要求重新制作一套316L不锈钢叶轮和隔板	2018年12月30日	
2	炼油厂	第三联合车间二期装置	938#罐外送泵	P-9	该泵为利用装置是由于工艺改造轻烃抽出进入938#罐,原泵最高扬程太高,泵入口条件恶化,泵气蚀余量NPSHR大于装置NPSHR不能满足工艺要求,设备抽空造成泵经常损坏		2018年12月30日	
3	炼油厂	第三联合车间单塔汽提装置	液氨泵	P-002	液氨汽化,密封运行差造成密封频繁损坏	目前已重新订货,到货后更换	2018年12月30日	
4	炼油厂	重整加氢联合车间	80万油浆壳程渣油泵	P-4002A	渣油起始运转困难运行量小平均运行周期2~3个月	目前A泵正在进行性能验证试验结束,今年针对A泵进行改造	2018年12月30日	
5	炼油厂	储运联合车间	中间原料储运泵	10302-P-13	该泵长期连续运行隔膜疲劳损坏,当不打量使用寿命短电机温度过大	变更工艺流程,隔膜按使用寿命要求	2018年12月30日	
6	乙烯厂	储运联合车间	原料LPG	56-P-0005A/B	设备选型有问题,下游需求流量偏高,不在泵最佳工作点,导致电机超负大	1、定期清理过滤网3、对口环封进行更换抬升叶封2、4、然机对泵进行重新选型改造	2018年12月30日	
7	乙烯厂	乙烯二联合车间	中碱循环泵	10-P-210	机械密封频繁损坏运行约一个月3周,原因1、介质为10%的碱液,介质中含有固体颗粒,密封冲洗线频繁堵塞	2018年3月将泵冲洗线由1/2″加大对密封的冲洗流量,效果待观察	2018年12月30日	
8	乙烯厂	乙烯二联合车间	强碱循环泵	10-P-203	机械密封短期内平均寿命约一个月,原因1、介质为10%的碱液,介质中含有固体颗粒,密封冲洗线频繁堵塞	2018年3月将泵冲洗线由1/2″加大对密封的冲洗流量,效果待观察	2018年12月30日	
9	乙烯厂	乙烯一联合车间	注水泵	10-P-211A	二段隔膜腔容易破裂故障率较高,运行约四个月左右,原因1、隔膜可能为国产隔膜,工艺水含量较大导致寿命短2、运转隔膜随流塑坏	目前隔膜定期检查周期,计划检修,车间已上报技术,对注水模式进行变更	2018年12月30日	
10	乙烯厂	聚烯烃一联合车间	溶剂回收塔底泵	17-P-3004A/B	机械密封损坏,运行周期3~5个月,原因1、17-P-3004所输送的热乙丙,介质热,运行时油温度在180℃左右,为做去,在泵的轴承隔膜温度80-90℃的情况下运转的时候叶轮密封处动静环磨擦隔膜随隔环的小泵不易润滑,设备密封也容易动静环磨擦隔膜,且泵本身采用冲洗,冲洗管路容易堵塞2、机械密封运行寿命短	2018年机械密封冲洗线改造,对密封冲洗线引干净的环已经完成冲洗修订设备开停机操作卡,并停机时将泵的侧向和冲洗已是有零件季节性的检修要求修订操作卡	2018年12月30日	
11	乙烯厂	聚烯烃一联合车间	反应器轴流泵	24-P-3002	干气密封泄漏	轴流泵P3002使用原厂(约翰克兰)机封时,运行周期不稳定,最短1个半月,最长1年;2015年大检修期间改造为东南海的气封隔密封,首次使用10个月后刚初性检查泄漏将密封折封供使用周期1.5个月,2018年1月10日出现密封更换新的长春海森封封封后在2月2号两次出现机封磨擦隔膜,目前更换为约翰克兰波型密封对其寿命进行考察。原因:聚烯烃一联合车间改造将原装置二反轴加装第二反轴使用本身海森的运行干气密封性能不稳定,造成机封的寿命短,约翰克兰改造的机封试运行有待验证稳定;2018年停产期间已将机封运行的机封HSR冲洗,长春置停工期对环管反应器运行冲洗活水为原质,隔膜随流泄冲洗完成	2018年12月13日	已经更换完成
12	乙烯厂	聚烯烃一联合车间	辊杆泵	30-P-4023A/B	转子定子磨损,泵运行过程中催化剂颗粒产生的正常磨损	定期更换,并按图元换备备件	2018年12月30日	
13	乙烯厂	乙烯一联合车间	脱丁烷塔塔底泵	10-P-5771A/S	由于工艺介质中二烯有容易形成聚合物,造成机械密封磨损失效出现泄漏偏高同时机泵切换频率高,工艺介质的洁净度无法保证与应用冲洗方案对11+52洗涤泵选型显重更换新的冲洗方式,目前机械密封运行寿命在小个月,即使出现因腔磨擦泄漏,不满足VOC网络化泄漏要求	对密封结构、冲洗方案进行分析,机械密封重新选型及冲洗方案。	2018年12月30日	
14	乙烯厂	乙烯一联合车间	脱丁烷塔回流泵	10-P-5772A/S	由于工艺介质中二烯有容易形成聚合物,造成机械密封磨损失效	对密封结构、冲洗方案进行分析,机械密封重新选型及冲洗方案。	2018年12月30日	

图13　高失效泵清单和攻关措施

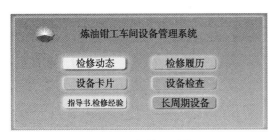

图14　设备管理系统

齿轮泵的轴承监测是重中之重,普通振动技术监测困难,利用先进的冲击脉冲(SPM)技术重点突出滚动轴承早期故障的监测,预警周期长达90天。安装SPM在线监测系统的6台挤压机未发生1次轴承故障停机,实现1次预知检查维修,机组运行情况可控。

剩余5台挤压机采用先进离线监测手段进行监测,主要有T30、A30和Leonova Emerald,这是一种多功能、手持式数据采集/信号分析仪,用于监测和诊断机械状态。它具有冲击脉冲测量、振动测量、转子平衡、温度测量和转速测量等功能,其中冲击脉冲采用最新的SPM HD(冲击脉冲高清分析技术),它解决了低速设备轴承监测的问题、变速变载设备的监测问题和干扰的问题。

装置停工大检修策略及标准化管理探讨

王芙庆　顾天杰　蒋　平　蒲　君

（中海石油炼化有限责任公司，北京　100029）

摘　要　本文主要介绍中海石油炼化有限责任公司在装置停工大检修策略及标准化管理所开展的工作，探讨装置检修策略及标准化管理规范。中海石油炼化有限责任公司由于所属企业股份成分复杂，建设标准和设备管理水平参差不齐，为了全面提升炼化公司装置检修管理水平，追赶同行业先进管理理念，炼化公司组织制定了《装置停工大检修策略及标准化管理》规范，力求达到装置低成本维修、长周期运行、经营效益最大化的目的。

关键词　长周期；检修管理标准化；检修周期；装置可靠度

1　前言

目前，大型先进的企业已经将大检修管理从依赖经验，上升到理论构建指导，形成全面、系统性的针对大检修的管理策略，制定了从检修规划到执行等过程中的规范化的标准动作。中海油炼化公司也通过对所属 18 家企业的检修活动进行归纳总结，利用大检修期间数据对比、对暴露问题梳理和总结，全面深入认知，实现系统总结，科学分析，对良好作业实践进行推广。从制度层面构建了完整的装置停工大检修管理体系，炼化公司《装置停工大检修策略及标准化管理》规范，是集中海石油炼化公司设备管理人员管理精华于一体的经验集成产物。

2　背景

随着检修精细化管理水平的不断提高，炼油装置运行周期同时不断延长，国内石化行业炼油装置基本实现了"三年一修"目标，开始向"四年一修"目标奋进。

中海石油炼化有限责任公司所属企业多，新建炼化企业起点和标准较高；股份并购企业一般建厂时间长、建设标准低，管理水平及标准要求参差不齐。为了提升装置检修管理水平，统一炼化公司所属企业检修管理标准，特制定炼化公司装置检修策略，力求达到装置低成本维修、长周期运行、经营效益最大化的目的。

3　目标

（1）生产装置"三年一修"为控制目标，"四年一修"为奋斗目标；

（2）安全、质量、进度、费用可控；

（3）零事故、零返修、零泄漏，实现检修装置一次开车成功；

（4）生产经营效益最大化。

4　特点

中海油炼化公司《装置停工大检修策略及标准化管理》规范具有以下特点：

（1）过程管理标准化；

（2）定量化、清晰化；

（3）明确监管要点与原则；

（4）结合历史检修经验，对突出问题制定了指导解决方法；

（5）系统的、规范的和标准统一的大修管理模式；

（6）明确了大检修各阶段的监管要点与原则。

5　原则要求

（1）四结合原则：大修与技术改造相结合；大修与安全环保隐患治理相结合；大修与定期检验相结合；大修与催化剂更换周期相结合。

（2）"应修必修、修必修好、修必节约"原则。

（3）对公司各炼油化工装置的运行周期实行统一计算、分级考核的管理办法：合营并购的部分装置，检修按照"三年一修"考虑；炼化公司自主新建装置，检修按照"四年一修"考虑。

6　过程标准化管理

策略的核心和精华内容，是对大检修各个阶段进行标准化的流程管理，主要分为战略规划、计划编制、详细准备、具体执行四个主要阶段(见图1)。

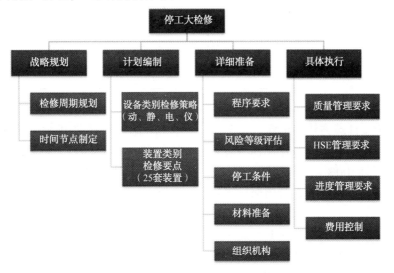

图1　大检修标准化管理流程

7　检修战略规划阶段策略及标准

战略规划阶段主要包括检修周期的确定、装置可靠度的量化计算。

7.1　装置检修周期

装置检修周期是指装置在两个停工大修之间的间隔期(从停工大检修后装置进料开始至切断进料准备停工大检修止)，以天计算。例如"三年一修"是指装置连续运行35个月，运行周期日不低于1050天，安排一次大修。装置检修周期见表1。

表1　装置检修周期

装置名称	运行周期	净检修时间/天
常减压(含原料预处理、沥青装置)	≥三年一修	≤25(500万吨/年及以上)；≤20(500万吨/年以下)
催化裂化(含DCC)	≥三年一修	≤30(100万吨/年及以上)；≤25(100万吨/年以下)
催化重整	≥三年一修	≤25(100万吨/年及以上)；≤20(100万吨/年以下)
汽(煤、柴)油加氢(含产品精制、尾油加氢、加氢改质)	≥三年一修	≤25(100万吨/年及以上)；≤20(100万吨/年以下)
蜡油(渣油、润滑油)加氢	≥三年一修	≤35(100万吨/年及以上)；≤30(100万吨/年以下)
气体分馏	≥三年一修	≤30(40万吨/年及以上)；≤25(40万吨/年以下)
烷基化装置	≥三年一修	≤30
MTBE	≥三年一修	≤30
延迟焦化	≥三年一修	≤35
润滑油(石蜡基、环烷基)加氢	≥三年一修	≤30
S-Zorb汽油吸附脱硫	≥一年一修	≤30
丙烯酸及脂	≥二年三修	≤25
乙苯	≥三年一修	≤30
苯乙烯	≥三年一修	≤30
聚丙烯	≥三年一修	≤30
干气(天然气)制氢	≥三年一修	≤30

续表

装置名称	运行周期	净检修时间/天
煤制氢(含 POX)	≥三年一修	≤30
PX 联合装置	≥三年一修	≤40
芳烃抽提(含芳构化、芳烃分离、芳烃联合)	≥三年一修	≤30
甲乙酮	≥一年一修	≤25
糠醛	≥三年一修	≤30
煅后焦	≥一年一修	≤25

7.2　生产装置可靠度计算方法和指标

可靠度=(运行周期日-非计划停工日-装置临修日)/运行周期日×100%。

(注:计算年度可靠度时,运行周期日以年度日历日代替)

"一年一修"和"三年两修"原则上不安排临修;"两年一修"的临修时间一般不超过 3 天;"三年一修"的临修时间一般不超过 5 天;"四年一修"的临修时间一般不超过 7 天(各临修时间均不包含装置开停工时间)。

8　检修计划编制原则

检修计划编制的编制质量,直接关系着后续工作的开展。中海油炼化公司从动、静、电、仪四大类,以及常减压、催化裂化等 25 套主要装置的特点入手,系统概括了经验做法。

(1)检修计划滚动优化。检修前 12 个月完成第一版计划,在检修前 6 个月完成技改技措项目所有设计;检修前 5 个月,完成第二版检修计划;检修开始一周内完成隐蔽项目计划;检修结束后一个月内完成补充计划;技改技措项目、隐蔽项目、检修项目计划准确率在 98%以上。

(2)合理控制检修费用。以先进的检修理论为指导,积极运用可靠性维修及基于风险的维修方法确定检修计划,减少过度维修;通过设备运行数据,结合风险管理理念,控制设备开盖率在 60%以下;机械密封、阀门、液位计等开展修旧利废;分析易损件寿命周期数据,开展设备的预防性维修。

8.1　动设备检修原则

动设备采用可靠性的维修。以可靠性为中心的维修(RCM)是目前国际上通用的用以确定设(装)备预防性维修需求、优化维修制度的一种系统工程方法。按国家军用标准 GJB 1378—

1992《装备预防性维修大纲的制定要求与方法》,RCM 定义为:"按照以最少的资源消耗保持装备固有可靠性和安全性的原则,应用逻辑决断的方法确定装备预防性维修要求的过程或方法"。它的基本思路是:对系统进行功能与故障分析,明确系统内各故障后果;用规范化的逻辑决断程序,确定各故障后果的预防性对策;通过现场故障数据统计、专家评估、定量化建模等手段在保证安全性和完好性的前提下,以最小的维修停机损失和最小的维修资源消耗为目标,优化系统的维修策略。

8.2　静设备检修原则

1)静设备基于风险的维修

RBI 的意义:避免传统检验的某些不足、确保本质安全;通过风险排序,发现隐患,突出设备管理重点、提高装置安全性;通过优化检验方案提高检验有效性、节省检维修费用;有利于针对突出问题。

目前可应用 RBI 方法的受压设备有:①压力容器——全部的压力部件;②工艺管道——管道和管道部件;③储罐——常压储罐和压力储罐;④动设备——承受内压的部件;⑤锅炉和加热炉——压力部件;⑥换热器——壳、封头、管板和管束;⑦泄压装置——安全阀等。不包括的设备有:①仪表和控制系统;②电气系统;③建筑系统;④机械部件。

2)通用原则

(1)塔器一般对顶部和底部应开盖进行常规检查,加热炉、锅炉一般应开盖进行常规检查、修复,可根据操作情况和炉类设备监测,对存在问题进行分析,尽可能制定准确检修计划。

(2)对压力容器(包括反应器、换热器、球罐等)进行分级管理,根据 RBI 评估、各类监测、检验等确定检修策略，对于不开盖或无法实施内部检测的设备，采取手段进行外部检测。

（3）对压力管道进行分级管理，根据 RBI 评估结果确定检修策略；对于高温、合金钢、含氢、含硫化氢介质管道，应选择代表性部位进行金相和硬度抽查，特别是弯头、三通、仪表引压线、盲堵、排凝等接管焊缝部位的检测；重视埋地管线的检查；对安全状况等级为 3 级和 4 级的管线，应进行更换或修理。

（4）对所有设备隐患必须采取措施进行检修，以消除隐患。

（5）对冷换设备进行分级管理，对生产中可切除检修的，应安排日常检修；对腐蚀严重，故障多发的冷换设备进行分析，确定低成本轮换或材质升级。

（6）容器、塔器除防 FeS 自燃外，原则上不进行化学清洗。

（7）按计划进行设备腐蚀检查、挂片检查、测厚等防腐内容。

（8）重点设备、加热炉、反应器等检测项目。

（9）更换和修复存在故障的阀门，阀门以修复为主，升级或更换为辅。

（10）需要提前做红外线扫描、加热炉监测等工作。

（11）检修、检测过程涉及的防腐保温、架子、吊车、焊缝打磨、清洗等单独列入计划。

（12）经过分公司审批的技措项目列入此次检修计划。

（13）压力容器、压力管道、安全阀、锅炉等设备按规定检验，有条件的尽可能安排日常检验。压力容器检验以内部检查为主，尽可能不拆除保温。

（14）大型设备及项目需编制防腐保温专项方案。

（15）回收带压堵漏卡具，并按原图要求修复。带压开孔需设计核实，按设计意见整改。

（16）清扫为主检修单位工作内容。

3）专项设备检修原则

此次制定了塔器、容器、反应器、空冷器等12类专项设备的检修原则。以换热器检修原则为例：以常规检查为主，更换腐蚀严重的管束，对重组分介质管束进行清洗，同时进行特种设备定期检验。严格控制螺纹锁紧环换热器检修范围，分析检修风险，明确检修内容。主要工作内容为：

（1）换热器原则上拆开管壳式换热器管箱、大小浮头；介质为汽油、柴油、煤油的换热器根据实际情况可不开盖和抽芯，直接打压。

（2）对开盖换热器检查管箱、筒体及管束腐蚀状况。对换热器管口逐个检查确认。

（3）对开盖换热器有结垢、结焦及堵塞的进行高压水清洗，其清洗要根据结垢情况确定是否高压清洗，并经过运行部、专业组两级确认后才可实施，并在签证中注明清洗范围。

（4）压力容器定期检验，内部腐蚀情况检查。

（5）对开盖换热器检查管板的管口、密封面、浮头、钩圈密封面及管束变形腐蚀等情况。

（6）回装检查及按规程试压。

（7）管箱及大浮头螺栓按照 10% 备用，腐蚀不严重的小浮头螺栓按照 20% 备用，腐蚀严重的小浮头螺栓按照 100% 备用，垫片按照 100% 备用。

8.3 装置检修原则和标准

各装置检修策略仅突出各装置检修的特殊性，共性部分如综合管理、计划管理、质量管理、HSE 管理、费用管理、进度管理以及通用常规设备、材料的检修原则，须参阅各专篇的要求。以下以催化裂化装置（含DCC）检修策略为例介绍。

8.3.1 静设备检修

（1）检查分馏塔底部人字挡板，并清焦；

（2）检查分馏塔底部、反应油气入口，并清焦；

（3）检查分馏塔回炼油出、入口管线，并疏通；

（4）检查分馏塔底部油浆上、下返塔管线，并疏通；

（5）检查分馏塔底部搅拌蒸汽、搅拌油浆管线，并疏通；

（6）检查分馏塔顶部顶循环返回线、冷回流线入口塔体管线的腐蚀情况；

（7）检查烟气洗涤塔低旋涡器的完好情况，

视情况校正；

（8）检查脱硫除尘系统文丘里喷雾嘴的完好情况，视情况更换；

（9）检查脱硫除尘系统塞阀填料，视情况更换。

8.3.2 管道检修

（1）检查再生器底部卸剂管线的磨损情况，视情况更换；

（2）检查三旋至四旋烟气含催化剂管线的磨损情况，视情况更换；

（3）检查三旋细粉回收罐的气相平衡线、催化剂卸剂线的磨损情况，视情况更换。

8.3.3 余热锅炉/辅助燃烧室检修策略

主要以常规检查、检修为主，包括炉管检验检测、局部衬里修复等。

（1）打开余热锅炉和辅助燃烧室全部人孔；

（2）检查余热锅炉炉管及附件、衬里、给水换热器、烟道、蒸汽等附属管线等，根据损坏程度，确定检修内容；

（3）余热锅炉炉管检测与安全评估，需对过热段、蒸发段和省煤段炉管焊缝做无损检测；

（4）对给水换热器进行检查、试压。

检查辅助燃烧室衬里、燃烧器、燃料气、一/二次风挡板和百叶窗等进行检查，根据损坏程度，确定检修内容。

8.3.4 反应器、再生器及烟道管线检修策略

以常规检查、内件更换、局部衬里修复为主。

（1）打开反应器、再生器、烟道管线的所有人孔。

（2）反应器内部清焦，再生器内部清理催化剂。

（3）检查主风分布管、分布管喷嘴、旋风分离器、分布板、蒸汽分布环、防焦蒸汽环、汽提段汽提蒸汽环、汽提段挡板等部件的完好情况，并根据检查情况，确定检修内容；

（4）检查原料油、回炼油、终止剂等喷嘴的磨损和结焦情况，并进行清理；

（5）检查提升管预提升蒸汽分布环的完好情况，并根据检查情况，确定检修内容；

（6）检查再生线路、烟道管线、膨胀节的完好情况，并根据检查情况，确定检修内容；

（7）检查反应器、再生器、烟道管线等部位的衬里完好情况，并根据检查情况，确定检修内容；

（8）检查临界喷嘴、降压孔板等设备的完好情况，并根据检查情况，确定检修内容；

（9）检查旋风垂直度、水平度，并校正；

（10）检查旋风翼阀、挡板角度，并校正。

8.3.5 通用动设备检修策略

装置生产期间不能进行检修的特阀，编入停工检修计划。

（1）对特阀阀体、阀板、阀道进行检查，必要时对磨损阀板、阀道进行更换；

（2）对特阀电液执行机构进行检查，必要时对部分原件进行更换；

（3）对特阀电液执行机构所有信号与实际开度、反应灵敏度等内容，现场进行调试。

8.3.6 大型机组检修策略

（1）所有烟机、主风机、气压机、汽轮机等大机组，按照停工检修计划进行大修；

（2）所有检修机组的配件进行损伤、腐蚀状况检查，重要及承载部件做无损检查；

（3）机组的附属设备、设施同时进行检查、检修；

（4）机组本体第一道法兰密封、出入口管道支、吊架进行检查、检修或更换。

9 检修详细准备阶段

9.1 运用先进的检修管理理论，制定合理的检修策略

根据装置和设备的重要程度、运行状况、分别采取定期维修、状态维修、事后维修、机会维修、纠正性维修、基于风险评估的维修等维修方式，寻找修理经济和运行平稳的最佳点。其中，定期维修和预防性维修应注重提高设备的可靠性；纠正性维修针对设备隐患和缺陷；对于能切除、有备用的设备应在运行阶段采取状态维修、事后维修；对于大机组等单一设备应采用机会维修和可靠性维修。

9.2 充分做好检修准备工作

检修准备工作占总工作量的80%以上，检修开始前必须做到：方案、图纸落实，完成交底和图纸审查；检修物资检验完成，提前一个月到现场；检修预制深度60%以上，土建、脚

手架等提前施工项目停工前完工；检修队伍落实，检修机具落实，提前一周办理完入厂手续，达到进现场条件。

（1）每轮大检修结束，开始准备下一周期检修计划，第一版大检修计划检修前18个月确定，第二版增补大修计划检修前6个月确定。

（2）检修前12个月采购长周期设备、材料：压缩机备件、进口机泵备件、加热炉系统备件、特殊材质换热器管束、空气预热器管束、螺纹锁紧环换热器、液力耦合配件等。

（3）检修前6个月确定检修工作量，联系检修队伍对接工作，开始编修检修方案、检修统筹表；检修前3个月与检修队伍技术人员施工现场对接，熟悉现场，现场交底检修项目标识挂牌，开始搭设脚手架，确定检修机具占位，料场、预制场设置。

（4）检修前3个月，装置材料员应该及时跟踪检修材料到货情况；检修前一个月施工方材料员开始从库房领料，分门别类、登记入册。

（5）施工人员提前入场对大检修项目进行预制，尽量增加项目施工预制比例，减少停工检修时间。

（6）提前6个月培训设备检修质量鉴定人，熟悉检修计划，掌握质量控制点，作好签字确认表，责任到人。

9.3　严格施工队伍管理

检修主要依托石化行业有资质的专业检修队伍，落实谁检修、谁保运原则，明确责任。制定检修质量、工期目标，对检修队伍严格考核。

9.4　检修过程管理实现标准化

成立专门指挥机构，管控计划、设计、物资采办、入厂检验、材料预制、施工工艺、现场安全、质量控制、施工进度等各个环节。编制专项检修工作包，明确检修规程、方案，严格执行消项作业，安全、质量、进度控制分级管理，明确各级职责，关键部位联合检查、确认。同时编制设备报废鉴定计划、脚手架搭设等计划，有效管控报废设备和脚手架搭设费用。

9.5　风险等级评估

应用风险等级理论指导检修：
（1）成立设备风险评估组织（如风险评估小组）及负责人，对所有关键设备设施开展风险评估。

（2）对风险源、风险事件及其原因和潜在后果进行识别。依据《风险矩阵》，分析风险发生的可能性和风险后果严重程度，并按规定格式填写风险分析结果。

（3）在风险识别和风险分析的基础上，对风险事件发生的"可能性"和后果的严重程度"进行评价，根据《风险等级定义表》确定风险事件的风险等级和风险应对的优先级别，并按规定格式填写风险评价结果。

（4）风险的动态管理：根据设备设施风险的实际变化，对风险实施动态管理，定期评估，及时更新，并对设备设施重要风险和关键风险进行动态监督。

10　检修具体执行阶段

10.1　质量管理

10.1.1　质量方针、目标

质量方针：追求质量优良，满足生产需求。

质量目标：检修及安装符合质量标准、规范要求，设备零返修，实现无缺陷一次开车成功。

10.1.2　检修施工阶段质量控制

质量控制措施：
（1）原材料、构配件、设备进场验收；
（2）施工过程质量检查、验收。

10.1.3　试运过程质量控制

（1）单机试车；
（2）投料开车。

检修指挥部相关职能组、运行部、施工单位参加投料试车，由检修专业管理组、运行部督促施工单位落实在投料试车过程中暴露的工程质量问题的整改工作。

10.2　HSE 管理

10.2.1　停工检修装置安全管理要求

（1）装置停工前，停工装置所在运行部应对装置停工吹扫及重点检修项目进行危害识别、风险评估，根据识别结果，制订及落实相应的安全防范措施。在编制装置停开工方案时，应有装置开停工安全环保、消防相关内容。

（2）停工单位应制定装置停工吹扫表，做好吹扫、冲洗、置换记录，严格把好吹扫质量关。要保证吹扫、置换用蒸汽、氮气、水等介质的压力，保证吹扫、冲洗、蒸塔、蒸罐时间，认真执行"运行部、装置区和班组"三级检查确认制，确保吹扫、冲洗、置换不留死角和盲肠。

（3）停工吹扫过程中，应根据具体情况，禁止明火作业及车辆通行，以确保停工吹扫期间安全。

（4）停工吹扫和检修期间，对现场固定式可燃气体报警仪、H_2S 报警仪等探头要进行妥善保护。

10.2.2　装置交付检修后的安全要求

（1）在设备、容器内进行受限空间作业时，与该设备、容器相连的管线未经有效隔离，在该管线上不得进行明火作业。

（2）因工作需要，各生产管理部门和运行部有关人员进入受限空间内检查工作，也应办理"进入受限空间作业许可证"。

（3）进入受限空间作业，经化验分析检测合格后，作业期间每隔 4 小时进行一次分析，由运行部安排专人使用便携式检测仪检测并记录，并加强作业现场监护和其他配套安全措施的落实。

（4）打开设备人孔时，应使其内部温度降到安全条件以下，并从上而下依次打开。在打开底部人孔时，应先打开最底部放料排渣阀门，待确认内部没有残存物料时方可进行作业，警惕有堵塞现象。人孔盖在松动之前，严禁把螺丝全部拆开。

（5）严格执行公司《装置盲板管理规定》，做好加拆盲板的管理，使之按要求与运行的设备、管道及系统相隔离，并做好明显标识。盲板的厚度必须符合工艺压力等级的要求。盲板必须指定专人统一管理，按照编制的盲板表执行，不得随意变更，并编号登记，防止漏堵漏拆。

（6）当槽、罐、塔、管线等设备存留易燃、易爆、有毒、有害物质时，其出入口或与设备连接处所加的盲板，应挂警示标识。

（7）检修现场下水井、地漏、明沟的清洗、封闭，必须做到"三定"（定人、定时、定点）检查。下水井井盖必须严密封闭，泵沟等应建立并保持有效的水封。

（8）落实检修装置的测爆分析检测。化验室出具的《安全分析（检测）报告单》的内容、样数应与运行部提供的《安全分析委托单》委托的分析项目、采样地点、采样个数保持一致，不得漏项。

（9）检修期间严格执行炼化公司及所属企业相关安全要求。

10.2.3　检修期间常见危险物料及残留物的应对措施

包括防硫化亚铁自燃、防连多硫酸腐蚀、防 H_2S 中毒、防 N_2 中毒、防酸碱灼伤的对策和措施等。

10.2.4　环保要求

停工检修的环保原则是：密闭吹扫，有序排放，清洁停工，安全处置。为做好停工和检修期间的环保工作，停工装置对排放污水、吹扫尾气放空、工业废物处置进行预申报，排放时必须做到先监测后排放，排污单位提前 1 小时通知 HSE 部环保联系人，环保联系人通知监测站分析。监测站采样后向 HSE 部环保联系人发送监测报告，根据监测结果确定处理方式。

10.3　进度管理

检修中的进度必须按照网络计划进行，主要设备和关键路径如有偏差，及时纠偏。

主要进度可通过管理、组织、技术、经济等措施进行控制。

管理措施：定期召开总指挥部会议，每日召开分指挥部会议，把控检修进度。

组织措施：增加工作面，组织后备施工队伍，提高工作效率，增加劳动力和施工机械的数量。

技术措施：采用更先进的施工机械和更先进的施工方法。

经济措施：按合同约定及时给予奖励。

10.4　费用管理

10.4.1　费用管理原则

秉承配合检修计划、服务检维修项目的费用控制原则，实行连续、动态监控，确保项目费用全过程受控。加强事前检维修项目预算审核，强化事中（限额采办、控制变更签证管理、进度款支付）控制，完善事后（工程竣工结算）控制。

10.4.2 主要应对的风险

（1）设计变更风险；

（2）工程变更风险；

（3）合同变更风险。

11 结束语

炼化公司《装置停工大检修策略及标准化管理》规范的编制实行，统一了中海油炼化公司各企业的检修规范和标准，为各所属企业装置停工检修提供了标准模板，对设备管理薄弱企业发现管理差距、提升管理水平起到了引导作用。炼化公司《装置停工大检修策略及标准化管理》规范初版编制，在内容上可能还不够全面，但搭起了基本构架，相信在各位设备同仁的不断努力下，将来一定会在实践中不断总结、日臻完善。

充分准备、科学组织是首次全厂停工大检修成功的基础

何可禹[1]　李奇峰[1]　余辉华[2]

（1. 中化泉州石化有限公司，福建泉州　362103；

2. 中国中化集团有限公司，北京　100031）

摘　要　本文介绍了中化泉州石化有限公司首次全厂停工大检修的组织、开展情况，公司在检修经验不足、检修工作量大、没有自己的检修资源等情况下，各部门通力合作，员工上下同心，秉着"追求卓越"的精神，取得了44天的检修佳绩，圆满完成了首次全厂停工大检修的工作。

关键词　充分准备；科学组织；首次大检修；成功

1　前言

中化泉州石化有限公司 1200 万吨/年炼油采用"常减压—渣油加氢—催化裂化—加氢裂化—延迟焦化"的加工工艺路线，包括 1200 万吨/年常减压蒸馏装置、340 万吨/年催化裂化装置等 19 套工艺装置以及相配套的公用工程、储运设施。

公司 2014 年 7 月投产，安全平稳运行 3 年半时间，2017 年 12 月 3 日常减压装置切断进料停工检修，2018 年 1 月 16 日开工正常。本次大检修计划检修时间 50 天，公司内控时间 45 天，实际用时 44 天。本次检修任务全部完成，包括检修项目 5307 项，技改项目 237 项，乙烯和炼油改扩建甩头项目 190 项。

2　装置停工大检修准备工作

2.1　大检修组织架构

2016 年 6 月成立大检修指挥部，明确分工职责，全面铺开大检修准备工作。指挥部下设 4 个分指挥部和 11 个专业组，并按照装置/单元划分，成立了 18 个装置检修联合团队。公司总经理担任大检修指挥部总指挥，公司分管设备副总经理担任大检修指挥部常务副总指挥。

2.2　大检修总体统筹

编制《首次全厂停工大检修各阶段准备工作节点图》，包括大检修总体统筹网络节点计划、大检修计划与物资准备工作节点计划、大检修资源工作节点计划、大检修综合工作节点计划。

2.3　大检修计划编制

2015 年中旬开始组织编制大检修计划，多次组织各装置根据现场设备实际运转情况，反复优化检修计划，做到"不失修、不过修"。2016 年 11 月签发第一批大检修计划，2017 年 6 月签发第二批大检修计划，设备人孔打开 7 天内编制，审批完成隐蔽项目计划。本次检修计划共计 5307 项，其中动设备 658 项，静设备 2906 项，电气 786 项，仪表 861 项，其他 96 项。

2.4　大检修人力组织

公司组织对中海油惠州炼油、海南炼化、青岛炼化进行了调研，确定了"现有资源与外委资源相结合"的资源平衡思路。主检修单位按"谁维保谁检修、装置建设单位优先"的原则招标确定。另外根据装置现场需求情况，招标采办了检测、修复、清洗等 36 项专业检修资源。

检修单位管理：要求各家检修单位建立管理体系；检修项目不允许转包、二次分包；专业检修进度要服从静设备检修队伍进度安排；根据检修计划，要求检修单位配备充足检修人员，并要求检修人员有类似检修经验；检修质量实行严管重罚，对质量弄虚作假的进行严厉考核。

2.5　大检修工机具组织

督促检修单位检修前 1 个月所有检修工机具到场，并通过安全、质量鉴定。提前落实各

家检修单位脚手架、吊车租赁情况，避免集中一家租赁而出现短缺情况。150t及以上吊车委托一家专业单位统一管理，150t以下吊车由各检修单位自行准备，换热器抽心机、试压工装原则上由检修单位自行提供。

2.6　大检修物料准备

本次检修物料共计2.92万项，采购动设备132台、静设备208台、电器93900台件、仪表23350台件、电缆52km、阀门6991台、管道配件及紧固件165005件、动静设备备件199811件、钢材469t。检修物料入库前进行100%质量检验。

2.7　大检修方案编制

编制发布《大检修管理手册》，包括进度篇、质量篇、HSE篇、综合篇（见图1）。督促参检单位根据《大检修管理手册》编制检修施工方案428个，公司对施工方案进行了审核，要求全部施工方案由参检单位技术负责人审批。

图1　大检修管理手册

2.8　大检修人员培训

邀请国内专家对《固定式压力容器安全技术监察规程》（TSG 21—2016）进行宣贯，对大检修、防腐蚀调查、隐蔽项目检查进行培训，对公司1100名操作人员、200名管理人员进行大检修HSE培训。

2.9　专家组审查

集团公司高度重视本次大检修工作，把本次大检修列为能源事业部2017年五大工作之首，先后三次组织专家组深入公司进行检查和指导，

提出了100项需要整改的问题，成为公司大检修准备工作的索引。停工检修前组织了"中化泉州石化首次全厂停工大检修誓师大会"（见图2）。

图2　大检修誓师大会

针对上级单位检查提出的100项问题，以设备管理部为代表的职能部门，反复对照检查问题清单，逐项落实，不断完善方案，每两周汇报一次进展情况，检修实施前所有问题全部关闭。

3　首次大检修面临的主要问题

3.1　检修经验不足

公司为新建企业，人员多数来自中石油、中石化等国内企业，具有一定的生产、设备管理和大检修经验，但确实也有20%以上的设备管理人员未参加过大检修，尤其是全厂停工大检修。公司的设备管理团队，包括领导在内，未有组织全厂停工大检修的经历。就是在这样的环境下，从检修准备阶段到检修实施，所有工作都是在摸索中进行。

3.2　缺乏内部检修资源

公司不像中石油、中石化、中海油有可以依托的内部检修力量，所有的检修资源都是根据同规模炼厂的检修经验及行业惯例从市场上通过招投标产生。存在招标文件编写难度大、工作界面难以界定、合同签订困难、突击抢修等资源调动方面难度大等情况。

3.3　检修工作量较大

由于公司首次大检修，压力容器、压力管道首检，检修工作量大。此外，设备内部损坏情况从未目视过，心中无数，隐蔽项目存在一定的不确定性。检修资源和检修材料把握不准确，计划提报难度大。

3.4 技改项目较多

技改项目共计 237 项，焊接量 11 万时径，投资 5 亿元，其中停工检修前完成 91 项，检修期间完成 146 项。

4 大检修采取的具体措施

针对首次大检修存在的主要问题，我们采取了以下具体措施。

4.1 检修队伍市场招标，合理分工

技改技措工作量较大装置的静设备检修，由参与公司项目建设、有良好信誉及检修经验的 5 家施工单位承担，动、电、仪检修由 5 家现有维保单位承担。

4.2 提前落实关键隐蔽检修项目资源

锻焊反应器及容器的主要承压元件修复由原制造厂中国第一重型机械集团公司承担，柴油加氢、连续重整板焊反应器的主要承压元件修复由原制造厂兰州兰石重型装备股份有限公司承担，制氢转化炉高合金炉管及管线由原制造厂上海卓然工程技术有限公司修复。公司提前与这些制造厂沟通，按照检修时间，要求充分准备好相应的人力和设备。

4.3 聘请有关咨询公司和维保单位给予技术支持

本次检修聘请了一家咨询公司，该咨询公司由国内一流石油石化企业退休机动处长组成。作为检修技术方案、施工网络图等工作的审查、咨询机构，并作为检修一员参与检修全过程。

为了解决设备员经验不足的问题，公司从维保单位总部推荐 20 名有经验的技师或退休设备工程师，与公司设备工程师一起现场把关检查、检验工作。

4.4 组织好检修工机具管理

工机具管理是本次检修的重点工作，其中吊车管理是重中之重。根据本次检修大型吊装任务，150t 及以上吊车委托大型吊车资源充裕、熟悉公司现场、吊装经验丰富、承担公司建设期大件吊装的专业公司进行统一管理。取费方式：履带吊采用总价，汽车吊采用吨单价，即根据吊装物重量取费。吊车作业如图 3 所示。

该专业公司还提供公司缺乏的其他管理服务：审核各家检修单位吊装方案，对现场起重运输作业进行监督，负责检修单位施工起重作业人员培训及考核，并对进场作业的移动式起重机和叉车等起重运输设备进行检验。

施工单位短缺的换热器抽心机、打压工装，我们联系周边兄弟单位共享。

图 3 吊车作业

4.5 检修物料采办保障

采购部门首先提出采购工作的职责就是无条件满足现场检修物资需要的指导思想；其次对 5 万元以下小额采办简化了合同程序，使得采购人员把更多精力投放到现场需求之中；再次制定了大检修紧急采购管理办法，提高了采购效率。紧急计划平均到货周期为 7~10 天，可以满足检修现场需求。

采购部门与阀门、螺栓、垫片、塔内件、换热器管束及保温材料、衬里材料等供货商签订了框架采购合同。

4.6 组织 18 个装置/单元检修联合团队，提前进行检修方案推演

公司运行部实行了 PMTS 管理模式，各装置的生产、工艺、设备、安全人员均由各职能部门派驻，本次检修形成了 18 个装置/单元检修联合团队，如图 4 所示。

2017 年 8 月份开始，检修指挥部要求各装置检修联合团队每周召开一次大检修协调会，并作为公司级会议，对检修方案进行反复推演、优化，充分考虑了各种可能出现的问题。据统计联合团队推演会次数超过 300 次。检修期间，各装置基本没有出现需要指挥部协调的问题。

以连续重整联合团队为例，该团队组织机构、区域分工明确、合理，圆满完成了连续重整装置检修及扩能改造项目。连续重整联合团队组织机构及分工如图 5 和图 6 所示。

图4　装置/单元检修联合团队

图5　连续重整联合团队组织机构　　　　　　　图6　连续重整联合团队区域分工

4.7　换热器打压及管束高压清洗场地安排

由于公司刚刚运转一个周期，换热器整体运行情况较好，本次检修换热器打2次压，个别介质腐蚀性强、日常出现过问题的换热器打3次压，大大缩减了检修时间。

公司只有一处换热器管束清洗场地，且面积较小，完成600多台管束清洗难度较大。由于换热器管束清洗场地空间有限，为了避免排队、抢占场地等影响检修进度的情况出现，管束清洗分成两部分：介质较重的管束放在清洗场地清洗，其他的放在装置现场清洗。各装置现场制作了简易的清洗场地，场地有围栏，与含油污水相通。换热器清洗场地放置了两台150t的履带吊，大大提高了吊装效率。换热器管束清洗场地如图7所示。

图7　换热器管束清洗场地

4.8　及时召开大检修会议，组织协调各项问题，提前开展检修及RBI评估工作

4.8.1　强有力的组织

检修准备阶段，检修指挥部根据各项工作进展情况定期召开大检修例会，督办、协调解

决各类问题211项；从2017年8月份开始，督促各分指挥部、装置检修联合团队每周召开大检修协调会。检修实施阶段，检修指挥部每天下午召开大检修例会，会上通报大检修进度、质量、安全、考核情况，听取各参检单位、分指挥部、专业组对大检修工作进展情况的汇报，并对下一步重点工作提出要求和指示。

4.8.2　提前开展检修工作

水风系统提前进行检修；现场空冷风机利用天气比较凉的时间提前完成检修工作；计划检修的机泵，具备提前检修条件的，检修前全部完成检修工作。

4.8.3　压力容器、压力管道RBI评估

2017年7月25日公司1730台压力容器和40个单元的压力管道运行达到3年，根据《固定式压力容器安全技术监察规程》（TSG 21—2016）的规定要进行首检，而公司确定的最佳检修时间是2017年12月3日，为此公司进行了基于风险的检验（RBI）评估。通过评估把压力容器、压力管道检验时间延期至2018年1月25日；通过评估缩减了压力管道的检验数量1724条，降低了检修期间的工作压力，节约了费用。

5　大检修完成情况及主要收获

（1）完成了压力容器、压力管道的检验任务，解决了生产运行合法性问题。

（2）检查确认设备运行一段时间后的磨损、腐蚀状况，为以后设备管理获得直接经验。

（3）处理了生产期间无法处理的设备故障问题，保障了生产安稳长满优运行。

（4）完成了一系列技改技措项目实施，优化了生产工艺，生产出了市场更需要的产品，获得了更大的经济效益。

（5）为乙烯项目和炼油改扩建项目的"碰头"提供条件，保证公司二期建设项目开工不受炼油资源的制约。

（6）锻炼了队伍。通过一个多月的大检修时间跨距，让设备管理部60多名管理人员都具有了大检修经验。

6　结语

中化泉州石化有限公司本次大检修，在全体员工及所有参检单位的共同努力下，根据公司实际情况，采取了针对性强、高效的措施，克服了重重困难，圆满完成了首次全厂停工大检修工作，各装置均一次开车成功。

以信息化为支撑　提升设备检维修标准化水平

朱　斌

（神华宁煤集团煤制油分公司，宁夏银川　756411）

摘　要　煤化工企业现场检维修环境复杂，普遍存在高温高压等危害，这就对检维修作业规范性提出了较高要求。企业虽然制定了很多规范及要求来指导现场作业，但仍存在信息传递和共享不及时，缺乏有效的过程监督手段以及执行情况记录不规范不能及时动态更新有关标准和规范等情况。将现行的标准规范固化到信息系统中，并伴随实际业务准确记录每一步执行情况，可以进一步提升检维修标准化水平，并形成有效的动态闭环优化机制。

关键词　标准化；精细化；信息化；数据标准；作业过程；风险管控

1　前言

神华宁夏煤业集团有限责任公司（简称神宁集团）是国家能源投资集团（简称国家能源集团）的控股子公司，也是宁夏回族自治区最大的煤炭企业，是宁东国家能源基地建设的主力军。其经营范围涉及煤炭开采洗选、煤化工、煤炭深加工及综合利用、发电、房地产、机械制造与维修等，主营业务为煤炭开采洗选和煤化工。

2016 年 5 月，国家工信部和财政部根据《中国制造 2025》的战略部署，组织实施智能制造标准及新模式推广应用专项活动，神宁集团以煤化工副产品综合利用项目为主体，经自治区经信委向国家申报流程行业智能制造新模式推广应用专项暨百万吨级烯烃智能制造项目（简称智能制造项目），同年 7 月该项目获得国家核准并批复国拨专项资金用于建设，设备管理系统作为其重要的配套工作内容之一，被纳入项目范围。

2017 年 12 月，随着智能制造项目的逐步推进，依据项目范围和实施计划，神宁集团启动了"神宁集团智能制造设备管理系统实施项目"，该项目基于原神华集团 ERP 系统，以烯烃二分公司为实施主体，实现了设备全生命周期管理信息化。

2　解决方案

2.1　必要性

煤化工属于典型的流程制造行业，确保设备安全平稳运行是保障企业生产和经营正常开展的主要工作，而设备故障处理及检修维护是设备管理工作的重要内容。

设备在整个生命周期内发生的故障遵循浴盆曲线规律，不论是在磨合期、稳定器还是老化期都会出现有规律的或者随机发生的各种故障，对于这些故障情况的准确记录，将有助于积累故障历史库，为制定和优化维修策略，以及采用基于状态的预测性维修提供数据分析的基础。

另外，设备检修维护现场工作环境复杂，普遍存在高温高压等危害，如果现场安全预防措施不到位或者检修维护作业执行不规范，都有可能诱发人身意外伤害或环境危害等事故，因此这就要求一方面要严格按照现场作业安全规范做好安全预防措施，另一方面要严格执行规定的检修维护作业步骤，通过规范及固定的动作，将人为原因导致的安全风险隐患降至可接受的范围。

通过在神宁集团煤化工板块建设设备管理信息化平台，制定规范的数据标准，并且将检维修安全管理规定和检维修作业标准融入信息系统，借助信息化的力量规范作业流程，加强过程管控，充分挖掘数据价值，对于进一步提升设备检修维护水平有着十分重要的作用。

2.2　总体流程

在设备管理系统中实现的故障与检维修管理业务总体流程包括了从发现故障后的记录上报到响应处理，再到维修计划与执行，最后对执行情况进行验收评价，如图 1 所示。

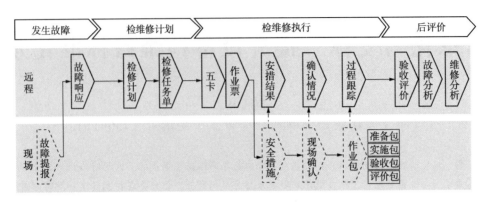

图1　故障与检维修管理流程

故障与检维修管理流程包括 10 个主要环节，分别是：①发现并提报故障；②响应故障并决定是立即处理还是延期处理；③根据故障情况安排检修维护计划（维修工单）；④根据工单制定检修任务单；⑤根据检修任务单识别现场作业安全风险隐患并下达相应卡单或作业票；⑥现场执行安全措施并记录结果同时进行安全交底；⑦施工安全管理人员对现场安全措施情况进行确认；⑧下载检维修标准作业流程包并按照规定步骤逐项执行并作好记录；⑨现场检维修工作完成后进行验收、评价与整改；⑩根据故障或维修记录进行分析，改进维修处理措施或优化维修策略。

依托信息系统，将整个检维修业务流程固化在系统中，确保每个环节都可控，同时对于每个环节所产生的信息也能准确地记录在系统中，这些信息可以为下一个流程环节的执行提供参考，最终通过对这些信息的不断积累形成知识库，可作为案例数据用于预测性维修中的智能诊断分析，也可在可靠性管理活动中用于可靠性分析进而优化调整预防性维修策略。

2.3　总体方案

为了实现对整个检维修过程的精细化管理，我们首先制定了有关数据标准，包括故障分类标准、卡单及作业票标准以及检维修作业包标准。故障分类标准用于对故障情况进行准确且一致性的描述；卡单及作业票标准用于对现场作业安全风险防控及作业质量进行统一规范；检维修作业包标准用于对现场检维修作业步骤进行统一规范。通过在信息系统中固化这些标准，使得每个业务环节的信息记录和执行有据可依，大大加强了故障提报和检维修作业的标准化程度。

此外，我们基于 ERP 系统实现了对整个故障和检维修业务流程的管理，除了使用通知单来记录故障，使用工单来进行维修计划外，还进一步拓展延伸了检修任务单、五卡、作业票以及检维修作业包等应用功能，同时还在移动终端实现了有关现场安全措施记录与确认以及现场作业执行情况查看与记录的功能，这些功能与通知单和工单功能串接在一起，横向覆盖了整个故障与维修流程，纵向贯穿了办公室远程管控与现场作业执行两个层次，有效地提高了检维修管理的精细化程度。

2.4　数据标准

数据是信息系统良好运行的基础，对数据进行标准化规范不仅有利于便捷准确地记录事件信息，也有利于时时对数据进行挖掘与分析。

故障信息是设备检维修管理研究对象的重要信息，如果把设备比喻成人，那么故障记录就是这个人一生的健康情况记录，根据这些记录，医生才能因地制宜地为不同情况的病人制定有针对性的健康保障或疾病治疗方案，从而确保病人的身体健康或加快康复进程。由此我们可以看出，故障信息记录的完整准确，对于一台设备能否稳定、高效运行，并延长使用寿命，有着重要意义。我们参考国际标准 ISO 14224《Petroleum, petrochemical and natural gas industries》和国家标准 GB/T 20172—2006《石油天然气工业设备可靠性和维修数据的采集与交换》，同时结合神华宁煤煤化工的特点，整理了包括故障现象、故障部位、故障损坏、故障原因以及采取措施在内的共 5 大类 1904 条故障信息，如图 2 所示。

故障现象 （122条）	描述可观测到的设备异常状况
故障部位 （1686条）	描述发生故障的位置或零部件
故障损坏 （55条）	描述发生故障的零部件出现的具体问题
故障原因 （2条）	分析失效或故障的根本原因
采取措施 （16条）	描述采取什么手段进行处理

图 2　故障信息

每个故障分类都与设备专业（动、静、电、仪）相关，方便各专业对数据进行统计分析，故障损坏又与故障部位相关，形成部位+损坏的故障机理描述。为了方便在信息系统中进行表示和统计，我们给每一条故障信息都分配了代码，举例如图 3 所示。

故障分类数据标准与故障通知单关联，点巡检人员或现场操作人员在现场发现故障情况时，可以在移动终端上进行故障情况的记录，包括发生故障的设备、故障现象、故障开始时间、是否停机以及故障故障影响等信息，在维修处理过程中，可对故障部位、故障损坏、故障原因以及采取措施进行更为准确的记录，如图 4 所示。

2.5　检修任务单

当确认故障需立即处理后，通过维修工单对检维修工作的时间、基本工序步骤、所需更换及使用的备件和材料以及外委服务需求等内容进行计划安排，按照内控要求完成审批和下达后，要对检修任务进行安排。我们通过检修任务单作为维修工单的延伸，一方面与维修工单进行关联确定检维修工作事件，另一方面与现场安全施工要求进行关联确定安全措施，各施工单位需依据检修任务单方可开展现场检维修工作，如图 5 所示。

检修任务单中关联的五卡包括风险控制卡、风险辨识卡、质量验收卡、应急处置卡和能量隔离卡，这些卡单中所要求的风险防控措施等内容全部按照实际业务要求固化在系统中，如图 6 所示，并且必须在下达后进行打印，携带相关单据或在移动终端中根据已下达单据的内容要求在现场进行逐项措施执行和确认。

2.6　检修作业票

如果检维修工作涉及现场一些特殊的工作要求，如动火、动土、受限空间作业等需要开具检维修作业票，通过作业票规范相关作业的时间、地点、介质、温度、压力、风险等级、风险辨识和消减措施等。每种作业所涉及的风险和措施不同，我们将包括动火作业、动土作

故障现象			故障部位			故障损坏			故障原因			采取措施		
代码组	代码	定义	代码组	代码	定义	代码组	代码	定义	代码组	代码	定义	代码组	代码	定义
FM01-1		动设备的故障现象	IS01-1		炉类	MM01-1		机械缺陷描述	CD01-1		与设计相关的原因	AM-01		维修
	M001	不按指令启动		S001	炉体		M001	一般机械失效		D001	不合适的功能设计		M001	大修理
	M002	不按指令停车		S002	燃烧器		M002	润滑不良		D002	不合适的材料选择		M002	中小修
	M003	意外停车		S003	烧嘴		M003	油膜涡动/振荡		D003	不合理的结构设计		M003	项修
	M004	调节迟缓		S004	烟囱		M004	间隙失效	CP01-1		与制造相关的原因		M004	维护

图 3　故障信息代码

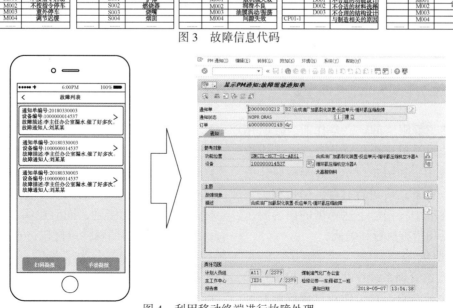

图 4　利用移动终端进行故障处理

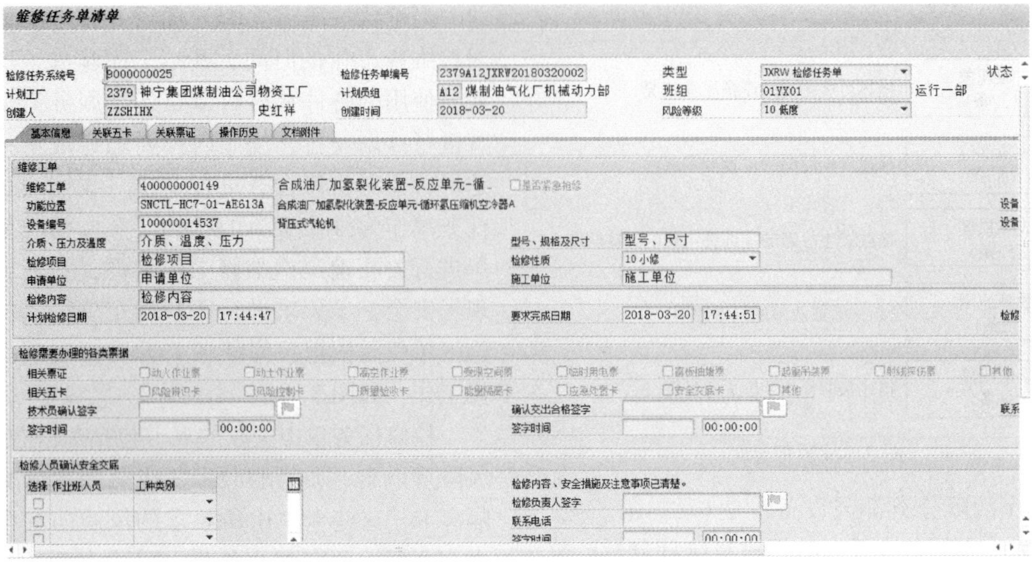

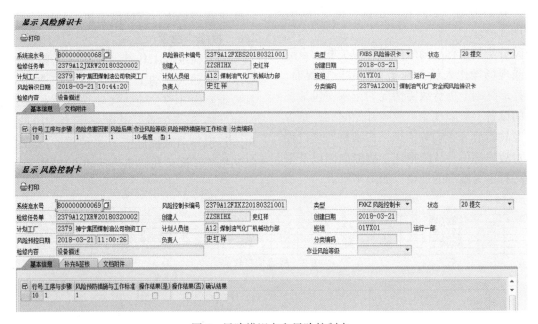

图5　检修任务单

图6　风险辨识卡和风险控制卡

业、盲板抽堵、受限空间、高空作业、临时用电、起重吊装以及射线探伤这八种作业要求全部固化到系统中，如图7所示，并与检修任务单进行关联，在下达后进行打印，携带相关单据或在移动终端中根据已下达单据的内容要求在现场进行逐项措施执行和确认。

2.7　检修作业包

传统的设备管理系统往往更关注检维修作业的计划和执行结果，对于作业过程的跟踪和管控一般在线下执行。我们通过将标准检修作业包固化在系统中，与维修工单关联并在检维修作业执行过程中调用作业包，逐个步骤遵照执行并确认结果，从而实现了对检维修过程的标准化、精细化管理，同时也实现了通过信息系统在远程随时跟踪检维修执行进度的目标。

检维修作业包分为准备包、实施包、验收包和评价包，其中准备包、验收包和评价包根据不同检修对象或作业类型已经形成固化的作业步骤模板，可在相应环节直接下载查看并按要求执行。实施包的内容会依据每次检修工作的具体情况进行设定，在执行维修的过程中可

以在现场在移动终端上针对每一个已完工工序的实际完成情况进行确认和记录，从而实现对检维修进度的及时跟踪，如图8所示。

图7　作业许可票

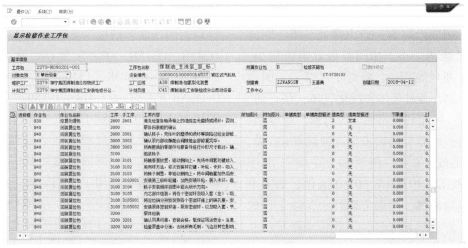

图8　检修作业包

3　成效与提升

神宁集团通过设备管理系统的建设，以信息化为支撑，进一步提升了设备检维修标准化水平，具体成效与提升表现在以下三个方面。

3.1　提升和发挥了数据价值

通过建立故障分类标准，使故障信息填报更为简便和准确，这些故障历史数据可用于分析相似工况下的同类设备哪种故障现象最为频发，哪个部位最容易发生故障，什么原因是诱发这种故障的最根本因素，通过分析之后就可以有针对性地将主要精力投入在最重要或最常见的问题上，实现故障精准消除。通过建立检修作业流程标准，使现场检维修工作执行更为标准化和规范化，通过对作业执行情况进行记录，所积累的维修历史数据可用于分析相似检修条件下作业过程的合理性和有效性，从而不断优化改进检维修作业步骤，提高工作效率和效果。

3.2　加强了风险管控的有效性

将维修工单延伸到一单五卡八大票，实现了维修资源计划与现场作业规范的结合，延伸的应用可以有效地将现场检维修作业中有关安全、环境、人员等因素进行辨识并落实行之有效的风险防控措施，依托信息系统还可实现对每个现场作业环节的跟踪，加大了管理的透明度，全方位立体化地对检维修作业过程进行管理。

3.3　使检维修作业过程更加规范

通过将维修工单与检修作业包进行关联，实现了对维修计划执行过程的精细化和标准化管理，同时结合移动应用的使用，不论是企业内部的维修团队还是外部社会维修组织，都按照统一规范的动作要求进行检维修工作，避免了由于人为的随机失误带来的安全生产风险，确保检维修工作能高效、安全、高质量地完成。

加强管理　保障液化烃球罐的安全运行

李贵军　单广斌　刘小辉

（中国石化青岛安全工程研究院，山东青岛　266101）

摘　要　对影响液化烃球罐安全运行的因素进行了描述，从材料选择、结构设计、制造和现场组焊、安全附件和运行管理等方面进行了分析，提出了保障液化烃球罐安全运行的具体措施。

关键词　液化烃；球罐；安全；焊接；检验

球形容器（球罐）结构中心对称，与圆筒形容器相比，相同壁厚最大应力降低一半，同样压力下壁厚减薄一半，相同容积下表面积小，节约钢材，迎风面积小，降低了风载荷，国内外主要用来储存各种气体和液化气体，在石油、化工、城建、冶金和城市燃气等行业广泛应用。在炼化企业，球罐普遍用来储存液化烃（乙烯、丙烯、液化气、C_4）、轻汽油（终馏点小于60℃）和戊烷等，根据 GB 50160 液化烃属于甲A类火灾危险液体，燃爆危险性大，液化烃球罐容量大，并且成组布置，失效后果严重；并且球罐形状为空间曲面，现场组装焊接难度大。随着我国炼化企业的发展，液化烃球罐向大容量发展，对球罐制造过程中的质量控制和投产后的安全运行提出了更高的要求。液化烃球罐的安全运行，与设计、制造组装质量和生产运行管理等密切相关，对这些影响因素进行分析，提出相应的应对措施，对于保障液化烃球罐的安全运行非常必要。

1　液化烃球罐的材料选择

作为常温或低温储存容器，液化烃球罐体积大，介质易燃易爆，一旦失效后果严重，并且现场组装焊接，焊缝长，为全位置焊接，技术要求高，这些都对材料的选择提出了较高的要求。液化烃球罐的选材应符合 TSG 21—2016《固定式压力容器安全技术监察规程》、GB 150.1~4—2011《压力容器》和 GB 12337—2014《钢制球形储罐》的要求，根据介质特性，考虑设备最苛刻的温度和压力组合，同时考虑制造工艺和组焊要求，合理确定材料的强度、塑韧性和焊接性等指标要求，选择合适的材料。我国目前国产球罐钢板主要有 GB 713-2014 中的 Q245R、Q345R、Q375R 和 Q420R，GB 3531—2014 中的 16MnDR、15MnNiR、15MnNiNbR 和 09MnNiDR，以及 GB 19189—2011 中的 07MnMoVR、07MnNiVDR 和 07MnNiMoVDR。一般来说，钢板的厚度增大到一定程度，材料的性能稳定性变差，同时制造组装中吊装、焊接难度增加，通常选用中厚板较好。通常在设计压力大于 1.6MPa 且容积大于 4000m³ 时选用调质钢板经济性好。选材中要考虑介质中能够引起应力腐蚀开裂的杂质（如硫化氢等）的影响。

2　液化烃球罐的设计和制造

设计和制造保证了液化烃储罐的初始质量，是保证液化烃球罐投用后安全运行的重要环节。球罐的强度设计计算既要考虑到最苛刻的温度和压力组合，还要考虑到压力急剧波动时的冲击载荷、冲击反力、温度梯度和热膨胀不同的影响。球罐的结构设计主要包括确定结构类型和几何尺寸、球瓣的分割方法、确定球瓣几何尺寸、支撑结构确定、人孔接管位置确定、附件设置、梯子平台、隔热保冷结构设计、基础的技术要求等。

球罐的分瓣有桔瓣式、足球式和混合式三种。桔瓣式的优点是对称，便于自动焊，拼装焊缝规则，装配应力和内应力均匀，缺点是尺寸大小不一、下料成形复杂、材料利用率低、

作者简介：李贵军（1967—），男，高级工程师，博士，2004 年毕业于浙江大学化工过程机械专业，研究方向为化工设备安全。

极板较小；足球式的优点是尺寸相同或相近，下料简单省料，缺点是焊缝交接处有 Y 形或 T 形焊缝，焊接难度大，质量难保证，可能有支柱焊缝搭在球体焊缝上，造成焊接应力复杂，组装困难；混合式的缺点是组装麻烦、制造精度要求高、主焊缝有 Y 形或 T 形焊缝，优点是极板大、分块少焊缝少，支柱焊缝可以避开球体焊缝。目前球罐多采用混合式，球罐瓣片大小的确定要考虑到钢板的规格尺寸及球片压制压力机开档大小，在钢板尺寸和运输条件允许的情况下尽量采用大尺寸球壳板，以减少现场焊接工作量，减少焊缝总长度，保证最终的质量可靠性。

液化烃球罐接管尽量采用锻件，以降低接管与球壳连接部位的应力集中。对于支柱和球壳板连接部位的结构应进行优化，保证一定的柔性，以降低应力集中。

球壳板不允许有分层，不允许拼接，球片在堆放、运输过程中要采取措施防止变形，在现场组装前要进行尺寸复验，对尺寸超过允许公差的球片要进行校形。球罐的焊接条件差，劳动强度大，易于出现错边、气孔、夹渣、未熔合、未焊透和裂纹等焊接缺陷，焊条应选用低氢药皮焊条，并按照过 GB/T 3965—2012《熔敷金属中扩散氢测定方法》进行扩散氢复验。焊接前需进行焊接裂纹试验和焊接工艺评定，根据评定结果编制焊接工艺规程。支柱和接管的焊接在制造厂进行，焊接中采取相应的措施控制焊接变形，焊后进行热处理，保证焊后尺寸符合要求。球壳板现场组装焊接时，在吊装就位后借助专用卡具与定位方铁按照组装质量要求调整对口间隙、错边量、棱角度、椭圆度等，在检验合格后进行定位焊，焊接过程中要按照规定的焊接顺序对称施焊，焊工的焊接速度要力求一致，一般先纵焊缝后环焊缝，外部焊缝全部焊接完成后，内部清焊根并经表面裂纹检测后再焊环焊缝，焊前应去除坡口及两侧 50mm 内的熔渣、氧化皮、油污及灰尘，焊接过程中对焊接热输入量要严格控制。

无损检测是控制制造质量的重要措施，在球片出厂前对每块坡口周边 100mm 范围内进行超声波检测；对人孔、接管与中极板的焊缝以及上支柱、支柱盖板与赤道板的焊缝进行渗透探伤。球罐对接焊缝进行射线探伤和超声波探伤检测，检测结果应符合制造技术要求。对于调质钢制球罐还应在水压试验后对所有焊接部位(包括球壳板对接焊缝内、外表面，接管、支柱同球壳板焊接角焊缝，工、卡具清除后的部位及其热影响区)进行 100% 表面磁粉或渗透探伤检测。

3 液化烃球罐的安全附件

通过液化烃球罐的安全附件对球罐物料参数进行显示和控制，防止球罐运行中的异常引起的破坏。为了防止运行中的超压，液化烃球罐必须设置安全阀，安全阀设置在球罐顶部气相管线上，设置两个全启式安全阀，且每个都能满足事故状态下最大泄放量的要求，泄压线与全厂瓦斯管网相连通，引向火炬。

为了防止夏季因气温升高和强烈太阳光对球罐表面曝晒导致球罐内气相压力急剧升高造成安全阀起跳，球罐外壁应设置隔热保温层，并设置冷却喷淋系统，在球罐压力值超过规定值时启动喷淋系统。

液化烃球罐现场液位指示可选用磁翻板液位计、雷达液位计或伺服液位计，为了确保球罐内液化烃不超过安全高度，应设置球罐高液位报警和带联锁的高高液位报警，高高液位报警与入口紧急切断阀相联锁；为了防止低液位时罐抽空，设置低液位报警。

为了防止球罐液位因高液位报警失灵或其他原因导致球罐内液位超过最高允许液位，在球罐进、出口管线上设置紧急切断阀与高高液位报警联锁，一旦球罐内液位达到报警高度，及时切断进料，确保储罐安全。

为了在球罐及其连接管线上的阀门、法兰等处发生泄漏时进行处理，避免产生次生灾害，在球罐底部管线或泵入口管线上设置注水管线，注水管线平时与系统分开，当出现泄漏时，打开注水线，用泵把水打入罐内，依靠水把液化烃与泄漏点隔离，然后根据泄漏部位及现场处理情况确定是否把剩余液化烃导入其他储罐。

当球罐操作出现异常时，如超压安全阀动作排放；进料时的瞬间闪蒸，不适当的物料排放；接管部位发生泄漏等，有可能出现球壳局部金属的低温工况，此时对于部分球罐用材，可能低于材料的允许使用温度，应根据材料的实际韧性水平进行风险评价，设置必要的安全措施，消除安全隐患。

液化烃在输送过程中与泵体、管内壁、罐壁之间发生相对运动会产生静电，静电积聚到一定程度会产生火花放电引起火灾，因此球罐和相连管线必须接地，防静电电阻应小于 100Ω；为了防止雷电威胁，在罐区设置防雷设施，每个球罐防雷接地点不少于两个，接地点沿罐周长的间距不大于 30m，防雷接地电阻小于 100Ω，防雷接地设施可兼作防静电设施。

4　液化烃球罐的运行管理

液化烃球罐运行中，要严格按照操作规程进行操作，防止球罐超压、罐壁超温、液位失控，保证球罐安全附件完好、功能正常，对于高强钢制球罐，需要按照材料要求把能够引起应力腐蚀开裂的腐蚀性杂质浓度（如硫化氢等）控制在限定值之内，运行中应加强对球罐底部接管法兰密封点的检查，对重点部位提前测量制作堵漏夹具，以备应急使用。液化烃球罐的定期检验按照 TSG 21—2016《固定式压力容器安全技术监察规程》的规定进行，检验重点是球罐变形、腐蚀、缺陷发展情况，根据检验情况，提出下一周期安全运行的措施。对抗拉强度高于 540MPa 的球罐，投用 1 年后就要进行定期检验，其他球罐投产 3 年后进行第一次定期检验。

5　结语

液化烃球罐的安全运行，既依赖于合理选材、结构设计、球片压制和现场组焊质量，也依赖于运行中的精心操作、定期检验和维护。对于运行中的球罐，根据球罐的实际技术状况和定期检验结果，做好压力、温度和介质中腐蚀介质浓度等的控制，并做好运行中的检查，制定出关键部位的失效预防措施和泄漏应急预案，对于保证安全运行，是非常必要的。

参 考 文 献

1　GB 50160—2008　石油化工企业设计防火规范
2　胡志方，周焱，张辉琴. 混合式球壳与桔瓣式球壳的设计对比. 石油化工设备，2003，32（1）：25-27
3　窦万波，张中清，陈立，等. 10000m³ 大型天然气球罐的设计和制造技术. 压力容器，2007，24（4）：38-44

面向装置　服务生产
发挥设备研究机构的支持保障作用

黄卫东

（中国石化天津分公司装备研究院，天津　300271）

摘　要　中国石化天津分公司装备研究院是中国石化下属的设备安全监测、检验与科研开发骨干专业机构。该院重视技术创新与应用，立足于装置现场，为企业设备管理提供专业化支持保障。

关键词　设备研究机构；支持保障

天津分公司装备研究院按照"紧贴生产实际、服务现场需求、瞄准前沿技术、做好科研转化"的工作方向，逐步开发了安全保障成套技术，建立了装置安全经济运行技术保障体系，形成了设备安全技术专业化特色，为企业设备管理提供专业化支持保障。装备院在设备检验检测、状态监测、腐蚀防护、能效监测评价等方面拥有较强优势，具有员工学历层次高、扎根装置现场、专业配套、业务特色鲜明等特点。

1　简介

1.1　发展历程和从业资质

天津分公司装备研究院（以下简称装备院）成立于1988年，至今已整整30年。装备研究院与具有独立法人的天津海泰检测科技有限公司（前身为天津石化压力容器检验研究中心），是一个单位、两个牌子。

装备院主要负责石油化工特种设备检验与安全评定、无损检测、转动机器状态监测及故障诊断、加热炉综合检测与评估、地下管道防腐层检测、电气与仪表运行状况检测与故障诊断、水质分析与水质稳定剂的研制与评价、装置风险分析等服务，具有国家质量监督检验检疫总局核准的压力容器、球罐、工业管道、长输（油气）管道的定期检验资质和设备监理乙级单位资质。

1.2　组织机构和人员设备

装备院下设静设备、动设备、储运设备、热能技术、防腐技术、电仪技术、装置风险分析7个专业研究室，5个职能管理部门。现有员工77名，其中教授级高工2名、高级职称33名。目前有无损检测全国考委会委员1名，机械工程学会无损检测分会委员4名，压力容器检验师11名、检验员31名，压力管道检验师15名、检验员36名，高级无损检测人员8名（25个资格证）、中级无损检测资格证116个，注册设备监理师13名，RBI分析员4名。

目前拥有固定资产2721万元（原值），实验室面积1280m²。技术装备先进，拥有用于检验检测的相控阵检测仪、高频导波检测仪、电磁超声检测仪、红外热成像仪、S8000关键机组在线监测系统、地下管道成套检测系统、电能质量分析仪等设备286台套，为开展各项业务提供了完备的设备保障。

装备院获得全国无损检测技能竞赛团体冠军，全国工程建设职业竞赛无损检测技能竞赛团体冠军、个人金奖，集团公司化工分析工竞赛团体冠军、个人第三名，集团公司静设备专业竞赛团体个人金牌等一系列优异成绩，受到了行业内广泛赞誉和认可。

1.3　主要业务方向

主要业务：①开发应用石油化工设备新技术、新材料、新设备、新工艺，保障装置安稳长满优运行；②在用压力容器、压力管道等特种设备的定期检验与安全评定，常压储罐检验，失效分析与处理措施研究；③加热炉综合检测与评估，设备与管道节能检测与评价，大型机组与机泵的状态监测与故障诊断，电气与仪表运行状况检测与故障诊断；④装置风险分析与隐患识别，装置腐蚀监测与分析，地下管道防腐层检测，水质监测分析；⑤成套设备技术谈判、检验与验收。

2　发挥技术优势，做好支持保障

2.1　为天津石化装置安全稳定运行发挥作用

装备院为天津石化解决了一系列生产装置中影响安全生产、长周期高效率运行的技术难题，装置安全运行保障的技术能力显著增强，在设备故障诊断与评估领域具有成套技术优势。

（1）做好日常监检测业务　全心全意为天津石化安全生产服务，为30多套生产装置的长周期经济运行提供有力的技术保障。近三年累计为天津石化提供价值6358万元的技术服务任务量，发现各类设备问题隐患1376个（见图1和表1）。

 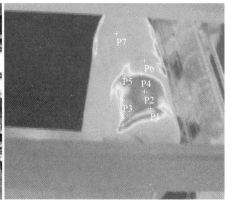

图1　日常监检测任务

表1　近三年各专业任务完成量

专业		完成量
压力容器	全面检验/台	447
	年度检查/台	9017
工业管道	全面检验/条	269
	在线检验/条	34235
长输管道年度检验/km		360
常压储罐	检验/台	244
	年度检查/台	308
金属软管	全面检验/条	121
	在线检验/条	1274
锅炉水冷壁管检验/m		4896
关键机组机泵监测/台次		501
转动设备故障诊断及原因分析/台		111
加热炉热效率检测/台		1354
水质监测/项次		13533
地下管线定位/km		540
电气红外检测/点		29505
设备风险评估/台条		4835

（2）积极开展技术攻关　根据天津石化的要求和现场需要，全力支持和做好技术攻关20余项。参与催化装置烟气能量回收机组故障分析处理、烯烃部裂解气压缩机组振动异常波动、热电部8#汽轮发电机组振动过大的原因分析并提出了有效的改进建议；针对烯烃部氢气管线超设计流量外供项目，制定了针对性的在线检验方案，发现隐患6处，为氢气管线成功改造和安全运行提供了有力的技术保障；积极参与公司长输管线隐患治理攻关，对隐患部位进行了准确定位，为长输管线采用安全保护措施提供了技术支持；完成了3#常减压常顶空冷器管束腐蚀穿孔原因分析，并提出了工艺调整及材质升级等建议；完成了炼油部1#加氢裂化安全阀弹簧断裂、烯烃部6#裂解炉TLE螺栓断裂等原因失效分析，提出了切实可行建议措施。

（3）深度参与设备技术管理　协助编制和修订天津石化多项设备管理制度，完善天津石化加热炉考核指标，完成装置LDAR检测修复和数据导入工作，参与聚醚部67台设备利旧检查并提出建议等。

2.2　为兄弟单位提供技术支持

充分发挥装备院先进检测技术在行业领域的优势，在完成天津石化任务的同时，积极为系统内兄弟单位提供技术支持。先后承接了荆门石化储罐底板漏磁检测、西北油田分公司塔器检验及储罐在线声发射检验指导、岳阳中石化壳牌煤气化公司接管检测、长岭炼化常压储罐检验、武汉石化常压储罐底板漏磁检测和燕山石化锅炉水冷壁管腐蚀检测等，解决了兄弟单位的现场装置设备难题。

3　加强科技攻关，深化成果应用

中国石化和天津石化先后对装备院投入科研经费6000多万元，装备院围绕设备节能效果综合评价技术、装置及设备风险分析与隐患快速识别技术、长周期可靠运行检测监测评价技术、RBI分析与腐蚀防护管理有机结合技术等领域，实施科研项目140余项。获省部级以上科技进步奖16项，获得专利16项软件著作权4项，另有30余项专利已被国家知识产权局受理。

科研项目在生产实践中获得了广泛应用，一批成果转化为技术服务手段，为天津石化设备长周期高效经济运行提供了技术支持。

3.1　挖掘现场急需，科研立项解决疑难

装备院科研立项工作始终坚持以"面向装置、服务生产"为宗旨，以解决公司生产装置中的设备技术难题为根本，以装置长周期运行设备支持成套技术为重点，深入到现场各作业部，充分了解现场设备存在的问题和装置运行的技术瓶颈，挖掘科研项目的创新点、立项点。近三年征集现场急需解决的设备难题156项，围绕环保节能降耗、保障装置稳定高效运行等方面申报科研项目。

3.2　加快科研转化，高效服务生产装置

科研成果为天津石化解决了一系列生产装置中影响安全生产、长周期高效率运行的技术难题。

《石化储运设备新一代检测系统开发》项目，形成了常压储罐检验方法，利用自主开发的便携式储罐底板漏磁检测仪（见图2）对天津石化常压储罐实施定期检验1000余台次，发现100余台储罐问题。目前采用该项检测技术对常压储罐进行全面检验已纳入天津石化检验体系，为常压储罐的长周期运行提供了有力保证。同时为广州石化、上海石化、荆门石化、武汉石化等进行了相应的技术服务。

图2　自主研制的电动式漏磁检测仪

《加热炉在线监测技术开发及软件平台建设》项目，开发了一套加热炉在线监检测和操作优化系统管理平台，实时监测烟气中有害含量，实现对加热炉燃烧状态的实时监控，并通过专家系统指导加热炉优化操作，提高了加热炉高效、安全运行的管理水平。该项目成果已在天津石化焦化装置、加氢裂化装置等5台加热炉上应用。加热炉在线监检测系统界面见图3，系统投用前、后的加热炉氧含量值见表2。

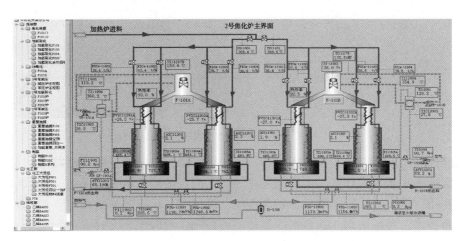

图3　加热炉在线监检测系统界面

表2　2010～2017年焦化加热炉氧含量抽查数据　　　　%

年份	炉号	氧含量(余热回收后测量值)												平均
		1月	2月	3月	4月	5月	6月	7月	8月	9月	10月	11月	12月	
2010	F101/1	3.4	2.1	4.9	—	—	—	—	2.4	8.2	4.5	4.6	3.9	4.3
	F101/2	2.8	5.1	4.4	—	—	—	—	3.2	6.4	2.9	3.8	4.2	4.1
2011	F101/1	4.9	6.3	3.9	3.1	3.3	3.8	3.4	3.8	3.3	2.8	3.9	3.7	3.9
	F101/2	4.6	6.8	3.8	4.6	3.8	3.6	3.7	4.8	5.4	3.9	4.9	5.8	4.6
2012	F101/1	3.2	2.5	—	2	3.3	4.5	大修期间			—	—	3	3.1
	F101/2	3.6	3.8	—	2.9	4.3	3.8				—	—	2.9	3.6
2013	F101/1	3.5	3.5	2.8	3.6	2.5	3.8	4.9	5.7	2.1	3.8	3.2	3.3	3.6
	F101/2	4.2	3.5	3.8	3.6	3.6	2.1	3.8	3.4	2.7	3.5	3.5	2.9	3.4
2014	F101/1	3.4	3.9		3.7		2.1	3.2		5.8	3.8	3.7		3.6
	F101/2	3.4	3.5	3.5	1.9	2.3	2.5	3.9	3.1	3.1	3.2	3.8	3.6	3.2
2015	F101/1	2.2	3.9	3.4	4.4	4.55	2.2	3.2	3.37	2.78	4.0	2.01	3.63	3.31
	F101/2	0.9	2.7	1.9	检修	2.04	2.4	检修	3.12	2.59	0.82	3.14	3.19	2.28
2016	F101/1	3.53	3.49	3.26	3.64	2.7	4.51	大修期间				2.7	2.6	3.30
	F101/2	3.67	4.37	3.28	3.84	2.8	3.03					3.3	3.9	3.52
2017	F101/1	2.69	3.2	3.6	3.6	检修	检修	3.6	2.82	3.2	2.98	2.98	2.6	3.13
	F101/2	4.63	3.1	4.5	3.3	检修	4.0	3.26	3.38	3.4	3.7	1.8	2.5	3.43

从表2抽查数据可看出，开发的加热炉在线监检测系统自2013年投用后，加热炉氧含量值比较平稳，超标问题得到明显改善。

《锅炉水冷壁系统内腐蚀研究与检测技术开发》项目，分析了锅炉水冷壁系统内腐蚀的成因与分布规律，研制出了水冷壁系统专用的高频超声检测仪和无线漏磁检测仪。形成的锅炉水冷壁系统内腐蚀缺陷检测成套技术，可实现腐蚀缺陷的快速扫查及精准检测。研究成果在天津分公司、洛阳分公司、燕山分公司进行了现场检测应用，共检测锅炉合计12台次，发现大量缺陷，有效检出了锅炉水冷壁系统内腐蚀缺陷，保证了锅炉安全运行(见图4)。

图4　锅炉检验现场及发现的缺陷

3.3　推广应用新技术，解决装置设备问题

正在开发的多项新技术在解决实际问题中发挥了积极作用。例如：应用换热设备动态能效评价与诊断技术，对炼油部330台水冷器进行了评价与筛查，为水冷器检修工作提供了技术支持；应用相控阵检测技术，对热电部4台锅炉及炼油部催化余锅80余道焊口进行检测，发现存在超标缺陷的焊口4道；采用脉冲涡流技术，对催化装置管线进行检测，发现腐蚀缺陷206处；采用IRIS及管板角焊缝射线检测技

术，对炼油部 3# 常减压空冷管束及化工部换热器实施检测，累计发现设备缺陷 715 处。

4　打好检修战役，确保装置修好开稳

4.1　充分发挥专家作用

在历次的天津石化设备大检修中，装备院均作为天津石化专家组成员对各类设备技术问题提出处理意见，多次承担设备突发疑难问题的分析检验和方案策划。在热电部主蒸汽管道焊口无损检测中，发现 30 道问题焊口并参与返修方案的制定，保证了主蒸汽管线按期投入运行；参与了制氢装置转化炉凸台开裂、2# 加氢裂化反应器入口法兰密封面开裂、PTA 加氢反应器开裂等多项疑难问题处理，为装置一次开车成功作出了重要贡献。

4.2　多举措严把质量关

健全监督管理机制，编制了天津石化压力容器等 6 个专业的定期检验策略和《检验检测质量监督管理规定》。2016 年，审核外部检验单位特种设备检验方案 504 个，并在检验全过程进行质量监督和巡视，确保设备检验检测工作质量。累计曝光外部检验单位各类问题 25 项，确认和通报检验发现的设备缺陷问题 259 项。对检测单位射线底片进行 100% 复审，共审核底片 72742 张，发现问题底片 134 张。同时在大修期间参与了无损检测、加热炉、大机组检维修质量督察工作。此外，还承担了公司大修改造检验质量控制培训和外检单位人员资质能力考核，累计培训人数 90 人，确保了大修检验质量规范的有效落实（见图 5）。

图 5　对外部检验单位人员进行能力抽查

4.3　全力配合设备验收

完成炼油部 2# 加氢裂化故障换热器、炼油部 2# 柴油加氢反应器、烯烃部乙二醇装置 6 台换热器等 13 项出厂验收检查任务，把设备带缺陷使用的风险降至最低。

5　加强设备检查，保障项目建设质量

为加强天津石化设备制造过程及出厂质量检查，确保设备制造质量，编写了《设备制造过程及出厂检查细则》等管理办法，为确保项目建设质量提供了技术保障。

配合天津石化完成了烷基化项目和炼油改造项目的设备调研、技术谈判、设计文件审查和关键设备出厂验收等任务。动、静、电、仪、加热炉等专业参加了项目图纸和请购文件审查、设备监造管理办法修订、关键设备订货资料等工作，共提出 214 条审核意见并及时反馈给了设计单位。还对 65 台新建设备进行了关键点检验或出厂验收，发现问题 60 余项（其中质量体系问题 9 项，制造工艺问题 13 项，实体质量问题 27 项，监造单位问题 2 项，其他 13 项）。为设备前期管理提供了有力的技术支持。

6　信息化稳步推进，提升运行管理水平

作为天津石化的设备技术支持中心，装备院积极探索"两化"融合的新思路，运用大数据的处理与分析，建设天津石化设备监测中心，构建以打造一流技术服务中心为目标的流程化与信息化平台。

"天津石化设备状态监测管理平台"（见图 6）是由 14 个子系统集成的综合信息管理平台，包括动设备在线状态监测管理、腐蚀在线监测管理、电力设备在线监测管理、加热炉在线监测管理四大监测板块，可实现整个天津石化关键设备在线状态监测，便于分类控制以及网络化集中管理，全面提供设备运行监控技术支持。平台可集中在装备院展示，也可通过远程登录全面掌握设备运行状况，提高了关键设备故障报警和预判能力，实现了设备运行状态闭环管理，保障了装置长周期经济稳定运行。该平台已经成为天津石化设备管理工作一道靓丽的风景线，总部领导和各分公司的设备管理人员多次来装备院指导和交流。

典型应用案例如下：

（1）成功预报了烯烃部 E-GB601 压缩机、炼油部循环氢压缩机组、烯烃部 EM-GB-201 裂解气压缩机的设备故障，避免了非计划停车事故的发生，确保了机组运行的安全。大项目

建设期间,利用机泵群和关键机组在线监测系统,对关键机组(烯烃部13台,炼油部6台)开车过程的运行状态实现了全过程监测,为新机组的顺利试车提供了有力的保证。

(2)通过腐蚀在线监测系统腐蚀率超标,发现常压塔顶换热器出口管线弯头及集合管三通等部位腐蚀严重(见图7)。及时提出建议,调整了工艺防腐措施,确保了装置安全运行。

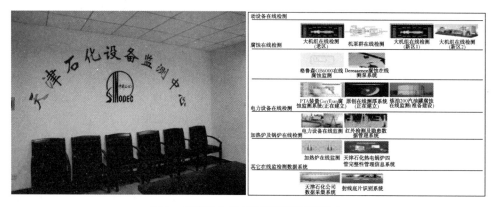

图6 天津石化设备状态监测管理平台

图7 在线监测系统发现的设备腐蚀缺陷

(3)通过加热炉燃烧状态远距离监测,发现炼油部焦化装置加热炉F101/1、F101/2的排烟中CO、SO_2存在超标现象,炉管存在超温现象和氧含量异常等现象,监测系统报警启动,避免事故发生。

(4)正在开展关键机组远程诊断和检维修策略服务中心建设,集团公司依托装备院,拟成立中国石化集团公司关键机组远程诊断及检维修策略服务中心。

7 结语

装备院将继续以天津石化生产装置安全运行的技术保障中心、石油化工装置腐蚀防护技术中心、装置建设设备技术支持中心和引进设备技术消化吸收及国产化研发中心为任务,完善装置安全经济运行技术保障体系,为公司加快打造世界一流管理体系、建设世界一流绿色企业作出更大的贡献。

查短板　订策略　抓措施
确保装置长周期稳定运行

夏翔鸣

（中国石化扬子石化有限公司，江苏南京　210048）

摘　要　根据设备全生命周期管理理论，分析了影响装置设备长期可靠运行的短板是检修管理，提出检修管理的关键是制定科学有效的维修策略。在公司检修实践中认真实施维修策略，实现了装置长周期运行的目标。

关键词　全生命周期管理；维修策略；以可靠性为中心的维修；长周期运行

石油化工装置具有高温、高压、易燃、易爆等特点，设备存在振动、腐蚀、疲劳、泄漏等多种形式失效和着火、爆炸、环境污染风险。近年来装置的大型化、高参数化给装置长周期运行带来了更加严峻的挑战。扬子石化公司装置设备也逐步呈现出复杂类型多、大型化设备多、设备综合性能要求高、设备使用条件苛刻、设备自动化控制水平高、故障模式多样化、管理多元化、各种维修模式纷呈等特点，这也给扬子石化公司的装置长周期运行带来了现实挑战与管理压力。如何使大型石化装置安全、环保、稳定、长周期运行，是一门值得研究的课题。近几年来，扬子石化公司围绕大型石化装置安稳长周期运行课题开展了有关工作，通过查长周期运行短板、订长周期运行策略、抓长周期运行措施，确保了装置长周期稳定运行。

1　查长周期运行短板

根据设备全生命周期管理理论，结合近几年来装置运行及非计划停车、设备异常情况，公司组织技术力量在设备全寿命周期的各个环节全面排查短板。

1.1　设备前期阶段

在规划环节，公司排查项目的经济性、技术性、成套性、节能性、环保性是否存在短板，是否保证投资项目必须的、应有的费用，防止由于总费用控制过于紧张，投资费用不足，造成压缩费用、低价中标，影响设备技术水平、交付设备设施质量和使用寿命。在设计、选型环节，公司重点排查设计条件确认、设计条件审查情况，技术上先进、经济上合理、生产上

适用的原则落实情况，排查设备可靠性、安全性、防腐性、生产性、维修性、备件可互换性等是否存在短板。在采购环节，公司查找是否研究制定合理的采购策略，执行框架协议采购、网上采购、科学理性采购；查找备件、材料制造出厂前是否100%检验、入库前是否100%检验、安装前是否100%检验。在制造安装环节，公司查找制造厂质量控制、监理监造把关情况，查找装置建设隐蔽工程的过程控制；工程安装建设五大控制执行情况，尤其是工程验收一次合格率是否达到100%，焊接拍片一次合格率是否保持在97%以上。

1.2　设备中期阶段

在投运环节，公司查找单试、联试方案、吹扫质量、各类含公用工程条件在内的开工条件，查看质量保证期内的设备问题处理等是否存在不足。在操作环节，公司查找员工正确操作设备的技能水平是否符合要求，查看是否一味考虑原油价格低而超过装置加工的设防值，是否存在卡边操作、拼设备现象，是否存在超负荷运行，"以跑百米的速度跑马拉松"。在维护环节，公司查找设备维护"十字法"落实情况，分析全员参与设备管理的意识有无提高，操作人员的设备维护保养职责是否落实。在检修环节，公司全面查找设备检修管理情况，确认设备维修费用、投入是否满足检修需求；是否采用新设备、新技术、新材料、新工艺优化检修；优化修理费指标控制；是否根据实际情况制定科学、合理、设备维修策略，指导全公司的设备检修。

1.3　设备后期阶段

在改造、更新、报废环节，公司全力查找设备改造、更新、报废力度及进度，分析评价设备老化、折旧状况，确认报废是否具有针对性，是否及时，确认是否在加大投入力度，确保更新改造工作落实、设备新度系数提高。

通过全面、系统排查短板，公司发现设备检修管理中存在薄弱环节，影响了装置长周期运行。

2　订长周期运行策略

公司认真研究设备长周期运行策略，认为制定实施科学有效的维修策略是检修的关键，也是长周期运行的关键，因此提出了各类设备对应的维修模式，用科学的、有效的维修策略指导设备检修，实现科学检修、经济检修，最终保证长周期运行。

2.1　认清检修面临的新形势

经过30多年的发展，公司的装置逐渐呈现出大型化、类型多、结构复杂、性能要求高、自控程度高、故障模式多等特点，且面临高温、高压、易燃、易爆、腐蚀、疲劳、磨损、结焦、冲刷等苛刻条件，设备老化失效等问题日益突出，需要合理精心安排检修，才能确保装置提升或保持设备性能。此外，公司既要实现集团公司"三年一修""四年一修"装置长周期运行的要求，又要结合不同装置的运行格局，合理安排装置检修、"分片大修"乃至全面停车大修，解决好生产运行与检修、大修之间的矛盾。

2.2　分析检修管理现状

公司的检修管理现状有喜有忧，喜的是设备检修总体满足日常运行要求，能够除"病"去"害"，忧的是部分人员的思想满足于设备能够运行就好，各检修单位之间的管理及能力水平参次不齐，检修的前瞻性、预防性、"保健性"不够，标准化检修还在起步阶段。

2.3　分析设备故障

根据统计分析，公司各专业设备维修存在以下问题：泵主要发生密封泄漏、轴承振动及温度异常故障；离心压缩机主要故障为轴承、振动或异响、排气温度或油温异常等；往复压缩机主要故障为气阀泄漏、振动、填料泄漏等；塔、炉、反应器、锅炉、罐、管阀主要发生换热器壳程堵塞严重，换热效果差，管束腐蚀引起泄漏；电气故障主要为电动机机振动、异常响声、超温；仪表主要调节阀故障。

2.4　各类设备对应的维修模式

公司根据设备重要程度、运行情况、故障概率、故障类型、影响程度等综合因素，对应各装置设备分别采取事后维修、定期维修、预知维修、可靠性维修等相应的维修模式。做到不过修、不失修；应修必修，修必修好；检修技术、投入与检修经济性相统一，设备检修总成本最低；运用风险矩阵进行维修决策，通过基于风险的检验（RBI）、以可靠性为中心的维修（RCM）、仪表安全完整性等级（SIL）风险管理方法，编制基于风险的预防性维修计划。

维修模式判断的主要依据如下：

1) 采取事后维修（故障维修）的设备

适用范围：装置的一般设备、非主流程设备；出现故障对整个生产过程影响甚微，不会造成产量减少或产品质量波动的设备；RBI、RCM、SIS分析中低风险设备。

实施的设备：非主流程、有备机、影响小的设备；辅助配套装置400V配电系统、照明、带压堵漏；地井、地管等地下隐蔽设备设施；钢结构、设备外防腐；设备、管道保温；突发性故障设备等。现场冗余仪表、指示仪表、非关键及影响小的其他仪表和调节阀。

2) 采取定期维修（计划维修）的设备

适用范围：装置的部分主要设备、关键设备；国家法令法规规定需要定期检验的设备；易损件多、故障率高发的设备；有寿命周期的电仪设备；型号落后、技术陈旧的部分设备；需要进行技术改造的设备。

实施的设备：部件多、故障率高的往复压缩机；大部分静设备，如塔、炉、换热器、常压储罐、球罐等；大部分工艺管道、阀门等；220kV、110kV、35kV、10kV、6kV的发配电装置；电力变压器、6kV及以上的电力电缆、架空线路、高低压开关柜、变频器、UPS、直流屏、自启动、继电保护装置、电气监控系统、电容器、蓄电池组、直流电源等电气设备，公司所有防雷、防静电设施；控制系统（DCS、ESD、PLC等）、自启动仪表设备、非冗余的现场关键及影响大的仪表、A/B类调节阀、可燃气体报警仪等安全环保仪表、裂解炉加热炉等炉氧含量分析仪等仪表设备。

3) 采取预知维修（预防维修、状态维修）的设备适用范围：装置的全部关键设备；部分主要设备。

实施的设备：离心大机组；主流程、无备机、影响大的重要设备，如泵、风机、干燥机、制冷机等动设备；所有高压电动机、75kW 以上及重要的低压电动机、110kVGIS 开关、110kV 及 220kV 主变压器等；关键设备（部分主要设备）上的电磁阀、联锁系统开关按钮；AMS 系统中预知的 A/B 类现场智能仪表和调节阀（阀门定位器）等仪表设备；设备防腐蚀维修策略。

4）采取以可靠性为中心的维修的设备

适用范围：主流程、核心装置中的设备，如中压、高压加氢裂化装置中的设备，乙烯裂解装置中的设备；SS 级超高压蒸汽管网；Z100 级高压蒸汽管网；物流部外管等。

实施的设备：烯烃厂 1#、2# 乙烯装置，芳烃厂加氢裂化、重整、CO 装置，炼油厂催化、渣加、硫回收装置等开展了 RBI、RCM 维修。仪表控制系统（DCS、ESD、PLC 等）、仪表电源系统和在采取以可靠性为中心的维修的设备上的 A/B 类仪表设备和调节阀。

2.5　编制维修策略

不同的设备具有不同的维修策略。对于某一台具体的设备而言，其维修策略的制定应遵循以下流程：确定设备维修目标→判定设备重要程度→分析设备可靠性、维修技术性、维修经济性→选择维修类型→制定维修策略→编制维修计划→实施维修计划→评估维修效果→改进和优化维修计划。

具体流程如图 1 所示。

2.6　以科学有效的维修策略指导检修

公司修订新的设备维修策略，用于指导设备检修工作。维修策略的总则是：以提升设备可靠度为目标，预知维修为主，定期维修为辅。根据装置设备长周期连续运行的特点，采用"预防性"维修策略，实施各套装置日常维修及三年或四年一次分片停车大修，确保设备性能满足生产运行要求。

3　抓长周期运行措施

公司结合实际，采取各种有效措施，确保维修策略落地生根、有力执行、精准实施，推动检修管理水平提升，为装置长周期运行提供

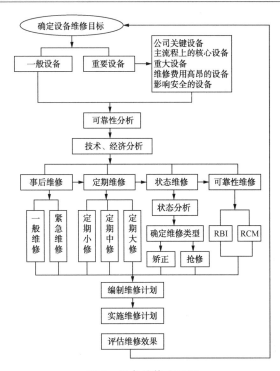

图 1　设备维修流程图

了有力的保障。

3.1　运用信息技术手段，推动维修策略执行

公司持续优化设备管理信息系统。通过完善"设备管理系统"软件，集成机泵、电气、仪表、防腐和循环水等各专业和设备管理、维修、维护和运行状况的全部信息，建立维修保障系统的基础性文件与数据，便于掌握信息，进行判断和决策；公司逐步建立完整的动设备运行状态监控体系，搭建公司动设备管理平台，对振动、轴位移、轴瓦温度等监测报警统计分析，为维修策略编制和实施提供精确数据；公司构建了设备防腐蚀信息系统平台，与 LIMS 系统和实时数据库系统的链接，形成数据共享，为设备防腐管理、检修检测、设备腐蚀维修提供了决策依据。

3.2　开展完整性试点管理，推动维修策略执行

公司开展设备完整性学习研究，邀请武汉石化领导及专家到扬子开设首场"周末大讲堂"，进行设备完整性管理专题讲座，掌握设备完整性各级要素管理，做到管理标准化、标准程序化、程序表单化、表单信息化，以达到在设备首次安装一直到其使用寿命终止的时间内，保持设备处于可满足其特定服务功能的状态；为确保实现总部提出的"2020 年前建设设备完

整性管理体系"的新的设备管理目标，公司组织设备人员学习完整性理念、方法和工具，依托腐蚀监控系统、状态监测诊断预警平台、无损检测、"五位一体"巡检，运用风险理论、隐患评估法（LEC）、根原因分析（RCA）、失效模式及后果分析（FMEA）等手段，紧贴现场机、电、仪设备及管道阀门等开展完整性管理一级、二级、三级要素普查比对，实施完整性管理，推动了维修策略的有效实施。

3.3   推行检修全员管理，保证维修策略实施

设备维修策略的有效实施需要全员管理，需要对机、电、仪、管、操每一个环节进行把控，加强各个环节之间的沟通与协调。运行人员树立"管设备就要管运行管培训"的理念，实行"五定"管理，加强"四懂三会"培训，做到会使用、能使用，操作精、操作好设备；在设备使用方面，始终让设备处于可控的运行状态；在设备维护方面，重点抓好大机组"机、电、仪、操、管"五位一体的巡检、特护工作；对设备实行 ABC 分类控制，围绕"脏、松、缺、漏、锈"等现场存在的低老坏问题，加大设备设施维护保养力度，落实"包机制"及维护保养责任人，落实"清洁、润滑、调整、紧固、防腐"维护十字作业法要求，要求维保人员做到懂方法、会检查、能保养，落实巡检监测数据分析信息共享机制，掌握设备运行状态变化趋势。

3.4   运用先进管理工具和分析方法，提高维修策略的针对性

公司对关键装置进行 OEE 计算，查找管理工作中的不足，为改进工作指明方向；运用 FMEA 工具进行失效模式和影响分析，优化预防性维修策略，通过对裂解炉底部烧嘴开孔偏小、燃烧不好、火焰翻卷，导致炉管温度分布不均、局部过热，GB201 裂解气压缩机透平在历次大修都出现透平副止推瓦损坏的情况，GT201 真空度影响透平效率等问题进行 FEMA 分析，解决了长期困扰装置高效运行的设备问题。采用根本原因分析（RCA）方法，对发生的设备故障进行分析、制定改进措施，制作 A3 报告交流分享；依照"解决个案，发现共性"的原则要求，进一步补充完善预防性维修策略，有效避免重复事故的发生。

3.5   实施隐患排查治理，提升维修策略的风险化解能力

公司建立设备风险台账，依照风险排序，制订隐患治理滚动计划；落实总部各项检查问题整改；组织液位计、罐区、涉硫化氢管道、小接管、高压临氢密封、热油泵、电气、仪表、电梯等专项隐患排查及治理；推进 VOCs、3# 码头灰水等专项隐患排查和治理工作；落实特种设备、储罐、液位计以及液化气、丙烯、硫化氢、氨、贫富胺液等高危介质设备管道风险评价，建立设备风险台账，识别大风险、消除大隐患、杜绝大事故。针对运维，以"管设备必须管设备运行操作、运行状态和运行环境"为抓手，制定岗位人员"四懂三会"培训方案，开展设备操作技能测试；公司认真吸取兄弟企业柴油加氢装置"3·12"爆炸火灾事故教训，开展加氢装置联锁完整性管理、高压窜低压系统风险专项排查；此外还拓展组织胺液脱硫、除氧水、蒸汽冷凝水等系统高压窜低压风险点全面排查、分类分级管控和隐患治理；强化泄漏风险管控，加强查漏消漏管理。公司树立泄漏就是事故的理念，主动查，及时消；严格执行泄漏管理制度，落实动、静密封材料备件选型、入库检验、现场安装质量把关工作；加强泄漏监测，加快完善了各类泄漏检测报警设施和视频监控系统，提高了密封本质安全；进一步提高预防性维修质量和技术性修复水平，应用零泄漏、零热紧新技术，引领密封高质量、大质量；采取技术手段，分重要性和优先等级进行 VOCs 治理。

4   取得效果

扬子石化公司分析设备检修规律，通过制定实施科学有效的维修策略，形成了基于"检验、试验及预防性维修策略"（ITPM），全面提升了设备检修管理水平，实现了设备维修管理的科学化，提高了设备的可靠性、完好性、可用度，有力促进了装置的长周期运行。近年来，公司炼油、化工装置均实施了长周期运行目标，设备原因引起的事故、非计划停车、异常等逐年下降，为公司生产安稳长满优及经营绩效攀升打下了坚实的基础。

装置现场规范化达标是实现安全稳定长周期运行的根本保证

钱广华　刘剑锋　秦大宝

（中国石化天津分公司，天津　300270）

摘　要　为了彻底全面改善装置的面貌，不断弘扬传统管理方法，结合化工部装置实际，创新了《装置现场规范化达标十个管理标准》和《装置现场规范化达标管理考核细则》，夯实"三基"学大庆，充分调动了安全、技术、生产、设备、保运和车间等专业人员参与治理"三小"改变"低老坏"习惯，按照可行的标准对装置装备管理水平再上一个台阶。2017年避免设备故障15次减少检修设备32台，避免装置局部停车5次，直接经济效益（节约备件、人工维修费及工艺排料）合计293万元。通过达标管理职责的落实，严格执行装置现场规范化达标管理标准，坚持检查、考核、整改、落实的闭环管理，确保了生产装置的安全稳定运行，全年利润达2.64亿元，创造了新的历史记录。

关键词　装置现场；规范化达标；三小；低老坏

炼化装置经过多年的发展装备水平的提升，运行管理经验的不断积累，安全环保效益达到了高度的统一，已经实现了安全稳定长周期运行的目标。但是，管理体系的完善不能代表装置现场的问题已经全部解决，应充分认识到还存在着"小异常、小偏差、小波动"（三小）及"低水平、老毛病、坏习惯"（低老坏），"三基"建设和"四懂三会"不到位，与世界优秀炼化企业的管理还存在着不小的差距。如何解决装置现场达标问题，彻底全面改善装置的面貌，本着发扬光大传统的设备管理方法的目的，利用现代化的管理方法，结合化工部装置实际，创新了《装置现场规范化达标十个管理标准》和《装置现场规范化达标管理考核细则》，较好地解决了安全、技术、生产、设备、保运和车间等专业部门之间的分工合作问题，使装置管理水平上了一个台阶。2017年不仅获得了集团公司的高度评价，也创造了经济效益的历史记录。

为进一步提高生产装置、作业现场的管理水平，结合集团公司"强三基、治隐患，筑牢安全生产根基"的具体要求，2017年化工部开展了生产装置规范化达标管理工作。通过达标管理职责的落实，严格执行装置现场规范化达标管理标准，坚持检查、考核、整改、落实的闭环管理，确保了生产装置的安全稳定运行，

全年利润达2.64亿元，创造了新的历史记录。

1　装置现场规范化达标是优化创效的手段

1.1　装置安全稳定优化运行需要改善装置状况

实施生产装置规范化达标管理是保证生产装置安全稳定高效运行的迫切需要。石油化工企业的生产装置都具有高温高压、易燃易爆的特点，保证装置的安全稳定运行就成为了重中之重。特别是随着经济的发展和时代的进步，全社会对安全生产工作的重视和关注度达到了前所未有的高度，企业保证安全生产的内外部压力不断增大。开展达标管理工作，加大了对生产装置、作业现场的管理力度和可控程度，是实现安全生产工作的根本保障。

1.2　延伸传统设备管理，夯实现场管理的"三基"

实施生产装置规范化达标管理是推动管理责任落地生根的有效举措。当前，集团公司、公司均高度重视"三基"工作。"三基"工作是石油、石化企业的"传家宝"和"压舱石"，"三基"指的是"基层建设、基础工作、基本功训练"，即：以党支部建设为核心的基层建设；以岗位责任制为中心的基础工作；以岗位练兵为主要内容的基本功训练，把"大庆"的精神传承下去。对企业管理职责的落实提出了更高的要求，需要采取针对性措施，加大管理的力度，实施

生产装置规范化达标管理。通过明确管理职责，严格管理要求，建立约束和激励机制，形成规范管理的文化氛围，引导各部门、各层级、各岗位落实管理职责。

1.3　推动全员参与的基础管理进一步提升

实施生产装置规范化达标管理是推进世界一流企业建设的必由之路。党的十九大提出"培育具有全球竞争力的世界一流企业"的指导思想，集团公司也明确提出了"打造世界一流能源化工公司"的目标。一流的企业，就要有一流的管理，一流的面貌，一流的现场才能创造一流的经济效益，这成为了摆在国有企业面前的新课题，要有切实可行的方案、具体的措施，才能不断提升企业的装备管理水平，不断向着一流企业的方向迈进，实施生产装置规范化达标管理可以作为实现安全环保效益的手段。

2　装置现场规范化达标管理

炼化装置的现场规范化达标管理以提升装置本质安全化程度为目标，以现场达标管理为载体，全面落实现场管理责任，细化现场管理标准，强化现场检查与考核，确保长周期、安全、稳定和经济运行。

2.1　构建目标体系，落实管理责任

（1）明确职责，突出达标管理工作的全覆盖。达标管理工作是一项系统工作，是企业生产运行的基础，需要各专业科室、基层车间的协同、配合，我们根据作业部的组织架构，建立了作业部、车间、班组三级管理层次，明确各层次、各岗位在达标管理中的职责，明确了每个人应该做什么的问题。成立装置达标管理领导小组，由作业部经理和党委书记任组长，专业副经理任副组长，成员由各车间、部室及保运部门组成，对工作开展情况进行整体的组织协调，定期召开领导小组会议，对各项工作情况进行部署，为达标管理提供了组织保证。

（2）明确标准，突出达标管理工作的规范性。达标管理工作不是新增一项管理体系，而是对现有管理工作的有机整合，是使职工持续发扬和光大"三老四严"的严细作风，从规范检修、操作、工艺控制、HSE管理等方面入手进行整合，把以往部门之间松散的管理理顺到统一的规范标准上来，实现工艺参数波动有人管、

产品质量变化有人关注，出现安全隐患有人治理，检修过程（施工）有人控制，明确了每个人应该怎么做、做到什么程度的问题。首先，要做到"四懂三会"。"四懂"：对本岗位、本班组的设备、仪器、工具，要"懂结构，懂性能，懂原理，懂故障判断及预防的措施"；"三会"："会操作、会维护、会小修"。其次，在此基础上，职工知道了标准内涵，才能一以贯之地严格执行。我们以一体化管理体系为基础，将法律法规、内控要求、管理制度的内容相结合，编制了《生产装置现场规范化达标管理标准》，内容涵盖设备现场管理标准、HSE现场管理、生产管理标准、工艺管理标准、现场目视化管理标准等10个方面的内容，为达标管理提供了制度保证。

（3）发动宣贯，突出达标管理工作的全员性。已经连续坚持三年在全体职工中开展"治理三小"和改变"低老坏"大讨论活动，引导职工把自己摆进去，激发员工的责任心；利用各种会议、学习以及班组安全活动的时间，对达标管理的意义、目标和要求进行宣讲，做到持续讲、反复讲，使达标管理的思想深入人心；组织全体职工学习《达标管理标准》，开展"制度回头看"活动，掌握制度要求。始终坚持执行体系要求、采用体系方法、使用体系语言，严格按照标准、制度来做，营造达标管理的氛围，使每个人、每件事、每时、每刻都身处其中，使每一名职工参与到装置达标管理中来。

2.2　建立规范标准，打牢管理根基

（1）建立管理流程，提高管理效率。管理效率的提升，以管理流程的顺畅为基础，以管理职责的清晰为保障。在专业管理中，打破专业间的界限和部门间的壁垒，开展流程再造工作，坚持做到以业务为导向，编制了具体的管理流程，形成了全流程管理。在基层车间内，我们组织所有车间编制《车间管理手册》，对车间的各项具体管理工作进行梳理，对制度要求进行拆解，编制了车间内部的管理流程。在这个基础上，充分发挥原有的管理信息化平台的作用，对部分业务实行表单化管理，进一步提高管理的标准化程度，减少了各部门之间的相互扯皮，提高了各部门的责任意识，也有效提

高了管理效率。

（2）突出自主管理，从基础工作入手。管理工作的根本在基层、在现场，在达标管理工作中，我们坚持突出属地管理职责的落实，推动基层车间实施自主管理。在工作内容上，从消除"低、老、坏"现象做起，把"一平二净三见四无五不缺"体现在基础工作中，把管理的"细节"和"严"字贯穿到设备管理的全过程中去，真正做到"沟见底、轴见光、设备见本色"，以最小的投入创造最大效益为目标。在管理措施上，持续推进"包机制"活动，从巡回检查入手，抓车间操作人员区域面的巡检，对设备设施的运行进行全天候监控；抓维保人员的点检+巡检，对设备运行状态进行检测并收集数据；抓设备管理人员的专检，对设备异常状态进行专业会诊、诊断，提供可靠性分析指导。各车间也积极采取针对性措施，如有的车间制作《现场检查问题标识牌》，对不能及时整改的问题实行挂牌管理，明确发现问题的时间、整改进度和责任人，对现场问题整改起到提示和督促作用。

（3）强化专业管理，注重解决问题。专业管理具有专业性强、技术性强、指导性强、综合性强等优势，是提高达标管理水平的技术保障。各专业根据生产装置的运行状况，有针对性地选定攻关目标，解决困扰平稳运行的难题。如工艺技术专业从强化报警管理入手，优化工艺设置，消除无效报警；设备专业从泄漏管理入手，开展 LDAR 泄漏检测修复工作，提高设备设施的完好性，最大限度消除跑冒滴漏。通过专业管理的加强，实现了工艺参数波动有人管，产品质量变化有人关注，出现安全隐患有人及时治理，检修过程（施工）有人按照程序控制，达到管理有标准，行为有规范的目标。

（4）强化定标对标，聚力优化资源。在组织体系建立和职责确定后，需要确立装置规范化达标的具体指标，为持续改进和优化装置的安全、稳定、优化和高效率运行提供具体的活动依据和目标。

2.3　建立联动机制，夯实基础管理

（1）信息化技术在生产装置中的应用，使对生产装置、设备设施运行状况的监控更为直观，为提高达标管理水平提供了技术支持。我们充分利用 MES、EM 等管理系统，对设备设施的运行参数进行监控，实现对机泵运行状态、日常操作（如切泵）、润滑管理等的实时监控。全面采用电子巡检系统，进一步加大了巡检工作力度，提高了巡检工作的成效。强化关键机组的在线监测和故障诊断工作，定期对检测数据进行分析，及时了解机组运行状态，采取针对性措施，提高预知维修水平。

（2）推行目视化的管理，提升现场管理的标准化。目视化管理水平是现场管理的基础，是一个企业的门面，是企业管理水平最直观的体现。我们采用网格化管理的模式，将各生产装置、作业现场根据生产性质、技术特点，划分为不同的单元模块，进行针对性管理，明确管理重点，设置运行装置区域标识，标注关键设备、重点部位、危险区域等；采取作业部领导、科室管理人员和车间技术人员分片承包的方式，在现场设置联系点标识牌，明确管理责任人。对设备位号、管道标识、仪表位号、机泵转向、阀门标识、联轴器盘车标识等进行统一规范；将重点设备的工作原理、工艺流程、主要控制点的技术资料制作成现场展板，明确管理标准，安装在生产现场，为日常巡检、检查提供支持。

（3）实施全方位的支持，加大现场问题整改力度。做好管理中问题的整改是实现闭环管理的根本。我们坚持以问题为导向，对各专业存在的问题进行梳理整合，采取合作分工方式进行解决。从生产安排、工艺参数调整、隐患消缺及安全管理等方面进行统筹，以最经济、高效和合理的工期安排对装置达标存在影响的隐患进行治理。按照生产工艺、专业技术两个维度成立相应的专家组，包括芳烃专家组、PTA 专家组、聚酯短丝专家组和设备专家组、工艺专家组、安全环保专家组。专家组定期开展攻关活动，先后组织开展高温高压临氢部位静密封泄漏、保温（保冷）层下腐蚀、DN50 以下细小管线、高温中压蒸汽管线节能效果、压力容器小接管、平台孔洞盖板、安全附件和电力线路等 10 多项专项排查；对达标管理过程中出现的重点问题，由专家组制定改进措施，做

到预知检修；作业部对确定的整改方案提供资金的保障，纳入检维修计划，实现及时整改。

2.4　严格监督检查，完善激励约束

（1）加强监督检查，推动管理责任的落实。任何一项工作的开展，必须要有相应的监督和约束机制作为推动。我们开展作业部、车间两个层面的监督检查工作，检查均以《化工部装置现场规范化达标管理标准》依据，实现管理标准和检查标准的统一；各车间开展日常的自查、自改，自查自改情况每周报主管科室汇总，对车间无法解决的问题由专业科室协助解决，形成上下联动。作业部层面专门成立达标管理工作小组，由生产、技术质量、安全环保、设备、综合等专业管理人员组成，对各部门的达标管理工作情况进行监督，每周组织一次集中的专业检查，对发现的问题进行分类和专业剖析，通过问题归类，找出薄弱环节和管理的根原因进行针对性改进（见图1），各车间按照细则逐条进行整改，每周以PPT的形式在作业部生产经营调度会上进行通报，图文并茂，有理有据，使达标管理形成良性循环。2017年全年共进行现场检查47期，查出各类问题1157项，整改1152项，整改率达到99.56%。

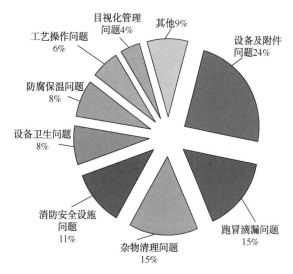

图1　问题归类分析图

（2）开展特色管理，形成持续改进的长效机制。为调动各专业、各部门的积极性和主动性，通过开展多种形式劳动竞赛，营造氛围。坚持多年开展"保关键机组稳定运行"专项劳动竞赛活动，活动以故障次数为零、状态监控值

达标、费用控制合理、红旗机组评比等为目标，通过日常抽查、周联检、月度分析总结、中期推动和后期的综合检查考核等有效形式，每年评选产生最佳管理机组。坚持"五十一"特色设备管理，选树红旗设备、标杆区域，营造"比学赶帮超"竞争氛围。通过达标管理工作的开展，PTA车间润滑油站持续多年获得公司级红旗润滑油站，已经成为公司全范围内的样板。各基层车间也分别根据自身特点，开展特色活动，如有的车间采取每周"双检查"，周一检查，周三复查，针对同类问题做到举一反三；有的车间采用车间主任牵头，车间常白班、班组、机电仪人员全员参与，机泵、区域卫生承包管理的模式，实现百家争鸣，比学赶帮超的良好氛围。

（3）纳入绩效考核，形成约束激励机制。约束激励机制的建立是每一项工作得以有效落实的保证。我们将达标管理工作纳入日常的绩效考核范畴，每年由部领导与各车间、科室签订目标任务责任书，作为一项年度的重点工作和考核指标。制定了专业的考核细则，对各部门现场管理面貌、自查自改成效等进行专业化考核，直接与绩效工资挂钩。对重点项目采用经理嘉奖的方式进行针对性考核，年初进行经理嘉奖的立项，明确奋斗目标和奖励额度，在完成设定目标时给予奖励，如大机组稳定运行不发生故障停机、加热炉高效运行不发生故障停炉等管理项目分别得到了奖励，形成了激励和导向的双重作用。

2.5　搭建信息平台，提升管理效率

（1）图文并茂，通报检查整改结果。针对每周的活动和检查总结情况，每个小组每周调度会通报改进的内容，展示活动成果，达到互相促进、信息共享的效果。

（2）每月上报总结，交流活动心得。每个小组的活动情况和成果在厂内局域网展示，及时公布评比结果，并把评比结果与考核结合起来，形成一种自觉行为，管理效率得到了提升。

（3）建立微信群，及时发布活动信息和交流达标的情况，同时收集反馈信息，作为持续改进的依据。

（4）充分利用MES、EM等管理系统，对

设备设施的运行参数进行监控，确保设备在可控的范围内安全稳定经济运行。全面采用电子巡检系统，进一步加大了巡检工作力度，提高了巡检工作的成效。

4 实效成效

4.1 实现生产装置的安全稳定运行，提升了经济效益

通过达标管理工作的开展，提升了现场设备的管理水平，PTA 空压机、PF-601/F-401/F01 加热炉、大芳烃 C 区泵房、PTA 润滑油站/大芳烃润滑油站等实现了管理达标，并做到扛红旗、当标杆。一年来，通过努力各项指标均有所提升，实现了装置安全、稳定、经济运行，全年未发生上报集团公司级非计划停工。设备设施的完好性提升了安全性、经济性，为圆满完成 2017 年各项管理指标起到了催化剂的作用。在全体职工的共同努力下，化工部全年创造利润 2.64 亿元，刷新了历史记录。通过表 1 可以明显地看出，各项管理指标均有提升，装置现场达标确实取得了实实在在的效果。2017年避免设备故障 15 次，减少检修设备 32 台，避免装置局部停车 5 次，节约备件、人工维修费等共计 293 万元。

表 1　装置管理指标情况统计

序号	KPI 指标名称	指标	实际完成情况
1	设备完好率	≥99.0%	99.34%
2	关键设备完好率	≥99.4%	99.46%
3	特种设备定检率	100%	100%
4	VOC 泄漏率/修复率	泄漏率≤0.3‰	泄漏率 0.3‰
5	冷换设备泄漏率	<3%	2.12%
6	加热炉（≥10MW）平均热效率	≥92.5%	92.6%
7	静设备检维修一次合格率	≥98%	100%
8	机械密封平均寿命	≥17000h	18119h
9	轴承平均寿命	≥37000h	39841h
10	仪表三率	完好率≥98%、控制率≥98%，联锁投用率 100%	完好率≥99%、控制率 99%，联锁投用率 100%
11	重大事故、发生界外环境污染上报事故、职业病危害上报事故	0	0
12	重大风险管控率	100%	100%
13	重大隐患治理项目完成率	100%	100%
14	上报集团公司级非计划停工次数	0	0
15	装置工艺参数平稳率	≥99%	99.4%
16	装置馏出口合格率	≥98%	99.36%
17	产品优等品率	≥98%	99.815%
18	中间产品合格率	100%	100%
19	产品合格率	100%	100%

4.2 实现了日常工作的有据可依，现场基础管理更加规范

通过各专业、部门制定、细化达标管理标准，对管理制度、规定和规范等进行了有针对性的梳理，使之更有可操作性，更有针对性。

按照职责分工，自查、联查发现偏离标准的问题，立即进行有针对性的整改。形成了作业部、专业科室、基层车间的三级联动，各司其职紧密协作的"一盘棋"，提高了管理效率。通过达标工作的开展，提高了各装置的基础工作水平，

大芳烃车间被评选为集团公司"三基"工作先进基层单位。现场问题得到了明显的改善(见图2~图6),装置的运行水平得到了提升。发现问题的过程,是深化巡检和责任意识的升华。

(a) 整改前　　　　　　　(b) 整改后

图2　污油池顶盖破损垃圾成堆重新浇筑上盖

(a) 整改前　　　　　　　(b) 整改后

图3　防火墙开裂重新封胶防漏

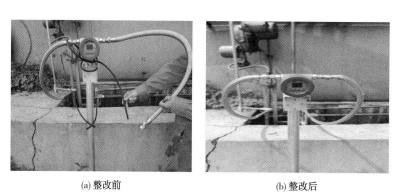

(a) 整改前　　　　　　　(b) 整改后

图4　仪表信号缆没有护套管防护

(a) 整改前　　　　　　　(b) 整改后

图5　地沟盖板破损整改更新

(a) 整改前　　　　　　　　　　　(b) 整改后

图6　液位计刻度看不清重新标识

4.3 搭建交流促进的平台，为整体管理水平的提升创造条件

通过达标管理的实施，让各部门、各专业找到了自身的短板；通过横向对比找出了自身的不足，并在问题的改善过程中，逐步消除了影响装置安全、平稳、高效的瓶颈。通过问题的滚动管理，多渠道传递给每一名职工，将装置标准化达标与三检联动有机结合，把检查、整改、再检查的达标考核制度落到实处，并将机电仪专业一并纳入车间链条，问题滚动管理每周公示，通过信息平台、微信群等途径定期推送至每名职工，形成了人人有事做、事事有人管的管理氛围。

4.4 提高全员标准化管理意识，推动管理职责的落实

装置规范化达标使传统的管理模式又回到了职工的手里，把"三件宝"(扳手、听诊器、抹布)和"五字操作法"(听、摸、擦、看、比)作为最实用的手段，通过定时定路线对设备进行巡回检查，把发现问题和排除隐患作为重点内容，形成了"设备是我的，我的设备我来管"，主动消除"脏、漏、缺、锈、乱"等缺陷的主人公精神得到了充分的体现。把传统的"清洁、润滑、调整、坚固、防腐"十字作业法保持设备零件、附件及工具完好无缺贯穿到整个生产管理过程中，把润滑"五定"(定点、定时、定质、定量、定期清洗换油)和"三级过滤"(从领油桶到岗位储油桶，从岗位储油桶到油壶，从油壶到加油点都要过滤)落实到实际操作过程中。台台设备实行操作人员及维修人员的包机制；关键设备实行"机、电、仪、操、管"五位一体联检的"特级维护"制。

达标管理工作取得了非常突出的效果，"三小"和"低老坏"得到了根本治理和改善，"脏、漏、缺、锈、乱"等缺陷得到了持续治理，充分调动了参与装置达标管理职工的积极性和主动性，使岗位职责真正落地生根，在作业部内形成了人人讲体系、学标准、用制度的文化氛围，不断夯实"三基"向着一流企业的目标迈进。

硬质沥青造粒装置长周期运行攻关

李元丰

（中国石化洛阳分公司，河南洛阳　471012）

摘　要　针对一期沥青造粒装置存在的问题，生产线故障率高，检修周期长，严重影响装置正常生产的原因进行分析，在二期沥青造粒装置上进行攻关，降低生产线故障率，缩短检修周期，保证装置的长周期平稳生产运行。

关键词　脱油沥青；造粒机；故障；分析；攻关

1　前言

自 2006 年以来，我国通过开展对 50 号重交沥青及沥青混合料的设计及施工工艺研究，推广硬质沥青在道路工程的应用，提高沥青路面结构的高温性能，解决道路面临的一些技术难点，获得了良好的社会经济效益。针对原油资源劣质化，开发生产硬质沥青，对于增加品种、消化重渣油资源具有积极的作用。硬质沥青的开发和应用为沥青路面结构的设计和使用提供了新材料。

洛阳分公司的一期抗车辙母粒项目是公司 2012 年科研开发项目，生产线设计加工能力为 2.5 万吨/年，2012 年 7 月投入试运行，8 月 2 日第一批母粒成功装车。经过不断地生产优化和市场开拓，二期抗车辙母粒项目 2016 年 4 月开始施工，增上两条生产线，2017 年初开工正常，加工能力为 5.04 万吨/年，两条生产线共用一套全自动包装系统。

1.1　装置简介

抗车辙母粒生产线是中石化首家将脱油沥青造成固体颗粒的装置，其主要工艺是熔融态的脱油硬沥青经静置脱气后，经过过滤器过滤，输送至造粒机，通过造粒机的布料器将熔融态的脱油硬沥青分布成均匀的液滴，滴落在匀速移动的钢带上，经强制冷却后形成半球状颗粒成品进入包装系统打包、储存。

由于沥青质的性质较特殊，之前公司也没制造过专门用于沥青质造粒的成型机，该生产线是由硫磺钢带成型机改造而来，再加之硬质脱油沥青组分复杂、软化点高，没有成熟的经

验可借鉴，开工以来，停工检修次数很多。通过不断摸索与调整各项工艺控制参数，造粒机配套设施的不断攻关优化，找到了生产合格产品的控制方法。

1.2　工艺流程

脱油硬沥青成型装置采用的工艺为 CF 型回转冷凝带式造粒技术，此技术在国内为首次工业应用。其工艺原理如图 1 所示。

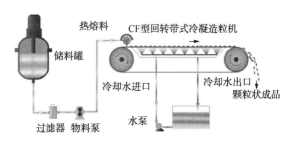

图 1　回转冷凝带式造粒原理示意图

脱油沥青自沥青装置汽提塔 T102 底部来，经调节阀 LV4001 进入原料脱气罐 V201，熔融状态的脱油沥青原料经静置脱气后，经输送泵 P9/1.2 升压，并沿伴热管路输送至成型机，通过成型机的布料器将熔融状态的原料转换分布成均匀的液滴，并滴落在匀速移动的钢带上。在钢带下设有喷淋冷却装置，在钢带的上方设置了低温冷却风，使钢带上的液滴边移动边冷却固化，从而形成半球状颗粒成品进入全自动包装系统。

作者简介：李元丰，2011 年毕业于沈阳化工大学过程装备与控制工程专业，现从事溶剂脱沥青装置设备管理工作。

脱油沥青在造粒机停用时还可通过循环线进入沥青罐，也可返回原料罐 V201。为防止造粒机布料器进料压力过高，部分脱油沥青循环回沥青罐。

造粒过程中产生的烟气由引风机经烟囱排入大气。

1.3　装置主要特点

（1）布料器将来自上游的连续液态沥青快速、规则地分割成排断续滴落的液滴，并利用其黏性和表面张力使之滴落在回转钢带上形成半球状均匀颗粒。通过调节布料器转速和物料流量，可在一定范围内调节和控制成品颗粒的粒径大小。该工艺的颗粒成品率几乎达到100%。流程简短、直接，无需筛分、返料过程。

（2）造粒机采用薄钢带转动输送和喷淋强制冷却传热，使液态沥青迅速冷凝、固化成形。沥青颗粒通过钢带传热，完全避免了与冷却水的接触，成品水含量得到严格控制。

（3）造粒机回转钢带在卸料段的换向弯曲，使固化后的沥青颗粒易于从钢带表面剥落，因此卸料时粉尘极少，颗粒形状得到保护，有利于改善操作条件和环境。

（4）在钢带上方布置了低温冷却风，可以加速沥青颗粒表面冷却、成型，提高成型颗粒的规整度，减少高温液体沥青产生的烟尘。

2　攻关优化前的现象分析

2.1　机头伴热温度不够，产量小浪费能源，成型合格率低

脱油沥青软化点较高，一般在 115～140℃（在该温度下开始融化）之间；其黏度大、介质重、输送困难，原设计机头部分采用 1.0MPa 蒸汽伴热，温度最高部位只有175℃左右，当机头部分运行一段时间后就会出现物料粘连现象，越积越多，最后会出现机头与保温罩缝隙间积满物料，只能停机进行人工清理，过去采用人工方式在机器运行时手动刮料，几次之后部分滚筒的分配孔就会出现堵塞的现象，一是影响成型率（见图2和图3），二是多次开停后机封会出现泄漏，最后被迫停工检修，不仅影响到了产量，而且存在一定的安全隐患。此外，布料器的分配孔间距较大，总数较少，产量小。

图2　长条状成型图

图3　部分布料器孔堵塞成型图

2.2　非机头故障造成的检修次数较多

整条造粒生产线由造粒机头、冷却段、钢带、输送机、提升机、缝包机组成，无论哪部分出现故障都要切断进料再进行检修，如果短时间不能恢复进料（一般是4h以内），就会出现分配器上的分配孔被堵死的现象，再次恢复生产时不能正常布料，另外机头两端的机械密封也会出现泄漏（由于产品指标的要求不能使用封油），所以造成了有检修就要检修机头的现象，浪费检修费用，检修周期较长。

2.3　现场粉尘量大，轴承故障率较高

脱油沥青的另一个性质就是常温的时候物质较脆，经过撞击后易产生粉尘，黏着性还很强，尤其是在下料口、提升机入口处由于有高度上的落差粉因而尘量最大，经过一段时间的运行后各个部件上会落满粉尘，电机风叶罩、皮带托轮、缝包机皮带损害较大，对提升机轴承部位的损害尤为突出，运行一个月后就会出现抱死，造成提升机皮带受力过大而断裂，再加上该位置的检修空间有限，检修时间较长，对生产影响较大，严重时会连带布料器一起检修。

2.4　冷冻水与循环水不能替换使用

造粒生产线冷却水部分由冷冻水冷却段4节与循环水冷却段2节组成，通过喷嘴在钢带底部喷淋起到冷却效果，冷冻水循环使用，由于喷嘴的孔径较小，加之冷却水中容易夹带杂物，经常会出现喷嘴堵塞现象，造成钢带的局部冷却效果不好，在下料口处母粒粘连，同时也造成了钢带的受热不均，增加了钢带的变形量，降低了钢带的使用寿命。

所以必须定期进行清理，但是每个冷却段都没有单独切断阀，造成每次清理喷嘴时都要把冷却水总线关闭，短时间切断进料，增加了机头的损坏风险。

3　攻关优化措施

3.1　改变造粒机头的伴热形式及安装形式，增加布料器滚筒的开孔率

针对机头部分伴热温度低，容易粘连的情况，采取以下措施：

一是通过改用带氮气密封的自动温控的导热油系统，最高温度可以提高到280℃，可以根据物料的温度的和成型效果来调控导热油的温度，保证造粒的成型率及正常运行；

二是增上带伴热的可调角度的刮料板，根据现场情况对布料器滚筒进行刮料，保证其表面的清洁，防止过多的物料沉积在表面，同时改变机头的安装模式，升级成可调高度的安装形式，随机调节与钢带及保温罩的距离；

三是将布料器滚筒的开孔形式由凸台式改为水平式，孔数由7200个增加到近9000个（见图4），产量增加15%以上。

图4　布料器改造后成型效果图

3.2　机头部分增上氮气线

在机头进料线切断阀后增加氮气线，用球

阀控制，当造粒生产线的其他部位出现故障时或者装置内工艺调整不能生产母粒时，机头切断进料后开启氮气阀门，将布料器内的剩余物料吹出，猛开猛关3~5次后基本上能吹扫干净，布料孔全部畅通，避免了不必要的检修，节约了大量的检修费用。

3.3　增上悬分式除尘系统，特殊部位轴承增上防尘盖

针对粉尘量大的问题，增上一台悬分式除尘机，将吸入口安装在容易产生粉尘的部位，定期清理回收母粒粉尘，这样一来现场的粉尘量减少了80%以上，对无法安装除尘器吸入口位置的轴承增加防尘盖，缝隙处用专用垫片，保证密封性，防止粉尘进入，轴承使用周期提高2.5倍以上。

3.4　冷却水流程优化，根据季节变换调整用水品种

将冷却水流程进行改造，一方面将各个支路的冷却水线增上切断阀，做到可以单独切出，既方便了操作人员的清理工作，又避免了进料的中断；另一方面将循环水与冷水流程打通，增加切断阀，这样一来当制冷机出现故障时，可以选择用循环水来代替，不必切断进料检修，同时也可以根据室外温度的变化切换使用循环水，例如冬天温度较低时可以开大引风机的吸入量，多利用空气冷切，而减少冷冻水的使用量，甚至全部使用循环水，起到节能作用。

4　效果

生产线故障次数减少，经济效益明显。据统计，2013~2016年间，装置单线运行，停工检修次数般在26~28次/年，2017攻关优化后，在双线运行的情况下，全年停工检修13次，其中4次是由于轴承质量问题造成的停工检修，装置连续运行时间最长达5个半月，年节约检修费用约五十万元，同时母粒产量大幅增加，经济效益十分可观。

5　结语

通过对抗车辙母粒生产线设备的攻关与优化，该生产线最高连续运行时间提高到170多天，保证了在溶脱装置原料性质及处理量变化的情况下长周期、高产量、平稳运行，有效地控制了母粒生产线的维修费用，为分公司的重油加工平衡、效益增长作出了贡献。

风险检验与炼化装置的长周期运行

李贵军　单广斌　刘小辉

（中国石化青岛安全工程研究院，山东青岛　266101）

摘　要　基于风险的检验(RBI)是追求安全性和经济性统一的管理方法，在国外应用于炼油、化工、电力等许多工业领域的压力容器和管道，自20世纪末以来已经在我国的多套石油化工装置中得到了应用。本文应用英国Tischuk公司开发的RBI软件(T-OCA)，对苯乙烯装置脱氢反应系统和延迟焦化装置进行了风险评估，提出了基于风险的检验策略，并对石油化工装置开展RBI工作中的一些问题，和基于风险的设备安全保障技术对保证石油化工装置长周期安全运行的作用进行了讨论，提出了今后石油化工装置开展RBI工作的建议。

关键词　风险检验；长周期运行；苯乙烯；压力容器；压力管道；延迟焦化

装置的长周期安全稳定运行，是石化企业提高生产效率，降低生产成本，增加经济效益的根本途径，自20世纪90年代以来，石化企业就开始把装置长周期运行作为努力的目标，现在已取得较大进展。由于炼油、石化装置运行的压力容器、压力管道等承压设备运行条件苛刻，处在高温、高压环境，介质易燃、易爆，同时由于装置的大型化，导致承压设备日益大型化、精密化，高强材料的大量应用，导致材料裂纹敏感性增加，因此，装置的长周期运行对承压设备的可靠性提出了更高的要求。传统的检验策略没有把承压设备的检验维护与其承担的风险联系起来，特定设备的检验维护与其风险水平不相适应。统计研究表明，80%的风险损失是由20%的关键设备承担的。采用基于风险的检验技术（RBI技术），通过承压设备的风险评估，找出系统中的薄弱环节，根据风险水平和失效可能性决定设备和管道的检验策略，使检验重点针对高风险部位，对低风险部位则提供与其风险水平相适应的检验，能够在提高设备安全可靠性的基础上，减少检验和维护成本，从而提高设备的管理水平。国外多套装置通过采用RBI方法对石化装置设备和管道进行检验和维护，延长了运行周期，降低了检验维护费用。

我国自20世纪90年代中期开始研究承压设备风险分析技术以来，至今已在多套装置上实施了RBI技术，取得了一定的成效。经过多年RBI技术的应用实践，我国承压设备风险检验技术已经被国家质量技术监督局颁发 TSG 21—2016采用，用于压力容器的检验和使用管理，我国 GB 150.1—2011《压力容器 第一部分：通用要求》在附录F中提出了Ⅲ类压力风险评估报告的编制要求，表面风险技术已经延伸到重要压力容器的设计制造阶段。本文介绍了在苯乙烯装置脱氢反应系统、延迟焦化装置进行RBI技术分析的应用情况。

1　RBI分析原理和方法

RBI分析方法有定性、定量和半定量三种类型，在定量RBI分析中，风险定义为失效可能性和失效后果的乘积。失效可能性计算公式为：

$$F_P = F_G \times F_E \times F_M$$

式中 F_P 为失效可能性；F_G 同类设备失效概率，是使用某一工业领域内各种装置的记录，或根据文献资料以及商业数据库而建立的；F_E 为设备修正系数，由通用子系数、机械子系数、工艺子系数和技术模块子系数构成，考虑了具体设备所处地区气候、地理、设计制造等具体条件的影响，其中起主导作用的是技术模块子

作者简介：李贵军，男，高级工程师，博士，2004年毕业于浙江大学，化工过程机械专业，研究方向化工设备安全。

系数，它考虑设备在服役条件下的各种失效模式的发展过程的影响；F_M 是管理系统评估系数，考虑了工厂工艺安全管理系统对机械完整性的影响。失效后果的计算考虑了可燃和毒性造成的安全影响、环境影响以及生产中断和设备维修更换引起的经济损失。

RBI 分析采用的软件是英国 TISCHUK 公司开发的 T-OCA，符合美国石油学会标准 API 580。在分析中采集了装置详细的数据资料用于 RBI 分析，具体包括装置设计基础资料(装置地理气象条件、平面布置等)、PFD 图、PID 图、工艺操作规程以及工艺安全设施和安全管理情况；设备和管道的设计资料、操作条件、工艺介质组成；设备和管道的材质、保温情况、制造和检验、安装情况以及历年的检验维修记录、检测和失效分析情况。将收集到的数据资料输入到 RBI 分析软件 T-OCA，计算设备和管道的失效可能性和失效后果，得到其风险水平。

2　苯乙烯装置的 RBI 分析

2.1　装置的基本情况

某石化公司化工部苯乙烯装置，引进美国 Badger 公司的苯乙烯生产技术，于 1997 年建成投产，年产苯乙烯 8 万吨。装置由乙苯系统、脱氢反应系统、苯乙烯精馏系统和尾气回收系统组成。脱氢反应系统是装置的重要组成部分，在这里由乙苯反应系统生成的乙苯，在氧化铁催化剂的作用下，发生脱氢反应，生成苯乙烯，并经冷却和分离，得到粗苯乙烯。

运行期间因生产原料供应问题，发生多次非计划停车，发生过设备和管件的裂纹、腐蚀，检修进行了修复和更换。本次 RBI 分析的目的是评估脱氢反应系统设备和管道的风险水平，提出基于风险的检验策略，保证装置的安全稳定运行。

苯乙烯装置脱氢反应系统共有静设备 12 台，工艺管道 30 条，介质主要为乙苯、苯乙烯和氢气，最高操作温度达 800℃，操作条件苛刻。

2.2　RBI 分析结果

把采集的装置数据输入到 T-OCA 软件中，进行风险计算，根据风险计算结果，将风险分为高风险、中高风险、中风险、中低风险五个

风险等级，得到装置中的风险分布状况见表1。

表 1　设备和管道的风险分布

风险等级	设备数量	管道数量
高风险	3	0
中高风险	3	4
中风险	0	7
中低风险	6	16
低风险	0	3
合计	12	30

由表1可以看出，处于高风险区的设备占 25%，没有处于高风险区的管道，中高风险区的管道占 13.3%，设备的整体风险水平高于管道。

苯乙烯装置脱氢反应系统设备主要失效模式有高温下材质劣化、腐蚀减薄、应力腐蚀开裂和保温层下腐蚀，工艺物流中主要腐蚀介质有碳酸、有机酸、KOH、氯化物和 MEA 等。分析表明，高温区设备和管道的风险水平高于低温区，低温区内部腐蚀减薄速率较低，低温区管道需注意保温层下腐蚀。高温区设备操作温度高，过热蒸汽最高温度高达 800℃，两台反应器操作温度均超过 600℃，操作压力有低压和负压操作，高温区设备和管道材料主要采用了 304H，个别部位采用了 INCOLOY 800H，在操作条件下，材料会发生碳化物析出、σ 相析出引起的材质劣化，使材料的塑韧性降低，还会发生蠕变，由于操作压力低，设备和管道蠕变速率较低，但在局部应力集中部位，蠕变引起的损伤应予以重视。开停车过程中、工艺操作过程中的升降温速度如果超过在一定范围，会引起较大的热应力，引起局部高应力区变形和开裂。由于物流中主要成分乙苯、苯乙烯和氢均为易燃易爆，又存在负压工况，一旦出现泄漏，空气漏入系统就会发生爆炸，失效后果高。

2.3　风险管理建议

管理和控制装置的运行风险，就是要采取各类检验、监控方法和应急处理准备，降低失效概率和失效后果。依据 API 581，有效的检验策略有助于了解失效机理和失效模式，得出失效进展速率，预测设备剩余寿命，降低失效可

能性。车间现场配置的用于泄漏检测的红外探测仪、物料在线氧分析仪以及事故的应急处理设施，能够通过早期发现事故征兆及时采取措施来控制失效后果，控制设备和管道的运行风险。

根据设备和管道的风险水平，采取的检验策略见表2。

表2　设备和管道的检验策略

风险等级	检验策略
高风险	重点加强管理，进行整改，加强监控，彻底消除事故隐患
中高风险	进行在线监测和无损检测
中风险	定期全面检验
中低风险	定期进行规定的检验
低风险	根据情况进行检验和抽查

苯乙烯装置脱氢反应系统高温区设备和管道的风险水平高，是检验和管理的重点。从失效机理看，高温区主要失效模式是材质劣化和开裂，检验方法应采用金相方法检测评定材质劣化程度，并采用适当的检验方法检测应力集中区的裂纹萌生和发展情况，根据裂纹萌生和扩展规律确定检验频率。操作中应保持工艺的平稳，防止工艺参数(温度、压力等)的过快升降；开停车时升降温速度要合理控制，控制热应力水平。停车吹扫应彻底，防止低温下造成不锈钢的应力腐蚀环境。对高温设备保温结构需要加强检查和维护，防止局部由于保温不好，引起局部漏热，造成局部较高的热应力。

3　焦化装置长周期运行的风险分析

某炼化公司延迟焦化装置于2003年开工至今已运行两年，原计划在2005年5月进行停工检修。但根据公司的生产安排，决定对其延长一年进行检修，即实现本装置"三年一修"的目标。为了找出影响装置长周期安全运行的薄弱环节，并提出相应的对策措施，对装置进行了工艺系统及设备管道的风险分析。

3.1　装置的基本情况

延迟焦化装置于1971年建成投产，2002年设计规模由80万吨/年扩能至120万吨/年。2002年改造前装置设计为无井架二炉四塔流程，改造后为有井架除焦的两炉两塔工艺流程。装置改扩建主要内容为新增焦炭塔T-201和T-202两座(原有四台废除)，新增加热炉F-303采用了辐射段炉管多点注汽技术，并采用了灵活调节循环比技术。焦炭塔采用24h生焦切换，仪表控制采用DCS集散型控制系统。

3.2　装置的工艺运行分析

焦化装置属于高温、易燃和易爆的装置。装置所用原料为减压渣油，自燃点为230~240℃，而装置的操作温度多在300℃以上，一旦泄漏极易发生火灾，生产的干气和汽油的沸点和闪点都很低，与空气混合均能形成爆炸性混合气体，其爆炸极限分别为1.5%~15%和1.4%~7.6%。而且其他产品柴油、蜡油的自燃点都低于装置的操作温度，极容易发生火灾，存在较大危险。同时由于操作既连续又间歇，高温重油部位较多，人工操作频繁，劳动强度相对较大，危险性较高。

根据装置提供的操作规程、安全规程、技术月报、年报以及现场调研情况等对装置进行了分析。本周期装置原料性质有重质化趋势，并且在混炼纳波原油时，出现了焦炭塔剧烈振动和有弹丸焦产生等不安全因素。对影响本装置的加热炉和焦炭塔的波动情况进行统计结果，2004年1月~2005年4月期间产生波动达25次。在这些生产波动中，因系统原因造成波动的共10次，系统原因中因电气原因造成波动的有5次(闪电和电网问题)，占系统原因的1/2；因为装置自身原因造成波动的有15次，占全体故障的60%，这些事件中因循环油泵和辐射泵这样关键泵造成的事件有10次，占全体故障的40%。这是因为目前辐射泵入口的物料有一股直接来自原料油泵出口换热后的物料(即换热后的原料与循环油不进V104直接至P409、P410入口)，所以造成辐射泵的故障率较高，这是本装置一个较大的不安全因素。

通过对工艺系统的风险分析，提出如下优化建议：在整个生产过程中，要考虑原料性质对焦化装置长周期安全运行的影响，对常减压装置的原油混炼比例和本装置的处理量根据实际情况进行合理调整保证装置安全生产；生产中要采取有力措施，保障水电汽等公用工程设施的平稳运行，并制定应急预案，防止公用设施异常影响装置的安全运行。

3.3　装置中设备的风险分析

影响企业生产装置长周期运行的因素有很多，但保持设备的完好性，充分发挥其效能，是实现装置长周期运行的基础。延迟焦化装置的原料为减压渣油，由于硫含量高且操作温度高，对装置中的设备腐蚀比较严重，所以设备能否安全运行对该装置的长周期运行至关重要。

对主工艺流程内的静设备和管道(公用工程系统、燃气、冷却水和仪表管道等辅助系统不包括在内)进行了定量的风险分析。分析的范围主要为焦化装置工艺管道仪表流程图中的设备和管道，具体包括静设备共 60 台，其中塔 3 台，罐 5 台，换热器 44 台，空冷器 6 台，加热炉 2 台；主要工艺管道 152 条。

本套延迟焦化装置加工的物流中主要腐蚀介质有：硫、硫化氢、氯化物、氯化氢和铵盐等，存在的主要失效机理有高温硫腐蚀、HCl-H_2S-H_2O 环境腐蚀、垢下腐蚀、湿硫化氢损伤、Cl^-应力腐蚀开裂、保温层下腐蚀、蠕变、热疲劳、组织劣化和低周热疲劳。装置中主要的腐蚀机理有 HCl-H_2S-H_2O 腐蚀、高温硫腐蚀、湿 H_2S 应力腐蚀开裂等。HCl-H_2S-H_2O 腐蚀比较严重的部位是分馏塔顶的冷却系统；高温硫腐蚀比较严重的部位是辐射进料管线和设备、分馏塔底部的管线和设备等。

本装置中处于高风险的设备有 3 台，占全部分析设备的 5%。失效可能性高而失效后果为中的设备有 1 台，即加热炉辐射段进料-轻蜡油换热器 H-107。该换热器中轻蜡油含硫0.802%，在 300~344℃ 的操作温度范围内对管箱主体材质 16MnR 造成高温硫腐蚀减薄，理论腐蚀速率为 1.056mm/a，管箱失效可能性等级为"高"。根据中国石化《加工高硫原油重点装置主要设备设计选材导则》(SH/T 3096—2001)选材要求，对于该换热器推荐使用的材料为碳钢+0Cr13Al(0Cr13)，而这台设备材质低于标准要求。从失效后果来看，在 300℃ 左右的操作温度工况下，一旦从换热器壳程中泄漏出来将会引起火灾，失效后果比较严重。失效可能性中而失效后果高的设备有 2 台：焦炭塔 T-201 和 T-202。一旦失效将直接导致装置的停工，造成重大经济损失，失效后果等级为高。

根据上面的分析，公司针对焦化装置的运行中的薄弱环节、高风险设备状况，从优化工艺操作、做好重点运行中的检查、做好事故预防和应急预案等方面加强了管理，保障装置安全稳定地延长了一年的运行周期。

4　RBI 分析中问题的讨论

定量 RBI 分析需要涉及工艺、设备、腐蚀、检验检测、安全等各多方面详细的数据资料，数据的准确性和完整性决定了分析的效率和质量，这需要装置工艺、设备等各方面专家的良好配合和工厂的数据积累。在评估过程中，往往会碰到数据不全的情况，如工艺物流中微量腐蚀性介质是决定设备失效机理的基础，对设备和管道的风险等级评定影响很大，但有时这些介质的含量数据无法取样分析得到，这时往往需要根据装置具体情况保守估计得到的值进行风险计算并制定基于风险的检验策略，利用在以后的检验维护取得的数据资料更新数据库，以降低运算结果的不确定性，实现 RBI 分析的持续改进。

RBI 技术的核心是：识别和评价服役条件下，结构材料可能的损伤或劣化模式及其严重程度；从可能造成的直接、间接经济损失、介质泄漏的影响等方面评价失效后果。但由于历史原因，我国缺乏完整、系统的压力容器和管道的失效模式、损伤和劣化进展速率数据库。现在我国 RBI 分析采用的引进分析软件，采用了西方发达国家的失效数据库，实际应用中应考虑与我国设备实际情况不一致的地方(如设备的制造缺陷和超期服役问题等)。我国的相关机构已经根据近年来进行装置 RBI 分析的结果，借鉴国外的数据和经验，开始建立我国特色的设备基础数据库，编制我国承压设备失效模式规范，并着手编制我国的风险检验规范，这对于 RBI 技术在我国石化工业的普遍应用，保障装置的安全稳定长周期运行非常关键。

5　结论

(1) 苯乙烯脱氢反应系统高温部位的风险水平高于低温部位，检验和维护的重点应针对高温区，低温部位应注意对保温层下腐蚀的检验。

(2) 延迟焦化装置在保持原料性质相对稳

定，保持装置负荷率、公用工程系统稳定，使操作平稳并加强重点设备和管道运行中检查的前提下，能够控制装置的运行风险，实现装置的"四年一修"。

（3）在炼油、石油化工装置实施 RBI 评估，根据设备和管道的风险水平和失效可能性制定检验和维护计划，能够使检验和维护重点针对高风险部位，在降低装置的整体风险水平的同时降低检验和维护费用，有利于装置的安全、稳定、长周期运行。

参 考 文 献

1　T. L. Willke. U. S. Risk management can reduce regulation. Enhance Safety. Oil and Gas Journal，1997，95（24）：37-46

2　陈钢，左尚志，陶雪荣，等．承压设备的风险评估技术及其在我国的应用和发展趋势．中国安全生产科学技术，2005，1（1）：31-35

3　TSG 21—2016　固定式压力容器安全技术监察规程

4　GB 150.1—2011　压力容器 第一部分：通用要求

新建大型炼厂大流量、高温热重油泵在线状态监测系统的实施方案

周 辉

（浙江石油化工有限公司，浙江舟山 316200）

摘 要 新建炼厂的机泵状态监测系统与装置的同步实施，为机泵状态监测系统方案的选择提供了非常大的便利性，可以方便实施有线监测，连续采集，数据分辨率高，可保证及时性，做到对设备故障的早期预警无盲区，为后续的工厂建设打下了坚实的基础。

关键词 新建炼厂；高温热重油泵；机泵状态监测系统；有线监测

某大型炼化一体化项目，为民营控股、国企参股的新型混合所有制合资公司，炼油总规模为4000万吨/年，按照"民营、国际、绿色、万亿、旗舰"定位，满足"产业园区化、炼化一体化、装置大型化、生产清洁化、产品高端化"的要求。分两期建成，总投资1731亿元（不考虑配套项目）。一期工程炼油芳烃项目为2000万吨/年炼油、400万吨/年芳烃及配套工程，其中包括2套1000万吨/年常减压蒸馏、1套450万吨/年重油催化裂化、2套380万吨/年连续重整装置等34套炼油装置。项目总投资金额高、资产密集度大、生产装置多、单体设备技术难度高。二期工程总的炼油规模不变，但方案进一步优化，压减汽油、航煤等燃料油，多产芳烃、乙烯等化工产品，渣油加氢由固定床改为浆态床工艺，增加反异构化装置，乙烯装置由1套140万吨/年改为2套140万吨/年。项目建成后，成为单一基地产能中国第一、世界第五的世界级规模一体化炼厂，兼顾烯烃、芳烃和炼油的经济性，做到烯烃、芳烃最大限度的综合利用。项目将充分发挥炼化一体化、规模化、集约化的建设原则。实现资源配置一体化，炼油-芳烃-乙烯建设一体化，配套设施建设一体化，物流传输一体化，环境保护一体化，油煤综合利用一体化，信息管理服务一体化的目标。

石油化工行业是一个高风险行业，有着自己的行业特点：一是石油化工生产中涉及物料危险性大，发生火灾、爆炸、群死群伤的事故几率非常高；二是石油化工生产工艺技术复杂，运行条件苛刻，易出现突发性、灾难性事故；三是装置大型化、单体设备大，个别事故影响全局，往往一台设备、一条管线、一块仪表、甚至一个电子元件发生故障，都会导致装置停产，造成工厂重大经济损失，直接影响工厂经济效益和职工自身利益。

1 概况

该项目压缩机、机泵、风机等重要转动设备具有单体设备大、数量多、分布广、安装位置分散、操作复杂等特点。项目炼油芳烃各类转动设备有2612多台（套），主要包括：催化主风机烟机机组、往复压缩机和离心压缩机等大型机组81台（套），渣油加氢、加氢裂化进料泵和催化油浆泵等各类机泵2102台（套），加热炉鼓、引风机49台（套），重整、催化烟气脱硫脱硝和硫磺等工艺风机94台（套），空冷风机、加药站、搅拌器和盘车器等其他转动设备280台（套），等等。

工厂按四年一检修原则设计，装置定员少，人工巡检存在危险区域的安全性、数据采集的准确性、数据采集的时间长等诸多问题，人工巡检存在很大的局限性。因此，确保重要生产设备以最佳状态、长周期安全可靠运行就成了企业管理者的诉求，满足这一诉求的最佳方法就是提升企业设备管理的技术手段，通过实施先进监测技术对企业重要机泵和风机设备进行全面的状态监控以提升企业的设备管理水平。

2　状态监测与故障诊断的意义

状态监测与故障诊断技术的由来及发展，与十分可观的故障损失以及设备维修费密切相关，而状态监测与故障诊断有效遏制了故障损失和设备维修费用。具体可归纳为如下几个方面：

一是及时发现故障的早期征兆，以便采取相应的措施，避免、减缓、减少重大事故的发生；

二是一旦发生故障，能自动纪录下故障过程的完整信息，以便事后进行故障原因分析，避免再次发生同类事故；

三是通过对设备异常运行状态的分析，揭示故障的原因、程度、部位，为设备的在线调理、停机检修提供科学依据，延长运行周期，降低维修费用；

四是可充分地了解设备性能，为改进设计、制造与维修水平提供有力证据。

3　工厂转动设备状态监测系统方案的总体构想

预测性维护（Predictive Maintenance，简称PM）的核心是基于对机器状态监测（Condition-based Monitoring，简称CBM）。通过CBM，机器运行时的状态信息都可以被实时记录下来。但是，该设备无法对可能发生的故障或磨损进行预测。虽然如此，通过PM来实现机器预测，标志着转折点的到来，借助更智能的传感器和更强大的通信网络和计算平台，可以创建模型，检测机器变化，并对其使用寿命进行详细计算。

在项目设计建设阶段，工厂转动设备状态监测系统与装置同步设计与建设，有利于方案的优化设计和实施。方案既要全面管理，又要重点突出，依据转动设备在生产装置的作用和重要性，对工厂转动设备进行分类，分为A、B、C三类，对全厂的转动设备实行分级管理，针对不同的设备类别，分别实施不同的状态监测系统，一方面有效解决人员少和人工巡检的局限性，节省人力资源，另一方面提高设备监测的质量，提高工厂设备管理的效果，合理降低工厂投资。

催化主风机烟机机组、全部离心压缩机组、部分大型机泵和硫磺汽轮机拖动的风机等共有64台（套），一旦出现故障导致停机，将直接影响全厂或装置的正常生产，严重影响工厂的经济效益，这部分设备划归为A类设备，安装非接触式传感器（本特利电涡流位移传感器）对轴进行监测，系统配沈鼓状态监测系统SG8000，实施大型机组在线状态监测与故障诊断系统。这样就形成以公司为中心和国内有关专家组成的专家远程监控诊断体系，及时发现问题，及时沟通，达到全面获取大型机组运行状态的要求，真正实现及时、准确判断设备运行状况，为大型机组的安全稳定运行提供可靠保障。

首批217台套大流量、高温热重油泵等一些重要关键机泵，由于其输送高温油介质温度高于自燃点，一旦出现故障，导致密封泄漏，容易出现火灾等次生重大事故，同样也会给工厂造成重大损失，这部分设备同样划归为A类设备，安装接触式传感器（例如压电式振动加速度传感器）放置在轴承座上进行测量，实施机泵群在线监测，系统报警信息以短信形式及时发送给相关设备管理人员。

一般机泵则采用离线监测、安排专业人员进行定期测量、及时传送至机泵状态监测系统。

4　泵群在线状态监测系统实施方案

4.1　总体思路

针对项目转动设备数量巨多、单体设备巨大等特点，采取"突出重点、抓住关键、积累经验、循序渐进"的方式，统筹规划、分步实施，首批选择了217台高温、大流量泵实施泵群在线监测系统。

为了便于分布实施，系统方案采用模块化可扩展结构、通用传感器，分布式总线远程数据采集系统，系统利用现场总线技术建立一个分布式的主从结构的数据采集系统，放置在中央控作室的计算机为主站，分布在各装置机泵群的数据采集站为从站。从站在主站的协调和控制下进行数据采集和传输。系统集传感器、信号处理、数据采集、数据通讯、电脑显示、数据存储与分析、报表打印功能和运行资料存档、网络浏览及和远程上报于一体，根据设定的报警判断机泵各测点的报警状态并以短信方式发送至相关设备管理人员手机等。这样能够有效地对大流量、高温热重油泵等关键机泵进行监测，降低故障发生率。

每个现场采集站负责采集汇总附近若干台

机泵传感器传送过来的信号，现场采集站与检测站之间采用总线形式通讯，监测站通过工厂管理信息系统（MIS），实现大流量、高温热重油泵等关键机泵监测数据的网上共享，并支持多种通讯协议（Modbus、TCP/IP 等），与 DCS 等控制系统通讯，实现数据的交换。

4.2　技术方案的选择

泵群状态监测系统根据采集信号传输方式不同，分为有线、半有线和无线三种方式，但目前并无严格的概念界定。

从数据信号传输方式上，泵群状态监测系统技术大致分为三种：

（1）有线传输　传感器（恒流源）通过信号线（硫化线）将所采集的信号传输至数采器，数采器（220V 电源供电）通过光纤（或网络双绞线）与外操室仪表间交换机链接进入办公局域网，实现设备在线监测和诊断目的，如图 1 所示。

（2）半有线传输　传感器（恒流源）通过信号线（硫化线）将所采集的信号传输至数采器，数采器（220V 电源供电）通过 WiFi 或 4G 方式与现场通讯基站链接进入办公局域网，实现设备在线监测和诊断目的，如图 2 所示。该种方式要求现场预先铺设通讯基站，成本较大目前较少采取该种做法，如图 2 所示。

（3）无线传输　传感器采用电池供电，以无线射频技术将所采集信号传输至数采器，数采器（220V 电源供电）通过光纤（或网络双绞线）与仪表间交换机链接进入办公局域网，实现设备在线监测和诊断目的，如图 3 所示。

传感器的选择取决于信号传输的方式，信号传输方式的不同，决定了传感器的组成不同，导致了其在工作温度范围、数据采集、可靠性、抗干扰性、维护方面和诊断效果方面的差异。有线传输和无线传输的特点对比见表 1。

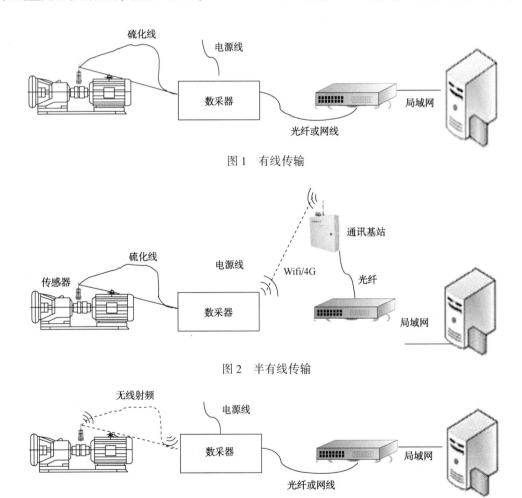

图 1　有线传输

图 2　半有线传输

图 3　无线传输

表 1 有线传输和无线传输的特点对比

项 目	有 线 传 输	无 线 传 输
传感器工作温度	工作温度范围宽，一般情况下−40～120℃，高温场合，可单独设计选择高温传感器	受内部集成电路限制，工作范围窄，一般情况下−20～90℃，高温介质不适用。内部电池一般要求工作环境温度小于60℃，而高危泵被监测点温度一般又较高，内部电池又极易因产品自身失效引发着火或爆炸，非但没能有效监测高危泵防止事故发生，反而因自身原因引发新的安全事故
数据采集	连续采集，数据分辨率高，具备加密存储功能，具备智能预警技术	间隔采样，连续采集电池寿命不足，采集间隔不同厂家数分钟至数小时不等
可靠性	传感器本体与后部处理电路独立，抗震性强，防护等级可以做到IP68	无线通讯电路、调节电路、A/D电路集成一体，高振动情况下，容易导致电路松动甚至损坏，防护等级IP65
抗干扰性	传输受环境影响小，抗干扰能力强	传感器与数采器之间采用无线射频技术，信号传输易受干扰，存在数据丢失和失真现象，抗干扰能力差
维护方面	高可靠性，传感器寿命一般可达10年以上，技术是标准化的，具备通用性，品牌传感器可互换，不受制于某家企业的技术和标准限制，各传感器可互换，后期的运维成本较低	低可靠性，传感器寿命一般为3～5年，需要定期更换传感器，因为技术方面属于专用产品，各家不通用，受制于供货方企业售后能力，电池的规格、参数也不通用，传感器拆卸后，需要标记安装在什么位置，对号入座，一旦安装位置错误，就会导致数据错误。传感器内部有集成电路，体积较大，对空间有一定要求，占用泵体较大工作面
故障诊断效果	连续采集，可保证及时性，可做到对设备故障的早期预警无盲区	间隔采集，一般为数分钟甚至几十分钟、几小时才传输一个点，存在诊断盲区，间隔点之间无数据，不能完全实现实时在线监测设备运行状态的目的

由于该项目为新建项目，综合考虑，采用有线传输的方式较为有利合理。

泵群状态监测系统由三级组成，第一级为数据采集层，通过在泵的电机和泵本体上加装传感器采集轴承座振动信号，传感器具有同时测量轴承振动和温度的功能，信号通过信号线缆传输至数据采集器，数据采集器通过网线和光纤经工厂局域网将数据传输至服务器；第二级为现场机组状态监控系统，与监测系统配套两台服务器，用于存放从在线监测站发回的设备状态数据，现场设备维护与管理人员可通过电脑终端访问在线监测系统，了解监控机组的实时运行状态；第三级为远程诊断系统，通过该系统，制造厂家远程诊断专家可对所有纳入监控的设备进行远程数据分析与故障诊断。

泵群状态监测系统数据采集通过以太网以有线方式传输，每套装置作为独立单元，每个单元通过交换机与局域网连接，将现场机泵运行实时数据上传至服务器，服务器作为Internet的网站，基于B/S结构，授权用户以WEB浏览的形式察看现场设备运行的实时、历史数据以及诊断图谱，实现设备状态监测与故障诊断管理。系统构成如图4所示。

5 测点设置原则

泵和电机不分专业，统一考虑，泵的测点设置根据泵电机功率的大小和泵输送介质温度的高低而定，温度的划分原则是177℃以上属于高温，大流量泵是指电机功率≥400kW的泵。

测点设置原则如下：

（1）电机功率≥450kW以上的泵组，泵驱动端和非驱动端各布置两个点，垂直方向和水平；

（2）电机功率<450kW以上的泵组，泵驱动端和非驱动端各布置一个点，垂直方向；

（3）所有上状态监测的217台（套）泵的电机，驱动端布置一个点，垂直方向。

6 测点布置情况

按照大流量、高温热重油泵增上状态监测系统的总体原则，工厂本次打算增上机泵状态监测的测点布置，主要包括1#1000万吨/年常减压装置 21 台、2#1000 万吨/年常减压装置 23 台、500 万吨/年渣油加氢装置 8 台、400 万吨/年蜡油加氢裂化装置 14 台、450 万吨/年重油催化裂化装置 21 台、90 万吨/年气分装置 4 台、产品精制 2 台、400 万吨/年柴油加氢 9 台、350 万吨/年柴油加氢 5 台、360 万吨/年石脑油 6 台、1#380 万吨/年连续重整 6 台、2#380 万吨/年连续重整 6 台、1#200 万吨/年芳烃装置 25 台、2#200 万吨/年芳烃装置 25 台、1#360 万吨/年歧化装置 4 台、2#360 万吨/年歧化装置 4 台、320 万吨/年焦化装置 14 台、200 万吨/年催化汽油装置 6 台、140 万吨/年航煤加氢装置 4 台和 55 万吨/年烷基化装置 10 台，一共 217 台机泵，813 个监测点(见表 2)。

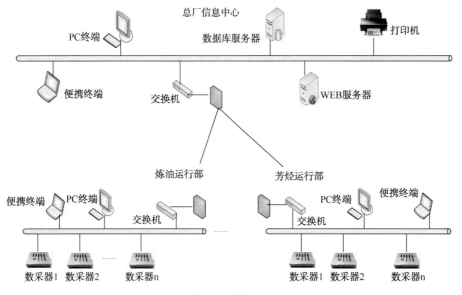

图 4　系统构成

表 2　测点布置情况

序号	装 置 名 称	机泵数量	泵测点数		电机测点数	数量
			水平	垂直		
1	1#常减压装置	21	42	22	21	106
2	2#常减压装置	23	46	22	23	114
3	500 万吨/年渣油加氢	8	16	0	8	32
4	400 万吨/年蜡油加氢	14	28	0	14	56
5	450 万吨/年重油催化	21	42	8	21	92
6	90 万吨/年气分	4	8	4	4	20
7	催化产品精制	2	4	0	2	8
8	400 万吨/年柴油加氢	9	18	6	9	42
9	350 万吨/年柴油加氢	5	10	6	5	26
10	360 万吨/年石脑油加氢	6	12	4	6	28
11	1#380 万吨/年连续重整	6	12	2	6	26
12	2#380 万吨/年连续重整	6	12	2	6	26
13	1#200 万吨/年芳烃	25	50	38	25	138
14	2#200 万吨/年芳烃	25	50	38	25	138
15	1#360 万吨/年歧化	4	8	4	4	20

续表

序号	装 置 名 称	机泵数量	泵测点数		电机测点数	数量
			水平	垂直		
16	2#360 万吨/年歧化	4	8	4	4	20
17	320 万吨/年焦化	14	28	4	14	60
18	200 万吨/年催化汽油	6	12	0	6	24
19	140 万吨/年航煤	4	8	0	4	16
20	55 万吨/年烷基化	10	20	6	10	46
合计		217	604		217	813

7　结语

通过三大状态监测系统的实施，实现工厂转动设备监测的全覆盖，多重诊断体系的建立，避免诊断结论受个人因素的局限性，实现快速、准确判断设备运行状况。通过定期的特护会议和状态监测的案例分析，交流共享状态监测信息，相互沟通，及时准确全面获取大型机组运行状态，及时分析大型机组运行中出现的问题，强化机组运行状况及潜在故障的预知控制，及时判断工艺、操作中存在的问题并提出合理化建议与指导。

总之，通过实施转动设备的在线状态监测系统，保证了设备运行的可靠性和稳定性，实现了科学管理与决策，革新了设备维修体制，开始了由事后维修、计划维修向预知维修的转变。

物联网技术在机泵群完整性管理方面的应用

江学津[1]　李周文[2]

（1. 深圳沈鼓测控技术有限公司，广东深圳　518055；

2. 中国石化北海炼化有限责任公司，广西北海　536016）

摘　要　本文介绍了物联网技术在机泵群完整性管理方面的应用。深圳沈鼓测控技术有限公司与中国石化北海炼化有限责任公司携手合作，将最新研制的 SG 2000 机泵群无线·云监测系统，在北海炼化炼油装置57台高温机泵(69个测点)成功应用，完全满足现场使用要求，极大提高了设备管理信息化水平。

关键词　物联网技术；机泵群；完整性管理；应用

1　引言

中国石化北海炼化有限责任公司(以下简称北海炼化)地处广西北海市铁山港临海工业区，是中国石化在西南地区唯一的炼化企业。原油加工能力为500万吨/年，聚丙烯生产能力为20万吨/年，主要产品包括成品油、石油焦、硫磺、聚丙烯、苯、液化石油气、石脑油等，是广西最重要的能源供应基地。北海炼化依据"大型、先进、系列、集约"的发展理念，拥有先进的技术设备和优秀的管理团队，生产装置采用联合布置、集中控制、统一管理、定员精干的模式。但是即便是如此集中的生产模式和如此优秀的管理团队，在设备完整性管理中同样也会遇到机泵分散、机泵群监测数据获取不够及时、获取监测数据方式单一、设备管理人员能力参差不齐等管理现状。

针对现有管理现状，北海炼化管理团队积极寻求突破口，并与沈阳鼓风机集团测控技术有限公司(以下简称沈鼓测控)携手合作，于2017年9月引进沈鼓测控最新研制的SG2000机泵群无线·云监测系统，经过安装、调试、开发、升级、验证，于2018年2月在常减压(预处理)装置、催化装置、蜡加装置、柴加装置、聚丙烯装置、重整装置、焦化装置共57台高温机泵(共计69个测点)成功应用，完全满足现场使用要求。该系统的一个传感器，就可测量水平、垂直、轴向三个方向的振动和该位置

的温度，这些关键数据通过无线信号上传到云端服务器进行分析，手机或者计算机电脑都可以很方便地查看各种参数的当前值、变化趋势和报警，系统可自动对机泵的状况进行 A、B、C、D 四个区的分类和统计，对机泵状态一目了然，检维修人员可对 C、D 区设备做好专检和检维修准备，极大提高了设备管理信息化水平。该系统拆装方便、费用低廉、数据准确、报警及时，可为基层减负，已计划进一步在公司范围内推广。

2　研究与探索

2.1　物联网技术发展趋势

典型的物联网应用体系架构主要分为三层，由下到上依次为感知层、传输层和应用层，如图1所示。

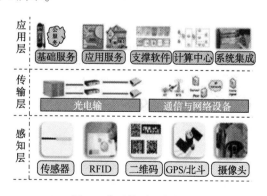

图1　典型物联网架构

在感知层上，感知企业众多且较为分散，自主传感器核心技术不足，高端传感器芯片以

进口为主，市场竞争较为激烈。主要应用有RFID标签和读写器、各类传感器、摄像头、二维码标签和识读器等。

感知层传感器的发展趋势：

（1）微型化。信息时代信息量激增，要求传感器能捕捉处理海量的信息的能力日益加强，传感器不能相应增大，因此要求微型化。

（2）智能化。要求不但能够执行信息处理和信息存储，而且还能够进行逻辑思考和结论判断。

（3）多功能化。将多种敏感元件组装在材料或单独一块芯片上的。

（4）无线网络化。要求传感器能够通过各类集成化的微型传感器协作地实时监测、感知和采集各种环境或监测对象的信息。从而真正实现"无处不在的计算"理念。

在传输层上，传输主要以移动通信网和局域网为网络载体，仍较少使用互联网。产业发展较为完备，企业以传统通信企业为主。传输层的主要设备有光纤光缆、光器件、光接入设备、光传输设备等光传输设备以及3G/4G/5G、NFC、Lora、ZigBee、蓝牙、Wifi/WAPI等通讯和网络设备。

传输层的主要作用是将感知层识别与采集的数据信息高速率、低损耗、安全可靠地传送到平台层。当前标准化程度较高，产业化能力较强、较成熟，参与厂商众多，成为产业中竞争较为激烈的领域。LPWA大规模部署后将促进物联网连接数迅猛增长，以NB-IoT为代表的技术解决了移动物联网普及障碍。未来5G将满足物联网高级应用多样化需求，实现终极万物互联。

应用层以软件和现代服务企业为主，基础软件技术主要掌握在跨国企业手中，传统IT企业逐渐介入物联网业务，随着各地物联网示范性应用陆续增多，企业数量将明显增加。

2.2　新的管理方式探索

新的技术发展带来新的管理方式的探索。

传统的石油石化企业人员充裕、分工明确、管理制度明晰、责任落实到位，采用以巡检仪器和高精度离线数采仪为主导的巡检、点检、专检的"三检"管理方法，成效显著，很好地杜绝了机泵突发性故障造成的事故发生；而随着人员的精简、人力成本的日益提高，不得已将一些日常消耗人力成本巨大的工作进行外包，但是人力成本的持续升高，外包单位的成本也在持续提高，难以为继。

一些企业开始积极探索新的管理方法，在自动化信息化上面加大投入，增上一些实时在线状态监测系统，其定位是与高精度离线数采仪进行竞争，并且高密度、长周期地进行监测和故障诊断分析。此时带来另外的问题：资源的过度损耗及前期巨大的人力和资金的投入，退而求其次只能对一些关键机泵进行实时状态监测，难以推广到对大范围的机泵群进行监测。

沈鼓测控受到离线数采仪为主——"三检"方案的启发，及对工程应用现状进行深入思考，重新定位了基于物联网技术新一代机泵群无线·云监测系统与离线数采仪的关系。由原来的竞争关系变为互补关系。"有所为，有所不为。"也就是说，放弃精密分析功能，从而降低成本、延长电池寿命。将离线数采仪擅长的功能交给离线数采仪做。无线·云监测系统只做离线数采仪做不好的事情。新一代机泵群无线·云监测系统有放弃，也有收获。通过放弃精密分析功能，数据处理对计算能力的要求大幅降低，从而降低了传感器的成本，也降低了数据计算和无线传输的电量消耗，大幅延长了电池的寿命。经测算，新一代无线传感器正常使用的预期电池寿命可达3~5年，完全可以应付一个大修周期的监测需要。此外，此无线传感器采用微机电系统（MEMS）、物联网通讯技术，一个传感器可提供三轴向振动和温度等10个参数的云端在线监测，而其传感器的售价比传统单轴向加速度传感器的三分之一还低。这一产品，使之前昂贵的"奢侈品"变成了免维护、抛弃型的消费品，使得对机泵群进行全面覆盖、智能云监测、大数据分析成为可能。

3　设计与实现

机泵群无线·云监测系统依然采用典型的基于物联网的三层架构设计，依次是感知层、传输层和应用层，如图2所示。

3.1　感知层

感知层主要解决物理世界的数据获取问题，

是物联网发展和应用的基础，其关键技术包括检测技术、长距离、低功耗无线通信技术等。

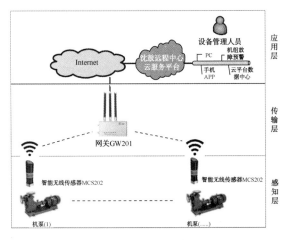

图2　机泵群无线·云监测系统架构

　　沈鼓测控的智能无线传感器是一种新型的数据采集系统，内置无线发射天线，基于 LoRa 的私有协议，可以自组织形成星型网络拓扑结构。其使用简单方便，无线数字信号传输方式消除了长电缆传输带来的噪声干扰，整个测量系统具有极高的测量精度和抗干扰能力，并可以组成庞大的无线传感器网络。其具有结构紧凑、体积小巧、防爆、防尘、防水、便于安装的特点。采集的数据可以实时无线传输至计算机，根据现场通讯条件，智能自适应波特率及数据传输间隔，可视通讯距离 2km，工厂实际使用距离 500m（无明显阻挡）。其整体低功耗的设计能使电池使用寿命达到 3~5 年。

3.2　传输层

　　传输层主要解决感知层获取的数据传输问题，它是感知层与应用层的桥梁，是在感知层通信网络与互联网移动通信网络基础上建立起来的，实现感知网与通信网的结合，实现数据的长距离传输。传输层的关键技术包括长距离无线通信技术、网络技术、自组网技术等，其中最重要的硬件设计就是网关设计。

　　沈鼓测控的智能无线网关使用简单方便，无线数字信号传输方式消除了长电缆传输带来的噪声干扰，整个系统具有极高的实用性和稳定性。网关外壳防爆、防水、防尘，安装方便，功耗低，由无线数据收发节点控制、协议转换等模块组成，负责采集各传感器数据并上传至中心服务器。其可以组成庞大的无线星型网络，

支持对多达 100 个传感器节点同时进行大规模、分散式的机泵群状态监测。

3.3　应用层

　　应用层要解决的是信息数据的处理和服务提供的问题。从传输层传送过来的数据在此进入各类云监测系统进行处理和分析，并通过各种设备为用户提供丰富的、智能化的服务。其关键技术主要是数据处理分析的软硬件能力、系统和软件设计能力、数据的积累、算法的优化等。

　　沈鼓测控结合多年在旋转机械状态监测与故障诊断行业所积累的经验，参照了多个旋转机械和机泵测量标准和规范，使用目前流行的 H5 编程语言，设计了新一代的机泵群无线·云监测系统。系统不仅可以在手机端、PC 端操作，还能自适应在 Pad 端使用，操作界面友好，使用方便。其在扫码快速部署传感器、扫码快速查看传感器实时数据方面的设计尚属于国内首创。

4　状态监测系统实施

4.1　传感器安装

　　无线传感器的安装简便，可以适用于钻孔、磁座、胶黏、焊接的安装方式，安装位置尽量选择在靠近轴承座位置，或者选择巡检点的位置安装，因为单个传感器就具备三个方向测量的效果，所以在一个轴面位置只要安装一个传感器即可，以下选取两种常用方式进行对比。

　　1）钻孔方式

　　采用钻孔方式的测温测振效果最好，只需在安装位置钻一个 M8×1.25 螺纹，有效螺纹深度不少于 9mm 深的孔即可，钻孔工作可交由专业的维保队伍或施工队伍做，如图3所示。

图3　传感器现场安装图

2）磁座加胶黏方式

当现场不方便打孔时，可采用磁座加胶黏的方式，因为单纯磁座，时间长了容易消磁或导致振动脱落，而单纯是胶黏的方式，在胶黏凝固过程中容易发生滑落或者移位，使传感器与设备表面贴合不紧密，影响测量效果，所以采用磁座加胶黏的方式在现场实际测试使用过程中更为可靠。

现场所使用的胶水是通过实验室的可靠性测试，从多款市面上口碑比较好的胶水中选出的一款，为了不影响胶黏的效果，还需要对安装位置表面做除漆除锈的清洁处理，并且应尽量选择平整的表面，传感器底座与被测物体表面贴合越紧密，测量效果越好，如图4所示。

图4 磁座加胶黏方式传感器现场安装图

4.2 网关安装

网关外壳防尘、防水、防爆，需选择在空旷、地势高的位置，接收传感器信号更好；选择靠近大多数传感器的区域，以保障信号强度，因为这样接收信号范围广，且可以选择易于取电的位置（如中控室楼顶、变电所楼顶等）；网关外露的天线周围应尽量保持没有遮挡物，以免无线信号的反射影响到无线信号传输或接收；如选用4G的网关应尽量选择4G信号强且稳定的区域；所选的位置要方便接入电源和保护接地，并有必要的防雷击等防自然灾害的必要措施。

网关安装现场如图5所示。

4.3 成本分析

系统的综合成本非常低，主要体现在以下几个方面。

1）直接采购成本

现场只需3个网关即可覆盖全厂7个装置

图5 网关现场安装图

区域的无线信号覆盖，且目前只使用了69支传感器的应用，按照每个网关有100支传感器的限制，还有很大的余量空间，继续增加传感器测点不需要增加网关。

单支传感器含三个方向振动和一个温度测点，且单支传感器价格仅相当于市面上普遍单支单方向传感器价格的三分之一。

采用云端服务器的方案还可以直接节省厂内局域网设备（如网关、交换机、防火墙等）和服务器的成本，对总体成本会有较大幅度的降低。

采用磁座加胶黏的传感器安装方案也仅增加一些胶水和磁座的费用，成本增加影响不大。

2）施工成本

因为采用云端服务器和磁座加胶黏的方案，现场大大节省了施工的材料成本和人工成本，主要产生的施工成本为：网关安装的支架、线缆等的材料成本，施工队伍配合厂家进行网关安装的工时成本，传感器安装除漆除锈工作的工时成本。

此方案的施工成本相比于传统的有线方式在线监测系统的施工成本来说，要降低超过90%，降低的直接施工成本非常可观。

3）工时统计

以下是北海炼化全厂7个装置、共3个网关和69支传感器的施工人员安装总耗时：

3台网关总耗时：8个工时×2人（包括支架焊接、安装就位和接电源）；

69支传感器总耗时：8个工时×2人（包括安装位置的除漆除锈、胶黏、安装传感器和记录安装位置角度信息）。

系统配置和组态总耗时：4个工时×1人（包括传感器系统配置和权限分配）

4）运维成本

传感器按照标准设置情况下电池的续航时长是 3~5 年，在持续有传感器在使用的前提下，网关的 4G 流量费全部由沈鼓测控负责，永久有效，维护成本低。

无服务器运维成本。

5）扩容成本

网关的无线覆盖距离远（可视距离 2km，现场测量最远直线距离达到 300m），最大接入传感器数量为 100 支，所以一个装置内新增传感器基本不需要再新增网关。

云服务器的设计使得不用担心服务器容量扩容的问题，沈鼓测控承诺用户可免费使用云端的平台软件和 APP，只要一直在使用传感器，数据会一直保存。

5　阶段性成果

5.1　监测泵群运行状态可视化

通过泵群监测系统，可"随时、随地、实时"查看泵群的运行状态，对机泵运行异常时，也会显示机泵的异常状态，便于及时发现，及时处理，如图 6、图 7 所示。

5.2　辅助故障诊断功能的需要

通过泵群监测系统，实时对监测机泵进行数据采集、数据分析、数据展示，通过图谱基本可以初步确定故障的类型，使机泵发生故障时，能够准确定位故障原因，并针对维修，减少维护成本，提高劳动效率。

5.3　减少现场巡检人员劳动强度

目前北海炼化内所有相关的设备管理人员和检维修人员已经都开通了相应监测权限，通过泵群监测系统，可以适当减少现场人员的巡检次数，或只针对有问题的机泵进行重点巡检，提高生产效率，降低劳动人员成本。

6　结语

物联网技术引入到机泵群完整性管理中还属于探索阶段，除了 Lora、ZigBee 以外，还会有更多物联网标准协议引入当中进行尝试，例如 NB-IOT 等；其中也会有很多难题需要攻克，例如进一步地降低功耗、增强传输能力、提高采集精度、适合更宽温度等的需求，但是随着物联网技术、数采技术、大数据分析及人工智能的高速发展，未来工业领域的"万物互联"、"大数据诊断"、"无人值守"非常值得期待。

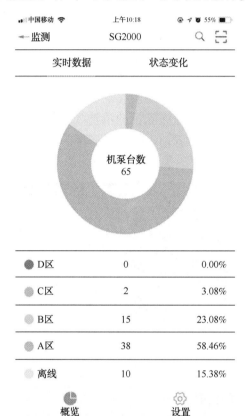

图 6　无线·云监测系统 APP 端展示

图 7　无线·云监测系统 PC 端展示

以互联网云+设备状态监测
迎接智能化工厂新时代

俞文兵

（中国石化上海石油化工股份有限公司，上海　200540）

摘　要　本文从设备状态监测技术发展历史出发，着重分析设备状态监测技术网络化应用及智能化发展，始终离不开计算机、网络通信等信息技术的发展，并就如何进一步利用互联网云和无线通信等新一代信息技术，如何实现智能化工厂应用，进行了有益的探索。

关键词　互联网云+；设备状态监测；智能化工厂

1　设备状态监测技术的发展简史

设备状态监测技术起始于 20 世纪 60~70 年代的英国、美国等西方发达国家，70 年代末 80 年代初引入中国，一开始在企业主要用于设备振动故障诊断，所用的仪器非常简陋，只能测量振动数据，不能自动记录振动数据和图谱，只能靠人工手动计算和分析并作出故障诊断，又称为简易监测，只对某台设备发生异常或故障隐患时，所进行的临时性状态监测和故障诊断，虽然可以解决现场部分振动问题，但其技术发展和大面积推广却受到限制。到 20 世纪末，随着计算机技术的发展，出现了能自动采集和记录数据、能简单分析和诊断故障的仪器，监测仪器和手段不断完善和发展，改变了设备状态监测诊断系统软、硬件技术面貌，其监测方法由人工参与的单机、离线简易监测，向自动化群机、在线精密监测发展，各种专家诊断系统也不断涌现。特别是进入 21 世纪后计算机通信和网络技术的发展，使该技术发展成多机远程、全周期网络化监测，并得到全面推广应用。

2　设备状态监测的网络化应用

2.1　大型关键设备的在线状态监测

大型关键机组，是由工业汽轮机或大功率电机驱动的压缩机组，其结构庞大复杂，连续运行时间长、转速高，控制系统精密，电子化、自动化程度高，制造周期长，检修维护困难，因此，一旦发生故障，轻者引起装置停产，重者会造成机毁人亡的重大恶性事故。

在关键机组管理的早期阶段，都已为关键机组配备了一次传感器、二次仪表以及控制系统，在机组的运行控制以及运行保护方面已经做得相当完善。随着关键设备管理技术的进一步发展，在机组控制系统的完善下，逐步对关键设备运行状态进行监测。为进一步完善机组状态监测功能，提出了在线状态监测的概念，对机组进行全天候 24h 不间断监测。

有了在线状态监测技术之后，为了完善和丰富机组在线状态监测功能和更好地利用在线状态监测所采集到的机组运行数据，在线状态监测和诊断分析系统逐步形成。以某公司 S8000 大型旋转机械在线状态监测和分析系统在我公司应用为例，该在线状态监测与诊断分析系统的结构组成如下：

1）现场监测站 NET8000，数据采集和单机浏览

在机组本特利 3300 或 3500 监测仪表上安装智能化数据采集器（NET8000），通过 NET8000 采集机组运行振动数据和有关工艺量信息。装置有关人员通过登陆机组现场监测站 NET8000 的 IP 地址，就可浏览该机组的状态监测信息。

2）中心服务器 WEB8000，数据接收、储存、备份和发布

现场监测站采集到的数据直接通过公司 Intranet 网汇集至安装在公司信息中心的中心服务器（WEB8000）。中心服务器再将接收到数据储存在中心数据库内，做好备份后发布到公司总

局域网上。

3）中心服务器 WEB8000，网上浏览

连接在公司 Intranet 网上任何计算机，通过登陆中心服务器 WEB8000 的 IP 地址，就可上网浏览任何机组状态监测信息，如振动值、时域波形、频谱、轴心轨迹、历史趋势、报警清单、例行日报、周报、诊断结果等。其系统网络结构如图 1 所示。

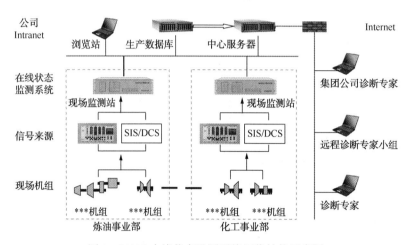

图 1　S8000 在线状态监测系统网络结构示意图

2.2　离线状态监测

炼油化工装置中除大型机组关键设备以外，还有许多主要和重要转动设备，如冷冻机组、空压机组、无备台的大功率风机、功率在 500kW 以上水泵、250kW 以上工艺流程泵以及在生产装置中工艺位置重要的机泵等，这类设备由于单机价值高、系统复杂，或工艺位置重要，发生故障会直接或间接影响装置安全稳定运行。对这些主要或重要设备采用离线点检测技术，实行网络化离线状态监测。

以某公司 PMS 设备离线点检管理系统在我公司的应用为例，该系统采用电子标签及配套系列数据采集仪器（包括振动测量仪、巡检仪、抄表仪等），在人工采集现场设备状态信号时，自动识别设备和测点，保证点检作业准确和高效地执行，有效避免人为因素的影响，并在 PMS 软件的控制下，完成企业关键设备全运行周期的状态监测与管理。其结构组成如下：

1）PMS 系统数据库服务器

通过公司 Intranet 网安装在信息中心并安装 PMS 系统软件，建立主要转动设备状态监测系统数据库。监测人员通过监测分站计算机登陆该服务器 PMS 系统，根据装置状态监测需求，自行下达监测计划后去现场按计划采集数据，并将数据及时上传到 PMS 系统数据库服务器。

2）装置现场 PMS 监测工作站

由装置设备管理部门接入公司局域网的电脑担任，通过该电脑上网进入本单位"主要转动设备状态监测及信息管理系统"以及 PMS 监测系统，下达监测计划，现场采集数据后上传至系统数据库服务器。

3）现场监测设备电子标签

每一台监测设备都有一个电子标签安装在监测设备附近，监测人员进行状态监测时，将手持监测仪器与现场电子标签对接一下，监测仪器上就显示该设备的位号、名称、监测日期等信息以及需要监测的测点（号），监测人员按测点进行数据采集，采集的数据会自动保存在仪器中，待监测工作完成后再上传至系统数据库服务器。

其系统网络结构如图 2 所示。

3　设备状态监测的智能化发展

3.1　大型转动设备–驱动电机的智能化监测

炼油化工装置有些大型转动设备，由于种种原因未配备在线实时监测系统。这些设备的工艺位置重要性和设备大型化不亚于关键机组，如果这些设备采用在线状态监测，需要重新配置仪表实时在线监测系统，这样投资将会非常巨大。对这些设备可采用基于模型的在线智能诊断监测技术，实行智能监测。

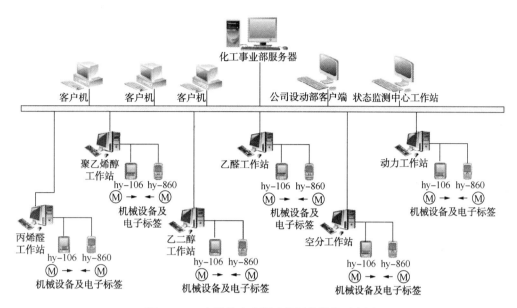

图2　PMS 离线状态监测系统网络结构示意图

以某公司 PCM/MCM 在线智能监测诊断系统为例，该系统应用先进的基于模型的检测诊断方法，只通过采集三相电动机电压和电流数据就能够监测和诊断电机、连接的机器、被驱动的泵或风机以及过程和负荷的故障和问题，覆盖各种电气和机械故障，是一个自学习建模、自适应多种工况、自动发现和诊断故障、不依赖专家的智能状态监测和预测维修系统。其系统结构组成如下：

（1）监测系统包括：电压互感器和电流互感器(已具备)，PCM 和 MCM 监测器，监测计算机和 MCMSCADA 软件等。

（2）PCM 和 MCM 监测器安装在电控室，分别安装在每个电动机控制柜，或者所有 PCM/MCM 集中安装在两个监测柜。

（3）各 PCM/MCM 模块通过 RS485 工业现场总线实现通讯，用 RS485-以太网转换器连接到局域网和远程监测计算机。

（4）监测计算机安装 MCMSCADA 软件，用于监测和分析设备故障，并可以在局域和广域网络上远程监测和诊断。

其系统结构组成如图3所示。

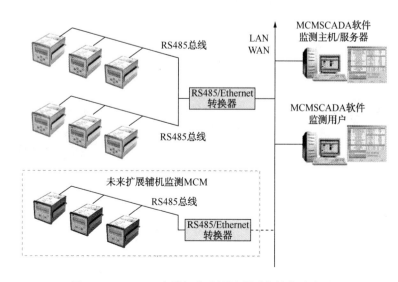

图3　PCM/MCM 在线智能监测诊断系统结构示意图

3.2　机泵群智能化监测

炼油化工装置还有大量的机泵设备存在于复杂的工艺流程中，由于数量多，故障频发，直接影响生产装置稳定运行。对这些机泵设备状态监测，如采用离线状态监测方式，投入人力相当巨大，又由于人为因素和监测的不连续性，使许多故障未及时捕捉到；如采用在线状态监测方式，不但投资巨大，还使现场布线凌乱复杂。好在这些机泵设备往往采用区域性布置而形成机泵群区，因此可以应用无线连续智能监测技术，对机泵群进行智能化监测。

以某公司机泵群智能化监测系统为例，该系统采用飞机的"黑匣子"技术＋智能巡检手机技术，"黑匣子"直接安装在机泵设备上，对机泵设备进行24h连续监测，并将监测数据按规定的时间周期保存在数据库中，操作人员按规定时间对设备进行现场巡检时，手持智能巡检手机在接近"黑匣子"时，利用无线通信技术，下载周期监测数据，巡检结束后将数据上传至工厂设备状态监测系统或互联网云服务系统。

其结构组成如下：

（1）具有精密监测功能的蘑盒　该产品外形状如蘑菇，内部集成了振动监测传感器、数据处理和无线通信等模块，可根据需要灵活设置监测数据储存周期，直接安装在设备上对设备进行周期性连续精密监测。

（2）智能巡检手机　在民用智能手机的基础上，开发并安装智能巡检管理、状态监测故障诊断等APP软件，既能完成振动、温度测量数据的下载和上传，也能配合完成工艺数据抄表录入，不但使现场巡检工作简单高效，还能对数据进行分析诊断。

（3）工厂设备状态监测管理系统平台和互联网云服务平台　具有大数据处理储存功能，集中储存所有需要的数据和信息，建立设备管理档案，各级管理人员和领导都可以用个人电脑和智能手机，登录查阅。同时，利用大数据挖掘技术，提取设备故障特征数据和正常运行特征，进行智能化精准分析诊断设备技术状态。其系统网络结构如图4所示。

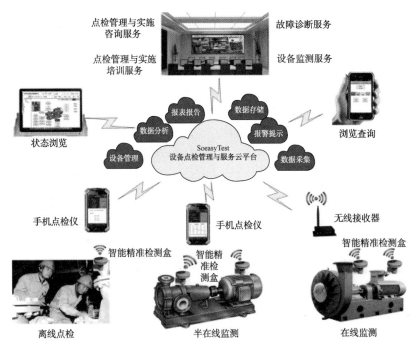

图4　机泵群智能监测网络结构示意图

4　利用互联网云技术，实现智能工厂应用

4.1　建立智能工厂管理系统平台及其互联网云服务平台

开发建立智能工厂设备管理系统平台，该系统首先是整个智能工厂管理信息系统的子系统，包括设备巡检、状态监测、故障检修、设备维护、设备润滑等管理模块，并利用互联网云技术，建立互联网云服务平台，在智能状态

监测的基础上，重点开发智能手机无线通信 APP 应用软件，实现智能工厂应用。

4.2　大型透平机组智能化

给大型透平机组配置一个智能化显示器，代替现场显示仪表，将机器运行所需的技术状态参数直接接入该显示器，并设计配置一些状态监测、工艺操作等智能化应用软件后，成为一个智能化系统，具有如下功能：

（1）信息储存、传输、显示　不但可以储存设备设计技术性能以及工厂设计选材、制造、组装（配）、验收等基础资料，而且可以储存设备运行工艺参数、机械状态参数以及辅助系统参数等，另外还有启停操作、日常运行维护、设备故障检修、设备润滑等信息。这些信息可以使用有线或无线方式传输到中央控制室或者云服务器上，通过中央控制室 DCS 显示，或使用个人电脑或手机登录云服务器查询。

（2）状态监测和故障报警　自动采集设备运行工艺参数、机械状态参数等，24h 对设备进行状态监测和诊断，并在出现异常或故障时自动报警。

（3）工艺操作及自动控制　可以直接在显示器上进行手动开、停机操作和流量、负荷调节，也可以按要求设置成自动状态，对设备运行进行自动控制。

4.3　电机-机泵设备智能化

给电机-机泵设备安一个"脑袋"，该"脑袋"集上述机泵群智能化监测和电机智能化监测所有功能为一体，与电机现场开关柜组合成一个数字化智能开关柜，并将机泵群智能监测和电机智能监测的数据通过有线或无线方式一并接入，使该智能开关柜不但可以储存电机-机泵设备工艺、机械、电气等所有运行状态信息以及设备性能等基础信息，还可以对设备进行状态监测和智能诊断，并在出现异常或故障时自动报警。

该智能开关柜还具有无线传输功能，可以将信息传送到互联网云上，所有安装相关应用软件的智能化电子设备均可登录查询。

4.4　巡检智能化

可以研究开发比上述机泵群监测手机功能配置更加强大的智能巡检手机，该手机不但可以录音、录像、照明、对话、书写、远距红外测温等，还具有无线传输信息自动录入和 GPS 定位功能，现场巡检人员只要在巡检时打开透平机组智能显示器和电机-机泵设备智能开关柜的屏幕，用手机扫描一下，就可完成数据抄表自动录入，这样就可避免手动抄表的人为因素，既保证巡检质量和频率，又能提高巡检工作效率。同时，手机中的巡检数据，在巡检结束后，通过有线或无线方式，上传至智能工厂管理系统平台及其互联网云服务平台；各级管理人员或相关领导，可以利用个人电脑或手机，登录系统查阅有关巡检情况，及时了解装置运行情况以及巡检人员巡检情况。

当巡检时发现异常或故障时，巡检人员还可以用巡检手机进行录音、录像等，并在手机屏幕上输入有关文字信息说明有关情况后，上传至企业工厂或装置有关故障管理信息系统。专业管理人员看到该信息后，立即到现场进一步了解情况，并利用智能化状态监测技术，分析诊断故障原因，提出处理决策和检修技术方案，报上级管理部门或相关领导审批。

4.5　故障检修智能化

实现故障检修智能化，系统只要做到以下两点即可，其他内容可根据需要开发增加，简述如下：

（1）在智能工厂管理系统平台及其互联网云服务平台上，储存着每一台设备的档案基础信息，以及设计制造、检修方法等所需信息，检修单位检修人员在接到检修委托指令后，用智能手机登录即可查阅故障设备情况及检修方案、检修检查测量要求、解体拆卸步骤等信息，下载有关装配图及装配测量数据表等，按要求实施检修。

（2）检修人员在检修过程中可用智能手机记录整个检修过程及关键节点，并将记录的信息及时上传至智能工厂管理系统平台及其互联网云服务平台。

5　结语

设备状态监测技术是基于计算机、网络、通信技术的发展而不断更新完善并全面推广应用的，随着物联网、云计算、大数据、移动通信等新一代信息技术的发展，其与互联网云技术的有效结合，必将一起携手进入智能化工厂新时代。

常减压装置稳定塔顶板片式空冷器开裂泄漏失效分析

张振强

（中国石化青岛炼油化工有限责任公司，山东青岛　266500）

摘　要　本文通过对某炼化企业常减压装置轻烃回收系统稳定塔顶板片式湿式空冷器板片焊缝发现裂纹故障，导致高浓度 H_2S 有毒介质泄漏，设备失效停用，影响装置生产波动的事故，对损坏换热器板片进行包括使用环境工艺条件分析、宏观检查分析、化学成分分析、金相组织分析等多种手段来分析查找设备故障失效的原因，得出设备损坏泄漏失效机理，采取有效的整改和防范措施，来达到设备完好性和装置长周期运行的目的。

关键词　常减压；空冷器；板片；腐蚀

1　设备运行环境状况概述

某炼化企业 1200 万吨/年常减压蒸馏装置为提高装置的经济效益，改善产品质量，多回收原油中的轻烃组分，特改造增设轻烃回收系统，回收常顶气中的轻烃组分。常顶气经压缩后与石脑油混合换热后进入稳定塔进行分馏，塔顶物料为液化气和少量干气，硫化氢含量很高，其中主要换热设备稳定塔顶空冷器为板式湿空冷器，换热效率高，2016 年改造后投用，设备制造厂为上海某换热器制造公司，板片材质为 2205 双相不锈钢。运行一年时间左右于 2017 年发现有板片出现裂纹发生泄漏，由于物料属于可燃介质，燃爆危险性大，同时含高浓度硫化氢，安全风险很高。为了找出板片开裂原因，对腐蚀开裂进行了失效分析，提出了防护技术措施，以避免空冷器再次发生腐蚀泄漏，保障装置的安全稳定运行。

2　板片式空冷器失效情况

2.1　工艺操作条件

空冷器内部介质为液化气，操作压力为 1MPa，设计压力为 1.72MPa，板片侧操作温度（进/出）为 64℃/40℃，设计温度为 200℃。介质中 H_2S 的体积分数为 0.11%~0.65%，稳定塔顶污水的 pH 值为 5.97~6.21，氯离子含量为 1.46~6.01mg/L。稳定塔系统流程如图 1 所示，其中泄漏空冷器工艺位号为 1101-A-201AB。

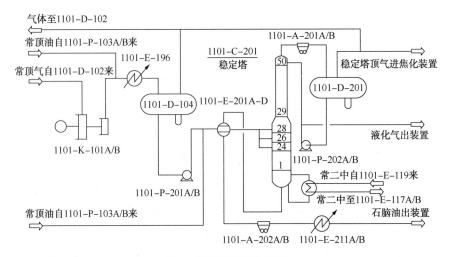

图 1　稳定塔系统流程图

2.2　设备现场泄漏情况

空冷器外喷软化水，密闭循环使用，空冷器在靠近物料入口部位的板片出现裂纹，裂纹出现在板片边缘电阻焊焊缝的内侧部位（现场泄漏情况见图2），裂纹长约19mm（见图3），板束内基本没有垢物，板片没有明显的腐蚀减薄，进出料管线腐蚀减薄很轻。

图2　设备现场泄漏情况

图3　空冷器板片裂纹

3　空冷器板片失效泄漏原因分析

空冷器泄漏发生后，设备管理人员将故障空冷器切除更换新设备以保障生产平稳运行，对拆卸后的故障空冷器板片进行损坏失效性分析，从现场使用环境状况、裂纹宏观检查分析、板片化学成分分析、显微镜下的金相组织观察分析等几方面来查找设备失效故障原因。

3.1　宏观检查分析

腐蚀开裂发生在板片冲压变形转角部位，也是电阻焊焊接的边缘部位。板片取样剖开后检查板片主体部分没有明显的腐蚀减薄，裂纹沿板厚度发展方向与板片成72°角发展，没有明显的宏观塑性变形。板片裂纹宏观形貌如图4所示。

3.2　化学成分及断口分析

根据 GB/T 11170—2008《不锈钢多元素含

图4　板片裂纹宏观形貌

量的测定》对该试样进行化学成分分析，分析结果表明材料化学成分满足双相钢 2205 材质的标准要求。对裂纹断口取样进行腐蚀坑形貌电子显微观察和 EDX（能量色散 X 射线光谱仪）检测分析，图5为断口电子显微照片和 EDX 分析结果，可以看出断口上有韧窝空洞存在，微区成分表明硫含量高达 3.5%（见表1），表明有硫化物腐蚀产物。从断口及正常部位的微观形貌分析可以确认断裂是由两板片内表面贴合处的腐蚀引起，并在应力的作用下发生的。

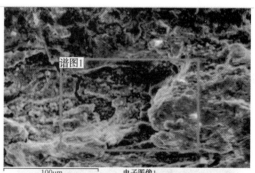

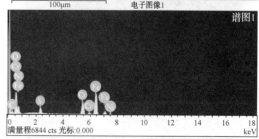

图5　断口电子显微形貌和 EDX 分析结果

表1　断口化学成分元素分布表

元素	C	O	S	Cr	Fe	Ni
质量百分比	6.13	23.85	3.50	17.19	45.99	3.34
原子百分比	15.37	44.88	3.29	9.96	24.80	1.71

3.3 金相组织分析

采用金相显微镜进行金相组织观察和分析，显微照片见图6和图7所示，从图6可以看出，焊接热影响区很小（0.12mm左右），裂纹起源于焊缝板束内部，沿焊缝长度和母材厚度方向发展，有二次裂纹。由图7可以看出，母材组织细小致密，组织为铁素体加奥氏体，焊缝区晶粒组织比母材粗。由图8焊接区的金相组织可以看出，焊接接头金相组织以铁素体为主，奥氏体含量少于30%。硬度检测局部高于HRC30，说明有脆性相析出。

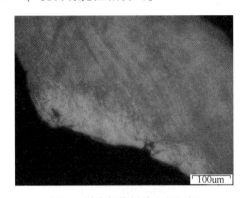

图6　裂纹部位板片金相组织

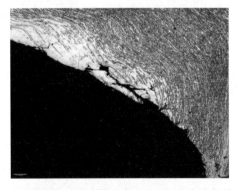

图7　焊接接头和母材的金相组织（左上方为焊接区）

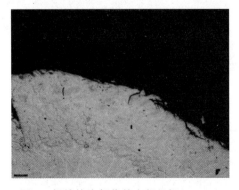

图8　焊接接头部位的金相组织（1000×）

依据 GB/T 13298—2015《金属显微组织检验方法》的规定，对应的金相组织结果表明母材组织中铁素体和奥氏体两相比例满足要求，但焊缝组织中铁素体含量过高，一般要求铁素体含量不超过70%，实际铁素体含量超过85%以上。对照图9中失效件分析取样位置示意图中选取2点进行板片各部位金相分析，得出分析数据见表2。

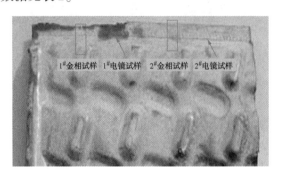

图9　失效件分析取样位置

表2　检验部位及金相组织成分比例表

样品编号及检验部位		金相组织
1#	氩弧焊焊缝	13.88%奥氏体+86.12%铁素体
	电阻焊焊缝	4.94%奥氏体+95.06%铁素体
	母材	44.85%奥氏体+55.15%铁素体
2#	氩弧焊焊缝	14.64%奥氏体+85.36%铁素体
	电阻焊焊缝	6.72%奥氏体+93.28%铁素体
	母材	47.38%奥氏体+52.62%铁素体

3.4 检验结果

材料化学成分满足标准要求；金属由奥氏体和铁素体两相组成，母材组织两相比例正常，焊缝组织中铁素体含量严重偏高；在板片的断裂部位及未断裂部位均在两板片贴合处观察到明显腐蚀，在断口表面同时存在解理断裂的特征和腐蚀的特征；操作介质中存在较高含量的氯离子和硫化物。

4　故障失效结论

稳定塔顶板式空冷器管程物料中硫化氢含量很高，稳定塔顶气中腐蚀性杂质主要是硫化氢和二氧化碳，氯含量很少，通过能量色散X射线光谱仪分析硫含量达到3.5%，硫化氢腐蚀是主要因素。

4.1　湿硫化氢环境下的氢致开裂

硫化氢分压达到0.016MPa以上，对材料存在均匀腐蚀和硫化氢环境氢致开裂和应力腐蚀开裂风险，2205材质的板片材料耐硫化氢环境下的均匀腐蚀和应力腐蚀性能较好，但根据NACE标准中关于腐蚀性石油炼制环境中抗硫化物应力开裂材料的选择要求，2205用于炼油工业湿硫化氢环境，硬度不应超过HRC28，稳定塔顶板式换热器焊接接头区域局部硬度已超过此值，导致局部湿硫化氢环境氢致开裂和应力腐蚀敏感性增加。

4.2 多种应力联合作用下的裂纹

根据综合检测结果来看，裂纹形成的诱发原因为在两板片贴合处板片表面发生腐蚀，板片上边缘部位因为结构不连续和焊缝处金属组织不连续成为应力集中区，腐蚀形成的缺口在温差应力、板束内外压差应力、板片压制形成和电阻焊的残余应力等联合应力作用下腐蚀开裂，断裂机理为解理断裂。但应力释放后裂纹并没有穿透板片，在设备运行过程中，由于板片内外压差波动产生的循环应力，裂纹不断开合，并同时在裂纹尖端发生腐蚀，形成由腐蚀后的晶面组成的条带状的结构，直至裂纹贯穿板片。

4.3 垢下腐蚀和缝隙腐蚀原因

在两板片贴合处表面以及电阻焊焊缝开裂部位，由于结构原因，腐蚀产生的腐蚀产物以及原料中的杂质等容易在两板片电阻焊贴合处形成的窄间隙中沉积，并且腐蚀产物中含有较多的氯和硫元素，说明操作介质中的氯离子和

硫化物含量较高，进而形成了垢下腐蚀和缝隙腐蚀条件，促进了裂纹的扩展以及腐蚀的发生。

5 预防措施及建议

通过对稳定塔顶空冷器板片失效原因分析，找出了板片的开裂原因，为了更好地做好板式空冷器的防腐蚀工作，保障装置的安全运行，在下一步的工作中要做好以下几点：

（1）新采购板片式换热器要严格控制板片的电阻焊工艺，维持板片材料的奥氏体与铁素体的相比例为30%～70%；

（2）装置运行中保持工艺参数的操作平稳，防止操作温度、操作压力和负荷等的过快、大幅度波动，防止装置超温、超压、超负荷生产，引起设备焊缝应力集中部位发生过大变形甚至产生裂纹；

（3）日常工作中做好软化水的化验分析，保证腐蚀性杂质含量不超过工艺指标，减少介质中的氯离子和硫化物组分含量，以减缓腐蚀进程。

参 考 文 献

1 SH/T 3096—2001 加工高硫原油重点装置主要设备设计选材导则
2 NB/T 47007—2010 空冷式换热器
3 NB/T 47004—2009 板式换热器
4 GB/T 13298—2015 金属显微组织检验方法
5 GB/T 11170—2008 不锈钢多元素含量的测定

催化裂化装置烟机动、静叶片的失效分析

安绍沛

（中国石化天津分公司，天津　300271）

摘　要　本文对某石化公司催化裂化装置烟气轮机的动、静叶片失效原因进行分析，运用了材料金相分析、成分分析、硬度分析、断口形貌分析和光电子能谱分析等多种分析手段，对失效的动静叶片按照标准比对分析和排除，最终确定了动静叶片的失效原因。

关键词　烟机；动静叶片；断裂失效；分析手段

1　故障现象描述

2015年2月6日8点32分，某石化公司催化装置主风机组烟机（机2001/4）振动探头y12-2突然发生波动，波动超过报警值（60μm）。8点45分烟机轴位移突然变化并超过联锁值（0.5mm），机组联锁停机。

监控数据显示，8点32分至8点45分期间，烟机轴承有异常的振动。由烟机轴承的轴心轨迹图可以发现，烟机2个轴瓦处的转子轴心轨迹都有明显的尖角，测点频谱图有很多高频成分说明烟机的动静部件发生了碰磨（导致动叶片叶根处磨损的原因）。

此次烟机故障的损坏情况（见图1和图2）如下：

图1　动叶片损坏情况

（1）烟机转子上73片动叶片自叶根部断裂，轮盘榫槽进气方向上径向及轴向上均有蹭磨。

（2）烟机部分静叶破碎。

（3）烟机与轴流风机联轴器外罩撑破，联轴器法兰孔变形、联轴器膜片撕裂、螺栓断裂。

图2　静叶片损坏情况

（4）烟机围带上与动叶片配合部分被打断。

2　动叶片的失效分析

此次失效故障中，动叶片的损坏情况最为严重，烟机转子上有73片动叶片自叶片根部发生断裂，且动叶片的榫槽处有异常的磨损情况，最大磨损处有11mm深，磨痕清晰。因此，我们首先对动叶片的失效进行检测分析。

2.1　催化剂颗粒引起的磨损分析

根据三旋出口细粉粒度数据分析，各组数据接近，0~20μm筛分为99%以上，说明再生器一、二级旋分器效率在接受范围内，三旋效率处于正常水平。综合以上分析，本次故障原因不是由于催化剂颗粒造成。

2.2　动叶片的金相分析

图3为动叶片根部横截面部位金相照片，均未发现动叶片中的晶粒尺度大小有异常，晶粒尺度大小均匀，分布在40~200μm范围内，符合《烟气轮机技术条件》（HG/T 3650—2012）中的要求。由图6中发现，动叶片中

晶界有碳化物析出，晶界及晶内均发现有少量析出相 TiN。按照《烟气轮机技术条件》（HG/T 3650—2012）中要求，晶界不允许有连续的封闭析出相，晶界附近不允许有针状析出相。动叶片的金相分析结果符合标准的要求，未发现异常。

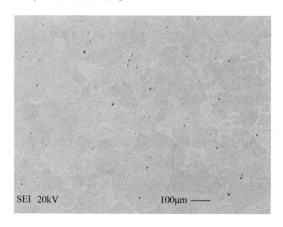

图 3　动叶片金相显微组织照片

2.3　动叶片的硬度测试

选取了动叶片叶根磨损处的部位，进行硬度测试，靠近动叶片叶根磨损部位硬度略微偏高。整体硬度测试结果符合《烟气轮机技术条件》（HG/T 3650—2012）附录 B 中规定 GH 864 的硬度范围为 298~390HBS，未发现异常。

具体硬度值测试结果如图 4 所示。

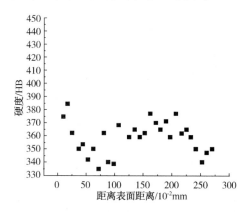

图 4　动叶片叶根部位从叶根
表面到叶根心部的硬度分布

2.4　动叶片的成分分析

动叶片的成分分析结果如表 1 所示，符合标准要求，未发现异常。

表 1　动叶片的成分分析结果

元素	测试点 1	测试点 2	测试点 3	《烟气轮机技术条件》（HG/T 3650—2012）附录 B 中规定 GH864 的标准范围
Si	未检出	0.2	未检出	≤0.15
Al K	1.1	1.1	0.9	1.20~1.60
Ti K	3	3	3.2	2.75~3.25
Cr K	19.3	19.4	19.4	18.00~21.00
Fe K	0.6	0.5	0.5	≤2.0
Co K	13.8	13.7	13.7	12.00~15.00
Ni K	58.2	57.9	58.1	余量
Mo L	3.9	4.1	4	3.50~5.00

2.5　动叶片断口分析

动叶片的宏观形貌表明，各个动叶片的起裂源都位于相同的位置，且无疲劳特征，为一次性断裂，由动叶片承受过载所致。

动叶片的高倍微观组织形貌有沿晶断裂特征明显，部分存在韧窝特征，断口有夹杂物存在，如图 5 所示。整体表现为一次性断裂特征，未发现有疲劳特征。

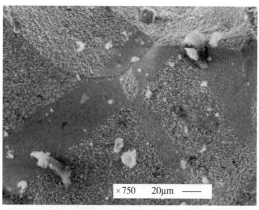

图 5　动叶片断口形貌

2.6　动叶片榫槽部位磨损原因分析

通过对动叶片断口分析，动叶片的断裂是由过载造成的一次性断裂。通过对动叶片进行金相分析及成分分析，未发现动叶片材料有异常。在烟机的结构设计也未发生变化的情况下，不应该出现过载现象。从本次故障的损坏情况发现，动叶片榫槽部位有明显的磨损，磨损部位最大磨损量为 11mm 左右。由于摩损导致动叶片的承载面积减小，动叶片所承载的强度提高，最终导致动叶片过载而发生一次性断裂。导致烟机动叶片部位磨损的情况可能有两种，一种是催化剂颗粒长时间对叶片榫槽部位有冲刷造成；另一种是有异物造成。通过之前分析，基本排除由催化剂颗粒对动叶片冲刷造成动叶片榫槽处磨损的可能。为找出与动叶片摩擦的摩擦件，重点分析了磨损部位的成分。结果发现：Fe 含量异常，偏高。分析原因：磨损部位 Fe 的引入有两种可能，一种可能是由于催化剂带入；另一种可能是由于与动叶片摩擦的部件摩擦后残留在动叶片。

2.7　动叶片磨损处的成分分析(XPS)

为了进一步确定磨损动叶根部的是静叶还是螺栓，XPS 试验重点测试了 W、V、Ti、Si、Ni、Mo、Mn、Mg、Cu、Cr、Co、B、Al、O 这些元素。动叶片根部摩擦部位的 XPS 结果显示，动叶根部磨损表面不残留 V 元素，因为 V 只存在于螺栓中，所以确定磨损动叶根部的不是螺栓；动叶根部磨损部位表面残留有 W 元素，因为 W 只存在于静叶中，所以进一步确定磨损动叶根部的是静叶片断裂部件。

2.8　动、静叶片及螺栓的硬度测试

分别对动叶片、静叶片和螺栓进行硬度测试。其中动叶片的室温硬度平均值为 364.96HB，符合《烟气轮机技术条件》附录 B 中规定 GH864 的室温硬度范围为 298~390HBS 的要求。《中国航空材料手册》铸造高温合金中规定 K213 的室温平均硬度为 325HBS，某石化公司测得的静叶 K213 的室温平均硬度为 369.2HB，外委专业厂家测得的静叶 K213 的室温硬度为 433.92HB。螺栓的室温硬度的平均值为 320.21HB，符合《烟气轮机技术条件》附录 L 中规定 GH2132 的室温硬度范围为 269~341HBS 的要求。

通过对动叶片磨损处的成分分析以及动叶片、静叶片和螺栓的室温、高温硬度的测试分析，可以推出动叶片根部的磨损是由于静叶片断裂脱落，从而与动叶片摩擦所致。

3　静叶片的失效分析

3.1　静叶片的金相分析

通过对静叶片进行金相观察，发现静叶片由奥氏体、γ' 相、灰色块状碳化物 TiC 以及白色的 M_3B_2 相组成。如图 6 所示，静叶片中有明显的铸造缺陷，大量的铸造缺陷导致材料的力学性能显著下降。在图 7 中，发现有大量、连续的白色 M_3B_2 相在晶界析出。少量的 M_3B_2 相在晶界析出可以起到强化晶界的作用，而大量连续的 M_3B_2 相在晶界析出，导致位错大量塞积在晶界附近，产生很大的应力集中，裂纹容易在晶界处萌生。

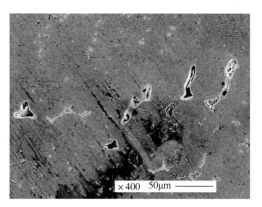

×400　50μm ─────

图 6　静叶片中的铸造缺陷

×300　50μm ─────

图 7　晶界处有连续的白色相析以及碳化物析出

3.2　静叶片的成分分析(ICP)

表 2 为静叶片的成分分析结果(ICP)，试验测得的静叶片 K213 中各元素含量均在《烟气轮机技术条件》(HG/T 3650—2012)附录 D 中规

定的 K213 铸造高温合金标准范围之内。

表 2　静叶 K213 元素分析测试结果

	Cr	Mn	Ti	Ni	Al	Fe	W
国家有色金属及电子材料分析测试中心测试结果	15.1	0.019	3.38	36.6	1.5	—	6.18
	C	S	P	Si	B	Mo	Co
	0.1	0.0051	<0.005	0.18	0.059	0.08	<0.01
《烟气轮机技术条件》（HG/T 3650—2012）附录 D 中规定 K213 铸造高温合金标准范围	Cr	Mn	Ti	Ni	Al	Fe	W
	14.00~16.00	≤0.50	3.00~4.00	34.00~38.00	1.50~2.00	余量	4.00~7.00
	C	S	P	Si	B	Mo	Co
	≤0.10	≤0.015	≤0.015	≤0.50	0.05~0.10	未要求	未要求

3.3　静叶片 K213 的室温拉伸

　　静叶 K213 的室温拉伸曲线如图 8 所示。室温拉伸试验得到的静叶 K213 的室温抗拉强度为 924.84MPa，屈服强度为 920.25MPa。

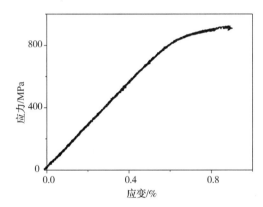

图 8　静叶 K213 的室温拉伸图

3.4　静叶片 K213 的高温拉伸

　　对静叶 K213 横向和纵向切样，并在 700℃下进行高温拉伸试验。其中静叶 K213 的横向高温拉伸曲线如图 9 所示，抗拉强度为 841MPa，应变为 2.05%。静叶 K213 纵向高温拉伸曲线如

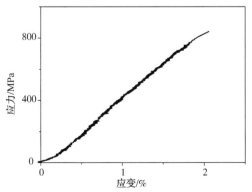

图 9　静叶 K213 的横向高温拉伸的应变-应力曲线

图 10 所示，抗拉强度为 830MPa，应变为 2.18%。

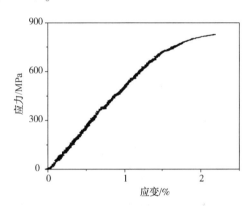

图 10　静叶 K213 的纵向高温拉伸的应变-应力曲线

　　由某石化公司烟机使用车间给出的烟机故障过程报告可得知静叶在高温下的使用时间肯定超过 2000h，按标准其抗拉强度应该大于 1000MPa，但实际测得的抗拉强度为 830MPa 左右，低于 1000MPa，故静叶长时间服役之后其拉伸性能低于《中国航空材料手册》所要求的标准。

3.5　静叶片的断口分析

3.5.1　静叶片断口的宏观分析

　　通过对静叶片断口的宏观形貌进行观察，可将静叶片断口分为三种类型：①断裂位置与叶片根部平行；②静叶片的进气端或中部的断裂位置与叶片根部平行，静叶片中部或静叶出气端的断裂位置与叶片根部约成 45°角；③静叶片出气端边缘部分断裂。第一种类型的断口（2 号静叶片）相对比较平直，最有可能是先断裂。2 号静叶片断口无疲劳特征，无金属光泽，无明显的宏观塑形变形。2 号静叶片断口的进气

端与中部的边缘部位相对平直，中间部位高低不平；静叶片的出气端断面高低不平，有磨损痕迹。初步判定 2 号静叶片断口由叶片的进气端及中部的表面起裂，向内部扩展。第二种类型的断口（11 号、35 号、37 号、38 号）与第一种情况类似，先由叶片进气端和中部起裂，然后向出气端扩展。第三种类型断口其断面高低不平，无明显的塑形变形，无疲劳特征，该断口极大可能为其他断裂件打在叶片边缘造成的断裂。

3.5.2 静叶片断口的微观分析

通过对静叶片 2 号断口进行微观形貌观察，其断裂特征以沿树枝晶断裂为主，无疲劳特征，有韧窝、氧化特征及二次裂纹，为典型的高温材料脆性断裂特征，如图 11 所示。

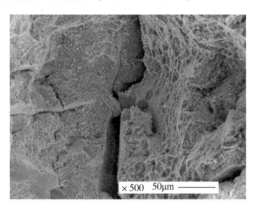

图 11　2 号静叶片的微观形貌

4　烟机动静叶片分析结论及失效原因

4.1　分析结论

（1）动叶片金相组织无异常大晶粒，在晶界处无连续析出相，符合标准 HG/T 3650 中的要求；室温硬度符合准 HG/T 3650 中的要求；

动叶片断口特征为沿晶特征，无疲劳特征，为一次性断裂。

（2）动叶片根部磨损不是由催化剂颗粒冲刷造成；通过对动叶片磨损处进行成分分析以及对动叶片、静叶片及螺栓的室温、高温硬度检测分析，判定与动叶片根部摩擦的异常件为静叶片的断裂件。

（3）静叶片金相组织观察发现有大量的铸造缺陷，在晶界处有连续的白色 M_3B_2 相析出，有连续的黑色碳化物析出，并伴随有微裂纹。

（4）静叶片成分符合 HG/T 3650 标准的要求；

（5）静叶片的断口为沿枝晶断裂，并发现有大量的铸造缺陷；

（6）静叶片服役 6604h 后在 700℃ 下高温拉伸强度为 830MPa 左右，低于《中国航空材料手册》铸造高温合金中给出的 K213 合金经长期时效（2000h）后的 700℃ 的拉伸性能。这是由于静叶片中存在大量的铸造缺陷，晶界处有连续的白色 M_3B_2 相析出以及有连续的黑色碳化物析出造成的。

4.2　失效原因

根据动静叶片的检验分析结论，该烟机使用的静叶片中存在铸造缺陷，在晶界处有连续的白色 M3B2 相析出，有连续的黑色碳化物析出，并伴随有微裂纹。存在铸造缺陷的静叶片经历一定运行时间后，发生静叶断裂脱落，断裂件与动叶片榫齿部位发生严重磨损，导致动叶片承载面积减小，受载强度增大，最终因过载而导致动叶片发生断裂，从而导致烟机失效。

催化裂化装置 YLII-12000B 型烟气轮机叶片断裂原因分析及处理措施

吕红霞

（中国石化沧州分公司，河北沧州　061000）

摘　要　中国石化沧州分公司 120 万吨/年催化裂化装置烟气轮机自 2001 年 10 月投入运行，2015 年 11 月和 2016 年 1 月先后发生了两次动叶片断裂，室内手动紧急停机处理。通过分析判断为多源的外表面接触处引起的多源疲劳断裂。70 天内烟机主备用转子二级动叶片的相继断裂，给烟机的再次稳定运行带来了很大的挑战，通过采取一系列的措施，机组稳定运行到 2017 年 5 月份大检修。

关键词　烟机；动叶片；断裂；失效分析；高速动平衡

烟机组是催化装置中的重要设备，其提供了催化反应过程中所需的主风。其中的主风机是能耗大户，功率达 10195kW，如果全部由电动机提供动力，不仅消耗大量的电力资源，同时也加重了电网负担。烟机可以通过回收烟气中的能量来驱动主风机，甚至剩余能量还可以发电。因此，烟机组的稳定运行是催化装置节约能耗、提高效益的关键之一。该机组自 2001 年投入运行以来，一直运行比较平稳，但在 2015 年 11 月和 2016 年 1 月相继出现了两次二级动叶片断裂，现场手动紧急停机处理。主备用转子在 70 天内同时出问题，给烟机的再次稳定运行带来了很大

的挑战，通过采取一系列的措施，机组稳定运行到 2017 年 5 月份大检修。

1　烟机两次叶片断裂情况简述

两台转子的二级动叶片断裂形式均为叶根根部突然断裂，故障时烟机四点振动值满量程，机组手动紧急停机处理。2015 年 11 月 5 日故障转子为原始安装转子，至断裂时累计运行 89854h。2016 年 1 月 25 日故障转子为备用转子，2003 年 10 月投用，至断裂时累计运行 29184h。

1.1　二级动叶片损坏情况

原装转子二级动叶片损坏情况见图 1，备用转子动叶片损坏情况见图 2。

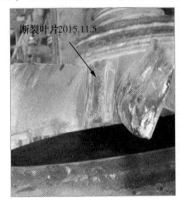
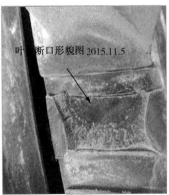

图 1　原装转子断裂叶片

作者简介：吕红霞，女，2003 年毕业于河北科技大学过程装备与控制工程专业、工商管理专业，工学学士、管理学学士，主要从事设备管理工作，高级工程师。

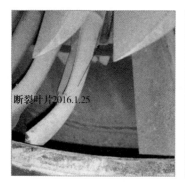

图2　备用转子断裂叶片

2　断裂原因分析

2.1　叶片断裂前工艺参数

叶片断裂前，机组运行工艺参数稳定、振动值和轴瓦温度正常。

2.2　S8000状态监测分析

因两次叶片断裂图谱几乎完全一致，本文以2016年1月25日断裂情况作分析。

2.2.1　振动趋势图

从通频振动趋势图（见图3）可以看出，2016年1月25日5点44分22秒，烟机四点振动值 XIA1401（前轴）、XIA1402（前轴）、XIA1403（后轴）、XIA1404（后轴）从 34.8μm、32.0μm、75.6μm、52.8μm 突增至 274.6μm、178.3μm、286.8μm、178.8μm。

从工频振动趋势图（见图4）可以看出，在机组正常运行时，工频趋势与通频变化趋势基本同步，那么工频就是主要异常振动分量，工频的幅值与相位同时发生变化表明转子的动平衡状态发生了变化，同时突变表明转子发生了机械损伤脱落。

从工频振动趋势图（见图5）可以看出，正常运行时 GAP 电压为 -8.4V、-8.9V、-9.3V、-9.2V，振动突变时未发生变化，现场经外操确认机组振动故障属实后，2016年1月25日5点46分53秒，室内手动停机，此时 GAP 电压为 -8.2V、-8.7V、-9.7V、-9.2V，前轴波动为 0.2V，后轴波动为 0.4V，与振动的变化相符。

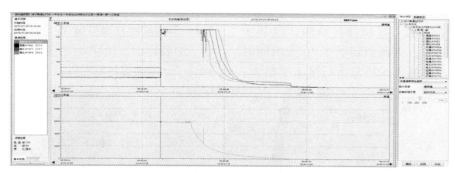

图3　烟机通频振动趋势图

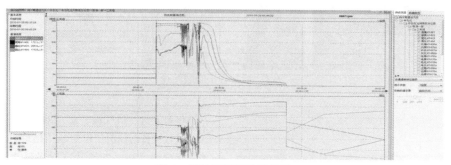

图4　烟机工频振动趋势图

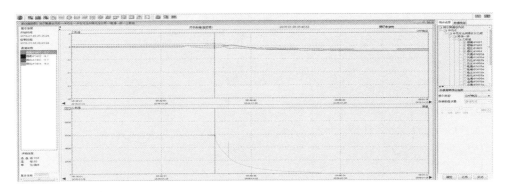

图 5 烟机 GAP 电压趋势图

2.2.2 波形频谱图

从波形频谱图(见图 6 和图 7)上可以看出,振动突变时,前后轴都不同程度地出现了高倍频,说明振动发生后,机组出现了不对中或松动的现象。

2.2.3 轴心轨迹图

从轴心轨迹图(见图 8 和图 9)上可以看出,轴心轨迹从正常的椭圆形变成的带尖角不规则的形状,并且存在反进动,说明振动发生时轴重心位置发生了很大的变化,出现了碰磨的现象。

2.3 断裂叶片委托检测机构分析

2.3.1 断裂叶片的宏观形貌

断裂叶片与榫齿的接触面平缓,断裂叶片断口存在明显的边缘起裂,缓慢扩展成月牙状的扩展区,最后出现一个明显的瞬断区,如图 10 所示。

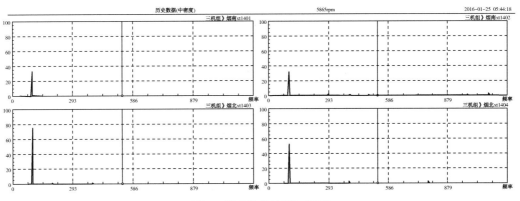

图 6 断叶片前波形频谱图

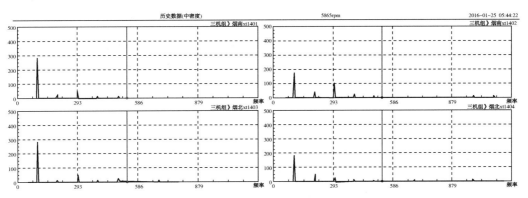

图 7 断叶片时波形频谱图

历史数据(中密度)　　　　　　　　　2016-01-25 05:44:18

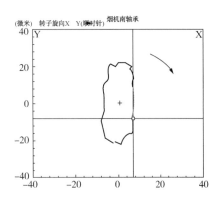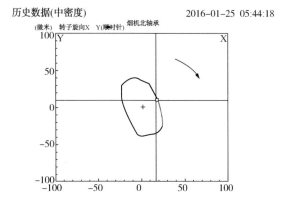

图8　断叶片前轴心轨迹图

历史数据(中密度)　　　　　　　　　2016-01-25 05:44:22

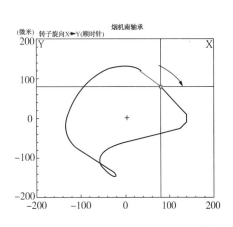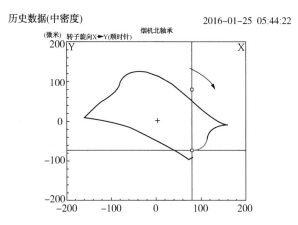

图9　断叶片时轴心轨迹图

图10　断裂叶片宏观形貌

图11　光镜下夹杂物图片

2.3.2　显微组织分析

1）光镜下观察夹杂物

从对不同部位夹杂物的观察分析看，夹杂物水平控制合理，强化相和晶界析出相分布合理，晶粒度控制合理，如图11所示。

2）场发射扫描电镜观察强化相

从叶片截取出的侧面试样，分为上部和底部两部分分别进行观察和拍照。从对强化相的观察可以看出，该动叶片执行的热处理制度为低固溶温度1020℃的标准热处理。强化相和晶界析出相分布合理，如图12所示。

2.3.3　金相组织观察

从晶粒度的组织观察看，晶粒度控制合理，如图13所示。

2.3.4　断口分析

1）裂纹源

从低倍裂纹源部位的观察可以看出，从整个齿面来看，首先开裂的裂纹源并非集中在一处，实际上在与涡轮盘榫齿接触处产生由外向里的多发裂纹源，如图14所示。

2）扩展区、扩展区–瞬断区交界

扩展区、扩展区–瞬断区交界照片如图 15 所示。

从对不同部位断口特征可以看出，该断裂

叶片应该属于典型的接触外表面处，即应力集中部位，先在晶界处出现多源的裂纹源，然后沿着切应力最大方向进行扩展，为多源疲劳断裂方式。

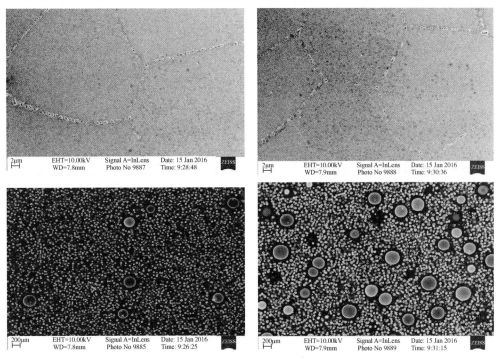

图 12　叶片上部和底部电镜观察图

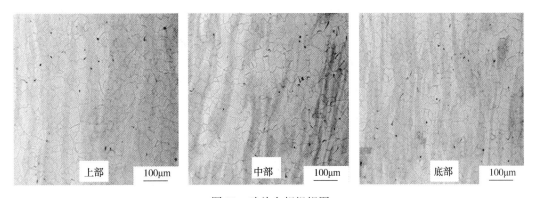

图 13　叶片金相组织图

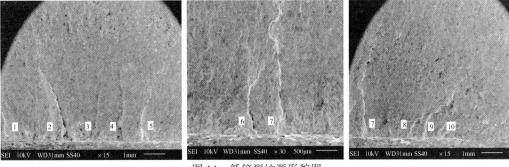

图 14　低倍裂纹源形貌图

SEI 10kV WD31mm SS40 ×500 50μm

(a)扩展区

SEI 10kV WD31mm SS40 ×100 100μm

(b)扩展区瞬断区交界

图15　扩展区、扩展区瞬断区交界照片

2.3.5　结论

　　该断裂叶片夹杂物、晶粒度和强化相等组织均未见异常。断裂属于多源的外表面接触处引起的多源疲劳断裂。

3　烟机组重大故障及检修处理情况

　　烟机检修记录见表1。

表1　烟机检修记录表

检修日期	原装/备用转子	存在主要问题、处理措施及取得的效果
2015年11月5日~15日	原装	一、揭盖检查情况 1. 二级动叶片有一片从根部折断，两个相邻动叶片弯曲，多个动叶片镀层及母材被击伤，7片静叶片被击伤，过渡机壳内部、壳体内部有多处被掉落动叶片打伤的痕迹 2. 一级静叶轮盘螺栓断一根但未掉落，围带上螺栓断2根但未掉落；一级静叶轮盘轻微变形 3. 烟机前轴支撑瓦上瓦有两组瓦块销子脱落，瓦块有磨损痕迹，后轴副推力瓦间隙超标 4. 气封油封磨损 二、处理措施 1. 更换备用转子，旧转子返厂检修(拟更换全部叶片) 2. 受订货时间限制，二级静叶损伤部位打磨成圆角，着色后回装 3. 过渡机壳内部、壳体内部被掉落动叶片打伤的痕迹未做处理 4. 更换围带、一级静叶上所有固定螺栓及双耳止松垫片，垫片与本体及螺母之间点焊处理 5. 一级静叶轮盘用气焊加热调整变形量 6. 更换烟机前轴3组支撑瓦瓦块及支撑块，更换副推力瓦一套，更换后轴支撑瓦两块 7. 更换气封、油封，为防止窜动，密封与本体点焊后打磨处理。 三、运行情况 更换备用转子后机组运行平稳
2016年1月25日~ 2月26日	备用	一、揭盖检查情况 1. 烟机结垢较轻 2. 叶片损坏情况 二级动叶片有一片从根部折断落入出口烟道及水封罐内，紧邻动叶片弯曲，另有8根动叶片被击伤。

续表

检修日期	原装/备用转子	存在主要问题、处理措施及取得的效果
2016 年 1 月 25 日～ 2 月 26 日	备用	在返厂检测过程中发现的主要问题有：型线严重偏离设计、出气端减薄、变形，耐磨层蹦边，榫齿根部减薄，叶片射线探伤有阴影。 3. 机壳变形 　（1）轮盘与排气机壳端面跳动超标（设计要求≯0.08mm），最大偏差量 1.3mm 　（2）二级动叶围带变形，最大变形量 2.7mm 　（3）排气机壳与二级动叶围带止口变形，最大变形量 0.8mm。 　（4）壳体前立键槽、立键间隙超标（要求 0.02～0.04mm），实际最大偏差 0.43mm 　（5）排气机壳四个猫爪都有翘曲变形，东北侧猫爪变形量达 1.2mm 4. 机壳内部多处损伤 5. 烟机轴瓦损坏情况 烟机前轴支撑瓦上瓦有一组瓦块销子弯曲脱落，后轴支撑瓦上瓦 2 组瓦块销子弯曲脱落，主风机轴瓦前后轴瓦检查未发现问题。 6. 气封体梳齿磨损 二、处理措施 1. 清理入口短节、进气锥、静叶及壳体内部催化剂 2. 更换原装转子，两个转子的动叶片组成一套回装 3. 调整立键、横键间隙，调整壳体变形量；二级动叶围带气焊加热整形处理 4. 壳体出口支撑筋板、壳体内部被掉落动叶片打伤的痕迹未做处理 5. 更换烟机前轴 5 组支撑瓦瓦块及支撑块，更换副推力瓦一套 6. 更换气封，为防止窜动，密封与本体点焊后打磨处理。 三、运行情况 2 月 26 日机组先后做 3 次现场动平衡，合闸后烟机组运行正常。3～4 月份，烟机振动值不稳，处于波动状态，因转子叶片为两台转子叶片组合，怀疑振动值突然波动与转子本身机械性能有关，增加现场测振检查，监护运行
2016 年 4 月 5 日～16 日	原装+新叶片	一、停机原因 两套转子叶片组合成的新转子运行不平稳，另外从安全角度为了避免旧叶片再次突发断裂引发机组损坏和装置停工情况的发生。 二、检修及运行情况 1. 更换旧转子+新叶片后，经过现场 4 次动平衡仍不能解决振动波动问题，关闭烟蝶至 27%降负荷监护运行 2. 考虑烟机组联轴器已使用 15 年，使用时间较长，计划采购烟机-主风机联轴器中间节及膜片下次更换 3. 烟机转子计划做高速动平衡的前期准备工作
2016 年 6 月 3 日～10 日	原装	一、停机原因 1. 振动不稳，耗电量高 2. 前两次叶片断裂损伤配件更换，按计划转子做高速动平衡、更换烟机-主风机联轴器中间节及膜片 二、检修情况 1. 更换二级静叶和二级动叶围带 2. 烟机转子做高速动平衡 进行了 6 次高速动平衡试验，最后结果：转速升至 5880r/min，最高振动烈度为 1.15mm/s，通过计算该转子标准值为 1.56mm/s，高速动平衡合格 此次高速动平衡，部分动叶片叶顶打磨去重 3. 更换烟机-主风机联轴器中间节及膜片 三、运行情况 未出现振动值随烟机负荷增大而明显升高趋势，机组运行平稳

4　结论

（1）烟机振动趋势图中工频的幅值与相位同时发生突变，转子发生了叶片断裂，分析报告、图谱、机组揭盖检查情况也验证了两次二级动叶片断裂均属于多源的外表面接触处引起的突发性多源疲劳断裂。

（2）按 HG/T 3650—2012 的要求，转子的设计寿命不小于 10 万小时，其中动叶片设计寿命不小于 24000 小时。烟机转子返厂检修一般情况下做转子低速平衡，转子跳动检测，主轴渗透检测、硬度试验，轮盘金相检测、硬度试验、渗透检测，动叶片射线检测、渗透检测、硬度试验、金相检测、硬度试验。实践证明，在转子达到设计寿命或者超设计工况运行情况下，这些检测不足以保证烟机的平稳安全运行，建议适时增加相共振等技术对叶片进行抽样检测，提高机组运行的可靠性。

（3）烟机转子在特定情况下也会有挠性转子的特征，也需要做高速动平衡。烟机转子为刚性转子，原则上不需要做高速动平衡，但本文中的烟机转子在新旧叶片组合、旧轮盘配新叶片(旧的榫槽与新叶片榫齿配合间隙无法保证一致性)后，在转子做高速动平衡时呈现了挠性转子应有的特性，这一点在启停机波德图上也得到了印证。启停机波德图上在工作转速前出现了临界转速，转子具备了挠性转子的特性，而做完高速动平衡后，转子基本恢复刚性转子的特征。

催化裂化装置三旋出口烟道焊缝开裂失效分析

周伟权

（中国石化上海石油化工股份有限公司炼油部，上海　200540）

摘　要　对催化裂化装置三旋出口烟道出现焊道开裂失效原因进行了分析，认为焊缝开裂主要是热应力载荷作用下焊缝发生脆性开裂，并针对这些问题提出了改进措施和建议，进行了相关处理。

关键词　催化裂化；烟道；热应力；开裂

中国石化上海石油化工股份有限公司 2# 催化裂化装置处理量为 3.5Mt/a，其再生系统采用重叠式两段再生，即第一再生器位于第二再生器之上。一再贫氧操作，二再富氧操作（操作条件较一再苛刻），由于氢在一再内已基本燃烧完全，二再可以在更高温度下将催化剂上的碳完全燃烧，完成催化剂再生。由于二再为富氧再生，含有过剩氧的二再烟气通过分布板进入一再，并与直接进入一再的主风一起对含高碳量的待生催化剂进行烧焦。因此，空气中的氧利用最为合理，同时降低了烧焦主风用量和主风机耗功。催化裂化装置能量回收系统的主要流程如图 1 所示。

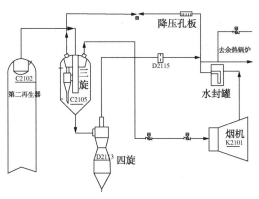

图 1　催化裂化装置能量回收系统流程图

催化裂化装置生成的焦炭约提供整个装置能耗的 70% 以上。降低催化裂化装置能耗的关键在于焦炭能量的利用，其中利用烟气轮机回收再生烟气是能量利用的重要一环。烟机入口烟道长期在高温下工作，对高温产生的应力较为敏感，三旋出口烟道三通处应力尤为集中，

先后两次检修对三旋出口三通处焊缝检测均发现不同程度的裂纹。为查明开裂原因，将三旋出口烟道开裂处取样进行系统分析。

1　现场开裂情况调查

1.1　运行工艺指标

操作规程中对能量回收烟道烟机入口烟道的主要工艺指标见表 1 和表 2。

表 1　烟气组成（体积分数）　　　%

O_2	CO_2	CO	N_2	H_2O
0.4	12	5	71.1	11

表 2　烟机技术参数

参数	设计工况
流量/（Nm^3/min）	6800
入口压力/MPa	0.25
入口温度/℃	650
出口压力/MPa	0.09

1.2　开裂部位及形态

C-2105 三旋出口烟道系 2012 年 11 月投入生产运行，一直正常运行至今。2016 年 8 月装置停车检修，对三旋出口烟气管道焊缝进行检测，发现在三旋出口烟道介于两个膨胀节之间的管道焊缝上存在较多的焊缝裂纹。对裂纹进行打磨清根后补焊修复。这是该装置自投入运

作者简介：周伟权（1984—），男，江西金溪人，2006 年毕业于南京工业大学过程装备与控制工程专业，工学学士，装置副主任，高级工程师，现从事设备运行管理工作。

行以来第一次停车大检修，运行期间未发现有异常情况。烟道材质为 304H，运行介质为催化烟气（CO），烟道内介质温度为 660℃，操作压力为 0.25MPa。

发生开裂部位为三旋出口烟道第一个膨胀节后端三通相关线焊缝及三通与膨胀节焊缝，如图 2 所示。裂纹外观形态表现为沿焊缝周向扩展且并行于焊缝方向，如图 3 所示。

图 2　现场发现焊缝开裂部位

图 3　开裂沿焊缝周向扩展且并行于焊缝方向

2　裂纹原因分析

由于开裂部位较为重要且焊缝开裂范围较大，为找出开裂根源避免故障扩大化，取样送华东理工大学机械研究所分析。

2.1　烟道焊缝材料的化学成分分析

为了确认现场焊缝材料是否与原母材材料匹配，由于现场条件有限，只对焊缝材料进行了材料化学成分分析，结果见表 3。

表 3　烟道材料化学成分分析　　　　　　　　　　　　%

	C	Mn	Si	P	S	Cr	Ni
取样材料	0.068	1.5	0.75	0.026	0.0063	19.89	8.9
304H	0.04~0.1	≤2	≤0.75	≤0.045	≤0.030	18~20	8~10

根据表 3 结果表示，烟道焊缝材料与原设计母材 304H 一致，烟道焊缝化学成分符合标准要求。

2.2　烟道焊缝裂纹宏观形貌分析

从烟道焊缝外表面裂纹来看，裂纹是沿焊缝周向扩展的，且平行于焊缝方向，裂纹特征基本成单线条裂纹，呈曲直扩展特征，并且分布在整个壁厚方向的焊缝上无明显变形，具有脆性开裂特征。烟道焊缝内表面裂纹同外表面基本一致，焊缝本身无明显变形情况存在，如图 4 所示。

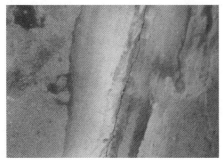

图 4　烟道焊缝内表面宏观形貌

2.3　烟道裂纹断口宏观形貌分析

对烟道焊缝取样分析，烟道焊缝断口宏观形貌照片如图 5 所示，从中可以看出整个断口呈黑褐色，断口已被明显氧化，覆盖一层厚的氧化物，从局部裂纹扩展条纹来分析，裂纹是从接近内壁处扩展的。由此判断烟气管道内壁也存在裂纹，断口明显呈脆性断口特征。

外壁

接近内壁

图 5　烟道焊缝断口宏观形貌照片

2.4　烟道焊缝材料金相分析与裂纹形貌分析

为了检查烟道焊缝材料金相组织有无异常

及观察裂纹在金相中的扩展形貌,对裂纹附近材料进行金相分析,金相分析取样试块如图6所示。

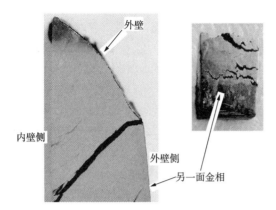

图6　金相取样试块

应用金相显微镜进行检验,烟道焊缝材料金相组织与裂纹扩展形貌照片见图7,从中可以看出材料金相组织主要是以奥氏体+枝状分布的铁素体+基本弥散分布的碳化物+铁素体析出物为基体,裂纹扩展主要沿枝状晶间扩展,呈特定的沿晶扩展特征,同时奥氏体基体大量析出弥散性碳化物,铁素体枝状晶析出针状和块状的析出物(σ相)。

值得一提的是裂纹两侧有较灰浅色狭小区域,明显呈裂纹被氧化的特征。这一特征告诉我们这些裂纹是在高温环境下产生的,因此裂纹具有被氧化特征,从而排除了开停工期间因连多硫酸引起应力腐蚀裂纹产生的可能性。

2.5　烟道焊缝材料冷弯试验测试

由于材料金相组织显示焊缝材料基体中析出大量的碳化物,在铁素体枝状晶上析出较多的针状和块状的析出物(σ相),表明焊缝材料长期在660℃高温环境下运行已呈现出一定的脆性。为了验证焊缝材料的脆性,本次对焊缝试样进行室温下冷弯试验,试验装置采用三点弯试验。

试验结果表明焊缝材料已完全呈现为脆性材料,材料塑性和韧性几乎全部丧失,试验后的试样如图8所示。

从图8可以看出焊缝材料几乎没有任何变形,完全呈脆性断裂特征。图9为样断口宏观形貌,断口显示为焊缝粗大柱状晶断口,整个断口平整,呈典型的脆性材料断口特征。

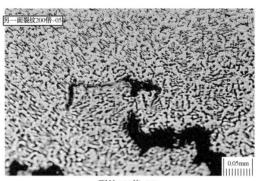

裂纹200倍-05

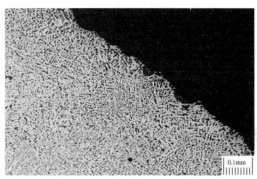

外壁100倍-15

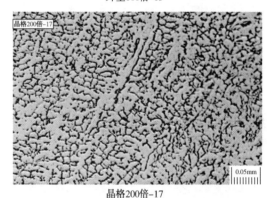

晶格200倍-17

图7　烟道焊缝材料金相组织与裂纹扩展形貌

图8　冷弯后的试样断裂形貌

2.6　焊缝断口微观形貌及金相析出物分析

2.6.1　焊缝断口微观形貌分析

对裂纹断口微观形貌进行分析,如图10所示,从中可以看出裂纹沿柱状晶方向扩展,且主要以沿晶间断裂为主,整个断口有高温氧化

图 9　焊缝材料脆性断口形貌

特征。图 11 所示照片为三点弯室温下弯曲断口形貌，同样沿柱状晶扩展，断口形貌与原裂纹断口形貌一致。这表明本次烟气管道焊缝上的裂纹完全是由焊缝材料脆性造成的，属于受到较大载荷作用下引起的焊缝脆性开裂。

图 10　焊缝裂纹断口微观形貌

图 11　三点弯试样断口微观形貌

对断口进行元素能谱分析，结果如图 12 所示。从断口元素测定来分析，断口主要是高温硫、氧化亚铁和 Cr 的析出物，这充分说明裂纹是在运行过程中产生的。

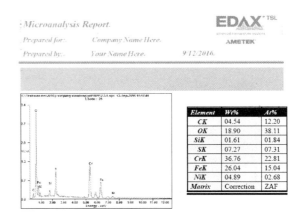

Element	Wt%	At%
CK	04.54	12.20
OK	18.90	38.11
SiK	01.61	01.84
SK	07.27	07.31
CrK	36.76	22.81
FeK	26.04	15.04
NiK	04.89	02.68
Matrix	Correction	ZAF

图 12　焊缝断口元素能谱分析

2.6.2　焊缝材料析出物元素能谱分析

为了判明材料金相组织中针状或块状析出物，对析出物进行元素能谱分析。焊缝材料金相析出物形貌如图 13 所示，从中可以看出在铁素体上分别析出大量的针状或块状析出物。析出物的元素能谱分析见图 14，可以说明焊缝铁素体上析出物为脆性 σ 相，因此焊缝材料表征为脆性材料。

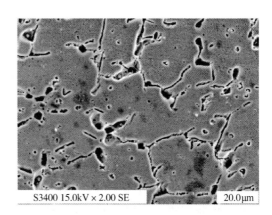

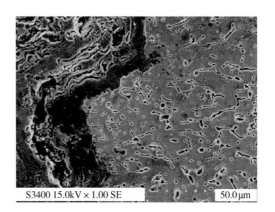

图 13　焊缝材料金相析出物和裂纹两侧氧化形貌

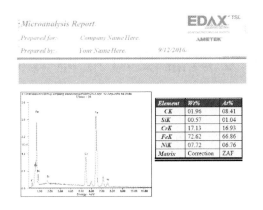

图14　焊缝材料针状和块状析出物元素能谱分析

另外，对裂纹两侧灰色带元素进行能谱分析（见图15），可以判明为高温氧化物，从而进一步证明焊缝裂纹是高温环境下产生的。

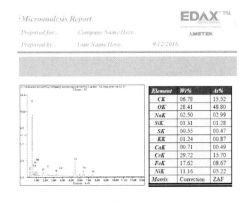

图15　焊缝裂纹两侧"灰色"块状物元素能谱分析

3　结论

综上所述，三旋出口烟道焊缝开裂原因主要是热应力载荷作用下焊缝发生脆性开裂。由于烟气管道焊缝材料（包括母材）长期在660℃高温环境中运行，焊缝材料（无论是母材和焊缝）中大量析出碳化物和脆性 σ 相，造成焊缝材料塑性和韧性大大下降，呈现脆性材料的特征，在局部结构热应力作用下发生焊缝开裂穿透。据国外资料和实验表明，像304H、316、304这类材质长期在600℃左右运行，材料呈现脆性是不可避免的，在600℃以下表征为以碳化物析出为主，超过600℃以上表征为以 σ 相析出为主。

可以通过以下的方法处理裂纹或预防裂纹产生：

（1）尽量降低该处结构热应力载荷作用，委托设计对三旋出口烟道应力重新核算，降低烟道运行区间热应力；

（2）对烟道及膨胀节进行升级，增加烟道材料厚度及膨胀节最小补偿量；

（3）现场焊接施工，严格按照焊接工艺评定要求进行焊缝补焊，选用 TGS-308H 焊丝、E308H-16 焊条，采用 GTAW+SMAW 焊接方法，多层多道焊接，严格控制层间温度 ≤150℃，同时严格控制焊缝熔敷金属中铁素体含量控制在 3%~8%；

（4）开停工期间要尽量缓慢升温，然后再缓慢升压，控制升温升压速度；

（5）消除材料脆性，使之塑性韧性得到恢复，保证装置长周期安全运行。

参　考　文　献

1　沈燕，龚德胜，郑文龙.1#催化三旋出口膨胀节开裂原因分析及防腐蚀措施研究.腐蚀与防护，2003，（3）

催化裂化装置再生器旋风分离器使用寿命分析

吴　恬

（中国石化茂名分公司炼油分部机动处，广东茂名　525000）

摘　要　通过对茂名两套催化裂化装置再生器旋风分离器近20多年来的使用情况进行分析，为日后的检修和更换提供科学依据，挖掘装置的生产潜力，实现装置的长周期运行，延长设备使用寿命，减少非计划停工。

关键词　催化裂化；旋风分离器；使用寿命

旋风分离器（下简称旋分）为催化裂化装置回收催化剂的关键设备，其工作效率的高低，直接影响催化剂的跑损、烟机的安全运行。中石化催化装置非计划停工事件大部分都是因旋分失效引起。

1　茂名2#催化裂化旋分失效分析

2#催化装置1989年建成投产，最初设计处理能力为80万吨/年。2000年扩能和MGD工艺改造，处理能力扩大至100万吨/年。2007年7月装置进行MIP工艺改造，改造后处理能力仍为100万吨/年。再生器操作温度为695℃，设计温度为720℃。1995年装置大修时将再生器旋风分离器改成了高效PV型旋风分离器（服役期6年）。2007年装置MIP改造时，再生器旋风分离器内件全部更换（服役期12年）。二催化再生器旋分材质见表1。

表1　2#催化再生器旋分材质

部位	旋分形式	主体材质	衬里形式
再生器一级旋分	高效PLY型	0Cr18Ni9	20mm厚单层龟甲网（0Cr18Ni9）+高耐磨衬里
再生器二级旋分	高效PLY型	0Cr18Ni9	20mm厚单层龟甲网（0Cr18Ni9）+高耐磨衬里

2004年二催再生器旋分曾出现过一次严重的失效：2004年12月，二催化装置开始大量跑剂，平均每天的跑剂量约为20t，远远高过了原装置每天的平均剂耗3~4t的水平，装置停工抢修发现再生器东北组二级旋分料腿中部的拉筋拉裂母材脱落，脱落口的对面有一约80mm×80mm穿孔；东南组一旋料腿磨穿有一50mm小孔。

再生器旋分选用的材质基本为304不锈钢，奥氏体不锈钢在长期高温环境下使用，其组织上会出现一系列的变化，特别是使脆性明显上升，韧性大幅度下降，这主要由两个因素造成，一是形成碳化物（俗称碳化），二是形成σ相。旋分材质性能下降是此次失效的主要原因。当时再生器旋分已经连续使用近10年，通过对更换下来的再生二级旋分料腿进行金相分析和机械性能试验，发现有较多的碳化物（Cr23C6）沿奥氏体晶界析出，使其强度和塑性下降。料腿材质的抗拉强度由标准低限值550MPa下降至480MPa左右，伸长率由标准低限值40%降至12%。

2　茂名3#催化裂化旋分失效分析

3#催化装置1996年投产，为两段再生、同轴式催化装置。公称规模为120万吨/年，2001年大修扩能改造，处理能力达140万吨/年。一再操作温度为680℃，二再操作温度为720℃。一再设计温度为720℃，二再设计温度为780℃。2009年旋分内件全部更换（服役期13年）。

3#催化两器目前在用的各部位旋分基本情况见表2。

表2　3#催化两器在用的各部位旋分基本情况

部位	旋分形式	主体材质	衬里形式
再生器一级旋分	高效PV型	304	20mm厚单层龟甲网（0Cr18Ni9）+高耐磨衬里

续表

部位	旋分形式	主体材质	衬里形式
再生器二级旋分	高效PV型	2520	20mm 厚单层龟甲网(0Cr18Ni9)+高耐磨衬里

综合往年装置内件检修情况看，三催旋分最严重的故障出现在：2006 年沉降器跑剂、装置停工抢修过程中发现，二再旋分内部衬里严重损坏，灰斗上部衬里整块脱落，如图 1 所示。

图 1 二再旋分内部衬里损坏图

修补时发现，旋分本体母材老化(见图 2)，在焊接时不断出现裂纹(见图 3)。

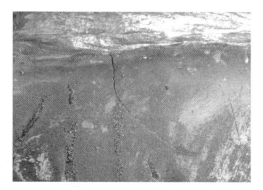

图 2 二再旋分母材裂纹

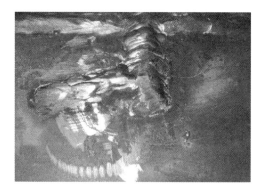

图 3 焊接后裂纹扩展

2006 年发现材质劣化严重后，2009 年两器旋分全部更换，在二再旋分吊下来的时候，旋分在空中断为两截(见图 4)，安全风险极大，已到了完全报废的期限。

图 4 断裂后的二再旋分

对换下的旋分进行分析，根据旋分的损伤情况，选取典型部位进行力学性能和微观金相组织试验，包括高温力学性能、高温断裂韧性、裂纹扩展速率以及金相试验。

2.1 力学性能测试

在常温(20℃)、高温(一再 670℃/720℃、二再 710℃/780℃)的温度下对旧旋分试样进行拉伸试验，结果见表 3。

表 3 旋分试样力学试验结果

项目		抗拉强度/MPa	指标/MPa	屈服强度/MPa	指标/MPa	断裂延伸/%	指标/%	断裂韧度/(kJ/m²)	试验温度/℃
二再	一级筒体上部	317.26		148.71		9.7			780
		399.87		247.68		14.2		19.463	710
		168.31	515	129.17	205	1.22	40	36.109	20
	一级筒体中部	261.43		137.04		9.6			780
		377.42		201.97		12.38		19.043	710
		305.71	515	285.35	205	1.62	40	30.663	20

续表

项目		抗拉强度/MPa	指标/MPa	屈服强度/MPa	指标/MPa	断裂延伸/%	指标/%	断裂韧度/(kJ/m²)	试验温度/℃
二再	二级筒体上部	282.91		182.63		9.35			780
		391.59		233.64		11.53		22.115	710
		386.09	515	250.04	205	2.44	40	31.872	20
	二级筒体中部	283.26		124.09		19.89			780
		393.34		201.24		21.34		22.071	710
		614.76	515	370.88	205	5.02	40	38.468	20
一再	一级筒体中部	308.44		191.68		25.85			720
		355.32		192.61		32.24		23.678	670
		539.6	550	494.32	275	5.64	35	54.333	20
	一级灰斗下部	272.58		183.99		14.41			720
		329.64		199.8		20.02			670
		433.75	550	266.56	275	6.24	35		20
	二级筒体中部	243.37		162.22		9.66			720
		297.89		169.19		12.52			670
		329.52	550	241.98	275	2.9	35		20
	二级灰斗下部	279.54		166.32		22.1			720
		333.97		171		39.49			670
		470.6	550	368.11	275	6.82	35		20

常温下，长期服役的材料由于老化、硬化、屈服强度增加，而使抗拉强度降低(材料脆化严重)。因此，虽然抗变形能力有提高(材料硬化)，但抗断裂能力大幅度下降。

高温下，试样各项拉伸数据比较接近，但屈服强度和抗拉强度较常温大大下降，并且筒体上部比中部脆。总体上，上部的脆化比中下部严重，二再脆化非常严重，在710℃抗拉强度最大。一再高温韧性较好，下部在常温和高温下都有较好的延伸率，上部延伸率最小。

二再的断裂已经比较低，新材料的合金钢约有100kJ/m²的指标，二再高温下只有20kJ/m²左右，常温下为36kJ/m²左右，与指标相差较远。

2.2 硬度测试

硬度测试显示一、二再旋分的硬度都已超过标准要求(二再≤217HB，一再≤187HB)，见表4，设备在长期高温下运行发生了组织变化，产生了硬度比较高的组织。

表4 旋分试样硬度试验结果

部位	结果/HB	部位	结果/HB
二再一级筒体上	217	一再一级筒体上	207
二再一级筒体中	217	一再一级筒体中	187
二再二级筒体上	223	一再二级筒体上	187
二再二级筒体中	217	一再二级筒体中	192

2.3 断口分析

从图5~图10可看出，一再筒体断口有较明显的韧窝特征，材料仍有一定的塑性变形能力。而在一级旋分断口呈明显的解理形貌。一再材料的脆化程度小于二再。

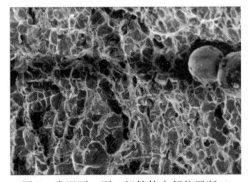

图5 常温下一再二级筒体中部位置断口

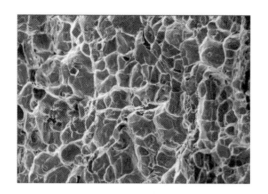

图 6 670℃下一再二级筒体中部位置断口

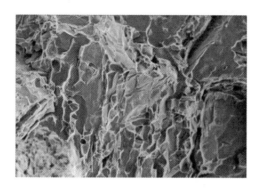

图 7 常温下二再一级筒体中部位置断口

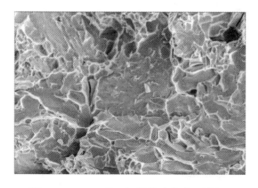

图 8 710℃二再一级筒体中部位置断口

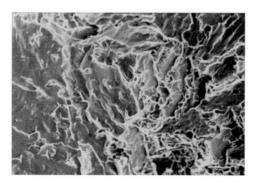

图 9 常温下二再一级筒体上部位置断口

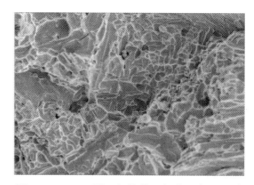

图 10 710℃二再一级筒体上部位置断口形貌

2.4 金相分析

如图 11~图 17 所示,一再旋分不同部位的金相图显示,各部位差异不大,材质没有明显的或只有少数的 σ 相。二再旋分金相图显示各部位的微观组织差异很大,二再一级筒体上部已经产生大量的蠕变孔洞,并且形成宏观裂纹,二再二级筒体中部材质的 σ 相还没长成针状或连成片,该部位的力学性能优于其他部位。金相结果显示,一、二再旋分(特别是二再)在长期高温下发生了明显的组织变化,晶粒明显变粗,沿晶界析出 σ 相。铬含量高的材料有利于 σ 相的生成,对比得出,虽然二再选用了耐温更高的 2520 材质,但比一再损伤严重很多,主要是因为:一是高铬,25%的铬含量;二是工况更加恶劣,710℃的工作温度对材质的影响更大。

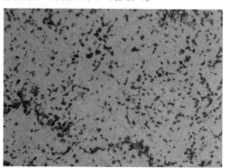

图 11 一再一级筒体中部金相图

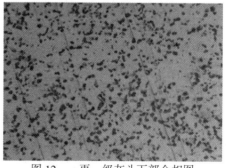

图 12 一再一级灰斗下部金相图

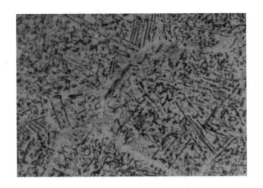

图 13　一再二级筒体上部金相图

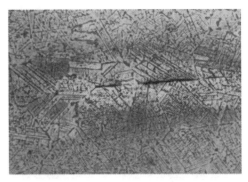

图 15　二再一级筒体上部金相图

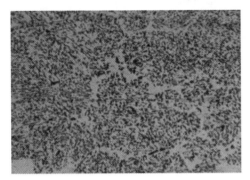

图 14　一再二级筒体中部金相图

图 16　二再二级筒体上部金相图

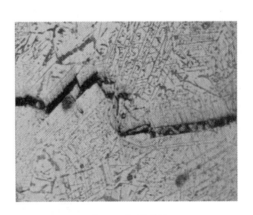

图 17　宏观裂纹

2.5　成分分析

表 5　旋分试样成分分析结果　　　　　　　　　　%

	碳（C）	锰（Mn）	磷（P）	硫（S）	硅（Si）	铬（Cr）	镍（Ni）
一再 304	0.14	0.722	0.0235	0.036	0.707	16.83	9.52
一再指标	≤0.08	≤2	≤0.035	≤0.030	≤1	18~20	7~10.5
二再 2520	0.04	0.4	0.024	0.01	0.95	16.3	22
二再指标	≤0.08	≤2	≤0.045	≤0.03	≤1.5	24~26	19~22

从表 5 看出，一再材料碳和硫元素超标，应为运行期间发生渗碳、渗硫所致，但并不十分严重。最关键的是铬含量已低于标准值，主

要是因为运行期间析出 $Cr_{23}C_6$ 相，造成局部贫铬，但情况并不十分严重。

二再材料除铬元素外其余基本在指标范围

内，与一再相比贫铬的情况更加严重，力学性能严重退化。

综合茂名 3# 催化一、二再的力学性能、硬度、断口、金相、成分五项分析数据，可看出，因为高铬的选材、较高的环境温度，$Cr_{23}C_6$ 相、σ 相大量析出，二再旋分的损伤程度远远超过一再旋分，已到了完全不能使用的程度，一再虽材质劣化程度不如二再，但也不能继续使用。

3 检修期间检测

3# 催化装置自 2009 年更换完一、二再的旋分后，每周期检修都对两器旋分进行金相、硬度、光谱、着色检测。2016 年检修时，对再生器的旋分进行检测，金相组织正常，一再旋分未见特别严重的材质劣化情况，但二再已经明显有碳化物析出，下周期检修要考核是否更换二再旋分，如图 18~图 21 所示。

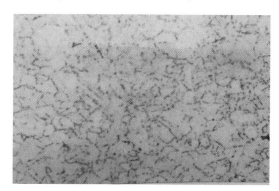

图 18 一再一级旋分组织正常

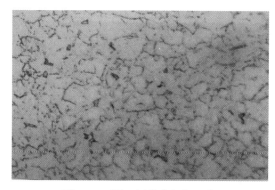

图 19 一再二级旋分组织正常

4 再生器使用寿命分析

茂名 2# 催化再生器工况、旋分选用材质与 3# 催化一再类似，在使用接近 10 年后出现较严重的损伤情况，导致装置非计划停工抢修，使用至 12 年后进行更换。

茂名 3# 催化二再因为选材和高温的问题，

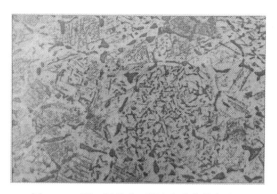

图 20 二再一级旋分（明显有碳化物析出）

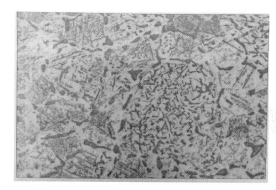

图 21 二再二级旋分（明显有碳化物析出）

在服役 10 年后，出现非常严重的材质劣化情况，使用 13 年后已完全失去使用的性能。新旋分在使用 7 年后，二再明显出现材质劣化。

从上述情况分析，再生器旋分的使用寿命一再应控制在 12 年范围内；二再应控制在 10 年范围内。具体更换旋分的计划要根据每次大修的检测结果而定。

5 延长再生器旋分使用寿命的措施

旋风分离器是催化裂化装置最核心的设备，其状况的好坏直接决定催化装置是否能正常运行。根据以上分析，针对旋分损伤的主因，制定以下措施，杜绝因旋分失效导致装置非计划停工。

（1）每周期检修必须进行检测。每次大修都必须对旋分进行金相、光谱、硬度、裂纹检测。因为旋分料腿材质与筒体、灰斗一样，且比较容易更换，每周期检修前可先备好 1~2 条料腿，大修时更换，把换下的料腿进行各项性能分析。当发现有明显的材质劣化情况，下周期应制定旋分更换的计划。

（2）深入探讨两段再生催化装置二再旋分选材。同轴式两段再生催化装置二再旋分选材为 2520，综合性能较一再优，但由于铬含量高的原因，损伤程度非常严重。根据有关学术资料，铸造低铬高钨的材质可能更适用于作二再旋分的材料，把铬含量降至 6%以下，可能可以避免 $Cr_{23}C_6$ 相的形成，该问题需要进一步深入探讨和论证。

（3）平稳操作，避免超温。σ 相大量析出的温度在 850℃左右，此温度下 σ 相的析出速率为 700℃时的 1000 倍以上，两器内的二次燃烧、非正常工况下的飞温可能会导致旋分材质的急剧恶化，控制好两器的平稳操作，对延长旋分寿命有很大的帮助。

（4）防止振动。旋分上部吊架为死点，约束垂直方向往下延伸，但横向位移应给于约束，除了料腿，蜗壳、筒体、灰斗都没有横向约束，是否能加约束，应与设计单位进一步讨论，探讨其可行性。

焦化装置焦炭塔自动底盖机常见故障分析及对策

韩　靖

（中国石化洛阳分公司，河南洛阳　471012）

摘　要　通过对焦化装置焦炭塔自动底盖机在生产过程中出现的各类常见故障进行原因分析，提出相应的处理措施和改进建议，为改善设备运行条件，确保长周期安全平稳运行提供了技术参考依据。

关键词　焦炭塔；自动底盖机；故障；分析；措施

1　概述

延迟焦化装置焦炭塔底部第一代自动底盖机采用较多的是液压螺栓法兰密封型自动底盖机，其采用机、电、液一体化设计，取代了原来传统的人工拆卸塔底口法兰连接件，操作人员可远离塔口控制操作，避免塔内除焦水喷出，烫伤操作人员，提高了焦炭塔装置自动化生产水平及操作的安全性，缩短了焦炭塔的生焦周期，满足了延迟焦化装置生产的需要，对提高装置处理能力都具有十分重要的作用。

由于其工作环境恶劣，系统控制复杂，生产过程中大大小小出现过多次故障，影响到焦炭塔正常生焦周期的进行，严重时导致装置降负荷生产。通过对频繁出现的典型故障进行原因分析，提出相应的改进措施及建议，为改善设备运行条件，确保焦炭塔生焦周期节点，以及装置长周期安全平稳运行提供了技术参考依据。

2　底盖机日常故障分析

底盖机正常工作时所需持续的密封力由液压螺栓内部的多组碟簧提供，能自动补偿温度变化产生的形变，其密封力比原设备具有的密封力更均匀、更稳定，符合法兰钢圈密封要求。采用锁环集中锁紧，使密封力同步性、可靠性增强，防止法兰翘曲；保护筒装置为水力除焦提供除焦通道，有效防止焦碳和除焦水外溅，为操作人员提供了良好的工作环境。自动底盖机主要技术参数见表1。

表1　自动底盖机主要技术参数

序号	项　目	参　数
	操作压力/MPa	0.35
	操作介质	高温渣油
	操作温度/℃	495~505
	辅助密封介质	蒸汽，1.0MPa（G）
	塔口法兰公称通径/mm	DN1800
	液压系统工作压力/MPa	25/8
	系统最大密封力/t	480

由于自动底盖机每天都处于常温~500℃的冷热交替过程中，在焦炭塔水力除焦时，设备处于切焦水的水雾笼罩，并承受着大于30MPa除焦水的冲刷。所以，工作环境湿热并伴有剧烈的震动，其机、电、液一体化组成的系统长期在这种恶劣的环境中工作，无论是机械、电气还是液压部分都可能出现零件磨损、锈蚀、螺丝松动、间隙变化、密封材料老化变质等现象，从而造成法兰泄漏、底盖机无法正常开合等一系列故障。因此，分析故障原因，找出解决方法尤为重要。

2.1　底盖机法兰漏油

底盖机有三个法兰密封面，一个是进料口法兰，如图1中的Ⅰ所示，是通过20套M36×3双头螺栓与焦炭塔四通阀后的进料管线法兰连接；一个是进料短节装置和焦炭塔本体底部出焦口法兰连接的部分，如图1中的Ⅱ所示，是通过64套M30×3双头螺栓与焦炭塔出焦口法兰连接；另一个为进料短节装置和下法兰头盖装置的法兰连接，如图1中的Ⅲ所示。

底盖机下头盖法兰装置的下端有32组液压螺栓、四个顶盖油缸用连接件与之相连。下头

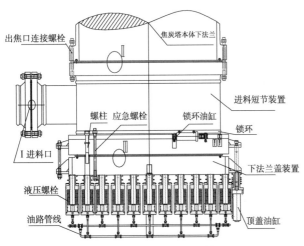

图1　底盖机下头盖法兰结构图

盖法兰装置在起重油缸的带动下，通过连接在下头盖法兰装置上的32组液压螺栓和锁环组件与进料装置实现开合，即在升降装置的作用下，完成焦炭塔出焦口法兰的开盖与关盖过程。

Ⅰ、Ⅱ、Ⅲ三个法兰均采用八角形金属环垫密封形式。由于Ⅰ、Ⅱ密封面为固定式连接，并且为消除热交变应力影响导致的泄漏，螺栓两头均设置有蝶簧，发生泄漏的几率较小，除非焦炭塔发生剧烈震动或压力出现大幅波动时可能出现泄漏，通过定期对连接螺栓进行检查和热紧即可避免泄漏。而下法兰Ⅲ则由于水力除焦需要每天都在开合，发生泄漏较为频繁。下面针对进料短节装置和下头盖法兰装置之间的法兰密封面泄漏进行具体原因分析。

通过在生产过程中的不断实践、摸索，总结出了其泄漏的主要因素，并统计出了具体所占比例，如图2所示，具体分析如下。

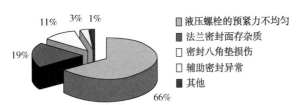

　11%　3%　1%
19%　　　　　　　　　■ 液压螺栓的预紧力不均匀
　　　　　　　　　　■ 法兰密封面存杂质
　　　　　　　　　　□ 密封八角垫损伤
　　　　　　　　　　□ 辅助密封异常
　　　　　　　　　　■ 其他
　　　66%

图2　底盖机法兰泄漏原因分布图

2.1.1　法兰面间有杂质

在焦炭塔每次除焦结束后，底盖机合盖前若没有将八角垫片上和垫片上下槽内的焦粉清理干净，或者在人工清理垫片和密封面的焦粉后，因塔内存在石油焦还未扫干净，在合盖过程中又有一些焦粉落下来落到密封面上而无法

发现，就会造成合盖后八角垫的密封性能受到影响而导致可能的泄漏出现。

针对这种现象，关键是要早发现、早处理，在对焦炭塔进行试压和预热阶段要求有人勤观察，最好在试压的时候就发现，开盖重新对八角垫和法兰面进行清理干净，即可保证不再泄漏。

2.1.2　密封八角垫损伤

由于底盖机每天都要打开操作，法兰垫片使用次数过多，加上垫片直径较大达到φ1870mm的实际情况，难免会出现轻微变形；或者在水力除焦过程中清理下头盖法兰上的石油焦的过程中被意外碰伤，以及因密封面内杂质被挤压造成八角垫的损伤而没有被及时发现，这样在合盖之后往往会出现泄漏。

为了避免因八角垫缺陷导致泄漏发生，每次焦炭塔除焦结束后要求对塔内石油焦是否扫干净、进料短节是否吹扫干净、下头盖法兰上石油焦清理情况进行检查确认，同时要求对八角垫及密封面的清理情况进行共同检查确认，并根据八角垫的污染情况要求定期取出八角垫对垫片和法兰面进行彻底清理。检查过程中，一旦发现八角垫有明显严重损伤情况，应及时对其进行更换，确保不泄漏着火。

2.1.3　辅助密封蒸汽不正常

为了保正密封可靠性，底盖机还设置了蒸汽辅助密封系统。具体做法是在八角金属环密封垫的周向对称上下均匀分布钻了4个孔，使法兰两面的环形槽上下相通，并向环形槽内通入大于焦炭塔内部操作压力的蒸汽（见图3），采用的为1.0MPa过热蒸汽，从而使辅助密封蒸汽能够完全均匀分布在密封腔内，并保持密封面内具有一定的蒸汽压力。一方面阻止渣油介质进入到密封槽内，一方面能及时吹扫密封面从而保护垫片不被渗进的少量渣油污染。

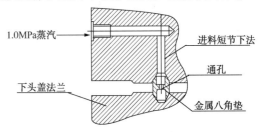

图3　辅助密封系统示意图

一旦出现辅助密封蒸汽丧失、蒸汽压力突降、八角垫中密封蒸汽孔结焦堵塞或八角垫未接蒸汽等情况，均会造成辅助密封系统的密封功能下降或失去，最终可能导致密封面的泄漏发生，严重时可能造成火灾发生。因此，为避免因辅助密封系统原因出现底盖机泄漏发生，一方面要保证 1.0MPa 蒸汽压力稳定，避免出现大幅波动，以及蒸汽过热温度合格避免严重带液等现象；另一方面严格杜绝因人为失误导致的误操作而造成蒸汽未正常投用现象。

2.1.4　液压螺栓的预紧力不均匀

由于底盖机 DN1800mm 法兰直径较大，一旦出现部分液压螺栓的预紧力不足，将导致进料短节的下法兰与下法兰盖之间的法兰密封面局部紧固力不均匀而会出现局部泄漏，这主要是由于部分液压螺栓伸长量不一致，或不能正常伸缩造成的。

在对焦炭塔进行蒸汽试压时，若发现进料短节与头盖法兰连接处蒸汽泄漏较大，检查确认 32 组液压螺栓中存在伸长量不一致现象，则可以重新开盖调整液压螺栓预紧力来适当增大设备的密封力，保证不再泄漏。若在切换焦炭塔后已经开始进料，发现进料短节与下头盖法兰连接处泄漏，应及时对此进行蒸汽掩护，并通过人工加应急螺栓来增大设备的密封力，保证此焦炭塔在本次生焦周期中不泄漏。在除焦结束后再调整液压螺栓预紧力，增大设备的密封力，以保证在以后生焦中不再泄漏。

为了确保液压螺栓长周期正常运行，要求底盖机每次开盖时都要对液压螺栓的动作情况进行检查，一旦发现不动作或其伸长量不合格，则及时在除焦过程中进行调整，以保证除焦作业结束后能够及时进行合盖，对焦炭塔生焦周期的各操作节点不造成影响，泄漏的次数大大降低。

2.2　锁环不动作无法开盖

锁环组件是由锁环及锁环油缸组成，是一个外径和进料装置的下法兰相等的 1800mm 钢环，其端面上铣有 32 个腰形通孔，可在对称分布的一对锁环油缸的联合推动下，沿法兰中心旋转一定的角度，使液压螺栓进入密封状态或从密封状态返回自由状态(见图4)。

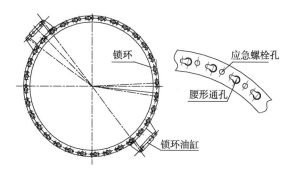

图4　锁环结构简图

一般是由于部分液压螺栓没有完全伸长到位，导致液压螺栓的螺柱与锁环间隙变小造成摩擦力过大，锁环无法转动，直接影响到底盖机是否能够正常开盖或合盖，即关系到焦炭塔是否正常生焦反应或水力除焦作业的顺利进行。若检查发现只有个别少数液压螺栓头与锁环的间隙过小，可用专用扳手拧松液压螺栓的螺柱备帽，通过旋转螺柱来调整螺栓的伸长量，在确认螺柱与锁环有 1.5mm 左右的间隙后，再重新拧紧螺柱备帽即可进行开盖作业。导致液压螺栓的螺柱与锁环间隙过小而使锁环不动作的原因一般有以下几种情况。

2.2.1　液压螺栓不能正常伸缩

液压螺栓被连接件固定在下头盖法兰装置的法兰下端面上。液压螺栓可看作是缸体内活塞上装有若干组碟簧的液压缸，活塞杆可深入到进料装置的下法兰相应的孔内。开合盖时由液压泵提供液压动力，推动活塞上移而压缩碟簧，活塞杆和螺柱也就随着活塞向上运动。液压螺栓伸长到位后液压螺栓油压卸掉，此时由液压螺栓内部的蝶簧提供密封力，每根液压螺栓的预紧力为 15t，是由液压螺栓内部的 4 组共 16 片蝶簧提供。液压螺栓的结构如图5所示。

液压螺栓组在升起或下降过程中，有一个液压螺栓或数个液压螺栓不能实现伸、缩运动，使其无法实现进料，装置的下法兰与下头盖法兰装置的法兰之间，无法实现连接或脱离，即无法实现即时正常合盖和开盖作业。造成液压螺栓无法正常动作的原因多表现为以下几个方面：

（1）液压螺栓腐蚀失效　在每次对故障液压螺栓进行检修时发现，液压螺栓内部的活塞密封圈老化失效，造成活塞受力不正常而失效；

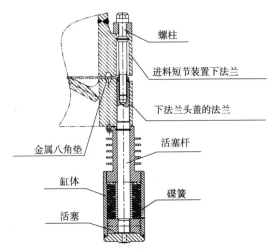

图 5　液压螺栓结构简图

内部部分蝶簧失效故障较多，也是直接导致液压螺栓失效不会动作的主要原因。由于在每次开底盖时，塔内残存的冷焦水夹带着石油焦粉会直接流到液压螺栓上，水顺着活塞杆进入液压螺栓内部，由于焦炭塔的冷焦水内溶解有一定量的硫化氢等腐蚀介质，将会对液压螺栓内部，尤其是顶部的一组蝶簧造成腐蚀，蝶簧的腐蚀失效致使液压螺栓无法正常动作。另外，活塞密封圈长期而频繁地受到高压液压油的冲击也会出现老化泄漏。

（2）油路漏油　由于液压螺栓的油路接头多，接头形式为面密封，且受到频繁变化的高压油冲击，接头部分很容易泄漏，一旦泄漏较大影响到正常工作的油压，则会造成液压螺栓活塞的工作受到影响从而导致其不能正常伸缩。液压螺栓的油路泄漏多数是不锈钢管道的接头泄漏，偶尔为高压金属软管泄漏。发现液压螺栓油路泄漏时，可以直接更换金属软管或拆除接头更换垫片后再进行操作。

（3）电磁阀动作不到位　由于油站的工作环境极为恶劣，每天都要受到开盖和除焦时大量冷焦水和切焦水飞溅喷淋、冲刷，以及蒸汽、焦粉的污染，对油箱内的油质威胁极大，水蒸气夹带着粉焦是液压油被污染的主要原因。操作过程中遇到最多的是液压油系统某个电磁换向阀不能换向或换向缓慢，导致油压起不来。电磁阀的故障频率之所以高，主要是由于油质遭到污染或使用时间过长造成的润滑不良、油污或杂质将电磁阀的阀芯卡住。另外，在操作

过程中发现有时候油压会出现瞬间降低后再升高的情况，经过分析认为液压油使用时间过长导致其黏度大幅降低，油越来越稀造成油压跳动所致。

为了消除油乳化变质的影响，液压系统运行半年要清理油箱、更换液压油。另外，为了减缓油被污染，在油站上方设置了一个不锈钢的罩子将整个油站盖住，减少水和焦粉对油站的直接污染，换油周期也由半年延长至一年。

2.2.2　液压螺栓与下法兰螺栓孔卡塞

底盖机下法兰盖螺栓孔径为 $\phi48mm$，而液压螺栓的螺栓外径为 $\phi46mm$，即螺栓与法兰螺栓孔的间隙为 1mm。由于开盖时会有大量的冷焦水夹带部分石油焦粉灌到间隙中，随着焦粉集聚越来越多，活塞杆与下法兰盖的螺栓孔的间隙逐渐被塞死，导致液压螺栓的上下伸缩动作受到卡塞。尤其是在冬季气温较低时，间隙中的水会很快结冰造成液压螺栓卡塞更为频繁。

为了尽量减少液压螺栓的卡塞几率，安装液压螺栓时可以在活塞杆上涂抹高温防卡剂，由于液压螺栓每天都要伸缩动作，加之水的冲刷，涂防卡剂的效果无法长时间坚持。进过反复尝试，在每个液压螺栓的活塞杆顶部备帽的下间隙中加一个耐高温的骨架油封，并在最上部设置一个压盖来阻挡开盖时大量的冷焦水直接灌进活塞杆与法兰螺栓孔的间隙内，通过改造取得了良好的效果(见图 6)。

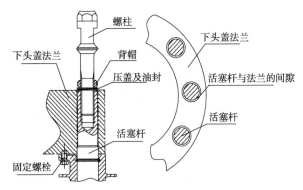

图 6　液压螺栓密封改造示意图

2.2.3　下法兰头盖受压过大

如果因原料性质劣质化造成焦炭塔生成弹丸焦，导致焦炭塌方使焦炭塔内的冷焦水无法正常放出或放净，塔内大量的冷焦水和石油焦作用在自动底盖机的下头盖法兰上的力将会是

巨大的。下头盖因受压过大致使液压螺栓的螺柱与锁环间隙变小造成摩擦力变得异常大，锁环无法转动进行开盖。

　　一旦出现上述情况，应想尽一切办法将放水线处理通，切不可盲目人工强制开盖，那样会造成塔内热水大量溢出而发生伤人事故。如果塔内存水不多，可以通过适当增加起重油缸的液压工作压力，以 1%～5% 的幅度逐步增加，在保证螺柱与锁环的间隙达到 1～1.5mm 时即可进行开盖操作。

3　结论

　　通过对底盖机的常见故障分析，得出了液压螺栓伸缩不正常或失效而造成底盖机泄漏，以及锁环无法动作导致底盖机开合动作困难等故障是导致生产过程中底盖机故障的几率高的原因之一，通过对焦炭塔自动底盖机加强维护和进一步优化改进，大大降低了故障率，提高了焦化装置自动化生产水平及操作的安全性，也在很大程度上降低了维修费用。

参 考 文 献

1　林光田．延迟焦化装置水力除焦系统自动控制技术．炼油技术与工程化工机器，2006，（12）1

2　张德全，翟良云，王延平．焦炭塔自动顶盖机与底盖机故障类型及故障频率分析．炼油技术与工程，2012，（4）

3　王安华，黄爱明．扬子石化延迟焦化装置弹丸焦防治对策．中外能源，2010，（10）

渣油加氢装置反应进料泵液力透平故障案例分析

徐懿仁

（中石化九江分公司设备工程处，江西九江　332000）

摘　要　渣油加氢装置采用加氢进料泵-液力透平组成联合泵组。其进料泵主泵由美国 FLOWSERVE 公司设计制造，利用液力透平将热高分油中的压力能进行回收利用。本文对液力透平的故障案例进行分析，并采取了必要的措施进行检修处理，取得了良好的效果。

关键词　渣油加氢；反应进料泵；液力透平；故障分析处理

随着原油呈现出重质化和劣质化趋势，近些年渣油加氢、加氢裂化等二次加工工艺得到了快速发展，液力透平用来代替高压角阀，既起到减压作用又能回收高压流体中的能量。炼化行业中的液力透平多采用反转泵形式，结构与普通多级泵的基本相同，但是介质流向是从叶轮轮缘进入，从叶轮中心流出，推动叶轮和主轴旋转输出机械能，与电机一起驱动反应进料泵或贫胺液泵等其他转动设备。某公司新建的 1.7 Mt/a 渣油加氢装置进料泵主泵由美国 FLOWSERVE 公司设计制造，采用加氢进料泵-液力透平组成联合泵组，利用液力透平将热高分油中的压力能进行回收利用，有较为显著的经济效益。

1　加氢进料泵-液力透平联合泵组概况

1.1　主要技术参数

加氢进料泵-液力透平联合泵组主要技术参数见表1。

表1　联合泵组主要技术参数

项　目	单　位	加氢进料泵	液力透平
型号		6×10.25B HDO-10stg(s)	6×10.25C HDO-12 stg(s)
介质		渣油	热高分油
密度	kg/m³	838	701
流量	m³/h	279	241
入口压力	MPa	0.4	17.0
出口压力	MPa	20.1	2.9
操作温度	℃	280	388
转速	r/min	4900	2980

续表

项　目	单　位	加氢进料泵	液力透平
扬程	m	2399.0	1936.4
轴功率	kW	2050	594.0

1.2　联合泵组工艺流程

联合泵组布置形式：加氢进料泵+增速箱+电动机+离合器+液力透平。装置现场工艺流程（见图1）：液力透平入口管线设置调节阀（C阀），与两个高压角阀（A阀、B阀）并联使用。实际操作时 A、B 阀采用分程控制，其中 A 阀限位 5% 一直处于预热状态，以便在液力透平事故状态时能迅速投用，防止热高分 V103 满罐；B 阀用来对热高分 V103 的液位进行微调，阀位维持在 4% 左右；C 阀手动给定阀位，用来稳定通过液力透平的热高分油流量。

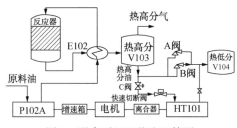

图1　联合泵组工艺流程简图

2　液力透平技术特点

2.1　结构简介

液力透平选用 HDO 型单吸入、多级、双筒体和 API610 标准的 BB5 形式，内壳体为水平剖分多蜗壳结构，外壳体为垂直剖分结构，轴两端由滑动轴承支撑，止推瓦在非驱动端，采用双向止推。

外筒体由位于水平中心线两侧的两个鞍座支撑。由于介质温度较高，为较好地释放由筒体温差引起的轴向热膨胀应力，外筒体靠近联轴器端的鞍座采用地脚螺栓固定，另一端筒体鞍座采用长圆孔，这样热膨胀应力可以沿着联轴器的相反方向自由消除。内筒体采用水平剖分的多蜗壳式结构设计，其最大优点是叶轮可以背靠背安装，能保证在所有工况下动平衡精度，能自身平衡泵的轴向推力，同时内筒体也是导流壳，随转子整体拆装。

2.2　机械密封系统特点

液力透平采用双端面机械密封。动静环材质均为碳化硅，介质侧为金属波纹管密封，大气侧为弹簧型密封。机械密封的冲洗方案为 PLAN32+53C+61（见图2），其中：

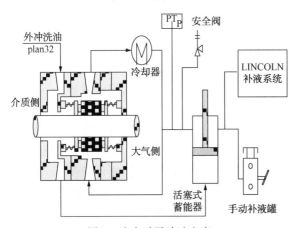

图2　液力透平冲洗方案

（1）plan32介质为中压柴油，配备专门冲洗油站，由于透平密封腔压力高，正常冲洗油操作压力需大于3.0MPa，故采用低流量高扬程的螺杆泵，将入口为常压的柴油增压后进入密封腔。

（2）plan53C用白油作隔离液，依靠泵送环循环，活塞式蓄能器底部与液力透平的密封腔相连，由于活塞上、下面积不同，蓄能器顶部压力始终要高于底部压力（设计压力比为1.1：1），通过压力、液位等参数监控机械密封的运行情况。与plan53B相比，plan53C最突出的优点是：由于活塞式蓄能器对隔离液的加压是来自密封腔，隔离液的压力自动跟踪工况变化，当系统出现较大波动时，由于密封隔离压力随动性好，仍然可确保机械密封外侧压力高于内侧压力，防止高温介质外漏，且该冲洗方案系

统无易损件气囊，运行更加可靠。

3　液力透平及辅助系统的故障及处理

3.1　封plan53C系统故障

液力透平密封plan53C系统油缸示意图如图3所示，该密封的泄漏情况主要是通过观察油缸的液位及压力波动来进行监测。当主密封或辅助发生泄漏时，辅助密封腔白油容量下降，油缸上腔压力会瞬时出现下降，而活塞下腔压力始终与系统相连，活塞上下平衡破坏，活塞受到一个向上移动的动力，在油缸活塞杆上移的过程中，上腔白油被压缩，压力上升，当活塞上下压力达到平衡后停止移动。故当油缸液位发生移动或压力出现波动时，即说明密封油系统有泄漏，可能发生辅助密封外漏，也有可能发生主密封内漏。

3.1.1　故障现象

白油密封油缸液位指示在现场设有磁翻板液位计以及远传液位计探头，供现场巡检及DCS监盘使用，两个液位计均绑在油缸筒体上，活塞内部安装环形磁铁，液力透平首次开车时，发现白油密封油缸的就地及远传液位计均无法显示，而实际活塞有位移。

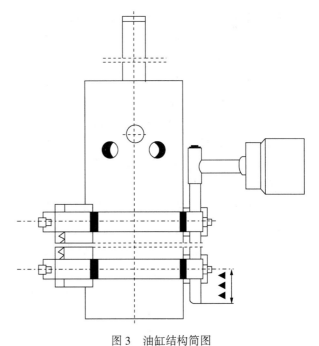

图3　油缸结构简图

3.1.2　原因分析

通过使用磁铁在线做实验，发现就地及远传液位计均可正常读数，分析原因是内部环形

磁铁磁性不足或是油缸筒体由于需要承受高压，厚度设计偏大（15mm），极大降低了内外磁铁的相互吸引力。

3.1.3　处理措施

在活塞杆顶部端面钻眼，新安装一圆形磁铁，并使用不锈钢板制作有一定钢度的圆柱形护罩，将两块液位计绑在护罩上，如图4所示，改造后投用良好，保证了现场及DCS均可实现实监控准液位，且跟踪良好。

图4　液位计实际安装图

3.2　密封plan32系统冲洗油泵振动大故障

对高温油泵而言，冲洗油中断则机械密封将处于高温环境中，密封的可靠性会大大减弱，尤其是重油泵。液力透平密封腔压力为3.0MPa，设计时plan32冲洗方案采用3G45型螺杆泵将柴油从0.3MPa增压至3.2MPa。液力透平运行期间出现冲洗油泵振动大故障，且检修未能一次成功，给透平运行带来风险。

3.2.1　故障现象

2016年5月，班组巡检发现透平冲洗油泵B现场振动异常，杂音大，及时切换至A泵运行，B泵解体发现螺杆、铜套、内壳体均磨损严重（见图5），更换新转子、铜套及内壳体。由于螺杆泵装配精度要求高，需工专进行型线研磨，由制造厂家整体装配好后回装，灌泵排气（自压力表）处理后投用，启泵后发现泵出口压力仅有2.8MPa，且运行不足1min，突然发生压力下降波动，连续波动几次后，出现泵体振动大、外壳体温度升高，及时停运后，盘车偏紧，进行在线处理，待泵冷却后第二次启动，仍然发生振动，停泵解体发现过流部件又发生局部磨损。后将泵头整体拆回原厂进行组装，

并要求在厂方做运转试验，过程派人见证，试验合格的泵体至现场安装合格后第三次投用，仍然出现类似现象。

图5　冲洗油泵解体图

3.2.2　原因分析

造成冲洗油泵B首次出现转子等损坏的可能原因有：

（1）由于泵入口过滤网堵或入口缓冲罐液位低造成螺杆泵抽空。检查入口缓冲罐液位稳定，未见异常，拆除B泵入口过滤网，未见杂质，可排除此原因。

（2）泵铜套由于润滑不好，发生磨损，造成主从动螺杆间隙不平衡，运行过程中发生偏磨，导致振动大。检查工艺操作情况，发现介质柴油操作温度比泵的设计操作温度高了近5℃（设计40℃，而当天实际介质温度到了45℃），由于柴油黏度本就偏低，高温情况下润滑效果则更差，造成泵铜套自润滑效果不好，长期运行造成磨损，分析这个为主要原因。

冲洗油泵B检修后投运两次均发生类似故障，分析原因可能是：

（1）螺杆泵本体安全阀出现泄漏，造成大量介质在泵体内部发生回流，泵出口压力达不到要求，且压力波动，回流介质的高温造成泵体发热、振动。第二次启动前，将泵本体的安全阀顶丝全部顶到头（泵出口工艺管线上设置了安全阀），启动后情况未见好转，故可排除泵体安全阀的问题。

（2）泵腔内部有气不能排尽，运行时发生抽空。检查整个冲洗油站系统（见图6），发现泵出口管线连接处配置了一个DN50×25的偏心大小头，且是采用"底平"的安装方式，偏心大小头以上部位（包括泵体安全阀）气体灌泵时无

法有效排气，运行时由于带气，主从动螺杆之间带气，导致螺杆泵发生抽空故障，分析管道设计不合理为造成泵投运时故障的主要原因。

3.2.3　处理措施

（1）将介质柴油温度设置报警值为38℃，调节水冷器循环水开度，将柴油操作温度控制在35℃。

（2）在泵体上部增设排空，灌泵时从排空排气。

在线进行改造后，B泵投用正常，并经过长时间的运行观察，发现泵体运行平稳。目前该泵已连续运行近两年，再未发生类似故障。

图6　冲洗油泵现场改造

3.2.4　遗留问题

管路压控流程设计问题，原设计使用气动隔膜阀，而螺杆泵为容积泵，两台泵同时运行时，安全阀必跳，还容易将泵憋坏。故现阶段切换泵时，必须将运行泵先停运，再开备泵，容易造成透平冲洗油短时间内中断，对密封的安全运行存在一定的风险。后续需要将控制阀改为自力调节阀，并在每台泵出口阀内单独设置回流线，且因泵出口流体温度高，回流线需返回原料罐。

3.3　液力透平停运后叶轮口环结焦

2016年8月31日由于全厂氢气管网中断，渣油加氢装置低负荷运行，液力透平入口流量随之减少，当小于70t/h时，液力透平轴振动偏大，最大到52μm，现场紧急停运液力透平。9月3日装置恢复正常工况，准备投用液力透平时发现盘车不畅，使用盘车器盘了一定角度后即完全卡死，且预热后仍然盘不动，对液力透平拆解检修，抽芯发现叶轮和口环结焦严重。

3.3.1　故障现象

拆除透平两端轴承，检查轴瓦，未发现异常，轴瓦表面未见磨损及抱轴现象，且盘车仍然不动。将透平端盖拆除发现内筒体表面结焦严重，均为片状垢样，后经分析为渣油反应流出物结焦物，结焦造成抽芯拆卸困难。内筒体解体拆卸后发现叶轮内部流道及口环处等均严重结焦，叶轮口环与隔板口环全部黏合在一起，环向无法转动，但经轻微敲击后，可较好分离，将过流部件全部进行清理（尤其是叶轮内部流道），检查发现仅中间轴承托瓦表面合金有脱落，其他部件均良好，未发现缺陷。

3.3.2　原因分析

结合拆解情况，分析造成液力透平盘车不动的原因是液力透平停运后泵体降温过程中未及时进行盘车，导致380℃的高温渣油停止流动后，短时间内在泵体内部小间隙处发生了结焦。由于该透平说明书明确规定，透平上下温差大于50℃（即预热不透）的情况下，不允许盘车，透平停车后，由于密封冲洗油的仍然供油，且原透平保温材料为普通石棉，散热过快，停车时壳体上下温差最大到117℃，故未进行及时盘车。中间托瓦表面合金的脱落主要是因为后期开工时使用盘车器盘车造成的。

3.3.3　处理措施

（1）完善液力透平保温，将保温更换为铝镁质保温板+铝镁质膏体+防水剂类型保温，大大延缓了停机后壳体上下温差的变化速度，可以及时进行盘车。

（2）停车后第一时间到现场进行盘车，将过流部件小间隙的高温渣油及时搅动、置换，同时及时投用预热线，让泵腔内介质流动起来。注：若遇盘车困难，切忌强行盘车。

（3）本次检修过程中，在进行内筒体抽芯时，由于结焦严重，无法正常抽出，使用千斤顶等工具均无效，后来采用将外壳体整体均匀用加热片包扎加热的方式（见图7），将外壳体均匀加热至150℃左右，即轻松抽出内筒体。本次检修仅更换损坏的中间托瓦，其余各口环均未进行更换。注：加热片包扎必须做到圆周方向尽量均匀。

图 7　现场加热施工图

检修投用后，该透平运行情况良好，转子振幅最大仅为 11μm，发电量效率与检修前相同，达到了检修效果。后期多次停运，按要求进行盘车、预热，再未出现抱轴现象。

制氢装置转化炉炉管焊接管台断裂分析及防护对策

李俊卿

（中国石油辽阳石化公司，辽宁辽阳　111003）

摘　要　炼油事业部新区制氢装置转化炉炉管焊接管台在装置一次开车过程中发生断裂，对断裂炉管焊接管台进行了失效分析，从化学成分、金相分析、断口形态等方面探讨了炉管焊接管台断裂的原因，并提出了相应的防护处理对策。

关键词　转化炉；管台；断裂；处理对策

某石化新区制氢装置以天然气、水蒸气为原料，在催化剂作用下转化造气，后经 PSA 净化提纯的工艺路线制取高纯氢气。2016 年 7 月经过大检修后，装置在投料开车过程中转化炉北侧一炉管焊接管台发生断裂，装置被迫紧急停工，炉管管台断裂为装置正常生产带来重大安全隐患。为此，本文对断裂炉管焊接管台进行了失效分析，从化学成分、金相分析、断口形态等方面探讨了转化炉炉管焊接管台断裂的原因，并提出了相应的预防处理措施。

1　转化炉炉管故障概况

制氢转化炉是装置的关键设备，原料气在炉管内催化剂作用下高温反应，制氢转化炉采用顶烧厢式炉结构，燃烧器布置在辐射室顶部，转化管受热形式为单排管受双面辐射，制氢转化炉辐射室主要设计和操作参数见表 1。

表 1　制氢转化炉辐射室主要设计和操作参数

主要参数	介质	热负荷/MW	入口温度/℃	出口温度/℃	入口压力/MPa	出口压力/MPa
设计参数	天然气+低分气+水蒸气	55.5	500	860	2.85	2.5
操作参数	天然气+低分气+水蒸气	51.6	490	820	2.54	2.4

制氢转化炉辐射室炉管共分为 4 排，每排 55 根，共计 220 根。每根炉管与下猪尾管之间通过焊接接头连接，如图 1 所示。炉管材质为 HP40Nb，规格为 $\phi127\times12$mm，下猪尾管材质为 Incoloy 800H，规格为 $\phi32\times4.5$mm，焊接接头材质为 Incoloy 800H。

2016 年 7 月新区制氢装置经检修后进行开工阶段，制氢转化炉正处在 500~800℃升温配气过程，发现转化炉最北侧一排从西向东第 20 根炉管与下猪尾管连接的焊接管台断裂，该处断裂导致转化气大量泄漏。

制氢装置停工后对炉管断裂的焊接接头进行抢修，对断口打磨处理后进行渗透检查，发现焊接接头坡口有多条裂纹，个别为贯穿性裂

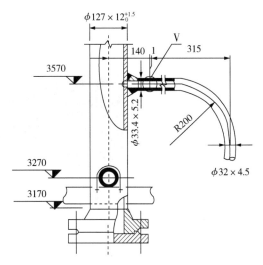

图 1　炉管下尾管及焊接管台图

纹，其样貌如图2所示。检查下猪尾管坡口无裂纹，将备件新炉管上的焊接管台切割下来替换断裂的焊接管台，焊接完成后对焊缝进行了渗透和射线检测，结果均为Ⅰ级合格，后制氢装置恢复生产开工。

图2　焊接管台裂纹样貌

2　焊接接头检验分析
2.1　宏观检查

对断裂的原始炉管锥形焊接管台进行宏观检查，其结果如图3所示。锥形管台断裂件1主要包括锥形管台大头端以及与炉管相连的焊缝，断裂件1长度约30mm，内径约22.50mm。在靠近断口处内壁可观察到多条裂纹，裂纹方向沿锥形管台轴向，最长裂纹约为8.50mm。锥形管台断裂件2包括三部分：①锥形管台小头端，长度约20mm，内径约22.78mm，壁厚约6.20mm，靠近断口处内壁可观察到多条裂纹，裂纹方向沿锥形管台轴向，最长裂纹约为6.22mm，保留了原始断口，断口凹凸不平，表面覆盖一层黄白色产物；②锥形管台小头端与下猪尾管连接的焊缝，焊缝宽度约11.50mm；③下猪尾管，长度约为14.00mm，内径约22.10mm，壁厚约5.00mm。

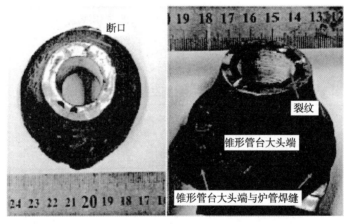

锥形管台断裂件1

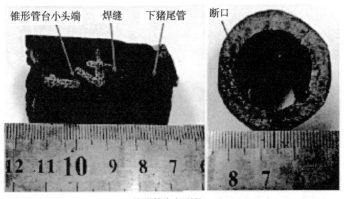

锥形管台断裂件2

图3　断裂管台宏观照片

2.2　化学成分分析

对断裂件 1、断裂件 2 以及备件锥形管台分别取样进行常量化学成分测试，取样部位如图 4 所示，试验结果如表 2 所示。

炉管下猪尾管和锥形管台大头端靠近外壁部位 C、Si、Mn、S、Cr、Fe、Ti 等元素均满足 ASTM SB407 中对 UNS N08810（Incoloy 800H）材质化学成分的要求，但 Ni 元素含量分别为29.66% 和 29.70%，低于 ASTM SB407 要求的30.0% 至 35.0%。断裂件 2 的小头端部位除 C 元素外其余各元素均满足 ASTM SB407 的要求。C 元素含量为 1.10，远超出新锥形管台中 C 含量以及 ASTM SB407 中对 UNS N08810 材质的要求，该部位发生了渗碳。

表 2　化学成分分析　　　　　　　　　　　　　　%

编号	材质	C	Si	Mn	S	Cr	Ni	Fe	Cu	Al	Ti
HX1-1 （断裂件 2 小头端）	Incoloy 800H	1.1	0.75	0.86	0.0011	19.04	30.18	46.52	0.59	0.388	0.392
HX1-2 （锥形管台与下猪尾管焊缝）	—	0.042	<0.0015	2.29	<0.0005	20.14	>52.1	<12.08	0.127	0.164	0.22
HX1-3 （下猪尾管）	Incoloy 800H	0.071	0.451	0.83	0.0014	19.82	29.66	47.93	0.161	0.454	0.488
HX2 （断裂件 1 大头端部位 1）	Incoloy 800H	0.088	0.85	0.92	0.001	19.7	29.7	47.12	0.62	0.4	0.401
HX3 （断裂件 1 大头端部位 2）	Incoloy 800H	0.094	0.81	0.95	0.0012	19.96	29.6	49.94	0.6	0.41	0.373
HX4 （锥形管台大头端与炉管焊缝）	—	0.023	0.071	3.23	<0.0005	16.53	>52.1	<4.31	0.023	0.029	0.011
HX5 （新锥形管台）	Incoloy 800H	0.067	0.69	0.74	0.001	19.29	31.04	47.3	0.032	0.367	0.386
ASTM SB407	UNS N08811	≤0.10	≤1.0	≤1.5	≤0.015	19.0~23.0	30.0~35.0	≥39.5	≤0.75	0.15~0.60	0.15~0.60

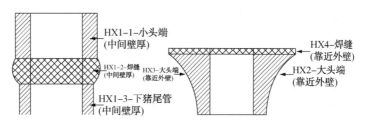

图 4　断裂锥形管台化学成分取样部位示意图

2.3　光学金相观察

对断裂件 1、断裂件 2 的小头端、下猪尾管及小头端与下猪尾管焊缝部位分别取样进行光学金相观察，各部位光学金相结果如下：

（1）断裂件 1　内壁部位有氧化，氧化层晶界粗化；中间部位晶界粗化，晶界上有白色块状析出物呈断续链状分布，局部白色块状析出物上有黑色颗粒状析出物；外壁部位组织为奥氏体，晶界上有少量块状析出物并观察到空洞，如图 5 所示。

（2）断裂件 2 小头端该试样组织与断裂件 1 相近，内壁有明显的氧化层，氧化层内晶界粗化；中间部位晶界粗化，晶界上有白色块状析出物，同时在局部白色块状析出物上有黑色颗粒状析出物分布；靠近外壁部位组织为奥氏体，奥氏体晶界上观察到空洞，如图6所示。

（3）下猪尾管该试样内壁部位组织为奥氏

体，奥氏体晶界有空洞形成，晶内有颗粒状析出物；中间壁厚部位奥氏体晶界上也观察到少量空洞；靠近外壁部位奥氏体晶界基本无空洞，如图7所示。

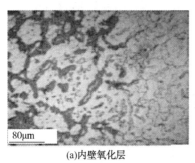  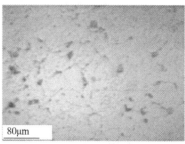

(a)内壁氧化层　　　　　　　　　(b)中间壁厚部位　　　　　　　　　(c)靠近外壁部位

图5　断裂件1大头端光学金相照片

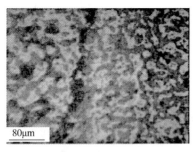 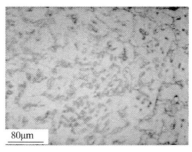 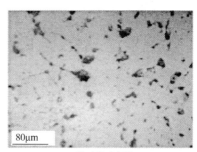

(a)内壁氧化层　　　　　　　　　(b)中间壁厚部位　　　　　　　　　(c)靠近外壁部位

图6　断裂件2小头端光学金相照片

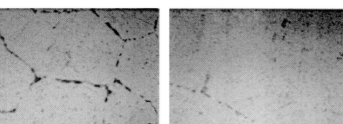 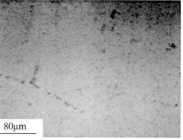 

(a)靠近内壁部位　　　　　　　　(b)中间壁厚部位　　　　　　　　　(c)靠近外部位

图7　下尾管金相照片

2.4　电子金相观察及 EDS 分析结果

新焊接管台、断裂件1、断裂件1与炉管连接的焊缝以及断裂件2小头端、下猪尾管、小头端与下猪尾管连接的焊缝部位试样各1件，经磨制浸蚀后进行电子金相显微观察。断裂件1试样以横截面为观察面，其他部位以纵截面为观察面。对电子金相观察到的典型特征进行EDS分析，断裂管台氧化和渗碳情况如图8所示，电子金相及 EDS 主要分析结果见表3，断

件渗碳区照片及分析结果如图9所示。

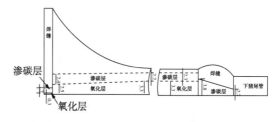

图8　断裂锥形管台氧化及渗碳情况示意图

表3　电子金相观察及微区 EDS 分析结果

观察部位	内壁部位	中间壁厚	外壁部位	其他
新锥形管台	无氧化	无渗碳	无空洞	晶内少量颗粒状析出和夹杂物
断裂件1	发生氧化，氧化层约为3.3mm，氧化物为氧化铬和氧化硅	有渗碳，渗碳层厚度约为2.4mm（不含氧化层），析出碳化铬	有蠕变空洞，无明显析出物	内壁有多处沿径向和周向的裂纹
断裂件1和炉管连接的焊缝	发生氧化，氧化层约为0.3mm，氧化物为氧化铬	有渗碳，渗碳层厚度约为1.7mm（不含氧化层），晶界析出物为碳化铬和碳化铌钛	无蠕变空洞，晶界析出碳化铬和G相	—
断裂件2小头端	发生氧化，氧化层约为3.3mm，氧化物为氧化铬和氧化硅	有渗碳，渗碳层厚度约为2.3mm（不含氧化层），析出碳化铬	有蠕变空洞，无明显析出物	内壁有多处裂纹
下猪尾管	无氧化，有大量蠕变空洞	无渗碳，有少量蠕变空洞	无蠕变空洞	晶界析出碳化钛
小头端与下猪尾管连接的焊缝	无氧化	有渗碳，渗碳层厚度为2.7~3.8mm，晶界析出碳化铬，晶内析出碳化铌	少量空洞，析出碳化铌钛	—

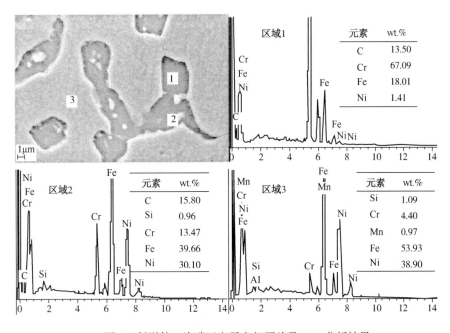

图9　断裂件1渗碳区电子金相照片及 EDS 分析结果

2.5　断口形貌观察

对断裂件2的小头端原始断口以及断裂件1上的轴向裂纹断面形貌进行观察，分析结果如下：

（1）断裂件2的小头端原始断口　图10为断裂件2的小头端原始断口形貌，由图可见断口平齐，未见明显塑性变形，断裂由内壁向外壁扩展，断口表面覆盖一层产物，在断口表面观察到多条裂纹，大部分裂纹由内壁起裂向外壁扩展，局部观察到沿环向裂纹，覆盖在断口表面的物质主要包含 O、Al、Si、Ca、Fe 等成分。

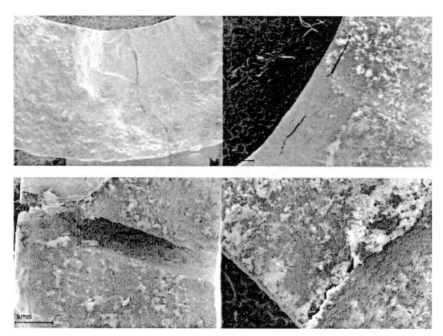

图 10　小头端断口形貌

（2）断裂件 1 上的轴向裂纹断面　对断裂件 1 的轴向裂纹进行断面观察，在断面上观察到明显的分层，各层断面形貌及 EDS 分析结果如图 11 所示，其中氧化层断面为原始裂纹部位，渗碳层和靠近外壁部位为人为打开区域。氧化层和渗碳层处的断面呈现脆性断裂特征，氧化层断面上覆盖有大量氧化铁，渗碳层断面观察到空洞及微裂纹，且渗碳层有大量碳化铬析出，靠近外壁部位的人为打开区观察到大量空洞和韧窝，组织主要为奥氏体基体和少量碳化钛，与靠近外壁部位相比，内壁氧化层和渗碳层韧性降低。

综上所述，转化炉锥形管台内壁发生严重的渗碳反应导致材料脆化萌生大量裂纹，装置开工过程升温配气阶段在热应力和操作压力作用下裂纹迅速扩展，直至发生断裂。焊接管台发生渗碳现象实际上是渗碳、氧化、局部蠕变联合作用的结果，碳原子与基体中的铬反应生成铬的碳化物。转化气介质中的水蒸气在高温下会分解出氧化过程所需的氧，铬的碳化物遇到氧很容易从晶界开始产生选择性氧化。晶界上的碳化物被氧化后，基体晶粒之间的结合力大大降低，开始在焊接管台局部产生微裂纹，裂纹迅速扩展导致焊接管台断裂。

(a)断面分层

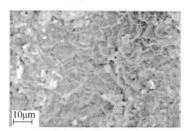

(b)内壁氧化层

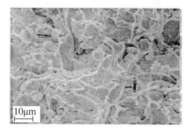

(c)渗碳层

图 11　锥形管台轴向裂纹断面形貌图

3　防护措施及对策

（1）优化工艺操作条件，制氢装置开停工过程避免升温或降温过快，控制转化炉升温或降温速度小于50℃/h。控制合理的水碳比，保证炉管内气相负荷相对均匀。

（2）严格按照制氢装置原始设计参数进行操作，控制转化气出口温度不大于860℃，转化炉炉管外壁最高温度不大于950℃。在装置运行过程保持生产平稳，避免炉管温度大幅波动。

（3）增上转化炉感温电缆联锁控制系统、视频监控系统，在下尾管与炉管连接处增设汽幕设施。制定停炉应急方案，加强转化炉巡检力度，发现异常问题及时处理。

（4）对制氢装置转化炉炉管运行作综合风险评估，对炉管进行全面检测，根据检测评估结果制定炉管更换计划。

4　结语

对制氢转化炉断裂炉管焊接管台从化学成分、金相分析、断口形态等方面探讨了断裂原因，认定炉管焊接管台内壁发生严重的渗碳反应导致材料脆化从而产生大量裂纹，在热应力和操作压力综合作用下裂纹迅速扩展导致焊接管台断裂，提出了相应的预防处理措施，使转化炉后续运行得到了有效的保障。

参　考　文　献

1　杨会喜，张云生．新型转化炉炉管的开裂原因分析与防护．大氮肥，2007，30(3)

制氢装置原料压缩机活塞杆断裂失效分析

赵 震

（中国石化青岛炼化有限公司，山东青岛 266500）

摘 要 本文对制氢装置原料压缩机活塞杆断裂失效情况进行分析，并提出了防护措施，进一步提高了生产装置的长周期维护水平。

关键词 往复式压缩机；活塞杆；失效；防护

1 引言

正常生产中某厂制氢装置原料往复式压缩机机体突发振动报警，现场声音异常，立刻停车进行拆检，发现压缩机一级缸后一级活塞杆断裂，分析失效原因，并提出了防护措施。

2 往复式压缩机的活塞杆简介

2.1 活塞杆的结构介绍

制氢装置原料压缩机（型号 4M20-45/2-34）活塞杆为某公司生产的 4M20Y1 类活塞杆，其结构如图 1 所示。

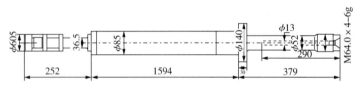

图 1 活塞杆的结构

材料：17-4PH（国内牌号 05C17Ni4Cu4Nb）沉淀硬化不锈钢

主要热处理工艺：固溶+时效

力学性能要求：抗拉强度 $\sigma_b \geqslant 835MPa$，屈服强度 $\sigma_s \geqslant 735MPa$，

断后延伸率 $\delta_s \geqslant 14\%$，断面收缩率 $\varphi \geqslant 60\%$，冲击功 $A_{KU2} \geqslant 78J$，HRC $\leqslant 33$

活塞杆是往复式天然气压缩机中关键的零部件之一，活塞杆一端与十字头相连，另一端与活塞相连，其作用是将驱动机输出的动力转换为气体的压缩力。当压缩机活塞由轴端向盖端运动过程时，活塞杆受压应力作用，当活塞由盖端向轴端运动时，活塞杆受拉应力作用，活塞杆就在拉应力与压应力交替作用下工作。

2.2 活塞杆的性能介绍

该活塞杆使用材料牌号为 17-4PH（05Cr17Ni4Cu4Nb），经（1040±20）℃固溶处理和 620℃时效后制造，摩擦面进行喷涂非金属陶瓷硬化处理。17-4PH（0Cr17Ni4Cu4Nb）合金是由铜、铌/钶构成的沉淀硬化马氏体不锈钢，一般用于航空发动机材料，这个等级的不锈钢具有高强度、高硬度和抗腐蚀等特性，可以达到高达 1100～1300MPa 的耐压强度。由于其超

高的强度，一旦发生冷变形容易直接脆断，所以造成的事故是瞬间的。17-4PH 属于沉淀硬化马氏体不锈钢，在抗 Cl⁻ 方面优于马氏体不锈钢（0Cr13 等）和奥氏体不锈钢（300 系列），但由于 Cl⁻ 原子半径小，渗透力强，对不锈钢系列影响很大。

3 活塞杆断裂原因排查与分析

3.1 活塞杆的断裂部位介绍

此工件在使用 8 年后发生断裂，如图 2 所示。

活塞杆的顶端有 290mm 长的加热孔，从图 2 看出本次断裂部位就发生在加热孔根部。活塞杆两端部位直径细，一端连接打压体部件，一端连接活塞体部件，两端受到长期的推拉作用力，由于加热孔的出现，更容易引起此部位的应力集中，存在结构上的风险。

图 2　活塞杆的断裂部位

3.2　活塞杆断裂原因分析

针对此次活塞杆断裂情况，外委中国石油大学进行活塞杆材料受力分析，结合现场运行介质工况，判断此次断裂原因。

3.2.1　活塞缸断口分析

断口是活塞杆断裂过程中形成的一种匹配的表面。对断口进行宏观分析及扫描电镜微观分析可以了解活塞杆断裂的一些基本信息，如活塞杆材料本身是否存在缺陷，断裂部位是否存在应力集中，寻找活塞杆断裂的源头。活塞杆宏观断口分析主要观察了断裂活塞杆上下两部分的宏观形貌，如图 3 所示。

(a)下部断口形貌

(b)上部断口形貌

图 3　宏观断口分析

由于活塞杆长期在交变载荷下工作，而其载荷水平低于引发总体或宏观塑性变形所需的值，且断口表面没有明显塑性变形，从相貌上看，基本可以判定活塞杆为疲劳断裂。试样的中心加热孔边缘亮度明显高于边缘部分，说明裂纹源在中心加热孔附近。

通过观察加热孔四周的金相组织，在此区域附近，材料的金相组织无差别，也没有发现显微裂纹。但是，通过观察发现，加热孔内部比较粗糙，如图 4 所示。由于粗糙的表面，在交变载荷下极易发生应力集中，这可能是工件断裂的原因之一。

图 4　加热孔内部宏观面貌

3.2.2　微观扫描电镜断口分析

图 5 给出了该工件试样放大 100 倍无腐蚀

图 5　试样放大 100 倍的表面形貌

情况下的表面形貌。从图可以看出该工件中的夹杂物含量较少，且均呈球状分布，符合钢件的夹杂物分布及形状要求。

活塞杆扫描电镜断口分析中观测了断裂活塞杆的断口，图 6 为试样放大 100 倍和 400 倍

的金相照片。从图上可以看出组织细密且分布较均匀，为典型的板条马氏体类型组织。在加热孔附近材料的金相组织无差别，也没有发现显微裂纹。

(a) 放大100倍

(b) 放大400倍

图 6　试样的金相照片

3.2.3　材料硬度试验

活塞杆硬度性能试验中测试了断裂活塞杆的洛氏硬度，硬度测试试验结果见表 1。从表中可知，材料的硬度较均匀，平均硬度值为洛氏硬度 41.4。

3.2.4　材料化学成分试验

活塞杆化学成分试验中采用直读光谱仪测试了试样活塞杆的化学成分，分析结果见表 2。通过与 GB/T 1220—2007 对比发现，该材料成分完全符合成分的标准要求，可以认为该活塞杆的化学成分对其疲劳寿命没有太大的影响。

3.2.5　气缸垢样元素组成分析

从压缩机气缸中取得垢样做元素分析，结果见表 3。

表 1　硬度测试值（HRC）

点	1	2	3	4	5	6	平均值
硬度值	41	40.5	41.5	41.5	42.5	41.5	41.4

表 2　光谱成分表

元素	C	Si	Mn	P	S	Cr	Ni	Cu	Nb
含量	0.043	0.18	0.52	0.023	0.005	16.25	4.08	3.0	0.18
含量	0.044	0.18	0.52	0.024	0.005	16.26	4.07	3.13	0.18
GB/T 1220	≤0.07	≤1.0	≤1.0	≤0.030	≤0.035	15.5~17.5	3.0~5.0	3.0~5.0	0.15~0.45

表 3　元素组成表

元素	Fe	O	Cl	S	F	Si	Al
浓度/%	41.145	28.031	21.469	5.458	0.894	0.857	0.709
元素	Mn	Ca	Na	Cr	Zn	P	Mg
浓度/%	0.466	0.308	0.267	0.12	0.063	0.059	0.052
元素	Mo	K	Ni	Ti	Ga	Zr	
浓度/%	0.028	0.026	0.024	0.012	0.007	0.004	

从表 3 中可以发现，在气缸内所取垢样中，Cl 元素和 S 元素含量较高，而压缩机吸入的气体中含有水蒸气并有凝液析出时，Cl 和 S 元素含量较高的压缩气体就会形成腐蚀性介质。这种在循环应力与腐蚀介质联合作用下所引起的破坏称为腐蚀疲劳，即在循环应力作用下金属内部晶粒发生相对位移，腐蚀环境使滑移台阶处金属发生活性溶解，促使塑性变形。而发生腐蚀疲劳的必要条件是形成点蚀坑（疲劳源），加热孔由于加工粗糙，从表面分析未发现明显的点蚀坑，但是在活塞杆的其他部位发现了明显的点蚀坑，如图 7 所示。

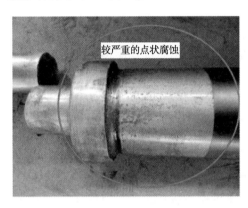

图 7　点蚀坑形貌

3.2.6　工艺运行工况分析

重整干气（含氯）与加氢 PSA 尾气（含氨）作为制氢装置原料，容易发生铵盐结晶，造成气阀堵塞，频繁进行机器检修。2010 年 10 月投用水洗塔后，结盐现象明显好转，气阀检修频率下降，但也带来一定的问题，由于水洗带来经过一级压缩的饱和液体，一级出口的级间缓冲罐经常脱液，经过分析此类液位的氯含量偏高，存在液体进入打压孔及活塞体内造成 Cl⁻ 腐蚀的风险。另一方面，随着压缩机的长期运行，由于结盐会在压缩机缸体内慢慢积聚，增大了缸体活塞的磨损。两方面的存在对压缩机活塞杆的受力造成影响。

初步统计，压缩机检修一级活塞杆与活塞通过加热装配次数为 4 次以上，活塞杆与打压体的安装次数在 10 次以上，每一次的打压安装或加热安装都会对活塞杆的强度造成影响，同时压缩机在启动阶段活塞杆受力偏大，粗略统计 2011 年至今针对压缩机本体检修进行了 18 次，针对级间冷却器的检修在 20 次以上。频繁的检修与开停机操作，加大了活塞杆的疲劳破坏，缩短了压缩机活塞杆的寿命。

3.2.7　小结

（1）试件组织为典型的板条马氏体组织，细小均匀、夹杂物较少，符合要求。

（2）材料成分符合要求。

（3）断口分析认为活塞杆断裂为疲劳断裂，判断出疲劳源区位置。

（4）加热孔周围组织无异常，无显微裂纹。但加热孔内部光洁度较低，粗糙的加热孔表面可能是工件断裂的原因之一。

（5）工件硬度值为 HRC 41.4，高于设计要求值 HRC 33。硬度过高可能是活塞杆疲劳断裂的原因之一。

（6）从垢样元素分析及工艺运行情况分析可知，压缩气体中含有较多的 Cl 和 S 元素，在循环应力与腐蚀介质联合作用下引起腐蚀疲劳，从而产生疲劳断裂。

4　措施和建议

针对此次问题，对制氢装置压缩机的检修及维护提出以下措施和建议：

（1）压缩机大修或使用 3 年后对活塞杆的无损检验经常采用 PT（表面渗透）检查表面缺陷，应当增加 UT（超声波）检查内容。每次中修或使用 1 年时要检测活塞螺母紧固情况，拆卸 3 次以上应更换新件。

（2）工艺方面需要充分考虑压缩机原料的进一步净化，杜绝 Cl⁻ 应力腐蚀。

（3）活塞杆与活塞体采用超级螺母新型紧固方式，消除了应力集中现象，可有效延长活塞杆使用寿命。

往复压缩机常见故障类型及典型案例分析

王绍鹏　兴成宏　李迎丽

（中国石油辽阳石化公司机动设备处，辽宁辽阳　111003）

摘　要　往复压缩机是使用最广泛的机器之一，由于使用条件不同、种类繁多、结构类型不同及工况的差异，在不用的使用场合会表现出不同的故障问题。本文主要对往复压缩机的常见故障进行分类整理，并通过一个典型案例具体说明往复压缩机的现场故障诊断的实际应用。

关键词　往复压缩机；故障类型；典型案例

往复压缩机故障大部分是由设计、制造、安装和操作中产生的问题引起的，其中由于零部件制造质量低劣而导致的故障占46%，不遵守操作规程造成的故障占40%。由此可见，往复压缩机的大量故障是在使用中由于管理不当产生的，疏于监测会酿成机器损坏以及有毒、易燃、易爆气体外泄等严重事故，因此需要重视对往复压缩机的故障监测与诊断。

1　压缩机热力参数异常及故障原因

1.1　排气量降低

大部分是由气流通道受阻，内、外泄漏、余隙过大、转速降低等原因造成的。

1.2　吸、排气压力异常

吸气压力低：吸气管阻力大、进气滤清器堵塞、吸气阀片升程高度不够、供气量不足。

吸气压力高：高压气体进入吸气管线、气阀关闭不严、有漏气、气缸与活塞环漏气、前级冷却器冷却效果不好、级后通本级的吸气管旁通阀泄漏。

排气压力低：本级吸排气阀漏气或工作不正常、气缸与活塞环漏气或填料函漏气、本级吸气压力偏低、排气管或阀门漏气，旁通管泄放阀漏气、耗气量过大。

排气压力高：本级用气量偏少、本级吸气压力偏高、后级吸气压力偏高、后级管路或气缸向本级漏气、本级冷却器工作不正常、本级排气管路不畅，阀门工作不正常、排气管路严重积炭。

1.3　温度异常

温度异常包括压缩机吸、排气温度过高，气缸、轴承、活塞杆、机体等各部件过热。前者属于介质在压缩过程中的状态不正常产生的气体温度过高，带来气缸、阀门积炭、磨损和零部件变形、损坏。后者发生过热的原因是摩擦过热，或者摩擦副润滑、冷却状态恶化。

1.4　工况改变对压缩机主要参数的影响

压缩机吸气压力变化、排气压力变化以及各级吸气温度变化，这些参数的变化直接影响到压缩机的各级压力、排气终了压力、排气温度、排气量和功率消耗。

1.5　油路故障

压缩机油路包括油泵、注油器及油路系统的过滤器、冷却器、管路压力表等部分。故障主要表现为油压偏低、偏高，油温过高，油量不足，局部润滑不良，注油不正常。油路系统的故障会引起机器摩擦、发热、烧损、咬死等问题。

2　压缩机零部件的机械故障及原因

2.1　气阀故障

主要是由阀片、弹簧破损，气阀密封性差，阀片的开启时间和高度不对以及安装中产生的问题引起的。

2.2　活塞环常见故障

活塞环断裂，活塞环涨死，失去弹性。活塞环不起密封作用的主要表现形式为：该级排气温度升高、该级排气压力降低、压缩机排气

作者简介：王绍鹏（1987—），男，辽宁抚顺人，毕业于大连理工大学，现在中国石油辽阳石化公司机动设备处从事旋转机械故障诊断工作。

量下降。

2.3　活塞杆断裂

活塞杆的螺纹由于螺纹牙型圆角半径小，应力集中严重，容易在循环载荷下产生裂纹和断裂；退刀槽、卸荷槽、螺纹表面的粗糙度达不到要求，容易产生表面裂纹；活塞杆的材质和热处理有问题；连接螺纹松动或连接螺纹的预紧力不足；某一级因其他故障原因而严重超载；活塞杆跳动量过大；工艺气体腐蚀。

2.4　连杆螺栓断裂

连杆螺栓拧得太紧或太松；开口销折断引起连杆螺栓松动、断裂；连杆螺栓疲劳断裂；连杆螺栓的材质、锻压、热处理、加工、探伤和装配有问题；连杆大头瓦过热，活塞卡住或超负荷运转，连杆螺栓因承受过大应力而折断；运动部件出现故障，对连杆螺栓产生较大冲击载荷；长期使用 5000～8000h，未对连杆螺栓进行磁粉探伤和残余变形测量。

2.5　活塞卡塞或撞裂

润滑油质量低劣，注油器供油中断，发生干摩擦，因摩擦发热，阻力增大被卡住，咬住；气缸冷却水供应不足，或气缸过热状态下突然通冷却水强烈冷却，使气缸急剧收缩，把活塞咬住；气缸带液，可撞裂活塞，甚至击破气缸；气缸与活塞间隙太小；气缸内掉入活塞螺母、气阀碎片等坚硬物，活塞撞击时碎裂；活塞材质不良，铸件质量低劣，强度达不到要求。

3　活塞环磨损案例分析

3.1　机组概况

机组概况如图 1 所示。

3.2　故障现象及原因分析

该机组为 4 缸往复式压缩机组。该机组 2009 年 9 月运行过程中，1#缸外吸 2 测点温度异常升高，而其他吸气阀温度无异常变化；与此同时，缸体振动、活塞杆沉降均无异常变化；该气阀温度异常情况一直持续到 2009 年 10 月，机组缸体振动，活塞杆沉降，撞击次数均无明显异常(见图 2)。

3.3　诊断结论

根据以上振动特征征兆得出判断：引起该机组运行异常的主要原因是 1#缸外吸 2 测点吸气阀泄漏。

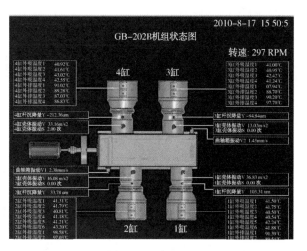

图 1　机组概况图

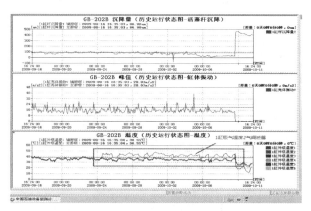

图 2　1#缸运行状态图

3.4　现场反馈

检修时发现：1#缸外吸 2 测点吸气阀存在一定泄漏。更换气阀后，温度恢复正常。

参 考 文 献

1　杨国安．机械设备故障诊断实用技术．北京：中国石化出版社，2007

2　沈庆根，郑水英．设备故障诊断．北京：化学工业出版社，2007

乙烯裂解装置脱丁烷塔塔盘故障的在线诊断与消缺

武明波[1]　　**汪李胜**[2]

（1. 中国石化镇海炼化分公司，浙江宁波　315207；

2. 岳阳长岭设备研究所有限公司，湖南岳阳　414012）

摘　要　针对脱丁烷塔运行中出现的异常，采用先进检测技术在线对该塔进行检测，诊断出故障产生的原因和部位。在兼顾塔顶、塔底产品合格的同时，选择合理的在线冲洗方案，可顺利消除或缓解脱丁烷塔存在的故障，保证装置的长周期运行。

关键词　脱丁烷塔；运行故障；γ射线扫描技术

乙烯裂解装置脱丁烷塔在运行过程中常伴有聚合物、堵塞塔盘等问题，随之造成分馏效率降低、产品质量不合格等现象，成为影响装置长周期运行的瓶颈。由于石油化工生产的连续性，一些重要的塔设备不能随意切换或停工处理，因此，在线诊断与消缺就显得尤为重要。

1　脱丁烷塔工艺流程

中国石化镇海炼化分公司乙烯裂解装置于2010年4月投产。脱丁烷塔DA407处于乙烯工艺流程末端，塔顶为混合碳四产品，塔釜为粗汽油产品。该塔共46层塔盘，1～29层为单溢流浮阀塔盘，低压脱丙烷塔进料由第30层塔盘进入，31～40层为双溢流浮阀塔盘，41～46层为双溢流固阀塔盘。塔顶精馏产品混合碳四由塔的回流泵送出，塔釜汽油产品经冷却后与重汽油一起送往裂解汽油加氢装置，塔釜温度设计为112.8℃。其系统工艺流程如图1所示。

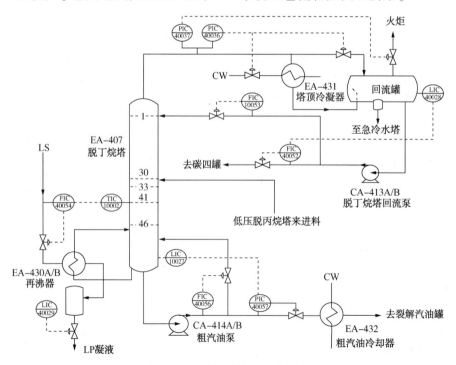

图1　脱丁烷塔系统流程示意图

2 故障现象及原因分析

2017年6月，脱丁烷塔DA407在线压力仪表显示其下部压差明显增加，最高增至25kPa左右。根据脱丁烷塔系统各种故障表现，分析其原因可能是塔内浮阀、降液管等部件因聚合物堵塞，流体流通不畅，产生液泛，传质传热不良并致使产品质量产生波动。但故障位置、严重程度不明，如何在线消缺也缺乏依据，因此，车间只能通过降低负荷来维持脱丁烷塔的"正常"运行。

在对上个运行周期采集的聚合物成分进行分析时发现，聚合物中大部分的物质是有机物（在800℃时烧失量>80%），其中也含有一定量（11%~13%）的腐蚀副产品——铁氧化物（Fe_2O_3，Fe_3O_4）。

3 脱丁烷塔的在线诊断

为确定脱丁烷塔内真实的气液相分布情况及堵塞位置，为制定消缺方案提供依据，决定采用γ射线扫描检测技术对该塔开展扫描与诊断。

3.1 γ射线扫描检测原理，射线透过物体后的辐射强度，与物体的厚度、密度及物质对γ射线的吸收系数有关。在塔设备的检测过程中，当塔径、塔壁厚为固定值时，射线穿过塔设备后的辐射强度只与塔内混相的密度相关。因此射线扫描所得的图谱实际上是反映塔内介质密度的变化情况。正常运行的塔设备其内部密度分布是有一定规律的，通过射线检测得到的辐射强度也存在相应规律。塔设备的射线扫描检测，就是利用射线扫描得到反映设备内介质密度变化情况的扫描图谱，并对扫描图谱进行分析，来判断塔内气液相运行与塔内件情况。

3.2 检测方法

如图2所示，在脱丁烷塔检测过程中，将放射源与辐射信号接收器分别置于塔顶两侧，并保证放射源与接收器在同一水平面上，接收器即能接收到射线穿过塔后的辐射强度信号；将放射源与接收器自塔顶至塔底同步向下移动，接收器即能接收到整个塔立向截面的辐射信号，从而形成检测图谱。

3.3 检测结果

在脱丁烷塔不同时间、不同运行工况下采用γ射线扫描检测技术对其进行了多次检测，检测图谱（见图3）及诊断结论如下：

（1）2017年7月：第45层塔盘、第46层

图2　脱丁烷塔射线检测示意图

其中一侧塔盘存在明显堵塞故障，液体流通不畅，造成下部塔盘液泛。

（2）2017年12月：依据7月份的检测结果，对脱丁烷塔下部进行了在线冲洗后，第46层塔盘运行正常，第45层塔盘的堵塞故障仍然存在。

（3）2018年3月：塔内气液相运行情况与2017年12月检测情况一致，没有出现明显恶化趋势。

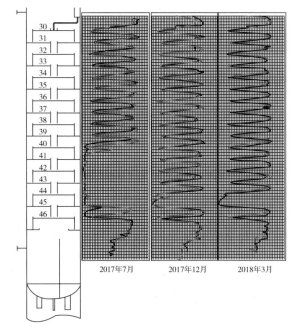

图3　脱丁烷塔γ射线扫描检测图谱

4 故障的在线消除

根据脱丁烷塔γ射线扫描的检测结果，提出了在线消缺的具体方案是：从泵GA-413至界区的混合C_4管线上的质量流量计（流量计临时拆除）处接引DN100管线至脱丁烷塔，分四路分别进塔冲洗，以清除塔内堵塞物。其工艺流程如图4所示。

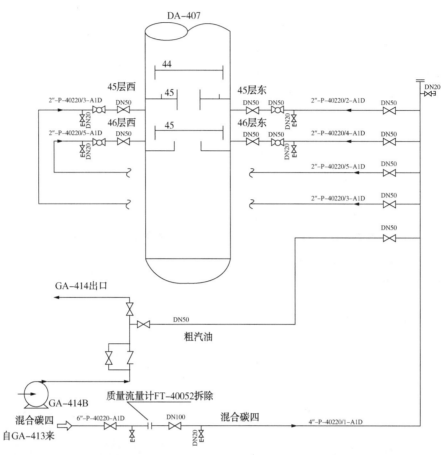

图4　脱丁烷塔在线清洗的管道与工艺流程图

处理结果如下：

脱丁烷塔在引入混合 C_4 进行清洗 12h 后，脱丁烷塔下部的压差有了明显下降，过滤器压差升高，塔内焦块在塔顶物料反冲洗作用下部分脱落。从 2017 年 7 月与 12 月脱丁烷塔在线处理前后的检测图谱对比情况也可以看出：冲洗后，塔运行状况有明显好转，第 46 层塔盘不再出现堵塞故障，且通过对脱丁烷塔的持续冲洗，其运行状况再未出现显著恶化现象。

5　脱丁烷塔塔盘的检修

2018 年 4 月，装置停工检修。脱丁烷塔揭盖检查发现：第 45 层塔盘上的固阀被大量聚合物堵塞(见图5)，其实际情况与在线检测的结果基本一致。

根据脱丁烷塔的检查情况，车间更换了塔下部 43~46 共四层易出现聚合物堵塞的塔盘，去掉了塔盘的溢流堰，增大了塔盘的开孔率。再次开工后，脱丁烷塔运行正常。

6　结语

脱丁烷塔运行异常是由于聚合物堵塞塔盘、

图5　脱丁烷塔第45层塔盘固阀堵塞

降液管，造成液体流动不畅所致。结合塔压差的变化情况，采用 γ 射线扫描技术进行在线检测，可以准确判断堵塞部位和堵塞程度。根据诊断结论采取合适的清洗方案，可以有效消除或缓解脱丁烷塔的堵塞故障，保证了生产装置的长周期运行。

参　考　文　献

1　郝宝林．脱丁烷塔聚合发生的原因及应对措施．乙烯工业，2017，29(2)

冰机制冷效果差的原因分析及处理

张　亮

（中国石化广州分公司化工二部，广东广州　510725）

摘　要　阐述了双螺杆式制冷冰机的工作原理，分析了影响冰机制冷效果的因素。通过对冰机的故障处理，找出螺杆压缩机排出侧端隙过大是冰机制冷差的主要原因。并针对此原因，对冰机系统检修提出对应的防范措施，确保冰机检修后的正常运行。

关键词　冰机；螺杆压缩机；端隙

1　概况

中国石化广州分公司2号聚丙烯装置现有1套制冷冰机系统，冰机由意大利TECHNOFRIGO公司制造，其中制冷系统使用的螺杆压缩机是由日本前川公司（MYCON）生产的TE100/160SVD型双螺杆制冷压缩机，出厂日期为1995年1月。该机组以氟利昂（R22）为制冷剂，15%体积浓度的乙二醇水溶液为载冷剂。压缩机主要参数见表1。

表1　压缩机主要参数表

序号	参　　数	单位	数值
1	入口操作压力	kPa	320
2	出口操作压力	kPa	1590
3	入口温度	℃	5
4	出口温度	℃	68
5	能力　操作/设计	kW	55/80.5

制冷冰机是装置的关键设备，它通过制冷剂R22对冷冻剂乙二醇水溶液进行冷却，乙二醇水溶液用于催化剂配置、储存、输送过程的冷却，装置冲洗丙烯的冷却，以及丙烯冷凝液罐放空气的冷却。制冷冰机运转正常，才能满足催化剂系统及装置高负荷运行的需求。

2　制冷机工作原理

制冷系统主要由压缩机、油气分离器、冷凝器、热力膨胀阀及蒸发器等组成。R22工质在干式蒸发器中吸热蒸发后由回气管进入压缩机吸气腔。经压缩机压缩后进入油气分离器，润滑油分离后，R22进入冷凝器。在冷凝器中高温、高压气体与循环冷却水进行热交换，被冷却为液体，而后流经干燥过滤器及电磁阀，并经热力膨胀阀节流到蒸发压力进入蒸发器，蒸发吸收热量，冷却乙二醇水溶液，最后R22蒸气又被重新吸入压缩机，如此反复循环。制冷工艺流程如图1所示。

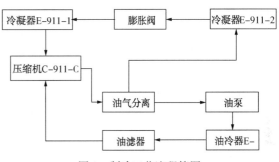

图1　制冷工艺流程简图

机组的工作原理是利用R22工质在不同压力和不同温度条件下的状态变化来实现其吸热及放热过程。由干式蒸发器（E-911-1）出来的制冷剂的低温低压干饱和蒸汽被吸入压缩机（C-911-C），绝热压缩后成为高温高压过热蒸气。然后进入卧式冷凝器（E-911-2），在定压下冷却凝结成高压常温饱和液体。饱和液体通过2个膨胀阀经绝热节流降压降温变成低干度的湿蒸气，但节流前后熔值相同。湿蒸气进入蒸发器，在其内吸热汽化成为干饱和蒸气从而完成一个循环。

3　影响冰机制冷效果的因素

3.1　热力膨胀阀

热力膨胀阀是组成制冷系统的重要部件，是制冷系统中四个基本设备之一。膨胀阀的作用包括：

（1）节流降压：当高压常温的制冷剂液体流过膨胀阀后，变成低温低压的制冷剂液体流入蒸发器迅速蒸发，从而实现向外界吸热的目的。

（2）控制流量：膨胀阀通过感温包感受蒸发器出口处制冷剂过热度的变化来控制阀的开度，调节进入蒸发器的制冷剂流量，使其流量与蒸发器的热负荷相匹配。当蒸发器 热负荷增加时阀开度也增大，制冷剂流量随之增加，反之，制冷剂流量减少。

（3）控制过热度：膨胀阀具有控制蒸发器出口制冷剂过热度的功能，既保持蒸发器传热面积的充分利用，又防止吸气带液损坏压缩机的事故发生。

3.1.1　热力膨胀阀工作原理

热力膨胀阀工作原理按照平衡方式不同，分为外平衡式和内平衡式。冰机 C-911 采用的是外平衡式。外平衡式热力膨胀阀的结构与内平衡式基本相同，只是它的弹性金属膜片下部空间与膨胀阀出口互不相通，而是通过一根小口径的平衡管与蒸发器出口相连。冰机 C-911 采用的是 danfoss 产的 PHT85 型号热力膨胀阀，其结构如图 2 所示。

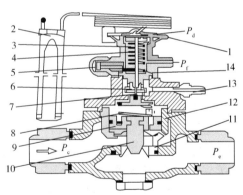

图 2　PHT85 型热力膨胀阀结构图

1—动力头部件；2—感温包；3—调节弹簧；4—推杆；5—调节杆；6—控制阀喷嘴；7—阀针；8—阀芯关闭弹簧；9—阀芯活塞；10—主阀芯；11—主喷嘴；12—主喷嘴组件；13—开关管接口；14—外平衡管接口；P_b—阀芯上方压力；P_c—冷凝供液压力；P_d—感温包压力；P_e—膨胀阀出口压力；P_f—吸气压力

PHT85 膨胀阀在开关管上未加装电磁阀，而是通过开关管接口 13 直接与蒸发器进口与蒸发器进口低压 P_e 相通，高压 P_c 液体经阀芯活塞的小孔→推杆端头的阀针 7 与控制喷嘴之间的间隙→开关管后流入蒸发器进口。从而造成阀芯活塞 9 上侧压力降低，当 $\Delta P = P_c - (P_b + $ 阀芯关闭弹簧力/阀芯活塞面积$) > 0$ 时，主阀芯 10 上移开启，膨胀阀导通工作。ΔP 越大，阀芯上移越多，供液量就越大；反之就越小。

膨胀阀供液大小的控制（见图 2）：主要是通过感温包所感测的蒸发器出口制冷剂蒸气温度变化，而引起动力头 1 内液体饱和蒸发压力 P_d 变化（此压力随感温包所感测温度升降而增减），从而进行控制膨胀阀的供液：当 $P_d > (P_f + $ 调节弹簧力/动力头薄膜面积$)$，即 $(P_d - P_f) > ($ 调节弹簧力/动力头薄膜面积$)$ 时，动力头薄膜随之向下位移，推杆 4 向下移动，推杆端头阀针 7 与控制喷嘴之间间隙增大，P_b 降低，阀芯活塞下侧与上侧之压差 ΔP 增大，阀芯开启度也增加，膨胀阀供液量增大；反之，膨胀阀供液量就减小。当推杆 4 下移（压缩调节弹簧）或上升（释放调节弹簧）到某一位置，此 时 $(P_d - P_f) = ($ 调节弹簧力/动力头薄膜面积$)$ 时，动力头薄膜不再发生位移，推杆 稳定在此位置，推杆端头阀针 7 与控制喷嘴之间间隙趋于稳定，此时 P_b 不再变化，主阀芯开启度恒定，膨胀阀供液量处于稳定。又因为 $P_d = (P_f + $ 冷剂蒸气过热度所引起的差压$)$，所以 $(P_d - P_f) = $ 冷剂蒸气过热度所引起的差压，因此真正控制膨胀阀供液的参数应为吸气过热度。过热度增大，膨胀阀供液增大，反之供液减小，直至趋于稳定。

3.1.2　PHT 型热力膨胀阀的调节和调整

膨胀阀的出厂设定：在 0℃ 感温温度时，膨胀阀设定的过热度为 4℃。如果要调整此过热度值，可以通过调节杆 5 而得到（见图 2）。顺时针旋转调节杆，则增加过热度；反之，则减少过热度值。PHT 型膨胀阀每旋转调节杆一圈，过热度则变化 0.5℃。

3.1.3　膨胀阀对制冷系统的影响

热力膨胀阀开启度太小的话，就会造成供液不足，使得没有足够的氟利昂在蒸发器内蒸发，制冷剂在蒸发管内流动的途中就已经蒸发完了，在这以后的一段，蒸发器管中没有液体制冷剂可供蒸发，只有蒸气被过热。因此，相当一部分的蒸发器未能充分发挥其效能，造成制冷量不足，降低了冰机的制冷效果。

与此相反，如果热力膨胀阀开启过大，即热力膨胀阀向蒸发器的供液量大于蒸发器负荷，会造成部分制冷剂来不及在蒸发器内蒸发，同气态制冷剂一起进入压缩机，损坏压缩机。同时热力膨胀阀开启过大，使蒸发温度升高，制冷量下降，压缩机功耗增加，增加了耗电量。因此，要检查调整热力膨胀阀，尽量让热力膨胀阀工作在最佳匹配点。

3.2 水分

当制冷系统干燥不严格或制冷剂（R22）不纯含有水分时，系统内含有水。水能溶解于氟里昂制冷系统中，其溶解度与温度有关，温度降低，水的溶解度就小。含有水分的氟里昂在系统中循环流动，当流至膨胀阀孔时，由于节流膨胀温度急剧降低，水的溶解度降低，一部分水被分离出来，停留在阀孔周围，结冰阀孔堵塞，减少供液量，甚至产生冰塞，使制冷循环中断。此外，含水的制冷剂还能腐蚀金属，使润滑油一部分乳化，严重影响设备正常运行。

冰机 C-911 装有 1 个干燥器，装在冷凝器出口、膨胀阀入口管线上的过滤器内。干燥剂为常见的硅胶，能够吸附系统内的水分。当过多的水吸附在干燥器里时，干燥剂出现冻堵现象。干燥器前后温差变大时，说明干燥剂冻堵。

3.3 不凝性气体

制冷系统内的不凝性气体，大多数是在系统加入氟里昂或润滑油时侵入的空气，或润滑油在高温下分解的气体。这些气体聚集在冷凝器表面附近，形成气膜热阻，降低传热效果，使冷凝压力上升，排气温度升高，增加了制冷冰机功率消耗，降低了制冷能力。所以在设备工作时间要定期或不定期地放空气。

3.4 冷凝器

冷凝器的作用是将压缩机排出的高温高压气态制冷剂冷却使之液化。C-911 采用的是卧式水冷器，当冷却水温度过高或冷却水量不足，或冷凝器冷却管内有水垢时，冷凝器换热效率降低，造成压缩机出口压力和温度升高，制冷能力降低，影响冰机正常运行。所以，定期清理冷凝器冷却管内的水垢是很重要的。

3.5 蒸发器

低压低温的 R22 通过膨胀阀后进入蒸发器，蒸发器的作用是将其进行汽化吸热，与盐水换热。如果油气分离效果不好，润滑油进入蒸发器并在管壁上形成油膜，将极大降低换热效率。或者如果换热管腐蚀泄漏，水进入蒸发器则会造成换热管冰堵，会严重影响蒸发器的正常工作。

3.6 制冷压缩机

制冷压缩机是制冷系统的核心和心脏。压缩机引的能力和特征决定了制冷系统的能力和特征。在蒸汽压缩式制冷系统中，压缩机把制冷剂从低压提升为高压，并使制冷剂不断循环流动，从而使系统不断将内部热量排放到高于系统温度的环境中。压缩机 C-911-C 是双螺杆压缩机。压缩机排气间隙对压缩机的效率影响较大。若间隙调整不合适，将严重影响冰机的正常运行。

3.7 润滑系统

润滑油和 R22 混合气体在油气分离器中通过聚结器滤芯进行分离，润滑油经过油泵加压，然后进入油冷器进行冷却，通过油滤器过滤后提供给压缩机进行润滑。C-911 制冷机负荷控制油也由润滑油提供。油气压差（即润滑油压力与压缩机排气压力差值）低报警值为 150kPa，联锁值为 100kPa。润滑油系统有杂质或锈渣，则会造成滤芯堵塞，造成润滑油控制油供量不足，从而造成机组油气压差联锁停机。油分离器的聚结器滤芯分离效果不好，会造成润滑油分离效果差，润滑油被带入 R22 系统，润滑油油位降低，进而造成油气压差联锁。

4 故障处理过程

2017 年冰机随装置大修，安排了检修。检修内容：①压缩机解体检修，更换止推轴承、机械密封等易损备件，检查螺杆、活塞情况；②蒸发器、冷凝器拆检，换热器清理及配合压力容器检验；③润滑油系统滤芯、R22 系统滤芯更换。

检修后，C-911 冰机 72h 试车，负荷 45%，冷冻盐水温度为 -1.7℃（目标值为 0℃），电流为 85A（额定电流为 197A）。但随着用户逐渐增加，冰机制冷效果差的现象逐渐显现。

（1）故障初期，装置负荷较低，对制冷量需求不大，但冰机频繁因为油气压差联锁。通过拆检发现：一是润滑油滤芯被锈渣堵塞；二是油气分离器聚结滤芯分离效果差，造成润滑油进入 R22 循环系统。通过对油滤芯多次拆清、聚结滤芯更换后，系统逐渐恢复正常。其中油滤芯拆清情况如图 3 所示。

图 3　油滤芯拆清情况

（2）随着装置负荷提高，制冷量需求增大，此时冰机在 100% 负荷下，冷冻盐水温度为 13.9℃（目标温度为 0℃）。逐步调大膨胀阀的过冷度，冷冻盐水出口温度降低至 12℃ 之后，继续增大过冷度，冷冻盐水温度开始逐渐上升。反向，降低膨胀阀的过冷度，增加制冷剂 R22 供应量，冷冻盐水温度逐渐下降。当温度降至 11.4℃ 左右时，油分离器中润滑油液位突然升高，判断是大量液体 R22 进入润滑油系统。由于 R22 的密度和黏度均低于润滑油，造成润滑油压力快速降低，冰机油气压差低联锁停机。期间，通过冷凝器高点不断对系统内的不凝气进行排放，效果不明显。

（3）对冷凝器管程进行检查确认，管程未有循环水结垢污泥淤积的情况。壳程氮气吹扫，并按要求进行气压试验，没有泄漏现象。对蒸发器进行确认，底部管程部分换热管有润滑油积存，用氮气吹扫置换干净。检查干燥器，硅胶未见明显变色，但还是对硅胶进行了更换。检修完毕，冰机投入运行，制冷有改善，冷冻盐水出口温度达到 6.8℃，但仍不能完全满足工艺需求。

（4）拆检压缩机，测得压缩机排出侧间隙为 0.35mm（检修记录为 0.22mm），发现压缩机止推轴承压盖未完全压到位，造成压缩机运行

时，转子有漂移，使排出侧端隙逐渐变大，降低了压缩机效率。查询冰机随机资料，160SU 型压缩机的排出侧端隙标准是 0.04 ~ 0.06mm。为确保压缩机的效率，将端隙调整为 0.04mm。检修完成后，冰机投用正常，能力满足工艺需求。

5　原因分析

（1）初期冰机油气压差连锁停机故障，主要原因是大修时，由于对压缩机、冷凝器、蒸发器进行了检修，系统长时间暴露在空气中，造成系统内部生锈。冰机投入运行后，锈渣在油滤芯上积累，造成供油不足，进而油气压差低联锁停机。

（2）降低膨胀阀过冷度时，油气压差低联锁停机。主要是由于供液量增加，R22 在蒸发器内无法全部汽化，部分液体 R22 进入润滑油，造成润滑油黏度和密度下降，使润滑油压力降低。

（3）压缩机制冷效果差的主要原因是压缩机排出侧端隙过大，压缩机效率降低。排出侧端隙过大，一是由于压缩机止推轴承压盖未压到位，造成压缩机排出侧端隙变化，由检修时的 0.22mm 增大到 0.35mm；二是由于检修时压缩机排出侧调整未严格按照说明书标准 0.04 ~ 0.06mm 执行造成的。

6　应对措施

（1）冰机系统检修时，要减少暴露在空气中的时间，及时完成系统封闭，并安排氮气微正压保护，防治系统生锈。

（2）加强对检修质量的把关，螺杆压缩机排出侧端隙调整要按照标准执行，否则会造成压缩机效率降低，进而影响制冷能力。

7　结语

检修时对系统进行氮气保护，并严格控制螺杆压缩机排出侧端隙，对保证冰机检修后的正常运行具有重要意义。

参　考　文　献

1　李晓东. 制冷原理与设备. 北京：机械工业出版社，2011

苯酚送料泵轴承频繁故障原因分析及解决措施

王金洋

（中国石化北京燕山分公司基础化学品厂，北京　102500）

摘　要　燕山石化二苯酚装置成品输送泵 307J/JA 在运行期间，频繁发生轴承抱轴和烧损的故障，并进而损坏干气密封致物料外漏，造成重大财产损失，并成为安全与环保的巨大隐患。通过对机泵与轴承故障现象的分析与判断，以及对机泵和轴承进行的大量受力计算与校核，验证了故障判断结果。发现离心泵的实际运行流量远小于其额定流量，使轴承所受的径向接触应力超过其承载能力，从而造成了抱轴和烧毁轴承故障。通过对机泵进行叶轮切割改进措施后，明显改善了离心泵运行状况，延长了轴承使用寿命，并取得了一定的经济效益。

关键词　离心泵；轴承；径向力；故障分析

1　离心泵故障简介

二苯酚离心泵 307J/JA 为厂生产装置苯酚产品送料泵，每日间歇运行，两端使用轴承型号为深沟球轴承 6308，由大连环宇化工泵厂生产，用途是将成品苯酚从生产厂储罐 301FA/301FB 输送至储运二厂液体罐区 R406A/B，但运行期间出现了离心泵运转 30 日左右后便出现轴承烧损故障，轴承的频繁损坏故障进而损坏了干气机封，致物料外泄漏，给生产装置带来巨大的财产损失，也成为生产运行过程安全与环保的巨大隐患。

离心泵 307J/JA 的基本参数见表 1。

表 1　离心泵的基本参数

规格型号	CZ40-315A
流量/（m³/h）	46
扬程/m	140
功率/kW	45
出口压力/MPa	0.43
轴承寿命/d	30
比转数	29.2

2　离心泵故障原因分析

通过将故障离心泵进行多次解体检修，发现离心泵前后轴承烧毁，而且前轴承损坏情况相比较更严重，内圈抱死在轴上（见图 1），颜色发蓝，滚道和滚球表面有疲劳剥蚀坑，轴承保持架多处断裂或烧损，转动轴承完全卡死，润滑油中含有大量黑色杂质，轴承箱中有磨损的金属碎屑。

图 1　轴承损坏情况

根据深沟球轴承的工作原理，正常工作状态下钢球带动保持架旋转，当载荷异常时，会导致滚动体与保持架间的接触应力改变，使保持架运转不平稳，发生摆动和跳动，深沟球轴

作者简介： 王金洋（1988—），男，北京人，2012年毕业于东北石油大学过程装备与控制工程，学士学位，工程师，现从事设备管理工作。

承的正常工作轨迹处于套圈沟道的中心位置，而故障轴承的疲劳剥落部分也在套圈沟道的中心位置，并未发现轴向力过大导致的偏磨痕迹，且前轴承受力更大，损坏更严重。初步判断轴承在工作时承受了较大的径向载荷，其轴承径向工作面的接触应力超过其承载能力，使轴承处于超负荷工作状态，破坏了润滑油膜，导致轴承过早产生疲劳点蚀和片状脱落，从而造成了抱轴和烧毁轴承故障。根据离心泵的工作原理，在设计螺旋形涡室时，通常认为液体从叶轮中均匀流出，并在涡室中作等速运动。因此螺旋形涡室是在一定的设计流量下为配合一定的叶轮而设计的，在设计流量下，涡室可以基本上保证液体在叶轮周围作均匀的等速运动，此时叶轮周围压力大体是均匀分布的，在叶轮上产生的径向力最小，假定泵是在设计工况下运转，则其径向力接近为零。径向力与流量的关系如图2所示。

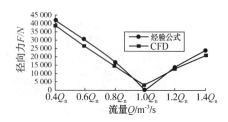

图2　径向力与流量关系曲线

对生产装置离心泵 307J/JA 实际应用情况进行计算：301FA/B 成品罐内直径 7600mm，每日运行储罐下降平均高度为 3.6m，送料时间平均为 6.5h，计算离心泵出口流量 Q。

$$Q = V/t = \pi D^2 \Delta H/4t = 25\text{m}^3/\text{h} \qquad (1)$$

式中　Q——泵出口流量，m^3/h；

$\quad\quad V$——储罐下降容积，m^3；

$\quad\quad t$——送料时间，h；

$\quad\quad D$——储罐直径，m；

$\quad\quad H$——储罐下降高度，m。

307J/JA 实际运行流量 $25\text{m}^3/\text{h}$ 远小于额定流量 $46\text{m}^3/\text{h}$（见表1），与判断情况相符：涡室内液体流动速度在小于设计流量时液体流出叶轮的速度不是减小了，反而是增加了，方向也发生了变化。一方面涡室里流动速度减慢，另一方面叶轮出口处流动速度增加，两方面就发生了矛盾，从叶轮流出的液体不再平顺地与涡

室内液体汇合，而是撞击在涡室内的液体上，撞击的结果使一部分动能通过撞击传给了涡室内的液体，使涡室里液体压力增高。液体从涡室前端流到涡室后端过程中，不断受到撞击，不断增加压力，致使涡室里的压力分布曲线变成了逐渐上升的形状。

3　离心泵及轴承受力分析与计算

3.1　离心泵受力分析与计算

离心泵额定流量为 $46\text{m}^3/\text{h}$，实际流量为 $25\text{m}^3/\text{h}$，蜗壳式离心泵叶轮上的径向力可以用《机泵技术手册》经验公式计算：

$$P_r = 0.36(1 - Q^2/Q_d^2) \times HB_2D_2\gamma \qquad (2)$$

式中　P_r——作用在叶轮上的径向力，kg；

$\quad\quad \gamma$——流体重度，kg/m^3；

$\quad\quad D_2$——叶轮直径，m；

$\quad\quad B_2$——叶轮出口总宽度，m；

$\quad\quad Q_d$——设计流量，m^3/h；

$\quad\quad Q$——实际工作流量，m^3/h；

$\quad\quad H$——泵的总扬程，m。

通过计算可得：

$$P_r = 0.36 \times (1 - 25^2/46^2) \times 140 \times$$
$$0.011 \times 0.324 \times 1072$$
$$= 135.7\text{kg}$$

离心泵 307J/JA 叶轮中心至前轴承中心距 $L_1 = 250\text{mm}$，前后轴承中心距 $L_2 = 170\text{mm}$，由力距的平衡可得出，作用在前轴承上的径向力为：

$$F_r = \frac{L_2 + L_1}{L_2}P_r = 335.3\text{kg} \qquad (3)$$

式中　F_r——径向力，kg。

作用在后轴承上的径向力为：

$$F'_r = \frac{L_1}{L_2}P_r = 200\text{kg} \qquad (4)$$

式中　F'_r——径向力，kg。

离心泵轴向力又可按如下经验公式计算：

$$F_1 = KH_i\gamma\pi(r_w^2 - r_h^2) \qquad (5)$$

式中　F_1——作用在叶轮上的轴向力，kg；

$\quad\quad H_i$——扬程，m；

$\quad\quad \gamma$——液体重度，kg/m^3；

$\quad\quad r_w$——叶轮密封环半径，m；

r_h——叶轮轮毂半径，m；

　　K——实验系数，与比转数有关，取K
　　　　$= 0.6$。

则轴向力$F_1 = 0.6 \times 140 \times 1072 \times 3.14 \times (0.055^2 - 0.029^2) = 617.5 kg$

因为离心泵307J/JA叶轮设置均匀分布的平衡孔来平衡轴向力，但在设置了平衡孔的条件下，离心泵仍约有10%～15%的不平衡轴向力，则取轴向力$F_a = 61.7 kg$。

3.2　轴承受力计算与校核

计算出了泵的轴向力和径向力，利用《机械设计手册》对泵的轴承进行校核，由所用轴承型号深沟球轴承6308。

可查得额定动负荷$C = 40.8 kN = 4163.3 kg$，额定静负荷$C_{0r} = 24 kN = 2449 kg$。

计算$\dfrac{D_w cos\alpha}{D_{PW}} = \dfrac{15.8}{65} = 0.243$，查表线性插值法得出$f_0 = 15.2$。

计算$\dfrac{F_a f_0}{C_{0r}} = \dfrac{15.2 \times 61.7}{2449} = 0.383$，查表得出$e = 0.22$。

对前轴承校核：$\dfrac{F_a}{F_r} = \dfrac{61.7}{335} = 0.18 < e$。

当量动负荷P的计算：

$$P = XF_r + YF_a \tag{6}$$

式中　X——径向系数，$X = 1$；

　　　Y——轴向系数，$Y = 0$。

得$P = F_r = 335.3 kg$。

对球轴承又由公式：

$$C = \dfrac{f_h f_F}{f_n f_T} P \tag{7}$$

式中　f_h——寿命系数，2.52；

　　　f_F——负荷系数，1.2；

　　　f_n——速度系数，0.226；

　　　f_T——温度系数，1。

得$C = \dfrac{2.52 \times 1.2}{0.226 \times 1} \times 335.3 = 4486.5 kg > 4163.3 kg$。

因此6308前轴承不能满足使用要求。同理计算6308后轴承：6308后轴承受载荷满足使用要求。

$$C = \dfrac{2.52 \times 1.2}{0.226 \times 1} \times 235.4 = 3149.8 kg < 4163.3 kg$$

因此，通过以上的计算和分析，可以说明由于离心泵在使用中实际流量严重偏离设计流量，使离心泵轴承的径向工作面的接触应力超过其承载能力，从而造成了轴承抱轴和烧毁故障，产生的径向力是造成离心泵前后轴承频繁损坏的根本原因。

4　离心泵改进措施

当离心泵安装在特定的管路工作时，实际的工作扬程和流量不仅与离心泵本身的性能有关，还与管路特性有关，离心泵307J/JA实际运行流量远小于额定流量，说明离心泵管路特性曲线严格限制了离心泵的正常运行。追溯苯酚送料泵307J/JA的应用，307J/JA是装置改造过程中，利旧安装后运行，因并未考虑离心泵的实际运行工况点，最终使离心泵的实际工作点偏离了设计点。由于泵的工况点是泵特性曲线和管路特性曲线的交点，要改变泵的工作点，则需要改变泵的特性曲线或改变管路的特性曲线。考虑装置实际运行状况，泵出口管线较长，生产运行期间检修困难，因此考虑改变泵的特性曲线，改变泵的工作点常用转速调节和切割叶轮外径调节。其中改变泵的转速，使流量随着泵的转速改变而发生改变，但是改变泵的转速需要变速装置或者价格昂贵的变速原动机，且难以做到流量连续调节，因此不优先采用。既已明确离心泵307J/JA轴承故障频繁损坏的根本原因，则考虑切割叶轮外径调节，降低设计流量Q_d，使其值接近实际流量Q，降低轴承所受载荷，延长轴承使用寿命。

离心泵叶轮允许的最大切割量与比转数有关n_s有关，比转数越高，允许的切割量就越小，见表3。离心泵307J/JA的比转数$n_s = 29.3 < 60$，所以计算后，其允许最大切割量至259mm。

表3　n_s与最大切割量

比转数/n_s	允许最大切割量/%
≤60	20
60～120	15

续表

比转数/n_s	允许最大切割量/%
120~200	11
200~250	9
250~350	7
350~450	5

由离心泵相似定律，对于低比转数 n_s <60 的离心泵叶轮：

$$Q'/Q = [D'_2/D_2]^3$$
$$H'/H = [D'_2/D_2]^2$$
$$N'/N = [D'_2/D_2]^5 \qquad (8)$$

式中　Q——流量，m^3/h；

N——扬程，m；

D——叶轮直径，m。

用带撇表示切割后的参数，即通过减小叶轮外径 D_2，可以达到降低流量的目的。叶轮外

径减小，还有助于减小影响低比转数泵效率的摩擦损失和出口损失，提高泵的效率。所以适当减小低比转数泵的叶轮外径，可达到降低流量和提高效率的目的。但叶轮切割后，离心泵的扬程和流量必须仍能满足工艺要求，通过计算离心泵 307J/JA 出入口管线的沿程阻力损失与局部阻力损失，其所需扬程需达到100m。由公式(8)反复校核计算，按叶轮切割后流量 Q' =25m^3/h 计算：D'_2 = 264mm，H' = 93m 需提高扬程，按 H' = 110m，D'_2 = 287mm 计算，Q' = 31m^3/h 能够满足流量要求。结合图3中离心泵 307J/JA 的性能特性曲线，其 A、B、C、D 四种叶轮型式的直径分别为 324mm、315mm、285mm、260mm，通过衡量离心泵的扬程及工作效率，选用 C 型式叶轮，则可满足流量及扬程的要求，并满足最大切割量的要求，并进行轴承受力校核计算：

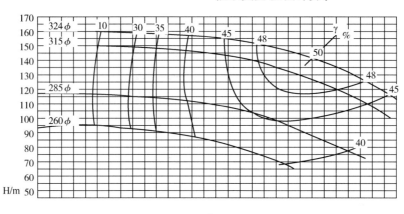

图3　离心泵 307J/JA 性能特性曲线

选用 C 型叶轮时，离心泵泵的理论流量达到 Q'。

由公式(8)计算：Q' =31m^3/h。

离心泵实际流量为 25m^3/h 时，叶轮直径 285mm，扬程达到 112m。

由公式(2)计算可得：

$$P_r = 0.36 × (1 - 25^2/31^2) × 112$$
$$× 0.011 × 0.285 × 1072$$
$$= 47.4kg$$

作用在前轴承上的径向力为：

$$F_r = \frac{L_2 + L_1}{L_2}P_r = 116.6kg$$

作用在后轴承上的径向力为：

$$F'_r = \frac{L_1}{L_2}P_r = 69kg$$

同理，对前轴承 6308 轴承校核，由公式(6)和公式(7)得：

$$0.3 > e$$
$$P = 0.56 × 116.6 + 2 × 61.7 = 188.7kg$$

取 8000h f_h 寿命系数为 2.52，则

$$C < 4163.3kg$$

计算前轴承 6308 额定使用寿命 L：

$$L = \frac{10^6}{60n}\left(\frac{C}{P}\right)^\xi > 30000h \qquad (9)$$

式中：ξ 球轴承时取 3，滚子轴承取 10/3。

同理，校核计算后轴承后可得：叶轮切割

改造后的机泵，前后深沟球轴承 6308 能够达到使用要求，满足离心泵运行周期要求。

5　改进效果与总结

（1）通过以上的计算和分析可知，离心泵 307J/JA 由于偏离设计流量点工作，实际流量远小于设计值，液体从叶轮进入涡壳时产生了压力沿叶轮圆周的不均匀分布，使转子受到较大的径向力，这是造成离心泵轴承频繁烧毁的根本原因。通过切割叶轮降低设计流量，尽可能地减小机泵轴承所受径向力，保证了生产装置中离心泵的正常运行。

（2）为改善机泵运行状况，加强机泵轴承承载能力，通过计算可更改轴承型式为圆柱滚子轴承 NU308 和角接触球轴承 7308BDB，延长机泵轴承使用寿命。并且在以后的轴承使用中，需对轴承的备件质量进行监督确认，避免因轴承备件质量问题造成的故障损坏。

（3）该离心泵改造后，使用效果良好，运行周期明显加强。离心泵 307J/JA 切割叶轮后，电机运行电流从 83A 降至 25A，通过计算该年度能够节约电费及维护费用超过 20 万元。

参　考　文　献

1　苗澍，高亮 . 深沟球轴承保持架断裂故障分析 . 哈尔滨轴承，2010，31（2）

2　吴晓霞，文全国，王春笋 . 塔釜泵振动大原因分析及处理 . 设备管理与维修，2012，（9）

3　朱信亭，徐文慧 . 化工泵故障分析及结构改进设计 . 水泵技术，2013，（2）

4　葛泉江，高亮，王先敏 . 深沟球轴承失效故障分析 . 哈尔滨轴承，2012，33（2）

5　赵万勇，荆野 . 离心泵径向力的数值分析 . 机械加工工艺装备，2010，（5）

6　杨文国 . 离心泵特性曲线和管路特性曲线确定最佳工作点 . 有色矿冶，2013，29（5）

V-20汽轮机组故障诊断与处理

沈国峰　徐　强

（中国石化上海石油化工股份有限公司，上海　200540）

摘　要　文章通过应用S8000状态检测系统对机组突发故障的精确诊断，及时作出了抢修的诊断意见，并制定了有针对性的检修方案，使装置第一时间得以恢复运行。通过原因分析，提出了同类机组的运行维护意见，为该类机组的长周期安全平稳运行提供保障。

关键词　汽轮机；状态监测；故障诊断；原因分析

1　机组概况

1.1　机组在工艺中的作用及地位

在上海石化芳烃部高压加氢装置中，循环氢压缩机组（GBT/GB-101）是该装置的关键机组之一。如图1所示，高分气体和新氢经循环氢压缩机GB-101升压后的氢气分二路，第一路通过EA-103、EA-101与反应流出物换热后各自在流量控制下作为BA-101、BA-102的进料；第二路直接作为各反应器的急冷氢。

循环氢压缩机通过向反应器及加热炉输送氢气，承担着保证反应顺利进行及装置安全生产的任务。一旦机组因故障停车，将会造成高压加氢装置停运。

1.2　机组简介及工况参数介绍

1.2.1　蒸汽汽轮机基本参数

GBT-101蒸汽汽轮机，由德国AEG公司制造，型号为V-20。该汽轮机为反动式单缸多级冷凝式，共有十五级叶片，其前后径向轴承采用滑动薄壁瓦轴承，止推轴承为密歇尔式，强制润滑，轴封形式采用梳齿迷宫密封，采用液压调速。于1984年投产使用，使用至今。其主要技术参数见表1。

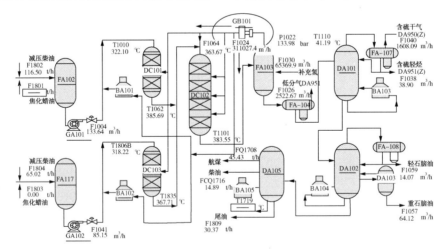

图1　循环氢压缩机组所在工艺流程图

表1　蒸汽汽轮机主要技术参数

机组型号	V20	转速	设计转速	13069r/min	主蒸汽	进气压力	3.4MPa
			连续最大	12447r/min		最高压力	4MPa
复水器真空度	-0.5bar	进气温度	>260℃		排气温度	<120℃	

续表

机组型号	V20	转速	设计转速	13069r/min	主蒸汽	进气压力	3.4MPa
耗气量	10700m³/h	输出功率	连续最大	12447r/min		最高压力	4MPa
			设计	1811kW	临界转速	第一	6500r/min
			连续最大	1534kW		第二	12780r/min

注：1bar=10⁵Pa。

1.2.2　离心压缩机基本参数

GB-101压缩机型号为GS-355/4，整体为进口设备，由德国BORSIG公司造制作，型式为离心式压缩机，前后主轴承采用滑动可倾瓦轴承，止推轴承为米契尔轴承，强制润滑，轴封形式采用TBS浮环密封。其主要技术参数见表2。

表2　离心压缩机主要技术参数

位号	GB-101	型号	GS-355/4	叶轮级数	4
吸入量/(m³/h)	341760	吸入压力/bar	146.5	排出压力/bar	167.6
轴功率/kW	2233	转速(r/min)	11250	主轴承形式	可倾轴瓦
轴封形式	浮环密封				

2　S8000在线状态监测系统

S8000大型回转机械在线状态监控和分析系统在电力、冶金、石化、机械、钢铁等行业得到广泛应用，该系统在机组的故障诊断方面提供了丰富的历史数据和图谱分析工具，能深入全面地分析机组的运行状态信息，包括转速、振动、轴位移等振动信息以及与机组相关的流量、温度、压力过程量等信息。

通过灵敏监测技术，S8000系统从根本上解决了如何甄别有效信息数据和垃圾数据的问题，从根本上解决了数据存储量与数据有效性之间的矛盾。通过事件驱动的存储机制，S8000系统可以保存全部原始数据，不会丢失机组的重要信息。

S8000系统上的启停机图谱中有转速时间图、Nyquist图、波德图及频谱瀑布图等。通过这些图谱上反映出来的现象可以用来寻找故障原因。在列表日记中可获得机组实时、短时、历史以及启停机数据。

3　故障现象及工艺处理

5月1日16：37，循环氢压缩机转速在5min内由10500r/min跌至2000r/min，循环氢总流量迅速下跌，反应加热炉BA-101、BA-102循环量同时低低联锁熄火停炉，裂化反应器床层快速上升，最高温度窜至424℃，工艺决定立即停车处理。16：42中控室启动21bar/min手动泄压，为控制反应器床层温度，现场打开21bar/min泄压副线，补充氢压缩机GB-102A/B机自动卸负荷，原料油泵GA-101A、GA-102A停运，装置停车处理。

4　故障诊断

故障发生时间在16：37，正值常日班刚下班，在接到装置停车的信息后，设备、工艺技术人员直奔芳烃控制室，与操作人员一边做好紧急停车的工艺处理，一边即对故障的原因展开了全面分析。

4.1　工艺分析

经查阅SOE联锁记录，SOE记录中没有发现联锁动作信息。为查明机组停车前装置工艺是否正常，调阅了机组停车前高压分离器压力曲线图、流量曲线图、汽轮机入口蒸汽压力、温度趋势图及机组转速、振动等参数趋势图。

从以上装置工艺参数及GB101压缩机组状态参数过程来分析，机组停车前循环氢压力、流量无波动。流量压力是在故障发生后同步下降，且是随循环氢压缩机转速下降同步快速下降，透平振动几乎同步上升，振动升幅巨大，压缩机振动上升不大。蒸汽温度和压力在停车前比较平稳，基本可以判断装置停车前各项工艺参数稳定。

4.2　设备分析

设备人员在了解停车概况后，对压缩机的停车原因展开了分析，为分析清楚必须首先弄清楚以下问题。

（1）是机组先停车、还是装置先停车？即是机组转速下降在先，还是工艺停车后造成机组停车(转速下降)。

（2）如果确是机组故障，那么为什么机组没有联锁保护动作？

（3）如果是机组转速下降，造成循环氢压力、流量下降，那么是什么原因造成机组转速突然下降？

经咨询工艺人员，SOE 记录中没有发现装置停车保护的任何联锁记录，本次停车是操作人员在反应加热炉 BA-101、BA-102 循环量同时低低联锁熄火停炉，裂化反应器床层快速上升，最高温度窜至 424℃，影响装置安全，班长才决定立即手动泄压，停车处理。因此，基本可以判断为机组先降速后引起工艺不稳而装置手动泄压停车。

生产实时系统显示 GBT-101 透平在 16:35 时转速为 10800r/min 左右，16:40 时转速下降为 10000r/min 左右，16:42 时转速下降为 2000r/min。

机组设有振动报警、轴位移联锁，润滑油、控制油、密封罐、分液罐压低等机组联锁保护，但机组联锁保护系统仪表电磁阀未产生任何联锁保护动作，经查振动报警在 DCS 确实提醒，但故障发生在短短的几十秒时间，操作人员无法及时进行调整。仪表检查轴位移联锁回路正常，调试排查停车电磁阀工作正常，机组联锁保护确实没发生说明联锁参数未到达联锁保护值。

设备人员调阅了机组状态监测 S8000 专家系统，有了重大发现。

4.2.1 机组测点布置

S8000 状态检测系统对 GBT/GT-101 机组共设有 10 个测点，测点分布见图 2，测点详细信息见表 3。

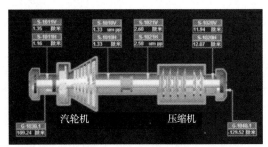

图 2 机组测点分布图

表 3 测点信息表

测点名称	测点位号
汽轮机前轴承振动测点 1	S-1011V
汽轮机前轴承振动测点 2	S-1011H
汽轮机后轴承振动测点 1	S-1010V
汽轮机后轴承振动测点 2	S-1010H
汽轮机轴位移	G-1030.1
压缩机前轴承振动测点 1	S-1021V
压缩机前轴承振动测点 2	S-1021H
压缩机后轴承振动测点 1	S-1020V
压缩机后轴承振动测点 2	S-1020H
压缩机轴位移	G-1040.1

4.2.2 机组启停机事后分析图

如图 3 所示，机组停机的起始时间为 16:44:58，结束时间：16:46:22（经核对 DCS 与 S8000 系统的有时间差，S8000 系统比 DCS 系统快 4.22min）。

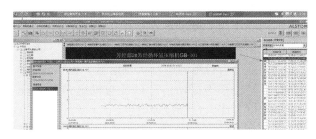

图 3 启停机图

4.2.3 机组振动趋势图

机组故障发生时，在 16:44:22，汽轮机 4 个测点振动同时上升，压缩机振动没有明显上升(见图 4)。

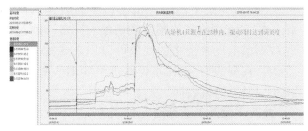

图 4 振动趋势图

4.2.4 机组波德图

汽轮机 4 测点振动上升时，其对应相位也全部突变(见图 5)。

4.2.5 转速与振动变化

故障发生初期，汽轮机转速下降，而振动

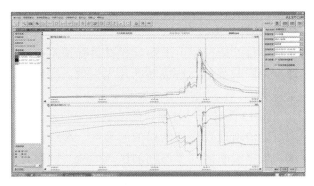

图5　波德图

上升(见图6)。

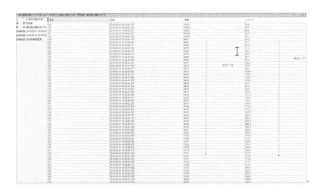

图6　转速与振动变化图

4.2.6　机组频谱图

机组故障发生后转速下降，9855r/min时，S-1011V振幅为64.16μm；7676r/min时，S-1011V振幅为300μm(满量程)，且时域谱图为比较标准的正弦波(见图7和图8)。

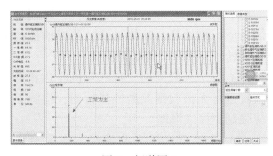

图7　频谱图1

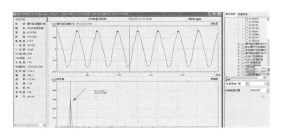

图8　频谱图2

4.2.7　机组频谱瀑布图

显示机组频谱比较单一，唯有一倍频，其幅值在10600r/min时突然上升，后随转速下降而下降(见图9)。

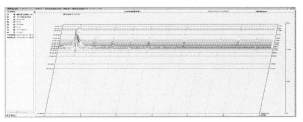

图9　频谱瀑布图

4.2.8　轴心轨迹图

机组在故障发生时(16∶30∶52)轴心轨迹为正进动，透平在16∶35∶52时轴心轨迹出现反进动，表示已经开始有碰磨(见图10和图11)。

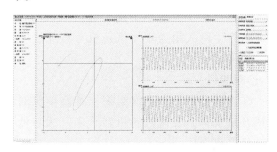

图10　轴心轨迹图1

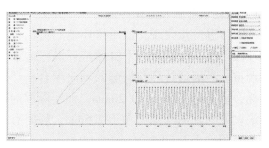

图11　轴心轨迹图2

4.2.9　机组转速及轴位移图

本机组汽轮机轴位移的联锁值为+/-0.40mm，机组在整个转速下降过程中，轴位移均未达到联锁值(见图12)。

从以上分析可以得出判断：机组故障发生在汽轮机上，应该是汽轮机在正常运行中发生了突发故障。故障发生时间极短仅1分24秒，就完成了机组从10800r/min到2000r/min的降速突变。在这1分24秒中，汽轮机4个测点振动从正常的约20μm，上升到300μm的振动满

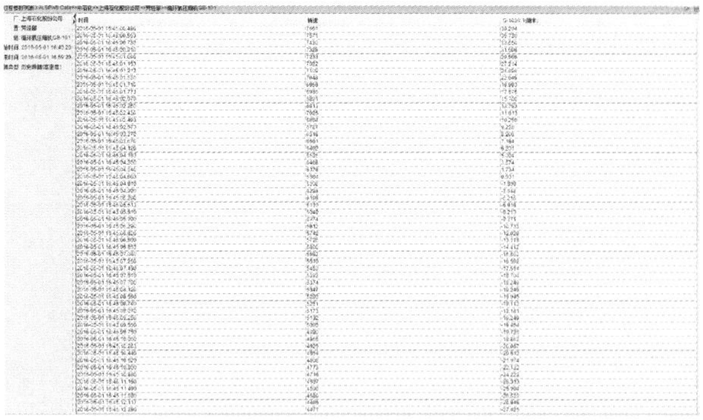

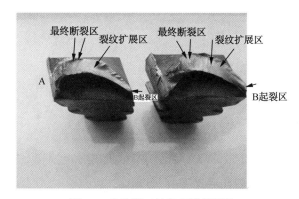

图 12　汽轮机转速与轴位移图

刻度量程，随转速下降又逐步有所下降；期间轴心轨迹发生过畸变，涡动方向由正进动转为反进动，说明转子有摩擦现象发生。振动频率比较单一为一倍频，时域为典型的正弦波，振动突变时相位跟着变化。

故判断为汽轮机部件掉落，在高速下发生剧烈摩擦，转子发生不平衡引起巨大振动，动静碰磨产生巨大阻力矩使汽轮机蒸汽无法驱动而被迫降速。

5　诊断验证

在诊断分析后，连夜组织检维修单位对汽轮机开缸解体。发现汽轮机转子末三级与低压段持环严重损坏。

6　原因分析

6.1　汽轮机叶片及缸体冲蚀

解体进一步发现，低压持环轴向定位台阶已冲蚀严重。汽轮机上下缸体持环涡哇冲蚀非常严重，经测量持环与涡哇的轴向配合已严重超标，标准应在 0.10~0.20mm，而实际因为冲蚀最大处的轴向间隙已大于 2.5mm，环向有效定位面积已小于 50%。

标准的转子动叶片与低压持环静叶片的轴向间隙应不大于 2.1mm。冲蚀造成的定位失效可能是造成动静碰磨的主要原因。

而造成汽轮机气缸冲蚀的原因：凝汽式汽轮机最末几级处于湿蒸汽工作区，要受到蒸汽膨胀过程中凝成的水滴磨蚀，磨蚀一方面是湿蒸汽电化学腐蚀作用，另一方面是水滴的机械冲刷作用，其结果会造成动叶片及气缸出现无无光泽的麻点，继而逐渐变为空穴状，随着运行时间的延长，动叶片及低压侧气缸磨蚀会愈来愈严重，而该气缸实际已使用 33 年，冲蚀

严重。

6.2　动叶片失效

不排除运行中由于动叶片材料有缺陷或叶片冲蚀影响强度，造成动叶片先失效，继而发生碰磨。

图 13 为转子叶片断口的宏观形貌照片。从中可以清晰地观察到断口的起裂区、裂纹扩展区和最终瞬断区三个不同的区域形貌。同时也可以观察到叶片外缘的剪切层。整个断口总体上较为平坦，断裂发生在叶片根部，且 B 为起裂源，A 为最终瞬断区，中间为裂纹扩展区。在断裂扩展区可观察到轮胎压印条纹，即呈较为典型的疲劳断口特征。

图 13　叶片断口的宏观形貌照片

7　对策措施

（1）对冲蚀严重的汽轮机上下缸体进行强制更换。

（2）对转子修理质量进行监控，特别是叶片的材质、热处理、叶片与转鼓的榫槽连接可靠性、转子超速试验等必须验证。

（3）每个大修周期，对汽轮机叶片和低压端气缸进行无损检测及磨蚀量检测，检测不合格应强制更换或修理。

（4）监控蒸汽压力与温度，确保蒸汽热焓值。

（5）按规范检修，保证动叶片与持环及持环与气缸的轴向间隙处于有效范围。

8　结语

本次故障经过准确诊断，通过更换缸体、转子、持环较彻底地解决了运行隐患。日常操作上对蒸汽的品质及参数还要严格监控，使凝机排气端湿蒸汽对设备部件的磨蚀损坏最少。

V-20 机组在芳烃部 300/500/700 单元各有

一台，均为装置关键机组，机组工况类似。对同类机组应在每个大修周期对低压持环与缸体的冲蚀情况定量检查，作好记录与对照；对高速旋转的转子末几级叶片要做测频或超声波检测，发现问题决不能轻视；要提前做好转子修理质量的把关。缸体冲蚀后更换备件将花费巨大成本，企业应研究缸体修复方案以应对长周期运行后出现的普遍现象。

参 考 文 献

1　屈世栋，刘国新，裂解气压缩机组振动故障诊断．设备管理与维修，2011，(5)：45-47

2　黄勇，背压式汽轮发电机组振动诊断．设备管理与维修，2015，(7)：88-89

3　陈兆虎，何振歧，高压加氢装置循环氢压缩机组故障诊断及原因分析．密封与润滑，2011，(10)：115-118

4　潘高峰，H100 型空压机振动故障分析与处理．设备管理与维修，2011，(2)：51-52

GBT201 汽轮机振动波动原因分析

李海涛

（中国石化天津分公司，天津　300271）

摘　要　介绍了 GBT201 汽轮机的工作原理和振动波动情况，通过图谱、案例的趋势数据分析了汽轮机振动波动原因，提出了维持汽轮稳定运行的监控措施，为今后汽轮机组的平稳运行提供参考。

关键词　GBT201；汽轮机；振动；波动

GBT201 汽轮机是德国 SIEMENS 公司设计制造的抽汽凝液式汽轮机，是公司级关键机组，2012 年机组进行了解体检修，各监测点振动值良好。2015 年 4 月乙烯装置计划停车，更换冷箱消除装置瓶颈，开车后 GB201 裂解气压缩机提升了负荷，汽轮机出现振动波动，最大振值 V2052Y 为 72.09μm。通过机组参数趋势对比分析、相关指标检测、重点部位互换检查、工艺参数优化调整等措施，初步掌握了引发机组振动的规律，并采取了有针对性的对策。

1　问题

1.1　设备简介

汽轮机组工作原理：汽轮机是利用蒸汽做功的一种旋转式动力机械，它可以将蒸汽的热能转换为汽轮机轴的回转机械能。在汽轮机中，蒸汽在喷嘴中发生膨胀，因而汽压、汽温降低，速度增加，蒸汽的热能转变为动能。然后蒸汽流从喷嘴流出，以高速度喷射到叶片上，高速汽流流经动叶片组时，由于汽流方向改变，产生了对叶片的冲动力，推动叶轮旋转做功，叶轮带动汽轮机轴转动，从而完成了蒸汽的热能到轴旋转的机械能的转变。

GBT201 汽轮机是乙烯装置 GB201 裂解气压缩机的驱动设备，型式为抽汽凝液式，型号为 EHNK32/37/48。其驱动的裂解气压缩机由日本 HITACHI 公司设计制造，型号为 2MCH606/2MCH607/MCH526，属水平剖分的卧式离心压缩机，压缩机分为三缸五段十九级。1995 年 11 月机组投入使用，裂解气量处理为 44t/h，2001 年乙烯装置扩能改造将机组处理裂解气量提升至 62t/h。GB201 机组的参数具体见表 1。

表 1　GB201 机组参数表

介质	裂解气	轴功率	10750kW
汽轮机型号	EHNK32/37/48	生产厂家	SIEMENS
额定转速	5950r/min	最小控制转速	5185r/min
最大连续转速	6248r/min	机械跳闸转速	6873r/min
设计温度	515℃	设计压力	118.7bar
设计流量	80.08t/h（5950r/min），抽气 65.08t/h，复水 15t/h		
抽气压力	35.3bar	最大抽气压力	40.5bar
真空度	-89kPa	最小抽气压力	32.5bar
压缩机型号	2MCH606/2MCH607/MCH526	级数	6(高)/7(中)/6(低)
机封类型	浮环	压缩机厂家	HITACHI
入口压力	0.022MPa	出口压力	3.656MPa
段数	5	容积流量 m³/h	84030

1.2　GBT201汽轮机故障情况

2012年9月机组进行了解体大检修，开车后四个振动测点的振值良好（V2051X：25～35μm；V2051Y：18～22μm；V2052X：11～15μm；V2051Y：9-12μm），机组示意图如图1所示。

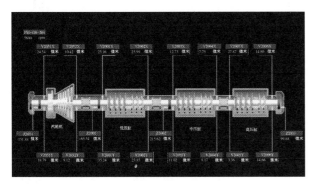

图1　机组示意图

2015年4月乙烯装置计划停车，更换冷箱，消除装置瓶颈后开车，GB201裂解气压缩机组转速由停车前的5700～5800r/min提升到5900r/min以上，负荷由停车前的62～64t/h提升到66～67t/h，汽轮机组出现振动波动，最短波动周期8小时，最长波动周期20天，联轴节侧V2052Y点的最大振值为72.09μm（其他三点也同时跟随其波动），波动时长约为10min，波动过后立刻恢复到正常运行值。通过对数据的整理分析，将振动波动情况分为以下三个阶段。

1.2.1　第一阶段：4月20日～6月6日，振值频繁波动阶段

2015年4月20日开始发现GBT201汽轮机振动波动，此时机组的转速为5900～5950r/min（额定转速为5950r/min），负荷为65～67t/h。该阶段汽轮机组V2052Y点每隔两三天振值就出现一次波动（其他三点也同时跟随其波动），振动趋势如图2所示，最短波动周期为8h，波动时V2052Y最大振值为55μm，其他三点分别为：V2052X为22μm（正常值为10～15μm）；V2051X为49μm（正常值为25～35μm）；

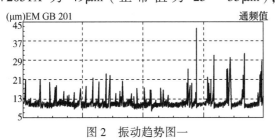

图2　振动趋势图一

V2051Y为35μm（正常值为17～22μm）。

1.2.2　第二阶段：6月6日～7月15日，运行平稳阶段

由于裂解炉烧焦退炉，该机组转速降至5750～5850r/min（平均值），负荷降至62～63t/h，至7月15日机组运行平稳，最长连续20天未出现较大波动。在此阶段连续20天未出现波动，此期间只有6月26日出现一次较大波动，V2052Y为48μm（DCS），趋势如图3所示。

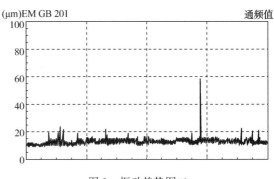

图3　振动趋势图二

1.2.3　第三阶段：7月15日至今，振值波动阶段

机组转速为5820～5920r/min，负荷为63.5～65t/h，机组再次出现频繁波动，每隔三至五天振值就出现一次波动（其他三点也同时跟随其波动），最短波动周期为39h，波动时最大振值为65μm，趋势如图4所示。

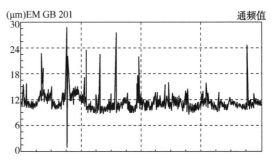

图4　振动趋势图三

2　原因分析

2.1　图谱分析

1）振动趋势图

通过S8000机组在线监控系统查看汽轮机组的振动趋势（因为5月20日至5月30日期间波动比较频繁，所以以该时间段的图谱为例），如图5所示，发现汽轮机振动波动最大点为V2052Y。

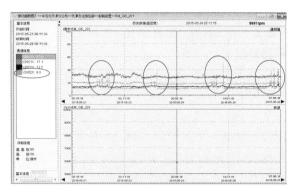

图 5　振动趋势图

2）波形频谱

通过波形频谱图可以看出 V2052Y 振值的主要成分为 1 倍频，如图 6 所示。

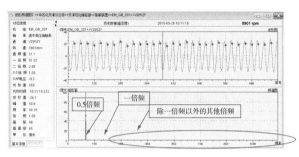

图 6　波形频谱图

（1）当通频值为 51.1μm 时，其一倍频为 51.02，占整个振值的 99.8%；

（2）频谱比较干净，二倍频、三倍频等高频数值可以忽略不计。

（3）0.5 倍频数值稳定，存在油膜失稳的可能性较小。

3）相位情况

如图 7 所示，通过 V2052Y 点一倍频趋势可以看出：

（1）一倍频的趋势与通频值的趋势基本一致；

（2）相位随一倍频的波动而发生变化。

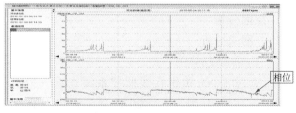

图 7　相位情况

4）GAP 电压情况

对 V2052Y 点的 GAP 电压趋势进行检查，如图 8 所示。

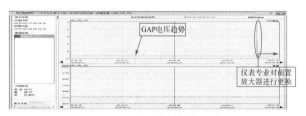

图 8　GAP 电压情况

GAP 电压稳定（-9.3），基本可以排除因假信号造成的波动。

通过以上的图谱可以初步确定振动波动主要由一倍频波动引起，通过相位和 GAP 电压的图谱分析认为因仪表信号故障出现假值的可能性较小。引发一倍频波动故障的主要原因分析如下：

（1）不平衡故障　如突发性不平衡（断叶片、叶轮破裂等）、渐发性不平衡（结垢、腐蚀等）、初始不平衡以及轴弯曲等。突发性不平衡如断叶片、转子结垢脱落、叶轮破裂，出现此类故障后，会产生不平衡现象，振值升高及相位角变化，但是不可能在短时间内又恢复平衡，如振动值恢复到正常运行值 10～12μm，因此叶片断裂、结垢脱落、叶轮破裂的可能性较小；渐发性不平衡如结构和腐蚀等故障，应该个有缓慢的过程；初始不平衡可以排除；轴临时热弯曲不可以排除。

（2）轴承偏心类故障　如间隙过大、轴承合金磨损、轴承不对中、轴承座刚度差异过大等。对该点的轴心轨迹进行检查，如图 9 所示。轴心轨迹良好，应该不存在间隙过大、轴承合

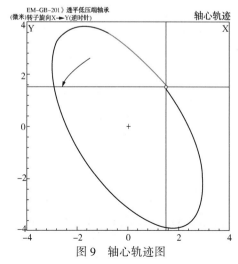

图 9　轴心轨迹图

金属磨损、轴承不对中、轴承座刚度差异过大等故障，而且此类故障发生后，也不可能恢复正常，只会越来越剧烈。轴瓦类故障应该伴随着轴瓦温度的升高，然而该点的轴瓦温度基本稳定(58~60℃)，如图10所示。

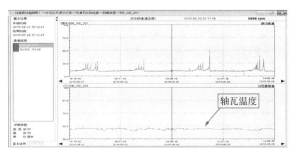

图10　轴瓦温度

（3）支座、壳体、基础的松动、变形、裂缝等支承刚度异常引起的振动　此类故障发生后，不可逆转。如果某个静止件与转子产生摩擦，波形会出现削波现场，而且会伴有二倍频和三倍频等高频成分，当磨损严重时会出现反进动，通过S8000上的图谱分析，均不存在此类现象，因此碰磨的可能性较小。

（4）运行转速接近临界转速　转子运行的转速不在临界转速区域内。

（5）汽轮机转子偏心等　汽轮机转子偏心振动升高后不可逆转，因此该项可以排除。

分析认为几次波动由转子短时间动不平衡引起，因设备本体硬件损伤是不可逆的，所以设备本体损伤的可能性较小；转子结垢脱落和转子与静止件碰磨的图谱与机组当前运行的图谱存在较大差异。转子在某些外部可重复发生的能量作用下产生转子瞬间不平衡的可能性相对较高。机组转速在5910r/min以上（额定转速为5950r/min），并且效率较高，致负荷较满，峰线上抗干扰波动能力较差，长期运转局部疲劳缺陷凸显。

2.2　负荷与转速分析

机组已经连续运行三年多，汽轮机喷嘴冲蚀、转子结垢、压缩机结焦磨损的情况肯定存在，而这些变化都会影响到机组的运行状态，通过三个阶段的数据统计分析认为，负荷在62~63t/h，转速在5750~5850r/min时，运行较为平稳。

2.3　案例分析

2.3.1　9.1振动波动情况

9月1日03：07：24，V2052Y振动报警，振值值为65μm。经查这次波动主要因为高压蒸汽外网波动，导致GBT201抽气温度（370℃降至357℃）、压力（3341kPa降至2957kPa）下降，对高压蒸汽管网进行补压，导致汽轮机进气压力减少1MPa，转速下降（5580 r/min 降至5480r/min），V2052Y波动，如图11所示。

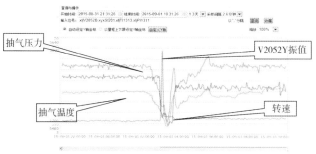

图11　历史趋势图

2.3.2　9.3振动波动情况

9月3日12：03出现首次异常波动，振幅变化较小。17：08振动情况发生二次波动，振幅变化有一定程度的增大。22：27发生第三次异常振动，测点V2052Y振动值达到85.4μm，测点V2051X振动值达到66.7μm，其中第三次异常振动持续10min左右。从波形频谱图上看，激振频率仍然为一倍频，与之前发生的异常振动形式一致。通过17：28时汽轮机两端一倍频轴心轨迹图可以看出，第三次异常振动前首次出现低压端反进动现象，如图12所示。

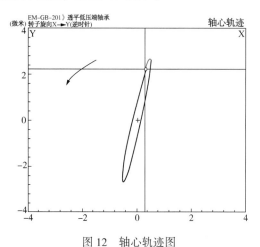

图12　轴心轨迹图

从上述轴心轨迹图中可以看出，汽轮机低压端测点处可以发现轴心轨迹上存在反进动现象，并且一直持续到异常振动前20min左右，因此汽轮机低压端转子首先发生长时间碰磨，当磨损量足以导致转子动平衡发生变化或导致转子发生热弯曲现象时，转子振动现象将发生大幅度的异常波动，直至转子重新找到新的动平衡位置或临时热弯曲现象消失时结束。

2.3.3　10.16振动波动情况

10月16日17：18 GBT201汽轮机组出现一次波动，V2052Y值为57.85μm（DCS数据），通过对波动的进气压力温度、抽气压力温度流量、机组转速负荷等参数趋势数据对比分析，发现17：18 GBT201汽轮机组出现波动与机组转速、负荷和抽气流量的变化趋势有一定的关系，趋势如图13所示。

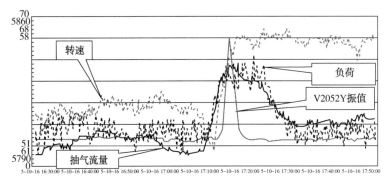

图13　趋势图

17：12机组转速为5800r/min、负荷为62.09t/h、抽气流量为52.1t/h、V2052Y振动值为12.9μm，到17：18时机组转速突然上升到5840 r/min、负荷也突然上升到65.1t/h。与此同时，抽气流量也突然提高到55.68t/h。初步判断为机组负荷提升的同时，增大了抽气流量，蒸汽系统瞬时波动引起此次振动波动。

2.3.4　10.30振动波动情况

10月30日02：26 GBT201汽轮机组出现一次波动，V2052Y值为63.4μm（DCS数据）。通过S8000机组在线监控系统趋势数据分析，本

次振动的主要成分仍为一倍频，转子轴心轨迹良好，未发现反进动现象。

通过对波动期间汽轮机进汽流量压力温度、抽气流量压力温度、机组转速负荷等参数趋势数据对比分析如下，趋势如图14所示。

从10月30日02：06到02：26，汽轮机组进气总量由75.1t/h降至71.2t/h。裂解气负荷由63.8t/h降至63.2t/h，此时机组出现振动波动（V2052Y点值为63.4μm）。02：33当负荷降至61.3t/h时振动波动结束，机组振动趋势恢复正常。

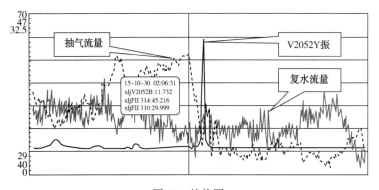

图14　趋势图

分析认为，机组蒸汽进量突然下降，此时负荷虽然也有所下降，但机组进汽量仍无法给机组运行提供强有力的动力（机组驱动系统与负荷不匹配），是本次机组振动波动的主要原因。

2.3.5　11.06振动波动情况

11月06日11：28 GBT201汽轮机组出现一

次波动，V2052Y 值为 63.4μm（DCS 数据），如图 15 所示。汽轮机组振动波动主要因为压缩机五返四防喘振阀 FV211 故障（DCS 给定 0%，现场阀门有 40%左右开度，经检查发现仪表风含凝结水造成了此次异常情况。因喷嘴孔径非常小，有少量水堵塞孔，由于该阀现场位置正在风口处，温度较低，仪表风凝结水结冰后造成气压不畅通，最终导致阀门动作异常）。因压缩机五返四防喘振阀 FV21 打开后，工艺要对压缩机以及裂解炉相关工艺参数调整，调整的过程中造成蒸汽管网压力波动，导致汽轮机组振动，V2052Y 值为 63.4μm。

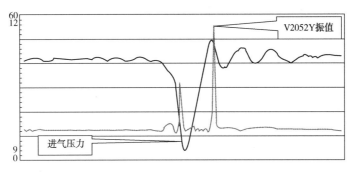

图 15　趋势图

综上所述，分析认为机组存在硬件损伤的可能性较小，汽轮机蒸汽系统与机组负荷匹配的合理性是引发机组振动的主要原因。

3　处理过程及措施

（1）对机组润滑油进行检测，查看润滑油寿命以及是否有金属物质。

（2）对机组仪表前置放大器进行检查，对通道进行互换性检查，同时进行机组静电情况检测。

（3）对汽轮机密封蒸汽调节、油封密封氮气进行调整。

（4）由于振动波动值已接近联锁值，为保证机组的连续运行，在超速联锁和位移联锁能确保证机组运行安全的前提下，解除汽轮机的振动联锁。同时，进行了风险识别和联锁解除后特护监控和应急处置预案，授权现场操作人员在紧急情况下可以紧急停机。

（5）成立两级攻关小组，烯烃部级每周对机组运行情况进行分析，并形成运行情况分析报告，公司级每半月召开一次攻关小组会。

（6）针对机组的运行情况，主要从工艺、设备、仪表三方面修订了《GB201 机组特护方案》。

（7）工艺方面主要对裂解炉升温、DS 投用、点侧壁火咀、COT 升温、SS 并网、机组转速控制、密封蒸汽压力调整、抽气调节、FF201 干燥器切换等工艺操作进行了细化，保持操作平稳，避免系统产生波动。有重大生产操作通知设备科。

（8）设备方面主要在机组润滑油品质监控、滑销和缸体膨胀检查等方面细化相关规定。

（9）仪表方面主要在汽轮机波动点趋势等方面进行重点监控。

（10）编制了应急检修方案，核对机组备件。

（11）落实总部化工事业部专家组提出的保障机组稳定运行的各项建议，边落实边观察运行效果。

4　结论

（1）通过图谱分析、机组负荷和转速分析、案例分析和专家现场诊断，认为汽轮机本体硬件损伤的可能性较小。

（2）汽轮机蒸汽系统（含进气和抽气）与机组负荷匹配的合理性是引发机组振动的主要原因。

（3）当汽轮机进气压力、温度、流量、抽气压力、温度、流量发生大幅度变化时，负荷调整不及时；或者当负荷发生加大变化时，汽轮机进气以及抽气调节不及时，出现振动波动的可能性较大。

（4）当受外界影响振动波动剧烈时，会严重破坏转子在缸体内的轴向和径向位置，导致瞬间局部碰磨，出现反进动。

（5）裂解炉升温、SS 并网、抽气调节、FF201 干燥器切换等操作都是容易引发振动波动的关键性操作。

热电厂减速器高速轴断裂原因分析

王 强 李 涛

（中国石化天津分公司，天津 300271）

摘 要 通过对某热电厂磨煤机减速器断裂的高速轴进行宏观检验、化学成分分析、能谱分析、硬度检验、金相检验、力学性能测试，结合减速器运行工况，找出高速轴断裂的主要原为制造质量不合格，在运行过程中发生了疲劳断裂。

关键词 高速轴；疲劳断裂

2017 年 11 月 18 日某热电厂 7# 炉乙侧磨煤机正常启动运行，运行电流为 72.45A，11 月 19 日凌晨 00：54 分，乙侧磨煤机运行中电流瞬间降低至 34.31A，随即司炉汇报班长，班长现场检查，发现 7# 炉乙侧磨煤电机仍运行，但磨煤机减速器未运转，经检查发现减速器的高速轴已经断裂（3 瓦轴承侧）。

高速轴为减速器原装齿轮轴，于 2008 年投用，材质为 37SiMn2MoV。为查找高速轴的断裂原因，进行如下检验分析。

1 检验与分析

1.1 宏观检验

高速轴断裂于减速器输入端的轴承安装部位，轴径为 160mm，断裂面靠近轴肩处，距倒角处约 3~5mm，见图 1。断口整体较为平齐，可区分出裂纹源区、扩展区和瞬断区，裂纹源区有贝壳状条纹，并伴有多条撕裂棱，具有多源疲劳开裂特征。断口上瞬断区的面积不足横截面积的 20%，分析断轴断裂前并未出现明显

过载显现，见图 2~图 4。

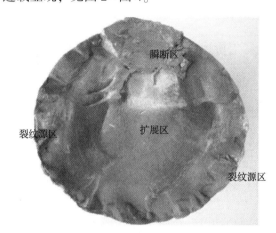

图 2 轴承侧断口

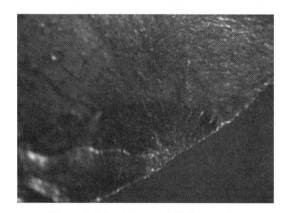

图 3 裂纹源区的放射状条纹（6.5 倍）

图 1 轴承侧断轴

作者简介：王强（1983—），男，辽宁铁岭人，2005 年毕业于辽宁石油化工大学过程装备与控制工程专业，学士学位，高级工程师，现就职于中国石化天津分公司装备研究院，主要从事石油化工设备的检验检测及失效分析工作，已发表论文 2 篇。

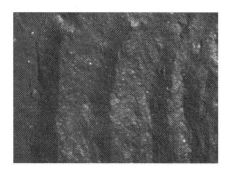

图4　扩展区的条带形貌(6.5倍)

断轴外表面存在明显的金属剥离痕迹,剥离层沿圆周分布,与轴承的安装位置基本对应,剥离层厚度为1~2mm之间,见图5~图6。

图5　轴承接触部位的表面剥离层

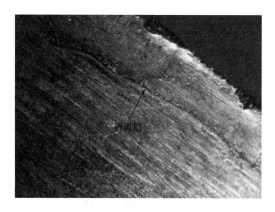

图6　断轴横向截面上的剥离层(6.5倍)

1.2　化学成分分析

在断轴芯部取样进行化学成分分析,结果见表1,断轴的化学成分符合设计标准GB/T 3077~2015《合金结构钢》中37SiMn2MoV的标准范围。

同时,对断轴表面取样进行碳含量检测,表面的碳含量为0.26%,明显低于基体的碳含量0.39%,分析断轴表层可能进行了化学处理。

表1　断轴芯部化学成分分析结果　　　　　　　　　　　%

元素	C	S	Mn	Si	P	Cr	Mo	V
检测结果	0.39	<0.001	1.70	0.72	0.029	0.12	0.37	0.076
GB/T 3077—2015 范围	0.33~0.39	≤0.035	1.60~1.90	0.60~0.90	≤0.035	≤0.30	0.40~0.50	0.05~0.12

1.3　能谱分析

由于断轴表面的碳含量明显低于基体,初步分析断轴表面可能进行了化学处理。对断轴沿直径方向切割取样,抛磨后用5%硝酸酒精腐蚀,明显可见三个不同的颜色区域:表面光亮层、中间黑色过渡层、内部基体。其中,表面光亮层的深度约1~2mm,中间黑色过渡层深度约3~4mm,见图7。

对表面光亮层和黑色过渡层进行元素能谱分析,发现表层金属中氮含量明显高于正常金属的范围,见图8。因此,分析断轴表层进行了渗氮处理。

1.4　硬度检验

应用显微硬度计对图7中的表面光亮层进行硬度测试,平均硬度值为220HB(约20.0HRC)。应用洛氏硬度计沿直径方向进行硬度测试,见图

图7　断轴端面腐蚀后宏观形貌

9,其中1、5、6、9号测点为黑色过渡层部位。从表2中可见,断轴过渡层的硬度值显著高于基体和表面光亮层,即表层附近的硬度梯度变化较大。

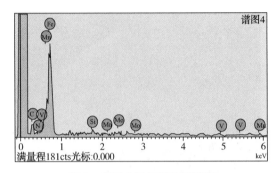

图 8　表层金属能谱检测谱图

表 2　硬度检测结果

部位	硬度值	部位	硬度值
1	54.6HRC	6	52.7HRC
2	21.7HRC	7	20.8HRC
3	22.3HRC	8	21.0HRC
4	22.3HRC	9	54.9HRC
5	55.5HRC		

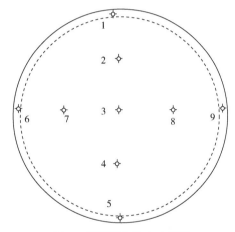

图 9　断轴硬度检验示意图

1.5　金相检验

对断轴端面取样进行金相检验,表面光亮层(即渗氮处理中的化合物层)分布有黑色点状孔洞,按 GB/T 11354—2005《钢铁零件渗氮层深度测定和金相组织检验》标准评级,疏松等级为 2~3 级,基本符合一般零件要求,见图 10。

在表面化合物层和过渡层之间存在针状的氮化物组织,见图 11,针状的组织会使化合物层变得很脆,容易发生剥落,其不符合零件渗氮的质量要求。

同时,金相检验还发现过渡层中靠近化合物层侧存在环向和径向的微裂纹,部分微裂纹已相互连接,见图 12 和图 13。裂纹两侧无脱碳现象,属于表面渗氮处理中产生的剥离裂纹。

在黑色过渡层中,存在着网状的氮化物,按 GB/T 11354—2005《钢铁零件渗氮层深度测定和金相组织检验》标准评级,氮化物等级为 2~3 级,基本符合一般零件要求,见图 14 和图 15。

断轴的中部及芯部的基体组织为回火索氏体,组织较均匀,未见异常,局部有少量夹杂物,见图 16 和图 17。

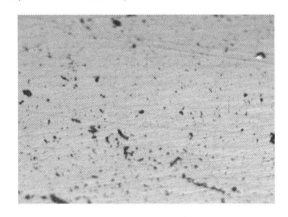

图 10　光亮层中夹杂物(100 倍)(未腐蚀)

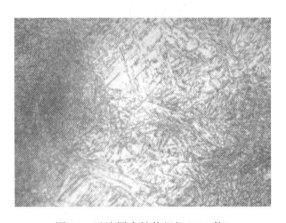

图 11　过渡层中针状组织(200 倍)

图 12　过渡层中的周向裂纹(100 倍)

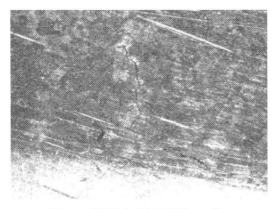

图 13　过渡层中的径向裂纹（50 倍）

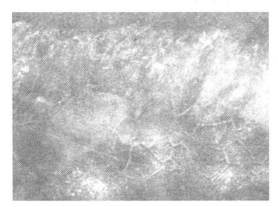

图 14　过渡层中的网状组织（100 倍）

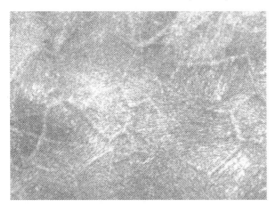

图 15　过渡层中的网状组织（200 倍）

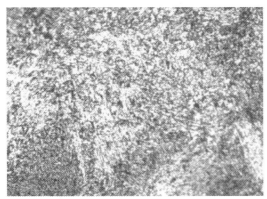

图 16　断轴中部组织（200 倍）

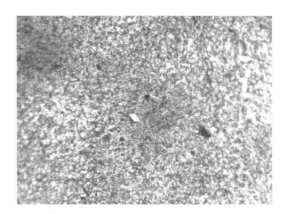

图 17　断轴芯部组织（200 倍）

1.6　力学性能测试

将断轴去除表面的渗氮层，沿轴向取样进行力学性能测试，结果见表 3，断轴的抗拉强度、屈服强度均低于设计标准 GB/T 3077—2015《合金结构钢》中 37SiMn2MoV 的标准范围。

表 3　力学性能试验结果

试样	抗拉强度 R_m/MPa	屈服强度 R_{el}/MPa	延伸率/%
1#试样	903	700	19.5
2#试样	861	700	21.5
3#试样	866	689	21.5
GB/T 3077—2015 规定的标准范围	≥980	≥835	≥12

1.7　运行工况分析

查阅减速器的运行检修记录，此次断裂的高速轴为减速器原装齿轮轴，断裂前已累计运行 $5.5×10^9$ h。根据高速轴的转速 1000r/min，计算得出断裂前的累计循环次数为 $3.3×10^9$ 次。

2012 年 11 月减速器检修，更换了 3#瓦侧轴承；2014 年 5 月检修，更换了 4#瓦侧轴承；2017 年 10 月减速器检修，将轴承全部更换，减速器的历次检修均未对断轴进行无损检测。

查阅减速器 2017 年 5 月~2017 年 11 月期间的轴承振动检测记录（车间自测），最大位移值为 $6×10^{-2}$ mm（标准值 $8×10^{-2}$ mm），未发现振动超标现象。运行期间，电机的电流值一直较为稳定，减速器未出现过载现象。

2　开裂原因分析

断轴的化学成分、基体硬度符合设计要求。由于减速器运行中未无电流过载和振动异常等现象，断轴断口的瞬断区面积又较小，因此，可排除运行中异常工况波动引起断轴断裂的可能性。

宏观检验发现断口整体呈多源疲劳断裂特征，断口边缘存在 1~2mm 的金属剥离层（表面化合物层），疲劳裂纹正是起源于剥离层下，与金相检验发现的微裂纹位置相符。

由于断轴表层过渡层存在大量的微裂纹，表面化合物层与过渡层之间硬度值相差较大（约30HRC），在循环载荷的作用下，过渡层的微裂纹逐渐发生扩展，造成表面化合物层出现剥落，剥落形成的缺口又会加剧应力集中，进一步促进裂纹的扩展，最终导致高速轴发生了疲劳断裂。

3　结论

某热电厂磨煤机减速器高速轴的断裂原因为：断轴制造质量不合格，在运行中发生了疲劳断裂。

4　建议措施

（1）加强高速轴的制造质量控制，确保各项性能指标符合设计要求。

（2）利用检修时机，定期对高、低速轴进行宏观检查及表面无损检测。

参 考 文 献

1　时新红，张建宇，等．材料多轴高低周疲劳失效准则的研究进展．机械强度，2008，（5）：515-521

2　孙智，江利，应展鹏，等．失效分析-基础与应用．北京：机械工业出版社，2005

柴油加氢不锈钢高压阀门填料压盖螺栓断裂失效原因分析

姚志东

（中国石化北海炼化有限责任公司，广西北海　536016）

摘　要　通过采用宏观形貌观察、硬度检验、化学成分分析、金相组织观察及扫描电镜分析等方法对失效断裂的 ASTM A193 B8 不锈钢螺栓进行分析，结果表明：断裂的原因是其化学成分偏离标准值，造成晶间附近贫铬，在海洋大气环境下（氯离子）致使螺栓应力腐蚀开裂，并提出相应的对策。

关键词　螺栓；Cl 离子；应力腐蚀；开裂

1　装置概况

2017 年 12 月 30 日 14：30，柴油加氢装置第二反应器 R－102 顶部突然油气大量泄漏，装置紧急泄压，检查发现第二反应器入口催化剂差压线上高压不锈钢锻制阀门填料压盖螺栓断裂，填料压盖崩出造成油气大量泄漏，现场紧急处理关闭催化剂差压线所有根部阀后泄漏消除，装置恢复生产。

现场检查发现该批次高压不锈钢锻制阀门为 2015 年 11 月 20 日开始的国 V 标准柴油产品质量升级改造项目，2016 年 1 月 22 日投入生产运行。阀门口径：3/4″（DN20）、1″（DN25），阀门压力等级：25MPa，阀门主体材料：ASTM A182 F321，阀门填料螺栓/螺母材料：ASTM A193 Gr. B8 ／ A194 Gr. 8。

2　损伤情况

现场按照工艺流程全面普查同批次同类型阀门合计 65 台，目视及着色检查后在反应器差压引出线上总共发现 18 台阀门填料压盖螺栓存在裂纹（或断裂），裂纹（或断裂）主要集中在端部套环与螺柱连接部位或套环本体。

3　失效原因分析

该批次高压不锈钢锻制阀门填料压盖螺栓采用符合 ASTM A193 标准的高温用奥氏体不锈钢螺栓材料，其制造加工工艺流程为：原材料固溶状态进厂——下料——镦头锻打——固溶——加工——检验，高温下应具有较高的塑性和韧性。

3.1　螺栓整体形貌检查

从图 1 中观察发现螺栓从螺柱端到套环端部总体加工过渡不圆滑，断裂的螺栓在套环与螺柱之间的连接部位有台阶或小半径圆弧，且大部分螺栓套环孔内外径并不同心，套环边缘厚度明显不均匀、截面突然发生变化，易导致应力集中。

图 1　断裂的高压不锈钢锻制阀门填料压盖螺栓

3.2　硬度测定

根据 GB/T 4340.1—2009《金属材料 维氏硬度试验 第 1 部分：试验方法》，将其中一根螺栓垂直于螺杆轴线切开，在切面上进行维氏硬度试验。随机测得三个点的维氏硬度分别为 265HV、256HV、262HV，均高于标准要求的 200HV 上限。

3.3　化学成分分析

为确保测定的可靠和权威，任取 4 根螺栓在广西特种设备检验研究院（简称广西特检院)测定,另随机抽取 1 根螺栓送机械工业材料质量检测中心上海材料研究所检测中心(简称上海材料研究所)做对比测定。分析结果见表 1。

表 1   螺栓材料化学成分(质量分数)   %

元素	C	Si	Mn	P	S	Ni	Cr	
标准	≤0.08	≤1.00	≤2.00	≤0.045	≤0.030	8.0~11.0	18.00~20.00	
允许偏差	+0.01	+0.05	+0.04	+0.01	+0.005	±0.15	±0.20	
1#	0.145	0.410	1.001	0.032	0.029	7.67	17.09	
2#	0.141	0.403	1.013	0.034	0.028	8.06	16.59	广西特检院测定
3#	0.145	0.418	0.988	0.031	0.025	7.43	17.42	
4#	0.145	0.423	0.999	0.035	0.031	7.75	16.85	
5#	0.14	0.39	1.00	0.033	0.027	8.05	17.09	上海材料研究所测定

根据 ASME SA193 化学成分要求,从表 1 的化学成分对比中可知,随机送检的螺栓碳含量远超标准上限,碳含量平均超出约 75%,螺栓镍含量稍低或偏标准的下线,铬元素含量均低于标准下限要求。碳含量增高、铬含量偏低会导致晶粒周边形成贫铬区析出碳化物,也容易导致不锈钢螺栓奥氏体组织的晶粒易长大而粗化,相应地会导致材料塑性和韧性降低。

3.4 断口宏观检查

断口宏观形貌见图 2,分为断口 A 和断口 B。断口 B 做断口分析,可见断面与轴向大致垂直,部分区域有异物覆盖,局部区域存在擦伤特征,无拉伸颈缩现象未见明显塑性变形,见图 2(b)。

(a)   (b)

图 2   断口宏观形貌

3.5 断口 SEM 形貌分析

将图 2 中的断口 B 清洗后置于场发射扫描电子显微镜(SEM)下观察,断口 SEM 低倍形貌见图 3,放大后形貌见图 4 和图 5。SEM 形貌图中部分区域可见沿晶和二次裂纹,无韧窝,部分区域有异物覆盖及擦伤,由沿晶裂纹也验证了材料铬镍元素含量偏低,晶间抗腐蚀能力弱,腐蚀易沿晶界发展,初步判断断口为脆性断裂。

3.6 金相分析

3.6.1 显微组织分析

截取图 2 中的断口 B 剖面试样,经镶嵌、磨抛和化学试剂侵蚀后置于光学显微镜下观察,断口边缘处显微组织为:奥氏体+沿晶析出碳化物,见图 6;断口中心部位显微组织为:奥氏体+沿晶析出碳化物,见图 7。金相显微组织晶界清晰,沿晶析出碳化物说明材料固溶不充分,同时也验证了材料碳含量超高。

材料碳含量远超标准上限,在热处理时会在晶间形成碳化物,导致晶间贫铬,从而影响晶间结合力降低材料韧性。结合断口 SEM 形貌分析清晰可见的沿晶裂纹,可以判定螺栓断裂形式为脆性断裂。

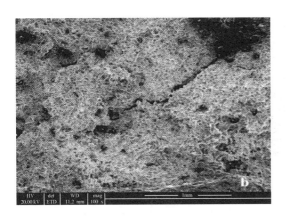

图 3　断口 SEM 低倍形貌

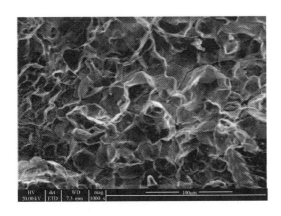

图 4　断口 SEM 中倍形貌

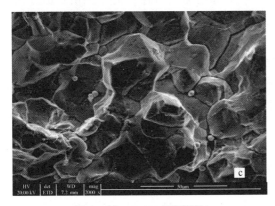

图 5　断口 SEM 高倍形貌

3.6.2　晶粒度评级

截取图 2 中的断口 B 剖面试样，经镶嵌、磨抛和化学试剂侵蚀后置于光学显微镜下观察，并按 GB/T 6394—2002《金属平均晶粒度测定方法》标准中的评级图Ⅱ评定：断口边缘处奥氏体晶粒度为 7 级，见图 6；断口中心部位奥氏体晶粒度为 10 级，见图 7。

断口边缘与中心部位晶粒度等级不一致，说明螺栓材料在热处理时材料表面与中心部受

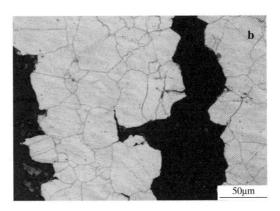

图 6　断口边缘显微组织形貌

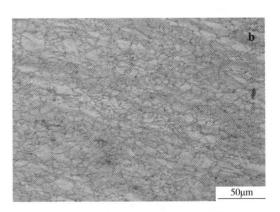

图 7　断口中心部位显微组织形貌

热不均匀，导致材料外缘韧性较低，也可能导致组织间存在残余温差应力。

3.7　扫描电镜能谱分析

对断口标示位置进行能谱分析，结果见图 8 和表 2，可见断口残留有 Cl、S 和 O 等腐蚀元素。

表 2　能谱分析结果统计　　　　%

元素	质量百分比	原子百分比
C K	8.78	17.17
O K	41.37	60.77
Al K	0.70	0.61
Si K	0.66	0.55
S K	0.80	0.58
Cl K	0.40	0.26
Cr K	6.49	2.93
Fe K	38.07	16.02
Ni K	2.74	1.10
总量	100.00	100.00

3.8　腐蚀环境分析

北海炼化地处北海市铁山港区，离海边最近约 2.5km，是典型的海洋大气环境，全年湿

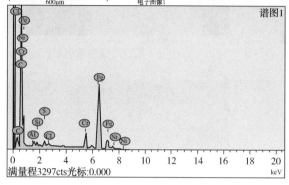

表2　能谱分析结果统计

元素	质量 百分比	原子 百分比
CK	8.78	17.17
OK	41.37	60.77
AlK	0.70	0.61
SiK	0.66	0.55
SK	0.80	0.58
ClK	0.40	0.26
CrK	6.49	2.93
FeK	38.07	16.02
NiK	2.74	1.10
总量	100.00	100.00

图8　扫描电镜及能谱图示

度大盐雾腐蚀(氯离子)较为明显，再加上炼油加工气体排放，环境中存在酸性气体(含硫气体)。能谱分析也验证了 S、Cl 腐蚀元素的存在。

北海炼化柴油加氢装置自 2016 年 2 月开工以来，工艺操作要求不定期检查反应器各床层压差，需要不时开关、切换各差压引出线阀门，装置在 2017 年生产过程中还经历过 3 次开停工升降压操作，这些操作都导致差压引出线高压阀门填料压盖螺栓预紧力发生变化，紧固的螺栓在工作状态时受到预紧力和反应系统内部压力的同时作用，螺栓处于拉应力状态，是应力腐蚀的外部诱导因素。

螺栓加工质量差，套环与螺柱连接部位的台阶或小半径圆弧，以及内外径不同心、边缘厚度不均匀的螺栓套环孔，极易导致应力集中，在有腐蚀介质的环境中是敏感部位，会成为应力腐蚀的触发源点。

4　结论

(1) 由于不锈钢螺栓材料本身碳含量超高，铬镍含量偏低，造成晶间碳化物析出偏多、晶间贫铬，从而影响晶间结合力具有明显的晶间腐蚀倾向，具备应力腐蚀敏感材料条件，在海

洋盐雾环境中(氯离子)在拉伸应力的条件下易发生应力腐蚀开裂，这是螺栓材料失效的根本原因。

(2) 螺栓加工后存在的不圆滑过渡及螺栓套环孔边缘不均匀厚度导致的截面突然变化，会成为应力集中的始发源，在材料本身碳含量超高、铬镍含量偏低缺陷的共同作用下，在海洋大气腐蚀环境中促使螺栓在短时间内快速失效断裂。

(3) 断裂的不锈钢螺栓是沿晶开裂、可见二次裂纹，无韧窝，没有明显的塑性变形，是典型的沿晶脆断，符合应力腐蚀开裂的特征。

5　改进措施

由于断裂的螺栓材料碳含量过高、铬镍含量偏低造成晶间碳化物偏多，进而造成晶间结合力弱，材质本身存在缺陷；且螺栓加工制造工艺粗糙，结构上存在应力集中部位是造成螺栓断裂的主要因素。因此建议：

(1) 阀门制造厂加强原材料源头监控，完善原材料质量检验验收的方法和手段，完善质保体系做到无缝监控。对外协螺栓供应商提供的此类奥氏体螺栓，在入库前抽样进行半定量光谱分析，对高温高压等重要部位使用的阀门，

其本体压盖螺栓及填料压盖螺栓在其检测试验技术要求中应增加抽样复验金相组织的技术要求，全部合格后方可进行安装，以避免事故再次发生。

（2）阀门制造厂应当在中石化系统内选择优秀紧固件供应商作为长期合作的的外协螺栓供应商，以确保螺栓加工尺寸合格、结构合理。

（3）使用单位即使是 EPC 项目也应该强势尽早介入，对材料检验特别是对不锈钢、合金钢阀门本体压盖螺栓及填料压盖螺栓提出加强抽检，如增加硬度测定、半定量光谱检测等要求。

（4）使用单位应对现场使用的不锈钢螺栓采取腐蚀环境隔离，如刷漆、堆埋、喷塑等保护措施，并在检维修时按规范要求紧固以防止受力不均或过载。

参 考 文 献

1　中国石油化工设备管理协会 . 石油化工装置设备腐蚀与防护手册 . 北京：中国石化出版社，1996

2　李炯辉，等 . 钢铁材料金相图谱 . 北京：机械工业出版社，2007

3　杨启明，吕瑞典 . 工业设备腐蚀与防护 . 北京：石油工业出版社，2001

转化气蒸汽发生器泄漏分析与修复

韩　波　周忠凯　李迎丽

（中国石油辽阳石化公司炼油厂，辽宁辽阳　111003）

摘　要　针对某炼厂50000Nm/h制氢装置转化气蒸汽发生器在停工过程中发生泄漏情况，从工艺操作、设备设计、制造、衬里结构、介质腐蚀等方面分析其泄漏原因，针对本次泄漏处理过程进行总结，作为以后出现类似事故的一个参考案例。对如何解决此类型制氢装置转化气蒸汽发生器存在的问题，提出几点预防措施。

关键词　衬里；蒸汽发生器；泄漏

转化气蒸汽发生器是制氢装置工艺流程中一台非常重要的设备。工艺原料在转化反应炉中反应后，产生780~850℃的转化气经过转化气蒸汽发生器冷却到330~380℃，再进入中温变换反应器进一步反应。转化气蒸汽发生器壳层的操作压力为4.0~4.5MPa，操作温度为230~260℃，介质为水与蒸汽。该设备运行工况复杂，在制氢装置中经常发生各种损伤与破坏。本文介绍某炼厂50000Nm³/h制氢装置中转化气蒸汽发生器换热管泄漏原因分析与漏点修复方案。

1　设备概况

某炼厂制氢装置采用卧式结构的转化气蒸汽发生器，其结构示意图见图1。此结构的特点是操作灵活、弹性大，通过中间调温机构，温度调节范围大。在换热器入口侧内衬单层隔热衬里，为了防止气流冲刷，在衬里表面增加了Incoloy800金属套筒，出口侧内衬单层隔热衬里。由于转化气蒸汽发生器出入口温差大，为了减小管板的温差应力、吸收壳体与换热管之间的热膨胀差、节约金属材料，管板采用柔性薄管板结构。换热管与管板的链接部位热量高，管接头及焊缝容易超温，导致其强度降低，因此在入口换热管外部增加一个保护套管，保护套管与换热管之间存在一定缝隙，有利于降低换热管内壁温度。换热管与管板连接采用强度焊加贴胀形式，强度焊使接头获得较高的链接强度，贴胀是为了消除壳层锅炉水的缝隙腐蚀。具体的操作参数见表1。

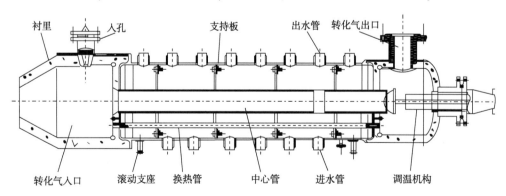

图1　转化气蒸汽发生器结构示意图

衬里　　入孔　　支持板　　出水管　转化气出口

转化气入口　滚动支座　换热管　中心管　进水管　调温机构

作者简介：韩波（1986—），男，2010年毕业于东北石油大学，工学学士，现就职于中国石油辽阳石化公司炼油厂，设备工程师。

表1　转化气蒸汽发生器主要技术参数

技术参数	壳程	管程
工作压力/MPa	4.4	2.85
设计压力/MPa	4.84	3.14
工作温度(进/出)/℃	250	820/360
设计温度/℃	276	850/385
工作介质	水汽	H_2/CO/CO_2

本台设备于2015年7月投用，2017年12月在停工过程中靠近入口管板的换热管焊口发生泄漏。在设备更换之前，在运行中发生过两次因换热管爆裂而发生泄漏的事故。打开设备后发现前后筒体里充满水，出口侧的耐火衬里由于水侵损坏严重，已经无法使用，入口侧衬里发现明显裂缝。

2　泄漏状况

在设备停工后，将衬板与耐火衬里清除后，发现在管板左下部分有两根换热管与管板之间焊缝部位有明显的裂纹，裂纹长度大约为14mm，在裂纹表面可以明显看出焊口有腐蚀现象，如图2和图3所示。

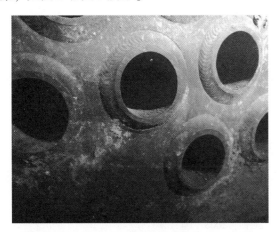

图2　1号焊口泄漏

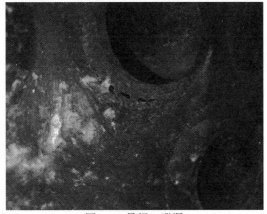

图3　2号焊口泄漏

3　原因分析

转化气蒸汽发生器介质为转化气，主要成分有H_2、CO、CO_2、CH_4和水蒸气。管板与换热管的连接结构如图4所示。根据结构、介质及操作条件，分析其具体破坏原因有以下几个方面。

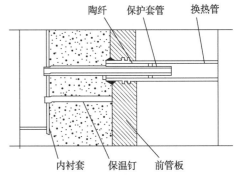

图4　管板与换热管的连接结构

3.1　焊接缺陷

转化气蒸汽发生器共有252道一样尺寸的焊口，只有2道焊口出现裂纹，可能是这2道焊口在焊接时存在局部缺陷，随着设备运行时间的增加与现场操作条件的影响，导致裂纹产生、发展，最终开裂。

3.2　氢腐蚀与应力不均

本台转化气蒸汽发生器属于高温、临氢设备，运行至今近30个月，入口侧管板前面是单层隔热衬里。运行一段时间后，耐高温隔热衬里由于内部存在缺陷或衬里施工时与设备之间有缝隙，最终开裂。局部衬里受热不均匀的开裂，使衬里与管板中间出现空隙，无法起到隔热降温的作用。衬里前部的衬板是由多块小的衬板花焊连接，高温介质气容易穿过焊缝空隙对衬里产生冲击，加速隔热衬里的损坏。

入口管板侧温度高，有氢气存在，该部位发生氢腐蚀。从图4可以看出，如果隔热衬里存在缺陷，转化气可以通过保护套管与换热管中间的缝隙到达换热管的焊口处，在一定的压力与温度下，与焊缝中的碳化合成甲烷。甲烷因为其分子较大不能从钢材中逸出，积聚在晶界或夹杂物附近。随着甲烷气的增多，压力逐渐升高，最终导致裂纹和鼓包的产生。氢原子渗入到金属内部，遇到裂纹、气孔等空隙处，会聚集并结合成氢分子，产生体积膨胀，导致原微观裂纹扩展。由于局部温度高，在装置停工过程中，该处热应力变化较大，在氢腐蚀和热应力共同作用下，导致换热管与管板之间的焊缝造成破坏。

3.3   工艺操作条件

开工还原阶段和停工初期转化气蒸汽发生器的压差最大达到3.0MPa，达到了设备的设计条件，在此之前，转化气蒸汽发生器换热管发生过爆裂。通过观察工艺曲线，在退蒸汽与降温过程中，存在局部降温、降压速度过快现象。根据材料弹塑性力学理论，在同样的约束条件下，同一材料在高温时产生的塑性变形量越大，冷却过程产生的内部残余拉伸应力也越大，降温过程中残余应力加速了裂纹的扩展。

4   现场修复经验及效果

转化气蒸汽发生器泄漏发生在冬季，为了保证生产和防冻防凝要求，采取如下修复方案：

将入口侧泄漏部位以下的衬板切割、衬里清除。制定焊接工艺，由于现场条件限制，采用镍基焊条，避免了消氢处理。将保护套管安装，在衬板留有衬里料灌入孔，其余部位的衬板与保护套管点焊固定，如果不焊接固定，在灌入隔热料时，可能导致保护套管位置变化，不利于其与衬板的焊接。将隔热衬里料灌入衬板与管板之间，固化后将衬板与保护套管满焊。最后将整个衬板的所有焊缝接口全部满焊，防止工艺气对隔热衬里的直接冲击。对出口侧的所有隔热衬里清除后，重新浇注，所有接口采用阶梯状搭接形式。在装置开工时，系统升温曲线按照衬里的烘干曲线绘制，保证衬里的使用效果。

转化气蒸汽发生器修复之后运行稳定，通过一段时间的监测，发现前后管箱温度在100℃左右，满足设计要求。

5   预防处理措施

5.1   保证制造质量

换热管与隔热套管数量多，应保证换热管与管板的胀接质量与焊接质量。柔性管板结构的管板厚度薄，在以后的设计中可以考虑将换热管与管板采用深U坡口或者全焊透结构。这样可以提高焊缝的强度，降低焊缝开裂的风险。

5.2   衬里结构与衬板焊接形式改变

衬里可以采用双层结构，外层采用轻质、导热系数小、隔热效果好的隔热材料。内层采用密度高、耐高温冲刷与腐蚀的衬里材料。双层衬里可有效避免衬里的贯穿性裂纹，防止管板超温。衬里外部衬板所有的焊缝采用满焊，避免工艺气对隔热衬里的直接热冲击和腐蚀。

5.3   加强工艺操作

在工艺操作过程中，严格控制温度、压力的变化幅度。温度变化最大不超过50℃/h，压力变化最大不超过1MPa/h，这样可以避免温差应力。

5.4   提高设计压差

本台转化气蒸汽发生器设计压差为3.0MPa，在开停工期间其压差达到了3.0MPa，运行状态与设计状态一样，不利于设备长期运行。今后在转化气蒸汽发生器的设计中，应提高设计的压差到4.5MPa以上，这样可以满足开停车时的工况要求。

参 考 文 献

1   朱玫. 转化气蒸汽发生器的设计体会. 炼油技术与工程, 2008, (4)

2   徐芝纶. 弹性力学. 北京：高等教育出版社, 2003

高压换热器热电偶管嘴开裂原因分析

单广斌　谢守明　黄贤滨　屈定荣

（中国石化青岛安全工程研究院，山东青岛　266071）

摘　要　本文对高压换热器热电偶管嘴开裂原因进行了系统的测试与分析，包括宏观分析、成分检测、金相组织分析、断口及EDX分析等，对开裂原因进行了讨论，并针对失效原因提出了相应的建议措施。

关键词　热电偶；连多硫酸；应力腐蚀开裂；失效分析

1　情况简介

柴油加氢装置在停工检修后的开工过程中，热高分气与混氢原料换热的高压换热器E103入口管道上的热电偶插入位置管嘴焊缝出现泄漏，泄漏位置如图1所示。失效管嘴材质为06Cr18Ni11Ti，规格为$\phi60×12mm$，内部接触介质为热高分气，操作温度为170℃。为了查清开裂原因，对泄漏管嘴进行失效原因分析。

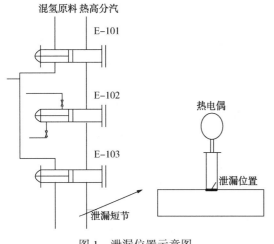

图1　泄漏位置示意图

2　检查与结果

2.1　宏观检查

由于现场需要快速恢复生产，采用了火焰切割，且距离裂纹近，裂纹起源已被破坏，而且切割处受到了严重的切割热影响，对腐蚀分析带来了困扰。

由宏观形貌（见图2）可见热电偶管嘴内外覆盖薄薄的土黄色铁锈，均无明显腐蚀凹坑，未见明显腐蚀减薄。裂纹从焊缝靠近焊缝的位置而来，由靠近焊缝的位置到远离焊缝扩展。

图2　热电偶管嘴的宏观形貌

2.2　化学成分测试

对反应流出物及原料侧的热电偶管嘴均进行了成分分析，分析采用OBLF QSN750火花直读光谱仪进行分析，结果列于表1。

结果显示，两个热电偶管嘴材料与GB/T 20878—2007中的06Cr18Ni11Ti相比，C含量高，Ti含量低，Cr、Ni含量偏低。其中S含量也较高，但在标准GB/T 222—2007要求的偏差范围内。

作者简介：单广斌（1979—），男，2007年毕业于北京科技大学材料物理与化学专业，工学博士，工程师，现从事炼化设备安全研究。

表1　成分分析结果（质量分数）　　　　　　　　　　　　%

名称	C	Si	Mn	P	S	Cr	Ni	Ti
流出物侧	0.193	0.567	0.775	0.033	0.031	16.29	8.85	0.128
原料侧	0.188	0.559	0.769	0.033	0.027	16.15	8.88	0.128
06Cr18Ni11Ti（GB/T 20878—2007）	≤0.08	≤1.00	≤2.0	≤0.045	≤0.030	17~19	9~12	0.5~0.7
允许的偏差（GB/T 222—2007）	0.01	0.05	0.04	0.01	0.005	0.20	0.10	0.05
测量偏差	0.003	0.005	0.005	0.001	0.002	0.07	0.04	0.01

2.3　金相分析

对样品进行分割，把含有裂纹部分进行镶嵌，经过机械磨抛，在奥林帕斯 STM6 光学显微镜下观察。显示材料中夹杂物含量较多，如图3所示，采用 GB/T 10561—2005《钢中非金属夹杂物含量的测定》中比较法的评级结果为 A2.5，B<0.5，C<0.5，D1.5。未侵蚀时局部区域也已显现晶界，具有晶间腐蚀特征，如图4所示。

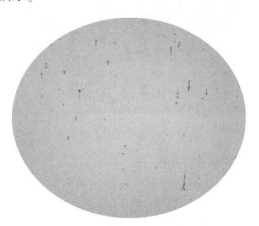

图3　夹杂物形貌（100×）

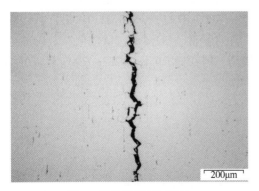

图4　裂纹形貌（未侵蚀）

侵蚀后观察，主要为奥氏体组织，有碳化

物沿晶界析出，晶粒度约为5级，如图5(a)所示。裂纹为沿晶裂纹，如图5(b)所示。

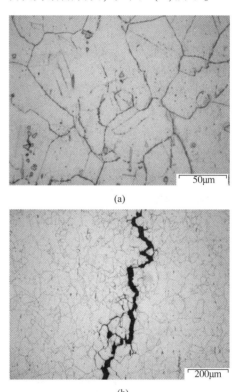

(a)

(b)

图5　裂纹及晶粒形貌（侵蚀后）

2.4　扫描电镜观察及 EDX 分析

沿裂纹前端切割打磨，将裂纹面分开，如图6所示，在扫描电镜下观察断面形貌，并进行断面上的微区成分分析，结果如下：

整个裂纹面呈明显沿晶断裂特征，如图7所示。对裂纹面进行 EDX 分析，发现裂纹面组成元素主要为 O、S、Fe、Cr、Ni 等元素，如图8所示。

 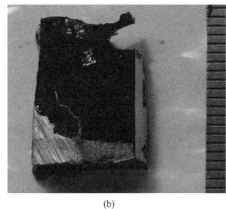

(a)　　　　　　　　　　　　　　　　(b)

图 6　打开裂纹面

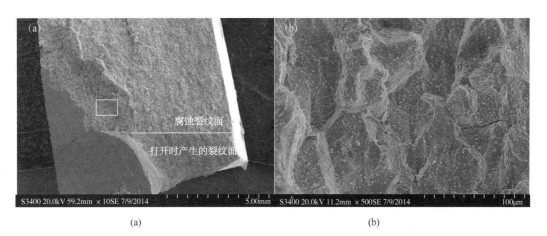

(a)　　　　　　　　　　　　　　　　(b)

图 7　裂纹面形貌

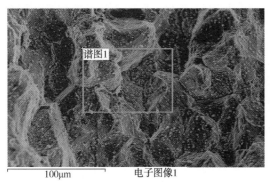 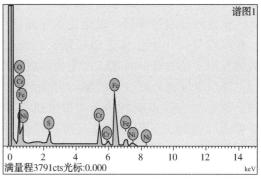

图 8　裂纹面 EDX 分析

3　分析与讨论

奥氏体不锈钢的耐蚀性能优良，但在敏感介质环境中，如 NaOH 溶液、高温纯水、NaCl 水溶液、连多硫酸、H_2S 溶液、$H_2SO_4 + CuSO_4$ 溶液等，连同拉应力（工作应力、残余应力等）作用下易发生应力腐蚀开裂。

开裂热电偶管嘴内部介质为反应流出物，内部介质同时含有 H_2S 和氯化物，可能发生氯化物应力腐蚀开裂、湿硫化氢环境应力腐蚀开裂。此外，不锈钢表面受到物料中硫腐蚀，生成 FeS，在设备停车时，FeS 同湿空气作用生成连多硫酸（$H_2S_xO_6$），反应如下：

$$FeS+O_2+H_2O \rightarrow Fe_2O_3+H_2S_xO_6$$

连多硫酸能够引起不锈钢晶间腐蚀和低应力作用下的快速开裂，即连多硫酸腐蚀开裂。

氯化物应力腐蚀开裂多发生在 60～200℃，

硫化氢环境应力腐蚀开裂多发生在 60℃ 以下，而连多硫酸的形成需要接触湿空气，所以多发生在停车后。失效管嘴的开裂就是在停工检修后开工期间发现的，断口电子能谱分析结果表明，裂纹尖端的断面含有较多的 S 元素，而未发现 Cl 元素的富集，这也说明了氯化物不是发生开裂的主要作用因素。

此外，断口具有明显的晶间开裂特征，且未侵蚀样品也发现有明显的晶界，具有晶间腐蚀特征，符合连多硫酸腐蚀应力腐蚀开裂的特征。材料夹杂物较多，开裂敏感性高，且在晶界有大量碳化物析出［见图 5(a)］，具有敏化特征。

从材料成分来看，材料中的 C 含量过高，Ti 含量不足，这也是大量碳化物在晶界的析出的原因。材料 S 含量也较高，这与组织 A 类夹杂物含量较高相符，这些都导致了材料的应力腐蚀敏感性较高。

企业在停工前对高换管程部分进行了碱洗，清洗液为：2% 的 Na_2CO_3、0.2% 的碱性表面活性剂 0.4% 的硝酸钠缓蚀剂及系统除盐水配置水溶液，但由于管线无低点排凝，管线内水溶液无法排除，通过拆装设备法兰排泄，处置后的管线未进行吹干处理，这提供了氧和水环境条件。碱洗是为了中和形成的酸性硫化物，并不能清除硫化亚铁等腐蚀产物。硫化亚铁等腐蚀产物，在湿空气作用下生成连多硫酸。此外，套管管嘴类似于小管径的盲端，可能会形成气体滞留，难以保证该处碱洗液能够与内表面充分接触，这也可为连多硫酸的形成提供机会。对于无低点排凝和无法保证碱洗充分的情况，建议选用氮气吹扫的方法。另外热电偶拆卸后也可能引入空气和水，使碱性膜被破坏等，导致连多硫酸的产生。

4　结论

（1）热电偶管嘴材料碳含量过高，Ti 含量不足，Cr、Ni 含量偏低。

（2）热电偶管嘴开裂为环境化学和应力共同作用下发生的连多硫酸应力腐蚀开裂。

5　建议措施

（1）加强施工管理，防止不合格或错误材料应用，对用于耐腐蚀环境的奥氏体不锈钢进行晶间腐蚀试验。

（2）加强停工期间的保护，避免发生应力腐蚀开裂的环境条件。正确选用保护方法，且应维持在整个停工期间均处于有效保护下。例如：在停车后立即用碱或纯碱溶液冲洗设备以中和硫化物，在停车期间用干氮气吹扫以防止暴露于空气中等，具体可参照 NACE RP0170—2004。

（3）控制焊接工艺，减少焊接残余应力。

参　考　文　献

1　GB/T 20878—2007　不锈钢和耐热钢 牌号及化学成分

2　GB/T 222—2006　钢的成品化学成分允许偏差

3　GB/T 10561—2005　钢中非金属夹杂物含量的测定

4　邹德敬，赵守辉．不锈钢设备的连多硫酸应力腐蚀开裂机理与防护．辽宁化工，2009，38(1)：43-45

5　刘双元．不锈钢设备的连多硫酸应力腐蚀开裂与预防．石油化工腐蚀与防护，2003，(4)：32-34，45

6　崔思贤．石化工业中连多硫酸引起的应力腐蚀开裂及其防护措施．石油化工腐蚀与防护，1996，(3)：1-5

7　李志强．连多硫酸溶液中奥氏体不锈钢的应力腐蚀开裂．腐蚀科学与防护技术，1995，(1)：58-65

8　NACE RP0170—2004 Protection of Austenitic Stainless Steels and Other Austenitic Alloys from Polythionic Acid Stress Corrosion Cracking During Shutdown of Refinery Equipment

低温省煤器管束开裂失效分析

李武荣[1]　辛艳超[2]

（1. 中国石化洛阳分公司，河南洛阳　471012；
2. 中国特种设备检测研究院，北京　100029）

　　摘　要　本文对某公司一台低温省煤器管子的开裂进行了研究，通过采用化学分析、金相、扫描电镜、能谱分析等手段研究和分析了其开裂的原因，结果表明材质的质量问题是其开裂失效的原因。

　　关键词　低温省煤器；管束；开裂

1　概况

　　某石化公司催化裂化装置余热锅炉于2014年11月初经改造后投用，2014年12月2日下午5点30分左右，发现有水从余热锅炉尾部烟道漏出，并于晚上7点20分左右停炉。12月3日将尾部烟道人孔打开，发现余热锅炉低温省煤器下部有两处存在泄漏痕迹，对低温省煤器试压，发现北侧第11列、从上数第12根，直管段管子下部有一个泄漏孔；北侧第11列、从上数第13根，发现纵向有一道裂纹，泄漏情况如图1所示。

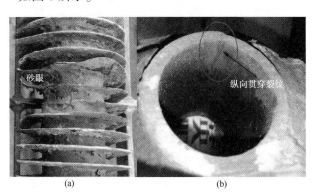

(a)　　　　　　　　(b)

图1　低温省煤器管子开裂情况

　　为避免同样的问题再次发生，本文对发生开裂的低温省煤器管束进行检测和取样试验，分析开裂的原因。

　　根据使用单位提供的相关原始资料，该余热锅炉于2014年停炉进行改造，对其低温省煤器进行整体更换，更换后的低温省煤器管子为翅片管，管子材料为ND钢（09CrCuSb）。低温省煤器的结构如图2所示，主要技术参数如表1所示。

表1　低温省煤器的主要参数

技术参数	管外	管内
设计压力/MPa	—	6.0
操作压力/MPa	—	5.6
设计温度/℃		194
烟气温度/℃	—	180~220
除氧水温度（出口）/℃	—	140
介质	烟气	除氧水
管子材质	09CrCuSb	
换热管规格/mm	φ42×4	

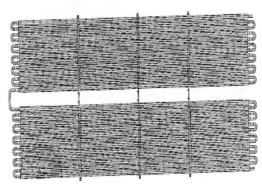

图2　低温省煤器结构简图

2　宏观检查和测量

　　将低温省煤器管子翅片打磨掉，将其沿

　　作者简介：李武荣（1967—），1987年毕业于成都科技大学，高级工程师，现在中国石化洛阳分公司从事设备管理工作。

轴向剖开，管子内、外表面形貌如图3所示。由管子裂纹形貌可知裂纹由管子内部起裂。管子的内外表面无尖锐的裂纹尖端，呈钝形。在裂纹端部有明显的凹坑，由于材质本身耐蚀性较好，考虑凹坑是由于腐蚀产生的可能性不大；可能是由于管子制造时产生的。

(a)管子内表面

(b)管子外表面

图3　管子内外表面的形貌

3　试验研究

3.1　取样及加工

为进一步分析管子泄漏的原因，取内外表面尖端进行金相分析。化学成分分析取裂纹附近管子上的材质。将裂纹打开，对裂纹表面进行能谱分析，清洗后进行扫描电镜试验，观察裂纹表面形貌。

3.2　材料化学成分分析

管子的化学成分分析结果见表2，管子材质符合GB 150—2011的要求。

表2　管子材质化学成分测试结果

分析项目	GB 150—2011 要求	含量百分比
C/%	≤0.12	0.077
Si/%	0.20~0.40	0.27
Mn/%	0.35~0.65	0.46
P/%	≤0.030	0.0091
S/%	≤0.020	0.0015
Cr/%	0.70~1.10	0.94
Cu/%	0.25~0.45	0.34
Sb/%	0.04~0.10	0.064

3.3　金相分析

取管子内表面裂纹尖端在显微镜下的进行金相分析，管子内表面裂纹尖端位置附近金相组织如图4所示。管子外表面裂纹尖端位置附近金相组织如图5所示。从图4~图7可以看出，其金相组织主要为铁素体和珠光体，有珠光体球化现象；管子内表面裂纹附近有珠光体带状组织，带状组织与裂纹开裂方向平行；裂

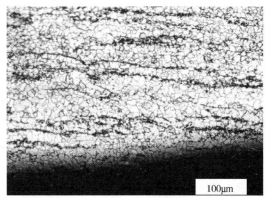

(a)裂纹尖端组织

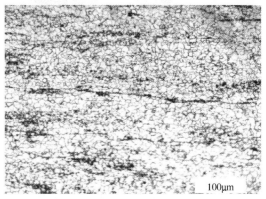

(b)裂纹尖端附近

图4　裂纹内表面金相组织

纹尖端未见有微裂纹产生，且其尖端呈钝形，未见沿晶或穿晶裂纹；裂纹内存在大量夹杂物；裂纹由管子内表面起裂。

由图8(b)和图10(a)可以观察到裂纹附近组织与其余位置组织存在异常，其晶粒较小。在裂纹尖端晶粒存在变形拉长现象。

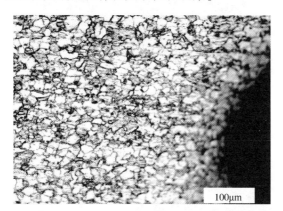

(a)裂纹尖端组织

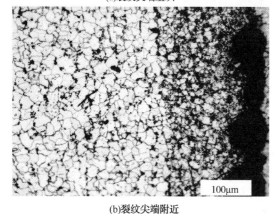

(b)裂纹尖端附近

图5　裂纹外表面金相组织

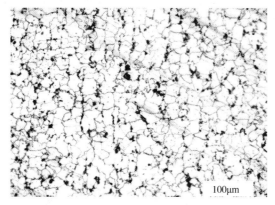

图6　管子端面金相组织

3.4　能谱分析

为分析裂纹内的腐蚀产物，将裂纹打开，对裂纹表面沿厚度方向进行能谱分析(见图8)，

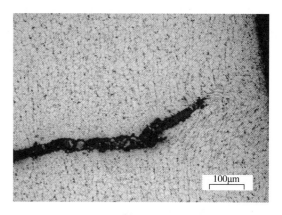

(a)

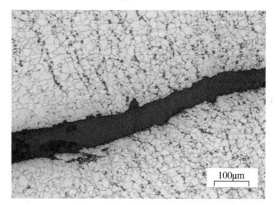

(b)

图7　裂纹尖端金相组织(裂纹由管子内表面向外开裂)

试样清洗前和清洗后的能谱分析结果见表3。从表3可知能谱分析未见除材质本身元素以外的其他元素，但是由清洗前和清洗后的对比结果可知，裂纹表面有明显的氧化物生成。从表3可知，试样A区中Cu元素在清洗前含量明显偏高，材料本身可能存在微区内化学成分分布不均情况，这可能与图5(b)中的金相组织异常存在一定的关系。

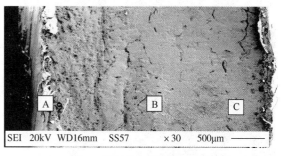

图8　能谱分析位置及裂纹断面

3.5　扫描电镜分析

打开的裂纹断面未经清洗，其表面形貌如

图8所示。从图8可以看出沿厚度方向(从图左侧至图右侧)分为三个明显不同的区域,A区(见图9)靠近管子外表面区域,有大量的韧窝,管子在此区域为韧性断裂;B区(见图10)为管子沿厚度的中间区域,呈解理断口,为脆性断裂,有大量的二次裂纹;C区(见图11)为未清洗干净区域,表面附着大量的杂质。

表3　试样能谱分析结果　　%

试样	元素	清洗前		清洗后	
		质量百分比	原子百分比	质量百分比	原子百分比
试样A区	OK	04.34	13.75	01.64	05.49
	SiK	01.04	01.88	00.43	00.83
	CrK	01.37	01.34	01.16	01.20
	MnK	00.56	00.59	00.69	00.68
	FeK	77.15	70.05	91.04	87.55
	CuK	15.54	12.40	05.04	04.26
试样B区	OK	02.30	07.59	01.11	03.75
	SiK	00.62	01.16	00.50	00.96
	CrK	01.34	01.36	01.17	01.22
	MnK	00.79	00.76	00.73	00.72
	FeK	89.58	84.66	93.65	90.92
	CuK	05.38	04.47	02.85	02.43
试样C区	OK	02.30	07.59	01.05	03.56
	SiK	00.62	01.16	00.24	00.47
	CrK	01.34	01.36	01.11	01.16
	MnK	00.79	00.76	00.67	00.66
	FeK	89.58	84.66	93.89	91.54
	CuK	05.38	04.47	03.05	02.61

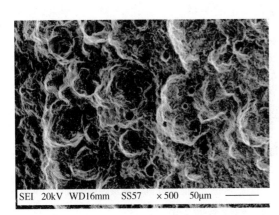

SEI　20kV　WD16mm　SS57　×500　50μm

图9　A区表面形貌

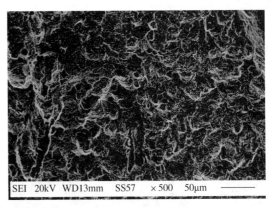

SEI　20kV　WD13mm　SS57　×500　50μm

图10　B区表面形貌

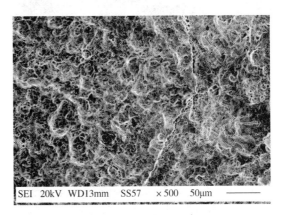

SEI　20kV　WD13mm　SS57　×500　50μm

图11　C区表面形貌

3.6　管子的机械性能分析

为了测试管子的机械性能,特选取管子制作成4个试样,测试其常温下的机械性能指标,拉伸试验的结果如表4所示。GB 150—2011对09CrCuSb的强度要求为:常温下为390MPa,屈服强度为不小于245MPa,伸长率大于25%。从表4的数据可知,材料在强度、屈服和伸长率方面满足GB 150—2011的要求。

表4　室温下拉伸试验结果

试样编号	抗拉强度/MPa	屈服强度/MPa	伸长率/%
1	464	354	31
2	465	346	31
3	468	355	31.5
4	470	372	31.5

4　试验结果分析

(1)由宏观检查可以看出裂纹附近无明显的腐蚀减薄。裂纹由管内起裂,向管外扩展,裂纹端部组织异常,存在坑状形貌。

(2)由金相组织可以看出,材质有明显的珠光体球化现象;裂纹附近存在大量的珠光体带状组织，带状组织与裂纹方向平行；裂纹端部晶粒变形拉长；裂纹表面存在大量的杂质。

（3）由能谱分析可知裂纹表面存在大量的氧化物，除材质本身的元素以外，未见其他元素；试样中可能存在微区内的元素分布不均情况。

（4）材料的抗拉强度、屈服强度和断面伸长率符合 GB 150—2011 的要求。

（5）由扫描电镜可知，裂纹端面沿厚度方向存在明显不同的组织形貌，管子外部一侧存在大量韧窝，为韧性断裂；管子中部存在解理断裂形貌，存在大量二次裂纹，为脆性断裂；由于管子内部一侧存在大量的氧化物，未能明显观察到其组织形貌。

综合以上分析结果，本次低温省煤器发生开裂，主要是由于管子本身存在凹坑、带状组织、球化、局部偏析等缺陷，这些缺陷在内压的作用下使局部强度不足，导致投用不久后即发生起裂。

5　结论与探讨

从力学性能结果来看，管子力学性能正常，可见开裂是由局部缺陷引起的。从裂纹尖端可以看出，有大量条带状组织。条带状组织主要在轧制过程中产生，条带状组织的存在会降低管子的强度，特别是在存在局部偏析，条带状组织中有其他杂质存在的情况下，会极大降低材料韧性，在局部形成微裂纹，微裂纹在使用过程中连接形成宏观裂纹，强度不足，导致最后韧性撕裂。该分析和材料实际断口形貌相符。

低温省煤器的操作温度不足 200℃，且投用时间仅有 1 个月左右，操作温度较低，投用时间也较短，在这种条件下材质应该不会发生材质珠光体球化现象。考虑到金相组织中存有大量的珠光体带状组织，而且与裂纹方向平行，与管子的轴向方向一致，这可能是由于制造过程中即产生了珠光体球化现象，在管子拉拔的过程中进而形成珠光体带状组织，引起材料局部强度和韧性降低，从而造成该低温省煤器短期使用后发生开裂。

参 考 文 献

1　张栋，钟培道，等 . 机械失效的实用分析 . 北京：国防工业出版社，1997

2　GB/T 30579　承压设备损伤模式识别

声发射检测在2000m³球罐全面检测中的应用

董旭辉

（中国石化洛阳分公司，河南洛阳　471012）

摘　要　通过采用声发射检测技术，并结合常规无损检测方法对2000m³丙烯球罐进行检测。两种方法相互印证，检验了声发射技术在球罐缺陷检测中的可行性与可靠性。

关键词　球罐；声发射；无损检测

1　前言

球形储罐作为一种常用的压力存储容器，在石化行业得到广泛使用，一旦发生因焊道开裂而造成的泄漏将有可能引发爆炸、火灾及人员中毒事故，往往会造成严重的生命和财产损失。洛阳石化储运部目前有在用球罐32台，其中27台使用时间超过30年。随着储罐使用时间不断增长，球罐运行的可靠性降低，安全风险增大，球罐定检的周期缩短，检验频率增加。检验带来的大量辅助施工以及球罐频繁停用清罐，一方面存在很大的安全风险，另一方面给企业带来巨大的经济损失。常规检测方法已经不能满足不断增加的球罐检验需求，声发射检测可以在不开罐的条件下，通过改变罐内压力，使存在的活性缺陷产生声发射信号，利用声发射仪采集信号，快速找出缺陷的位置，在提高球罐的安全可靠性的前提下，大幅度减少检验时间，有效缓解洛阳石化球罐检验目前存在的压力。

2　球罐概况

洛阳石化储运部一台2000m³球罐，其主要技术参数为：球罐内径为15700mm，罐体材质为15MnNbR，设计压力为2.16MPa，设计温度为−19~50℃，筒体厚度为56mm，球罐结构形式为混合式，10个支柱，储存介质为丙烯。设计单位为洛阳石化工程设计有限公司，球罐壳体制造单位为大连金鼎石油化工机器有限公司，安装单位为中国石化集团第五建设公司。该丙烯球罐于2010年4月投用，2013年4月进行了首检，经磁粉检测、超声检测未发现超标缺陷，压力容器的安全状况等级定为2级。2018年进行第二次定检，因生产需要无法达到开罐条件，因此采用声发射进行检测。

3　声发射检测基本原理及优缺点

声发射技术是当设备在役增压，如液压试验时，通过在设备外表面的声发射传感器组来监测裂纹的扩展、破裂等缺陷释放声能而发出的声发射波，从而监测这些缺陷的技术[1]。

声发射检测技术与常规的射线、超声波、磁粉等无损检测技术相比较，具有以下优点：

（1）声发射技术检测是在设备受压状态下检测，缺陷的动态信息，有利于评价缺陷对设备的危害严重程度；

（2）声发射检测技术需用时间短，一般检测时间为磁粉检测或超声检测时间的1/5~1/3；

（3）声发射检测技术对设备检测部位的形状、所处位置要求不高，因此适用于超声、磁粉无法检测的运行设备内壁缺陷、设备不规则的棱角、边角或者检测设备无法到达的坑、沟及贴地面一侧的缺陷检测；

（4）声发射检测技术可适用于复杂的环境，如高低温、有毒有害、易燃易爆等环境；

（5）声发射技术利用多个探头进行探测，配合施工内容少，对设备外部保温及防腐层损伤小，检测效率高。

声发射检测技术具有以上所述优点的同时也具有它的局限性：

作者简介：董旭辉（1986—），2010年毕业于西安石油大学油气储运工程专业，现在中国石化洛阳分公司储运部从事设备管理工作。

（1）仅用于检测活性缺陷，用此方法没有检测出裂纹，并不能肯定该设备没有缺陷，同时，为使裂纹处于活跃状态采取的增压，使本来可能带有未知危险缺陷的设备，处于一种可能的更不安全中，须慎重对待；

（2）声发射检测设备部件多，前期检测准备步骤较多，没有超声、磁粉等无损检测简便易行；

（3）不能确定缺陷的性质和大小，有时仍需依赖于其他无损检测方法复验；

（4）检测灵敏度非常高，因此背景噪声（如电噪声、机械摩擦等）给检测带来的干扰难以避免，对数据的解释需要有更为丰富的数据分析和现场检测经验。

4　声发射检测准备工作

4.1　声发射检验设备及探头布置方案

本次球罐的全面检验设备采用了北京升华兴业科技有限公司 SEAU2S 声发射检测仪，图 1 为 SEAU2S 声发射检测仪照片。该检测仪型号是响应频率为 100～400kHz 的传感器 SRI150，采用 ϕ0.3mm，硬度为 2HB 铅笔芯折断信号作为模拟信号源，进行衰减的测量、通道灵敏度校准、定位校准，所用耦合剂为凡士林。

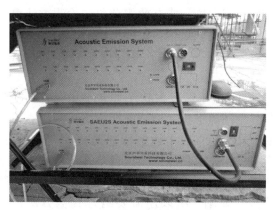

图 1　SEAU2S 声发射检测仪照片

受检球罐壳板由赤道带板、极带板Ⅰ、极带板Ⅱ、极带板Ⅲ组成，其中极带板Ⅰ、极带板Ⅱ、极带板Ⅲ是以赤道带板为中线，上下对称分布。赤道带板由 20 块球壳板组成，极带板Ⅰ每侧有 2 块板，极带板Ⅱ每侧有 4 块板，极带板Ⅲ每侧有 4 块板。为了方便布置传感器，传感器阵列采用 7 层等腰三角形布置传感器，每层传感器数量分别为 1、6、10、12、10、6、

1，共布置的传感器数量为 46 个，如图 2 和图 3 所示。

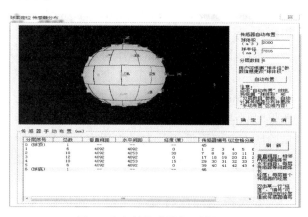

图 2　声发射传感器布置模拟图

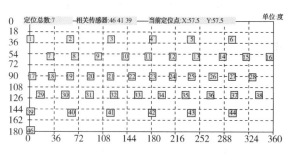

图 3　声发射传感器布置展开图

4.2　探头调试和测试

按照图 2 中传感器的位置在球罐表面上安放声发射传感器，传感器与容器的声耦合采用凡士林。布置信号传输电缆、连接仪器设备，设置检测系统的采集参数。

对仪器通道灵敏度和衰减特性进行测量，每个通道响应的幅度值与所有相关通道的平均幅度值之差不大于 4dB，满足标准要求。

对 46 个以等腰三角形定位阵列排列的探头进行定位校准，均得到良好的定位结果。

检验测试中发现了一些大于 80dB 高幅值而且连续的干扰信号，通过对现场排查，发现罐壁外侧配合检验搭设的脚手架，有几处架杆与罐壁接触，产生干扰信号，经过整改后干扰信号消失。常见的干扰信号源还有设备本体附属设备运行过程中产生的震动、安装的平台振动、风速过大等，测度时需要重点关注。

5　声发射检测过程

声发射检测通常是在设备加载状态下进行检测，本次声发射加载方式采用水压加载，加载水介质选用比较洁净的新鲜水。

声发射设备仪器调试好后，对已上满水的球罐进行水压试验，边增压边检测。依据声发射检测标准 NB/T 47013.9—2012《承压设备无损检测 第 9 部分：声发射检测》进行检测。压力容器在线检测，一般试验压力不小于最大操作压力的 1.1 倍，升压速度一般不大于 0.5MPa/min，保压时间不小于 10min。当工艺条件限制声发射检测所要求的试验压力时，其试验压力也应不低于最大操作压力，并要求使用单位在检测前 1 个月将最大操作压力至少降低 15%。

本次检测加压过程先缓慢升到试验压力 2.0MPa 保压 15min，缓慢降压至 1.8MPa 保压 15min，声发射检测数据采集从 0.3MPa 开始采集一直到最后一次保压结束。

6 检测结果

当容器施加载荷时，声发射仪器就开始获取信号。每个声发射的信号被检测并存储到系统的数据记录单元。当检测到事件时，每个传感器的数据和准确的时间都存储到相应的通道上。这些数据实时处理，也可检测完毕后处理。

图 4 所示为 2000m³ 球罐声发射信号幅度与到达时间的关系图。从图中可以看出，此次声发射检测的 46 个探头探测到的信号幅度值分布在 50~70 dB 之间，信号幅度值分布区间窄，都在正常范围内。此次声发射检测接收到的信号比较稳定，检测未发现有效声发射源。检测结果按 GB/T 18182—2012《金属压力容器声发射检测及结果评价方法》进行评定，该球罐安全等级评定结果为 2 级，保持上次定期检验所定级别不变。

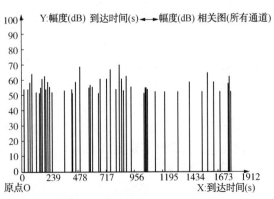

图 4 声发射传感器信号图

7 磁粉及超声波抽查检测

此次洛阳石化 2000m³ 丙烯球罐采用声发射检测方法，是首次使用除超声和磁粉等常规检测方法以外的球罐缺陷检测手段。为确保检测结果的可靠性与有效性，在使用声发射检验方法的同时，还采用了超声和磁粉常规检测方式对球罐外部焊道进行检验。

采用声发射检测方法之前，对球罐外部全焊道防腐层进行打磨，使用常规的超声和磁粉检测方法对外部全部焊道进行检测。常规方法检测发现的 6 处焊道表面缺陷，经打磨消除、复检合格后，采用加载声发射方法进行检测。

通过使用常规检测方法和声发射检测方法这两种方法对 2000m³ 丙烯球罐焊道进行检测，并对检测结果进行比对和印证，说明了声发射检测方法的正确性和可靠性。

8 结论

（1）声发射技术在球罐全面检验中的应用，与常规检测方法相比，减少了所需的开罐置换、搭设脚手架、焊道全打磨等工序，大幅缩减了球罐检验周期，提高了检验效率，减小了因球罐全面检验对炼厂生产调整带来的影响。

（2）常规无损检测技术与声发射技术相结合的检测方法，能有效避免单一检测方法可能存在的漏检、误检，保证球罐检验结果的科学有效，为球罐安全平稳运行提供有力的数据支持。

（3）由于声发射探头非常灵敏，容易受到外界干扰源干扰，检验前期中干扰源排查不彻底，探头易接收干扰信号造成误检。同时，声发射检测技术只能检测出设备在加载发生应变状态下产生声发射信号的活性缺陷，不能排除非活性缺陷，所以还需要结合其他方法进行复验。

参 考 文 献

1 莫乾赐 . 钟钊琪 . 吴兆辉 . 黄健 . 声发射技术在广西大型压力容器检验中的应用前景 . 大众科技，2009（1）：76-77

2 GB/T 18182—2012 金属压力容器声发射检测及结果评价方法

石化腐蚀与防护技术现状与展望

刘小辉

（中国石化青岛安全工程研究院，山东青岛　266100）

摘　要　本文主要研究了腐蚀的危害、石化典型的腐蚀问题，对石化腐蚀进行了重点剖析，提出了腐蚀与防护措施，同时介绍了腐蚀新技术、新动态等，并展望了石化腐蚀与防护技术。

关键词　石化；腐蚀；防护；技术；现状；展望

石化行业的安全生产牵动着整个社会，上到中央，下到地方无不高度重视。由于石化属于连续生产的高风险行业，其工艺介质易燃易爆、有毒有害，生产过程经常伴随高温、高压等苛刻环境，具有流程工业的特点。因此，石化的腐蚀除了造成材料损失、设备失效，还可能引起产品流失、质量下降、能耗上升、装置非计划停工，甚至导致火灾爆炸、人员伤亡以及环境污染等恶性事故。

本文重点介绍了石化腐蚀与防护技术现状，以及我们所应关注的石化防腐重点和新技术的应用。

1　腐蚀是安全生产的大敌

1.1　腐蚀损失

腐蚀现象广泛存在于自然界和工业环境中，腐蚀与我们的生活息息相关。小到一朵花的凋谢，大到一颗恒星的毁灭，万物的生命都是有限的。由腐蚀造成的损失是巨大的。按照国际惯例，每年因腐蚀所造成的经济损失约占国民经济生产总值（GDP）的3%~5%。据有关统计，每年腐蚀损失远远大于自然灾害和其他各类事故损失的总和。

2015年，中国工程院设立了"我国腐蚀状况及控制战略研究"重大咨询项目，针对我国基础设施、交通运输、能源、水环境、生产制造及公共事业等5大领域30多个行业的腐蚀状况及其防控措施进行的专题调研发现，2014年我国腐蚀成本约为21278.2亿元，约占当年国内生产总值（GDP）的3.34%，这是一个非常惊人的数字，每位公民当年相应承担的腐蚀成本为1555元。其中石化行业更是腐蚀的重灾区，2014年中国石化下属35家企业腐蚀总成本约10.9亿元，约占中国石化当年利润的1.66%。中国石化炼油板块每年因设备腐蚀导致的非计划停工次数大致占到总次数的33%~40%。

此次调查表明：腐蚀是安全问题，腐蚀是经济问题，腐蚀是生态文明问题，腐蚀防护是发展"一带一路"战略的重要内容，腐蚀防控力度是国家文明和繁荣程度的反映。

各行业中不同的腐蚀环境引发的各类腐蚀问题不容小觑，如图1~图5所示。

图1　钢筋混凝土工程设施在海洋浪花飞溅区部位的腐蚀破坏

图 2　水下油气田生产设施

图 3　油气田中出现的冲刷腐蚀失效

图 4　海上钻井平台腐蚀

图 5　管道腐蚀

可见，腐蚀与我们的生活息息相关。腐蚀是安全生产的大敌，这在石化领域表现得尤为突出。

1.2　石化是设备腐蚀的重灾区

从图6和图7可见，原油的需求跟世界经济变化关系十分相近，经济增长，能源消费就增加。

2015年年初，国家发改委推出了有条件放开进口原油使用权的政策，将进口原油使用权与淘汰落后产能等条件相结合，进口原油大门正式向地方炼油企业敞开，同时也促进了落后炼油产能的淘汰。截至2015年底，共有近20家地方炼油企业正式通过审核获得了超过8000万吨/年的进口原油使用权指标。上述企业在2015年淘汰的落后产能超过3000万吨/年。

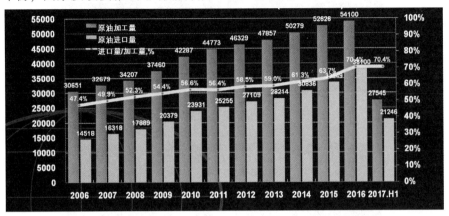

图6　近年来中国原油供求变化情况(单位：万吨)

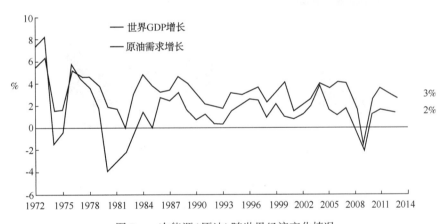

图7　一次能源(原油)随世界经济变化情况

严重的腐蚀不仅会导致设施设备的结构损伤，缩短其寿命，还可能引起突发性灾难事故，污染环境，造成重大财产损失和人员伤亡，严重影响到社会经济的可持续发展。从图8和图9可见，石化是设备腐蚀的重灾区。

从2015年下半年开始，历时半年，中国石化的调研结果是，2013年和2014年35家炼化企业防腐总成本分别为9.5亿元和11亿元，其中直接损失分别为9.4亿元和10.4亿元，占腐蚀总成本的99%和96%。其中涂料和涂装费用为：2013年的是2.5亿元，占当年腐蚀的直接损失的26.90%；2014年的是3.1亿元，占当年腐蚀的直接损失的30.14%。

对于腐蚀问题并非无计可施，如果采用有效的控制和防护措施，25%~40%的腐蚀损失可以避免。腐蚀问题已经成为影响国民经济和社会可持续发展的重要因素之一。随着我国经济社会的快速发展和"一带一路"战略的实施，国家将加大对基础设施、交通运输、能源行业、生产制造及水环境等设施的投入和建设，这更

需要我们了解材料的腐蚀数据和相关技术，来

保证这些重大设施的耐久性和安全性。

图 8 石化是设备腐蚀的重灾区 Ⅰ

图 9 石化是设备腐蚀的重灾区 Ⅱ

腐蚀不加以预防，随之而来的就是大的灾难（如事故、失效和生产的损耗）。然而由腐蚀引发的安全问题、经济问题、生态文明问题至今还没有引起足够的重视。

2 石化设备典型腐蚀问题

近年来，石化行业生产装置设备腐蚀新问题、新情况层出不穷，表现在：高酸、高硫、高氯原油的加工；凝析油加工；高硫化氢原油接卸及加工；炼油装置塔顶低温部位腐蚀问题突出；不可萃取的氯导致的腐蚀；加氢反应流出物系统 NH_4Cl 及 NH_4HS 垢下腐蚀；炼油装置高温部位硫腐蚀和环烷酸腐蚀；催化装置脱硫脱硝设备腐蚀问题；保温层下腐蚀，沿海炼厂大气盐雾腐蚀；轻质油储罐腐蚀和化工储罐的

腐蚀；酸性水储罐的腐蚀；长输及厂际埋地管网的腐蚀等等。

同时，随着新能源的开发，新型石化装置相关腐蚀问题及防治已迫在眉睫，如高酸性天然气开发、页岩气开发、煤气化装置、MTO 装置、地热系统腐蚀等。

高酸、高硫、高氯、高硫化氢劣质原油加工，腐蚀性物质增加，同时原油供应选择受限制，使得进装置的原油品种频繁变化、性质起伏波动，是造成设备腐蚀严重的客观原因。

2.1 劣质化原油对电脱盐的冲击

原油不断变稠、变重、含盐量增加，加重了脱盐难度。特别是沥青质增加，使注水洗盐无法很好实现，脱盐难以达标。另一方面，开

采中加入各种乳化剂，使得原油与水的乳化程度增加，破乳脱水困难，如部分胜利原油和塔河原油。

2.2 塔顶低温部位腐蚀与结盐

劣质原油中盐、氨、有机胺、有机氯、金属离子等杂质增加，使得塔顶系统腐蚀严重。随温度降低，各种离子形成铵盐（或胺盐），导致严重垢下腐蚀；达到第一露点温度时，大量无机氯化物溶解在少量水中形成严重酸腐蚀；随温度进一步降低（或注水），酸浓度降低。

许多企业受到（或曾受到）结盐和腐蚀的严重困扰，如青岛炼化常压塔顶系统、青岛石化催化分馏塔顶循环、塔河石化焦化分馏塔顶循环、齐鲁石化常压塔顶系统等，影响装置正常平稳运行，被迫进行在线水洗甚至停工处理。

2.3 有机氯及原料中的卤素离子腐蚀

原油中有机氯的增加，使蒸馏塔顶氯离子明显偏高，甚至在一些相对较重馏分油中也发现氯离子。

同时，二次加工装置原料中也发现有氯离子，如催化、加氢精制、渣油加氢等。由于二次加工装置的关键部位大量使用奥氏体不锈钢，而氯离子对不锈钢的腐蚀很敏感，因此，应引起足够重视。

2.4 高温硫腐蚀

高温硫腐蚀普遍存在，重油高温部位腐蚀平均速率为 $0.5 \sim 1mm/a$，在流速流态交变的部位可达 $1 \sim 3mm/a$。如加氢脱硫装置分馏炉 Cr_5Mo 转油线由于 H_2+H_2S 高温腐蚀减薄，造成炉管开裂着火。目前部分企业高温部位管线和设备材料没有达到加工高硫原油的标准，存在一定腐蚀隐患。

2.5 高温环烷酸腐蚀

环烷酸的腐蚀主要集中在蒸馏装置，而且以分布在减压系统为主。特别是在加工高酸原油的减压塔中环烷酸腐蚀严重，就有 317L 规整填料使用不足一周期（3 年）就严重腐蚀的实例。

2.6 加氢反应流出物系统 NH_4Cl 垢下腐蚀

加工高氯劣质原油，会造成加氢反应流出物系统 NH_4Cl 垢下腐蚀严重。例如，2013 年沿江的多家企业受高含有机氯原油的冲击，造成加氢装置反应系统后部压差升高，装置被迫降温降量水冲洗铵盐，甚至频发非计划停工；塔河分公司焦化分馏塔顶部系统结盐，加氢反应流出物换热系统结盐导致压降上升、管束腐蚀穿孔、加氢高压空冷腐蚀等。

2.7 水系统腐蚀

近年来，随着节能减排要求的不断提高，以及循环水场业务外包监管存在漏洞等问题，导致水质变差，各炼化企业普遍存在水冷器循环水侧的腐蚀泄漏现象，对装置的正常生产造成了较大的影响。

据某公司统计，2013 年循环水水冷器累计泄漏 30 台，泄漏率为 9.6%。主要表现为管束堵塞结垢严重，管内黏泥、铁锈、杂物等沉积物非常多，管束腐蚀穿孔，直接影响到生产装置安全平稳运行，如图 10 所示。

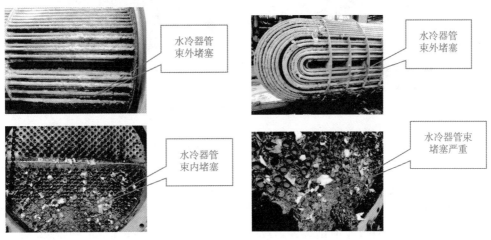

图 10　某公司循环水冷却器腐蚀

2.8 典型化工装置腐蚀

化工装置类型多,操作条件范围大(最高操作压力超过 100MPa,最高操作温度超过 1000℃、最低操作温度达到−196℃),腐蚀介质种类多,腐蚀环境复杂。既有无机酸、有机酸、碱和盐的腐蚀及多相流的冲刷腐蚀,又有高温下的氧化、氮化、硫化和氢腐蚀,还存在

高温下的金相组织劣化和低温下的材料脆化。

2.9 埋地管道的腐蚀

厂际埋地管道由于内外腐蚀,或地面重载碾压造成管道外防腐层的破损,或受周边环境的影响如杂散电流等的干扰,都会产生强烈的腐蚀作用,进而加速了管道的局部腐蚀,使得安全风险变大(见图11)。

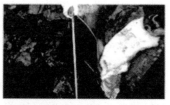
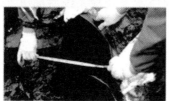
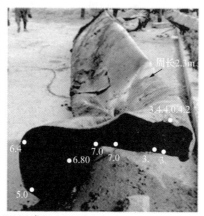

下部壁厚明显减薄,超声波测厚检查断口处最薄为3.71mm

图11 埋地管道腐蚀形貌

2.10 保温层下腐蚀(CUI)

气候潮湿、多雨,设备保温防护层防水效果不良,设备管线涂层防护不到位,导致许多保温、隔热、保冷的设备发生严重的保温层下腐蚀。许多沿海企业保温层下管线表面锈蚀严

重,除去锈层后基体有不规则蚀坑,凹凸不平(见图12)。开发保温层下腐蚀检查技术、保温层下腐蚀评估方法和涂层快速评价技术已迫在眉睫。

图12 保温层下腐蚀形貌

2.11 储罐腐蚀问题

原油储罐和轻质油储罐腐蚀问题均比较突出,如图13和图14所示。

2.12 催化装置脱硫脱硝设备腐蚀问题

近年开,中国石化炼油企业催化装置陆续

增上了脱硫脱硝单元设备,满足了环保排放要求。但是,新上的脱硫脱硝设备由于所处的腐蚀环境相当恶劣,加上工艺技术繁杂,设备可靠性不高,运行中设备故障频发,发生了严重腐蚀,难以满足长周期运行要求。

脱硫塔(急冷塔、综合塔)出现问题主要有两方面：一是非金属衬里脱落损坏造成管线堵塞、筒体腐蚀穿孔；二是烟囱腐蚀。

除了以上罗列的腐蚀问题外，瓦斯系统腐蚀以及装置或构筑物的大气腐蚀(主要为酸雾腐蚀、烟雾腐蚀)等问题也不容忽视。

图13 储罐硫化亚铁着火

图14 酸性水罐着火

3 关注石化防腐重点

3.1 常减压蒸馏装置

控制进装置原油性质与设计原油相近，且原油的硫含量、酸值原则上不能超过设计值。关注塔顶低温腐蚀及铵盐垢下腐蚀，一些炼厂甚至发生过常压塔顶部塔壁腐蚀穿孔的案例。对于塔顶系统低温腐蚀的控制，单纯依靠材质升级往往事倍功半，而良好的工艺防腐是解决问题的关键。然而由于低温腐蚀大多发生在局部，实际监检测存在较大难度，因此必须多管齐下，通过采取各种适当的防护措施，才能有效地进行风险预警和指导工艺防腐。

近年来，在处置劣质原油加工所造成的严重腐蚀中，企业确实也采取了许多措施，如对高温部位进行材质升级，加强了腐蚀监测措施，收到了很好的防护效果；而对于低温部位，有的企业也一味地进行材质升级，却适得其反，不单没有取得应有的防护效果，反而增加了投资；同时，由于原油的不确定性，劣质油比例高，伴随而来的装置低温腐蚀日益严重。

关注加热炉露点腐蚀，特别是加工高含硫原油的炼厂，硫腐蚀现象将遍布全厂，尤其应控制好炉子的排烟温度，确保管壁温度高于烟气露点温度5℃以上，硫酸露点温度可通过露点测试仪检测得到或用附件-烟气硫酸露点计算方法估算。

3.2 工艺防腐控制指标举例(见表1～表4)

表1 电脱盐注水控制指标

序号	种类	最大浓度	分析方法
1	$NH_3+NH_4^+$	≤20μg/g，最大不超过50μg/g	HJ 535 HJ 536 HJ 537
2	硫化物	≤20μg/g	HJ/T 60
3	含盐(NaCl)	≤300μg/g	电位滴定位
4	O_2	≤50μg/g	HJ 506
5	F	≤1μg/g	HJ 488 HJ 487
6	悬浮物	≤5μg/g	GB 11901
7	表面活性剂	≤5μg/g	HG/T 2156
8	pH值	高酸原油：6～7 其他原油：6～8	pH计法

表2 原油电脱盐控制指标

项目名称	指标	测定方法
脱后含盐/(mg/L)	≤3	SY/T 0536
脱后含水/%	≤0.3	GB/T 260
污水含油/(mg/L)	≤200	红外(紫外)分光光度法

表3 "三注"后塔顶冷凝水的技术控制指标

项目名称	指标	测定方法
pH值	5.5～7.5(注有机胺时) 7.0～9.0(注氨水时) 6.5～8.0(有机胺+氨水)	pH计法
铁离子含量/(mg/L)	≤3	分光光度法(样品不过滤)
Cl⁻含量/(mg/L)	—	硝酸银滴定法
平均腐蚀速率/(mm/a)	≤0.2	在线腐蚀探针或挂片

表4　常减压装置与腐蚀相关的化学分析一览表

燃料油	硫含量	%	1次/日	GB/T 380
燃料气	硫化氢含量	%	1次/日	气相色谱法
电脱盐排水	pH值		2次/周	pH计
	氯离子含量	mg/L	2次/周	HJ/T 343
	总硫	mg/L	2次/周	HJ/T 60
	铁离子含量	mg/L	2次/周	HJ/T 345
	含油量	mg/L	2次/周	HJ/T 3527
	COD	mg/L	1次/周	GB/T 15456
初顶水常顶水减顶水	pH值		3次/日	pH计
	氯离子含量	mg/L	1次/2日	HJ/T 343
	总硫	mg/L	1次/2日	HJ/T 60
	铁离子含量	mg/L	1次/2日	HJ/T 345
	含油量	mg/L	1次/2日	HJ/T 3527
电脱盐注水	pH值		1次/2日	pH计
常压炉烟道气减压炉烟道气集合管烟道气	CO	%	2次/周	气相色谱
	CO$_2$			
	O$_2$			
	氮氧化物			
	水含量			
	SO$_2$			

3.3　加氢装置

加工高氯原料的加氢装置反应流出物系统普遍发生 NH$_4$Cl 结盐问题，被迫采取临时水洗的措施缓解结盐堵塞，水洗过程会产生高浓度的 NH$_4$Cl 水溶液环境，而且由于注水量不足或分散不均可能造成 NH$_4$Cl 吸湿但没有完全溶解的情况。这种环境一是造成设备管道的均匀和局部腐蚀，二是造成氯化物应力腐蚀开裂（ClSCC）的问题。

加氢装置采用蒸汽汽提的脱硫化氢汽提塔及塔顶系统也存在严重的腐蚀：

（1）当塔顶温度高于水的露点时，此时塔顶的腐蚀环境为干的 H$_2$S+NH$_3$，对碳钢塔壁和塔盘的腐蚀轻微，但须密切关注塔顶回流和塔顶保温对塔顶局部温度的影响，防止

形成局部露点；随着介质进入塔顶管线、经空冷、水冷后，此时腐蚀环境为 H$_2$S+NH$_3$+H$_2$O，需要防止发生湿硫化氢腐蚀、NH$_4$HS 腐蚀，若装置原料中 Cl 含量较高，并有 Cl 进入到脱硫化氢汽提塔时，塔顶及管线系统在一定温度下形成 NH$_4$Cl 盐结晶，发生堵塞，或在其后的低温部位吸收水份形成 NH$_4$Cl 溶液，严重腐蚀碳钢和不锈钢。

（2）当塔顶温度低于水的露点时，此时腐蚀环境为 H$_2$S+NH$_3$+H$_2$O，需要防止发生湿硫化氢腐蚀和 NH$_4$HS 腐蚀，若装置原料中 Cl 含量较高，并有 Cl 进入到脱硫化氢汽提塔时，塔顶部位塔壁和塔盘形成 NH$_4$Cl 溶液，严重腐蚀碳钢和不锈钢。

（3）随着介质进入塔顶管线并经空冷、水冷后，此时腐蚀环境为 H$_2$S+NH$_3$+H$_2$O，需要防止发生湿硫化氢腐蚀和 NH$_4$HS 腐蚀，若装置原料中 Cl 含量较高，并有 Cl 进入到脱硫化氢汽提塔时，塔顶及管线系统在一定温度下形成 NH$_4$Cl 盐结晶，发生堵塞，或在其后的低温部位吸收水分形成 NH$_4$Cl 溶液，严重腐蚀碳钢和不锈钢。

采用重沸炉（器）汽提的脱硫化氢汽提塔及塔顶系统的腐蚀环境，因塔顶基本不含水，塔顶的腐蚀环境主要为干的 H$_2$S+NH$_3$，对碳钢塔壁和塔盘的腐蚀轻微。若装置原料中 Cl 含量较高，并有 Cl 进入到脱硫化氢汽提塔时，塔顶及管线系统在一定温度下形成 NH$_4$Cl 盐结晶，发生堵塞。

3.4　分馏塔顶系统

分馏塔顶系统低温腐蚀的情况非常突出，已成为国内炼油企业的共性问题。不仅表现在蒸馏装置的三塔顶（包括顶循环）、催化分馏塔顶、焦化分馏塔顶、加氢装置脱硫化氢汽提塔及其冷凝冷却系统，同时在加氢反应流出物高压换热器、高压空冷器结盐情况也十分常见。

3.5　各种材料炉管的最高使用温度与极限使用温度（见表5）

表5　炼厂常用的各种材料炉管的最高使用温度与极限使用温度

炉管材质	国内钢号	ASTM 钢号	最高使用温度	极限设计金属温度/℃
碳钢	10，20	GrB	450	540
11/4Cr-1/2Mo	15CrMo	T11，P11	550	595

续表

炉管材质	国内钢号	ASTM 钢号	最高使用温度	极限设计金属温度/℃
21/4Cr-1Mo	1Cr2Mo	T22, P22	600	650
5Cr-1/2Mo	1Cr5Mo	T5, P5	600	650
9Cr-1Mo		T9, P9	650	705
18Cr-8Ni	1Cr19Ni9	TP304, TP304H	815	815
16Cr-12Ni-2Mo		TP316L	815	815
18Cr-10Ni-Ti	1Cr18Ni9Ti	TP321, TP321H	815	815
18Cr-10Ni-Nb	1Cr19Ni11Nb	TP347, TP347H	815	815
25Cr-20Ni		TP310	1000	—
Ni-Te-Cr		Alloy 800H/HT	985	985

4 石化设备防腐新技术

4.1 高氯原油加工成套防腐蚀技术

包括腐蚀案例、典型材料腐蚀行为实验及数据、氯化物应力腐蚀开裂实验及数据、原料氯分布分析、NH_4Cl 结晶预测模型、注水优化等。

4.2 加工重质原油防结垢与低温腐蚀技术

针对重质稠油，计算了常压塔顶露点和加氢反应流出物系统氯化铵结盐温度；了解塔化原料氯含量超高的情况，查阅相关文献及氯化物腐蚀实例；持续对腐蚀探针监测数据进行分析；核实整理了工艺操作和 lims 分析数据，对电化学噪声腐蚀监测系统测试数据进行分析处理；进行离子模型分析。

4.3 高温环烷酸腐蚀与硫腐蚀协同作用研究

系统研究了炼厂高温环烷酸腐蚀与硫腐蚀规律；建立了炼厂高温腐蚀数据库；通过对比分析了实验数据与标准推荐的腐蚀速率之间的异同，发现了现有炼厂高温腐蚀评价标准的局限性和不足之处；提出了一种新的、基于模拟腐蚀实验数据的原油高温腐蚀特性评估方法，可以更加准确地评估不同原油高温馏分腐蚀性，对于炼厂高温部位防腐和寿命预测有指导作用。

4.4 轻质油中间原料腐蚀特性及储罐设防研究

研究原油劣质化，尤其是原油含硫量显著增加的新情况下，轻质油储罐的腐蚀特点；全面考察了硫化氢、硫醇小分子酸、H_2O、NaCl 等腐蚀介质在模拟轻质油体系和实际油品中对碳钢的腐蚀影响；提出了轻质油储罐内壁腐蚀的防护措施建议；综合考虑多方面因素中间原料硫含量应控制在 0.5% 以内为宜。

4.5 "原油管理"防腐技术

实施整体式"原油管理"，将防腐的"关口"提前，控制好进装置的原油质量；将原油预处理、混炼、电脱盐、污油处理等整体考虑；提出规范原油管调混合输送工艺操作、加强腐蚀性介质在线分析、加强混合原油质量监控。

4.6 工艺防腐新技术

针对不同的劣质原油加工，进行电脱盐工艺条件模拟优化；针对塔顶低温腐蚀与结盐问题，联合开发离子评估模型，计算塔顶系统露点位置、结盐温度等，提出工艺防腐优化方案；有机氯检测、脱除和转化技术，是解决有机氯腐蚀的有效途径；控制原料油和新氢中的氯含量不超过设计值，优化注水量和工艺操作条件，控制注水质量，特别是水中氧含量，是控制加氢反应流出物系统结盐腐蚀的根本方法。

4.7 防腐专项服务技术

形成了防腐专项特色技术服务，如炼油装置腐蚀适应性评估、炼油装置设防值评估、炼油装置低温腐蚀评估、炼油装置腐蚀监检测优化、炼油装置大修专项腐蚀检查、腐蚀失效分析等。

4.8 防腐专业化总包模式

采用业务外包形式，提供全厂性的防腐技术服务。对腐蚀介质进行化验分析，对装置出现的腐蚀问题及时分析，编写防腐月报，优化腐蚀监检测。这一技术服务模式越来越受到企业的欢迎。对于承包商来说，承揽这样的任务是一种挑战，需要全方位考虑装置腐蚀问题，是腐蚀研究与装置运行的密切结合，也是发现装置腐蚀问题的最佳机会。应将防腐研究与企业防腐日常工作密切联系起来。

4.9　腐蚀管理体系(CMS)

为了最大限度地节约成本,有效实施腐蚀管理体系(CMS),并与企业的管理系统结合起来是非常有必要的。

CMS是一系列政策、流程和计划、执行的步骤,以及不断提高的管理现有的和未来腐蚀威胁的能力。在多数情况下,它包括:优化腐蚀控制措施,将全寿命周期损失降至最低;达到安全环保的目标;将腐蚀管理并入资产生命周期。

5　结论

从石化的腐蚀与防护技术现状看,腐蚀无疑是安全生产的大敌,任务依然艰巨。由于装置长周期、原料不稳定、设备新度系数降低、人员质素参差不齐等因素的影响,防腐工作应是常做常新,永远都在路上。可喜的是,腐蚀与防护新技术层出不穷,为我们提供了强有力的技术支撑。展望未来,石化腐蚀与防护技术前景看好,大有可为。

认真开展防腐工作　为设备本质安全保驾护航

高　峰　周殿莹　张　伟

（中国石油抚顺石化分公司，辽宁抚顺　113008）

摘　要　本文介绍了中国石油抚顺石化分公司800万吨/年常减压装置设备腐蚀的状况、采取的措施及对腐蚀管控开展的防腐工作，并提出了下一步的工作重点。

关键词　常减压装置；腐蚀；采取措施；管控

1　抚顺石化公司及800万吨/年常减压装置简介

中国石油天然气集团有限公司抚顺石化分公司，具有90年的发展历史，是我国炼油工业的"摇篮"，是集"油化塑洗蜡剂"为一体的"千万吨炼油、百万吨乙烯"世界级炼化生产基地。公司拥有主要生产装置76套，辅助及配套装置、设施100余套。原油一、二次加工能力均为1150万吨/年，化工产品的生产能力为360万吨/年。能够生产300多个牌号的石油化工产品。其中，年可产汽、煤、柴成品油550万吨；石蜡50万吨，年产量和贸易量居世界第一；产品畅销全国并远销到世界50多个国家和地区，是世界上独具特色的石蜡、烷基苯、贵金属催化剂生产基地。2014年以来，公司上下认真分析把握国内外石化行业发展变化走势，对标找差距，挖潜增效益，实现了由巨额亏损到大幅盈利的转变，效益由2013年亏损60亿元转变为盈利31亿元，成为中石油创效骨干。

800万吨/年常减压蒸馏装置是石油二厂原250万吨/年北蒸馏装置异地改扩建。本装置是抚顺石化公司"原油集中加工、炼油结构调整技术改造工程"建设项目中的重要装置。装置由洛阳石化工程公司设计，由中国石油第七工程建设公司施工。2009年10月正式投产运行。装置设计加工大庆原油，大庆原油具有蜡含量高、硫含量低的特点，富含优质石蜡和润滑油基础油组分。大庆原油的原油盐含量相对较低，但根据抚顺石化分公司石油二厂蒸馏一车间、蒸馏二车间最近几年加工大庆原油的实际情况来看，实际操作中该原油中盐含量的波动较大，因此给装置带来的腐蚀问题逐渐增加。

800万吨/年常减压蒸馏装置是全公司炼化装置的龙头，装置的防腐工作牵涉面广、影响大，装置的腐蚀控制对抚顺石化公司防腐工作极为重要。

2　800万吨/年常减压装置设备防腐工作开展情况

静设备的管理主要是对腐蚀的管控。材料与其所处环境之间发生了物理化学反应，其结果是导致材料性能的降低或破坏，这种变化称为腐蚀。现阶段随着原油的品质恶性化趋势、采油助剂的不断改进添加，常减压蒸馏装置的腐蚀是一个严峻的问题。抚顺石化分公司800万吨/年常减压蒸馏装置任何一个部位的腐蚀泄漏都可能造成抚顺石化分公司生产的波动，严重的可能造成停产，因此抚顺石化公司对蒸馏装置的腐蚀管理工作极为重视，做了以下工作。

2.1　建立防腐领导组织机构，形成全员抓腐蚀格局

（1）成立了以设备副总经理为组长的公司级腐蚀管理组织机构；同时石油二厂成立以设备副厂长为组长的厂级腐蚀管理机构。

（2）蒸馏一车间成立了以车间主任、书记为组长，分管生产、设备副主任为副组长，工艺、设备、安全管理人员以及各班班长、运行工程师组成的车间防腐工作领导小组；以《股份

公司腐蚀与防护管理规定》和重新修订的《抚顺石化公司腐蚀与防护管理制度》为指导，规范了车间工艺防腐工作职责，细化了防腐管理内容，形成了腐蚀问题由工艺和设备齐抓共管的局面，确保问题不遗漏，责任不扯皮。

2.2 积极开展工艺防腐工作

（1）建立工艺防腐制度。确立一图、一账、一卡、一报、三表格管理模式。制定工艺防腐管理制度并组织检查。绘制工艺防腐流程图、建立工艺防腐统计台账、重点部位腐蚀监测指标纳入工艺卡片、建立工艺防腐监测数据表、建立腐蚀分类检查表。工艺防腐监测数据表纳入技术月报管理，并对超标指标进行分析，提出解决措施。通过对工艺腐蚀点监测超标数据统计形成工艺防腐技术月报，并进行不合格项分析，提出解决措施，持续改进。

（2）根据厂生产运行部的总体要求，生产、设备专业管理人员对《炼油装置工艺防腐运行管理规定》(工艺防腐导则)进行学习，对导则进行逐字逐句的解读，对导则要求的全部措施，逐一排查是否存在问题，并对排查出的问题进行汇总、分类，分工进行督办，在采样分析、数据计算上存在的问题，均汇总形成《未解决问题汇总表》，逐项、逐条进行督办，从根本上预防、解决工艺腐蚀，保证装置长周期运行。

（3）强化原油分析工作。依托抚顺石化公司研究院定期进行原油评价分析，为工艺防腐提供基础数据。对其中的酸、硫、盐等致腐蚀物进行分析评价，确保工艺防腐有可靠数据支撑。坚定不移地推进原油死罐运行，加强原油罐脱水、脱固管理。在蒸馏装置实行注剂总包管理，对脱前、后的含盐、含水、污水含油、三顶冷凝水进行分析及对比，及时调整加剂量，保证各项指标在要求范围内。提高脱盐率及加强电脱盐的操作管理，将原油中易腐蚀因素降低到最小，保证蒸馏装置平稳操作，减缓塔顶低温与塔底高温腐蚀，大大地减少了各侧线及供下游装置原料中的易腐蚀性元素，并提高了下游装置催化剂寿命与活性。蒸馏一车间电脱盐设施全年运行平稳，脱后原油含盐量达标率

为 95.6%。分析数据统计，2017 年电脱盐装置运行平稳，但三月份全月原油脱后含盐量均在 3mgNaCl/L 控制指标以上，最高在 3 月 17 日达到 33.6mgNaCl/L(脱前含盐量 59.5mgNaCl/L)，经过调整操作，检修前后脱后含盐量均在控制指标之内。相比 2016 年有了很大进步。

（4）加强工艺操作数据的监督分析。工艺腐蚀管理的重点是过程管控、事前防范，而不是事后补救。工艺防腐是设备防腐的前沿，只有工艺操作平稳，各项操作指标符合工艺卡片的要求，才能保证设备的腐蚀得到控制。对重点腐蚀监控部位的操作参数加强监控，对偏离指标的参数督促操作人员进行调整。对接近红线运行的操作点，工艺技术人员与设备人员一起分析原因、研究对策，探索办法，从而保证工艺腐蚀得到有效控制。

2.3 认真开展设备防腐工作

（1）建立车间级《防腐蚀管理工作手册》，明确职责。

（2）建立《抚顺石化大蒸馏装置腐蚀控制手册》，手册由 NACE 主席 Sandy Williamson 先生亲自主编，国内技术力量提供支撑，历时近 6 个月完成。《腐蚀控制手册》系统地分析了整套装置可能发生的腐蚀部位；科学地划分了 19 条腐蚀回路；提出了装置不同物料可能产生的腐蚀机理及其对相关设备与管线的影响；明确了不同部位可能存在的风险等级；并对装置的腐蚀控制提出了《完整性操作窗口(IOW)汇总表》，全面涵盖了装置腐蚀需要监测和控制的 92 项基础数据。同时，通过对以上腐蚀机理的分析，提出了腐蚀监测与检测建议。腐蚀控制手册为装置开展设备与管线完整性维护工作提供了一份基础文档。

（3）建立《易腐蚀设备、管线台账》。根据《中国石油天然气股份有限公司炼油与化工分公司设备及管道定点测厚指导意见导则》及《抚顺石化大蒸馏装置腐蚀控制手册》要求选取定点测厚点，并设置现场活动保温测厚点。针对蒸馏一车间低温腐蚀部分，车间建立定点测厚台账，按月度、季度、年度不同频次进行定点测厚，对得出的数据进行分析比较，加强管控。车间

将测厚数据进行整理分析，列出图表，将数据变化明显部分进行标注总结。

在大蒸馏装置《腐蚀控制手册》识别出来的高风险部位，如初、常、减压塔顶部和塔顶冷凝冷却系统的空冷器、水冷器、管线等有液态水存在的低温部位、石脑油管线等，充分布设定点测厚点（见表1）。

表1 日常定点测厚发现部分问题列表

石脑油自 E2144 至 T2106	168×7.5	4.5	同径三通（BW）DN150, 20# GB/T 8163 BW SH3408 SCH40	1	低温	石脑油腐蚀
石脑油自 E2144 至 T2106	168×7.5×114×6	4.3	偏心大小头（BW）DN150×100, 20# GB/T 8163 BW SH3408 SCH40（L）×SCH40（S）	1	低温	石脑油腐蚀
常一中油自 E2115 至 T2102	273×9.5×219×8	6.4	偏心大小头（BW）DN300×200, 20# GB/T 8163 BW SH3408 SCH40（L）×SCH40（S）	2	高温	环烷酸、硫腐蚀

（4）日常工艺管理上参考《完整性操作窗口（IOW）汇总表》收集汇总检查项目。通过停工检修机会对工艺防腐管理工作担心的区域、位置、设备、管线进行全面的检查。通过腐蚀机理的判断，对照、结合《炼油装置工艺防腐运行管理规定》（工艺防腐导则）自检自查，并根据《工艺腐蚀点监测台账》，有计划、有重点地对关键设备、管线进行检查。

（5）制定检修期间防腐工作方案。为实现蒸馏一车间长周期运行，加强工艺防腐预知管理，结合2017年大检修及运行期间防腐要求，对各装置可能存在的腐蚀风险进行判断，从表象寻找腐蚀原因、从工艺指标上控制腐蚀，制定了详尽的防腐专项检查（检修期间）工作模板。

腐蚀检查过程中发现常压塔进料部位上下塔盘、常压炉出口炉管及转油线、减压炉至减压塔的转油线、进料段塔壁与内部构件以及减压塔底、减压渣油转油线、减压渣油换热器等部位发现腐蚀问题（见表2）。E2134初底油-减压渣油换热器防冲刷板破损严重：该换热器为减压渣油流程第一台换热器，近年来随着大庆原油品质不断下降，硫含量有所增加，因此硫腐蚀也是造成防冲刷板破损的重要原因。通过大检修上述问题均得到充分整改。

表2 腐蚀检查发现部分问题列表

初底油自 F2101 一路至六路出口 至 T2102	325×8.5	5.5	90°弯头（R = 1.5 DN BW）DN300 0Cr18Ni9 GB/T 14976 LR BW SH3408 SCH30	2	高温	硫腐蚀
减五线油自 P2119AB 至 E2132AB	168×7.5×114×6	4.3	同心大小头（BW）DN150×100, 20# GB/T 8163 BW SH3408SCH40（L）×SCH40（S）	1	高温	硫腐蚀、环烷酸腐蚀
减六线油自 P2120AB 至 E2136	114×6×89×5	4	同心大小头（BW）DN100×80, 20# GB/T 8163 BW SH3408 SCH40（L）×SCH40（S）	2	高温	硫腐蚀、环烷酸腐蚀
常三线出装置大小头	168×7.5×114×6	4	偏心大小头（BW）DN150×100, 20# GB/T 8163 BW SH3408 SCH40（L）×SCH40（S）	1	高温	硫腐蚀、环烷酸腐蚀

（6）根据《抚顺石化大蒸馏装置腐蚀控制手册》的建议，结合生产实际在大蒸馏装置设置了腐蚀探针及高温在线测厚监测点共计13处，由专业公司对在线腐蚀监控系统数据进行分析，每月提供分析月报。

由于根据《腐蚀控制手册》进行科学选点，减压塔顶冷凝器E2150AB液相出口管线腐蚀探针在2018年1月准确发现了腐蚀问题并及时预警，车间在第一时间安排定点测厚并发现了明显的减薄趋势。在测厚过程中发现在距腐蚀探针下部约 1m 处弯头有明显减薄趋势，最薄处 2.9mm，该管线规格为 219mm×6.5mm；经过工艺防腐的调整及设备管理的有效措施，成功地避免了腐蚀的进一步发展，保证了装置的安全生产（见图 1~图 5）。

9.18 腐蚀回路 16-减压塔顶冷凝系统
本节介绍腐蚀回路 16（CC16）相关内容及细节，具体包括 T2104 塔顶冷凝冷却系统的腐蚀及检测等。

■■■ CC16 介绍
CC16 起始于 T2104 上部介于第 1 层与第 2 层填料之间，具体见附件腐蚀回路图。

减一线经 P2113A/B 后作为回流返塔，或进入 E2103A/B 管程。由 E2103A/B 管程起，经过 E2112A/B 管程和 E2165A/B 壳程，随后在第 1 层塔盘处返塔或进入减一线后续系统。

塔顶油气由塔顶挥发线抽出，经过一系列空冷器后进入 V2104 及 V2124。气体经 V2124、V2125、V2126 后回路止于 V2126。
CC16 所包含的设备见表 81，具体腐蚀回路边界见第 10 章腐蚀回路图部分。

图 1　腐蚀回路简介

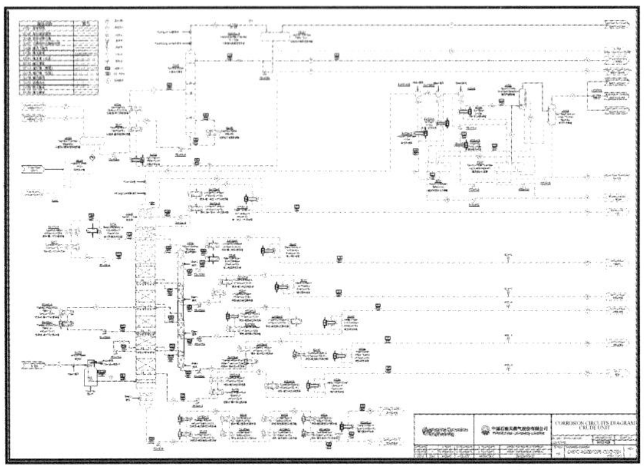

![腐蚀回路图]

图 2　腐蚀回路图

发生失效可能性	极高 众所周知必然发生	中等	中等	高	极高	极高
	高 可能发生并曾经发生过	低	中等	高	高	极高
	中等 可能发生但不确定	低	低	中等	高	高
	低 可能偶尔发生并在类似系统发生过	极低	低	低	中等	中等
	极低 基本不会发生	极低	极低	低	低	中等

图 3　风险识别表

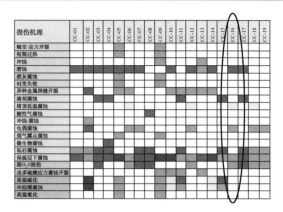

图 4　第 CC16 腐蚀回路风险及腐蚀因素

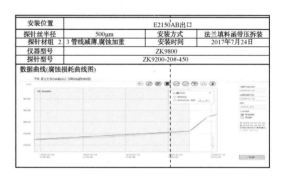

图 5　腐蚀探针监测数据

（7）循环水流速检测。检修期间对减压塔顶水冷器检测，发现问题水冷器筒体有明显腐蚀痕迹，主要为坑蚀；E2167 常轻油冷却器，管束泄漏，堵管率超 80%，主要原因为垢下腐蚀或循环水流速过低。同样，其他水冷器也存在类似问题，管束表面结垢严重，均为结垢产生垢下腐蚀。根据以上情况并结合《中石油工艺防腐管理规定》，在蒸馏装置对装置内水冷器进行水流速检测，并针对检测结果进行调整，对暂时无法整改的项目列出明细，择机整改。

（8）加热炉露点腐蚀监控。加热炉等热能设备的排烟温度是影响其热效率的主要指标之一，理想的排烟温度既能够提高加热炉的热效率，又能避免烟气中存在的酸性气对设备造成的酸露点腐蚀。通过烟气露点温度的测试，可为热能设备的腐蚀预防及排烟温度的控制提供科学依据。大蒸馏装置自 2015 年开始定期对加热炉露点温度进行检测，针对检测结果进行调整操作，防止预热器炉管等发生露点腐蚀。

（9）增设二级电脱盐。针对原油性质逐步恶化和下游装置的需要，增设二级电脱盐。当二级电脱盐投用后，脱盐效率会更高，可对塔顶部分的低温腐蚀有更好的控制，同时对下游装置催化剂中毒及对油品性质的改善会起到更好的作用。二级电脱盐已完成桩基础施工，配电间已完成电器柜安装。整个工期预计8月完成。

3　下一步工作重点

（1）电脱盐装置运行处于临界状态，难以满足长周期运行需要，二级电脱盐需尽快投入运行。

（2）进装置原油趋于劣质化，含水量波动较大，含杂质量增多，给全装置设备防腐工作带来困难。厂原油储罐需增强脱水、脱杂能力。

（3）原油评价及腐蚀介质分析中，对氯离子及有机氯的分析不足，需增加分析设备。

（4）瓦斯脱硫系统整改施工需要加快进度。脱硫后对减缓加热炉部分的腐蚀会起到良好的效果。

（5）油品性质变化对装置的影响，需要有关部门能帮助车间作出正确的分析判断，以避免事故的发生。

常减压蒸馏装置常顶油气系统防腐蚀节能改造

徐洪坦

（中国石化济南分公司，山东济南 2050101）

摘 要 国内炼油加工企业原油劣质化趋势十分普遍，常减压蒸馏装置作为原油一次加工装置，面临的防腐蚀压力特别巨大。通过对常减压蒸馏装置常顶油气系统腐蚀问题的分析，认为装置冷换设备在节能方面还存在很大潜力。结合装置实际情况利用检修时机对常顶油气系统与减压炉进行了节能改造，既消除了装置的安全隐患、降低了装置能耗，又达到了节能优化与保证装置长周期安全运行的目的。

关键词 常减压蒸馏；常顶油气系统；防腐蚀；节能；改造

某炼化企业常减压蒸馏装置为燃料-润滑油型蒸馏装置，于1990年9月建成投产，原设计加工能力为1.5Mt/a，经过多次扩能改造与防腐蚀安全隐患治理，现原油加工能力5Mt/a。装置设计加工原油酸值为1.5mgKOH/g，硫质量分数为1.0%。原油为临商、胜利和进口油的混合原油，属高酸低硫-中间基原油。

装置自2012年9月开始单炼φ377管输胜利油和进口油的混合原油，进装原油的总硫与酸值均大幅上升。随着原油持续劣质化与装置加工量的逐年增加，常顶油气系统腐蚀泄漏频发，给装置安全生产带来很大的安全隐患，很难满足常减压蒸馏装置检修周期4年一修的要求。

1 装置常顶油气系统介绍

1.1 常顶油气系统工艺流程

常顶油气和水蒸气进入常顶空冷器（EC-1/1~6）和常顶气-热媒水换热器（E1-2/1~4）、常顶水冷器（EW-13/1.2），冷至40℃后进入常顶回流及产品罐（D-2）。装置虽经过多次技术与防腐蚀改造，但该流程经设计院核算仍满足常顶油气冷却要求，所以该系统流程没有进行动改。为进一步回收装置低温热，该系统在2007年10月份检修时，将常顶水冷器后移，原水冷器的位置新增了2台常顶气-热媒水换热器。其工艺流程如图1所示。

1.2 常顶油气系统设备用材与工艺防腐

常顶油气系统大油气线材质采用碳钢，6台干湿联合空冷器EC-1/1~6、2台常顶气-热

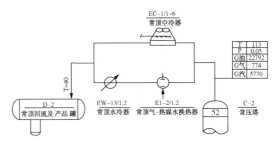

图1 常顶油气系统原工艺流程简图

媒水换热器E1-2/1.2管束材质采用碳钢+内防腐涂料，2台常顶水冷器EW-13/1.2管束材质采用碳钢。

常顶油气系统腐蚀类型为典型的低温部位HCl-H_2S-H_2O腐蚀，日常防腐措施以工艺防腐为主。装置仍采用传统的"一脱三注"防腐策略：电脱盐设二级脱盐，一级为高速电脱盐，二级为低速电脱盐；塔顶采用注水（软化水）、注氨（无机氨）、注缓蚀剂（水溶性缓蚀剂）措施。

2 常顶油气系统腐蚀状况

常顶油气系统自2003年以来腐蚀问题多发，特别是2008年以后问题尤为突出。空冷器管束最短投用半年、入口分配短节最短投用一年半就发生腐蚀穿孔泄漏。该系统设置在框架顶部，其下部多为高温位换热器，因泄漏介质为常顶油气与汽油，泄漏后存在很大的安全隐患。空冷器管束因本身结构原因，换热管泄漏后堵管较为困难；又因其出入口原则不设计扫线蒸汽，设备泄漏后工艺处置困难。在设备堵漏处置与更换施工上都存在很高的安全风险，

严重影响装置的安全平稳运行。

设备腐蚀泄漏部位主要发生在空冷管束油气入口管板与换热管的连接处，以及空冷器管束入口短节焊缝热影响区域处，泄漏情况详见表1。空冷入口分配短节泄漏相对容易处理，一般采用打卡子处理或切除管束后更换新短节。

表1　常顶油气系统腐蚀状况统计

时间	泄漏部位	服役寿命	泄漏描述
2008 年	空冷管束 EC-1/1.2.5	2.5~3 年	管束泄漏
2009 年	换热器 E1-2/1.2 管束	1.5~2 年	管束泄漏
	空冷管束 EC-1/5	1.5 年	管束泄漏
	空冷管束 EC-1/1.6 前入口短节	5 年	管线砂眼
2010 年	检修提前更新 E1-2/1.2、EC-1/4.5.6 管束及空冷前短节		
	空冷管束 EC-1/1.2.3.6	0.5~3 年	管束泄漏
2011 年	空冷管束 EC-1/5.6	0.5~1 年	管束泄漏
	空冷管束 EC-1/2.6 前入口短节	1.5~2 年	管线砂眼
2012 年	换热器 E1-2/1 管束	2.5 年	管束泄漏
	空冷管束 EC-1/1.3.6	0.5~1 年	管束泄漏
	空冷管束 EC-1/1.3.4 前入口短节	2~2.5 年	管线砂眼

3　常顶油气系统腐蚀原因分析

3.1　工艺设备选材因素

常顶油气系统工艺设备用材与现行行业标准 SH/T 3129—2012 中关于加工高酸低硫原油蒸馏装置主要设备与管道推荐用材相比，除油气管线与常顶水冷器 EW-13/1.2 选材符合要求外，其他工艺设备选材存在偏低的现象。空冷器 EC-1/1~6 与常顶气-热媒水换热器 E1-2/1.2 油气入口温度均高于介质的露点温度，按规范要求应选用碳钢+022Cr23Ni5Mo3N 或碳钢+022Cr25Ni7Mo4N。

该系统工艺设备符合现行规范材质要求的基本没有发生腐蚀泄漏，而与规范要求不符的设备腐蚀故障多发，说明该系统高于介质露点温度的工艺设备选材已不能满足安全生产的要求。

3.2　常顶油气系统负荷过大因素

装置原油加工量自 2003 年后增加较大，基本上是 1999 年加工量的 2 倍以上，具体加工量详见表2。常顶油气系统负荷随着原油加工量的增加也大幅提高，但系统管道与空冷器入口规格、形式一直没有进行相应动改，致使空冷器入口油气流速过快，加重了油气对空冷器入口管线及管箱入口处的冲刷。常顶油气的过高流速导致系统低温缓蚀剂保护膜生成后难于固定，保护膜在生成与破坏之间来回反复，加速了系统薄弱部位的腐蚀速度；同时常顶油气过高流速引起的换热管震动也破坏了设备防腐涂料与缓蚀剂保护膜，加重了设备管束的腐蚀。

该系统工艺设备腐蚀泄漏部位主要集中在空冷器入口分配短节缩径处及空冷管束管箱入口管板与换热管胀接处。腐蚀泄漏点均处于介质的露点之上，属于气相流速最高的区域，过高的气相负荷导致介质线速过大引起冲刷腐蚀。

表1　装置近年原油加工量统计表

年度	加工量/10^4t	年度	加工量/10^4t
1999	185	2006	400
2000	241	2007	358
2001	244	2008	400
2002	268	2009	394
2003	302	2010	407
2004	377	2011	455
2005	409	2012	393

常顶系统冷凝水防腐数据见表3，从防腐数据可以看出，虽然常顶水 pH 值控制良好，但其氯含量大大超出指标控制范围，常顶系统腐蚀环境变差，导致常顶水铁含量一直偏高或超标，也直接表现在工艺设备腐蚀泄漏频次上。

表3　常顶冷凝水控制情况

年度	2008	2009	2010	2011	2012	指标
pH 值	8.67	8.66	8.40	8.38	8.28	7~9
铁含量/(mg/L)	2.84	3.34	2.55	2.95	2.23	≤3
氯含量/10^{-6}	97	124	169	143	88	≤30
泄漏次数	3	5	4	4	7	—

3.3　加工原油劣质化与电脱盐运行因素

装置加工原油存在持续劣质化的趋势，从图2可以看出原油盐含量波动范围较大，酸值逐年增加，硫含量在分输分炼后也大幅增加。

原油性质的不稳定及持续劣化，直接导致电脱盐的运行效果变差，造成常顶系统腐蚀加剧。

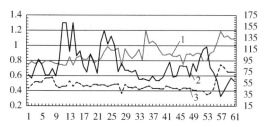

图 2　2008 年以来加工原油性质变化趋势图
1—酸值，mgKOH/g；2—盐含量，mg/L；3—硫含量,%

装置电脱盐单元运行状况的好坏，也直接关系到本装置低温部位的腐蚀控制。从表 4 中可以看出，脱盐合格率较低时对应的常顶系统冷换设备泄漏次数较高。如 2012 年脱盐合格率只有 90.68% 时，该系统共有 7 次设备与管线泄漏故障发生。

表 4　2008 年以来电脱盐运行情况

年度	2008 年	2009 年	2010 年	2011 年	2012 年
脱前含盐/（mg/L）	48.86	46.33	39.38	32.51	35.52
脱后含盐/（mg/L）	2.85	2.67	2.10	2.10	2.61
脱盐合格率/%	96.86	92.58	99.40	95.61	90.68
泄漏次数	3	5	4	4	7

4　常顶油气系统防腐蚀节能改造

4.1　系统流程改造

装置 2013 年 5 月大检修时对该系统进行了改造，改造后的流程如图 3 所示。常顶油气和水蒸气先进入新增的 4 台常顶气-热媒水换热器（E1-2/1～4）换热至 85℃，然后进入原有的 6 台常顶空冷器（EC-1/1～6）和新增的 2 台空冷器（EC-1/7.8），冷至 40℃后进入常顶回流及产品罐（D-2），原 2 台常顶水冷器（EW-13/1.2）仍与空冷器并联，作为常顶油气流量较大时的备用手段。

相关新增工艺设备根据 SH/T 3129—2012 中关于加工高酸低硫原油蒸馏装置主要设备与管道推荐用材进行选材，新增的 4 台常顶气-热媒水换热器操作温度高于介质露点温度，换热器壳体选用碳钢材质，管束选用022Cr23Ni5Mo3N 材质，新增的 2 台空冷器操作温度低于介质露点温度，材质选用碳钢材质。

4.2　常顶油气系统改造防腐效果

装置自 2013 年 5 月开工至 2017 年 3 月停工大修，常顶油气系统运行平稳，再未发生腐蚀泄漏故障，达到了四年一修的改造目的，实现了装置长周期安全运行。

4.3　常顶油气系统改造节能效果

常顶油气系统改造项目投用后，装置电耗略有上升，循环水消耗有所下降，装置吨原油加工能耗为 407.870MJ/t 原料，比改造前的单位能耗 419.841MJ/t 原料降低了 11.971MJ/t 原料（折合 0.28kg 标油/t 原料）。按照装置年开工时数 8400h，原油加工量 500t/h 计算，一年可节省标油：

$$0.28×8400×500÷1000＝1176t 标油$$

由此可见，常顶油气系统经过改造后其节能降耗效果是比较明显的。

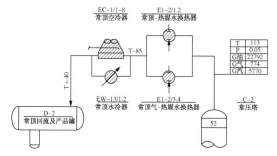

图 3　常顶油气系统现工艺流程简图

5　结语

炼油装置特别是经过多次改造的老装置，随着加工负荷的提高及原料劣质化，工艺流程难免存在生产"瓶颈"问题，以及工艺设备材质与加工原料腐蚀要求不适应的问题。应利用装置停工检修时机，充分将设备材质升级与工艺流程完善相结合，设备消缺与技术改造相结合，从根本上消除装置运行存在的生产及设备安全隐患，提高设备本质安全水平，降低装置能耗，实现装置长周期安全运行目的。

参 考 文 献

1　SH/T 3096—2012　高硫原油加工装置设备和管道设计选材导则

2　SH/T 3129—2012　高酸原油加工装置设备和管道设计选材导则

常减压蒸馏装置常顶油气管线
腐蚀减薄分析及对策研究

李松泰

（中国石化北京燕山分公司炼油部，北京　102500）

摘　要　针对燕山石化公司炼油部四蒸馏装置常顶油气管线二次腐蚀减薄问题，以常顶换热器 E－1002/2 出口第一弯头作为研究对象，采用流体力学软件 FLUENT 对弯头内流体压力、速度及涡量进行数值模拟与腐蚀分析。结果表明，由于冲刷腐蚀和流体诱导腐蚀的共同作用，弯头产生严重腐蚀减薄。因冲刷腐蚀在弯头外侧形成凹陷区域，加剧了油气对此部位的冲刷作用，客观条件形成流动诱导腐蚀从而大大增加了此部位腐蚀减薄速率。本文提出在弯头关键部位增设缓冲导流板，改变流体流动状态，进而改变油气对弯头的冲刷腐蚀，从根源进行抑制腐蚀。对比了原弯头内部油气流动情况与增设导流缓冲板后油气流动状态，进一步验证了导流缓冲板对解决常顶油气管线腐蚀问题的有效性。

关键词　腐蚀减薄；冲刷腐蚀；流体诱导腐蚀；导流缓冲；FLUENT

1　前言

炼油板块为中国石化业务的主要基础板块之一，常减压蒸馏作为炼油化工的"龙头"，装置生产及油品质量直接对后续炼油化工单元产生重要影响。常压塔为常减压蒸馏装置的核心设备之一，随着原料硫含量日益增高，装置所加工原油硫和酸含量越来越接高，原油的硫含量已逐渐逼近于四蒸馏装置设计采用的设防值，装置防腐压力日益加剧，对高硫原油的适应性及设防能力产生极大挑战。虽然在 2011 年和 2013 年进行了改造，但是近两年炼油部四蒸馏装置因炼制高硫原油引起的腐蚀问题日益加深，常顶油气管线一旦腐蚀减薄泄漏则造成整个装置停工，无法为下游装置提供稳定、持续的原料，因此常顶油气腐蚀减薄问题不容忽视、亟待解决。

国外在腐蚀机理研究方面作出了重大贡献，研究方法主要为理论研究和实验研究，但是对腐蚀减薄的处理仍然停留在升级材质管线，内防腐涂料等方面。国内油气管线弯头腐蚀控制，主要以工艺防腐为主，严格控制氯化物和硫化物的含量，并选用有较好的抗 $HCl-H_2O-H_2S$ 腐蚀能力的渗铬钢作为替代产品。经调研，目前国内采取的应对措施为在腐蚀减薄外部贴板，在管壁内侧刷防腐涂料，同时加强监测。若腐蚀继续恶化，则更换或升级管线。

2　常顶油气管线腐蚀现状

E-1002 为常顶油气－原油换热器，管程介质为常压塔顶油气，壳程介质为原油。常压塔顶挥发线材质为 20# 钢，抗腐蚀能力较弱。塔顶挥发线介质为 134℃、0.06MPa 油气，易发生低温硫腐蚀、HCl 腐蚀、氯化铵腐蚀等。常顶换热器 E－1002/2 出口弯头产生了二次腐蚀，经贴板处理后再次出现腐蚀减薄现象。

经检测，四蒸馏装置常顶油气 E－1002/2 出口第一、第三、第四弯头均发生腐蚀减薄现象。弯头腐蚀检测结果如图 1 所示，白色划线区域为 9mm 以下部位，黑色划线位置为严重减薄位置。管线设计壁厚 13cm，三个弯头实测最小值为 6cm 左右，最大减薄率均超过了 50%。图 2 展示了 2016 年 7～9 月常顶挥发线腐蚀速率趋势，此阶段腐蚀情况较为严重时高达 8mm/a，若不及时采取相应措施，则易引发油气管线泄漏从而造成事故隐患。

目前采取的措施为弯头外防腐贴板、提高常压塔顶 pH 值、增加注水量使露点前移等。

作者简介：李松泰（1990—），女，2016 年毕业于中国石油大学（华东）化工机械专业，硕士研究生，助理工程师，现从事炼油化工设备腐蚀与防护研究，已发表论文 3 篇。

除工艺调整外,贴板为外腐蚀解决方案,虽然可以增加抗腐蚀部位厚度,但只能解决燃眉之急,无法在根本上解决内腐蚀问题,不能阻止腐蚀情况继续恶化。第一弯头严重减薄位置即位于补板上方,表面不平整增加了二次贴板的难度与效果。

(a)第一弯头　　　　　(b)第三弯头　　　　　(c)第四弯头

图1　E-1002/2出口弯头腐蚀减薄

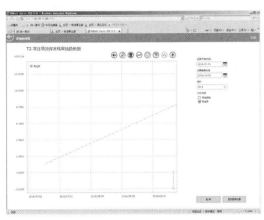

图2　常顶挥发线腐蚀趋势

3　腐蚀分析

3.1　弯头流场分析

对 E-1002/2 出口第一弯头内油气流动建立原比例三维模型,采用 Fluent 流体力学软件进行数值计算,建模选取的介质参数与工况参数见表1。

表1　模型介质参数与工况参数的选取

介质参数		工况参数	
常顶油气密度/(kg/m³)	760	出口压力/MPa	0.3
常顶油气温度/℃	56	入口压力/MPa	0.3

纵向截取弯头流场平面(流体模型直径476mm,选取 $z=238$mm)进行压力、速度、涡量分析。

3.1.1　压力分析

图3可看出,常顶油气压力沿流动方向呈现先增大后减小趋势,弯头处油气流动方向与状态发生转变。在离心力作用下,对弯管外侧管壁产生挤压应力,在弯头外侧流体对管壁的压力最大,弯头内侧压力最小,在弯头外侧后半部达到压力峰值300132Pa,压力极值部位符合实际检测情况。

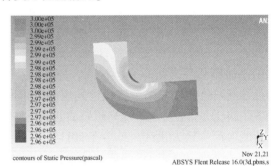

图3　E1002/2第一弯头压力场分布

3.1.2　速度分析

图4为 E1002/2 第一弯头速度分布,速度整体呈现均匀分布,在弯头内侧速度增大,并沿流动方向逐渐减小。在流动的过程中弯头内侧油气流动状态改变比外侧改变更大,产生更多的流体激荡使速度突增。

同时,在离心力作用下流体对弯管内侧管壁形成牵引作用,弯头内侧压力减小,由于动能守恒,弯头内侧比压能转化为流体动能,增大了流体的速度。

3.1.3　涡量分析

涡量即流体微团自身产生旋转的程度。图

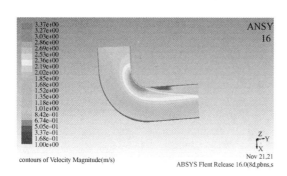

图4　E1002/2 第一弯头速度场分布

5 所示涡量分布与速度分布近似，在弯头内侧油气流动产生的涡量较大，油气更容易产生回流，在此处流动状态改变最为剧烈。涡量极值位置相对速度极值位置滞后。

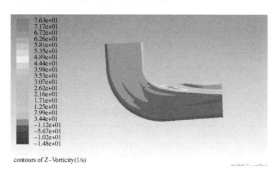

图5　E1002/2 第一弯头涡量场分布

3.2　腐蚀原因分析

结合以上数值模拟结果，对相关腐蚀机理进行调研、研究分析，四蒸馏装置 E-1002 出口弯头腐蚀存在以下三方面原因。

3.2.1　冲刷腐蚀

冲击腐蚀与流体流速、流体攻角有关。当在气相 1~25m/s、液相 0.1~5m/s 范围内时，易形成冲击流，产生极强的剪切力，冲击腐蚀最严重；当攻角达到 90°时，冲刷腐蚀最严重。

换热后的常顶油气流入弯头时，流向会发生改变。按照图3压力分布分析，弯头外侧后部达到压力峰值。流体冲刷攻角接近 90 度，形成的冲击作用最强，破坏管壁金属氧化膜，使管道的金属材料进一步暴露出来，加快腐蚀介质对管道的腐蚀，形成冲刷腐蚀，造成管壁减薄。

3.2.2　流体诱导腐蚀（腐蚀促进冲刷）

E-1002/2 出口弯头由于长时间冲刷腐蚀造成冲刷部位减薄（弯头外侧后部），如图6所示在弯头内部形成凹陷区域，凹陷结构加剧了流体流动与冲击。减薄部位新的金属基体裸露与腐蚀性介质形成更高强度的冲击，形成流体诱导腐蚀，从而促使腐蚀速率加快。流体冲刷促进腐蚀，腐蚀形成的结构缺陷又促进冲刷，反复冲刷与腐蚀形成恶性循环，最终导致弯头减薄速率加快。

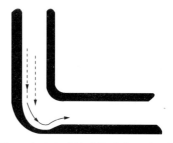

图6　弯头内腐蚀减薄形成凹陷区域

3.2.3　空泡腐蚀

空泡腐蚀即高流速流体在流向发生改变时形成湍流，流向改变周围局部形成涡流，涡流携带气泡遇管壁破碎，局部极大的冲击力造成腐蚀产物膜破坏，从而促进腐蚀。空泡腐蚀极易发生在弯头处，并且在此部位变化最为剧烈。

结合图4、图5的速度、涡量分析可知油气流至 E1002/2 出口第一弯头内侧压力减小，速度与涡量急剧增加。当压力减小到油气饱和蒸汽压时（60℃ 汽油饱和蒸汽压约为 90000Pa），会产生大量气泡，它们会和离散相一同与流体以相同的速度流动。弯头内油气的流向发生急剧变化而形成湍流，气泡与管壁碰撞溃灭概率增大，气泡溃灭产生冲击波和微射流会使管材产生变形，形成微孔，长时间连续的作用会导致管壁破坏。

从空泡腐蚀（露点腐蚀）的成因角度看，易发生在 E-1002/2 弯头内侧，虽然不是现阶段 E1002/2 严重腐蚀减薄部位，但要今后也要对此部位加强监控与测量。

4　解决方法

对 E-1002/2 弯头腐蚀分析后，提出在弯头外侧安装导流缓冲板，图7展示了以 E-1002/2 出口第一弯头为例的安装位置。

1）导流

针对腐蚀主体（油气），由于导流缓冲板的导流作用，改变了流速、流态及对弯头的冲击力度，减缓了弯头外侧冲击腐蚀，减少了弯头内侧空泡腐蚀的产生。

2）腐蚀转移

针对腐蚀的受体（弯头），导流缓冲板代替了原有弯头与流体的直接接触，可以抑制弯头腐蚀减薄。

 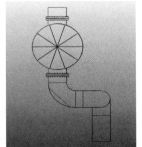

(a)轴测图　　　　　(b)左视图

图7　缓冲导流板安装示意图

图8、图9展示了原弯头和增设导流板后弯头三维压力场分布。由于导流板的作用分散了弯头油气压力极值部位，减缓了油气对弯头的冲刷。

表2分别计算了两个模型下的压力最大值与速度最大值，对比发现 Mod1 最大压力大于弯头出入口压力（30000Pa），Mod2 最大压力即出入口压力。进一步的，Mod2 弯头腐蚀减薄部位压力小于等于出入口压力，极大程度上减缓了腐蚀减薄部位的冲刷。分析 Mod1 与 Mod2 的速度最大值，说明导流缓冲结构减小了弯头流体冲击，从而可以减小内弯头处露点腐蚀程度。

对比 E1002/2 原弯头与增设导流缓冲板后的压力、速度、涡量（见图10）可知，增设导流

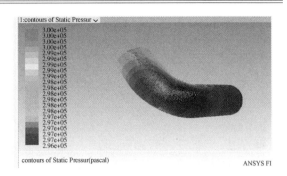

图8　原弯头三维压力场分布

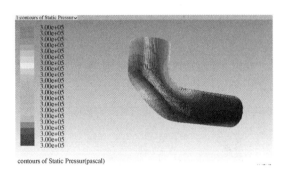

图9　增设导流板后弯头三维压力场分布

表2　油气流动参数对比

计算参数模型	压力最大值/Pa	速度最大值/（m/s）
Mod 1	300132	3
Mod 2	300000	0.17

注：Mod1 为原弯头模型；Mod2 为增设导流缓冲板模型。

缓冲结构弯头内油气总体流动变得均匀，规避了外弯头腐蚀减薄缺陷，减小了油气对外弯头的冲刷作用。内弯头处涡量激增明显减小，减小了涡流碰撞产生的气泡，从露点腐蚀成因角度进行了控制。

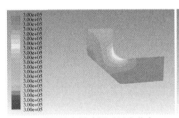 

(a) 增设导流缓冲板后压力分布　　(b) 增设导流缓冲板的速度分布　　(c) 增设导流缓冲板的涡量分布

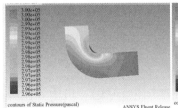 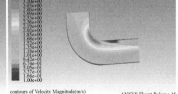 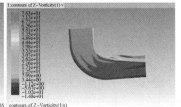

(d) 原弯头压力分布　　(e) 原弯头速度分布　　(f) 原弯头涡量分布

图10　E1002/2 原弯头与增设导流缓冲板后模拟结果对比

5　结论

（1）本文从腐蚀原因和介质流动冲刷两方面进行分析，从腐蚀减薄根源进行有效控制。

（2）常顶换热器 E-1002/2 出口弯头产生严重腐蚀减薄为冲刷腐蚀和流体诱导腐蚀的共同作用，外弯头为冲刷腐蚀、流体诱导腐蚀，内弯头为空泡腐蚀。因冲刷腐蚀在弯头外侧形成凹陷区域，客观条件形成流动诱导腐蚀从而大大增加了此部位腐蚀减薄速率。

（3）Flunet 模拟结果表明，在弯头关键部位增设缓冲导流板，改变了流体流动状态，进而改变了油气对弯头的冲刷腐蚀，从根源上抑制了腐蚀。进一步验证了改变弯头结构对解决常顶油气管线腐蚀问题的有效性，导流缓冲结构既可适用于已减薄部位阻止腐蚀继续恶化，也适用于新投用设备作重点部位腐蚀防护之用。

（4）后续可进行不同导流缓冲板的结构及安装角度对弯头流体流动影响的研究，从而确定减缓弯头内介质流动冲刷的最佳缓冲结构。

催化裂化装置烟脱综合塔腐蚀及防护措施探讨

吴建新　龚德胜　何超辉

（岳阳长岭设备研究所有限公司，湖南岳阳　411400）

摘　要　中国石化长岭分公司 1# 催化裂化装置双脱综合塔上部静电除尘段、消泡段塔壁多处腐蚀穿孔，蚀孔周围塔壁出现了严重的锈蚀、坑蚀现象，筒体壁厚由原始 22.0mm 局部减薄到 6.45~15.74mm。从设备的设计制造结构、选用的材料、施工质量、运行环境、腐蚀机理等方面对双脱综合塔塔壁的腐蚀原因进行了分析。

关键词　催化裂化；烟气；脱硫脱硝；腐蚀；原因分析；整改措施

中国石化长岭分公司炼油一部 1# 催化裂化装置烟气脱硫脱硝单元采用碱洗湿法洗涤技术，是重要的环保项目，用于减轻催化裂化装置的再生烟气中 SO_2 和 NO_x 对环境的危害，减少再生烟气中催化剂粉尘的排放。装置运行过程中出现了腐蚀问题，主要是双脱综合塔的塔壁的腐蚀减薄、穿孔问题，已经严重影响装置的安全生产。

1　双脱综合塔的腐蚀现状

装置运行过程中，双脱综合塔静电除尘段、消泡段塔壁在运行过程中出现局部腐蚀减薄、穿孔现象，车间已对腐蚀区域塔壁进行了更换处理。2017 年 4 月装置进行检修发现，静电除尘段（塔壁内衬玻璃钢）南侧电极外器壁腐蚀减薄、穿孔，且电极棒有脱落现象，消泡段格栅至静电分离器下侧区器壁及变径段塔壁防腐涂层局部失效，有多处鼓包、开裂、脱落，涂层脱落部位器壁布满蚀坑，且有 4 处塔壁及焊缝腐蚀穿孔（穿孔区域：东侧 2 处，东南侧 1 处，西南侧塔壁 1 处穿孔），内壁蚀坑深度约 2~5mm。具体情况见图 1 和图 2。

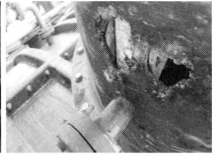

图 1　静电除尘段电极棒脱落及器壁腐蚀穿孔形貌

图 2　消泡段及各塔壁、焊缝腐蚀穿孔形貌

2　现场工况情况

烟气双脱综合塔的结构如图3所示。它由急冷段、吸收段、滤清模块、消泡段、静电除尘段、烟囱组成。来自余热锅炉的烟气水平进入综合塔下部的急冷段，烟气经过急冷，并使其温度降至约60℃。在吸收段设有多组喷射级别，分阶段清除SO_2等。每个级别包含一个喷嘴，喷射循环碱液使气体/液体密切接触，从而有效地将粗粉尘清除并进行脱硫。洗涤液的pH值保持在7.0。喷射出来的液体顺着塔壁流到塔底。

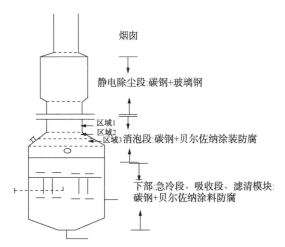

图3　烟气双脱综合塔结构及其器壁材质情况

双脱综合塔是烟气脱硫脱硝系统中的核心设备。从运行数据上看整个塔分离效果很明显，主要指标催化剂粉尘、二氧化硫、氮氧化物数据完全达到排放标准（见表1）。从现场情况看，腐蚀严重的区域位于消泡段的器壁焊缝处及变径处上方至静电除尘段下部的筒体，底部急冷段、吸收段、滤清模块等区域腐蚀轻微，说明消泡段及变径段区域腐蚀环境有变化。

表1　催化烟气脱硫前后组成成分对比

催化烟气入口组成成分		脱硫脱硝后烟气组成成分	
烟气组成	数值	烟气组成	数值
N_2/%	76.03	N_2/%	76.03
CO_2/%	12.40	CO_2/%	12.40
H_2O/%	9.89	H_2O/%	9.89
O_2/%	1.30	O_2/%	1.30
CO/%	0.38	CO/%	0.38
颗粒（湿基）/（mg/m^3）	150	颗粒（湿基）/（mg/m^3）	22.16
SO_2（湿基）/（mg/m^3）	1300	SO_2（湿基）/（mg/m^3）	21.36
NO_x（湿基）/（mg/m^3）	200	NO_x（湿基）/（mg/m^3）	90

3　腐蚀原因探讨

3.1　腐蚀机理分析

烟气脱硫脱硝综合塔中的主要工艺反应发生在急冷段和吸收段，而急冷段内臭氧优先将烟气中NO_x氧化成N_2O_5，N_2O_5再和烟气中水蒸气结合生成硝酸（HNO_3），综合塔塔内二氧化硫的脱除主要是通过添加30%的NaOH溶液加以控制。塔内主要反应式如下：

$$NO_2+O_3 \rightarrow N_2O_5$$
$$N_2O_5+H_2O \rightarrow HNO_3$$
$$SO_2+NaOH \rightarrow NaHSO_3$$
$$NaHSO_3+NaOH \rightarrow Na_2SO_3+H_2O$$
$$SO_3+H_2O \rightarrow H_2SO_4$$
$$2H^++SO_4^{2-}+2NaOH \rightarrow Na_2SO_4+2H_2O$$

分离后的烟气和水汽随着烟囱向外排放散失在空气中，但烟气中残留的SO_3和水蒸气反应生成H_2SO_4遇水冷凝，沿着烟囱内壁向下流，造成内壁液体呈酸性，而且在变径处更易聚集，使筒体长期处于酸性的环境中。并且pH值的大小还与温度等环境因素有关，温度低时更容易结露，且酸性趋强，从而形成低温酸性腐蚀环境。

3.2　环境因素

从消泡段泄漏部位塔壁测厚检测情况可以看出，东侧及东南侧穿孔区周围塔壁的测厚值为6.72~15.74mm，西南侧穿孔区周围塔壁的测厚值为6.45~10.72mm，而涂层完好区域塔壁的测厚值与原始值相比变化不大，说明塔壁的腐蚀主要是由于涂层失效，使塔壁与腐蚀液直接接触所致。

采集消泡段内的冷凝水做水质分析，pH值为2.5~3.5，呈强酸性，并且Cl^-含量达7.09mg/L左右，SO_4^{2-}浓度更高达2500~3000mg/m^3；而下侧对滤清模块、急冷段的过滤液进行分析，pH值为7.0左右。说明在消泡段和变径段有酸性液体的聚集，且浓度增加，加上涂层破损，使器壁与酸液介质之间形成了电化学腐蚀环境。

3.3　滤清模块和喷嘴的影响

如果塔内滤清模块和喷嘴发生堵塞或者偏流，容易在顶部变径处产生酸液环境，这需要在停工时认真检查并予以消除；滤液循环泵出口压力稳定(0.7MPa)，能保证喷嘴的雾化吸收效果，否则泵入口过滤器容易堵塞，造成压力波动，影响雾化吸收效果。

3.4 酸性气的影响

国内外多年的研究结果表明，SO_3 分子与水分子之间存在着较大的亲和力，即使在较高温度下也很容易与水分子结合形成 H_2SO_4，且 H_2SO_4 分子与水分子间也存在较大的亲和力，容易吸水形成酸雾。在湿法烟气脱硫过程中，当含有气态 SO_3 或 H_2SO_4 的烟气通过湿法烟气脱硫系统时，由于烟气被急速冷却到露点之下，这种冷却速率比气态 SO_3 或 H_2SO_4 被综合塔内吸收剂吸收的速率要快得多。因此，SO_3 或 H_2SO_4 不仅不能有效脱除，反而会快速形成难于捕集的亚微米级的 H_2SO_4 酸雾气溶胶，同时烟气中含有的亚微米催化剂粉尘，强化了 H_2SO_4 气溶胶的形成过程。

3.5 材质及施工质量的影响

双脱综合塔的筒体材质均采用 Q345R+贝尔佐纳涂装防腐，耐腐蚀性和耐热性较好。但在强酸性环境下，筒体内涂层因施工质量层次不齐，部分区域涂料存在气孔或因涂层附着力不够造成失效、脱落，加上筒体残余应力较高的部位(如筒体焊缝部位、变径段区域等)更容易受到腐蚀。例如，静电除尘段接管腐蚀减薄、穿孔(见图 1)，消泡段涂层失效脱落、器壁锈蚀坑蚀，内侧焊缝因酸性液的腐蚀减薄、穿孔(见图 2)，变径段器壁的泄漏点也都发生在焊缝上的两侧(见图 2)。此外，该处介质温度在 60℃左右，温度较低，容易结露从而形成低温酸性腐蚀环境。

4 腐蚀与防腐措施

4.1 调整改进工艺流程

原先在滤清模块注入洗涤液处有一补充注碱口，是为了保证洗涤液的 pH 值保持在 7.0 左右，目前采取的措施之一是加大注碱量(控制加注量不能太高，注碱量太高易在冷凝水中产生碳酸盐，堵塞泵体和入口过滤器)，保证洗涤液的 pH 值在 8.5~9.5，尽可能降低塔消泡段及静电除尘段下侧变径处内壁冷凝液的酸度。加大注碱后对消泡段汽液样品进行分析，pH 值在 7.0 左右，可有效缓解腐蚀情况。

4.2 对塔壁腐蚀严重部位进行更换处理

在 2017 年大修过程中，车间已对消泡段穿孔区域塔壁、静电除尘段的穿孔器壁进行了更换处理，且内壁均进行了涂层防腐(贝尔佐纳涂料防腐)。

4.3 加强腐蚀监测

对易腐蚀部位尤其是消泡段、静电除尘段等区域的分析仪的安装位置进行定点、定时的测厚，掌握塔壁的腐蚀速率，必要时对筒体强度进行重新校核；对烟气样品定时作 pH 值分析，根据 pH 值大小调节注碱量，保证内壁冷凝液的酸度在合适范围。

4.4 内构件局部材质升级

伸入内部的采样杆和套管及法兰采用 316L 不锈钢，每个分析仪设备头和复合板筒体焊接加强，在安装时可以考虑将分析仪安装角度向下倾斜，减少液体聚集，避免形成局部的酸露点腐蚀。

4.5 严格控制防腐施工质量监管

从现场调查情况可知，器壁腐蚀减薄、穿孔区域均为涂层失效部位，而涂层完好区域塔壁腐蚀减薄轻微，且腐蚀部位均处于焊缝两侧。在防腐施工过程中，对塔壁进行打磨、除锈处理，除锈等级达到 st2.5，焊缝边缘需多次打磨，防腐过程中需有足够的时间进行自然风干，且涂层的漆膜厚度需达到设计要求。

4.6 加强检修检查

在检修检查时，重点要检查器壁涂层完好情况、静电除尘电极情况、消泡段填料情况以及滤清模块及各自顶部的喷淋嘴的磨损、冲蚀情况，检查整个模块系统有没有短路和堵塞现象，避免造成偏流和局部腐蚀加剧。

5 结语

2017 年装置停工检修时，已对双脱综合塔消泡段及变径段塔壁进行了更换处理，并在消泡段安装了腐蚀挂片。目前 1# 催化装置双脱洗涤塔已开工并正常运行一年多，但工艺条件未发生改变，内构件及器壁的材质情况仍然按原设计安装，腐蚀环境依然存在。今后的重点工作就是防腐蚀检测，实时掌握工艺操作，对塔壁进行定点定期测厚检测，及时掌控双脱综合塔的运行状况，为保证设备的长周期运行提供参考。

催化裂化装置水冷器 L403 泄漏原因分析及措施

陈胜洪

（中国石化广州石化分公司，广东广州　510726）

摘　要　炼化装置中，水冷器是重要设备。水冷器泄漏不仅影响装置长周期生产，而且还会造成循环水污染，进而加剧水冷器的腐蚀，形成腐蚀泄漏–污染水质–加剧腐蚀的恶性循环。本文分析了催化裂化装置水冷器 L403/3.4 管束泄漏原因，并相应提出了改进措施。

关键词　冷却器；内漏；循环水；污染

2018 年 4 月某厂催化裂化装置稳定汽油冷却器 L403/3.4(一组串联) 出现泄漏，装置降量生产。

1　水冷器泄漏情况

1.1　设备及技术参数

水冷器技术参数见表 1。

表 1　水冷器技术参数

规格型号	介质		操作温度/℃			
	壳程	管程	管程入口	管程出口	壳程入口	壳程出口
BUI1800-2.5-1762-9/19-2I	汽油	循环水	30	38	70	36

操作压力/MPa		材质		防腐措施	投用时间	备注
管程	壳程	壳体/管箱	管束			
0.38	1.0	16MnR	10#	水侧冷涂+牺牲阳极保护	2011 年 4 月	

L403/3.4 换热器及管束为 2011 年装置大修改造整体投用的新设备，2015 年装置大修期间检修无泄漏堵管。

1.2　本次检修情况

2018 年 4 月催化裂化装置稳定汽油冷却器 L403/3.4(一组串联) 出现内漏，交出检修，拆开发现管程循环水入口异物堵塞严重，如图 1 所示。L403/3 本次检修试压堵管 31 根，L403/4 试压堵管 2 根。管箱和浮头牺牲阳极保护装置腐蚀严重，如图 2 所示。

2　泄漏原因分析

从检修中可看出，本次泄漏是由水侧腐蚀造成，管口及管内结垢，形成垢下腐蚀。

2.1　污水大量回用，水质控制不好

为减少污水排放和节约新鲜水补水，污水回用，补充到循环水中。但伴随污水回用量的

图 1　管程循环水入口堵塞情况

逐步提高，水质不稳定，循环水脏堵塞换热管管口及管内部，水冷器的水侧腐蚀明显加剧。

由表 2 可见回用水电导率、浊度、异养菌合格率较低。污水回用比例高达 75.48%。

图 2 阳极保护装置腐蚀严重

表 2 2018 年第一季度回用水情况详表(炼油 MBR 来水)

检测项目	单位	控制指标	平均值			合格率/%		
			1月	2月	3月	1月	2月	3月
pH 值	—	7.0~8.5	7.3	7.1	7.1	100	100	93
浊度	mg/L	≤5	4.5	2.9	3.7	75	75	75
氨氮	mg/L	≤5	1.8	2.06	<0.50	97	97	100
COD_{Cr}	mg/L	≤60	35.6	33.6	28.3	100	100	100
电导率	μS/cm	≤1200	2017.8	2030.3	1445.8	0	22	75
异养菌	个/mL	≤1.0×10⁴	6.2×10⁴	5.5×10⁴	8.6×10²	0	33.3	100
污水回用量	t		71894	56053	51162			
回用水占总补水的比例	%		75.48	74.66	55.24			
浓缩倍数			4.4	5.0	5.4			

2.2 水阀开度小

水阀开度为 30% ~ 50%,循环水节流,流速低容易结垢。

2.3 垢下腐蚀

换热器检查时发现,入口杂物黏泥堵管严重(见图 1)。水的流速受到影响,管口有生物黏泥沉积并堵管。由于生物黏泥的产生导致了水中 Cl⁻ 离子的局部富集和浓缩,Cl⁻ 离子具有很强的吸附性和穿透性,能破坏碳钢设备表面的钝化膜或吸附在缺陷处,造成局部破坏,微小受损的基体部位成为阳极,周围大面积的金属为阴极,阳极电流高度集中,使得腐蚀迅速向内发展,形成蚀孔。蚀孔形成后,孔外部被腐蚀产物阻塞,内外对流形成阻滞,孔内形成闭塞电池,当孔内的氧耗尽,只剩下金属腐蚀的阳极反应,阴极反应生成的铁的氧化物在孔外部进行,孔内累积大量的带正电的金属离子,为保持电中性,依靠电泳作用,带负电的 Cl⁻ 迁移到孔内,Cl⁻ 逐渐增多浓度加大,金属离子水

解产生的 H⁺,与 Cl⁻ 形成盐酸,形成强烈的腐蚀,最终导致设备穿孔。

$$Fe + Cl^- + H_2O \rightarrow Fe(OH)_2 + H^+ + Cl^-$$

孔内继续发生:$Fe + H^+ \rightarrow Fe^{2+} + H_2$

2.4 溶解氧腐蚀

水中溶解的氧,也会形成腐蚀

阳极:$Fe - 2e = Fe^{2+}$

阴极:$O_2 + 2H_2O + 4e = 4OH^-$

总反应:$2Fe + O_2 + 2H_2O = 2Fe(OH)_2$

$Fe(OH)_2$ 进一步氧化为 $Fe(OH)_3$:

$$Fe(OH)_2 + 1/2O_2 + H_2O \rightarrow 2Fe(OH)_3$$

$$2Fe(OH)_3 \rightarrow 2Fe_2O_3 + 3H_2O$$

$$Fe(OH)_3 \rightarrow 2FeOOH + H_2O$$

2.5 阳极保护装置腐蚀严重

如图 2 所示,阳极块腐蚀完毕,失去了继续保护的功能。

3 应对措施

从以上垢下腐蚀成因分析可以看出,为防止垢下腐蚀的形成,应采取以下措施。

3.1　加强水质管理

采取积极有效的措施，防止杂物进入循环水中，防止黏泥沉积和微生物的滋生。

循环水的水质直接影响水冷器的腐蚀与结垢。为解决循环水的腐蚀、结垢和黏泥等问题，应从源头抓好循环水场管理：

（1）选用合适药剂，减少因药剂原因对设备造成的腐蚀。

（2）严格管理塔池出口滤网，防止杂物堵塞水冷器，及时清理集水池中的污物与淤泥，定期对旁滤效果进行监测，定期清理或更换滤料。

（3）严格控制循环水水质指标，对浓缩倍数、腐蚀速率、黏附速率、生物黏泥、pH 值及 Cl^- 等离子含量进行检测，使水质达标。

3.2　加强工艺生产装置管理

（1）适当提高管程冷却水流速，并定期进行反冲洗，减缓黏泥沉积，破坏垢下腐蚀的生成条件。

（2）发现水冷器泄漏时及时切出检修，避免介质泄漏到循环水中，恶化循环水水质。

（3）更换阳极保护装置，如图 3 所示，恢复保护功能。

图 3　更换阳极保护装置

3.3　优化管理流程

很多企业循环水水质一直由生产部门或质管部门管理，为减少水冷器腐蚀泄漏，减少对生产的影响，建议将循环水水质指标达标考核权剥离出来，放到设备管理部门，由设备管理部门进行循环水水质指标考核。

参 考 文 献

1　刘万平，张洪喜，唐华. 乙烯裂解水冷器腐蚀原因分析及对策探讨. 全面腐蚀控制，2008，22（4）：57-59

2　余存烨. 石化水冷器用材与防腐蚀评述. 腐蚀与防护，2005，26（12）：541-546

焦化装置解吸塔内构件腐蚀开裂原因分析

翟 卫

（岳阳长岭设备研究所有限公司，湖南岳阳　411400）

摘　要　针对焦化装置解吸塔在湿硫化氢环境中发生的氢致鼓包、开裂现象，通过腐蚀因素分析，提出相应的防腐建议，确保炼油设备长周期平稳运行。

关键词　解吸塔；湿硫化氢；氢鼓包

1　引言

某炼油厂焦化装置，处理量为 160 万吨/年。装置由焦化部分、分馏部分、吸收稳定部分、干气脱硫及液化气脱硫、脱硫醇部分组成。在对该装置进行腐蚀检查时，发现解吸塔 T-302 上部降液板、受液槽、塔盘、塔盘紧固垫片鼓包严重，且有开裂现象。针对该问题进行分析研究，提出相应的防护措施，对相同工况下设备安全运行有重要意义。

2　现场检查情况

解吸塔 T-302 规格型号为 $\phi2000\times41898\times(18+3)$mm，操作介质为富气、汽油、$H_2S$，操作温度为塔顶 34/塔底 118℃，操作压力为 1.3MPa，塔体材质为 20R+0Cr13Al，塔盘、受液槽、降液板、塔盘紧固件等材质均为 0Cr13。

塔顶第一人孔下第三层塔盘处西侧塔壁，局部有密集的麻点蚀坑，坑深 0.3mm，上数第六层塔盘有零星浮阀脱落。第二人孔下第三至第八层塔盘有大面积鼓包裂纹，降液板开裂。第三人孔下共 7 层塔盘有鼓包裂纹，降液板、受液槽有鼓包、裂纹；第二人孔、三人孔之间总计 12 层塔盘、降液板、受液槽鼓包、开裂，如图 1 所示。

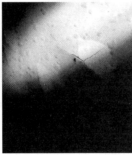

图 1　塔盘、降液板、塔盘紧固椭形垫片鼓包、裂纹形貌

3　原因分析

3.1　材质鉴定分析

为了准确分析解吸塔内构件鼓包、开裂原因，对鼓包、开裂的塔盘紧固垫片进行了取样材质鉴定分析，具体结果见表 1。

表 1　材质鉴定结果

取样部位	化学成分/%		
	Cr	Fe	Ni
塔盘垫片	12.09	85.24	0.4

从表 1 材质鉴定情况来看，取样浮阀紧固垫片材质为 0Cr13，与设计材质相同。

3.2　金相组织分析

从图 2 对裂纹金相组织检查的情况来看，金相组织为铁素体+少量碳化物，未见明显组织异常。从图 3 可以看出鼓包、开裂的垫片还存在分层现象。

作者简介：翟卫，男，2011 年毕业于湖南石油化工职业技术学院，现从事防腐工作，助理工程师。

图2 裂纹金相组织检查(×200)

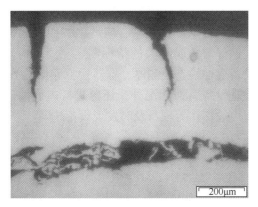

图3 裂纹金相组织检查(×100)

3.3 现场工艺分析

T-302为解吸塔,原料来自V-301,主要操作介质为富吸收油、压缩富气、解吸气,该介质中含有大量的H_2S,解吸塔流程如图4。从现场操作数据来看,T-302入塔温度为27℃,中段抽出温度为68℃。从现场检查情况来看,塔上部塔盘、降液板等内构件未见明显腐蚀。第二人孔至中段抽出上部,共计十二层塔盘、塔内构件鼓包、开裂严重。经与工艺员了解,设备鼓包区域操作温度在40~45℃范围之间。

3.4 腐蚀介质分析

对装置2017年1月至2017年9月运行期间,压缩富气的数据进行收集分析。压缩富气中主要含有甲烷、乙烷、丙烷、丙烯、正丁烷和硫化氢等气体。富气中硫化氢气体体积分数平均值为4.06%,最大值为5.21%,如图5所示。

3.5 腐蚀开裂机理分析

解吸塔主要是将富吸收油中的甲烷、乙烷、丙烷等气体分离出来,由于富吸收油中含有大

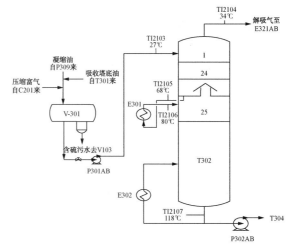

图4 解吸塔流程图

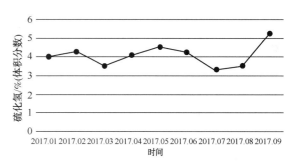

图5 压缩富气中硫化氢气体体积分数

量的H_2S气体,在解吸过程中富吸收油中的H_2S气体也随之分离出来,在低温(45~50℃)有水情况下易发生电离,其主要的电离机理如下。

H_2S为弱酸,在水中发生电离反应:

$$H_2S \rightarrow H^+ + HS^-$$
$$HS^- \rightarrow H^+ + S^{2-}$$

在H_2S-H_2O溶液中含有H^+、HS^-、S^{2-}和H_2S分子,对金属腐蚀为氢去极化作用。其反应式为:

阳极反应 $Fe \rightarrow Fe^{2+} + 2e$

$$Fe^{2+} + S^{2-} \rightarrow FeS$$

或 $Fe^{2+} + HS^- \rightarrow FeS + H^+$

阴极反应为 $2H^+ + 2e \rightarrow 2H \rightarrow H_2$

从上述工艺操作温度、操作介质分析来看,由于H_2S在水溶液中发生电离产生H^+,电离出的H^+向钢中渗透,在钢中的裂纹、夹杂、缺陷等处聚集并形成分子,从而形成很大的膨胀力。随着分子数量的增加,对晶格界面的压力不断增高,形成氢鼓泡,最后导致界面开裂,其分

布平行于钢板表面。

4　氢鼓包的影响因素

4.1　H₂S 的浓度

对于低碳钢：介质中 H₂S 浓度在 2 ~ 150mg/L 时，腐蚀速度增加很快；<50mg/L 时，破坏时间较长；在 150~400mg/L 时，腐蚀速度是恒定的；增加到 1600mg/L 时腐蚀速度下降。系统浓度越高，均匀腐蚀越严重，同时增加氢通量，导致氢鼓包敏感性增加。

4.2　pH 值

低 pH 值条件下，湿 H₂S 离解过程中生成的 H⁺ 的浓度增加，大量的 H⁺ 渗入钢中，促使材料氢损伤。溶液为中性时，均匀腐蚀率最低，敏感性也较低；溶液为酸性时，均匀腐蚀最大，敏感性也较高；溶液为碱性时，均匀腐蚀率居中(高于中性低于酸性)。

4.3　温度

在 20~40℃ 常温范围内，在湿 H₂S 环境下，金属中吸入氢量最多，氢制开裂最敏感。65℃以上很少发生。

4.4　材料

若材料存在缺陷(如尖锐孔洞、空穴、非金属夹杂物等)会成为裂纹源和氢渗透源，增加氢鼓包危险性；材料本身 P、S 含量越高，越容易产生氢鼓包。

5　结论及建议

综上腐蚀分析来看，造成塔盘、降液板、塔盘紧固椭圆形垫片鼓包、开裂的主要原因是低温湿硫化氢腐蚀。为此建议采取以下措施：

①尽量提高钢材纯度，降低钢中 Mn、S、P 的质量分数。并尽可能减少 MnS 等夹杂物含量，降低氢鼓包的敏感度。

②在高浓度湿 H₂S 环境中，应尽量选择抗氢鼓包材料。母材、焊缝及热影响区的硬度不超过 200HB，避免焊缝合金成分偏高；设备焊后应热处理，消除焊接残余应力。

③日常生产过程中，应严格按照工艺操作规程做好与防腐有关的指标测定。停工检修通过设备腐蚀检查、测厚、容器检验等相关手段，除检查设备腐蚀状况外，还应进行内表面磁粉或超声波探伤等项目及时发现设备缺陷。

参　考　文　献

1　刘小辉. 设备腐蚀与防护技术问答. 北京：中国石化出版社, 2014

2　李祖贻. 湿硫化氢环境下炼油设备的腐蚀与防护. 石油化工腐蚀与防护, 2001, 18(3)

3　姚艾. 石油化工设备在湿硫化氢环境中的腐蚀与防护. 石油化工设备, 2008

焦化装置解吸塔底重沸器腐蚀机理分析及防腐措施

张　塞

（中国石化北京燕山分公司，北京　102500）

摘　要　延迟焦化装置操作温度高，原料中硫等腐蚀性杂质含量高，设备容易产生腐蚀。本文分析了中国石化北京燕山分公司延迟焦化装置解吸塔底重沸器产生腐蚀的原因。研究得出壳体下部两侧区域形成的滞留区和运行中腐蚀介质的浓缩是引起腐蚀的主要原因，最后从工艺防腐、设备防腐、腐蚀介质检测等三个方面提出了相应的防护措施。

关键词　延迟焦化；重沸器；腐蚀机理；防腐措施

1　前言

换热器是将热流体的热能部分传递给冷流体的一种重要设备，占整个设备投资的40%左右，石化行业每年因设备腐蚀更换换热设备2500台，耗钢材约13000t，直接损失约2亿元，换热器换热状况的好坏，直接影响着整个装置的平稳运行和综合经济指标。随着炼油工业的发展，原油资源和炼油技术的激烈竞争，高硫高酸劣质原油和低硫轻质原油的差价，成为各个炼油厂不断提高自己加工高硫高酸原油能力的动力，但大量加工高硫高酸劣质原油必然会加速装置和设备的腐蚀，因此加大对设备的防护和检测力度成为保证稳定运行的重要基础。燕山石化公司炼油事业部延迟焦化装置于2007年7月投产，生产能力为140万吨/年，生焦周期24h，生产焦炭、汽油、柴油、蜡油、液化气和干气等产品，2016年大检修期间和2017年加热炉机械清焦检修期间，均发现解吸塔底重沸器壳体内壁发生严重腐蚀，需要加以分析应对。本文主要对延迟焦化装置解吸塔底重沸器腐蚀原因和机理进行分析研究，并提出预防措施。

2　重沸器E-2203简介

解吸塔底重沸器E-2203（见图1）型号为BJS1100-6.4-325-6/25-4I，壳体材质为16MnR复合0Cr13Al，管束材质为Cr18Ni9Ti，封头管箱的公称直径为1100mm，壳程和管程设计压力为6.4MPa，公称换热面积为325m²，碳素钢较高级冷拔换热管外径为25mm，管长6m，

4管程，属无隔板分流的浮头式换热器。

E-2203是为解吸塔提供解吸过程所需的热负荷，并分离出脱乙烷油，属于吸收稳定系统的一部分，而吸收稳定系统（见图2）是延迟焦化装置后部处理过程，主要由吸收塔（C-2201）、再吸收塔（C-2204）、解吸塔（C-2202）和稳定塔（C-2203）组成，目的是利用吸收、解吸、精馏的方法将分馏塔（C-2102）顶气液分离罐（D-2102）中的富气和粗汽油分离成干气（≤C_2）、液化气（C_3和C_4）和蒸气压合格的稳定汽油。解吸塔底重沸器E-2203的热源由P-2107/1-2提供，重沸器E-2203是利用柴油给解吸塔的凝缩油加热，换热后柴油去柴油-原料油换热器E-2104/1-2，其管程介质为柴油，管程工作温度为230℃，工作压力为3.8MPa，壳程介质为脱乙烷油，壳程工作温度为166~196℃，工作压力为1.38MPa。脱乙烷油从下部入口进入壳体，从上部分两路流出壳体。

3　重沸器E-2203腐蚀情况和机理分析

腐蚀是指材料在其周围环境的作用下引起的破坏或变质现象，重沸器腐蚀失效的类型有均匀腐蚀、缝隙腐蚀、孔蚀、冲刷（磨损）腐蚀、晶间腐蚀和应力腐蚀等。腐蚀失效是造成重沸器事故的主要原因，直接威胁到换热设备的长期、安全和稳定生产，分析腐蚀原因是有效预防失效的关键，具有重要的工程价值。

作者简介：张塞，男，2016年毕业于北京化工大学，工学硕士，助理工程师，主要从事设备管理工作。

图 1　解吸塔底重沸器 E-2203

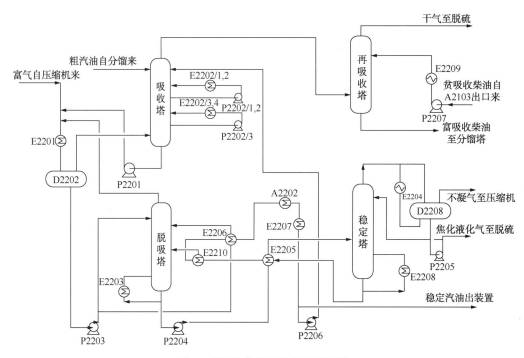

图 2　延迟焦化吸收稳定系统流程

3.1 重沸器腐蚀类型

重沸器的腐蚀类型包括均匀腐蚀和局部腐蚀，金属的均匀腐蚀也称为金属的全面腐蚀，是腐蚀作用以基本相同的速度在整个金属表面同时进行，由于这种腐蚀可以根据各种材料和腐蚀介质的性质，测算出其腐蚀速度，在设计时可以留出一定的腐蚀裕量，所以全面腐蚀的危害一般比较小。局部腐蚀是指腐蚀作用仅发生在金属的某一局部区域，而其他部位基本没发生腐蚀，或者金属某一部位的腐蚀速度比其他部位的腐蚀速度快得多，显示了局部腐蚀破坏的痕迹。由于局部腐蚀往往是在阳极面积较小、阴极面积较大的情况下进行的，所以局部

腐蚀速度特别快，甚至是在难以预料的情况下突然发生破坏的。常见的局部腐蚀有点蚀、冲刷腐蚀、垢下腐蚀、缝隙腐蚀、电偶腐蚀等。

3.2 影响重沸器腐蚀的主要因素

影响重沸器腐蚀的主要因素包括环境因素、材质因素、设备的结构设计及加工制造因素和操作因素。换热器的环境因素包括环境介质的组分、浓度、温度、压力、酸碱度、导电性等物物理化学及电化学性能，这些参数和腐蚀过程息息相关。因此，在进行换热器腐蚀失效分析时，首先必须弄清楚产生腐蚀的环境介质条件；腐蚀过程是环境介质在金属材料表面或界面上发生的化学或电化学反应过程，因此金属

材料是腐蚀一个重要组成部分，从材料上看，包括金属材料的冶炼质量，金属材料加工质量、热处理不当等因素；在设备的结构设计上应尽量避免应力集中，在设备选材上还应该考虑材料与环境的一致性；在运行过程中，由于物料变化或者操作不当而引起的超温，超负荷运行都有可能引起局部腐蚀破坏，同时由于设备保养不良、维修不及时等原因，也会导致设备产生腐蚀破坏而报废。

3.3 腐蚀机理

解吸塔底重沸器 E2203 为在 2013 年焦化节能改造期间，由原稳定塔底重沸器 E2208 移至解吸塔底，变更为 E2203，管程热源由中压蒸汽变更为焦化柴油。2015 年后筒体陆续出现过两次外漏，进行了在线消漏处理。2016 年检修期间发现筒体严重腐蚀，管箱表面有轻微污垢。重沸器上方壳程出口正下方筒体底部有 9 处腐蚀凹坑，坑深约为 8 ~ 10mm，坑范围约为 φ5mm，其他部位筒体轻微腐蚀。靠近小浮头侧壳程出口正下方筒体底部有 1 处腐蚀凹坑，坑深约为 10mm，坑范围约为 φ5mm，筒体腐蚀类型为均匀腐蚀，如图 3 和图 4 所示。

筒体底部和管束下方有较多黑色垢物，黑色垢物堵塞管束间隙，导致底部蒸发的气相汽油不能自由向上流动，气相油气在筒体底部形成涡流冲刷造成局部坑蚀。由于筒体安装过程中有划伤，一旦被冲刷形成斑点或者凹坑，则油气更容易在坑内聚集，加速对壳体的冲刷，凝缩油也更容易冲击此处，因此腐蚀加剧，形成恶性循环，加速对壳体的持续淘挖。由于壳体严重腐蚀，故利用 2016 年检修期间同材质更换了新的筒体。

在 2017 年 3 月腐蚀检测中，发现焦化脱吸塔底重沸器 E2203 筒体存在减薄情况，2017 年 6 月利用焦化小修机会重点对 E2203 实施预知维修，管束抽出后发现筒体大面积严重减薄，壳程进料口附近壳体壁厚减薄，减薄区域为 100mm×100mm，壁厚由 22cm 减薄至 8.0cm，集中在筒体底部，形成半弧形区域，如图 5 和图 6 所示。

脱乙烷油从 E-2203 下部进入壳体，加热后分两路从上部出来，壳体下部两侧区域容易

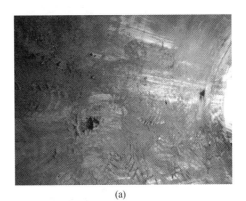

(a)

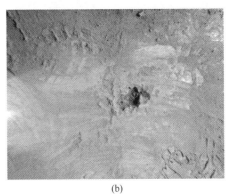

(b)

图 3　上方壳程出口正下方筒体底部腐蚀凹坑形貌

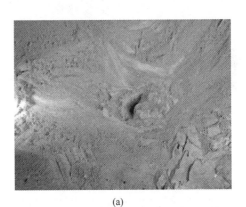

(a)

(b)

图 4　靠近小浮头侧壳程出口
正下方筒体底部腐蚀凹坑形貌

图5　筒体内部腐蚀局部形貌

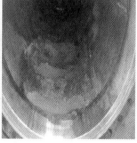

图6　管束和筒体腐蚀部位图

形成滞留区，凝缩油中所携带的杂质容易在低流速区域沉积，结合腐蚀介质容易引发垢下腐蚀。因此壳体的下部就成为温度相对较低的区域，凝缩油中所含的水分会有部分冷凝在管束外部，硫化氢溶解其中会产生腐蚀，同时壳体的两侧区域成为杂质的死区，特别是靠近管板附近的介质成滞留状态，脱乙烷油和杂质在此部分发生浓缩，硫化氢质量浓度逐渐增大，又由于E-2203出口凝缩油的温度要高于入口温度，溶解于其中的硫化氢等有害物质会部分停留在壳体溶液中，长期运行后，杂质会进一步发生浓缩，使腐蚀加剧。

检修期间对E-2203的壳体内表面及外头盖内表面的缺陷进行了打磨修复，对打磨后的部位进行100% PT检测，检测结果符合NB/T 47013.5—2015标准Ⅰ级。按焊接工艺对缺陷部位进行补焊，对补焊部位100% PT检测，补焊周边100% UT检测，检测结果符合NB/T 47002.1—2009《压力容器用爆炸焊接复合板》B1级要求，最后对壳体内表面进行酸洗钝化处理，修复完成后对管束进行回装，分别对管头、管程、壳程试压，用压缩空气将E-2203内部吹干，封堵管口。

4　防腐措施

针对解吸塔底重沸器E-2203腐蚀情况，从工艺操作控制、设计制造工艺控制和监测监控腐蚀等方面出发，降低其发生腐蚀的速率。

4.1　工艺操作控制

设备在运行中由于物料的变化或者某种偶然因素而引起超温、超负荷运行，都有可能造成腐蚀破坏。所以必须严格控制温度和出入口温差，尽量减少波动，并严格定期分析监测各项工艺指标。设备是为工艺服务的，工艺的合理、操作的稳定是设备完好运行的关键。完全按照工艺卡片操作，换热器开车时，先将冷流体充满容器，关闭入口，再将热流体缓慢注入，尽量使导入流体而形成的管子和壳体之间的热膨胀差为最小，停车后用干燥压缩空气将换热器中所有流体排出，这样可以将拉应力降到最小，避免应力腐蚀。在开车过程中，上下水阀保持全开状态，避免流速减慢，防止介质中杂质沉淀在管束表面造成垢下腐蚀，换热器运行中，应严格控制操作调节，避免骤冷骤热导致温差应力，从而产生腐蚀。因解吸塔底重沸器腐蚀减薄较快，需将E2203切出进行下线修复。往常的处理方式是通过增加解吸塔底泵出口至稳定塔进料泵出口临时线，将解吸塔C2202整体切出，过程繁琐，耗时较长，且现场异味较大。因此，在2017年6月停工机械清焦期间，对解吸塔进行了工艺改造，在E2203壳程出入口分别增加了一个隔断阀，便于将E2203单独切出，便于处理E2203。

4.2　设计制造工艺控制

选取换热器材料应从防腐手段、耐用性、加工性与经济性等各方面综合加以考虑。进料含有很高的硫化氢，为湿硫化氢环境，壳体材料选用16MnR + 0Cr13Al复合板，管子采用

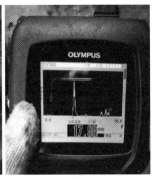

图 7　监测仪器和减薄区域(17.98mm 和 18.60mm)

0Cr13。对于油 - 油换热器,当介质温度小于 240℃时,壳体材料选用碳钢,管子选用碳钢;当介质温度大于 240℃时,壳体材料选用碳钢和 0Cr13 的复合板,管子选用 00Cr19Ni10、渗铝碳钢、Cr5Mo,以防止高温硫腐蚀。另外设计时壳程有较大流量介质,另外应设置防冲板,减少高速流体对设备造成冲刷腐蚀。新管束制造时,应消除局部应力,对循环水冷却器水侧管面采用喷涂、电镀等方法在金属表面形成一层防腐保护层,防腐层施工应规范,严把质量关,达到致密坚固耐用,避免投用后脱落。为了减少换热死区,可以把壳体的出口移动到下面,管束旋转 180°,也可以在壳体下面开两个内径大小一样的孔,用管线同壳体进口管相连,这样使流体流动方向发生变化,避免杂质沉淀和硫化氢浓度增大,从而减缓腐蚀环境的形成。

4.3　检测监控腐蚀

焦化装置的腐蚀检测是防腐工作的关键环节,应建立和积累长期可靠的设备、管线腐蚀档案。将测厚结果与往年比较,计算每条管线、每台设备的腐蚀率,为做好设备及管线的寿命预测,防止恶性事故发生提供可靠的依据,尤其是重点关键设备和管线,有必要在半年就检测一次,很多腐蚀减薄就是在这种检测中发现的。目前焦化装置定点测厚 253 处,759 点,解吸塔底重沸器 E - 2203 壳体厚度进行特护,每 3 个月检测一次。E - 2203 于 2017 年 6 月再次投用,天津因科新创公司于 6 月 30 日和 7 月 27 分别进行两次脉冲涡流扫查及超声波测厚工作(见图 7)。6 月 30 日对筒体下部进行脉冲涡流扫查及超声波测厚,扫查部位约占筒体圆周 1/3,检测点位约 260 个,检测最小值为 19.60mm,绝大部分壁厚范围在 20.50 ～ 22.90mm 之间。7 月 27 日对筒体下部进行扩检,筒体中部(两水泥支撑之间的部位)与第一次检测值无明显差异,壁厚范围在 20.37 ～ 22.87mm 之间。筒体北侧下方检测到最小壁厚为 18.60mm,筒体南侧检测到最小壁厚为 17.98mm。上述两点属新增减薄点,是否属于腐蚀(或冲蚀)减薄,需后期持续观测。

5　结论

(1)壳体下部两侧区域形成滞留区和腐蚀介质的浓缩是引起解吸塔底重沸器 E - 2203 腐蚀的主要原因。

(2)改造 E - 2203 重沸器结构,为了使流动分布均匀,可设多个管口和连接管件,使流体流动方向发生变化,从而减少壳程流体滞留区,增大壳程的流动空间,从而减少污垢的沉积,减少腐蚀的发生。

(3)随着加工原油中的含硫含酸值的提高,建议将重沸器材质进行升级,采用耐腐蚀材料,对其壳体内容易发生腐蚀的部位宜选用耐腐蚀性能好的材料。

(4)焦化装置的防腐工程是一套综合的系统工程,而重沸器的防腐工作随着科学技术的进步将更加完善,因此设备的腐蚀与防护是摆在我们面前的首要任务,目的是延长设备的使用寿命,保障设备的安全运行。

硫磺回收装置运行中的腐蚀分析及对策

由召举

（中国石化洛阳分公司，河南洛阳　471012）

摘　要　硫磺回收装置是炼化企业环境治理污染减排的重要装置之一，它的平稳操作及安全运行直接影响炼化企业的安全环保及经济效益。在装置的运行过程中，出现多次由于腐蚀导致的设备及管线泄漏的问题，严重影响装置的长周期平稳运行。本文通过对出现的腐蚀泄漏问题归纳梳理，介绍了不同类型的腐蚀对该装置各设备的腐蚀情况及危害。通过材质升级、工艺管控腐蚀检测等措施，为硫磺回收装置的平稳安全和长周期运行提供了安全保障，对今后装置的运行维护提出可靠建议。

关键词　腐蚀；泄漏；措施；长周期

1　前言

为适应中国石化洛阳分公司的扩能改造，2012年9月，二期4万吨/年硫磺回收装置建成投产。硫磺装置采用胺液集中再生进行全厂干气脱硫溶剂的处理，再生塔底的贫胺液送至上游装置进行循环使用，塔顶脱出的酸性气进入克劳斯炉燃烧后，经过三级冷凝冷却器及级间中压蒸汽加热器，进入两级反应器反应产生硫磺，克劳斯尾气经斯科特加氢反应器加氢还原，经急冷塔急冷后，利用贫胺液吸收，产生的尾气通过焚烧炉焚烧后达标排放。

在装置的运行过程中，出现了多次腐蚀泄漏的情况，其中影响装置安全生产的问题有以下几项：

（1）再生塔顶酸性气系统及回流管线和设备的湿硫化氢腐蚀及冲刷腐蚀；

（2）急冷水系统的管线及设备腐蚀；

（3）三级冷凝冷却器的管板应力腐蚀开裂；

（4）液硫系统的蒸汽冲蚀及硫腐蚀。

2　腐蚀原因分析及影响

2.1　再生塔顶系统的腐蚀

溶剂再生塔采用常规汽提工艺，塔顶压力为（0.08±0.01）MPa，塔顶温度为（105±5）℃。酸性气自再生塔顶出来后，先经空冷器冷却至65℃，然后经水冷器冷却至45℃，进入酸性气分液罐，然后经酸性水回流泵打回至再生塔顶。

溶剂再生装置塔顶系统原采用的材质为20#钢。正常运行状况下，管线中为水蒸气、H_2S、

CO_2和烃类物质的混合气体。由于大量水蒸气的存在，经冷却后，产生大量液态水，形成低温（≤120℃）的$H_2S-CO_2-H_2O$腐蚀体系，在受到气液机械冲刷作用下，对管线产生了腐蚀+冲蚀的作用。同时氢气的产生，导致氢原子渗入到碳钢内，引起碳钢表面氢鼓泡，加剧了弯头的腐蚀（见图1）。

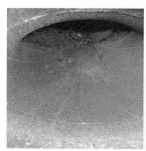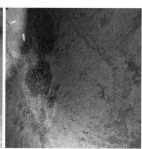

图1　酸性水管线的腐蚀

酸性气空冷器出口酸性水量较大，平稳运行状态下达15t/h，进入酸性气水冷器后，气液混合物冲刷水冷器管束，造成了管束的腐蚀泄漏（见图2）。

酸性气和酸性水的气液混合物出酸性气水冷器后，沿管内壁下侧流动，经90°弯头后，靠近弯头处内侧管壁流动，并沿该流道垂直进入酸性气分液罐。因此气液混合物进分液罐前法兰焊缝为水冷后管线内酸性水流速最大处，造

作者简介：由召举（1990—），2012年毕业于中国石油大学（华东）过程装备与控制工程专业，目前在中国石化洛阳分公司炼油三部从事设备管理工作。

图 2　酸性气水冷器的腐蚀

成了该处焊缝的腐蚀泄漏(见图 3)。

图 3　酸性水分液罐处的腐蚀

酸性气分液罐内的酸性水经酸性水泵,输送至再生塔顶作为冷回流。酸性水在 DN50 管线内流速约为 2.12m/s,流速较大,流体的冲刷腐蚀影响严重。同时,酸性水中含有高浓度 H_2S,形成湿硫化氢腐蚀环境。管线采用 20# 碳钢,对低温下的湿硫化氢腐蚀耐蚀性差,在高流速酸性水的冲刷下很快暴露新的腐蚀表面,发生新的腐蚀,加快了腐蚀速率。FeS 腐蚀冲刷后,该杂质对控制阀的阀芯进行磨蚀。由于控制阀后压力降低,酸性水中的部分 H_2S 析出产生气泡,导致阀芯部位存在汽蚀,加速了阀芯的腐蚀,以至阀芯起不到节流作用。

2.2　急冷水系统的硫腐蚀及冲刷腐蚀

硫磺装置急冷水系统是采用除盐水进行冷却的,循环量为 90t/h,但在运行的过程中,由于与加氢后的尾气接触,因此受尾气内组分的影响,其溶解部分 H_2S,因此通过注氨的手段可以调节急冷水的 pH 值,使急冷水呈中性或弱碱性。

在装置操作波动大或调整不及时的情况下,过程尾气中含有未被加氢的 SO_2 和未完全加氢的硫单质,经过急冷水洗涤时,进入急冷水中,形成亚硫酸导致急冷水呈强酸性,引起管线弯头、变径部位的电化学腐蚀。其腐蚀机理如下:

$$Fe+H_2SO_3=H_2+FeSO_3$$

由于流量大,在 DN150 管线内流速约为 1.42m/s,但在泵出口阀处,存在 DN80 的变径部位流速高达 4.98m/s,对该处具有严重的冲刷腐蚀作用。

2016 年 11 月 19 日由于下午 14:00 氢气管网波动,加氢反应器加氢不足,导致急冷水性质变化,pH 值最低时达到 2.39,呈强酸性。晚上 21:00 运行泵出口阀后变径部位腐蚀断裂,导致急冷水系统紧急停运。

在后续运行中,由于大量的硫粉在空冷和水冷器中沉积,流通面积减小导致急冷水流速加快,冲刷管壁,冷却器在电化学腐蚀和冲刷腐蚀的作用下,硫粉堆积严重的部位腐蚀较强,空冷管束产生穿孔泄漏(见图 4)。

2.3　冷凝冷却器管板焊缝的应力腐蚀开裂

克劳斯炉出来的过程尾气经过冷却后进入一级冷凝冷却器,冷却至 175℃后经中压蒸汽加热进入一级反应器,其入口温度为 280~320℃,进入二级冷凝冷却器冷却至 165℃,然后经过中压蒸汽加热后进入二级反应器,其出口温度为 235~250℃,进入三级冷凝冷却器。

三级冷凝冷却器为固定管板式换热器,且其高温端处于高温硫腐蚀的温度区间,H_2S 和单质硫对管板存在均匀的硫腐蚀作用,产生的 FeS 附着力差,受高速过程气的冲击而剥落,过程气中的硫渗入焊缝缺陷部位。三级冷凝冷却器两端温差较大,温差应力明显。2# 硫磺装置投用 1 个月内,由于三台冷凝冷却器的焊缝热处理未按要求进行,热处理不合格,焊缝热

图 4　急冷水管束腐蚀泄漏

影响区受到渗硫作用，产生应力腐蚀开裂（见图5）。三台换热器高温端管板均有严重的焊缝开裂，低温侧管板仅 E2603 有轻微渗漏。

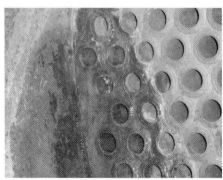

图 5　硫磺冷凝冷却器泄漏

2.4　液硫系统的腐蚀

经过三级冷凝冷却器冷却后的液态硫磺经夹套伴热管线进入液硫池，在硫池内脱除 H_2S 后经液硫泵送至硫磺包装。

由于夹套管线在制作过程中，伴热给汽管通过加强管接头与夹套外管连接，蒸汽进入夹套管时正对内管管壁冲击，在长时间的冲刷作用下，内管管壁冲刷部位减薄泄漏，蒸汽进入过程气系统，硫磺无法正常排出，系统压力上升。

同时由于蒸汽串入过程气系统，液硫含水量增高，导致硫池内水蒸气量大。液硫泵支撑板原为 2Cr13 材质，在大量水蒸气携带硫蒸汽溢出后支撑板腐蚀严重，支撑板强度不够，导致液硫泵启动后震动大，无法正常运行。支撑管为 316 材质，但长时间处于该腐蚀环境中，导致支撑管腐蚀穿孔。硫蒸汽经穿孔部位进入液硫泵的滑动轴承部位后凝成硫粉，泵轴抱死，泵无法启动。

3　解决措施

3.1　再生塔顶系统的腐蚀处理

酸性气空冷器出口和酸性气水冷器出口的腐蚀泄漏均是由低温（≤120℃）的 $H_2S-CO_2-H_2O$ 腐蚀体系造成的，可以采取相同的对策。

为了保持装置的运行，空冷临时切出流程后，将空冷内介质处理干净，采取了贴钢板补焊的方式堵住了漏点。为了防止未出现泄漏穿孔的空冷器在运行中出现新的泄漏，组织相关专业人员对空冷器弯头出口进行测厚，在厚度达到焊接作业要求的出口弯头处，采取贴补钢板加强弯头的厚度，增加了管线的腐蚀余量。水冷器出口也采用"包盒子"的方式对漏点进行暂时处理。但是由于湿硫化氢腐蚀的影响，贴焊后时间不久，焊缝处便开始出现新的泄漏。为保证装置安全运行，择机对装置进行停工处理，对酸性气空冷器和水冷器出口管线进行了整体更换，以避免其他部位减薄造成的泄漏。在对管线进行更换后，通过热处理消除焊缝的残余焊接应力，避免应力腐蚀对设备的危害。

换热器管束由于腐蚀严重，防冲挡板已经腐蚀殆尽，多根换热管腐蚀断裂，另有多数换热管腐蚀减薄情况不明。为保证装置正常运行，需对换热器管束进行更新，并将材质升级为 09Cr2AlMoRE，以减少湿硫化氢系统的腐蚀及酸性水对管束的冲蚀。

酸性水管线由于湿硫化氢腐蚀和高速冲刷腐蚀的影响，整体减薄严重，是溶剂再生装置腐蚀最严重的管线。为了根治酸性水线的腐蚀问题，避免泄漏造成的人身和环境安全问题，最后采取了材质升级的办法。原管线采用 20# 碳钢，根据工艺介质和操作条件分析，酸性水的成分主要为 H_2S 溶液，含有极少量有机胺，采用常用不锈钢即可满足要求，考虑到材质更新的成本，决定将材质更新为 304，同时将节流控制阀材质升级为阀芯为 316+st 材质，有效地降低了腐蚀的影响。

材质升级后，酸性水回流线未出现腐蚀泄漏的状况，控制阀节流效果良好，达到了装置安全平稳运行的要求。

3.2　急冷水系统的腐蚀预防

系统管线和设备均采用普通碳钢材质，抗腐蚀性差。由于装置开工初期运行不平稳，急冷水出现了 pH 值为 2~3 的情况，导致空冷器、水冷器及泵出口阀后变径均出现腐蚀泄漏的情况。

检修过程中对水冷器管束加强检查，对腐蚀严重的管束进行更换，并将材质升级为 09Cr2AlMoRE。空冷器管束内壁由于积聚的硫粉较多，运行期间未出现泄漏，在管束内壁清理后投用，出现部分管束穿孔的情况。临时对穿孔的管束进行堵管，待大检修期间再进行管束整体更换。对泵出口变径腐蚀泄漏，发生泄漏后采取调整负荷的方式紧急处置，将管段切除后进行了更换。

急冷水正常运行期间 pH 值为 7~9，仅是均匀的钢材表面腐蚀。因此控制急冷水质量是解决急冷水系统腐蚀的关键。为保证急冷水水质实时监控，2# 硫磺装置建设初期便增加了在线 pH 计，并将 pH 值引入 DCS，作为硫磺装置关键控制指标进行控制。在 pH 值指示异常时及时对急冷水进行置换，保证水质正常。1# 硫磺装置增上 pH 探针，对急冷水 pH 值进行在线监测。

操作方面对班组加强培训，通过控制加氢反应器床层温度判断加氢量是否足够，保证克劳斯尾气中所有的 SO_2 被还原为 H_2S，确保急冷水不会呈酸性，降低设备的腐蚀速率。

3.3　应力腐蚀开裂问题的解决

由于三台换热器均出现焊缝开裂的情况，系统内大量硫磺凝固，无法正常运转，装置进行了紧急停工处置。停工后临时协调三台同样规格的换热器进行更换，并对原制造厂家问责。由于负荷过低，2014 年开始充氮保护备用，发现 E2604 内部渗水，管板进行着色检查后发现管板有轻微缺陷。2015 年大修期间又对 E2604 换热器进行了整体更新，并加强质量控制，保证焊缝无缺陷，且按要求进行消应力处理。目前三台冷凝冷却器运行正常。

3.4　液硫系统的腐蚀处理

液硫夹套管线的腐蚀主要由蒸汽冲刷引起，目前将该段蒸汽伴热切断，外侧以包盒子的方式重做夹套伴热，重新设计伴热流程，保证该段伴热正常。待大检修期间再对该段伴热线进行更换。同时对其他套管检查，如有缺陷，利用停工机会进行整体更换。

液硫泵支撑板的腐蚀主要由材质引起，因此将支撑板升级为 316 不锈钢，增加抗腐蚀性。更换后，液硫泵启动正常，未出现震动大的情况。支撑管原 316 材质已属抗腐蚀能力好的材质，因此注意在停工检修期间的检查，如已腐蚀减薄，则进行更换。

操作方面要求班组关注蒸汽喷射器的运行状态，保证蒸汽喷射器能及时将硫池内的废气抽送至酸性气燃烧炉，避免大量聚集在硫池顶部，造成对支撑板和支撑管的腐蚀。

4　结论

硫磺装置作为炼厂重要的环保装置，跟随国家环保战略的调整，已经处于越来越重要的位置。硫磺装置的主要腐蚀类型有高温硫腐蚀、低温硫腐蚀、湿硫化氢腐蚀、冲蚀等多种原因，防腐成为关系到硫磺装置安全平稳运行的重点课题。

通过经验积累与总结，明确检修方向，提前制定检修计划，为下一周期的装置平稳高效运行作出指导。

参　考　文　献

1　由召举. 溶剂再生装置管线腐蚀分析及对策. 石油化工腐蚀与防护，2016，33(3)

硫磺回收装置小溶剂系统设备
腐蚀分析及防腐对策

陈建福

（中国石化扬子石化有限公司芳烃厂设备管理科，江苏南京　210048）

摘　要　针对小溶剂系统设备出现的腐蚀泄漏问题，通过对 MDEA 溶液性质、设备材质及腐蚀机理进行分析，总结防腐对策，制定实施计划，保证系统长周期稳定运行。

关键词　MDEA；设备；防腐；对策

1　小溶剂系统简介

硫磺回收装置小溶剂系统由尾气吸收塔 DA311302 和富胺液再生塔 DA311401 组成。主要工艺流程为：经急冷塔冷却后，富含硫化氢的尾气进入 DA311302，浓度 30%、温度 23℃ 的 MDEA 胺溶液一部分从吸收塔顶部进入，另一部分从塔的中部进入，进行双级双温吸收（SNEI 自主研发的双温双吸技术）。从吸收塔顶出来的净化尾气经加热器加热后进入尾气焚烧炉 BA311501 焚烧，几乎完全转化为 SO_2，再经烟气提标塔吸收后，满足烟气中 $SO_2 \leq 100mg/m^3$、$NO_x \leq 50mg/m^3$ 的国控指标，实现达标排放。

自 DA311302 来的富胺液，经贫富液换热器 EA311401A－D 加热至 98℃，进入 DA311401。塔顶气体经空冷器 EC311401A－F 和水冷器 EA311402 冷却，经回流罐 FA311401 分液后，酸性气送至酸性气燃烧炉，冷凝液经回流泵 GA311401AB 返塔作为回流。塔底贫液经贫富液换热器 EA311401A－D、贫液加压泵 GA311402A/B、贫液空冷器 EC311402A－D 和贫液冷却器 EA311404A/B 冷却后送至尾气吸收塔循环使用。

小溶剂系统处理能力及尾气硫化氢含量见表 1。

表 1　小溶剂系统处理能力及尾气硫化氢含量

项目	处理能力	进料硫化氢含量
尾气	27200m³/h	$2 \times 10^{-3} \sim 6 \times 10^{-3}$
净化尾气	27200m³/h	$\leq 10^{-5}$
富胺液再生能力	280t/h	2000～3000mg/L

2　小溶剂系统设备运行及腐蚀情况

2017 年 10 月开始，小溶剂系统贫富液换热器 EA311401A-D 及管道相继出现泄漏，具体泄漏位置及情况见图 1、图 2 和表 2。

表 2　小溶剂系统设备故障一览表

序号	发生时间	问题	问题影响
1	2017.10	贫富液换热器 EA311401AB 管束泄漏	换热器切出消漏
2	2017.10	贫富液换热器 EA311401AB 附属管线相继出现腐蚀泄漏	带压堵漏，之后管线包焊
3	2017.11	再生塔底再沸器 EA311403AB 出口法兰接管泄漏	包焊处理

3　小溶剂系统设备腐蚀原因分析

如图 2 所示，贫胺液（不含硫化氢）从 DA311401 塔底引出，温度高达 120℃，依次经 EA311401A/B/C/D 壳体，经换热后温度逐渐降为 66℃，管道红色部位材质为 022CR19NI10，黑色部位材质为 20#钢，并且 EA311401A/B/C/D 和 EA311403A/B 壳体材质均为 Q245R。根据 SH/T 3096—2012 选材导则要求，当 MDEA 溶液温度 ≥ 90℃ 时，设备材质应选 304L；当 MDEA 溶液温度 <90℃ 时，选择碳钢。

根据中国石化青岛安全工程研究院《炼油装置防腐蚀策略》分析，此处为相对高温的贫液管

作者简介：陈建福（1986—），男，江苏常州人，本科学历，工程师，2008 年毕业于四川大学过程装备与控制工程专业，现任扬子石化芳烃厂硫磺回收车间设备副主任。

(a) EA311403壳程出口接管腐蚀

(b) EA311401管束腐蚀

(c) EA311401贫液管线腐蚀

图1 小溶剂系统设备腐蚀概貌

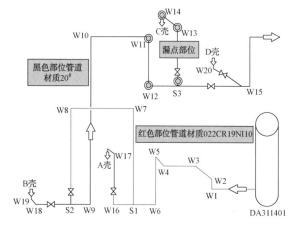

图2 系统腐蚀泄漏分布图

线和贫液在换热器壳程的出口处,腐蚀形态为系统中累积的热稳态盐和胺降解产物引起的腐蚀

减薄和焊缝的腐蚀减薄,胺环境下的碳钢应力腐蚀开裂和不锈钢氯离子SCC和冲刷减薄。

MDEA水溶液本身对碳钢的腐蚀性很弱,但MDEA在酸性气体、高温、氧气等的作用下会发生降解,降解产物中的酸性组分与MDEA结合生成相应的盐,这些盐在MDEA溶液高温再生过程中无法分解去除,被称为热稳定性盐或热稳态盐(简称HSS)。HSS的生成与积累导致碳钢材质的设备钝化膜破裂,强酸性盐的水溶液会进一步加剧孔蚀,因此可产生S^{2-}和HS^-,它们可使Fe溶解的活化过电位降低而加速腐蚀过程。

再从工艺运行角度分析,由于胺液使用周期较长,胺液中破碎的活性炭颗粒及腐蚀产物加速了对管道设备的冲刷腐蚀。因此,不能简单地把腐蚀原因归结于介质温度或者H_2S腐蚀,应当从工艺、被处理介质、系统运行时间、胺液降解等多个角度进行分析,再结合选材导则,最终确定正确的材质(见表3)。

表3 小溶剂系统设备的选材、腐蚀泄漏情况及处理措施

序号	设备及管线名称	选用材料	腐蚀泄漏情况及处理措施	拟采取措施
1	再生塔 DA311401	塔体 Q245R+022Cr19Ni10/内件 022Cr19Ni10	未出现腐蚀泄漏	
2	塔底再沸管线	022CR19NI10	未出现腐蚀泄漏	
3	塔底再沸器 EA311403AB	管束 00Cr19Ni10/壳体 Q245R	壳体法兰接管泄漏,包焊处理	壳体材质升级为00Cr19Ni10,申报设备更新计划
4	塔底贫胺液出料管线	022Cr19Ni10	未出现腐蚀泄漏	

续表

序号	设备及管线名称	选用材料	腐蚀泄漏情况及处理措施	拟采取措施
5	后路贫胺液管线	20#	多处腐蚀泄漏，包焊处理	管道材质升级为00Cr19Ni10，申报管道材料
6	贫富胺液换热器 EA311401AB 管束	20#	管束泄漏，已更换，材质升级为00Cr19Ni10	
7	贫富胺液换热器 EA311401CD 管束	00Cr19Ni10	未出现腐蚀泄漏	
8	贫富胺液换热器 EA311401ABCD 壳体	Q245R	多处腐蚀减薄，在线监控	壳体材质升级为00Cr19Ni10，申报设备更新计划

4　小溶剂系统防腐策略实施

4.1　工艺方面

（1）贫胺液中的硫化氢浓度控制在 8×10^{-4} 以下，胺液浓度控制在 20%～35%，系统补充胺液时宜小流量连续补充，确保系统胺液浓度相对稳定。

（2）落实胺液净化措施管理要求：加强胺液过滤，通过在富胺液进脱硫塔前设置机械过滤器和活性炭过滤器，脱除降解产物和腐蚀产物；充分发挥胺液过滤器作用，监控机械过滤器进出口压差变化，当压差达到 0.5MPa 或循环量无法维持时组织对滤芯进行清理，当滤芯出现损坏时应及时更换。

（3）关注活性炭过滤器的运行情况，活性炭过滤器更换周期不应大于 3 个月，当系统出现发泡迹象等异常情况时应及时更换活性炭。

（4）监控贫胺液中的热稳盐含量，监控频次不低于 1 次/周，正常系统中的热稳盐控制在 1% 以下，当热稳盐超过 1% 时需增加活性炭更换频次，当热稳盐超过 2% 时需增加监控频次，并申请对胺液进行在线净化，当热稳盐大于 3% 时必须立即对系统胺液进行在线净化，直至系统中的热稳盐稳定降至 1% 以下。

（5）在线净化无法达到预期效果时应组织对胺液系统进行置换，或退出全部胺液，并对胺液系统进行清洗，置换新鲜胺液。

4.2　设备方面

根据原因分析及选材导则，对上述部位的设备及管道进行材质升级更换，管线、管件确定选用 00Cr19Ni10，阀门选用 CF8，换热器壳体材质由 Q245R 升级为 00Cr19Ni10，提高设备抗酸性冲刷腐蚀能力。

5　结语

理论分析认为，HSS 的产生是导致碳钢在 MDEA 介质中腐蚀加剧的主要原因。实践证明，自 2017 年大检修开车以来，通过对系统胺液进行在线净化处理，胺液品质得到保证，MDEA 溶液系统生产稳定性有了很大提升。

下一步，将利用设备局部切出和装置大检修契机，对小溶剂系统进行设备更新。经过上述防腐策略的实施，力争彻底解决设备腐蚀问题，从而达到消除隐患、装置长周期安稳运行的目的。

硫磺回收装置急冷水泵腐蚀分析与防护

何胜彬

（中国石化北海炼化有限责任公司，广西北海　536000）

摘　要　在硫磺回收尾气处理单元运行过程中，制硫尾气中含有的 H_2S 和 SO_2 等腐蚀介质会对系统设备造成腐蚀。针对该单元中的一台机泵在运行过程中出现的腐蚀现象，分析腐蚀原因，了解腐蚀机理，认清操作管理存在的不足，提出合理的防腐措施，为以后的防腐工作提供参考。

关键词　尾气处理单元；急冷水；泵壳；腐蚀；防护

1　前言

硫磺回收装置尾气处理单元的急冷水泵 P-203B 自 2011 年 12 月首次开工以来，经过第一周期运转后，2017 年 6 月切换至该泵运行时发现该泵流量控制无法达到工况，经解体检查发现该泵泵壳出现严重的腐蚀现象，另一台备用泵 P-203A 在此前也出现过泵壳腐蚀穿孔的现象。为了提高设备的使用寿命，保障装置的长周期运行，通过对该泵的腐蚀情况分析讨论，提出合理的防腐措施，为以后做好该系统腐蚀与防护工作提供经验。

2　泵壳的使用工况

2.1　急冷水工艺流程

硫磺回收装置排出的尾气仍含有少量的 S_x、SO_2、CO、CS_2、COS 等有害物质，尾气处理的目的就是将这部分物质转化成 H_2S 进行吸收，减少 SO_2 的排放。由图 1 可以看出，硫磺尾气通过在线炉加热燃烧之后与 H_2 混合进入加氢反应器反应，在催化剂作用下发生加氢还原和水解反应，尾气中的各种硫化物水解、加氢还原生成 H_2S、CO_2 等物质，加氢还原后的尾气与废热锅炉换热至 150℃ 左右进入急冷塔；冷却水通过塔底急冷水泵抽出经空冷器及水冷换热器冷却后自塔顶上部进入急冷塔循环使用，与尾气逆流接触；急冷降温后的尾气自塔顶出来，至吸收塔对 H_2S 进行吸收。

2.2　急冷水泵简介

急冷水泵由大连深蓝泵业有限公司制造，2011 年 12 月投入使用。该泵型号为 EAP9 150K3-250，使用温度为 60℃，额定流量为

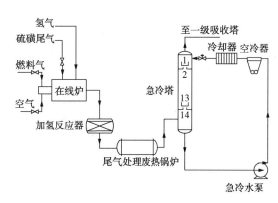

图 1　硫磺回收尾气处理部分流程示意

250.1 m^3/h，泵壳材质为 ZG-230-450。该钢特点：低碳铸钢，韧性及塑性均好，但强度和硬度较低，耐腐蚀性能差：在湿态 SO_2 中 25℃ 时腐蚀速率 >1.5mm/a，在亚硫酸 H_2SO_3 中 25℃ 时腐蚀速率 >1.5mm/a，在湿态 H_2S 中 100℃ 时腐蚀速率 >1.5mm/a。

3　泵壳的腐蚀状况

急冷水泵 P-203B 拆开后检查，发现多处部位腐蚀严重，已经严重影响到泵的正常运行。如图 2 所示，4 个口环的固定点中有 1 个点出现了腐蚀穿透现象，机泵在运转的过程中，会存在漏液的现象，加压后的介质会通过穿透的孔返回泵入口，影响了泵出口的流量；如图 3 所示，口环四周的壳体出现了一条明显的凹槽，深度超过了口环长度的 1/3，从外观来看，凹槽的表面光滑，初步判断为具有流体冲刷表面所致的情况。

作者简介：何胜彬（1987—），男，工程师，主要从事炼油设备管理工作。

图 2　口环的固定点

图 3　口环边缘

腐蚀最明显的还是泵体的流道及其周围的壳体，流道已经腐蚀脱落的长度有 $35\sim40mm$，仔细检查还发现未脱落的流道也腐蚀减薄严重，如图 4 所示。

图 4　泵壳流道

4　泵壳腐蚀原因分析

4.1　H_2S-H_2O 腐蚀

由表 1（正常操作下的数据）可以看出，从加氢反应器出来的过程气中，含有 1% 的 H_2S，在急冷塔与 H_2O 接触，部分融入水中，急冷水由于长期循环利用吸收 H_2S 等物质，会逐渐呈酸性，对设备形成 H_2S-H_2O 型腐蚀环境。

表 1　加氢反应器出口过程气

空气/%（体积）	二氧化碳/%（体积）	氢气/%（体积）	硫化氢/%（体积）	二氧化硫/（mg/m³）
89.09	5.27	4.59	1.05	30

H_2S-H_2O 腐蚀属于一种电化学腐蚀，H_2S-H_2O 腐蚀实际上是金属在 H_2S 的水溶液中由于 H_2S 与 Fe 反应生成 FeS 引起的腐蚀。其腐蚀的机理是：

H_2S 在水中发生电离：

$$H_2S \rightarrow H^+ + HS^- \rightarrow 2H^+ + S^{2-}$$

钢在 H_2S 的水溶液中发生电化学反应：

阳极过程：$Fe \rightarrow Fe^{2+} + 2e$

$$Fe^{2+} + HS^- \rightarrow FeS\downarrow + H^+$$

阴极过程：$2H^+ + 2e \rightarrow 2H^- \rightarrow H_2\uparrow$

在腐蚀的最初阶段，生成少量 FeS 沉积在金属表面，一定程度上可以延缓腐蚀的进行；然而，机泵在运转的过程中，流体受到离心力，且介质可能存在碳粉和硫粉等固体颗粒，它们不断地冲刷壳体，流道位置尤为明显，脆性的 FeS 膜会加厚并且有可能冲刷脱落下来，这时泵壳的内表面又重新裸露在 H_2S-H_2O 介质中，进一步加剧了设备腐蚀。通过这样不断地循环，设备的壁厚逐渐减薄，最终可能引起设备腐蚀穿孔及脱落。

4.2　亚硫酸和硫酸的腐蚀

硫磺尾气有少量的 S_X、SO_2、CO、CS_2、COS 进入加氢反应器，正常情况下，在控制加氢反应器中出来的气体中二氧化硫的含量应该为零，但是在一些特殊情况下，反应器出口 SO_2 会增加，比如以下几种情况：①催化剂预硫化阶段，一般采用硫磺尾气预硫化，硫磺尾气中含有一定量的 SO_2；②催化剂再生期间，该过程产生大量的 SO_2 和 CO_2；③停工时，加氢催化剂钝化处理，该过程的产物为 SO_2；④正常生产时，原料气来量不稳，忽大忽小，若调整不及时，引起 SO_2 浓度过高或氢气的浓度过低，不能及时提供足够的氢气进行加氢反应，致使 SO_2 还原不完全穿透催化剂床层，进入急冷塔，急冷塔内 pH 值降低，当 pH 值低于 6 时，造成急冷水循环系统酸性腐蚀。在该泵使用的这几年里，曾经出现过三次 pH 值为 $2\sim4$

的强酸环境，每次持续时间 4~6h，酸值越大腐蚀速度越大。

SO_2 易溶于水，其水溶液（H_2SO_3）比 H_2S 的水溶液更容易腐蚀金属，腐蚀产物为 $FeSO_3$。其反应过程如下：

$$SO_2+H_2O \rightarrow H_2SO_3$$
$$H_2SO_3+Fe \rightarrow FeSO_3+H_2 \uparrow$$

当系统中 O_2 过剩时，过程气中的少量 SO_2 会被氧化成 SO_3。当进入急冷塔时，SO_3 与水结合生成 H_2SO_4，H_2SO_4 与发生反应，腐蚀产物为 $FeSO_4$。

$$H_2O+SO_3+Fe \rightarrow FeSO_4+H_2$$

4.3　CO_2 的腐蚀

从表 1 可以看出，从加氢反应器出来的过程气中，有 5% 左右的 CO_2 进入急冷塔后部分溶解于水中，生产 H_2CO_3，从而对设备产生腐蚀。腐蚀过程如下：

$$CO_2+H_2O \rightarrow H_2CO_3$$
$$H_2CO_3+Fe \rightarrow FeCO_3+H_2 \uparrow$$

4.4　冲刷腐蚀

在正常生产下，急冷水应为无色透明的状态。然而在加氢反应的过程中，如果加入氢气的量不足时，在反应器中出来的气体就会含有较多的二氧化硫、硫蒸汽和碳粉等物质。这些物质进入到急冷塔之后会影响急冷水的品质，产生一些硫粉、碳粉等固体小颗粒。该系统后路的板式换热器及入口过滤器出现堵塞的情况，检查发现有颗粒状的杂质，经化验分析，其中主要成分为硫化亚铁、硫粉、碳粉等颗粒。在整个循环系统中，这些颗粒物带入到泵体内，会对泵不间断地冲击和冲刷，形成冲刷腐蚀。在与其他类型腐蚀的交替作用下，进一步加重了泵壳的腐蚀。

4.5　汽蚀现象

该泵操作温度 60℃ 左右，在使用过程中振动检测正常，也未出现异常的噪音，流量正常平稳，出口压力指示平稳，所以不考虑汽蚀现象引起的腐蚀破坏。

5　预防措施

5.1　加强工艺防腐控制

（1）开工过程中，利用硫磺尾气对催化剂预硫化时以及催化剂再生期间，为防止 SO_2 由反应器进入急冷塔产生腐蚀，应在急冷水泵入口及时补充氨液中和 SO_2，保证急冷塔出口排水 pH≥6。

（2）生产中，要稳定操作，避免大幅度的波动。充分利用好 H_2 在线分析仪表和 pH 在线分析仪，严格控制 H_2S/SO_2 比例，保证急冷塔出口的 H_2 有富余，确保 SO_2 在加氢反应器中得到充分反应。严格控制冷却水质量，严格执行工艺卡片，pH 值控制在 6~9，杜绝 pH 值过低，因为酸性环境下的碳钢材质会加剧腐蚀。

5.2　材质升级

不同材料的化学成分和组织特点不同，其抗腐蚀性能也不同。材料在使用环境中的耐蚀性，直接决定了设备的可靠性和使用寿命。比如该泵的叶轮的材质为 316，口环的材质为 PH50，轴的材质为 42CrMo，本次拆泵检查这几个部件均未出现明显的腐蚀现象。另外硫酸的腐蚀与材料的含碳量有关，碳钢的含碳量越大，腐蚀速度越大。所以，选择低含碳量材料可以减缓硫酸腐蚀。查阅资料并参考国内各种耐酸泵的材料，为提高泵壳的使用寿命，建议泵壳可选用奥氏体不锈钢 1Cr18Ni9，其腐蚀数据见表 2。

表 2　1Cr18Ni9 腐蚀数据

硫化物	状态	温度/℃	腐蚀速率/（mm/a）
亚硫酸	10% 浓度	80	0.05~0.5
SO_2	湿态	100	0.05~0.5
H_2S	湿态	100	0.5~1.5

由此可见，该材质比 25 号钢的耐腐蚀性高出 2~40 倍，能较好地提高泵壳的耐腐蚀性能。

5.3　减少固体颗粒进入泵体

要监控好急冷水的质量，及时清理和冲洗干净泵入口过滤器及后路的换热器入口过滤器。另一方面在保证整个系统的工艺操作条件下，更换孔径较小的丝网。原设计使用的是 20 目的丝网，后改为使用 40 目丝网，通过定期清理过滤器，清理出更多的颗粒物，减少了冲刷腐蚀。

5.4　提高设备的制造工艺

泵壳体铸件及其他零部件应尽量减少砂眼、气孔、夹渣、裂纹等缺陷，这可在一定程度上减缓金属的腐蚀冲蚀速率。

6 结论

（1）加强工艺防腐管理。工艺防腐是做好腐蚀控制的重要手段，其影响因素比较多，这就需要有效地组织、协调、管理，才能保证工艺防腐的效果。

（2）腐蚀是不可避免的，但是采取有效的防护措施，可以使腐蚀速度相对减缓。防止设备和管线的非正常腐蚀是确保装置长周期安全运行的一个重要措施。

（3）严格的生产操作及合理的材料选择，可控制和减轻机泵的腐蚀，延长设备的维修周期。

（4）对于同个急冷水系统的管线及其他设备，也要考虑同样的腐蚀因素，可参考该泵出现的腐蚀问题，做好该系统管线及设备的腐蚀监控，做好整个系统的的腐蚀控制。

参 考 文 献

1 窦希良. 环丁砜输送泵泵壳腐蚀分析及防护措施. 腐蚀与防护，2004(5)：217-218

2 李学翔. 硫磺尾气处理装置腐蚀与防护技术. 石油化工环境保护，2006，（2）：61-64

3 岑嶺，等. 硫磺回收及尾气处理装置的腐蚀与防护. 石油与天然气化工，2009，（3）：217-221

4 董祥英，等. 低碳钢在硫酸中腐蚀速度的研究. 大庆石油学院报，1988，（1）：62-65

乙烯装置裂解炉原料线腐蚀分析及对策

丁文跃

（中国石化齐鲁分公司，山东淄博　255400）

摘　要　中国石化齐鲁分公司乙烯装置今年上半年多台裂解炉进料线发生腐蚀泄漏，为查明具体原因并有效制定防范措施，公司机械动力处要求防腐中心，以腐蚀较严重的 BA-117 裂解炉为对象，对泄漏部位进行检查分析，根绝分析结论制定预防对策。

关键词　词乙烯装置；裂解炉；原料；管线；腐蚀

1　装置概况

乙烯装置共有裂解炉 15 台，2017 年 12 月到 18 年 5 月期间，多台裂解炉进料线发生腐蚀泄漏，为查明具体原因并有效制定防范措施，公司机械动力处要求防腐中心，以腐蚀较严重的 BA-117 裂解炉为对象，对泄漏部位进行检查分析。

BA-117 裂解炉以石脑油及循环乙烷为设计原料，进料管线已使用十余年，泄漏部位为原料进炉子前的水平管段，碳钢材质，规格为 $\phi60\times3.91$mm，温度为 40℃左右。

2　分析

2.1　原料来源及性质

所用石脑油分为系统内互供石脑油、公司内互供石脑油以及油品储罐石脑油。2012 年 1 月至 2017 年 12 月共五年期间所用石脑油中腐蚀性介质含量见表 1。数据表明，原料中含有一定的硫和氯，多次出现硫、氯含量超标的情况。

表 1　石脑油腐蚀性介质含量（水分目测法均为无）

石脑油原料		硫，≤0.090%（质量）				氯，≤3mg/kg			
		平均值	最大值	最小值	合格率/%	平均值	最大值	最小值	合格率/%
公司内互供	炼厂管线	0.0367	0.1300	0.0100	98.3	1.2	7.6	0.6	98.4
	拔头油管线，硫≤10^{-5}	25.9	1166.8	0.5	59.6	1.59	6.2	0.6	100
石脑油储罐	厂外 1 号	0.0372	0.0909	0.0174	98.8	1.4	7	0.6	94.7
	厂外 3 号	0.0390	0.0837	0.0135	100	4.4	164.5	0.6	87.2
	厂外 5 号	0.0334	0.0819	0.0137	100	1.6	10.7	0.7	92.7
	厂外 2 号	0.0386	0.09	0.0163	100	1.4	8.6	0.7	93.7
	厂外 4 号	0.0386	0.0744	0.0173	100	1.4	6	0.5	95.1
	V101	0.0353	0.0492	0.0178	100	4.3	31.9	1	44.0
	V102	0.0330	0.0488	0.0246	100	50.1	967.1	1	63.7
	V103	0.0303	0.0708	0.0161	100	16.1	964	1	69.4
	V104	0.0359	0.0776	0.0185	100	3.6	23.8	0.8	67.3
	V105	0.0375	0.0738	0.0222	100	3.6	26.9	0.8	64.9
	V108	/	/	/	/	12.6	116.4	1	15.8
	V113	/	/	/	/	8.2	28.5	1	41.4
	V114	/	/	/	/	2.6	12	1	76.2

续表

石脑油原料		硫，≤0.090%（质量）				氯，≤3mg/kg			
		平均值	最大值	最小值	合格率/%	平均值	最大值	最小值	合格率/%
系统内互供，硫≤0.065%（质量）	胜利油田108	0.03357	0.0655	0.0064	98.5	9.1	44.8	1	44.1
	胜利油田107	0.03781	0.0760	0.0159	95	4.9	25.9	1	75
	胜利油田106	0.03480	0.0802	0.01648	95	1.25	2.4	1	100
硫≤0.065%（质量）氯≤30mg/kg	沧重石脑油	0.02152	0.03281	126	100	1.2	6.8	1	100

2.2　炉BA-117进料管腐蚀形貌

管线腐蚀泄漏部位环管线一半以上，最大孔洞约为10mm×10mm，泄漏处内表面有明显蚀坑，存在黑褐色垢物，且有大片物质（垢物）脱落的痕迹，判断为内部的垢下腐蚀。从换下来的进料线的其他管段内表面上，亦可观察到明显的铁红色垢物，垢物下管壁有明显的蚀坑，内部的蚀坑深浅不一。腐蚀形貌如图1和图2所示。

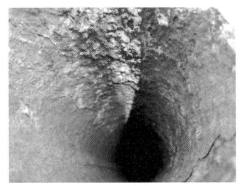

图2　进料线其他管段内表面垢物及蚀坑形貌

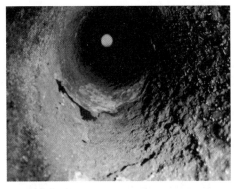

图1　腐蚀泄漏管段内外表面腐蚀形貌

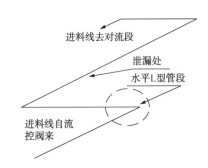

图3　现场测厚部位图

2.3　测厚检查情况

2.3.1　对泄漏位置的部分水平管段测厚（见图3）

对腐蚀泄漏管段进行测厚（测厚数据见表2），测厚数据在1.88~3.55mm之间，平均数

值为2.75mm。对另一段水平L形进料管段进行对比测厚，数据见表3。由表3可以看出，水平管段下侧测厚数据均比上侧略小，但不明显。

表 2　泄漏管段测厚数据

测厚部位	测厚数据/mm	平均值/mm
漏点周围	2.43、2.83、2.67、3.39、3.37、2.40、2.88、2.12、1.88、2.10	2.60
漏点 20mm 内	2.65、3.35、2.53、3.13、2.67	2.87
漏点 40mm 处	3.55	3.55

表 3　水平 L 形进料线测厚数据

测厚位置	水平管段 1			水平管段 2		
	顺序	上侧	下侧	顺序	上侧	下侧
测厚数据	①	3.61	3.29	⑥	3.95	3.46
	②	3.52	3.94	⑦	3.51	3.67
	③	3.67	2.68	⑧	3.79	3.98
	④	3.95	3.53	⑨	3.95	3.29
	⑤	4.00	3.82	⑩	3.46	3.39
	平均值	3.75	3.45	平均值	3.73	3.56

2.3.2　对第二路进料线地面处水平管段与竖直管段的连接弯头进行测厚（见图 4）

在对第二路进料线地面水平管线及其上竖直管线进行超声导波检测的过程中，发现其连接弯头外弯减薄较严重，见表 4。除第一路进料线外，其余五路进料线的同部位弯头均有不同程度的减薄，尤其是第二路和第四路，测厚最小数值分别为 1.98mm 和 1.48mm，建议更换，已通知车间人员。

图 4　测厚部位（进料线水平管线与其上竖直管线连接弯头）

表 4　地面水平管线与其上竖直管线连接弯头测厚数据

测厚位置	测厚数据/mm	备注
第一进料线弯头外弯	5.42	弯头已更换
第二路进料线弯头外弯	1.98、2.02、2.70、2.79	
第三路进料线弯头外弯	2.77、2.97、3.28	
第四路进料线弯头外弯	1.48、1.58、1.55、2.61	
第五路进料线弯头外弯	2.81、3.01、3.21、3.16	
第六路进料线弯头外弯	2.48、2.97、3.60	

2.4　超声导波检测情况

对第二路进料线靠近地面的水平管线及其上的竖直管线进行了超声导波检测，本次检测使用美国的 MsSR3030R 超声导波仪，共测管线约 5m，布点 2 处。第一测点在进料阀后第一弯头后直管处，第二测点在进料阀后第二弯头后立管处。在该检测报告中，所有的特征信号系采用简单的符号进行表示，包括结构信号。符号描述见表 5。

表 5　符号描述

符号	描　　述
EW	弯头焊缝
MsS	MsS 探头发射脉冲位置
D1，D2，…；d1，d2…	缺陷（以探头位置为起点依次摆列，正向大写，反向小写）
X1，X2，X3……	不完善的方向控制从相反方向产生的信号，即反射信号
Y1，Y2，Y3……	不完善的方向控制产生多次反射信号
EX	管线上的焊接物
BP	支管（正向大写，反向小写）
PS	支架（正向大写，反向小写）

在报告中对出现的缺陷根据反射信号百分比分成三类：

轻微：反射信号<5%；

中等：5%<反射信号<10%；

严重：10%<反射信。

第一测点在进料阀后第一弯头后直管处，第二测点在进料阀后第二弯头后立管处。导波检测结果：第一测点正向 0.6m 处有一处轻微腐蚀，反向 0.5m 和 0.6m 有两处轻微腐蚀；第二测点正向 1.9m 处有一处轻微腐蚀。

从直管段管壁测厚结果来看（见表 6 和表 7），第一测点直管壁厚为 3.58mm、3.57mm、3.24mm、3.06mm、3.12mm，第二测点直管壁厚为 3.34mm、3.46mm、3.52mm、3.33mm。根据测厚数据分析，第一测点两处 3.06mm、3.12mm 明显壁厚减薄，均在管线的正下方。腐蚀介质应该是集中在水平直管段底部。

表6 信号数据分析表1

管线部位编号：01			管径：DN50			管壁测厚：3.58mm、3.24mm、3.06mm、3.12mm				
材质：碳钢			频率：64kHz			速率：3250m/s		衰减补偿：0.2230db/m		
信号	距离/m	反射/%	校正/%	腐蚀评价	信号	距离/m	反射/%	校正/%	腐蚀评价	
ew	-0.9	7.8	20.0	—	MsS	0.0	100.0	—	—	
ew	-0.7	20.3	20.0	—	D1	0.6	2.7	2.7	轻微腐蚀	
d2	-0.6	3.7	3.7	轻微腐蚀	X1	0.8	4.6	4.6	—	
d1	-0.5	3.0	3.0	轻微腐蚀	X2	0.9	3.1	3.1	—	

波形图：

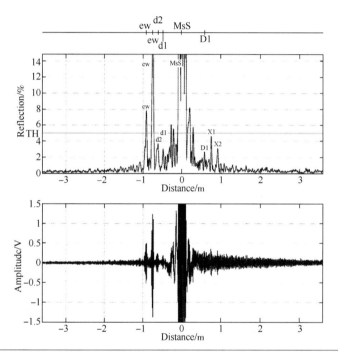

小结：正向0.6m处有一处轻微腐蚀，反向0.5m、0.6m有两处轻微腐蚀。

注：根据反射信号，轻微<5%<中等<10%<严重；ps-支架，w-焊缝，ew-弯头焊缝，d-缺陷，MsS-探头位置。

表7 信号数据分析表2

管线部位编号：02			管径：DN50			管壁测厚：3.34mm、3.46mm、3.62mm、3.33mm				
材质：碳钢			频率：64kHz			速率：3250m/s		衰减补偿：0.2230db/m		
信号	距离/m	反射/%	校正/%	腐蚀评价	信号	距离/m	反射/%	校正/%	腐蚀评价	
ew	-0.7	14.1	20.0	—	X1	0.4	2.4	2.4	—	
ew	-0.5	13.7	20.0	—	X2	0.5	1.6	1.6	—	
wl	-0.4	20.2	20.0	—	X3	0.7	2.0	2.0	—	
MsS	0.0	100.0	—	—	D1	1.9	1.8	1.8	轻微腐蚀	

波形图：

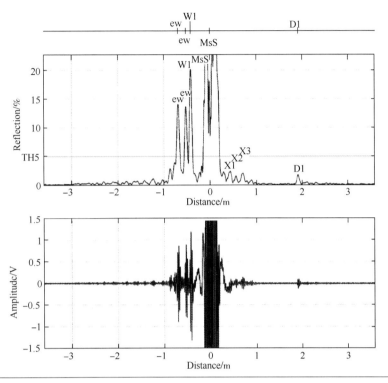

小结：正向 1.9m 有一处轻微腐蚀。

注：根据反射信号，轻微<5%<中等<10%<严重；ps-支架，w-焊缝，ew-弯头焊缝，d-缺陷，MsS-探头位置

2.5　垢样分析情况

对泄漏直管部位的内部垢物进行了采样分析，为了解垢样的基本组成，以便制定定量分析方案，首先对垢样进行了定性检验。并根据定性检验情况及现场工况确定了垢样定量分析项目及各项目取样的重量。乙烯 17# 炉进料线管束内表面垢样组成分析结果见表8。

表8　乙烯17#号炉进料线内表面垢样组成分析

检测项目	检测结果/%	检测方法
总铁（以 Fe_2O_3 计）	91.16	QG/SLI-02-06-98
550℃灼烧失重	0.99	QG/SLI-02-04-98
硫代硫酸根	1.48	碘量法
总硫	4.83	GB/T 387
NH_4^+	0.03	QG/SLI-02-15-98
Cl^-	0.12	QG/SLI-02-11-98
pH	5.0~6.0	pH 精密试纸
硫化亚铁	有（量少）	定性
酸不溶物	0.93	QG/SLI-02-05-98

根据表8分析结果结合定性检验及样品外观等情况得出：乙烯 17# 炉进料线管束内表面垢样的主要成分为铁的氧化物、硫代硫酸盐、硫化物、单质硫及少部分酸不溶物、氯盐、铵盐等物质。

3　分析结论

通过对比原料数据与垢样分析数据，结合现场工况及外观腐蚀形貌推断出以下结论：

（1）原料中有 S、Cl 等腐蚀元素的存在，为腐蚀提供了腐蚀因子。

（2）常温管道的腐蚀离不开水的存在，水的来源有两个：①可能原料中本身带有极少量水分；②由于烧焦频繁，为管道内部提供了腐蚀所需要的氧气与水蒸气，烧焦时蒸汽与工业风在一次注汽的位置注入，进料控制阀至一次注汽间的管段形成死区，对流段内受加热的工业风与水蒸气在外部管段的内壁冷凝吸附产生腐蚀；进料线蒸汽吹扫后长期备用时也存在水汽冷凝的可能。一般来讲，水蒸气和氧气的存在会加剧腐蚀的进行。

（3）管道内部有结垢倾向，且有少量氯离

子、硫、铵盐吸附沉积，可以推断工艺介质由于某种原因可能分解出活性硫或 H_2S，还存在少量 HCl、NH_4Cl 的存在。在有微量水的条件下，形成了低温 HCl+H_2S+H_2O 酸性腐蚀环境。理论上进料线的水平管段更容易积水积垢，从而对管道底部产生了强烈腐蚀，管线的局部低点腐蚀会加重。侧部与顶部管壁同样吸附水汽和氧气积垢腐蚀，垢下腐蚀应该相对较轻。通过依次对旧管切割做内部宏观检查来看，蚀坑腐蚀深浅不一，无规律可循，判断与进料管的水平度、保温效果和散热损失有关，伴热线的投用也有一定的影响。

（4）管道内部介质间歇性的变化与投用，对内壁有冲刷，造成冲蚀与垢下腐蚀交替进行，长时间使用导致进料管逐步腐蚀减薄破裂。

4 措施及建议

（1）建议尽可能地控制、减少原料中的易腐蚀因素，如硫、氯等。

（2）经对进料线地面水平管线及其上竖直管线连接弯头测厚，其外弯已经严重减薄，建议立即更换。

（3）鉴于进料线已经出现的腐蚀泄漏情况，以及进料线的使用年限已久，建议逐步更换进料线，优先水平管段与弯头的更换。建议工艺流程上考虑尽可能减少高空水平管，采用斜管与立管。

（4）建议烧焦后加大对管线的吹扫，停炉期内加强对设备的保护，减少水蒸气和氧气的积聚。可考虑烧焦期间对进料线采取隔离保护措施，例如在一次注汽口对流段处的进料线上增加隔断阀以减少烧焦期间水汽与氧气的倒串与停留；或者考虑在流控阀处增设烧焦风点、氮气吹扫点。

（5）建议根据运行情况制定合理的管线使用寿命周期，可考虑每三个检修周期（12 年）更换进料线，每个检修周期部分管线割管做内部检查，每年对进料线进行导波检测与定点测厚。

压力容器用奥氏体不锈钢晶间腐蚀试验的研究

赵天波　向　勇　辛祖强　黄　冲　李大为

（湖北长江石化设备有限公司，湖北洪湖　433226）

摘　要　研究压力容器用奥氏体不锈钢材料晶间腐蚀试验的性能，为压力容器设计、制造单位对奥氏体不锈钢材料进行晶间腐蚀的试验方法选择、结论判定、问题解决措施提供帮助。实验结果表明：试验结论无法判定时可采取多种方法进行排查；通过热处理可以恢复抗晶间腐蚀性能；含 Mo 的奥氏体不锈钢不具备在硝酸介质中的耐晶间腐蚀能力。

关键词　压力容器；奥氏体不锈钢；晶间腐蚀

晶间腐蚀是压力容器中比较典型的失效机理，奥氏体不锈钢是对晶间腐蚀敏感性高的材料，奥氏体不锈钢广泛应用于石油化工中，这种钢在常温和低温下有良好韧性、塑性、焊接性、抗蚀性和无磁性，室温组织为奥氏体，具有抵抗化学腐蚀和电化学腐蚀的能力，但因某种原因会产生晶间腐蚀，使晶粒之间结合力遭到破坏，使钢的强度、塑性和韧性急剧下降，在内外应力作用下，轻者稍微弯曲即产生裂纹，重者稍加敲击即破碎成粉末。因此压力容器设计者对与具有晶间腐蚀能力的介质接触的不锈钢材料都会提出晶间腐蚀试验要求，检验结果可预判容器在给定的具有晶间腐蚀能力的介质条件中长期运转情况。本文通过选取多种压力容器用奥氏体不锈钢材料进行大量晶间腐蚀试验对比，总结分析，帮助设计人员及理化检验人员能更好地了解各类材料的耐晶间腐蚀能力。

1　晶间腐蚀试验方法介绍

晶间腐蚀试验方法一般采用弯曲法，弯曲法操作简单、迅速，适用于产品大批量的生产检验，因此在国内外都作为不锈钢晶间腐蚀试验的主要检验方法。弯曲法的试验标准采用GB/T 4334—2008《金属和合金的腐蚀不锈钢晶间腐蚀试验方法》，试样在硫酸-硫酸铜溶液中经腐蚀 16h 后，将试样取出洗净、干燥，在压力试验机上进行弯曲，用 10 倍放大镜观察弯曲试样外表面，有无因晶间腐蚀而产生的裂纹。弯曲法在 10 倍放大观察下裂纹不明显或性质可疑，容易造成试验人员的误判。通过本试验方法可使试验人员能够简单、快速地对弯曲试样外表面产生的轻微裂纹、可疑裂纹是否是由于晶间腐蚀造成的进行准确的判定。

试验材料选用牌号为 S30408 的奥氏体不锈钢板，按 GB/T 4334—2008《金属和合金的腐蚀不锈钢晶间腐蚀试验方法》E 法不锈钢硫酸-硫酸铜腐蚀试验方法进行试验，由于压力容器在制造过程中会经受焊接、热成型等热作，故试样在试验前进行了敏化处理，弯曲试验后试样弯曲外表面见图1。

图1

通过 10 倍放大镜观察，试样表面均出现非常微小的开口裂纹，由于试验标准中并未明确裂纹种类及程度，此类裂纹难以判定，很容易给试验人员造成误判。因此为进一步确定此裂纹是否是晶间腐蚀产生，需增加以下试验方法：

（1）S30408 固溶态钢板进行 650℃ 保温

15min 敏化处理后，按 GB/T 4334—2008《金属和合金的腐蚀不锈钢晶间腐蚀试验方法》E 法的要求加工试样后，不腐蚀直接弯曲，见图 2。

图 2

弯曲后的试样，通过 10 倍放大镜观察表面光滑，未见裂纹缺陷。因此能说明该材料不存在组织不均、粗大夹杂物等内在缺陷。

（2）S30408 固溶态钢板进行敏化处理后，按 GB/T 4334—2008《金属和合金的腐蚀不锈钢晶间腐蚀试验方法》A 法进行不锈钢 10%草酸浸蚀试验，试验后通过金相显微镜观察组织见图 3。

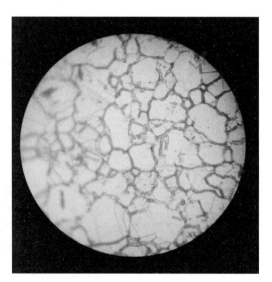

图 3

不锈钢 10%草酸浸蚀试验方法属于奥氏体不锈钢晶间腐蚀的筛选试验，在显微镜下观察被浸蚀表面的金相组织，以判定是否需要进行长时间的热酸试验，通过试验图片与标准图片进行对比，发现该试样的晶界形态的类别属沟状组织，需进一步进行热酸试验。

（3）通过以上试验可以判定，该 S30408 材料经敏化处理后存在晶间腐蚀倾向，不符合设计要求。

2　晶间腐蚀试验方法研究

鉴于影响不锈钢晶间腐蚀敏感性的重要因素为化学成分及热处理状态，对存在晶间腐蚀倾向的奥氏体不锈钢材料，是否能通过热处理调整，使其恢复耐晶间腐蚀能力，将进一步通过以下试验来验证，试验用试样是以上存在晶间腐蚀倾向的 S30408 钢板。

（1）S30408 固溶状态供货的钢板，按 GB/T 4334—2008《金属和合金的腐蚀不锈钢晶间腐蚀试验方法》A 法进行不锈钢 10%草酸浸蚀试验，试验后通过金相显微镜观察组织，见图 4。

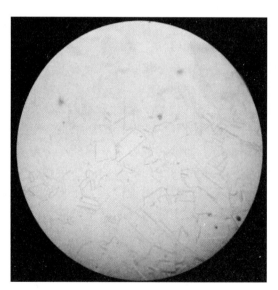

图 4

晶界无腐蚀沟，晶粒间呈台阶状，形态的类别属阶梯组织，不存在晶间腐蚀倾向。

（2）S30408 固溶状态供货的钢板，厚度为 10mm，取样后再次进行固溶处理 1050℃保温 30min 水冷及 650℃保温 15min 敏化处理，首先按 GB/T 4334—2008《金属和合金的腐蚀不锈钢晶间腐蚀试验方法》A 法进行试验，见图 5。

晶界有腐蚀沟，但没有一个晶粒被腐蚀沟包围，形态的类别属混合组织，需进一步进行热酸试验。

（3）依据 A 法试验情况判定，进一步按

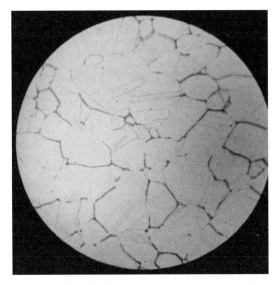

图 5

GB/T 4334—2008《金属和合金的腐蚀不锈钢晶间腐蚀试验方法》E 法进行试验，见图 6。

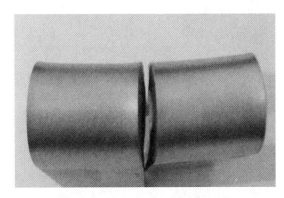

图 6

弯曲后的试样，通过 10 倍放大镜观察表面光滑，未见裂纹缺陷。可以判定该材料在经过重新固溶处理后经敏化处理没有晶间腐蚀倾向。通过上述试验表明，压力容器用不锈钢材料在敏化温度区间（制造过程中经受到热成形、焊接、热处理等温度超过 300℃的热作工艺），晶粒边界会析出碳化铬，造成晶界出现贫铬现象，接触到具有晶间腐蚀能力的介质时，晶界（贫铬区）会发生晶间腐蚀。另外压力容器用不锈钢材料通过重新进行固溶处理后，可避免产生晶间腐蚀。

3　奥氏体不锈钢抗晶间腐蚀能力试验对比究

压力容器设计过程中，奥氏体不锈钢压力容器或受压元件用于有晶间腐蚀介质场合时，必须在图样上提出抗晶间腐蚀检验。对于存在晶间腐蚀介质的，设计选材一般选用超低碳不锈钢，S30403 不锈钢和 S31603 不锈钢的含碳量都较低，因为碳含量减少，所以就不会产生碳化铬，也就不会生成晶间腐蚀。由于 S31603 比 S30403 的抗点腐蚀能力及氯离子工况下耐腐蚀能力更强，设计选材为 S31603 的较多。为比较两种材料用于压力容器制造中，经敏化处理后的抗晶间腐蚀能力，按试验方法由宽到严的顺序：硫酸-硫酸铜法、硫酸铁法、硝酸法，选择在最为严格的硝酸法下进行试验对比。

试样分别选用：

试样 1：S30403 固溶状态供货的钢板，厚度 6mm；

试样 2：S30403 固溶状态供货的钢板，厚度 8mm；

试样 3：S30403 固溶状态供货的钢管，规格 $\phi273\times8mm$；

试样 4：S31603 固溶状态供货的钢板，厚度 10mm；

试样 5：S31603 固溶状态供货的锻件；

试样 6：S31603 固溶状态供货的钢管，规格 $\phi219\times8mm$。

取样后进行 650℃保温 2h 空冷的敏化处理，按 GB/T 4334—2008《金属和合金的腐蚀不锈钢晶间腐蚀试验方法》C 法不锈钢 65%硝酸腐蚀试验方法进行试验，试验结果见图 7 及表 1。

以上压力容器用奥氏体不锈钢材料的其他性能指标均在国家标准范围内，不存在其他质量缺陷。通过上述试验结果可以判定，压力容器用普通 S31603 奥氏体不锈钢的各类材料在 65%硝酸的溶液中，不具备耐晶间腐蚀能力。由于钢材加工工艺的不同，金属组织存在区别，锻件及钢管的耐晶间腐蚀能力明显要优于钢板。

4　总结

压力容器用奥氏体不锈钢在化学成分一定的情况下，固溶处理直接影响到晶间腐蚀敏感性。对于弯曲法缺陷无法判定的情况，可通过多种试验进行验证。Mo 元素在硝酸介质中非常敏感，含 Mo 的奥氏体不锈钢不具备在硝酸介质中的耐晶间腐蚀能力，此类工况下选材应慎重。

(a) S30403厚6mm钢板试验前

(b) S30403厚6mm钢板五周期试验后

(c) S30403厚8mm钢板试验前

(d) S30403厚8mm钢板五周期试验后

(e) S30403钢管试验前

(f) S30403钢管五周期试验后

(g) S31603厚10mm钢板试验前

(h) S31603厚10mm钢板五周期试验后

图7 腐蚀照片

(i) S31603锻件试验前

(j) S31603锻件五周期试验后

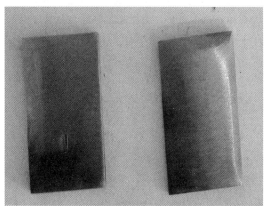

(k) S31603钢管试验前

(l) S31603钢管五周期试验后

图7(续)

表1　腐蚀数据比较

试样	腐蚀率/（mm/a）						合格指标
	一周期	二周期	三周期	四周期	五周期	平均值	
1	0.254	0.319	0.414	0.61	0.777	0.475	平均值≤0.6
2	0.289	0.318	0.429	0.681	0.836	0.51	
3	0.422	0.272	0.436	0.329	0.436	0.379	
4	0.711	7.209	7.26	10.43	20.92	9.31	
5	0.38	0.556	1.044	1.864	2.836	1.336	
6	0.567	3.05	5.342	6.719	7.835	4.703	

参 考 文 献

1　GB/T 4334—2008　金属和合金的腐蚀不锈钢晶间腐蚀试验方法

2　罗宏，龚敏．奥氏体不锈钢的晶间腐蚀．腐蚀科学与防护技术，2006，（5）：357-360

3　蔡利君．关于奥氏体不锈钢晶间腐蚀评定方法的修改建议．压力容器，1998，（5）

4　王荣滨．18-8型奥氏体不锈钢的晶间腐蚀．上海钢研，2003，（2）：19

基于多相流模拟的原油输送管道内腐蚀预测

张艳玲　黄贤滨　叶成龙　刘小辉

（中国石化青岛安全工程研究院，山东青岛　266071）

摘　要　近几年来，由于内腐蚀而引发的管道穿孔现象逐渐显现，主要原因是油中携带的溶解了腐蚀性杂质的水，在管道低点或流动死区形成积水。由于管输原油含水量低，原油透光性弱，难以通过传统的试验方法确定油水两相的流动状态，运用流体仿真软件 Star-ccm+，结合输油管道实际工况，对低含水率（含水量小于 1%）下原油在管道内的油水两相流进行了模拟计算，结果表明：当前输油条件下，距离三通 2m 后的盲管段内的流体基本不再流动，管道底部水的体积分数比管道上部高 12.2%，水发生明显沉降。据此，对输油站内管道的腐蚀重点部位进行了预测，给出了腐蚀监测重点部位。

关键词　原油管道；内腐蚀；积水；计算流体动力学

近几年来，由于内腐蚀而引发的管道穿孔现象逐渐显现。2009 年 11 月开始，仪长线长兴、岚山、仪征和石埠桥等输油站相继发生了多起由于管道内腐蚀导致的原油泄漏；2010 年开始中石化西北油田分公司某站原油外输管道内腐蚀穿孔，目前呈爆发趋势；此外马惠宁管道因输量低、原油脱水不彻底、流速慢，油水分层，部分水沉积在管道的低洼处等原因，导致管道发生内腐蚀穿孔漏油的事故也屡见报道。

这些腐蚀泄漏案例的失效分析表明，原油输送管道内腐蚀的原因主要是油中携带的溶解了腐蚀性杂质的水，在管道低点或流动死区凝聚下来，在管道底部形成积水，随着腐蚀性杂质的不断溶解，形成了腐蚀性很强的溶液，从而造成管道底部腐蚀。此外，在聚集水的区域，微生物活动会增强，暴露在聚集水或其他电解液中的时间越长，受到的腐蚀越严重。因此非常有必要了解管道输送过程中的油水分布情况，预测管道的重点腐蚀部位，以便采取有针对性的腐蚀控制措施。由于管输原油含水量很低，原油透光性也很弱，难以通过试验确定油水两相流的流动状态，而流体数值仿真技术可较快地实现对油气管道积水与易发内腐蚀位置的预测。

运用流体仿真软件 Star-ccm+，结合输油管道的实际工况，选取了某输油站内的一段管道，对低含水率原油［含水量不高于 1%（体积）］在管道内的流动情况进行了数值模拟研究，确定了最易及最先出现积水的位置，预测了管道的腐蚀重点部位。

1　建立模型

1.1　几何模型

选取某输油管道泵站内出站段带弯头和三通的一段管道进行仿真建模（见图 1）。以管道流体入口端管道中心为原点，轴向为 Z 轴正方向、垂直向上方向为 y 轴正方向，建立坐标系。为减小边界效应的影响，取入口水平管段长度为 8m，经过 90° 弯头后 2m 的位置为三通，三通一端连接着一盲管段，盲管长 6m，另一端为水平直管段，三通后的水平直管段长度为 8m。管道直径为 610mm，弯头半径为 915mm。

图 1　管道几何模型示意图

作者简介：张艳玲（1986—），工程师，2011 年毕业于中国石油大学（华东）安全技术及工程专业，现主要从事石油装置腐蚀与防护工作。

1.2 网格划分

采用多面体网格，基本网格尺寸为 0.05m，对管道近壁处网格采用边界层划分，4 层边界层网格，壁面上的 $Y+$ 基本控制在 30 以上，盲管段 $Y+$ 控制在 5 以下，总的网格数量约为 12.5 万。

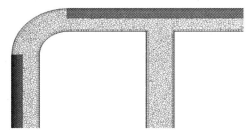

图 2　网格划分图

2 参数设置

2.1 基础参数

数值模拟的输送介质为原油和水。忽略油水两相的可压缩性，不计在流动过程中能量的损失。操作工况为：输油温度为 30℃，管输压力为 6.1MPa，流量为 2500m³/h，输送原油为巴士拉原油。表 1 为 30℃时巴士拉原油和水的物理参数。

表 1　数值模拟参数

原油密度/（kg/m³）	原油粘度/Pa·s	水密度/（kg/m³）	水粘度/Pa·s	管径/m	流速/m·s	含水率（体积）/%
866.6	$12.8×10^{-3}$	995.645	$0.8×10^{-3}$	0.61	2.376	1

经计算管道雷诺数为 98135.58，管道湍流强度为 3.8%。

有关水的颗粒大小，在《乳状液：理论与实践》中罗列了乳状液的 9 种定义，概括地说，乳状液是由两种液体所构成的稳定的分散体系。通常其中一种液体是水或水溶液，另一种液体则是与水不互溶的有机液体。其中分散介质称为外相或连续相，被分散的物质称为内相或分

散相，分散相液滴直径的分布范围通常为 0.2~50μm。一般情况下，稳定的乳状液体系必须具备：两液体互不相溶；存在乳化剂；具备合适的混合条件。与原油一同采出的大量水中，绝大部分以极其微小的水滴状分散在原油中，只有极少量以游离形式存在。计算中水滴粒径取 50μm 作为参考。

2.2 计算模型

2.2.1 湍流模型

工艺条件下，输油管道内原油的雷诺数约为 $0.98×10^5$，属于强湍流运动，目前，工程上常用的湍流计算模型为雷诺时均方程法。雷诺时均方程法分为：涡黏模型和雷诺应力模型。其中基于涡黏理论的 RNGk-ε 模型可以更好地处理高应变率及流线弯曲程度较大的流动，且计算速度较快，因此选用 RNGk-ε 作为此次研究的湍流计算模型。

湍流动能方程 k：

$$\frac{\partial k}{\partial t} + u_j \frac{\partial k}{\partial x_j} = \frac{\partial}{\partial x_j}\left(\alpha_k \nu \frac{\partial k}{\partial x_j}\right) + 2\nu_t S_{ij}S_{ij} - \varepsilon \tag{1}$$

扩散方程 ε：

$$\frac{\partial \varepsilon}{\partial t} + u_j \frac{\partial \varepsilon}{\partial x_j} = \frac{\partial}{\partial x_j}\left(\alpha_\varepsilon \nu \frac{\partial \varepsilon}{\partial x_j}\right) - R + 2c_1 \frac{\varepsilon}{k}\nu_t S_{ij}S_{ij} - c_2 \frac{\varepsilon^2}{k} \tag{2}$$

$$\nu = \nu_0 + \nu_t$$
$$S_{ij} = \partial u_i/\partial x_j + \partial u_j/\partial x_i$$

式中：k 为湍流动能，$m^2 s^{-2}$；ε 为湍流耗散率，$m^2 s^{-2}$；u 为流体的速度，m/s；ν_0 为流体的运动黏度，m^2/s；ν_t 为湍流黏性系数；C_1、C_2 是常量；α_k 和 α_ε 为 k 方程和 ε 方程的湍流 Prandtl 数；t 为时间，s。

2.2.2 多相流模型

此次研究主要关注水的沉积及在管道内的分布情况，水和原油是不相容的，油水两相相互贯穿，水相所占体积无法被油相所占，反之亦然。因此多相流模型选择了欧拉-欧拉多相流方法中的多相流模型。

Eulerian 多相流模型是欧拉-欧拉方法中最精确的多相流模型。它直接从湍流两相流时均守恒方程（包括各自的连续性方程、动量方程）出发，按油滴模拟流体连续介质模型使方程组

封闭，是较为完整和严格的两相流湍流数学模型，可以模拟多相的流动及相间的相互作用。相可以是液体、气体、固体的任意组合，它包含有 N 个的动量方程和连续相方程来求解每一相。此次研究站内管道采用 Eulerian 多相流模型，Drag 计算模型选用 Symmetric。由于输油管道在弯管等变相部位，两相流动形态与管道有关，因此采用非稳态进行模拟。模拟过程中采用 SIMPLE 算法求解压力-速度耦合问题，对流项和扩散项采用 QUICK 差分格式。

2.3 边界条件

（1）入口条件：采用速度入口，油相与水相入口速度相同，为 2.376m/s，湍流强度为 3.8%，水力直径为 0.305m，并假设水滴均匀地分布在进口截面上。

（2）出口条件：采用压力出口，出口边界的静压为 6.1MPa，回流湍流强度为 3.8%，回流水力直径为 0.305m。

（3）壁面条件：采用无滑移壁面边界条件，增强壁面函数处理近壁面区的流动计算。

3 结果分析

从速度云图（见图3）上可以清晰地看到流体经过弯头时的加速现象，最高速度可达 3.19m/s。在弯头出口连接直管段的底部，流速较低，在进入三通后，流体的速度快速下降，这将导致水在此处会有沉降。

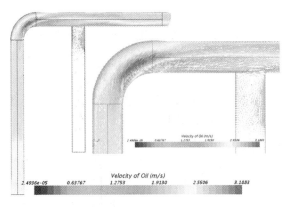

图3 管道内流体速度云图

沿 Z 方向每隔 1m 建立一切面，从 Z 切面上水的分布可以看出（见图4），入口端管道直管段内，由于水的颗粒很小，基本可以被油直接带走，未出现明显的水分层现象。在弯头位置，由于离心力的作用，水的密度较大，水被甩到外侧，管道外侧的水明显增多。

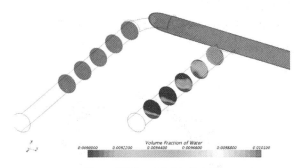

图4 管道 Z 切面水分布图

在盲管段（见图5），由于流体速度急剧下降，此时重力的作用愈加明显，油和水出现分层现象，并在管道底部出现沉积，且从三通管口 1.5~2m 的距离往后由于流速很低，水开始沉积，盲管深处速度几乎为零，水的沉积现象较为明显。

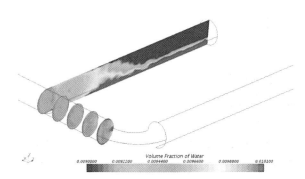

图5 盲管段水沿管程分布图

4 结论

通过对输油站内管道中油水两相流流场进行模拟研究，发现管道弯头出口连接直管段的底部及盲管段流速较低，易出现积水，特别是盲管段，流体速度快速下降，这将导致水在此处沉降，且从三通管口 2m 左右的距离往后由于流速很低，水最先沉降，此处应为腐蚀重点部位，建议重点监测，由此可见模拟结果能较好地预测该输油站的实际腐蚀部位。此外，为控制管道内腐蚀的发生，建议严格控制进口原油中的腐蚀介质，主要有盐、硫、氮、酸值及水等，并且避免死油段的产生。

中低温压力管道保温层下腐蚀泄漏分析及措施

王喜月

（中国石化北海炼化机动工程部，广西北海　536016）

摘　要　近两年北海炼化炼油装置中低温压力管道陆续发生泄漏，通过对泄漏部位的分析，提出解决措施，并举一反三，对保温材料和防腐保温施工提出要求，解决中低温压力管道的保温及防腐蚀问题。

关键词　腐蚀；泄漏；保温材料

1　基本情况

北海炼化处于海洋性气候，湿度大，炼油装置于2011年建设完成投用。近两年陆续发生压力管道泄漏情况，检查发现主要集中在温度为80~150℃的管线，对泄漏点拆除保温进行检查，发现保温层下表面局部腐蚀较严重。

2　管线泄漏腐蚀情况

2.1　常减压装置蜡油线

常减压装置蜡油线2015年11月发生泄漏，该管线是从催化蜡油至罐区界区线（200-P-10206）短接处增加接口，接至渣油至开工大循环线（200-P-11206）至原油商储库。管线规格为DN100×6，材质为碳钢，外保温，保温材料为岩棉+铝皮，该管线根据生产需要不定期运行，2015年11月20日发现管线泄漏。

泄漏部位在管线中间水平段上部偏左侧15°，泄漏形式是穿孔。拆除保温检查发现管线除二层平台水平段腐蚀较轻外，其他部位外表面腐蚀粉化脱落脱皮严重，大部分是均匀腐蚀（见图1~图4）。

图2　漏点情况

图3　腐蚀局部腐蚀情况

图4　一层弯头情况

图1　泄漏点位置

作者简介：王喜月，女，毕业于北京化工学院腐蚀与防护专业，高级工程师，现在北海炼化从事设备防腐蚀管理工作。

对该管线进行测厚检查，共测厚 77 个点，最小厚度 4.5mm，位于漏点位置的两侧面。漏点部位厚度为 6.2mm，其他部位厚度为 6.0mm 左右，原始壁厚为 6mm，没有明显的减薄情况。测厚数据见表 1。

表 1　测厚数据

管道名称	蜡油线至罐区	管道规格 （外径×壁厚）/mm	φ219×6.0
实测点数	77	实测最小壁厚/mm	$\delta_{min}=4.5$

测厚点部位示意图(箭头方向表示介质流向)：测点位置详见管道单线图。

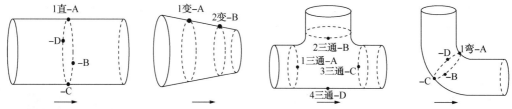

测点编号	测点厚度/mm	测点编号	测点厚度/mm	测点编号	测点厚度/mm
1#直管 1-A	5.7	8#弯头 8-A	7.3	15#直管 15-A	6.8
1-B	5.9	8-B	6.9	15-B	4.5
1-C	6.0	8-C	7.0	15-C	5.7
1-D	6.1	8-D	7.6	15-D	4.6
2#直管 2-A	5.5	9#直管 9-A	6.1	15-E	6.2(漏点)
2-B	5.6	9-B	6.3	16#弯头 16-A	7.4
2-C	5.6	9-C	6.4	16-B	6.9
2-D	5.6	9-D	6.1	16-C	7.1
3#弯头 3-A	6.5	10#直管 10-A	6.3	16-D	7.0
3-B	6.5	10-B	6.3	17#直管 17-A	6.3
3-C	6.6	10-C	6.2	17-B	7.0
3-D	7.0	10-D	6.0	17-C	6.5
4#直管 4-A	6.0	11#直管 11-A	5.5	17-D	6.3
4-B	6.3	11-B	6.7	18#直管 18-A	6.1
4-C	6.1	11-C	6.2	18-B	6.1
4-D	6.0	11-D	6.1	18-C	5.9
5#直管 5-A	6.4	12#弯头 12-A	6.3	18-D	6.0
5-B	6.2	12-B	6.1	19#弯头 19-A	5.5
5-C	6.0	12-C	6.0	19-B	7.0
5-D	6.2	12-D	6.1	19-C	7.2
6#直管 6-A	6.2	13#直管 13-A	6.1	19-D	7.3
6-B	6.3	13-B	6.1		
6-C	6.1	13-C	6.0		
6-D	6.1	13-D	6.0		
7#直管 7-A	6.4	14#直管 14-A	6.0		
7-B	6.2	14-B	6.1		
7-C	6.1	14-C	5.9		
7-D	6.2	14-D	6.0		

2.2　常减压装置封油管线

常减压封油管线 2017 年 3 月发现泄漏，对常减压封油管线进行外部腐蚀检查，发现局部腐蚀较严重。

封油线参数：封油主管线直径为 DN50，原始壁厚为 4mm，材质为 20#，总长度约为 150m，内部介质为二级减二线蜡油，操作温度为 80℃，操作压力为 0.85MPa，外壁包保温，保温材料为岩棉。

腐蚀点示意图如图 5 所示。

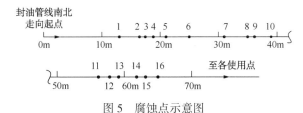

图 5　腐蚀点示意图

外观检查发现有锈蚀的地方 16 个点，对这些点进行打磨测厚，点的位置如图 5 所示，详细数据见表 2。

表 2　腐蚀部位测厚数据

编号	部位	腐蚀部位长度/mm	腐蚀测厚最小值/mm	建议处理措施
1	P-135A 上方	200	3.7	除锈、防腐
2	P-102B 上方	100	3.3	贴焊
3	P-102B 上方	100	3.4	贴焊
4	P-102B 上方	100	3.5	贴焊
5	P-102B 上方	300	2.7	贴焊
6	P-102A 上方	150	4.2	除锈、防腐
7	P-107B 上方	250	2.6	贴焊
8	P-107A 上方	200	2.0	贴焊
9	P-107A 上方	150	3.2	贴焊
10	P-304B 上方	150	4.0	除锈、防腐
11	P-103B 上方	100	4.7	除锈、防腐
12	P-103B 上方	100	4.3	除锈、防腐
13	P-103B 上方	100	3.8	除锈、防腐
14	P-103A 上方	100	4.5	除锈、防腐
15	P-103A 上方	400	4.3	除锈、防腐
16	P-103A 上方	200	3.5	除锈、防腐

其中，测厚值小于 3mm 的有 3 个点（编号：5、7、8），测厚值为 3~3.5mm 的有 5 个点（编号：2、3、4、9、16），测厚值为 3.6~4mm 的有 3 个点，其他为大于 4mm。

管线腐蚀情况如图 6 和图 7 所示。

图 6　管线腐蚀情况

图 7　管线局部腐蚀情况

3　腐蚀原因分析及机理

从 2 条管线表面腐蚀情况和漏点形状及测厚数据来看，腐蚀主要为外腐蚀。根据管线的使用情况、测厚数据和腐蚀情况分析，导致腐蚀泄漏的主要原因是保温层下腐蚀。形成腐蚀的主要原因如下。

3.1　保温材料存在腐蚀性

管线使用的保温材料为岩棉，岩棉中含有大量的无机盐、氯化物、氟化物、硫化物等有害成分，岩棉吸水性强；另一方面，保温材料为多孔结构，有较大的表面积和和丰富的毛细管，具有较强的吸附能力和吸水能力。北海炼化处于海洋性气候，湿度大，腐蚀杂质和保温材料吸收水分形成的电解质溶液，为金属的电化学腐蚀创造了必要条件。由于管道不定期运行，管道时常处于常温状态，保温层吸入水分或冷凝水后使管线长期处于潮湿状态，从而逐渐在保温层和金属表面形成潮湿环境，随着薄层电解质液膜的聚积，在保温层下形成腐蚀，从而造成穿孔泄漏。

3.2 保温施工不规范

规范要求水平管道在顶部90°范围内不可有纵缝。现场施工存在不规范，有大量的保护层接缝朝上(见图8)，未按要求施工，给雨水、雾气形成入侵条件，从而引起腐蚀。

图8 常减压框架上管线保温

3.3 保温设计存在缺陷

保温设计上未设计防潮结构。特别是物料温度低于150℃，或常温状态要求夏季防晒、冬季防凝而保温的伴热管道系统冬季开通夏季停止的这部分保温，如果遇水受潮时腐蚀会非常严重。

4 保温材料腐蚀机理

水分渗入保温材料中导致基底环境变化是发生保温层下腐蚀的首要条件和根本原因，渗入的水分会在金属表面和保温材料间形成薄层电解质溶液，从而发生电化学腐蚀。其反应式为：

阳极反应：$2Fe-4e \rightarrow 2Fe^{2+}$ 　　　(1)

阴极反应：$O_2+H_2+4e \rightarrow 4OH^-$ 　(2)

阳极反应生成的 Fe^{2+} 与阴极反应生成的 OH^- 反应生成次生腐蚀产物 $Fe(OH)_2$，在氧气的作用下继续发生反应，生成最终腐蚀产物 $Fe(OH)_3$ 和 Fe_3O_4。其反应式如下：

$$4Fe(OH)_2+2H_2O+O_2 \rightarrow 4Fe(OH)_3 \quad (3)$$

$$Fe(OH)_2+2Fe(OH)_3 \rightarrow 3Fe_3O_4+4H_2O \quad (4)$$

这些腐蚀产物比较疏松，缺乏保护性，一旦在金属表面的某处发生，腐蚀就会持续下去。

5 采取措施

(1) 对漏点进行处理，进行补焊。

(2) 采用友脉1831和友脉025高分子聚酯

共和材料在线修复补强处理，然后进行保温。

6 防治及改进措施

几起保温层下腐蚀泄漏都是发生在操作温度为80~150℃的管线上，发生在碳钢材料上表现为坑蚀或均匀腐蚀，发生在不锈钢材料上表现为应力腐蚀开裂，因此采取合理的防治措施可以减缓腐蚀。

(1) 正确选择保温材料可以减缓腐蚀速度。由于腐蚀反应离不开水分，要求选择使用的保温材料具备含水量最少并且干燥最快的特点。因此尽量选择耐水复合硅酸铝材料或憎水型岩棉，不锈钢设备、管道的保温材料中 Cl^- 离子含量应小于 20×10^{-5}。

(2) 加强施工管理。三分材料，七分施工。外保护层施工严格按照规定进行施工，将接缝处于下部45°以下，避免水进入，减少腐蚀。

(3) 对使用保温层的必要性进行论证，把可有可无的保温层进行拆除，对于长期不用的备用设备和副线拆除保温，使用时做防高温保护提示。

(4) 对工艺要求必须进行保温的备用设备和副线，材质为碳钢的管线采用加强防腐，涂刷适合的耐高温重防腐涂料，提高防腐蚀性能，并增加阻燃型PVC防水膜作防潮层。

(5) 定期采用高效可信的如脉冲涡流检测、导波检测等无损检测技术，对温度小于150℃的碳钢以及奥氏体不锈钢管线进行检测，及时发现问题。

7 结论

常减压装置蜡油线发生泄漏的主要原因是保温层下的腐蚀，由于保温层下腐蚀的隐蔽性，容易导致泄漏事故发生，因此应该更进一步关注保温层下的腐蚀防护和治理，从保温材料性能、保温系统的设计和保温施工等方面加强管理，减少保温层下腐蚀对管线的危害，提高管线使用寿命，避免事故发生。

参 考 文 献

1 李楠. 保温保冷材料及其应用. 上海：上海科学技术出版社，1985

2 SH/T 3522—2003 石油化工隔热工程施工工艺标准

湿式螺旋气柜的腐蚀与防护

赵 磊

（中国石化扬子石化有限公司储运厂，江苏南京　210048）

摘 要　本文分析了火炬气回收装置 $3\times10^4\mathrm{m}^3$ 湿式螺旋导轨式气柜的腐蚀原因，提出了气柜防腐蚀措施，包括涂料防腐、牺牲阳极保护、水质处理等综合腐蚀治理措施。经过后期观察，证明具有明显的防腐蚀效果。

关键词　气柜；腐蚀；防护

1　概述

火炬气气柜是扬子石化火炬气回收装置的关键设备，容积为 $3\times10^4\mathrm{m}^3$，结构形式为湿式螺旋导轨式，由钟罩、中节Ⅰ、中节Ⅱ、水槽组成，结构材质采用 Q-235 钢，于 1998 年 6 月投用。气柜上一次全面防腐为 2001 年，至 2017 年气柜开罐大修已有 16 年之久。因回收的火炬气来自烯烃、芳烃、炼油、塑料等装置，含有的 S 和 H_2S 超标，水槽水质恶化，发黑、发臭，具有腐蚀性。气柜的水槽内壁、中节内外壁原防腐油漆层出现大面积脱落（2017 年打开气柜后发现水槽底板防腐层局部有鼓泡），导轨表面呈脱壳状腐蚀。

2　气柜腐蚀情况检查

2.1　漆膜表面损坏情况

气柜原漆膜采用的环氧厚浆面漆，抗干湿交替和防紫外线老化性能不够理想，使用不到 5 年，表面漆层就开始褪色，外壁大面积出现变软起皱；沿导轨两侧的漆层由于与金属表面黏结力不够，水和大气沿漆层边缘渗透，造成漆层鼓包起皮；干湿交替最多的水线部位，出现大面积漆层脱落，水槽底板漆膜也出现斑点式鼓包。

2.2　金属表面腐蚀情况

凡是没有漆层或漆层已经损坏露出金属表面的部位，都发生不同程度的腐蚀，具体表现为：中节的外壁呈现局部溃疡状腐蚀，发现多处有腐蚀斑点和凹坑，腐蚀深度在 1mm 左右；导轨及其两侧显现严重的均匀腐蚀，表面出现较厚（$\delta=8\mathrm{mm}$）的脱落松脆锈层，去除锈层，经

测算其腐蚀深度为 3~4mm；中节内部仅出现面漆脱落，未发生腐蚀；水槽底板发现了许多斑点和溃疡状腐蚀，腐蚀深度为 1mm 左右。

3　腐蚀原因分析

炼油厂排放的火炬气中含有大量的硫化氢（0.02~0.05ppm），再加上工业水以及其他化学气体等腐蚀介质共同作用，使得气柜各部位产生了不同程度和不同性质的腐蚀。

3.1　中节、水槽内壁及导轨腐蚀分析

由于火炬气中的 H_2S 等腐蚀性气体和上游装置来的杂质不断进入水槽和水封内的水中，使水成为一种腐蚀性较强的电解质溶液。经常出没于水槽水中的中节壁板表面，始终处于干湿交替的工作环境，当水分渗入漆膜与基体之间界面时，上面就覆盖着一层薄薄的液膜（H_2S-O_2-H_2O），形成 H_2S-O_2-H_2O 腐蚀体系。具体机理为：

硫化氢在水中电离：$H_2S \rightarrow H^+ + HS^-$，$HS^- \rightarrow H^+ + S^{2-}$

阳极反应：

$$Fe \rightarrow Fe^{2+} + 2e；$$
$$Fe^{2+} + S^{2-} \rightarrow FeS；$$
$$Fe^{2+} + HS^- \rightarrow FeS + H^+ + e$$

阴极反应：

$$2H^+ + 2e \rightarrow 2H + H_2 \uparrow$$

再与空气中的氧反应：

作者简介：赵磊（1989—），男，2012 年毕业于常州大学，油气储运专业，现为扬子石化储运厂火炬气回收作业区设备技术员。

$$FeS+O \rightarrow FeO+S$$
$$2FeO+O \rightarrow Fe_2O_3$$

这样最终腐蚀产物为 Fe_2O_3、Fe_3O_4 等，这些腐蚀主要出现在中节、水槽内壁及导轨等。

3.2　水槽底板及中节下水封的腐蚀

水槽中的水由于长期不更换，30～40℃的死水在缺氧的情况下，厌气性细菌硫酸盐还原菌就会繁殖起来，它把硫化物还原成 H_2S，增加了 H_2S 在水中的含量，进一步加速金属腐蚀。

3.2.1　水样分析

2016 年 10 月 16 日，取水槽水样分析，结果见表 1。

表 1　水样分析结果

分析项目	浓度
钙硬度（以 $CaCO_3$ 计）	83.00mg/L
镁硬度（以 $CaCO_3$ 计）	42.00mg/L
Cl^-	38.64mg/L
HCO_3^-（以 $CaCO_3$ 计）	239.00mg/L
电导率	343.00μS/cm
浊度	35.00mg/L
硫化物（以 H_2S 计）	40.00mg/L

3.2.2　Cl^- 对腐蚀的影响

在气柜水槽底板及中节下水封，表面涂层由于长时间浸泡，在针孔或施工缺陷等部位出现局部鼓包、脱落。Cl^- 具有直径小、穿透性强等特点，优先有选择地吸附在涂层缺陷部位，与金属结合成可溶性氯化物，在气柜水槽底板及中节下水封表面形成点蚀核，逐步发展长大，形成孔蚀源。孔蚀处的金属与孔外金属形成大阴极小阳极的微电池，阳极腐蚀电流加大，发生电化学反应，阳极溶解金属产生大量的金属正离子，由于污泥、锈层及点蚀坑造成的闭塞作用，在蚀坑口形成 Cl^- 闭塞原电池，使阴阳离子移动收到限制，造成点蚀坑内阳离子多于阴离子，导致 Cl^- 向坑内移动浓缩酸化，进一步加速腐蚀，使蚀坑逐步加深、扩大。

3.2.3　电导率对腐蚀的影响

根据腐蚀电化学原理，某一腐蚀体系的腐蚀电流等于该体系阴、阳极反应的平衡电位差除以总电阻，即由如下公式计算腐蚀电流：

腐蚀电流＝（阴极反应平衡电位－阳极反应平衡电位）/（溶液电阻+阴极极化电阻+阳极电阻）

从该公式可以看出，罐底板沉积水的电导率越大，即沉积水溶液的电阻越小，则该体系的腐蚀电流越大，由此表明罐底板沉积水的高电导率会加剧气柜水槽底板及中节下水封的腐蚀。

3.3　钟罩顶部外壁的腐蚀

由于水槽中挥发出大量 H_2S 气体、水蒸气，加上空气中的氧气，同样形成严重的大面积腐蚀。

4　腐蚀控制措施

由于以上腐蚀因素与环境条件，采取了综合腐蚀控制措施，即进行水质处理，优化涂料防腐工艺，对腐蚀特别严重的水槽底板、侧壁干湿交替部位、导气管外壁等增加牺牲阳极阴极保护措施。

4.1　水质处理

4.1.1　pH 值调节及杀菌

先测试气柜水样的 pH 值，若水样的 pH 值小于 7，则用碱液调节，使水样 pH 值大于 7后，再进行杀菌处理，投加杀菌剂，加入量为 100mg/L。

4.1.2　硫化物处理

根据水中硫化物确定加药量，每 1×10^{-6} 的硫化物投加 2.5×10^{-6} 除硫剂。水中的硫化物去除率大于 90%。投加方法：根据水量计算好投加量一次性加入，两天后，水质由黑变清，测试清液的硫化物含量。

4.1.3　碳钢的缓蚀处理

在水槽水中定期投加缓蚀剂。加入量为 100mg/L，系统中的碳钢的缓蚀率大于 90%。

4.2　涂料防腐选择

1998 年气柜建成时进行了全面喷砂防腐，原设计使用的防腐蚀材料为：中节外壁为环氧厚浆漆，水槽外壁为聚氨酯，但是实际运行发现这两种防腐涂料存在着在阳光照射和干湿交替的条件下容易老化的致命弱点，导致了气柜外壁涂层变色、起层、脱落。

根据兄弟单位使用经验，我们决定在 2017年大修中选用环氧富锌漆作为底漆（见图 1），因为该种涂料含有大量的超细金属锌微粒，这种颗粒彼此相连，金属锌又和金属材紧密接触，若有电解质存在时，就会产生许多微电池，可起到保护母材的作用，要求漆膜厚度为 300～450μm；环氧富锌漆具有较好的抗老化性、抗渗透性、耐紫外线和耐酸碱性优良等，是提高涂层寿命的理想材料。

图 1　气柜内部使用环氧富锌底漆

4.3　牺牲阳极阴极保护阳极块

在水槽中腐蚀较严重部位和因结构、焊接、安装及各种动负荷形成的应力腐蚀区实施有效的阴极保护，经开罐后实测分析，确定在气柜底板、水槽下侧壁、水槽水线区域以及进出气管线周边焊上共 148 支镁牺牲阳极块（分布见表 2），起到牺牲阳极的电化学保护作用，与防腐涂层保护相结合，实施有效保护。阴极保护电位设定在 −850～−1500mV，有效期为 6 年，每块阳极的焊点及所连钢条支架在焊接后用 ZF101 环氧胶泥涂刷。

表 2　气柜阴极保护阳极块安装情况

安装部位	规格	安装数量
气柜底板	10kg/支 500mm×250mm×100mm	60 支
水槽侧壁	4kg/支 350mm×150mm×75mm	72 支
进出气管	4kg/支 350mm×150mm×75mm	16 支

5　实施效果

2017 年火炬气装置开车运行 1 年后，对气柜检修效果进行检查，气柜防腐涂层光整平滑，漆膜附着良好无破损，水槽水质良好，测试阳极保护块的保护电位，电位值为 −860～−1298mV，效果相当明显（设定电位值为 −850～−1500mV）。

6　结论

综上所述，钟罩外壁、水槽内壁及导轨腐蚀主要是由 $H_2S-O_2-H_2O$ 体系腐蚀引起的；水槽底板及中节下水封的腐蚀主要是由 H_2S、大气、细菌腐蚀、水质中 Cl^- 及电导率等因素综合作用引起的。实践经验表明，湿式气柜采取的防腐蚀措施是联合防护，包括涂料防腐+牺牲阳极阴极保护+水质处理等措施，防腐效果明显，使用寿命可达 5～8 年，综合效益好。

参 考 文 献

1　丁丕洽．化工腐蚀与防护．北京：化学工业出版社，1990

2　化学工业部化工机械研究院．腐蚀与防护手册．北京：化学工业出版社，1990

钛纳米高分子合金涂层在换热器管束上的应用

王 巍

（中石油大庆石化分公司炼油厂，黑龙江大庆　163711）

摘　要　介绍了石油化工炼油厂油汽冷却器管束的腐蚀情况，对腐蚀原因进行了分析。描述了油汽冷却器管束采用7910涂料等防腐的效果，特别对管束外壁涂层不耐油汽腐蚀进行了说明。在对钛纳米涂料的涂层进行了耐油汽腐蚀试验的基础上，制造出了钛纳米涂层的管束。先后在常减压、重油催化等装置的塔顶油汽冷却器上进行了8年多的使用，收到了很好的效果。该方法的使用可以获得较大的经济效益，填补了石化行业在这领域的空白。

关键词　冷却器管束；腐蚀；分析；钛纳米涂层管束；防腐；节能；涂装

1　冷换设备的腐蚀状况

换热器是生产装置的关键设备之一，多数材质为碳钢，一般占全部换热设备的30%左右。日常大量的故障及事故抢修，约60%是由于冷换设备管束腐蚀泄漏所至，严重影响了生产装置的安全、稳定、满负荷运行。

自1979年以来，对冷换设备的腐蚀，在不同的腐蚀环境中对管束采用不同的防护方法，经过多年的努力，取得了明显的效果和经济效益。但是，目前还有一些问题没有得到很好解决，特别是冷却器与冷凝器管束外壁耐油气的腐蚀问题到目前没有一个良好的解决方法。

石油炼制、化工、化肥等每年因腐蚀结垢报废的换热器多达上万台，仅石化行业就在2000台以上。

到目前为止，石油化工、煤化工、化工等企业的碳钢换热管束的腐蚀还没有很好的解决办法。每年因腐蚀提前报废很多，更换这些管束需要大量的资金。

20世纪60年代推出酚醛-环氧-有机硅三元树脂混配体系，使用超细云母，特别适合水冷器和其他换热器的防腐蚀和阻垢。70年代以环氧及其改性树脂涂料居主体。80年代出现了"7910涂料"、"CH784"、5454Ai-Mg合金管束。90年代以漆酚涂料为代表，防腐涂料还有Ni-P电化学涂层，这些管束防腐方法的出现对管束的腐蚀有所缓解。但是在管束的腐蚀上还存在许多问题（油气侧），制约着使用寿命。

2　冷却器碳钢管束使用情况

在炼油装置生产操作中，常遇见的问题是冷换设备的腐蚀与结垢，特别是冷换设备的管束，因管程多数走循环水，当水与温度较高的介质换热时，极易使管子内壁腐蚀与结垢形成垢层。因为水垢的导热系数为2.3W/(m·K)，金属的导热系数为50.01~60.47W/(m·K)，二者相差20倍以上。一旦有水垢形成水冷器换热效率下降很大，增加了能源的消耗。而壳层多数走轻质（油气）油品，由于轻质油品中的有害杂质，而造成管束外壁腐蚀，当腐蚀的同时产生大量的锈垢，增加了热阻，使管束的使用寿命大大降低和换热效率下降。一般新碳钢冷却器管束没有采取防腐措施，使用不到一年即发生管子腐蚀穿孔。

在实际使用中如果换热器管束没有进行防腐，管束存在比较严重的腐蚀与结垢。

3　冷却器碳钢管束防腐涂层使用情况对比

3.1　7910涂层防腐

当管束内外壁采用了7910（环氧胺基涂料）涂料防腐，管内没有腐蚀，但是管外壁同样腐蚀严重，见图1和图2。

作者简介：王巍（1955—），男，大庆石化公司高级工程师，2004年获首届防腐行业的"中国防腐蚀大师"称号，从事金属腐蚀与防护研究、防腐蚀设计、设备防腐蚀管理等，发表论文49篇。

图 1　7910 涂料使用 3 年

图 2　7910 涂料管束管板使用 3 年

3.2　TH-901 漆酚涂层防腐

　　该涂料一共试用了 3 台，全部用在水冷器上，通过 1 年的使用，漆膜已经失去作用。另外 2 台同样一年多防腐层失去作用。

　　图 3 为一组水冷器上台为 TH901 涂层管束下台为钛纳米涂层管束。图 4 可以看出 TH901 涂层起泡、变色粉化失效。图 5 的钛纳米涂层管束效果很好没有变化。

图 3　钛纳米涂层管束与漆酚涂层

　　2010 年焦化装置使用的 TH-901 涂层的水冷器管束使用 1 年多管束出现穿孔腐蚀，如图 6 所示。

图 4　漆酚涂料使用 1 年报废

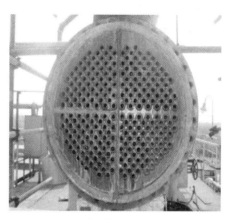

图 5　钛纳米涂层管束使用 1 年

图 6　TH901 涂层使用 1 年

　　TH-901 涂料是以生漆为主要原料经化学改性而得树脂基料，调配以多种颜料而制成的单组分常温固化涂料。

3.3　Ni-P 化学镀

　　对换热器进行整体化学镀，形成镍磷镀层，为阴极性镀层，可起到机械隔离腐蚀介质作用。由于在防腐施工过程中防腐镀层一般要求厚度在 60μm 以上，实际镀后的管束很难达到这样的厚度。所以出现 Ni-P 镀管束使用寿命很短的现象，这种针对换热器管束防腐的技术已经淘汰。图 7 为使用不到 2 年的情况。

图 7　管束"Ni-P"镀层

4　冷却器管束腐蚀原因

4.1　油相侧腐蚀

设备的腐蚀与结垢是生产装置操作中常见的问题，特别是一次、二次加工装置的常减压、催化裂化、延迟焦化等塔顶低温部位冷凝、冷却系统的腐蚀较为严重，冷却器是腐蚀较突出的部位之一。

从油相分析数据表 1 可以看出，因油相系统中不同程度地生成 HCl、H_2S、HCN、HN_3、和 H_2O，随同轻组分一起挥发，当以气体状态存在时，一般是腐蚀很小的，在冷凝换热后温度下降到 100℃ 以下，冷凝区域出现液体（水）以后，在冷却器壳程便形成 $HCl-H_2S-H_2O$ 与 $H_2S-HCN-HN_3-H_2O$ 系统的腐蚀。

表 1　油气分离器切水分析数据

项目	H_2S	Fe	氨氮	HCl	酚	氰化物	碳化物	pH 值
测定/ (mg/L)	70~ 100	100~ 120	156	痕迹	93.2~ 172	0.58~ 2.95	180~ 53.7	8.9~ 9.04

对于一次加工装置严重的腐蚀破坏是由于 HCl 和 H_2O 相互促进，构成了循环腐蚀，其反应式为：

$$Fe+2HCl \rightarrow FeCl_2+H_2 \uparrow$$
$$FeCl_2+H_2S \rightarrow FeS \downarrow +2HCl$$
$$Fe+H_2S \rightarrow FeS+H_2 \uparrow$$
$$FeS+2HCl \rightarrow FeCl_2+H_2S$$

4.2　循环水侧腐蚀

因冷却水中含有碳酸氢盐、碳酸盐、氯化物、磷酸盐等，其中以溶解的碳酸氢盐如 $Ca(HCO_3)_2$、$Mg(HCO_3)_2$ 最不稳定，当冷却水流经传热的金属表面时就发生如下反应：

$$Ca(HCO_3)_2 \rightarrow CaCO_3 \downarrow +H_2O+CO_2 \uparrow$$
$$Mg(HCO_3)_2 \rightarrow MgCO_3 \downarrow +H_2O+CO_2 \uparrow$$

水对金属表面的腐蚀主要为电化学腐蚀，在腐蚀电池中阴极反应主要是氧的还原，阳极反应则是铁的溶解。碳钢在水中发生的腐蚀反应为：

阳极反应：$2Fe \rightarrow 2Fe^{2+}+4e$

阴极反应：$O_2+2H_2O+4e \rightarrow 4OH^-$

总反应：$2Fe+2H_2O+O_2 \rightarrow 2Fe(OH)_2 \downarrow$

在腐蚀时，铁生成氢氧化铁从溶液中沉淀出来。因这种亚铁化合物在含氧的水中是不稳定的，它将进一步氧化生成氢氧化铁。

对于循环水的均匀腐蚀我们可以预判，但是有时还存在均匀腐蚀与点腐蚀同时发生的情况。

另外，水中其他成分的含量（见表 2）以及温度、流速和微生物的作用，都会影响上述共轭反应过程的进行。溶解性固体物，特别是氧化物和硫酸盐的存在会加剧腐蚀。水中悬浮物和污物存在会引起局部积污，使金属保护膜不易生成或形成氧浓差电池而产生点腐蚀。所以说，金属的垢下腐蚀由于本身电化学腐蚀存在自催化作用，将加速金属的腐蚀。

表 2　循环水水质分析数据　　　　10^{-6}

项目	总硬度	总碱度	pH 值	总固体物	溶解度
测定值	202~290	341~373	8.9~9.3	410~540	6.8~8.4
项目	Ca^{2+}	Cl^-	SO_4^{2-}	Fe^{2+}	Mg^{2+}
测定值	40~80	36~45	27~36	0.4~1.1	9.0~19

5　采用钛纳米涂层管束的依据

5.1　确认过程

开发换热器耐热防腐涂料，需要耐热、导热效率高的防腐涂层，是我国急需的比较理想的防腐涂料。其关键是要在涂料的防腐性能、传热性能和可施工性三者之间求得最佳平衡点。而钛纳米聚合物涂料却在这三者之间有这较好的平衡点。

为什么想在水冷器与冷凝器上使用，就是因为采用钛纳米涂料解决了硫磺装置酸性水罐内壁腐蚀问题。

我厂硫磺装置酸性水罐内壁采用的环氧磁漆防腐性不好，3 个月涂层失去作用，其中 1

座 2000m³ 罐使用 2 年后罐体应力腐蚀开裂近 300 多道裂纹，无法使用而报废。现场几种挂片试验 180 天进行涂料筛选，涂料挂片为呋喃改性涂料、烯烃涂料、WHJ 防腐涂料、纽科聚脲涂层、钛纳米涂料。通过筛选钛纳米涂料效果最好，涂层表面没有任何变化。

5.2 钛纳米涂料性能

5.2.1 良好的机械性能（见表 3）

表 3 钛纳米聚合物涂层机械性能

性能	检测结果	检验依据
耐冲击性/kg·cm	50	GB/T 1732
柔韧性	1	GB/T 1731
附着力（划格法 1mm 间距）	1	GB/T 9286
附着力（拉开法）/MPa	4.7A	GB/T 5210
弯曲试验（圆柱轴）/mm	2	GB/T 6742
硬度（S）	133	GB/T 1730A 法
铅笔硬度（H）	6	GB/T 6739

5.2.2 优良的耐化学腐蚀性能（见表 4）

表 4 钛纳米聚合物涂层耐化学腐蚀性能

性能	检测结果	检验依据
耐水性（沸水 8h）	无变化	GB/T 1733 乙法
耐汽油性（90#汽油 7d）	无变化	GB/T 9274
耐盐水性（沸腾 10%NaCl 8h）	无变化	GB/T 9274
70℃油田污水浸泡（30d）	无变化	Q/SL 0721
海水浸泡（30d）	无变化	GB/T 1763
10%HCl（7d）	无变化	GB/T 9274 甲法
10%H_2SO_4（7d）	无变化	GB/T 9274 甲法
30%H_2SO_4（7d）	无变化	GB/T 9274 甲法
20%NaOH（7d）	无变化	GB/T 9274 甲法

5.2.3 可满足工况要求的耐温性能

根据实际应用的要求，我们研究了 100℃和 150℃条件下，该涂层在 3%NaCl 溶液中的试样交流阻抗随时间的变化。试验结果见表 5 和表 6。

表 5 涂层在 100℃3%NaCl 中阻抗（Z）随时间的变化

浸泡时间/h	0	48	96	144	192	240
阻抗（Z）/kΩ	32	30	89	125	125	130

表 6 涂层在 150℃ 3%NaCl 中阻抗（Z）随时间的变化

浸泡时间/h	0	24	48	96	144
阻抗（Z）/kΩ	32	40	—	80	180

试验结果表明该涂层阻抗随时间延长并没有呈现下降趋势，并且还有升高趋势，说明本涂层对 150℃3%NaCl 介质呈耐蚀性。

该材料的涂层与其他几种材料的涂层在 NaCl 溶液中的通过采用电化学阻抗谱的方法进行测试，证明了该材料防腐性能的优越性。

5.2.4 耐磨性良好

按 GB/T 1769 标准，对该涂层进行了耐磨检测，即在 1000g 重量、1000 转，涂层损失重量仅为 14mg，该指标比海军规定甲板漆耐磨性高 70 倍，表明此涂层耐磨性良好，可满足换热器的需求。

5.2.5 阻垢性能优良

在水最易结垢温度（60℃）条件下，在流速为 0.5m/s、总硬度（以 $CaCO_3$ 计）为 193.4mg/L、pH=7.01 的结垢性水中进行污垢沉积速率和污垢系数测量，结果见表 7。

表 7 钛纳米聚合物涂层阻垢性能

检测项目	污垢沉积速率/mg·cm²·a	污垢系数/m²·h·℃·kW
空白不锈钢	75.48	6.14×10⁻⁴
钛纳米聚合物涂层	1.0632	0.185×10⁻⁴
国家标准（很好级）	0~72	0.24~0.48×10⁻⁴

结果表明，钛纳米防腐防垢涂料涂层的污垢沉积速率仅为空白时的约 1/70，远远低于国家标准。其污垢系数仅为空白时的约 1/33，也远远低于国家标准值。

5.3 结论

钛纳米涂料就是将钛超细化达到纳米级，使其表面活性大大提高。同时将有机物双键打开，形成游离键，两者复合到一起形成化学吸附和化学键合生成钛纳米聚合物涂料。其有如下特点：抗渗透性强、抗腐蚀性高、抗垢性好、导热性好、耐温性好、耐磨性能好、抗空蚀性能好、耐水性好。

6 管束涂装技术

6.1 防腐施工工艺

①管束内外表面同时进行酸洗，除掉油污

和浮铁锈；②酸洗后经碱中和、水洗、干燥；③打砂处理至 Sa2.5 级；④管束外表面采用淋涂工艺；⑤管束内表面采用灌涂工艺；⑥最后经均质化处理。

6.2　防腐设计

管束内灌涂 6 次，膜厚（200±20）μm，管束外表面淋涂 6 次，膜厚（200±20）μm。

7　使用效果

7.1　使用部位

2004 年 7 月起炼油，采用该涂料对适合使用钛纳米防腐涂层的上百台换热设备进行涂覆，防腐面积为 40000m²，管束内外表面防腐涂层厚度为 200～220μm。

7.2　使用效果

从 2004 年 7 月结合装置检修，先后在不同装置不同部位安装了 100 多台管束。2007 年 7 月装置检修，先后对安装在一套常减压、重油一催化的三台钛纳米管束进行抽管检查，表面情况见图 8 和图 9 所示。

7.3　使用情况

从 2004 年到 2012 年近 10 年，采用节能防腐钛纳米涂层的管束共计 114 台。通过使用钛纳米涂层延长了换热设备使用寿命及提高了换热效率。通过这么多年的使用，总体看换热管束防腐涂层达到了预期的目的。例如炼油厂常减压的 2 台初顶冷凝器，管束规格为 φ1100×6000，使用 8 年经过 3 次大检修，2007 年只抽出一台。

图 8　设备检查（没有清扫）管板（使用 3 年）

在 2012 年检修，换热器管束经过近 8 年的使用，管束内外壁采用钛纳米涂层的都没有抽管束清洗。

图 9　设备检查（没有清扫）外壁（使用 3 年）

8　经济效益分析

通过对 9 台钛纳米聚合物涂料管束的使用，收到了满意的效果，满足了工艺的需要。如一套的初顶冷凝器原先 7910 涂料防腐与现钛纳米聚合物涂料防腐使用对比情况见表 8。

表 8　初定冷凝器对比

冷凝器	介质入口温度/℃	7910 涂层管束出口温度/℃	钛纳米管束出口温度/℃
管层（水）	28	50	40
壳层（油）	90	60	50

从表中可以看出油相、水相钛纳米管束冷却的效果是好的。

8.1　传热系数 K 值对比

根据传热系数公式，对传热系数 K 值进行对比，结果见表 9。

表 9　K 计算表

参数	碳钢管束	7910 涂层管束	钛纳米管束	备注
传热系数 K/ $W \cdot m^{-2} \cdot K^{-1}$	92.48	138.31	276.442	

由 K 值的对比计算结果看出，采用钛纳米管束比管束不防腐综合传热系数提高 66.54%，比 7910 管束传热系数提高 49.97%。

8.2　节能计算

钛纳米管束比管束比管束不防腐传热系数提高 $\Delta K = 183.962W/(m^2 \cdot K)$，比 7910 涂层管束传热系数提高 $\Delta K = 138.132W/(m^2 \cdot K)$。按表 7 的数据换热面积为 350m²，根据相关公式可得：该冷却器管束采用钛纳米管束比不防腐管束节约能量 5640.27MW/a，可以节约（热价按 20 元/MW) 11.3 万元。与 7910 管束节相比可节约能量 4235.13MW/a，约合 8.5 万元。

8.3 使用寿命及造价

采用钛纳米管束按每台可以提高使用寿命 2~3 倍计，每台水冷器没有防腐管束按使用寿命 3 年计，如一台 $\phi1100mm$ 的碳钢冷却器管束造价为 30 万元，按提高使用 2 倍计，钛纳米管束防腐造价为 12.6 万元，可以节约 47.4 万元，每年可以节约 5 万元(钛纳米管束按使用 9 年计)，另外加上每年节约的能量 11.3 万元，每年可以节约 16.3 万元。

该台换热面积为 $350m^2$，按每年节约 16.3 万元计，每年单位面积可以获经济效益 465.7 元/($m^2 \cdot a$)。

如果以一台 $\phi700$ 的中型管束计，管束制造价为 8.5 万元，钛纳米管束防腐造价为 4.68 万元。后者的使用寿命按比碳钢管束提高使用寿命 2 倍计，每台可以获得 12.32 万元(减去防腐涂层的费用)。我厂冷却器适合钛纳米管束以 150 台计算，可以获得 1848 万元的直接经济效益(不包括节能效益)。

8.4 结论

钛纳米管束在油汽冷却器上应用，经过近 8 年的使用取得了良好的效果和明显的经济效益，特点为：

(1)钛纳米管束抗垢性好。管内外表面光洁度高，相对提高了近管壁流层速度，从而减少了管内外垢层的沉积，抗锈垢性能好。

(2)节能性好。它具有吸热和导热双重功能，其导热系数位于金属范围。从传热系数对比和节能计算看出，钛纳米管束比不防腐的管束、7910 涂层管束传热效果好，热效率高，是一种节能的换热管束。采用钛纳米管束比管束不防腐综合传热系数提高 66.54%，比 7910 管束传热系数提高 49.97%。应用钛纳米管束可以获得经济效益为 465.7 元/($m^2 \cdot a$)。

(3)钛纳米管束检修方便、节约费用。可以经过 3 个检修周期，不用抽管束，做到免维护。

常减压装置减顶气工作液系统结垢及在线清洗

许国平 卢 浩 李 珏 陈 安

（岳阳宇翔科技有限公司，湖南岳阳　411400）

摘　要　通过对垢样组分、循环水、工作液的分析，确定了减顶气工作液系统结垢的原因。主要是改注循环水后，钙、镁离子在高 pH 值值条件下发生沉积，生成碳酸钙、碳酸镁沉淀。实施在线清洗后，P-120A/B 出口流量从清洗前的 17.5t/h 升高到 23.9t/h，E-143 换热器的进出口温差从 3℃升高至 8.5℃，效果明显。

关键词　减顶气；结垢；在线清洗

中国石化某公司常减压装置的处理能力为 800 万吨/年，2017 年 4 月大检修时，对减顶气工作液系统进行了化学除垢清洗。投产运行至 2017 年 12 月，减顶气工作液系统的循环泵 P-120A/B 出口流量呈下降趋势。此后 2 个月出口流量降低更为明显，且 E-143 换热器的换热效果变差。装置为了查找原因，频繁切换循环泵，检查泵是否堵塞。但切换后，循环泵 P-120A/B 出口流量基本一致，说明泵本身运行正常。流量变小，可能是系统内的换热器、管线出现结垢。再坚持运行 1 个月后，泵出口流量接近系统给水最低流量（15t/h），严重影响了装置的平稳运行。本文从装置的工艺出发，结合实验研究，分析了结垢原因并实施了在线清洗。

1　结垢情况及分析

该装置的减顶油气被减顶增压器 E-J101A/B 抽出，增压器排出的不凝气、水蒸气和油气进入减顶冷凝器（E-141A/B），冷凝的油和水进入减顶油水分离罐（V-104），未凝气体被减顶一级抽空器（EJ-102A/B）抽出，进入减顶一级抽空冷凝器（E-142A/B），冷凝的油和水进入减顶油水分离罐（V-104），未凝气体再送到 V-126（减顶二级分离罐），不凝气、水和油混合物在 V-126 中分离。来自 V-126 的水经 E-143（减顶液环泵冷却器）冷却后循环回 P-120A/B 作工作介质。减顶气工作液系统流程如图 1 所示。

减顶气工作液系统运行过程中，为保持罐的液位稳定，需要连续补加除盐水，流量为 1~

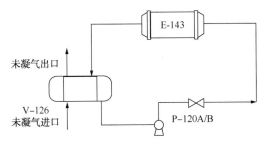

图 1　减顶气工作液流程图

2t/h。由于装置连续生产时，不能停工检查，只能在循环泵 P-120A/B 切换时，于换下泵入口处采集垢样。垢样呈白色，坚硬片状，黏附管线内壁。于是初步判断 P120-A/B 至 E-143、V-126 的管线、设备内表面，均有不同程度的结垢。

2　结垢原因分析

2.1　垢样组分分析

在循环泵 P-120A/B 入口处，采集垢样，进行试验分析。定性试验表明，垢样大部分溶于盐酸，且有气体逸出，另外还有极少量不溶物。为了进一步分析垢样组分，对其进行灼烧实验，结果如表 1 所示。

表 1　垢样组成分析

分析项目	所占比重/%
450℃灼烧减量	10.1
950℃灼烧减量	86.5

由表 1 可知，垢样中有机组分含量很低，碳酸盐含量很高。灼烧后垢样用酸溶解，测定溶液中离子含量，表明主要为钙、镁、铁离子。

结合定性试验和灼烧试验，判断该垢样的主要成分为碳酸钙、碳酸镁，还有部分铁氧化物。

2.2 注水水质分析

减顶气系统运行初期，注入除盐水。之后由于除盐水系统的管线泄漏，且中间没有阀门控制，于是停止注除盐水，改注循环水，具体指标如表 2 所示。该循环水的水质硬度高，说明含有大量的钙、镁离子。

表 2 循环水水质分析

分析项目	碱度/(mg/L)	钙硬度/(mg/L)	总硬度/(mg/L)	pH 值
平均值含量	250	553	691	8.98

2.3 工作液分析

采取系统水样分析，结果如表 3 所示。

表 3 系统水质分析

分析项目	pH 值	总硬度/(mg/L)	氨氮/(mg/L)	H_2S/(mg/L)
含量	12	853	10178	2367

可以看出，水质的 pH 值、总硬度均较高，同时还含有大量的氨氮、H_2S。

2.4 结垢原理

从上述垢样、水质分析可知，换热器、管线、泵结垢主要与钙、镁离子有关。水中 OH^-、HCO_3^-、CO_3^{2-}、H_2CO_3 碱度与 pH 值的关系如图 2 所示。

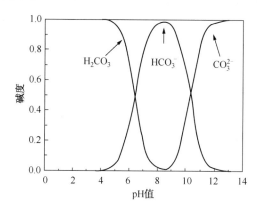

图 2 碱度与 pH 值值的关系

根据图 2 可知，HCO_3^- 和 CO_3^{2-} 两种碱度与 pH 值的关系密切，当 pH 值小于 10，水中以 HCO_3^- 碱度为主，但当 pH 值大于 10 以后，HCO_3^- 碱度迅速减小，而 CO_3^{2-} 碱度迅速上升，到 pH 值大于 11 时，HCO_3^- 碱度全部转化为 CO_3^{2-} 碱度。因此随 pH 值不断升高，溶液中 HCO_3^- 浓度降低而 CO_3^{2-} 浓度升高，钙、镁离子与碳酸根离子沉积逐渐升高，生成碳酸钙、碳酸镁垢的趋势增强。

注循环水时，pH 值一般在 8~9 左右，其碱度主要以 HCO_3^- 形式存在，与钙、镁离子形成稳定的重碳酸盐 $[Ca(HCO_3)_2、Mg(HCO_3)_2]$。这种重碳酸盐可稳定存在于水中，只有当温度、pH 值等条件发生变化时，才形成碳酸钙、碳酸镁沉积物。当强碱性的工作液与注水混合后，使注水的 pH 值升高，会迅速发生反应。

$$Ca(HCO_3)_2 + 2OH^- \longrightarrow 2H_2O + CaCO_3\downarrow$$
$$Mg(HCO_3)_2 + 2OH^- \longrightarrow 2H_2O + MgCO_3\downarrow$$

生成的碳酸钙、碳酸镁迅速沉积在泵、管线、换热器等设备内表面上。

为了论证这一结垢原因，实验室进行模拟试验，在工作液中加入循环水后观察实验现象。加入循环水后，溶液出现了少量白色沉积物。说明循环水中的钙、镁离子发生了沉积，与上述分析基本一致。

因此，结垢原因主要是改注循环水后，水中钙、镁离子在高 pH 值条件下发生沉积，生成碳酸钙、碳酸镁沉淀。

3 解决方案与实施

为了去除换热器、罐、管线等内壁上的污垢，同时不影响系统的正常运行，与装置沟通后，决定进行在线除垢清洗。即在系统运行过程中，直接投加清洗剂，清洗结束后，进行置换、排放。

3.1 清洗配方

系统内 E-143 材质为 10 号钢、V-126 材质容器钢、P-120A/B 材质不锈钢，于是采用 QX-212-YX 专业水垢清洗剂，去除设备、管线内壁上污垢。QX-212-YX 专业水垢清洗剂以有机酸为主，对水垢具有极佳去除效果，同时添加少量缓蚀剂、活性剂。

3.2 准备工作

（1）水质置换：清洗前采用新鲜水置换，降低水质的 pH 值、硬度以及杂质含量，直到清亮为止。

（2）停止注氨：由于减顶注氨后，氨以气

态形式进入 V-126 罐中，使工作液的 pH 值升高。在线清洗要求 pH 值为 3~4 左右，若氨进入后，将影响在线除垢效果。因此要求清洗过程中，减顶停止注氨。清洗结束后，恢复注氨。

3.3 清洗过程

清洗剂注入后，每隔 1h 采样分析清洗液的 pH 值、总硬度、铁离子、腐蚀率、电导率。当总硬度趋于稳定时，到达清洗终点，清洗结束。清洗液分析结果如表 4 所示。

表 4 清洗过程分析

分析项目	清洗时间/h						
	1	2	3	4	5	6	7
pH 值	3.0	3.0	3.2	3.5	3.8	4.0	4.4
总硬度/(mg/L)	579	878	1445	1878	2145	2249	2276
铁离子/(mg/L)	2.6	2.8	3.1	3.4	3.6	3.6	3.8
腐蚀率/(mm/a)	0.15	0.15	0.15	0.11	0.10	0.08	0.09
电导率/(μS/cm)	1555	1798	1919	2143	2231	2279	2301

从表 4 看出，在 1~6h 内清洗液的总硬度快速升高，6h 后总硬度基本不变，说明除垢清洗结束。清洗初期，清洗剂与系统中垢物快速发生反应，溶解后以离子形式存在，使清洗液的总硬度快速升高。除垢清洗 6h 后，垢物被清洗干净，故总硬度不再升高。清洗最后时总硬度为 2276mg/L，系统容量为 6.5m³，假设垢物全部为碳酸钙，则相当于清除垢量为 14kg。

清洗过程中，pH 值稳定在 3~4，腐蚀率为 0.15mm/a，说明对设备、管线等腐蚀率低。

4 清洗效果

在线清洗后，实时记录 E-143 换热器出口温度、P-120A/B 出口流量，并与清洗前进行对比，结果如表 5 所示。

表 5 清洗前后运行数据对比

日期		E-143 换热器		P-120A/B 出口流量/(t/h)
		进口温度/℃	出口温度/℃	
清洗前	3 月 25 日 8 点	51.2	48.3	17.5
	3 月 26 日 8 点	51.2	48.2	17.4
	3 月 27 日 8 点	51.5	48.5	17.4
	3 月 28 日 8 点	51.6	48.6	17.4
	3 月 29 日 8 点	51.5	48.6	17.3
	3 月 30 日 8 点	51.7	48.6	17.2

续表

日期		E-143 换热器		P-120A/B 出口流量/(t/h)
		进口温度/℃	出口温度/℃	
清洗后	4 月 2 日 8 点	50.1	41.6	23.9
	4 月 3 日 8 点	50.0	41.8	23.9
	4 月 4 日 8 点	50.1	41.8	23.9
	4 月 5 日 8 点	50.0	41.6	23.8
	4 月 6 日 8 点	50.1	41.5	23.9
	4 月 7 日 8 点	50.2	41.7	23.9

从表 5 看出，P-120A/B 出口流量从清洗前的 17.5t/h 升高到 23.9t/h，接近最大流量 25t/h；E-143 换热器的进出口温差从 3℃ 升高至 8.5℃。说明清洗后，系统内的污垢去除完全，效果明显。

5 结论

减顶气工作液结垢原因主要是改注循环水后，水中钙、镁离子在高 pH 值值条件下发生沉积，生成碳酸钙、碳酸镁沉淀，堵塞系统内的换热器、管线，从而使泵出口流量降低。实施在线清洗后，泵出口流量和换热器的换热效果提高，保障了装置的安全平稳运行。相对传统的离线清洗，在线清洗技术具有省时高效、安全、经济实用等特点，应用前景广泛。

参 考 文 献

1 齐冬子. 敞开式循环冷却水系统的化学处理. 北京：化学工业出版社，2006：73-77

催化裂化装置烟机入口高温蝶阀卡涩故障分析及检维修策略

黎天养　　颜炎秀

（中国石化北海炼化有限责任公司，广西北海　536000）

摘　要　催化裂化装置烟机入口高温蝶阀安装在烟机入口与高温平板闸阀之间的烟气管道上，不仅用于控制再生器压力及调节烟机入口烟气流量，且带有机组联锁自保功能。该高温蝶阀的好用与否，直接关系着烟机–主风机组的安全运行。

关键词　高温蝶阀；卡涩；检维修策略

某炼化公司催化裂化装置烟机入口高温蝶阀（见图1）阀体部分的生产厂家是荆门炼化机械有限公司；执行机构部分采用九江东升科技开发有限公司开发研制的型号为BDY9-2000BS型电液伺服执行机构。由于该炼化公司已经进入第二个生产周期，设备红利衰减。因此，许多设备问题逐渐显露出来，影响着设备的安全运行及装置的平满优生产运行。2018年8月27日21:12，该炼化公司催化裂化装置的主风机组由于喉部差压显示失灵，主风机出口防喘振阀打开，主风流量低低造成催化装置切断进料，主风机组进入安全运行状态，烟机入口蝶阀自保关闭。在装置生产恢复正常后投用烟机时却发现入口高温蝶阀故障打不开，甚至连现场机械手轮操作也无法动作。查阅《石油化工设备维护检修规程 第二册 炼油设备》一书中关于特殊阀门维护检修规程列举的高温蝶阀常见故障与处理表，并没有找到与该故障现象有任何相关的描述。因此，了解高温蝶阀的构造及控制原理成为了判断故障的关键，经过现场多次排查及向厂家咨询，综合判断烟机入口高温蝶阀阀体部分卡涩的原因，最有可能的是催化剂粉尘进入了轴套间隙内卡住阀杆，造成蝶阀开关严重卡涩。

产品名称	电液调节高温蝶阀	
产品型号	DN1200	
用　途	烟机入口	
主要零件	阀体 不锈钢组合件　阀 套 0Cr18Ni9	
材　料	座圈 ZG0Cr18Ni9　阀 杆4Cr14Ni14W2Mo 阀板 ZG0Cr18Ni9	
产品数量	1台	
产品等级	合格	
总　量	~2556	kg
外型尺寸	2748×1650×800	mm

主要技术特性

主要参数

一、阀体部分

设计压力:0.35MPa	设计温度:720℃
设计压差:0.3MPa	公称直径: DN1200mm
最大开度:90°	介质:烟气(含部分催化剂颗粒)

二、执行机构部分

最大力矩:15730N·m	灵敏度:1/1000
有效行程:290mm	油源压力:9MPa
信号电流:4~20mA	自保状态:断电阀全关

本产品经检查符合图纸和技术条件要求，为合格产品，准予出厂。

图1　高温蝶阀参数

作者简介：黎天养(1984—)，男，广东肇庆人，2009年毕业于茂名学院(现广东石油化工学院)过程装备与控制工程专业，工程师。现任北海炼化运行二部设备主办，主管催化裂化装置。

1　烟机入口高温蝶阀简介

烟机入口高温蝶阀的作用是控制再生器压力及调节烟机入口烟气流量，并在烟机超速时兼作快速切断用，以保护烟机-主风机组。

烟机入口高温蝶阀由阀体部分和执行机构（含手动机构）等部分组成。阀体部分由阀壳体、阀板、阀杆和支持轴承等组成。阀壳体为高温合金钢钢板焊接结构，内部无任何隔热和耐磨衬里，阀座形式为台阶型。阀板采用高温合金钢铸钢件，阀座圈为高温合金钢钢板焊接结构，阀座圈焊接在阀壳体内。其与阀板边缘堆焊硬质合金，以提高耐磨性能。阀杆为高温合金钢锻件，表面喷焊硬质合金，采用分段结构，与阀板采用销钉连接，便于加工和拆装。为防止烟气中催化剂粉尘进入轴套卡住阀杆及冷却阀杆，在阀杆两端支撑套前各设置一个蒸汽吹扫口，操作时通入一定量的吹扫蒸汽。

烟机入口高温蝶阀为气开式，配置九江东升科技开发有限公司型号为 BDY9-2000BS 型电液伺服执行机构（带手动机构）。此执行机构采用拨叉式传动机构，具有正常调节和紧急快速关闭功能。

2　烟机入口高温蝶阀卡涩原因分析

（1）现场检查电液执行机构并未发现异常情况，可排除电气、仪表部分的问题。

（2）针对于阀体，该阀门在2015年大修时检查过阀板、阀杆及更换过盘根，但是并没有检查滚动轴承表面腐蚀、冲刷情况。有可能是轴承损坏造成阀门卡涩。

（3）在装置切断进料前，蝶阀的开度一直在45%左右（2018年5月刚刚检修过，烟气轮机各流道畅通无阻），且相对来说该阀门日常开关活动的频率非常低及幅度小（幅度大的话会直接影响到催化两器的平稳）。

（4）在装置恢复生产的过程中，烟机入口蝶阀一直处于关闭状态，烟气不流动，有可能蝶阀冷却下来，阀板与阀体之间间隙变小，甚至有可能碰磨。

（5）设计之初蝶阀支撑轴套的吹扫介质从蒸汽改为非净化风，限流孔板后压力为0.45MPa（非净化风的压力为0.75MPa，比1.0MPa蒸汽压力低），吹扫效果没有蒸汽介质的好。

3　烟机入口高温蝶阀卡涩处理过程及应对措施

（1）现场检查电液执行机构显示面板，并未发现任何异常情况。油泵运行正常，系统压力正常，远程开关阀门动作±1%左右行程便停止不动。

（2）现场机械手轮操作，把离合器手柄切换到"手动"位置，手摇几圈后，离合器手柄及阀位都会回弹。根据使用维护说明书，该高温蝶阀手动最大扭矩 ≥ 12000N·m，实测为13000N·m（见表1），机械手轮操作都无法开关阀门，说明卡涩严重。

表 1　高温蝶阀出厂检验实测数据

序号	项目	技术要求	单位	实测参数
1	螺杆头数 Z_1	4	个	4
2	蜗轮齿数 Z_2	30	个	30
3	传动比 i	7.5		7.5
4	蜗轮、蜗杆中心距 a	63±0.2	mm	63.1
5	丝杆轴向串动	≤0.1	mm	0.07
6	滑块最大行程	290	mm	291
7	手动最大扭矩	≥12000	N·m	13000
8	手动、自动切换（开合螺母动作）	灵活、可靠		

（3）切换到机械手轮操作，泄掉油缸压力。用千斤顶顶蝶阀执行机构的推拉杆，阀门可以缓慢地开关，但是切换到液动操作，还是最多只能开关±2%左右的阀位就无法动作了。

（4）考滤到有可能是催化剂粉尘进入支撑轴套间隙处导致阀杆卡涩，把蝶阀阀杆两端的吹扫风的孔板（1.5mm）拆除，加大吹扫用风。不断重复地使用千斤顶，阀门开度逐渐从0%顶至39%，仍无法液动操作。

（5）为了不影响催化两器系统的平稳生产，关闭烟机入口闸阀把烟气轮机切出系统。且改用1.0MPa蒸汽进行吹扫。蒸汽吹扫3h后，再用千斤顶顶蝶阀执行机构的推拉杆，发现较之前轻易。改为液动控制，逐渐能顺利、灵活开关。最后，全行程来回液动操作开关多次，确认灵活好用后再投用烟气轮机。

4　检维修策略及建议

（1）高温蝶阀检修周期一般控制在 2~3

年，建议与装置检修同步。因为阀体、阀板、轴套、高温轴承等部件都必须停工检修时才能检查。这些部件才是阀门的关键，需要看、需要摸才能作出合理的判断及正确的检修。

（2）检修内容全面，阀体部分尤其像阀座密封圈、轴套、高温轴承等部位必须检查到位。传动部分像蜗轮、蜗杆的齿形表面不得有裂纹、毛刺等缺陷。

（3）日常巡检仔细，定时检查执行机构系统的系统压力、液压系统泄漏情况；检查油箱液位高低及油液温度；检查阀位显示、输入显示是否一致，偏差显示是否 ≤±0.3%；检查现场面板报警情况。

（4）定时做好蝶阀的润滑工作：保证阀杆支撑轴承润滑良好；保证蜗轮、蜗杆、螺套及平面推力轴承等传动部件的润滑良好。

（5）保证蝶阀各部位的吹扫效果良好。

（6）检修人员必须为专业的技术人员，有

条件的最好返原厂进行维修。毕竟厂家有更加强大的技术力量支持，但是费用就相对来说高很多。

5　结语

烟气轮机入口高温蝶阀不仅是控制再生器压力及调节烟机入口流量的工具，还是在装置生产异常时保证烟气轮机安全的重要设备。在日常运行当中或多或少都会出现这样或者那样的故障，了解该种高温蝶阀的构造、控制原理是解决各种各样故障的基础。分析问题也要从最基本的原理上出发，逐一排查，找到问题的根源所在才能解决问题。本次经历的高温蝶阀卡涩故障发生概率比较低，很多人可能尚未遇到过，分享出来让大家了解一下这种高温蝶阀的构造及其重要性。另外，只有做好日常维护工作及装置停工时的检修工作才能保证蝶阀的灵活好用，才能保证机组的安全运行及装置的平满优生产运行。

催化裂化装置三级旋风分离器单管
导流锥变形分析及改造措施

蒋洋松

（淮安清江石油化工有限责任公司，江苏淮安　223002）

摘　要　针对某催化装置第三级旋风分离器导流锥变形的问题，对三旋运行状况进行核算，认为变形的主要原因是单管长期运行在单管设计负荷的高点到最高点之间，超正常设计负荷。从增加单管数量、更换新型单管以及对旧隔板补强等方面提出了整改措施和详细施工方案，改造后的三旋运行状况良好，可以满足安全生产需要。

关键词　三旋；导流锥；变形；核算；改造

催化裂化装置第三级旋风分离器（简称三旋）是能量回收系统的关键设备，其运行过程中效率的高低直接影响烟机的运行。某单位催化装置三旋采用 PST-300 立式旋风单管，排气结构采用的是中国石化北京设计院和中国石油大学在 80 年代中期联合开发的导流锥专利产品。2010 年 9 月首次投入使用，2015 年 4 月，由于三旋压降高至 30kPa，出口烟气粉尘高达 200mg/m³，装置停工消缺。检修发现 24 根单管导流锥全部变形，中部向内凹陷，更换原型号导流锥。2017 年装置停工检修再次发现导流锥变形。因此，有必要按照运行工况对其进行核算，并根据核算结果进行适应性改造，以确保烟气轮机长周期安全运行。

1　运行负荷核算

两次改造前，三旋部分操作参数见表 1，其入口参数见表 2。

表 1　三旋操作参数

项目	参数		单位
再生器总主风量	70000~74000		Nm³/min
再生烟气分析数据	O₂	2.1	%
	CO	0.002	%
	CO₂	16.36	%
三旋入口温度	680		℃
三旋入口压力	0.225		MPa（G）

表 2　三旋入口参数

项目	参数	单位
三旋入口烟气密度	1.196	kg/m³
三旋入口烟气黏度	0.042	mPa·s
三旋入口粉尘浓度	453	mg/m³

1.1　三旋烟气流量计算

烟气流量计算公式：

$$V_{烟气量} = K \times Q_{主风量} \times \frac{P_0}{293} \times \frac{273 + T_{三旋}}{P_0 + P_{表压}} \quad (1)$$

式中　$V_{烟气量}$——三旋烟气流量；

　　　K——烟气比；

　　　$Q_{主风量}$——2010 年开车以来主风量；

　　　P_0——大气压；

　　　$T_{三旋}$——三旋操作温度；

　　　$P_{表压}$——三旋入口压力。

则三旋烟气量：

$$V_{烟气量} = 1.0312 \times (70000 \sim 74000) \times \frac{0.101}{293} \times \frac{273+680}{0.101+0.2}$$

$$= 78780 \sim 83282 \, m^3/h$$

其他烟气量包括各种松动风、预提升蒸汽等，取经验值 1000m³/h，则

$$V_{总烟气量} = 79780 \sim 84282 \, m^3/h$$

每根单管处理量：$V_{总烟气量}/24 = 3324 \sim 3470 m^3/h$

PST-300 立式单管操作弹性见表 3。

表3　PST-300立式单管操作弹性表

项目	最小操作点	设计点		最大操作点
		低	高	
单管入口线速/(m/s)	20	22.8	24.3	25.8
单管表现线速/(m/s)	10.6	12.2	13	13.8
单管流量/(m³/h)	2700	3100	3300	3500
占设计负荷比率/%	84.4	100	109.4	
单管气相负荷区域	低域	中域	高域	

2　核算结果分析

根据三旋使用说明和注意事项，三旋不宜在最小操作点和最大操作点附近长时间连续运行，尤其在最大操作点附近。从核算结果来看，三旋自投入运行以来，长期在单管高点到最大操作点运行，而超正常设计负荷运行易导致材质强度下降，致使导流锥升气管叶片向内变形，在减少升气面积的同时导致差压上升，差压的逐步上升进一步加剧变形速度，最终导致升气管导流锥的严重变形。

3　三旋改造措施

3.1　增加单管数量

依据三旋立式单管操作弹性表与烟气总量正常操作范围，按照单管最低操作风量3100m³/h，最高3300m³/h进行核算，所需单管数 $N_{min}=79780/3300=24.2$（根），$N_{max}=84282/3100=27.2$（根）。因此，正常操作时应适当增加单管数量。综合考虑运行的经济性与安全性，选择增加两根PST-300单管。

新增两根单管后，单管处理量为 3068～3241m³/h，单管入口线速为 22.57～23.84m/s。

满足三旋在中域范围内运行，满足设计条件。单管增加的方式如图1所示。

3.2　更换导流锥形式

为增加导流锥强度，将原24根导流锥形式由SD(L)001形式全部改为SD(L)009。改造前后选用的导流锥形式对比详见图2。PST-300 SD(L)009是针对 $\phi300$ 立管使用中出现的问题，经改造设计和冷态试验，工业装置验证的最新立式三旋单管技术，其特点一是延缓排尘锥催化剂结垢，二是增强分流型芯管抗度形抗损能力，三是提高单管分离效率。

3.3　三旋旧隔板补强

依据中国石化洛阳设计院的《三级旋风分离

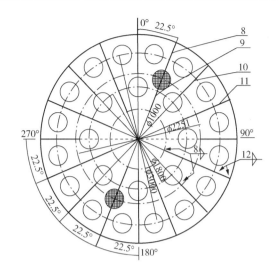

图1　增加两根单管和下隔板加固图

(a) 001型单管导流锥　　　(b) 009型单管导流锥

图2　改造前后选用的导流锥形式

器设计技术规定》标准要求，PST-300单管布管时，分离管环向中心距不小于425mm，径向中心距不小于550mm。而本次三旋改造，增加三根单管后，布管的环向距离满足相关标准要求，而最小径向距离只有453mm。因此按照标准要求，径向方向有点薄弱，需要进行补强。由于本次改造考虑到隔板利旧，因此采用增加"十"字形排布的加强筋补强方式，同时，考虑到单管的主要重量作用在下隔板上，且下隔板承受外压，因此只对下隔板进行加固。同时要求焊接加强筋的过程中必须尽量减轻隔板变形。具体的排布方式见图1。

4　三旋的改造施工

4.1　拆除单管

（1）用角向磨光机将吊挂与集气室筒体焊缝打磨至露出金属光泽，然后进行PT检测，确认是否存在裂纹。

（2）按图纸排版组对集气室吊挂加强筋板，焊接时应对称焊接。焊接完成后进行 PT 检测。

（3）逐件用碳弧气刨机将盖板与法兰环角缝刨开，注意保护法兰，逐件用碳弧气刨机将护套管与排尘管环角缝刨开并注意保护护套管。整个施工过程中，注意保持三旋内部通风。

（4）将排气管逐根抽出，自上封头人孔运至三旋外部；同时将分离管逐根抽出，自下锥体处人孔运至三旋外部，如图 3 所示。

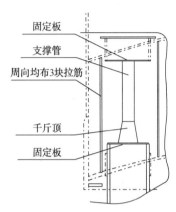

图 3　分离管拆除示意图

（5）将法兰、护套管气刨部分修磨平滑，并进行 100%PT 检测，Ⅰ级合格。如有裂纹，用角向磨光机修磨至无裂纹，PT 检测验证，然后按照焊接工艺进行补焊。补焊完成后修磨至与母材齐平，然后 PT 检测，直至无裂纹。

4.2　增加 2 根单管

4.2.1　上隔板开孔

（1）在上隔板按照排布图划出新开孔圆心位置，在圆心位置打点定位并划出向心中轴线。

（2）用样板铁剪出 1:1 开孔样板，划出中点位置，打点定位，并划出长轴中轴线。

（3）将样板放置在开孔位置处，使样板中心与开孔中心重合。

（4）调整样板方位，使样板长轴中轴线与开孔向心中轴线重合。

（5）用记号笔沿样板周向划线定位。

（6）用等离子切割机压线切割开孔，并按图纸切割 X 形坡口。

（7）用角向磨光机将切割口打磨至露出金属光泽。

4.2.2　组对、焊接护套管

（1）将护套管安放在开孔内，点焊定位。

（2）沿护套管内壁吊垂线，调整护套管，使护套管上、下端口与垂线自然贴实。

（3）沿护套管周向 8 点点焊定位，然后用手工电弧焊完成焊接。焊接时注意周向均布焊接。

（4）按上述方法完成另外 1 件护套管。

4.2.3　下隔板开孔、组对、焊接护套管

（1）在上护套管安装定位工装，垂线自定位工装中心垂下，线坠与下隔板交点即为开孔中心点。

（2）按上隔板开孔方法完成下隔板开孔，并组对、焊接护套管。

4.4　安装分离管

将新的分离管自下锥体人孔逐根运至三旋内部，并进行安装（注意左右旋），安装方法如下：

（1）将分离管穿入护套管内，保证分离管上端口距离下护套管上端口的定位距离，然后点焊定位。

（2）在分离管上端安装定位工装，粉线自工装中心孔自然下垂，粉线长度伸出排尘管稳定扇约 200mm，粉线下端垂吊线坠。

（3）在稳定扇下端口处分 4 个方向测量稳定扇边缘到粉线的距离，调整分离管，确保 4 点距离偏差为 ±0.5mm，调整完成后，将分离管与护套管角缝均布 8 点点焊定位。

（4）采用上述方法将 26 根分离管安装完成，然后安装定位工装。

（5）焊接完成后，拆除定位工装，按照安装分离管方法逐根测量分离管垂直度，对于焊接变形超差的分离管，采用水火校型方法将排尘管垂直度调整合格。

（6）对焊缝进行 100%PT 检测，Ⅰ级合格。

4.5　安装排气管

将新的排气管自上封头人孔逐根运至三旋内部，并进行安装，每根排气管有独立编号，安装时按照排版图进行安装、安装方法如下：

（1）将排气管自上护套管放入，直至导向器伸入分离管，测量导向器上端距离分离管上端口距离为 40mm，定距完成后沿排气管周向均布 2 块定位板点焊定位。

（2）在排气管上端口安装定位工装，粉线

自工装中心孔自然下垂，粉线长度伸出分离管稳定扇约 200mm，粉线下端垂吊线坠。

（3）安装盖板，保持盖板边缘到法兰边缘大致等距，此时在稳定扇下端口处分 4 个方向测量稳定扇边缘到粉线的距离，根据此距离调整盖板边缘与法兰边缘的距离，直至确保 4 点距离偏差为±0.5mm，沿盖板与法兰角缝均布 8 点点焊定位。

（4）采用上述方法将 26 根排气管安装完成，安装顺序为逐渐安装至上隔板人孔处，最后安装人孔单管。安装人孔单管时，分离单元内部无法有人测量导向器上端与排尘管上端距离，因此需要事先测量排气管上端口至导向器上端口距离，同时测量人孔处下护套管上端口与上护套管法兰上端间的距离，计算出排气管上端口与盖板间的距离，计算出数据后，将盖板与排气管点焊定位，然后调整排气管垂直度至合格。

（5）对焊缝进行 PT 检测，Ⅰ级合格。

5　改造后运行情况

2017 年 11 月，三旋改造后，初始压降为 12.9kPa，较原开工初始压降下降了 2kPa，压降一直运行在 12.9～15.0kPa 之间，出口粉尘含量维持在 10^{-4} 左右，远低于 $200mg/m^3$ 的设计限定值。改造后的三旋压降与出口烟气粉尘含量趋势详如图 4 与图 5 所示。

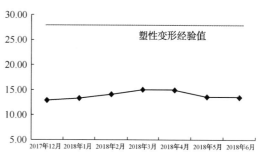

图 4　改造后三旋压降趋势（kPa）

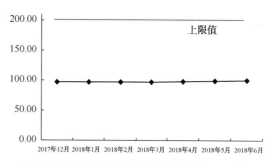

图 5　改造后三旋出口烟气粉尘含量（mg/m³）

6　结语

经过核算发现，装置原三旋长期处于高点和最大操作点之间运行，易导致单管导锥流变形。通过增加两根单管，可以满足单管运行在设计点的中域，通过将原导流锥更换为 SD（L）009 型，并在隔板上增加加强筋等方式，增加导流锥的强度，防止变形。改造运行后，装置运行平稳，三旋压降与出口烟气粉尘含量一直处于较低的水平，解决了三旋超负荷压降上升过快导流锥变形的问题，保证了下游烟气轮机的安全运行。

催化裂化装置再生斜管溢流斗
尺寸偏差的处理措施

杨文学

（中国石化海南炼油化工有限公司，海南洋浦　578101）

摘　要　催化裂化装置再生斜管溢流斗在装配过程中发现制造尺寸存在较大偏差，鉴于施工进入后期，受工期严重制约无法重新采购、安装，综合考虑采用器内整形修复的处理措施解决存在的问题。

关键词　催化裂化；溢流斗；整形

某沿海炼化企业催化裂化装置结构为高低并列式，设计规模为 2.8Mt/a，采用 MIP-CGP 工艺，以加氢预处理后的常压渣油为原料，低烯烃汽油为主要产品，2006 年 9 月建成并试车成功、投入运行。2016 年 1 月装置因两器催化剂流化不畅临时停工检修，检修过程中发现再生斜管溢流斗（以下简称溢流斗）上支座焊缝开裂，整个溢流斗有明显形变，因未提前准备备件更换，检修期间临时加固处理。2017 年 12 月装置计划性停工检修，根据再生器整体施工规划，将该溢流斗分片采购，在容器内部组对焊接，焊接完成后安装就位。

1　再生器工艺简介

本催化裂化装置的再生器采用重叠式两段再生型式（见图 1），两个再生器重叠布置，即一段再生器位于二段再生器之上。一再贫氧再生、CO 部分燃烧；二再富氧再生、CO 完全燃烧。一部分新鲜主风先进第二再生器，与第一再生器来的含碳量较低的半再生催化剂充分接触燃烧，产生含有一定过剩氧的二段再生烟气通过大孔分布板进入一段再生器。二段烟气中的过剩氧供第一再生器对高含碳量的待生催化剂进行烧焦。另一部分新鲜主风直接进入一再保证一再烧去焦碳中的氢，同时烧去一部分碳。

溢流斗位于二再底部，主要用于收集烧焦后的再生催化剂，便于再生催化剂通过再生斜管输送至提升管底部，保证催化剂的正常流化，为提升管的裂化反应提供保证。

一再器内装配有诸如旋风分离器、待生催化剂分配器、外取热器烟气返回管、大环风管和小环风管等内构件，一再与二再之间装配有大孔分布板进行分隔，二再器内装配有溢流斗和二再主风分布管。鉴于溢流斗尺寸较大，无法从人孔运入器内，结合本次再生器的整改检修、改造规划，从一再底部经大孔分布板（本次检修整体更换）运入器内。溢流斗由锥壳、柱壳和筒体三部分组成（见图 1），因再生器内部空间十分有限，器外整体组对成型后难以运入器内，本次采购订货按照锥壳、柱壳和筒体三部分散件供货，分三次运入器内。结合施工工期的要求和施工单位长年的安装经验，施工单位提前在二再底部预制溢流斗组对支撑胎具，待各组件运入二再底部后立即开展溢流斗的整体组对成型工作，待组对焊接完成后即可开展安装工作。

2　存在的问题

溢流斗到货后按照预先签订的技术协议对材质、壁厚、供货范围和到货状态等进行了逐项鉴定及确认，均未发现问题。因该内构件部分组件存在弧度，在供应商未提供模具图的情况下，验货时难以准确复核相应尺寸，故尺寸部分验收暂定待组对成型后再放样确认。

待溢流斗吊装入二再底部完成组对后，施工单位组织人员开展安装工作，前期筒体吊装插入再生斜管等工作进展得十分顺利，但在柱壳与器壁贴合过程中发现在柱壳与锥壳焊接的两个顶角已与器壁完全相碰时，柱壳与器壁间仍然存在非常大的间隙（见图 2），筒体也未能

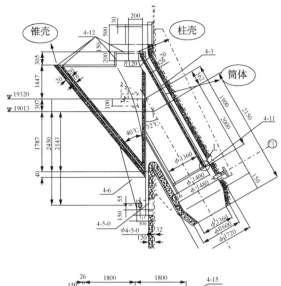

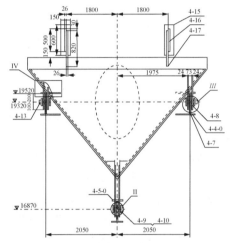

图1　溢流斗外形和尺寸图

完全伸入再生斜管中，无法完全就位，明显与设计图纸不符。

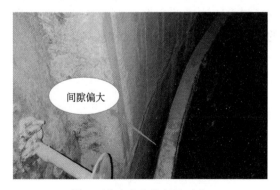

图2　溢流斗安装间隙过大

鉴于整个检修工作已临近尾声，无法重新采购该内构件，只能考虑器内修复。按照同步推进的工作原则，一方面及时联系设计方和供应商入厂，另一方面根据现场实际情况与施工

单位进一步复核关键尺寸数据，并就现有状况开展修复方案的前期研讨工作。

3　原因分析

设计方与供应商入厂后均进入器内复核溢流斗相关尺寸数据，反馈的信息与我方前期测绘的结果一致。经现场测量发现柱壳半径比设计半径大1000mm，与二再尺寸明显不匹配，以致出现柱壳与二再器壁无法完全贴合的情况。初步分析造成该问题的原因主要是溢流斗的锥壳及柱壳制作弧度偏小，可能是模具图纸偏差造成，也可能是运输过程中因加固措施强度不够造成回弹导致尺寸出现偏离。

4　处理措施

经与供应商沟通交流，供应商提供了溢流斗准确的模具图纸(见图3、图4)。根据模具图纸标注的相关尺寸，安排施工单位进一步复核现场关键数据，以便准确制定修复方案。

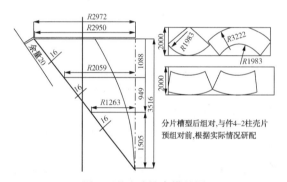

图3　溢流斗锥壳模具图

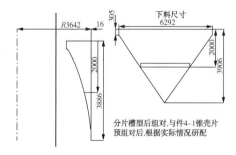

图4　溢流斗柱壳模具图

施工单位在提供复核的数据后，供应商立即根据实际尺寸绘制修复方案图(见图5)，设计方依据该图纸计算溢流斗收剂口横截面积，满足催化剂循环量要求，确认该图纸提供的方案可行。另外，设计方进一步要求施工单位在修复过程中一定要确保筒体与柱壳的夹角32°不能有任何偏离，主要考虑筒体与再生斜管同心

度要求，以便热态情况下能自由膨胀。

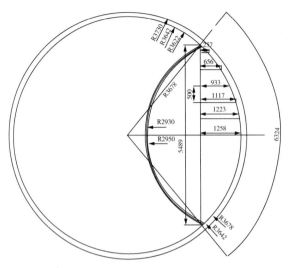

图5　溢流斗修复检验图

在拿到修复图纸后施工单位第一时间拟定了修复方案，具体如下：

（1）按设计半径预制溢流斗柱壳内弧加强板；

（2）把溢流斗整体吊出，空中翻转使筒体朝上放置于支撑胎具上，打掉所有衬里；

（3）割除柱壳8条素线两侧的龟甲网，割除锥壳5条放射线两侧的龟甲网，割除溢流斗筒体、柱壳与锥壳连接处焊缝两侧龟甲网；

（4）利用等离子机割离筒节与柱壳连接焊缝、割离锥壳与柱壳连接焊缝（锥底部两侧各留部分焊缝便于修复后期组对成型），柱壳8条素线间隔割除部分母材；

（5）在锥壳与柱壳的连接焊缝两侧同一标高各焊接2个吊耳，安装2个5t手动葫芦分别拉紧收短溢流斗收剂口的柱壳和锥壳弦长，以柱壳内弧加强板弦长为准，待柱壳弦长与设计尺寸一致后点焊内弧加强板；

（6）焊接柱壳素线割除部分的焊缝后拆除柱壳内弧加强板，缓慢放松2个5t手动葫芦释放附加应力，待应力全部释放后检查弧度、弦长是否满足要求；

（7）如果调整的弧度未达到要求，再次拉紧手动葫芦，使用碳弧气刨对锥壳内弧放射线刨深板厚2/3再焊接进行溢流斗弧度的调整，最终使溢流斗的整体弧度半径达到设计尺寸；

（8）组焊锥壳与柱壳连接焊缝、用角度尺确认后组焊筒体与柱壳连接焊缝，完成溢流斗的尺寸修复工作；

（9）溢流斗整体回装及数据再复核、确认。

在溢流斗修复过程中，整形时幅度不宜过大，焊接时电流不宜过大，需控制焊接层间温度，确保修复过程时刻处于可控状态，并向好的方向发展，为最终完成修复工作奠定基础。

5　总结

由上述情况可知，设备内构件的验收不仅要复核材质、壁厚、供货范围、到货状态及质量证明文件等内容，更为重要的是复核制造尺寸，特别是核心部件或异形部件的关键数据一定要根据模具图纸或制造图纸核实尺寸，为后续顺利装配提供有力保证。如果装配过程中发生意想不到的事情，一定要沉着冷静应对，尽可能用最简便的方法完成复杂的处理工作，处理过程中让施工单位多提宝贵意见，施工单位的施工经验往往最有助于解决存在的问题。

催化裂化装置安全阀延期检验评估

原栋文

（中国石化金陵石化分公司，江苏南京　210033）

摘　要　近年来炼化装置运行周期普遍达到三年或四年一修。在长周期运行中，安全阀的检验与如何执行《固定式压力容器安全技术监察规程》条款的规定要求，成为特种设备管理的重大挑战。本文介绍了安全阀延期检验评估做法，可供其他炼化企业参考和借鉴。

关键词　催化裂化；安全阀；延期检验；评估

安全阀是炼化企业锅炉、压力容器、压力管道等承压特种设备的重要安全附件，近年来炼化生产装置运行周期普遍实现三年或四年，装置在运行过程中进行安全阀的年度检验，作业周期长、风险大，尤其是涉及富含硫化氢和液态烃介质的安全阀，如何执行法规要求是特种设备管理的重大挑战。350万吨/年催化裂化装置（以下称Ⅲ催化）2012年底建成投产，第一周期连续运行四年，2017年初大修期间拆解安全阀的同时，按照TSG 21—2016《固定式压力容器安全技术监察规程》中7.2.3.1.3条款的规定，进行了外观检查、弹簧变形量测定等工作，并进行了安全阀的检验周期评估。

1　安全阀延期检验评估前的准备

1.1　查阅资料

查看订货技术协议、出厂资料、四年来DCS操作记录、压力容器和管道联锁设计和压力、温度、流量记录参数。

1.2　外观检查

（1）检查安全阀外部调节机构铅封以及标牌是否完好；

（2）安全阀有无泄漏痕迹；

（3）安全阀外表有无腐蚀或变形情况；

（4）安全阀外部相关附件是否完整并正常；

（5）有无影响安全阀正常功能的其他因素。

1.3　历次年度定压值审阅对比

试验台见证起跳试验，测试安全阀的整定压力和密封压力并记录。将测试的整定压力和密封压力与上次安全阀校验报告中的相应压力值进行比较，如未发生较大偏离，可认为安全阀的功能正常，弹簧刚度未发生明显变化；如发生较大偏离，应查找原因，排除是否由于安全阀阀瓣的频跳、颤振以及卡阻所引起，否则可认为安全阀功能异常，弹簧刚度可能发生明显变化，需进一步解体后分析原因。

对评估的72支安全阀进行原始状态检验，有21支安全阀不合格（29.17%），其中10支安全阀外观检查不合格，15支安全阀原始状态整定压力与上次校验整定压力相比明显降低，其余安全阀无异常（70.83%）。

2　安全阀解体后的检验评估

2.1　宏观检查

（1）安全阀腔体是否存在结垢、堵塞和腐蚀、裂纹等，必要时进行测厚以及表面无损检测；

（2）安全阀内部运动件是否发生黏附和黏死；

（3）安全阀内件的腐蚀情况，如导向零件、调节圈等；

（4）阀瓣及密封面有无腐蚀以及机械损伤；

（5）弹簧是否存在腐蚀、裂纹等；

（6）安全阀附件是否齐全，不影响其功能使用。

（7）抽取部分评估安全阀（29支）进行解体后的宏观检查。

解体后的29支安全阀中，宏观检查不合格的有11支（37.93%），主要为蒸汽、汽水介质安全阀，主要的失效形式为弹簧腐蚀断裂以及密封面的腐蚀损坏。其余18支安全阀解体后宏观检查合格，说明其材料与油气、富气、燃料气、液化石油气的相容性较好。

2.2 弹簧尺寸测量

采用游标卡尺以及量规测量以下弹簧尺寸参数：①压缩螺丝螺距 h_0；②阀瓣直径（流道直径）d_0；③弹簧直径 d；④弹簧内径 D_1 和弹簧外径 D_2；⑤弹簧有效圈数 n。

2.3 弹簧实际刚度的测量

弹簧的实测刚度 F 采用以下两种方式进行测量和计算。

1）弹簧试验机实测

采用 ZCTL-W20kN 弹簧拉压试验机实际测定弹簧刚度。该设备可设置负荷测定变形，也可以设置变形检测试验力。

由胡克定律可知，弹簧的变形与承受的载荷呈线性关系，直线的斜率即弹簧刚度通常为定值。但由于弹簧制造中的不均匀性以及实际使用过程受到外界因素的影响，弹簧的变形与承受的载荷并非完全意义的线性关系，即刚度并非常数。GB/T 12243 规定，弹簧最大工作负荷下变形量应小于等于弹簧试验负荷下变形量的 80%，也应小于等于弹簧并圈时变形量的80%。GB/T 1239.2 和 GB/T 23935 规定，需要保证负荷下的高度时，弹簧的变形量应在试验负荷下变形量的 20%～80% 之间；在需要保证弹簧刚度时，弹簧的变形量应在试验负荷下变形量的 30%～70% 之间。弹簧式安全阀一般要求保证规定负荷下的开启高度以及弹簧刚度，因此变形量应在试验负荷下变形量的 30%～70% 之间。由于弹簧式安全阀设计规定适用的整定压力范围时已经考虑了弹簧的变形量要求，因此实测刚度时，可选取整定压力负荷下弹簧变形量附近处的平均刚度值。

实际测量刚度时，先由整定压力与阀瓣直径计算试验机的设置负荷，然后测定设置负荷下的变形 f。选取 90%f、f、110%f 三个变形量，检测试验力，绘制负荷与变形的关系曲线，并计算平均刚度，即为弹簧的实测刚度 F，如图 1和图 2 所示。

2）启跳试验实测

拧紧压缩螺母前后进行启跳试验，记录螺母拧紧圈数 N、拧紧前整定压力 P_1 和拧紧后整定压力 P_2，按照公式（1）计算弹簧实测刚度 F。

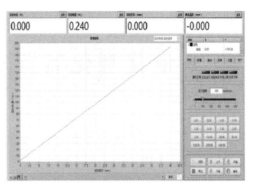

图 1　弹簧拉压试验机试验界面

图 2　弹簧变形试验外观图

$$F = \frac{\pi(P_2 - P_1)d_0^2}{4N \cdot h_0} \quad (1)$$

整定压力引起的弹簧变形量应为弹簧允许最大变形量的 30%～70% 之间。

3）弹簧设计刚度 F' 的计算

首先依据公式（2）或公式（3）或公式（4）计算弹簧中径 D：

$$D = \frac{D_1 + D_2}{2} \quad (2)$$

$$D = D_1 + d \quad (3)$$

$$D = D_2 - d \quad (4)$$

然后依据公式（5）计算弹簧刚度设计值：

$$F' = \frac{Gd^4}{8D^3 n} \quad (5)$$

式中 G 为弹簧材料的切变模量，可依据弹簧材质从标准 GB/T 23935—2009《圆柱螺旋弹簧设计计算》的附录 A 中查得。

以上弹簧刚度设计值计算所需要参数均可以从安全阀制造资料中查得。如未查询到安全阀制造资料或制造资料中未包含弹簧材质、参数或弹簧性能测试报告，则需要按照（GB/T 23935—2009）中的 4.4.2 进行尺寸测量，同时对弹簧材质进行光谱分析后，按照公式（5）进行计算。

弹簧实测刚度 F 与设计刚度 F' 的偏差 ≤ ± 10%时，即可认为安全阀的弹簧刚度变化不大。

3　安全阀延期检验评估结果

按照 TSG 21—2016 中 7.2.3.1.3 的条款要求对Ⅲ催化装置 72 支弹簧式安全阀进行了原始状态检验以及解体后的检验，依据上文的判据，共有 47 支安全阀可以延期校验（65.28%），有 25 支安全阀不能够延期校验（34.72%）。其中可以延期校验的安全阀中，校验周期可以延长至 3 年的有 34 支（72.34%），校验周期可以延长至 5 年的有 13 支（27.66%）。

不能够延期校验的 25 支安全阀，主要为蒸汽、汽水安全阀（20 支，80%），另外 5 支安全阀中，有 4 支是由于盖帽锁死、阀体巨大不易拆卸等功能性原因而不能延期校验，仅有 1 支热水安全阀是由于弹簧刚度下降了 25.72%而不能延期。这里主要对蒸汽、汽水安全阀不能延期校验的原因进行归类与分析：

（1）盖帽锁死、螺纹严重腐蚀导致无法拆卸定压（4 支）；

（2）阀杆变形导致定压不稳（1 支）；

（3）密封面腐蚀损伤，原始状态启跳压力降低（10 支）；

（4）弹簧腐蚀断裂，原始状态启跳压力降低（5 支）。

弹簧腐蚀断裂以及密封面腐蚀损伤是导致安全阀失效且不能延期校验的主要原因。从弹簧刚度的变化看，密封面腐蚀损伤安全阀的弹簧刚度下降程度并不大（多为 1.2% ~ 5.86%之间，仅 1 支安全阀弹簧刚度下降了 10.36%），

甚至有 2 支安全阀的实测刚度比理论设计刚度高出 1.86%和 4.03%，因此不能简单地将密封面腐蚀损坏的原因归结为是由弹簧刚度下降引起的，但弹簧刚度下降将加剧介质对密封面的腐蚀，进而导致安全阀原始状态启跳压力明显下降。

蒸汽、汽水安全阀在实际使用时，时常出现冷态校验时合格而安装在设备上后泄漏的情况，究其原因一方面是弹簧刚度会有所下降（300℃时理论刚度下降约 6%），更重要的是热态条件下阀瓣、阀座等内件变形的不协调。因此冷态校验时通常会略微提高其整定压力值，以防止泄漏情况的发生。

4　无法延长校验周期安全阀的处理

不能够延期校验的 25 支安全阀主要为蒸汽、汽水介质安全阀，弹簧腐蚀断裂以及密封面腐蚀损伤是导致其不能延期校验的主要原因。为此应采取以下措施：

（1）工作温度在 180℃以上的蒸汽、汽水安全阀弹簧材质由原来的 50CrVA 升级为 30W4Cr2VA 并加装散热片；

（2）升级密封面合金材质已提高其耐腐蚀性能，但应考虑其抗裂性；

（3）按照检验策略定期进行在线定压以修正其整定压力的变化；

（4）加强新阀验收，特别应关注密封面光洁度以及阀杆变形情况。

对于发生盖帽锁死、螺纹严重腐蚀的安全阀应注意润滑防腐。

所有不能延长校验周期的 25 支安全阀，应根据维修后的下次检验情况，进行再评估后确定其下次离线校验周期。

焦化装置焦炭塔腐蚀减薄分析及在线修复

王海峰

（中国石化扬子石化有限公司炼油厂设备管理科，江苏南京　210033）

摘　要　扬子石化公司炼油厂 80 万吨/年焦化装置在役焦炭塔在计划检测中发现封头局部以及上封线以下 600mm 筒节腐蚀减薄严重，本文对其减薄的原因进行了分析，并实施了焦炭塔封头减薄部位堆焊处理及部分直筒体在线更换。为其他类似塔器腐蚀问题提供了借鉴及思路。

关键词　焦炭塔；封头；腐蚀减薄；在线更换

延迟焦化是加工重质渣油的重要手段之一。随着国内加工重质高硫原油的逐年递增，以及生产上延长操作周期和缩短生焦周期的实际需求，作为延迟焦化装置核心设备的焦炭塔，面临着高温硫腐蚀以及冷热交替高频疲劳破坏等多重考验。

扬子石化公司炼油厂 80 万吨/年焦化装置始建于 1995 年，采用两炉四塔的生产工艺，以常减压装置生产的减压渣油为原料，经加热炉升温至 504℃ 左右，进焦炭塔发生裂解、缩合反应，产品包括焦化富气、粗汽油、粗柴油、蜡油以及石油焦。装置原设计加工原料为低硫原油，但随着公司加工重质高硫原油的递增，作为主要反应器的焦炭塔 T101 因当初选材较低，塔壁尤其是封头部分受到高温硫腐蚀严重。本次停工检修中，根据全面检测数据，以及对减薄原因的具体分析，对减薄区域进行了在线更换和修补，确保装置安全平稳地开到下个检修周期。

1　焦炭塔主要参数和结构形式

80 万吨/年焦化装置焦炭塔 T101A、B、C、D 由扬子石化设计院设计，1995 年安装投产。设计参数见表 1，焦炭塔结构见图 1。

表 1　焦炭塔主要设计参数

容器品种		IILR	结构形式		单腔
设计单位		扬子石化设计院	设计日期		1991 年 4 月
安装单位		五化建	投用日期		1995 年 7 月
容器内径		6000mm	容器高		31318mm
容积(换热面积)		708m²	充装质量/系数		—
封头型式		球形+锥体	支座型式		裙座
主体材质	筒体	20G	主体厚度	筒体	上 26mm/中 32mm/下 34mm
	封头	20G		封头	半球 26mm/锥体 36mm
设计压力	壳程(内筒)	顶部 0.3/底部 0.35MPa	实际操作压力	壳程(内筒)	0.22MPa
设计温度	壳程(内筒)	顶部 450℃/底部 475℃	实际操作温度	壳程(内筒)	顶部 450℃/底部 475℃
最高工作压力	壳程(内筒)	0.22MPa	最高工作温度	壳程(内筒)	顶部 450℃/底部 475℃

2　焦炭塔减薄位置及检测结果

2.1　焦炭塔减薄位置

焦炭塔 T101A 检测出减薄位置(见图 2)主要集中在封头部分：封头东偏北侧减薄区域为 250mm×160mm，最小壁厚为 9.6mm；封头南偏东侧减薄区域为 260mm×550mm，最小壁厚为 6.0mm；封头西偏南侧减薄区域为 960mm×300mm，最小壁厚为 7.6mm；封头北侧减薄区域

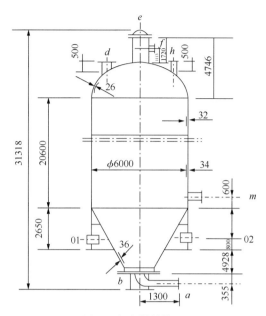

图 1　焦炭塔结构图

为 870mm×400mm，最小壁厚为 10.0mm。对比 2016 年 4 月检测数据，腐蚀速率约 17.1mm/a。

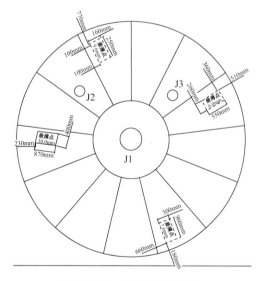

图 2　T101A 封头减薄位置

焦炭塔 T101B 检测出减薄位置(见图 3)主要集中在封头部分：封头东偏北侧减薄区域为 200mm×200mm，最薄为 7.7mm；封头南偏东侧减薄区域为 700mm×330mm，最薄为 11.4mm；封头西偏南减薄区域为 800mm×400mm，最薄为 7.6mm；封头西北侧减薄区域为 1100mm×400mm，最薄为 7.6mm；封头东北侧减薄区域为 200mm×150mm，最薄为 10.5mm。对比 2016 年 4 月检测数据，腐蚀速率约 14.4mm/a。

焦炭塔 T101C 塔封头本次检测抽样部位实

测壁厚在 20.5~24.6mm 之间。检测出减薄位置主要集中在上切线位置至下方 600mm 之间(见图 4)：筒体整圈存在减薄现象，实测壁厚在 11.8~21.5mm 之间。下方筒体存在两处局部减薄，实测壁厚分别在 11.9~21.0mm 之间和 13.3~20.6mm 之间。对比 2016 年 4 月检测数据，腐蚀速率约 10.5mm/a。

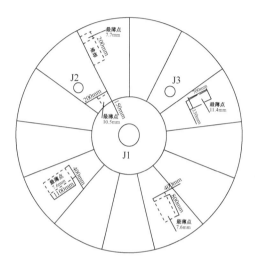

图 3　T101B 封头减薄位置

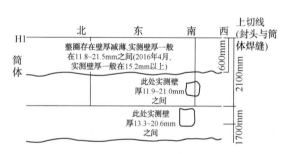

图 4　T101C 上封线以下 600mm 减薄区域

焦炭塔 T101D 塔封头本次检测抽样部位实测壁厚在 18.3~26.0mm 之间。检测出减薄位置主要集中在上切线位置至下方 600mm 之间(见图 5)：筒体整圈存在减薄现象，实测壁厚在 12.2~23.0mm 之间。对比 2016 年 4 月检测数据，腐蚀速率约 9.9mm/a。

图 5　T101D 上封线以下 600mm 减薄区域

2.2 塔壁材质金相检测结果

2.2.1 101A 塔封头减薄部分金相分析(见图6)

金相组织：铁素体+珠光体；球化级别：2.5级(珠光体区域中碳化物已分散，珠光体形态尚明显)；球化名称：大于倾向性球化。

2.2.2 T101B 塔封头减薄部分金相分析(见图7)

金相组织：铁素体+珠光体；球化级别：3级(珠光体区域中碳化物已分散，并逐渐向晶界扩散，珠光体形态尚明显)；球化名称：轻度球化。如图7所示。

2.2.3 T101ABCD 四个塔上中下取12个点金相分析

(T101A－上、T101A－中、T101C－下、T101D-上)金相组织：铁素体+珠光体；球化级别：2级；球化名称：倾向性球化。

(T101A－下、T101B－上、T101B－中、T101C-下、T101D-下)金相组织：铁素体+珠光体；球化级别：3级；球化名称：轻度球化。

(T101B-下、T101C-中、T101D-中)金相组织：铁素体+珠光体；球化级别：2.5级；球化名称：大于倾向性球化。

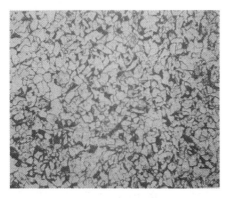

图6　2.5级倾向球化

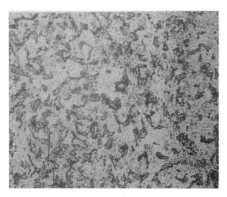

图7　3级轻度球化

2.3 壁板减薄部位取样力学性能测试

该板材的材质为碳钢，根据 ASTM E8－11 金属材料拉伸试验标准，确定拉伸试样尺寸。根据拉伸试样尺寸，在板材上进行取样。沿板材厚度方向分别取 1#、2#、3#三个试样。试样常温拉伸实验数据如表2所示。

表2　取样力学性能分析数据

项目　　编号	屈服强度 R_{el}/ MPa	抗拉强度 R_m/ MPa	伸长率 A
1#	243.67	395.38	35.60%
2#	260.35	408.44	36.41%
3#	255.13	399.90	37.67%
平均值	253.05	401.24	36.56%
GB 713—2014	≥245	400~520	≥25%

试验最终测得板材的屈服强度为253.05MPa，抗拉强度为401.24MPa，伸长率为36.56%。基本符合 GB 713—1997《锅炉和压力容器用钢板》对碳钢的要求，证明焦炭塔壁板力学性能良好，无明显缺陷。

3 塔壁减薄原因分析

3.1 加工原料油硫含量分析

数据统计(见图8)2015年所加工原料油硫含量最大为5.42%，均值为4.593%；2016年原料硫含量最大为5.35%，均值为4.378%。而设计值只有1.09%。

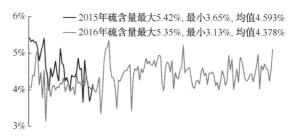

图8　原料油硫含量统计数据图

1#焦化装置原设计加工低硫渣油，焦炭塔材质为20g，低于总部选材导则要求，装置设计值为1.09%。2015年青岛安工院对该装置进行了专项腐蚀评估，评估结论是加工原料硫含量不高于1%，酸值不大于0.7mmKOH/g。但目前装置原料以三常减压渣油为主，2016年4月23日开工至今加工混合原料硫含量平均值4.39%，最高至5.35%，远超装置设计值与设防值。

3.2　焦炭塔正常生产工况分析

延迟焦化装置的生产虽然连续，但其反应设备焦炭塔在操作周期（一般为48h）内分为蒸汽试压、油气预热、换塔、进油生焦、大吹气、给水、溢流、放水、除焦等阶段。焦炭塔生产周期（48h）时间分配和温度分布情况见表3。

表3　焦炭塔生产周期（48h）时间分配和温度分布

操作阶段	具体操作时间/h	塔内温度/℃
蒸汽试压	1	40~120
油气预热	4	80~400
换塔	0.5	475
进油生焦	24	475
大吹气	4	175
给水冷却、溢流	7	85
放水	3.5	75
除焦	4	40

焦炭塔的工艺条件除承受0.15MPa左右的工作压力外，塔体在每个生产周期要经受40~500℃的反复冷热冲击。

3.3　焦炭塔材质分析

80万吨/年焦化装置焦炭塔T101ABCD材质都为20g钢。在常温下，由于原子的扩散速度非常缓慢，即使钢材使用很长时间，也不易觉察到转变过程。随着温度的提高，原子扩散速度加快，球化过程就变得明显，性能渐趋劣化。20g钢材质中的片状珠光体中的渗碳体在表面能减小在这一驱动力的作用下向球状发展，也就是材质发生老化的过程。珠光体完全球化后的进一步发展将使FeC转变为石墨碳，因为石墨碳质地松软，而且与铁素体基体的结合能力很差，因此会大大损害材质的力学性能，严重危害焦炭塔的安全运行。本次塔壁金相检测结果显示部分塔壁板球化程度达到3级，属于轻度球化。取样进行材质力学性能测试，屈服强度为253.05MPa，拉伸强度为401.24MPa，伸长率为36.56%，都在GB 713—2014的指标范围内，其力学性能下降不明显。

材质为20g钢的焦炭塔不可避免地会发生高温硫腐蚀，随着温度的升高，硫腐蚀迅速加剧，到480℃达到最高点。而焦炭塔在生产过程中，长期处于240~500℃这个极易发生硫腐蚀的温度段。

3.4　腐蚀减薄具体部位分析

本次检测发现整个塔壁减薄严重位置都在顶部封头，以及上切线（封头与筒体焊缝）以下至600mm位置的筒体段。焦炭塔顶部封头位于气液两相段，由于介质波动造成对塔壁的冲刷，而且此处为顶部油气通道减窄处，在生焦期，易受420℃高温油气冲刷腐蚀。

生产过程中为防止原料油在焦化炉管内结焦，采用注汽来提高辐射管内介质的流速，这样水蒸气和原料渣油一起进入塔内反应，裂解过程中有氨、硫化氢、氯化氢产生，其中硫化氢腐蚀强度从240℃开始随着温度升高而迅速加剧，到480℃左右达到最高，以后又逐渐减弱。焦炭塔的焦化反应是在475℃左右进行的，当水力除焦时，温度骤然下降，降到40℃左右，短时间内温差较大，大量的油气、水蒸气和硫化氢等气体在上升过程中遇到温度较低的上封头及塔体上部（即泡沫层），冷凝成液体附着于塔壁上。形成典型的$HCl-H_2S-H_2O$腐蚀环境，使上封头及上部塔体在焦炭塔运行中始终处于腐蚀状态，导致局部腐蚀减薄。如图9所示，塔减薄区域内壁遍布密集腐蚀凹坑。而在正常生焦过程中，生焦段塔壁通常都附着一层牢固而致密的焦炭保护层，能够起到隔离腐蚀介质的作用，因而塔体中下段腐蚀不明显。

图9　塔减薄区域内壁遍布密集腐蚀凹坑

3.5　塔顶保温失效分析

在塔顶封头上有四处支撑塔顶平台的支腿和一处塔壁接管，上封头与筒体连接焊缝处又有一较大的保温支持圈。这些部位传热较快、温度较低，使塔壁内外温差较大。另外由于设备长期运行，在这些地方保温脱落失效，造成此部位散热几率增大，塔内的水蒸气、油气形成液相水或油的速度更快、量更大，吸收过量的 H_2S 附着于塔壁上，经过长时间的酸性介质的化学反应，必然造成塔壁腐蚀减薄。

4 塔体在线修复措施

4.1 修复方式的选择

焦炭塔上段简体及上封头修复首先应保证强度上的安全性，依据《钢制压力容器》标准，结合焦炭塔正常操作数据，结算出上封头壁厚达到 16mm，简体壁厚达到 18mm，即可完全达到国家标准中对强度的要求。考虑实际情况，只要求焦炭塔修复后安全运行 6 个月后，即整体更换材质升级，作为临时修补措施，可考虑对局部减薄处封头堆焊至计算要求的厚度 16mm，而对于减薄的上封线下 600mm 的简体采用整圈更换的方式修复，从技术上讲是可行的。

4.2 确定合理的在线修复措施

对上封头以及简体局部减薄低于 16mm 区域，采用堆焊修复。对于堆焊部位，用砂轮打磨至露出金属光泽后，先进行着色探伤检查，然后进行堆焊。为防止焊接时出现裂纹，堆焊前将施焊部位进行处理，加热至 350℃，保持时间不小于 1h。需多层堆焊的部位，每层堆焊完后均进行着色探伤检查，合格后再堆焊下一层。塔壁堆焊厚度至 16mm 后，表面打磨光滑，与原壁板采用圆弧过渡对接型式，经探伤检查合格后进行消除应力热处理。

对于减薄部位的简节（CD 两塔上封线以下 600mm 简节），分为 8 片进行更换，单片规格：600mm×2377mm×18mm（塔外径为 6052mm）；材料钢板下料、坡口加工并卷制成型，简体上坡口及新板下坡口为 V 形，内外比例为 3:7，老简体坡口打磨后，对坡口进行 PT 检测，从而避免新旧简体板厚不一导致出现错边的现象以及提高焊接成功率。所有尺寸均以现场实际测量为准；现场在需更换部位的下方 100mm 左右临时焊接一圈槽钢，长度约为 300mm，用于更换壁板时临时运输。焊接前需对塔内壁进行打

磨处理，清除塔内壁结焦及氧化层；焊接时，为保证焊接质量，采用氩弧打底、电焊填充盖面的焊接方式。现场安装焊接新板时，避开设备原有纵缝，不得出现十字焊缝，且简体对接错边量≤3mm，对口处不圆度≤10mm。焊接完成后，对焊道进行 100%RT 检测并达到Ⅱ级合格标准。临时点焊的槽钢及配合吊装吊耳需割除、打磨，然后进行 100%PT 检测。

5 修复后水压试验

焦炭塔检修完毕并经检测合格后，以设计确定的数据进行水压试验。试验时装设两块压力表，分别设在塔的最高处与最低处。试验压力以装设在塔最高处的压力表读数为准。

通过现有的给水流程进行灌水，先缓慢进水，检查无泄漏时，再开大控制阀进行灌水；直到离塔顶 0.5m 时，停止灌水，由压力泵进行灌水，直至灌满。严禁在灌水过程中水溢出塔外。

在灌水过程中，对设备基础沉降进行观测，以确保安全。

按要求缓慢升压到设计院规定试验压力，即 0.448MPa，稳压 30min，然后将压力降到设计压力保持 1h。同时，检查有无损坏、宏观变形、泄漏及微量渗透等。

试压过程中，未发现有异常响声、压力下降、油漆剥落或加压装置故障等不正常现象，整个试压过程平稳无异常。

水压试验后，将焦炭塔内的水通过原有放水线排入焦池，未在塔内长时间停留。

参 考 文 献

1 李邓明，孙合辉，张国福，等 . 由 20 号锅炉钢的球化程度估算焦炭塔寿命 . 炼油技术与工程，2006，36(7)

2 顾月章 . 焦炭塔的材料与结构 . 炼油技术与工程，2011，41(11)

3 中国石油化工集团公司 . 石油化工设备维护检修规程(第 2 版) . 北京：中国石化出版社，2004

10 万吨/年煤基石脑油催化重整装置四合一加热炉扩能改造中的问题分析与探讨

刘文忠

（国家能源集团鄂尔多斯煤制油分公司，内蒙古鄂尔多斯　017209）

摘　要　本文主要介绍了 10 万吨/年煤基石脑油催化重整装置在装置高负荷生产中出现的加热炉炉膛温度高、火焰舔管造成炉管炉管表面氧化皮过烧、燃烧器辅烧燃烧不稳定等问题，为了消除四合一加热炉存在的各项问题对加热炉进行改造，通过增加辐射室炉管及利用燃烧器辅助烧嘴等措施，降低了四合一加热炉的炉膛温度，消除了四合一加热炉燃烧火焰过长而造成的火焰舔管现象，由此证明重整装置四合一加热炉改造是成功的；同时装置的高负荷生产应该统筹考虑，不能因为高负荷生产而损害设备。

关键词　四合一加热炉；催化重整装置；T9；扩能改造；焊接热处理

1　催化重整装置与四合一加热炉简介

1.1　催化重整装置简介

国家能源集团鄂尔多斯煤制油分公司 10 万吨/年煤基石脑油催化重整装置是由中国石化洛阳石油化工工程公司设计，由中国石油天然气第七建设有限公司承建，项目年产 93#国Ⅳ汽油 16.33 万吨，重整汽油 3.52 万吨，副产含氢气体 1 万吨；重整部分正常工况处理量为 11.16 万吨/年（即重整反应进料 15t/h），预期最大负荷 13.95 万吨/年。该项目于 2012 年 6 月开工建设，于 2013 年 10 月建成并一次开车成功，是中国第一套煤基石脑油半再生式固定床催化重整装置。

1.2　重整四合一加热炉简介

重整加热炉采用"四合一"高效、侧烧箱式加热炉，4 台加热炉最大设计热负荷分别为 2.22MW、2.28MW、2.47MW、1.57MW，采用多流路倒 U 形炉管结构，炉管材质均为 ASTM A213 T9，四个炉膛的炉管均为双面辐射；出入口集合管位于辐射室顶部，共 8 根，材质均为 ASTMA335 P5，规格为 $\phi355.6 \times 19.05$。对流段用于加热热载体，对流段尾部采用了扰流子+铸铁板式空气预热器，用于加热空气供该炉燃烧器使用，加热炉设计热效率为 91.0%（四合一加热炉部分设计数据见表 1）；重整四合一加热炉主体设备都是利旧的中国石油呼和浩特分公司 10 万吨/年催化重整四合一加热炉，其中原 A 炉炉管改为 D 炉炉管，A 炉炉管重新采购，生产厂商是上海宝钢。

表 1　催化重整四合一加热炉设计参数数据表

名称及编号	F-2201ABCD 重整四合一加热炉							
介质名称	油气+氢气							
炉管部位	A 炉辐射段		B 炉辐射段		C 炉辐射段		D 炉辐射段	
	入口	出口	入口	出口	入口	出口	入口	出口
操作条件　温度/℃	378	482	375	482	389.9	482	424	482
操作条件　压力/MPa	1.85	1.84	1.755	1.74	1.667	1.64	1.58	1.54
介质流量/(kg/h)	20780		20780		22809		22809	
计算热负荷/kW	2220		2280		2470		1570	

作者简介：刘文忠（1968—），男，河北南皮人，工程师，本科学历，现从事设备管理工作。

续表

炉管部位		A 炉辐射段		B 炉辐射段		C 炉辐射段		D 炉辐射段	
		入口	出口	入口	出口	入口	出口	入口	出口
炉管外表面热强度/（W/m²）		40741		45600		45741		35130	
介质质量流速/[kg/(m²·s)]		150.8		175.9		165.6		193.1	
压降/MPa		0.01		0.015		0.027		0.04	
过剩空气系数		1.15							
排烟温度/℃		150							
燃料气用量/（m³/h）		1740							
加热炉构造	炉管型式及材料	光管 T9		光管 T9		光管 T9		光管 T9	
	炉管根数×程数×排数	28×14×1		24×12×1		28×14×1		24×12×1	
	炉管外径×厚度/mm	Φ73×7.01		Φ73×7.01		Φ73×7.01		Φ73×7.01	
	炉管有效长度/mm	8500		9200		8500		8500	
	炉管传热面积/m²	54		50		54		46	
	管心距×排心距/mm	150		150		150		150	
	燃烧器形式及数量/台	气体燃烧器 4		气体燃烧器 4		气体燃烧器 4		气体燃烧器 4	
加热炉计算热效率/%		91.0							

1.3　重整加热炉燃烧器简介

重整加热炉燃烧器采用河南森泰生产的 ST-CZQ 系列侧烧低 NO_x 强制供风气体燃烧器，ST 型低 NO_x 强制供风气体燃烧器采用三次配风技术强化空气与燃料的混合，75% 的空气侧压降用于通过燃烧器的喉口，提高烟气的喷射速度，改善辐射室温度分布，降低辐射炉管受热不均匀系数，使燃料能完全燃烧，过剩空气量减少 50% 以上，可以达到 1.15 以下，可使加热炉的热效率提高 2%~3%；通过强化燃料与空气混合来降低过剩空气系数，通过分级分段配风控制火焰温度，减少 NO_x 的生成量，烟气中烧气 NO_x 不大于 10^{-4}；距离燃烧器 1m 处噪声不超过 75dB。

2　重整装置开工以来生产负荷情况说明

重整装置自 2013 年 10 月开工以来，装置运行稳定产品质量合格；为了多加工石脑油追求装置效益最大化，重整装置经过了高负荷、满负荷及超负荷生产几个阶段，重整装置反应进料分别是 15t/h、18.75t/h 和 22t/h（见表 2~表 4），最高负荷是设计负荷的 146.66%，重整装置的超负荷生产给设备安全运行带来隐患。

3　重整四合一炉在装置高负荷运行期间出现的问题

重整四合一炉炉膛设计温度为 800℃，炉管材质为 T9，最高使用温度为 650℃；当重整装置反应进料 18.75t/h 满负荷生产时，四合一加热炉 B、C、D 炉炉膛温度基本达到设计上限，只有 A 炉有调整负荷的余量；当重整装置反应进料 22t/h 超负荷生产时，四合一加热炉 A、B、C、D 炉炉膛温度达到或者超过设计上限。

表 2　重整四合一加热炉 15t/h 负荷时的数据表

名称及编号		F-2201A、B、C、D 重整四合一加热炉							
介质名称		油气+氢气							
炉管部位		A 炉辐射段		B 炉辐射段		C 炉辐射段		D 炉辐射段	
		入口	出口	入口	出口	入口	出口	入口	出口
操作条件	温度/℃	365.32	472.55	361.2	471	384.66	471.95	418.97	471.93
	压力/MPa	1.55	1.48	1.447	1.44	1.412	1.37	1.358	1.27

续表

炉管部位	A 炉辐射段		B 炉辐射段		C 炉辐射段		D 炉辐射段	
	入口	出口	入口	出口	入口	出口	入口	出口
介质流量/(kg/h)	16406.24		16406.24		177673.12		177673.12	
炉膛温度/℃	721.22		761.07		743.93		707.54	
炉管表面温度/℃	551.85		512.97		567.26		539.09	
排烟温度/℃	150.2							
燃料气用量/(m³/h)	1543							
加热炉计算热效率%	91.60							

表 3　重整四合一加热炉 18.75t/h 负荷时的数据表

名称及编号		F-2201A、B、C、D 重整四合一加热炉							
介质名称		油气+氢气							
炉管部位		A 炉辐射段		B 炉辐射段		C 炉辐射段		D 炉辐射段	
		入口	出口	入口	出口	入口	出口	入口	出口
操作条件	温度/℃	364.34	475.61	355.9	458.62	385.52	453.59	399.62	465.7
	压力/MPa	1.55	1.48	1.447	1.44	1.412	1.37	1.358	1.27
介质流量/(kg/h)		19000		19000		212800		212800	
炉膛温度/℃		769.3		792.91		795.55		783.15	
炉管表面温度/℃		562.46		582.09		572.22		598.34	
排烟温度/℃		148.54							
燃料气用量/(m³/h)		2003							
加热炉计算热效率/%		92.16							

表 4　重整四合一加热炉 22t/h 负荷时的数据表

名称及编号		F-2201A、B、C、D 重整四合一加热炉							
介质名称		油气+氢气							
炉管部位		A 炉辐射段		B 炉辐射段		C 炉辐射段		D 炉辐射段	
		入口	出口	入口	出口	入口	出口	入口	出口
操作条件	温度/℃	338.33	476.29	355.67	460.56	382.34	469.76	404.69	478.27
	压力/MPa	1.55	1.48	1.447	1.44	1.412	1.37	1.358	1.27
介质流量/(kg/h)		23270		23270		24510		24510	
炉膛温度/℃		783.96		814.91		794.42		789.73	
炉管表面温度/℃		570.90		519.31		587.82		545.72	
排烟温度/℃		144.8							
燃料气用量/(m³/h)		2359							
加热炉计算热效率/%		91.02							

2016 年重整装置停工大修后，重整装置反应进料提高到 22t/h 生产，装置生产基本平稳，但一段时间后发现四合一加热炉 A 炉中间几根炉管表面出现红色亮斑，公司安排装置紧急停工对重整四合一 A 炉炉管进行检查、检测。

A 炉炉管检查、检测结果：

（1）炉管表面的红色亮斑是炉管表面氧化皮过烧粉化造成的，对炉管表面粉化的附着物检测数据如下：该附着物主要金属成分是铁：82.33%、铬：0.28%、锰：0.11%、钼：0.02%；

注：该附着物不溶于盐酸，但溶于热王水。

（2）对炉管氧化皮脱落部位进行无损检测，

检测结果是炉管布氏硬度最小为107HB，与历史检测数据155HB对比炉管硬度有所下降；依据GB/T 13298—2015《金属显微组织检验方法》及DL/T 884—2004《火电厂金相检验与评定技术导则》判定炉管金相组织为球磨化4级；锅炉用钢球化共分6个等级，分别是：未球化（1级）、有球化倾向（2级）、轻度球化（3级）、中度球化（4级）、完全球化（5级）和严重球化（6级），其中5级和6级球化后不应再使用。因此，从金相组织分析可知，炉管过烧部位发生了中度球化。

4　对重整四合一加热炉出现的问题进行原因分析

重整四合一加热炉出现了炉管过烧问题，造成炉管金相组织恶化，发生了中度球化现象，影响了加热炉的安稳运行，从以下几个方面分析炉管损伤的原因。

4.1　加热炉热负荷过高

由于重整装置超负荷生产造成加热炉负荷高，炉膛温度达到设计数据800℃上限运行，其中只有A炉的负荷有提升的空间，为了保证产品质量合格A炉只能提高热负荷，造成主火嘴火焰长度过长产生了对烧、舔管现象，使得炉管局部过热造成炉管表面氧化层过烧粉化，形成红色斑点。

4.2　加热炉燃烧器问题

四合一加热炉采用的河南森泰生产的ST-CZQ系列燃烧器，每台燃烧器有四个辅助烧嘴，在装置开工初期曾投用过四个辅助烧嘴，但是由于辅助烧嘴的燃料气来自主火嘴枪管，主火嘴燃烧形成一定的抽力，造成辅助烧嘴瓦斯压力低燃烧不稳定，无法起到辅助烧嘴辅助燃烧的作用，因此装置开工以来燃烧器辅助烧嘴没有投用，当加热炉高负荷运行时只能加大主火嘴负荷，造成火焰长度过长发生了对烧、舔管现象。

5　综合考虑寻找解决重整四合一加热炉炉管问题的办法

重整四合一加热炉炉管出现的过烧问题，不能只考虑加热炉的问题，应该综合装置各方面进行分析考虑，如何解决装置高负荷生产的高收益与装置安稳运行间的矛盾问题。外请设计院对10万吨/年催化重整装置进行了核算，维持22t/h生产需要对装置进行如下改造：

（1）重整装置循环氢压缩机进行改造由29800m^3/h提升到33980m^3/h，提高装置生产的氢油比；

（2）对重整四合一加热炉进行改造增加炉管，增加24根炉管使所有炉膛炉管都达到32根，增加了炉管的吸热面积，可以有效缩短主火嘴的火焰长度；

（3）对重整四合一加热炉燃烧器辅助烧嘴系统进行改造，更换烧坏的辅助烧嘴喷头、调整辅助烧嘴燃料气线，在主火嘴燃料气阀门前引出一路来供给辅助烧嘴燃烧，可保证辅助烧嘴的燃料气压力，发挥辅助烧嘴的作用有效地降低主火嘴火焰长度，遏制燃烧器因火焰长度过长产生的舔管现象。

6　设计院对重整四合一加热炉改造设计数据的复核

6.1　重整四合一加热炉改造后的设计数据（见表5）

表5　重整四合一加热炉改造后的设计数据

重整四合一加热炉（F2201A、B、C、D）扩能改造计算汇总（改造后工况）									
名称及编号		重整四合一加热炉（F2201A/B/C/D）							
介质名称		油气+氢气							
炉管部位		A辐射段		B辐射段		C辐射段		D辐射段	
		入口	出口	入口	出口	入口	出口	入口	出口
操作条件	温度℃	390	476.1	354.9	461.6	372	467.75	406.68	472.75
	压力/MPa	1.55	1.48	1.447	1.44	1.412	1.37	1.358	1.27
介质流量/（kg/h）		26982		26982		28650		28650	
计算热负荷/kW		2470		3000		3280		2280	

续表

炉管部位		A 炉辐射段		B 炉辐射段		C 炉辐射段		D 炉辐射段	
		入口	出口	入口	出口	入口	出口	入口	出口
炉管外表面热强度/(W/m²)		39003		43590		51793		36002	
介质质量流速/[kg/(m²·s)]		177.3		177.3		182		182	
压降/kPa		18.41		17.49		39.41		43.47	
管壁最高温度/℃		516.4		557		576.1		548.2	
A、B、C、D炉火墙温度/℃		714.2/779.8/821.1/779.4							
A、B、C、D炉燃料气用量/(kg/s)		0.0705/0.09/0.1018/0.0685							
加热炉炉构造	炉管型式及材料	光管 T9		光管 T9		光管 T9		光管 T9	
	炉管根数×程数×排数/mm	32×16×1		32×16×1		32×16×1		32×16×1	
	炉管外径×厚度/mm	$\phi73×7.01$		$\phi73×7.01$		$\phi73×7.01$		$\phi73×7.01$	
	炉管有效长度/mm	8500		9250		8500		8500	
	炉管传热面积/m²	61.714		66.668		61.714		61.714	
	管心距×排心距/mm	150		150		150		150	

注：表中计算结果是根据现场实际运行数据进行建模、调整相应参数，使火墙温度等与现场实测仪表相对应，在此基础上增加炉管管路、介质流量等进行核算得出的。

6.2　对四合一加热炉实测数据计算结果与扩能之后的计算结果分析

6.2.1　A 炉

（1）扩能之后的介质流量按照业主的要求原料油的流量提高到22t/h，入口温度提高到390℃，出口温度不变；扩能之后的火墙温度、热负荷、管表面热强度、管壁最高温度都相应减小。

（2）目前运行时，辐射管壁热强度偏高，超出了设计的安全范围。

6.2.2　B 炉

（1）由于扩能之后出入口温度和目前实际运行情况一样，增加了4路管子，使得火墙温度、质量流量、管表面热强度等相关参数在可控范围内。

（2）通过计算分析，该炉管内、外壁有结垢现象，影响传热计算。

6.2.3　C 炉

（1）扩能之后，该炉影响最大，火墙温度、管壁表面热强度等参数偏高，超出了设计范围。

（2）通过计算分析，该炉管内、外壁有结垢现象，影响传热计算。

6.2.4　D 炉

（1）扩能之后各项参数还比较理想，基本都在设计范围之内，不影响使用。

（2）通过计算分析，该炉管内、外壁有结垢现象，影响传热计算。

6.3　小结

综上所述，重整四合一加热炉通过扩能改造之后，A、B、D炉计算结果基本在设计范围内，C炉的部分指标超标。所以，在实际扩能的时候，建议逐步增加进料量，注意观察各炉的温度指标，特别是C炉的指标；如果出现异常，建议不要再增加处理量，以安全运行为主。

7　重整装置大修技改，完善装置高负荷生产的条件

7.1　重整装置循环氢压缩机的改造

对重整循环氢压缩机进行了扩缸改造，缸径由 440mm 扩大到 460mm，排气量由 29800m³/h 提升到 33980m³/h，更换了相应的设备配件。

7.2　重整四合一加热炉的改造

7.2.1　重整四合一加热炉的改造施工方案

1）工程概况

四合一炉由四台重整炉 F2201A、F2201B、F2201C、F2201D 组成，四炉共用同一辐射室，中间以耐火砖墙隔开，辐射室管排均为 U 形，多路进出料，炉体下部沿框架四周方向设气体燃烧器，四炉共用同一对流室。

四合一加热炉辐射室炉管改造具体工程量

如下：

F2201A：8 根炉管切除更换新炉管，新增加炉管 4 根，炉管总数达到 32 根；

F2201B：新增加炉管 8 根，炉管总数达到 32 根；

F2201C：新增加炉管 4 根，炉管总数达到 32 根；

F2201D：新增加炉管 8 根，炉管总数达到 32 根；

2）工程特点

（1）施工现场地面预制量小，且现场设备、框架基础等较多，场地窄小，施工难度增大，受限作业空间作业；

（2）辐射炉管材质为 T9，集合管材质为 P5，其焊接要求高，焊条采用耐热钢焊条，焊前需进行预热，焊后要进行热处理；

（3）施工期正值酷寒阶段，作业困难，防护措施必须保证到位；

（4）吊装作业较多、难度大、工况复杂。

3）施工技术方案

施工程序：

（1）107A－F－2201 炉顶吊管孔、集合管保温箱、周围附属管线需全部拆除；

（2）炉膛搭设脚手架；

（3）107A－F－2201A 辐射室需更换炉管及弯管的采用磨光机切割，保护性拆除，切割位置为集合管下 45° 弯头与炉管焊口往下（上）1m 处；

（4）炉膛脚手架随时调整修改，方便吊出旧炉管；

（5）107A－F－2201 辐射室切下来的旧炉管，利用倒链与吊车配合，从吊装口吊出，及时将管口封堵；

（6）由于炉管需要从炉顶的两倍高度吊出，跟根吊具性能表确定吊车的大小为 75t 汽车吊；

（7）新炉管和新 180° 急弯弯管和导向管整体分组提前预制焊接完毕（两根一组），并做 PT、RT、热处理及硬度检测合格；

（8）吊装前预制好的新炉管整体做工装固定并安装吊点；

（9）倒链挂在集合管（倒链不能和集合管直接接触，需用吊带），并与吊车配合，把新炉管吊装放入炉膛，组对焊接新炉管后并做热处理，做硬度检测合格；

（10）安装集合管盲板，炉管和集合管整体做水压试验；

（11）四合一炉 4 层平台平台钢板焊接回装；

（12）107A－F－2201A 炉顶吊管孔回装，集合管过道平台回装；

（13）炉底和炉顶衬里根据更换炉管造成的损坏程度适当修补；

（14）拆除炉膛脚手架；

（15）回装 A 炉膛人孔；

（16）炉管水压试验水排净(工艺处理)；

（17）拆卸集合管出、入口水压试验盲板。

新炉管的检验：

（1）炉管在使用前必须进行外观检查，内外表面应平整，不得有裂纹、折叠、轧折、离层、结疤等缺陷，并不应有严重锈蚀现象；

（2）合金钢管子、管件按到货数量进行 10% 的硬度检验；

（3）合金钢、不锈钢管子、管件按批次、型号对化学成分进行 100% 光谱检验；

（4）合金钢、不锈钢按同型号、同批次、同材质进行 5% 机械性能检验；

（5）合金钢炉管、管件进行 100% 渗透检测。

焊接材料：

炉管的焊接材料选用见表 6。

表 6　四合一炉管的焊接材料选用表

母材材质	焊接材料	焊条型号	焊接方法
20#、Q235B	H08Mn2SiA	—	氩电联焊
	J427	E4315	
P5+T9	H1Cr5Mo	—	氩电联焊
	R507	E1-5MoV-15	
T9	ER80S-B8	—	氩电联焊
	R707	E1-9Mo-15	

坡口加工与检验控制：

炉管坡口采用机械或火焰加工，火焰加工的坡口在切割完以后需把坡口表面的氧化层清除掉，然后对坡口切割面进行 100% 着色检查，坡口表面不得有裂纹、夹层、气孔等缺陷。坡口形式如图 1 所示。

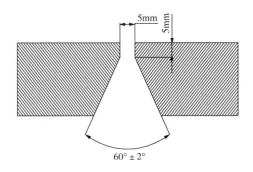

图 1　炉管坡口形式图

炉管组对、定位及检验控制：

（1）组对前，炉管应矫直，弯曲度不应大于 1/1000，且整根炉管长度不超过 6m 时，全长弯曲度不应大于 4mm，超过 6m 时全长弯曲度不应大于 8mm；

（2）炉管组对时，炉管与炉管、炉管与管件的对焊接头内壁应做到平齐，其错边量不应超过 1mm；

（4）焊口组对前，用钢丝刷或砂轮机清理坡口及其 20mm 范围内的母材表面，使其不得有油漆、毛刺、氧化皮和铁锈及其他对焊接有害的物质；

（5）焊缝全部采用钨极氩弧焊打底，内部充氩保护，手工电弧焊填充、盖面；

（6）焊在 180° 急弯弯管上的两根炉管的两端应齐平，长短相差不应大于 2mm；

（7）炉管与炉管、炉管与管件的焊接，除炉内组对焊接外，宜在胎具上进行，焊件对中后，应均匀点焊，点焊处不应有裂纹等缺陷。

焊接完毕后对焊缝进行外观检查，其表面质量应符合下列要求：

（1）焊缝外形尺寸应符合设计文件的要求，焊缝与母材应圆滑过渡；

（2）焊缝和热影响区表面不应有裂纹、气孔、弧坑和肉眼可见的夹渣等缺陷；

（3）焊缝表面的咬边深度不得大于 0.5mm，焊缝两侧咬边总长度不得超过该焊缝总长度的 10%，否则进行修磨或补焊，补焊处应修磨，使之平滑过渡，经修磨部位的炉管壁厚不应小于设计要求的厚度。

炉管热处理：

（1）进行焊后热处理的焊口焊完后，应立即进行焊后热处理，否则采取后热、缓冷等措施，后热温度为 300℃，恒温 1h；

（2）焊后热处理参数见表 7。

表 7　焊后热处理参数

参数	内容	
升温速度	升温过程中对 300℃ 以下可不控制 升温至 300℃ 后，升温速度不应大于 200℃/h	
热处理温度	钢号	温度
	20#	不作热处理
	1Cr5Mo、1Cr9Mo	765℃±15℃
恒温时间	每毫米壁厚恒温 3min，且不少于 1h， 恒温采用 780℃	
冷却速度	恒温后的冷却速度不大于 275℃/h 300℃ 以下自然冷却	

（3）热处理采用电加热法，用温控柜自动控制，恒温时加热范围内任意两点的温差不要高于 50℃，测温采用热电偶，测温点在加热区域内且不少于两点，用自动记录仪记录热处理曲线，热处理过程中用红外线测温计检查热电偶在使用过程中是否正常；

（4）热处理的加热范围，为以焊缝中心为基准、两侧不小于 100mm 的区域，加热区以内的 100mm 范围应予以保温；

（5）热处理前将管道两端封死，防止管内空气流动；

（6）热处理后，对焊缝、热影响区及其附近母材分别抽检表面布氏硬度，抽检数量应不少于热处理焊口总数的 20%，炉管热处理后焊缝的布氏硬度值≤241；

（7）热处理自动记录曲线异常，硬度值超过规定范围时，按班次加倍复检，如仍有不合格，要查明原因，并重新进行热处理。

炉管无损检测：

（1）无损检测后焊缝缺陷等级的评定，执行《承压设备无损检测》（NB 47013—2015），射线透照质量等级不低于 AB 级；

（2）炉管焊缝进行 100% 射线检测，合格等级不低于 JB 4730—2005 的 Ⅱ 级要求，超声检测合格等级为 Ⅰ 级，着色检测合格等级为 Ⅰ 级；

（3）经无损检测发现的不合格焊缝返修后，按原要求重新进行无损检测。

焊缝返修：

（1）经无损检测发现的不合格焊缝必须进行返修；

（2）缺陷的清除采用砂轮打磨的方法，磨槽修整成适合补焊的形状；

（3）返修采用原焊接工艺进行焊接，预热取预热温度的上限；

（4）返修部位按原检测方法及要求进行检测；

（5）同一部位的返修次数不应超过两次，由于客观条件制约需进行超次返修时要编制返修工艺措施，经项目技术负责人批准后方可实施，质检人员追踪检查焊缝返修措施的落实情况；

（6）炉管返修热处理后做硬度测试。

炉管试压：

（1）炉管待按设计图纸组装完后，应进行水压试验，试验压力按图纸规定或设计要求进行；当设计无规定时，应按照 GB 50235《工业金属管道工程施工及验收规范》的规定执行。

（2）试压前应检查炉管及与炉管有关的钢结构、管架、管板、仪表管嘴等的安装和筑炉施工是否符合设计文件的规定；用弹簧吊架吊置的炉管，在液压试验前应采取临时支撑固定。

（3）液压试验应使用洁净水，水压试验前注液体时，应将炉管内的空气排净；珞钼钢炉管试验时，环境温度不宜低于 15℃，否则应采取加热或防冻措施。

（4）试验用压力表应经校验合格，精度不低于 1.6 级，表的满刻度值为最大被测压力的 1.5~2 倍，压力表不应少于 2 块。

（5）试验时，应逐步缓慢升压直至达到试验压力，在该水压试验压力下，保压时间不得少于 30min，并对所有焊缝和连接部位进行全面检查，以不降压、无泄漏、不发汗及目测无变形为合格。

（6）冬季施工时，试压合格后必须立即将水放净，并用压缩空气或氮气将水吹扫干净，且试压环境温度应在 0℃ 以上，如果环境温度达不到，应加防设防冻剂。

7.2.2　重整四合一加热炉改造施工

（1）四合一加热炉施工改造准备工作，由于 2017 年度装置大修是在冬季进行的，因此四合一加热炉施工改造方案制定了详细的冬季施工措施，在加热炉顶部搭设防风、防雪棚，棚内安装临时暖气以达到炉管焊接环境温度的要求；

（2）四合一加热炉集合管与反应系统管线隔离，拆集合管盲盖，集合管开孔处消氢处理，集合管开孔打磨并对打磨坡口着色探伤；

（3）A 炉旧炉管拆除，炉管接口处打磨并对打磨坡口着色探伤；

（4）预制好的炉管 U 形管组与集合管对接焊接（见图 2），焊接后的角焊缝进行无损检测并按照施工热处理方案进行热处理；

（5）对加热炉燃烧器四个辅助烧嘴燃料气线进行的改造，在主火嘴燃料气阀门前引一路燃料气用于辅助烧嘴，以保证燃烧器辅助烧嘴的瓦斯压力，从而降低主燃烧器负荷和火焰长度，如图 3 所示；

图 2　新增炉管与集合管接口

图 3　改造后的辅烧嘴瓦斯线

（6）四合一加热炉炉管改造 140 余道 CrMo 钢焊口一次检验合格，炉管水压试验一次成功。

8　四合一加热炉大修技改后的效果检验

2017 年度重整装置冬季大修改造后，重整装置开工生产且加工负荷达到了 22t/h，产品质量合格，装置各类设备运行稳定。表 8 是重整改造后的四合一加热炉运行参数，由表中数据可以得出四合一加热炉炉膛温度大幅度下降，尤其是 D 炉炉膛温度下降了近百度，加热炉辅助燃烧器燃烧基本稳定，有效地降低了主火嘴的燃烧负荷及火焰长度，彻底消除了火焰舔管的现象，加热炉的操作有了调整的余地。

表 8　重整四合一加热炉 22t/h 负荷时的数据表（改造后）

名称及编号		F-2201A、B、C、D 重整四合一加热炉						
介质名称		油气+氢气						
炉管部位		A 炉辐射段		B 炉辐射段		C 炉辐射段		D 炉辐射段
		入口	出口	入口	出口	入口	出口	入口　　　　出口
操作条件	温度/℃	354.2	468.33	355.54	467.24	382.21	467.79	413.07　　467.44
	压力/MPa	1.55	1.48	1.447	1.44	1.412	1.37	1.358　　1.27
介质流量/(kg/h)		23449		23449		25197.184		25197.184
炉膛温度/℃		718.39		723.51		754.03		674.34
炉管表面温度/℃		553.83		546.78		569.33		543.36
排烟温度/℃		165.57						
燃料气用量/(m³/h)		23.03						
加热炉计算热效率/%		90.711						

9　结论

重整四合一加热炉在装置高负荷生产期间出现了火焰舔烧炉管的现象，造成炉管表面氧化皮过烧脱落，炉管组织的恶化影响了炉管的使用寿命，通过投用燃烧器辅助烧嘴来降低燃烧器主火嘴负荷，使得加热炉炉膛温度分布梯度更加均匀，通过增加加热炉炉管来增加加热炉吸热面积，从而缩短燃烧器主火嘴火焰长度，消除了火焰舔管的现象。

通过四合一加热炉改造后的运行数据可以得出，重整四合一加热炉的改造是成功的，四合一加热炉热效率有所下降，装置能耗有所上升，装置的运行负荷应该在设计合理的范围内操作，超负荷生产肯定会给设备带来不利的影响。

参　考　文　献

1　钱家麟. 管式加热炉(第 2 版). 北京：中国石化出版社，2003：390-393

连续重整装置增压机连杆小头瓦烧损原因分析及改进措施

程永兵

（中国石化塔河分公司，新疆库车 842000）

摘 要 通过对连续重整装置产氢增压机连杆小头瓦与十字头销发生烧损故障的原因分析，结果表明：往复式压缩机反向角减小或为0是造成连杆小头瓦与十字头销之间润滑不良而发生烧损的直接原因，气阀频繁故障、工艺介质重组分聚合液化、工艺介质带粉尘、注油器油量偏大、机组负荷偏低是反向角变小的重要原因。根据分析结果提出了改进和预防措施。

关键词 往复式压缩机；连杆；小头瓦；润滑；反向角

1 引言

某炼化企业 60 万吨/年连续重整装置增压机组是采用沈阳远大压缩机股份有限公司生产的 6M80-276/2.3-29.5 型往复式压缩机。该装置有两台，A、B 机一开一备。从 2014 年 7 月开工至 2018 年 4 月未曾进行大修。只是于 2015 年 10 月对 A 机实施改造增加了 HydroCOM 气量无级调节系统。近两年半都是 A 机在运行。两年半里局部进行过小修，更换过气阀片和活塞环及支撑环。6M80 型机组为六列三级对称平衡式压缩机，气缸为少油润滑，双作用水冷式结构。布置方式为双层布置，其结构如图 1 所示。

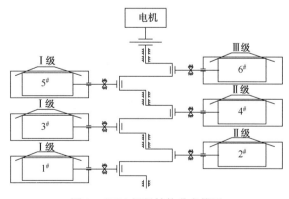

图 1 6M80 机组结构分布简图

于 2018 年 4 月大检修期间将 A 机解体检修，拆检发现二级（2#缸和 4#缸）的连杆、小头瓦和十字头销严重烧损，如图 2 所示。

为此，企业从机组负荷设计、运行操作、装配等方面，对连杆小头瓦烧损进行原因分析

及可行性改造，提高了机组的安全性能，确保了装置平稳生产。

2 故障原因分析

2.1 压缩机运行过程中出现反向角减小甚至为 0 是导致烧损的直接原因

往复机活塞杆及其传动部件在工作中受到拉力或压力，而连杆小头瓦和十字头销的润滑和冷却需要润滑油的进入，如果活塞杆只受拉或者压一个方向上的力，则这个力使十字头销始终压在连杆小头瓦的一侧，这一侧润滑油就无法进入，使十字头销与连杆小头瓦以及曲轴与轴瓦之间不能形成正常的润滑油膜，进而造成严重磨损或烧损。这样，活塞杆的受力方向必须交替改变一定时间，以便连杆小头瓦两侧轮流得到润滑和冷却，这就是"负荷反向"。

反向角是指压缩机曲轴旋转一周时，综合反向负荷持续时间内曲柄转过的角度。综合反向负荷的持续时间（反向角）是往复式压缩机设计中必须十分重视的一个问题，反向角的大小对于大型压缩机尤为重要，因为它直接影响连杆小头瓦、十字头销、主轴瓦的润滑和寿命。如果压缩机运转过程中反向角过小或为 0 则十字头销承载着一个方向的总气体力与总往复惯性力叠加后的综合负荷（摩擦力可忽视），使十

作者简介： 程永兵，男，本科，工程师，现在中国石化塔河分公司从事石油化工设备管理工作。

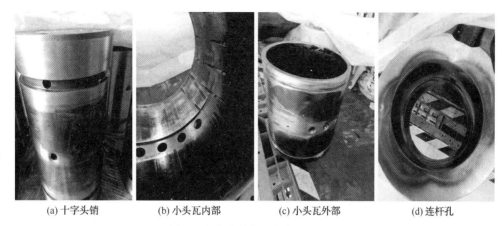

(a) 十字头销　　(b) 小头瓦内部　　(c) 小头瓦外部　　(d) 连杆孔

图 2　十字头销与连杆小头瓦烧损

字头销与连杆小头瓦以及曲轴与轴瓦直接不能形成正常的润滑油膜，甚至出现断油情况，摩擦温度积聚并持续升高，当局部温度超过润滑油闪点（≥215℃）将引起小头瓦内润滑油剧烈碳化或闪爆。虽然锡青铜的熔点>900℃，但其中锡的熔点约为 232℃，积聚的高温极易使铜合金衬套软化变形与十字头销咬合烧研到一起。

当气量调节不当时，尤其是在压缩机的高压级盖侧气阀失效或者轴侧吸气阀不工作造成盖侧单作用的情况下，最容易出现反向角为 0 的现象。因此，在设计往复式压缩机时必须充分认识到反向角的重要性，应尽量使正、反向负荷持续时间均匀，以保证轴承处良好的润滑。

（1）A 机组采用 HydroCOM 气量无级调节系统，二级气缸长期工况为进气压力 0.65MPa，进气温度 39℃，排气压力 1.63MPa，排气温度 121℃，在计算机上利用软件对机组在不同负荷下的反向角进行了验算。在 100%负荷时，反向角如图 3 所示。

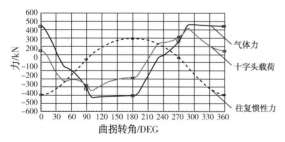

图 3　二级 100%负荷工况下反向角及气体力、
往复惯性力、十字头综合载荷图表

从图 3 中可以看出负荷反向只有一次，反向角为 360°－（207°－20°）＝173°，符合美国石

油协会 API 618 标准，无问题。

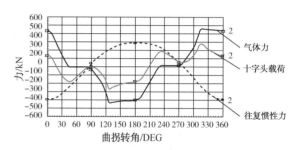

图 4　二级 55%负荷工况下反向角及气体力、
往复惯性力、十字头综合载荷图表

从图 4 中看出 55%负荷时气体力在一段时间几乎为零，这样十字头载荷就会出现变化，图中可以看到曲柄旋转到 90°时，十字头载荷有再次穿越零线的趋势。而负荷降低至 55%工况以下，则会出现多次反向（见图 5），在负荷 40%情况下最小反向角虽能达到美国石油协会 API 618 标准 15°，但多次出现拉压变化，对润滑油膜的形成极为不利，也会对机组十字头销位置的正常润滑产生严重影响。

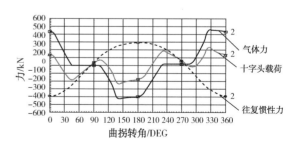

图 5　二级 40%负荷工况下反向角及气体力、
往复惯性力、十字头综合载荷图表

通过上述图表分析，机组负荷 55%是产生反向角异常的临界点。在 2017 年的下半年因装

置处理量小压缩机二级曾在 55% 左右的负荷运行过，即十字头载荷出现过反向多次的现象。特别是在 45° 到 90° 和 230° 到 270° 气体力急速下降的原因影响十字头载荷(综合活塞力)的趋势，容易产生"多次反向"，此处不利于油膜的形成。

（2）排气阀失效是对反向润滑产生破坏的另一个原因，查以往的检修记录(见表1)得知二级盖侧排气阀易破裂，需要频繁更换。若排气阀无法正常关闭，则会对机组的单侧吸气压力造成影响，会造成反向角出现问题。图6为排气阀完全失效情况下机组反向角的验算图表，从图6中可以看出此时是完全没有反向角的，即十字头销是始终压向小头瓦一侧的。压缩机运转过程中可能短期内出现过反向角为0的情况，小头瓦内侧螺旋线油槽几乎研磨殆尽(见图2)，即使未能造成完全断油，也导致了连杆、小头瓦与十字头销严重润滑不良。

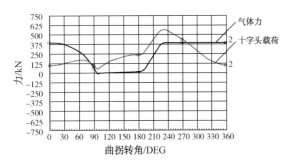

图 6　二级盖侧排气完全失效下反向角验算图表

表 1　A 机二级 2# 和 4# 缸气阀损坏更换情况

机组	盖侧	轴侧	备注
C202A	2016 年 3 月 1 日更换气阀片 6 件	2016 年 3 月 1 日更换气阀片 6 件	损坏后至更换开了一段时间
C202A	2016 年 12 月 20 日更换气阀片 6 件	—	损坏后至更换开了一段时间
C202A	2017 年 6 月 8 日更换气阀片 6 件	—	损坏后至更换开了一段时间
C202A	2017 年 11 月 8 日更换气阀片 6 件	—	损坏后至更换开了一段时间

（3）二级气缸工艺介质含有不饱和烃，在相应工况下聚合液化也是导致反向角变化的重要因素。

表 2　重整氢气组分

重整氢气组分	体积分数/%	重整氢气组分	体积分数/%
氢气	92.28	丙二烯	<0.01
氧气	0.5	异丁烷	0.63
氮气	1.24	正丁烷	0.45
一氧化碳	<0.01	异丁烯	<0.01
二氧化碳	<0.01	正丁烯	<0.01
甲烷	1.36	反丁烯-2	<0.01
乙烷	1.6	顺丁烯-2	<0.01
乙烯	<0.01	1, 3 丁二烯	<0.01
乙炔	<0.01	异戊烷	0.31
丙烷	1.41	正戊烷	0.09
丙烯	<0.01	戊烯-1	<0.01
环丙烷	<0.01	反戊烯-2	<0.01
C6 及以上	0.13	顺戊烯-2	<0.01
硫化氢	<0.01	2-甲基丁烯-2	<0.01

表 3　运行数据

C202A 运行参数	设计值	实际值
一级吸气温度/℃	45	37.7
一级排气温度/℃	125	72.5
二级吸气温度/℃	45	39
二级排气温度/℃	125	121
三级吸气温度/℃	45	38
三级排气温度/℃	89	81
一级吸气压力/MPa	0.23	0.25
一级排气压力/MPa	0.72	0.657
二级吸气压力/MPa	0.67	0.65
二级排气压力/MPa	1.8	1.63
三级吸气压力/MPa	1.75	1.62
三级排气压力/MPa	2.95	2.44

如表2所示调取的 LIMS 中重整产氢分析来看，在 30000 m^3/h 的气流中有 5.95% 的烃类物质，且烃类物质在某一阶段也会经压缩发生聚合反应，而产生的液相较多的话，由于液态的不可压缩性，将导致活塞运动接近死点位置时受阻，冲击载荷瞬间急剧增大，产生液击现象。此冲击载荷产生的动应力通常会增大 3~5 倍，甚至几十倍，可直接引起十字头销、连杆螺栓、活塞杆脆性断裂，缸盖、缸座被击穿等事故，而重组分的烯烃往往在泄压置换拆检时挥发消失，不容易被发现。如果产生液击现象，小头

衬套位置作为机组相对较弱环节，很容易产生烧研情况。从表3运行数据看压力、温度正常，经查烃类混合物及石油馏分饱和蒸汽压表可知，经二级压缩后，占比 1.6% 的 C_4 以上组分将凝结成液态，经过三级压缩，占比 1.4% 的 C_3 组分将凝结成液态，排气阀拆检发现结焦或出现聚合物严重，而且存在液体状物质。工艺需调整进机组前的介质组分，并增厚进机组前的入口缓冲罐的破沫网厚度。

（4）注油器注入量过大也是导致反向角变化的诱因。

注油量在操作规程中有具体的规定，既要充分润滑，又要少焦化，不超过 8~10 滴/min。但在实际操作中往往偏于保守，是注油量偏大，气缸中的过剩润滑油会导致活塞环的"黏附"，过量的油局部聚集在活塞环后面的槽中，并在压缩温度影响下变稠和炭化。卡住活塞环降低气密性，还会玷污排气阀，因此处温度较高，过量的润滑油和工艺介质中的催化剂粉尘会形成胶质状物质，导致气阀不能严密关闭，使排气量显著降低，同时还加快气阀阀片的磨损和损坏而影响气体力改变反向角。

2.2 小头瓦原设计存在缺陷是故障发生的助推剂

二级随机组配件过来的小头瓦，外径最大处有 $\phi265+0.09$mm，而连杆小头瓦孔径为 $\phi265+0.04$mm。小头瓦外径与连杆的配合过盈量较小（要求过盈为 0.05~0.10mm，实测过盈最大处才 0.05mm，最小处为0），后咨询厂家，改变设计，重新制作小头瓦。有达标的过盈量才能避免小头瓦跑外套（见图2），跑外套会生热膨胀，导致小头瓦抱紧十字头销，润滑不好，出现偏磨现象。

通过上述图表分析，6M80 机组往复式压缩机发生连杆小头瓦和十字头销烧损的原因可以归纳如下：

（1）由于连杆小头瓦和十字头销之间润滑不良，出现少油现象，摩擦热积聚温度持续升高，进而造成严重磨损和烧损。

（2）润滑不良和出现少油的主要原因则是由于反向角减小或为0造成的。

（3）反向角减小或为0是由于机组负荷控制偏低（在 55% 以下），或是气阀频繁故障，或是工艺介质大量液化，或是注油器注油量偏大。

（4）机组负荷控制偏低（在 55% 以下）是由装置负荷低造成的；气阀频繁故障的原因是材质质量问题或升程高冲击损坏；工艺介质大量液化是由原料性质决定的或是由工艺调整不到位或破沫网失效造成的；注油器量大是因关注度不够。

（5）运行周期长，出厂装配时十字头销与小头瓦过盈量偏小也是故障发生的诱因。

3　改进措施

针对由于反向角改变导致连杆小头瓦和十字头销烧损的现象，为了避免压缩机再次发生类似故障，可采取以下改进措施：

（1）当装置处理量小时，一、二、三级无级调节系统阀位在 55% 以下时，自动改手动提高在 60% 以上，或是切换至未改装 HydroCOM 系统的 B 机上运行；

（2）各级的压缩比控制在设计范围以内，增设压缩机排气压力和温度高高联锁停机系统，一旦发生气阀损坏失效，当压力和温度严重异常时，可以在短时间内实现自动联锁停机，避免十字头销和小头瓦的破坏，从而保证压缩机的安全；

（3）要求气阀制造厂家重新对气阀的设计参数、材质进行核算，找出气阀故障频繁的原因，并采取措施例如材质改进更换为耐冲击的更高强度的材料，来提高气阀的使用寿命；

（4）要求工艺对重整进料性质进行控制，对重整高分的液位和温度进行控制，对进机组前的入口缓冲罐内破沫网进行更新；

（5）加强注油器油量的控制，不超规程要求。

（6）按照大机组检修规范要求进行例检，并制定预防性大、中、修计划并严格实施。

4　结语

针对此炼化企业的连续重整装置氢气增压机连杆小头瓦与十字头销存在的烧损问题，分析原因，反向角减小甚至为0是导致烧损的直接原因。指出了增上气量无级调节系统后，十字头载荷频繁波动随负荷降低而更加剧烈，因此找准改变反向角的临界点负荷至关重要。

气阀频繁故障是导致反向角变小或为 0 的重要原因，工艺介质含有不饱和烃在相应工况下聚合液化也是导致反向角变化的重要因素，注油器注入量过大也是导致反向角变化的诱因，小头瓦原设计存在缺陷是故障发生的助推剂。根据分析结果提出了改进和预防措施，为消除类似故障发生提供了借鉴。

参 考 文 献

1 API 618 石油、化工和气体工业用往复压缩机
2 黄梓友. 加氢裂化新氢压缩机连杆小头衬套与十字头销烧损原因分析. 润滑与密封, 2009, (11)：111-115
3 郁永章. 活塞压缩机. 西安：西安交大出版社, 2005：174

加氢裂化装置增压氢气往复式压缩机可靠性提升改造

罗利玮

（中国石化扬子石化有限公司加氢裂化联合装置，江苏南京　210048）

摘　要　针对某加氢裂化装置增压氢往复式压缩机的历史运行状况以及故障情况，通过系统性地核算各主要部件的设计参数，从本质上找到了机组可靠性偏低的根原因，通过一系列的国产化改造，实现了机组长周期稳定运行的目标。

关键词　往复式压缩机；活塞杆断裂；振动；可靠性提升；国产化改造

某加氢裂化装置增压氢压缩机 GB102C 为往复式压缩机，二级二列结构，出口压力为 15.9MPa，是装置的关键机组。该机组自投用以来，一直存在着机身振动偏大、活塞杆寿命短、噪音大等问题，设备可靠性不佳。为满足机组长周期安稳运行的要求，有必要对该机组进行系统性的核算，从本质上解决可靠性偏低的问题。

1　压缩机概况及存在的问题

某加氢裂化装置增压氢往复式压缩机，位号 GB102C，于 2004 年改造新增，作为另外两台往复机 GB102A、GB102B 的备机使用，正常情况下两开一备，设备由 BURCKHARDT 公司制造，两级两列结构，型号 2B2A-1.33-1。其主要参数见表 1。

表 1　GB102C 主要参数

压缩机型号	2B2A-1.33-1	制造厂	BURCKHARDT
进气压力	5.5MPa/9.9MPa	排气压力	9.9MPa/15.9MPa
一级缸径	ϕ325mm	二级缸径	ϕ250mm
活塞杆径	ϕ90mm	活塞行程	280mm
压缩功率	2128kW	电机功率	2400kW
转速	426r/min	电机电压	10000V
流量	47975m³/h	电机电流	150A

设备投用后，因机身振动偏大（机身振动加速度值在 2.0g～2.5g 范围），噪音偏大，作为备用机组间断性短时间投用，2009 年 10 月发生一级活塞杆断裂故障（见图 1）。鉴于该机组的运行状态不稳定，可靠性不佳，无法满足长周期运行要求，2010 年以来长期作为备机，仅在紧急情况下投用。

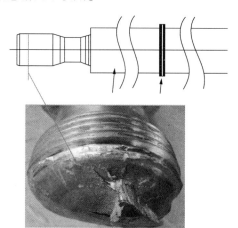

图 1　GB102C 活塞杆断裂部位形貌

2　存在问题的原因分析

GB102C 机在活塞杆断裂前累计运行时间约为 50 天，断裂截面位于尾端螺纹部位，断口呈典型的疲劳断裂特征，短时间内出现疲劳断裂的问题。在考虑安装规范性和备件质量因素的同时，有必要对机组各主要部件的设计安全系数及强度进行校核，从本质上查找根原因。

2.1　活塞杆安全系数校核

经专业设计软件核算，分别对活塞杆最大

作者简介：罗利玮（1983—），男，河北张家口人，2006 年毕业于齐齐哈尔大学过程装备与控制工程专业，学士学位，工程师，现任中国石化扬子石化有限公司加氢裂化联合装置设备主任。

作用力下的安全系数(S_{MAX})、法兰与活塞杆接触面的压力安全系数(S_{PB})、活塞杆平均应力系数(F_R)、活塞杆疲劳强度安全系数(S_{kl})等安全系数进行核算,结果满足设计要求。但活塞杆尾部螺纹疲劳强度 $S_{DDr} = 1.5614$,较安全值(≥ 2.0)偏小,不满足最新设计标准给出的安全系数设置。因此,判断该活塞杆在尾部螺栓的设计上存在安全系数偏低的问题,易产生疲劳断裂的缺陷。

2.2 连杆体强度校核

GB102C 机组通过热动力计算后(按照安全阀开启压力 = 1.1 倍排气压力),综合活塞力 $F_{rsl} = 56t$,对①~⑦的危险截面(见图2)从屈服安全系数、疲劳安全系数、抗变形安全系数、抗弯曲安全系数四个方面进行强度校核:

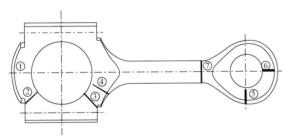

图2 GB102C 连杆危险截面部位图

由于连杆体大头、杆体、小头的厚度(K_d)均相同,所以按照 $K_d = 120mm$ 时,校核①、②、③、④、⑤、⑥、⑦截面及杆体的稳定性。各危险截面的平角(α)和厚度(h)见表2。

表2 危险截面数据表

危险截面	①	②	③	④	⑤	⑥	⑦
α	180°	147°	44°	23°	90°	180°	90°
h	90	135	115	118	50	77.5	119

根据设计软件对连杆体①~⑦危险截面进行强度校核(各截面的屈服安全系数、疲劳安全系数、抗变形安全系数、抗弯曲安全系数),危险截面⑤内侧的抗屈服和抗疲劳强度、连杆体在摆动和垂直于摆动平面内的抗弯曲和抗疲劳强度、安全系数均较低。所以,不能保证连杆体在机组正常运行中使用的安全性。

综上所述,按照当前国内企业成熟的设计标准,通过对原设计的活塞杆安全系数以及连杆体危险截面进行强度校核,发现活塞杆尾部

螺纹疲劳强度安全系数以及连杆小头截面危险截面⑤内侧的抗屈服和抗疲劳强度、连杆体在摆动和垂直于摆动平面内的抗弯曲和抗疲劳强度、安全系数均偏低,机组整体的可靠性偏低。同时,考虑该机组运行中存在振动和噪音偏大的问题,决定对活塞杆、连杆以及十字头部件进行重新设计改造,并加固中体与气缸的连接,连接螺栓由4颗增加至8颗。

3 具体改进措施

3.1 活塞杆改造

活塞杆直径由 90mm 增加至 110mm,尾部螺纹改进为弹性杆半液压结构,改造前后对比如图3所示。

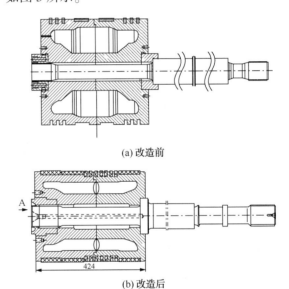

(a) 改造前

(b) 改造后

图3 GB102C 活塞杆改造前后示意图

3.2 连杆改造

连杆重新设计制造,新连杆各危险截面强度校核满足要求,连杆螺栓同时改造,大头瓦、小头衬套利旧,该部件设计时,充分考虑机身及十字头滑道内的旋转空间,改造后的连杆结构如图4所示。

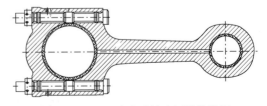

图4 GB102C 改造后的连杆结构简图

3.3 十字头改造

十字头设计主要改进了与活塞杆的连接结

构，同时优化设计十字头与滑道间隙，尽量减小运行振动和噪音，改造前后对比如图5所示。

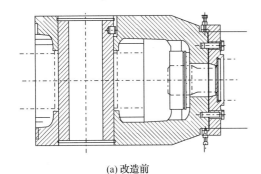

(a) 改造前

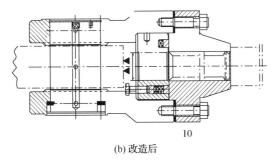

(b) 改造后

图5　GB102C 十字头改造前后示意图

3.4　其他部件改造

（1）据装配空间和检修空间，将中体与气缸的连接螺栓由4颗增加至8颗，提高连接刚度，减小振动。

（2）主填料、中间填料及刮油环据新活塞杆尺寸进行适应性改造。

（3）气缸、中体部件据改造后的各级填料尺寸进行适应性改造。

4　改造实施情况

各改造零部件在设计初期，经过了多次现场测绘，各部位的配合尺寸经过严格把关，新备件到货后，安装过程较顺利。完成安装后，机组经过空试、联试合格后，投入运行进行考核，初次考核周期为7天，该时间段内，机组运行情况良好，噪音和振动较之前明显下降。随后停机安排拆检，各部件磨损、配合间隙以及紧固情况均正常。之后对该机组进行长周期运行考核，截至目前，已连续运行了60天，各状态参数稳定。

表3　GB102C 改造前后状态参数对比

	一级缸头振动值/(mm/s)	二级缸头振动值/(mm/s)	机身振动值/g	噪音(距离机组5m处测量)/dB
改造前	7.5	8.6	2.0~2.5	120
改造后	4.5	5.6	1.5~1.8	90

5　结语

此次改造后，机组的振动、噪声等运行状态参数较之前得到了明显改善，目前的连续运行周期也超过了之前的累积运行时间，机组整体可靠性得到提升，实现了改造预期。改造初期，在充分掌握该机组的历史运行状况的基础上，不仅仅针对活塞杆断裂这一次故障进行分析和改进，而是依据当前的设计标准，对机组进行系统性的全面核算，大胆地实施一系列的国产化改造，是此次改造成功的关键。

随着国内往复机制造业的快速发展，国内一些往复机制造企业在设计标准和加工水平方面也已日趋成熟，同时，一些国内企业在对一些运行多年的进口机组存在问题的攻关和改造过程中，积累了较多的经验，具备了进口机组国产化改造的技术能力和制造能力。与此同时，在往复机的改造或备件国产化过程中，必须关注材质的选型和质量标准、加工精度和检验等方面的过程控制因素，对全过程的每一个细节高标准把关，才能取得最终的成功。

参 考 文 献

1　JB/T 9105—2013　大型往复活塞压缩机技术条件
2　API 618　石油、化工和气体工业用往复式压缩机

加氢裂化装置高压法兰检修新模式的应用

姜　渊

（中国石化扬子石化有限公司芳烃厂，江苏南京　210048）

摘　要　加氢裂化装置高压法兰历来是检修工作中的难点，安装技术要求非常高，由法兰、八角垫、螺栓组成的密封结构极易发生泄漏，安全风险极大。传统检修工具落后，一般使用1~2套液压扳手，甚至使用大锤，并且安装人员技术素质不高，工器具使用不规范，在高力矩、摩擦力作用下，造成螺纹损伤，螺母与法兰面受损，直接造成开车后热紧困难。本文介绍的先进安装模式通过精确的力矩计算、先进的工器具与管理，可以实现高温高压法兰检修后"零泄漏"的目标，专业公司参与高压法兰检修已成为炼化行业检修管理新的发展趋势。

关键词　加氢裂化；高压法兰；先进安装模式

1　引言

扬子石化油品质量升级技术改造 2# 加氢裂化装置由洛阳工程设计院设计、中石化第五建设公司安装，2014 年 3 月运行。2015 年 7 月 3 日，因大连高压阀门厂部分高压阀门质量原因，装置停车检修。

由于本次消缺所更换的阀门（SW/BW）均属于高压部位，数量为 105 只，需要动火更换，因此工艺处理所涉及的高压法兰较多，共有 41 个位置的高压法兰连接需要拆卸、加盲板、紧固，螺栓数量共计 508 条。螺栓规格有 M36、M39、M42、M48、M52、M56、M64、M68、M70、M76、M90 共 11 个规格，具体位置有热高分至液力透平、反应系统、冷高分、高压空冷各出入口等 41 个位置。

由于本次停机检修时间紧任务急，且考虑到法兰螺栓拆装属于专业性技术服务，所以此次检修引入检修安装新模式，真正实现高温法兰检修后"零泄漏"的目标。

2　前期准备

2.1　信息统计及预紧力计算

前期与检修单位业务负责人详细讲解了停检修装置概况并进行详细测绘，统计管道法兰、垫片、螺栓详细信息及工况，进行法兰螺栓预紧力计算。

表 1　使用拉伸器紧固法兰明细表

序号	法兰编号	法兰位置	压力等级	公称直径	螺栓规格	螺栓数量
6	27#	热高分入口	2500LB	DN500	M72X3	16
11	35#	精制反应器入口	2500LB	DN400	M64X3	16
12	36#	精制反应器出口	2500LB	DN400	M76X3	16
15	39#	裂化反应器入口	2500LB	DN500	M76X3	16
16	40#	裂化反应器出口	2500LB	DN550	M90X3	16
23	48#	反应器入口混氢点	2500LB	DN350	M64X3	16
25	175#	热高分出口	2500LB	DN450	M68X3	16

综合对本次停工检修的 41 个法兰进行评估，为了确保紧固效果，本次仅对使用拉伸器紧固法兰位置（序号 6、11、12、15、16、23、25，见表 1）进行精确的预紧力计算，其余位置考虑沿用以往的推荐值。

工程关键数据的计算是关键连接管理系统的灵魂和核心，如果没有正确的施工关键数据，关键连接管理就失去了方向和依据。

针对不同位置的螺栓，即使是相同规格相同材质的螺栓，在不同的设计压力、设计温度及采用不同的垫片形式下，所需的紧固拉伸力是不同的。如果施加在螺栓上的拉伸力不够，则法兰总体紧固力不够，会造成泄漏；但如果施加在螺栓上的拉伸力过大，则容易使垫片受损，更严重者会造成螺栓的塑性变形，对法兰联结造成更严重的后果。所以精确的拉伸力计算在关键连接管理系统中尤为重要，是保证法兰零泄漏的首要条件。

对法兰联结处的垫片在紧固过程中进行受力分析，只有在施加在垫片上的力大于最小力并小于最大力时，垫片才能达到正常的密封效果。施加的力太小，达不到密封效果会造成泄漏；施加的力太大，则会使垫片遭到破坏而失去弹性，同样会使法兰联结在内压作用下产生泄漏。以反应器入口混氢点为例：

表 2　反应器入口混氢点法兰基础数据

序号	位置	设计压力	设计温度	公称直径	螺栓规格	螺直径	螺栓数量	螺栓材料
1	反应器入口混氢点	16MPa	360℃	DN350	M64×3	64mm	16	25Cr2MoVA

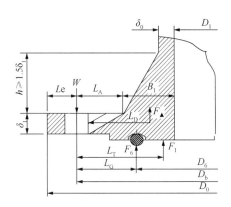

图 1　法兰剖面图

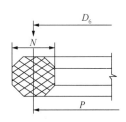

图 2　垫片剖面图

螺栓计算压力 $P_C = 16MPa$，设计温度 $t = 360℃$，根据螺栓材料，屈服强度 $\sigma_s = 685MPa$，常温许用应力 $[\sigma]_b = 254MPa$，设计温度许用应力 $[\sigma]_b^t = 194.6MPa$，公称直径 $d_B = 64mm$，根径 $d_{根} = 60mm$，数量 $n = 16$ 个，垫片实际宽度 $N = 31.75mm$，密封基本宽度 $b_0 = 3.9688mm \leqslant 6.4mm$，所以有效密封宽度 $b = b_0 = 3.9688mm$，垫片压紧力作用中心圆直径 $D_G = 419.1mm$，垫片特性参数预紧比压 $y = 179.3MPa$，垫片系数 $m = 6.5$，所以：

流体压力引起的总轴向力：
$$F = \pi D_G^2 P_C / 4 = 2206099N$$

操作状态下需要的最小垫片压紧力：
$$F_P = 2\pi b D_G m P_C = 1086350N$$

操作状态下需要的最小螺栓载荷：
$$W_P = F + F_P = 3292449N$$

预紧状态下需要的最小螺栓载荷：
$$W_a = \pi b D_G y = 936455N$$

操作状态下需要的最小螺栓总截面积：
$$A_p = W_P / [\sigma]_b^t = 16919mm^2$$

预紧状态下需要的最小螺栓总截面积：
$$A_a = W_a / [\sigma]_b = 3687mm^2$$

所需螺栓总截面积 A_m 取 A_p 和 A_a 中大者：
$$A_m = 16919mm^2$$

实际螺栓总截面积：

$A_b = n\pi d_{根}^2 / 4 = 45216mm^2 > A_m$，校核合格。

螺栓设计载荷，操作状态：
$$W_1 = W_P = 1086350N$$

预紧状态：
$$W_2 = 0.5(A_m + A_b)[\sigma]_b = 7891145N$$

单个螺栓设计载荷，操作状态：
$$W_{1S} = W_1 / n = 67.9kN$$

预紧状态：
$$W_{2S} = W_2 / n = 493.2kN$$

实际单个螺栓可承受载荷 $Y.P.$：

$Y.P. = \sigma_s A_b / n = 1935kN > W_{2S}$，校核合格。

选用博钛液压拉伸器 BT6 M64×3，油压面积为 $10074mm^2$，最大工作压力为 1500bar，最大拉伸力为 1511.1kN，工具覆盖率为 50%，负载转换系数为 1.2，根据北京源城公司公式计算，可得到表 3 和表 4 的数据。

表 3　螺栓载荷

	螺栓载荷/kN	%Y.P.
T1@A 压力	1262	65.2%
T1@B 压力	1052	54.4%
T2 留存载荷	877	45.3%
T3 工作状态载荷	877	45.3%
T4 工作 1000h 后	658	34.0%

表4　螺栓紧固压力

紧固压力	第一组螺栓	第二组螺栓	% Y.P.
A 压力/bar	1253	—	65.2%
B 压力/bar	—	1044	54.4%
校验压力/bar	1044	1044	54.4%

2.2　预先检查

2.2.1　垫片

本次使用八角垫片，重复使用。重点检查垫片是否按原位装回，垫片表面是否在拆除过程中受到二次损伤。

2.2.2　法兰

检查垫片安放表面。检查表面是否有腐蚀性凹坑、裂纹和工具加工痕迹。任何放射状的工具痕迹都会直接导致泄漏，确保垫片安放表面正好是所需垫片的形状。检查螺母要安放的法兰表面，这些地方应该平整、无凹坑和额外磨损。

2.2.3　法兰调整

两个法兰面保持水平且成一条直线，法兰的螺栓孔应能连成一条直线，这样螺栓在紧固时不会被弯曲。

2.2.4　螺栓和螺母的准备

核对螺栓螺母尺寸及长度的正确性。

螺栓尺寸：M64×3。

螺母尺寸：A/F，95mm。

螺纹和接触面应该无杂质，无锈，无刻痕，无毛刺，无碎屑。

螺栓和螺母必须彻底清洁干净(柴油浸泡并且用金属丝刷)并润滑，这样螺母可以轻松地用手拧到螺栓上，达到组装所需的预紧状态。

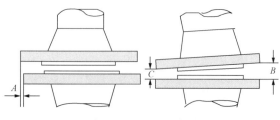

图3　法兰校准示意图

2.2.5　法兰校准

法兰校准示意图如图3所示，横向公差 $A \leqslant 3$mm，$B-C$(凸面的最外侧测量) $\leqslant 1.75$mm。

3　法兰螺栓紧固

3.1　安装好法兰

手动将螺栓拧到法兰上。确保由螺栓连接的两个法兰面保持平行，以保证整个法兰联结面是金属对金属完全接触，并记录定位测量数据。

3.2　拉伸

法兰上的16条螺栓用50%的拉伸器来紧固，拉伸器需安装在平分的8根螺栓上，螺栓分为2组，分组顺序如图4所示。

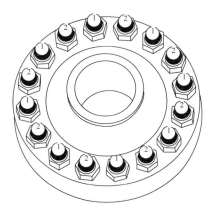

图4　螺栓分组顺序

50%的第1组螺栓用A压力1253Bar进行紧固，紧固完成后余下50%的第2组螺栓用B压力1044Bar进行紧固，直到法兰上的16条螺栓全部被紧固。紧固顺序和所需压力应严格按照螺栓紧固数据表中要求，以达到法兰的零泄漏。

3.3　拉伸器安装

安装液压拉伸器到预先标识好的8根螺栓上(见图5)。

图5　液压拉伸器现场安装图

3.4 第一轮紧固

使用 A 压力 1253bar 依次对第 1 组螺栓进行紧固。每一步用拨棒紧固螺栓后，压力被释放，然后拉伸器从螺栓上移走，记录法兰定位测量数据。

3.5 第二轮紧固

使用 B 压力 1044bar 依次对第 2 组螺栓进行紧固。每一步用拨棒紧固螺栓后，压力被释放，然后拉伸器从螺栓上移走，记录法兰定位测量数据。

3.6 校验压力

将拉伸器依次返回到第 1 组螺栓上，重复用 B 压力 1044bar 来拨动所有螺栓。其中如果有任何一个螺母可以被转动，则需要重复 3.4 至 3.6 步骤，直至所有螺母均无法转动，记录法兰定位测量数据。

3.7 紧固结束

如果以 B 压力 1044bar 校验时，无螺母可转动，则整个紧固过程结束。

法兰间距对比见表 5。

表 5 法兰间距对比表 mm

标准值	位置	上	下	左	右
（上-下）或（左-右）≤±1.75	紧固前法兰间距	222.36	221.14	224.21	222.40
（上-下）或（左-右）≤±1.75	第一轮法兰间距	218.65	217.92	218.99	218.04
（上-下）或（左-右）≤±1.75	第二轮法兰间距	217.56	216.91	217.61	217.05
（上-下）或（左-右）≤±1.75	校核后法兰间距	215.86	215.48	216.18	215.44

4 后期工作

（1）检修单位提供停工检修装置法兰拆装现场施工作业报告；

（2）高压法兰现场挂牌建档，包括法兰规格、力矩值、液压工具型号、检修单位、检修日期等；

（3）厂家提供书面及电子的法兰管理数据；

（4）定期现场服务，确认法兰螺栓紧固服务效果。

5 结论

开车后至今，法兰未泄漏。加氢裂化装置高温高压法兰历来是检修工作中的难点，安装技术要求非常高，法兰八角槽密封面、八角垫清洗检查，螺栓安装力矩的施加是开车后法兰是否泄漏的关键，在反应系统实际操作中，由于负荷的变化，引起温度、压力波动，由法兰、八角垫、螺栓组成的密封结构极易发生泄漏，一旦发生泄漏，必然发生火灾、爆炸、中毒事故，严重时造成装置紧急停车，安全风险极大。实践证明螺栓力矩的大小、分配是否均匀是法兰泄漏的重要因素，以往此类项目的检修均由技术素质不高，工器具使用不规范的单位承修，造成开车后法兰泄漏事故时有发生。选择专门从事高压法兰螺栓安装的专业公司，通过精确的力矩计算、先进的工器具（液压扳手实现一拖四、一拖八，确保力矩均匀）与管理，实现高温高压法兰检修后"零泄漏"的目标，专业公司参与高压法兰检修已成为炼化企业检修管理新的发展趋势。

制氢装置转化气蒸汽发生器泄漏原因分析及修复

张际平

（中国石化石家庄炼化分公司，河北石家庄　050099）

摘　要　某制氢装置停工后发现蒸汽发生器发现管板管束泄漏，对泄漏原因进行了分析，对其进行修复，并制定了后续应对措施。

关键词　制氢；蒸汽发生器；管板；泄漏；修复

1　简介

天然气转化制氢装置设置蒸汽发生器，在工艺流程中的作用为利用转化炉的高温烟气（800～900℃）热量将除氧水加热为3.5MPa的饱和蒸汽，其结构型式为固定管板式换热器，中心设置大口径中心管用于调节出口转化气温度。由于管程侧烟气介质温度高且含高比例（70%～80%）氢气，运行条件苛刻，因此在管板外侧外加衬里及护板层防止高温烟气直接作用于管板。蒸汽发生器的结构如图1所示。

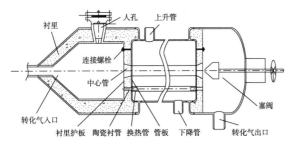

图1　蒸汽发生器结构图

河北某炼厂天然气转化制氢装置运行3年后按计划停工检修，在对蒸汽发生器进行鉴定时发现管板与管束间泄漏。本文对其泄漏原因进行了分析，将泄漏部位进行修复，保证开工，并制定后续应对措施。

2　蒸汽发生器情况介绍

2.1　蒸汽发生器结构

蒸汽发生器为一个自然循环的烟管式结构，两个柔性管板之间布置236根 $\phi32$ 的换热管组成受热面，管子长度为6m，管子材质为15CrMo，正方形排列，管心距为44mm，在管束的中心设一根 $\phi325×17$ 的中心旁通管用于调节转化气的出口温度。

2.2　蒸汽发生器参数

蒸汽发生器参数见表1。

表1　蒸汽发生器参数

项目	壳程	管程	
介质	汽，水	转化气	
设计压力/MPa	4.4	3.1	
工作压力/MPa	3.5	2.84	
设计温度/℃	270	入口900，出口420	
工作温度/℃	250	入口840，出口350	
材质	16MnR	管板15CrMoR	管子15CrMo
衬里材料	氧化铝空心球混泥土		
容器类别	Ⅲ		

2.3　泄漏情况

对蒸汽发生器进行鉴定时发现转化入口侧锥形段内存在明水，管束管板外部的衬里护板在南侧部分开裂变形，右上部1/4部分严重，并且内部衬里大面积掏空；转化气出口段内也有明水，衬里护板损伤情况不明显，但内部衬里脱落严重。具体泄漏情况如图2所示。

将水排净后进一步检查，并在壳程通入0.1MPa动力风试漏发现三处换热管与管板间焊缝漏。决定将衬里护板拆除，清理衬里，将管板表面用钢丝刷清理干净，对管板表面进行着色检查。完成后检查发现九根换热管焊缝处有发散裂纹（见图3）。其中一根换热器距管口2cm处有局部断口（见图4）。拆除的衬里护板变形，有过热蠕变现象（见图5）。

(a)转化气入口锥段空间　　(b)转化气出口段空间

图2　蒸汽发生器泄漏情况

图3　管板着色　　图4　管口局
后的检查结果　　部裂纹

图5　拆除的衬里护板变形

3　泄漏原因分析及修复过程

此台转化蒸汽发生器自2009年5月份开始使用，经过2011年、2014年两次停工检修未发现问题，2017年7月检修首次发现泄漏。

下面结合设备运行环境对泄漏原因进行分析，通常存在下列几种影响因素：介质冲刷、工艺操作影响、高温氢腐蚀。

由设备损伤情况来看，管板最外部的衬里护板存在变形开裂损伤，内部衬里存在脱落现象，管板管束间存在裂纹，未见冲刷损伤痕迹。

工艺操作方面：自投用后，装置共经过4次计划停开工和3次较严重的紧急波动、停工，这些波动引起的管壳程温度、压力骤变对设备造成了结构应力的突变及材料性能的降低，对

设备造成积累的损害，降低了材料性能，降低了使用寿命。从设备损伤的情况判断，是工艺操作波动使转化气入口段衬里护板性能降低，在高温氢作用下内部脱碳并形成变形扩展裂纹，继而衬里被高速气流冲刷损坏脱落，使管板在高温氢介质作用下，形成高温氢腐蚀内部脱碳，使管板与换热管焊缝开裂，并扩展至管板内，由于壳程压力高于管程，因此壳程锅炉水进入管程，从而加速衬里损坏、裂纹扩展，同时管板与换热管间焊缝由于波动造成的应力变化引起强度降低，也对焊缝开裂造成了影响。

4　修复方案及实施

经过使用单位、生产厂家、施工单位共同讨论，制定了修复方案。

4.1　检查管板管束泄漏位置

将管程侧的转化气出入口衬里护板全部拆除、衬里清理干净，在壳程侧采用0.5MPa的压缩空气进行检测泄漏情况，结合着色(PT)对泄漏部位检查，并进行记录。

4.2　裂纹打磨补焊、堵漏

对检测出裂纹的部位用砂轮($DN100$)向裂纹深处切割，在保护换热管不被损坏的原则下，尽可能纵深，对切割处采用砂轮进行抛光打磨，使坡口达到至少大于30°。然后清理周围铁锈、污渍，达到焊接条件后进行补焊。为保证开工后运行期间的安全系数，对周围有裂纹的换热管均采用堵头堵住，并将堵头与管板焊接，堵头采用与换热管、管板同材质的15CrMo。

焊接方法：焊条电弧焊；电源极性：直流反接；焊条型号：ENiCrFe-3；焊条直径：φ3.2；焊接电流：90~130A；焊接速度：50~80mm/min；焊接电压：20~24V。

在焊接中换热管与管板焊接修复前用火焊加热至消氢温度，焊接应采用小的焊接线能量，焊接分区域焊接保持管板受热均匀，以减少焊接应力；水压试验后如仍有泄漏，应放净水并将泄漏部位水分烤干，然后再进行焊接。

4.3　检测

焊接后采用着色(PT)处理进行检测。

完成以上步骤合格后，在壳程侧充水进行水压试验，确认无泄漏后保压足够时间进行检查，检查期间保持压力不变，对所有焊接接头

进行检查，同时对其他接头进行复检。

根据以往同类设备的修复经验，补焊范围的周边容易再次出现裂纹，以上修复、检测步骤需反复进行多次。

在实际修复过程中，由于补焊后又有扩展裂纹，共经过三次补焊，西侧堵管26根，东侧堵管9根，100%着色检查、打水压合格后，管板修复完成。

4.4 管板外衬里、护板修复

在管板泄漏部位修复过程中，重新采购了衬里、衬里护板、与换热管配套的陶瓷套管、管板与衬里护板连接螺栓。管板修复完成后，将换热管内径清理干净，保证能够将陶瓷衬管安装进去，然后按照厂家指导方案，恢复了衬里护板、衬里、陶瓷套管(见图6)。

图6 恢复完成的管板外衬里护板

5 后续操作应对措施

(1)开工后对此台蒸汽发生器进行特护，对外壁定点定时测温。

(2)工艺调整要缓慢升降温度、压力，避免造成设备强度下降，管板换热管之间应力变化过大及护板过热。

(3)工艺操作在参数上监控是否有泄漏迹象，如有要及时采取措施。因为管束泄漏后，壳程内锅炉水进入管程，会造成除盐水的损失，以及水汽比的增大，同时凝结水外送量大于配汽量，定期监测水汽比、凝结水外送量与配汽量对比，以便有泄漏迹象时提前采取应对措施。

(4)此次修复效果运转9个月未发现泄漏，为保证长周期运行，同时订购一台新设备，具备停工条件时进行更换。

CO 装置脱碳单元空冷管束故障分析与防护

邓 昂

（中国石化扬子石化有限公司芳烃厂设备管理科，江苏南京　210048）

　　摘　要　针对扬子石化 CO 装置脱碳系统空冷管束泄漏故障，综合分析原因，得出溶液中高热稳态盐含量为导致管束泄漏的主要原因。此外，空冷管束入口管箱流体扰动，使管壁存在壁面剪切力，管束在冲刷腐蚀的交互作用下泄漏。针对两方面原因，提出防控措施。

　　关键词　空冷管束；热稳态盐；壁面剪切力；冲刷腐蚀

　　扬子石化 CO 装置采用天然气蒸汽转化、MDEA（甲基二乙醇胺）脱碳、变温吸附和深冷分离工艺生产一氧化碳和羰基合成气，副产蒸汽。其中脱碳系统采用 aMDEA 脱碳工艺，将 CO_2 从工艺气中脱除，使得 CO_2 残余量低于 30×10^{-6}，装置自 2010 年 9 月投入运行。

1　故障简介

1.1　空冷介绍

　　脱碳单元共 8 组空冷管束，并排布置，位号为 EC15401，其作用为将介质降温后送至后续 CO_2 吸收塔中。管束型号为 GP9×3-8-258-5.1S-23.4/DR-IVa，翅片管规格为 $\phi 25 \times 2.5mm$，材质为 $10^{\#}$ 钢，管箱材质为 20R，换热管与管箱连接方式为强度焊加贴胀，由哈尔滨空调股份有限公司生产。换热管内介质为 MDEA 贫液，进出口操作温度为 87℃/50℃，入口操作压力为 4.2MPa，总流量为 $350m^3/h$。

1.2　故障描述

　　2016 年 3 月 EC15401 第五组翅片管入口侧第二排第 9 根近管箱背部 2~3mm 处（光管）8 点钟方向出现穿孔泄漏，同年 11 月第七组翅片管入口侧第二排第 9 根近管箱背部 2mm 处（光管）12 点钟方向出现穿孔泄漏。穿孔直径约 1mm，泄漏点处光管部分无明显腐蚀痕迹，外腐蚀形貌如图 1 所示。

　　将泄漏管束及其相邻管束割除并堵管，位置如图 2 所示。对割除管束水平剖分，观察内部腐蚀形貌。图 3 为泄漏管束内壁的腐蚀形貌，可以看出，管束入口端内壁明显腐蚀，可见大

图 1　空冷管束外腐蚀形貌

而深的腐蚀坑，腐蚀区域较集中，在入口端后侧及管束后端无明显腐蚀痕迹。第一排第 10 根及第二排第 8 根管壁内貌如图 4 和图 5 所示，第二排第 8 根管束尾端可见轻微冲刷减薄痕迹，其他部位无肉眼可见减薄迹象，但管内壁均附着绿色腐蚀产物。

　　此外，脱碳系统还存在其他故障现象：MDEA 再沸器出口至汽提塔管线焊缝出现三次泄漏；CO_2 汽提塔操作波动大，发泡趋势明显。

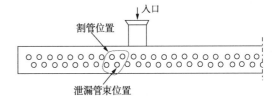

图 2　泄漏管束及割除管束位置示意图

　　作者简介：邓昂（1978—），助理工程师，2014 年毕业于南京工业大学化工过程机械专业，现在芳烃厂合成气车间从事设备管理工作。

(a)前端(入口端)管壁内貌　　(b)后端管壁内貌

图3　泄漏管束内貌

(a)前端(入口端)管壁内貌　　(b)后端管壁内貌

图4　第一排第10根管束内貌

(a)前端(入口端)管壁内貌　　(b)后端管壁内貌

图5　第二排第8根管束内貌

2　空冷管束失效分析

分析空冷管束失效原因时主要考虑两个方面，一方面要考虑导致空冷腐蚀泄漏的原因，另一方面也要考虑空冷泄漏位置机理。

2.1　介质腐蚀

脱碳单元溶剂系统所使用的溶剂为一种MDEA(甲基二乙醇胺)与活性剂aMDEA的混合水溶液，正常溶剂的浓度为40%，其中aMDEA的浓度为8%，MDEA的浓度为32%。操作期间，胺液浓度控制在37%~45%。

MDEA溶剂自身并无腐蚀性，韦冬萍、冯绪文等通过试验证明碳钢在MDEA底液中呈钝化状态，表面形成一层保护层。碳钢表面的状态与MDEA吸收CO_2的机理及其生成物相关，生成碳酸氢盐的吸收反应，有利于$FeCO_3$腐蚀产物膜的生成，致密的$FeCO_3$膜的生成能阻止腐蚀剂(如CO_2、碳酸氢根离子等)向金属表面扩散和Fe^{2+}向溶液中扩散，明显地减缓腐蚀速率。但当MDEA溶液中存在HSS(热稳态盐)时，HSS的阴离子很容易取代碳酸亚铁上的硫离子和铁离子结合，从而破坏致密的碳酸亚铁保护层，即$FeCO_3 + HSS^- \rightarrow FeHSS^- + CO_3^{2-}$。

热稳态盐的阴离子与胺结合，不能通过热再生方法回收溶剂胺，于是与热稳态盐相同摩尔数的溶剂胺被固定而不能被有效地利用。热稳态盐的累积，使得溶剂的腐蚀性增强。腐蚀产物沉积在换热器上形成结垢，影响传热，将直接加大胺液再生能耗、降低胺液的再生效率和纯度。由于局部高温，又加剧胺液降解，形成热稳态盐含量越来越高的趋势。此外，胺液中携带大量金属腐蚀产物易对设备内部产生冲刷腐蚀。

脱碳系统MDEA溶液分析结果如表1所示，热稳态盐在胺液中的含量(质量分数)通常要求不大于1%，而本装置分析含量达到9.13%左右，严重超标。

表1　MDEA溶液分析结果(2017年1月5)

项目	样品	不影响生产参考值
外观	土黄色液体	—
电导率/(μS/cm)	1562	—
pH	10.03	—
总胺/%	64.99	37%~45%
热稳定盐/%	9.13	≤0.5
束缚胺/%	9.37	≤1.0
强阳离子/10^{-6}	791	—

HSS的生成被认为是造成设备腐蚀的最主要原因；数据显示，当胺液中HSS质量分数从3.8%下降到0.5%左右，则设备的腐蚀速率从2.286mm/a下降到0.0508mm/a。美国MPR公司研究得出的热稳态含量与金属腐蚀速率之间的关系如图6所示，当胺液中热稳态盐含量低于0.5%时对金属基本没有腐蚀，当热稳态盐含量高于1.0%时，金属腐蚀速率明显增强。

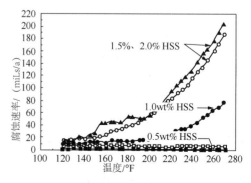

图6　热稳态盐含量与金属
腐蚀速率关系曲线(1mil=0.0254mm)

2.2 流体冲刷腐蚀

CO 装置空冷器 EC15401 管束与管箱的连接方式为强度胀+密封焊，换热管入口端无衬管。每组空冷管箱入口为两管嘴，对称布置，流体入口方向与空冷管束垂直，直接进入管箱，管束呈正三角形方式排列。

于波、偶国富等采用 CFD 动力学软件，对空冷内介质流动状态进行模拟发现，对于流体入口方向与管束垂直的结构形式，流体进入管箱后，在入口管两侧形成了较为强烈的涡流区，加剧了管箱内流体的扰动，如图 7 所示，流体会以螺旋状的形式进入空冷管束，对管束入口端形成较强的剪切冲刷作用。剪切力不断剥离管束内表面产生的腐蚀产物所形成的保护膜，产生裂痕或冲蚀坑，露出新鲜的活性金属表面，使冲蚀坑的内外坑构成腐蚀原电池而进一步加速腐蚀。

图 7 空冷器管箱和管束内的流线

偶国富、詹剑良等对加氢空冷器(与 CO 装置 EC15401 结构类似)进行全流场模拟发现，空冷管束内介质的流速分布基本沿入口法兰中心线对称，流速最大管束位于正对入口法兰中心位置，除此以外，上排管束的流速均高于下排管束。流速越大，腐蚀性介质对壁面的剪切应力越高，冲蚀越严重，且通过远场涡流检测表明冲蚀严重的管束与 CFD 模拟的结果一致。参考此观点可推断 CO 装置空冷 EC15401 第二排第 9 根管束泄漏并不是随机的，而是因为此管束受管箱内涡流流场的影响，入口流速较大所致。

综上所述，空冷管束泄漏的原因为管内 MDEA 介质冲刷与腐蚀的相互作用，其中热稳态盐含量偏高是导致设备腐蚀的主要原因。此外，空冷管束入口处管壁存在壁面剪切力，且每根管束流速不同，流速较大的管束发生腐蚀泄漏。

3 解决对策

3.1 脱碳单元 MDEA 溶液净化

胺净化工艺主要包括 HSSX 工艺和 SSX 工艺，其工艺流程如图 8 所示。HSSX 工艺主要采用 MPR 公司的 VersaltRB 阴离子交换树脂去除胺液中热稳态盐的阴离子，同时将与热稳态盐结合的束缚胺转化为可用胺，恢复胺的效率。SSX 工艺主要是采用 MPR 公司开发的独特胺液过滤工艺，可过滤胺液中各种尺寸甚至是小于 1μm 的胶体状悬浮物，能够有效消除上游携带的催化剂粉末、设备腐蚀产物 FeS 等固体杂质，且可以实现全自动反冲洗。

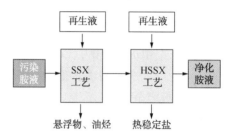

图 8 胺液净化技术流程简图

CO 装置脱碳系统 MDEA 溶液在线净化时间约为 45 天，净化后溶液中热稳态盐含量由 9.13%降至 1.30%。

3.2 空冷进出口增设切断阀

原设计中空冷器 EC15401 进出口无切断阀，若单台空冷出现故障无法在线解决，则须紧急停车，倒空检修。在空冷进出口管束处增设切断阀后，方便单台空冷切出检修。

4 空冷腐蚀防护与探讨

4.1 降低 MDEA 溶液中热稳定盐含量

热稳定盐形成原因有两种，一种是原料气中的酸性强于 H_2S 和 CO_2 的酸类与 MDEA 形成盐，另外一种是胺液降解产生。在 CO 装置脱碳系统 MDEA 溶液净化过程中发现热稳态盐大部分为弱酸盐(甲酸，乙酸等)，结合装置所使用原料的各项参数，推断热稳态盐含量超标是由胺液降解所导致。胺的降解有三种不同的类型：热降解、化学降解和氧化降解。针对三种降解类型，对装置提出以下操作建议。

1)严格控制再生塔底温度和 CO_2 残余量

MDEA 本身的腐蚀性并不高，但是吸收 CO_2 后 pH 值下降，腐蚀性增加，当温度升高时，CO$_2$ 从 MDEA 中解析出来，对碳钢的腐蚀作用将进一步增强。王涌等指出 MDEA 单纯的热降解是非常轻微的，即使在 200℃的温度下，当处于 N$_2$ 气氛中时，MDEA 浓度的下降并不显著；但如果改处于 CO$_2$ 气氛中，则 MDEA 浓度的下降相当迅速。在不高于 120℃的温度条件下，MDEA 因 CO$_2$ 所导致的降解实际上可以忽略，但随温度升高降解加剧。

脱碳单元 MDEA 贫液进塔温度一般小于 50℃，汽提塔温度较高，塔顶温度与再生压力相关，控制在 90～100℃，塔底温度控制在 115～125℃，而塔底再沸器汽相反应温度一般在 127℃左右。因此，与 CO$_2$ 的化学降解多发生在再沸器处，但是不排除存在再生塔压力、温度改变导致其发生化学降解的情况存在。在正常操作中，监测 MDEA 贫液中 CO$_2$ 残余量，保证低于 $30×10^{-6}$，合理控制塔底及再沸器出口温度，避免超出规定范围。

2）杜绝氧气进入系统

Rooney 等对比几种醇胺溶液，发现 MDEA 的氧化降解是最轻微的，这也体现出 MDEA 溶液的抗氧化能力较强，但却不能忽视 MDEA 的氧化降解，其将 50%MDEA 在 85℃的情况下氧化 28 天产生的 DEA 高达 1605mg/kg。

对于脱碳系统而言，与氧气接触几率最大的部位是 MDEA 储罐。储罐采用氮封杜绝外部空气进入并使储罐保持微正压。在日常操作中，对储罐氮封系统定时检查，以保证其完好性。

3）介质分析与净化

胺液长时间运行不可避免地会产生降解，在系统运行过程中应定期分析胺液中热稳态盐含量，并根据分析结果安排胺液净化。

4.2 空冷结构优化

空冷管束入口段内壁存在壁面剪切力，为降低流体对管束影响，在入口管段增加内衬管。王爱芝、刘伟等研究指出，内衬管尾部若存在突扩结构，对流体的扰动比较大，出现明显的负压区，因而易造成旋涡脱落，加速了对该区域的冲刷，造成管束腐蚀减薄。刘伟、宣征南等采用 CFD 方法，对比分析了 45°倒角及 1：10 锥度的衬管尾部结构，表明其中 1：10 锥度过渡结构最佳。EC15401 中新改造空冷入口衬管采用 1：10 的锥度过渡结构。

此外，还需探索管箱结构改造可能性，内部是否需要增设流体均布器，以平均分配入口流体。

4.3 加强脱碳系统管理

1）加强贫液过滤管理

胺液中所含固体颗粒易加剧设备冲刷腐蚀，针对溶剂系统的清洁问题，现采用贫液过滤措施。正常运行过程中，机械过滤器根据压差判定是否需要更换，而对于活性炭过滤器更换周期目前尚无明确规定。应利用每次停车检修机会，查看活性炭状态，评估合理更换时间。

2）腐蚀情况评估及监测

对于脱碳单元碳钢材质管线，梳理易腐蚀部位管线清单，制订定点测厚计划，按照每季度一次的频率执行，监测管线腐蚀速率。此外，委托相关单位模拟脱碳系统腐蚀速率并评估系统腐蚀情况。

3）换热设备射流清理

MDEA 溶液中所含固体杂质易沉积，影响设备换热效果，加剧热降解。对于脱碳单元换热设备，应利用每次停车大修机会，进行管束射流清洗，去除沉积物，防止局部过热。

结论

CO 装置脱碳单元空冷连续发生泄漏故障，脱碳单元管线及其余部分设备也存在不同程度的腐蚀，严重威胁装置的安稳运行，且带来较大经济损失。导致设备腐蚀泄漏的主要原因为 MDEA 溶液中热稳态盐含量超标，因此，必须根据溶液化验分析结果定期开展净化。此外，还应规范系统操作，开展技术攻关，保障脱碳系统的安稳运行。

参 考 文 献

1 韦冬萍，胡荣宗，潘丹梅；等．碳钢在含热稳定性盐的 N-甲基二乙醇胺介质中的腐蚀行为．腐蚀科学与防护技术，2008，20(5)：331-335

2 冯绪文，郭兴蓬．烷醇胺水溶液的 CO$_2$ 吸收机理及其腐蚀行为的相关性研究．中国腐蚀与防护学报，2003，23(2)：79-83

3 林霄红，袁樟永．用 Amipur 胺净化技术去除胺法脱硫装置胺液中的热稳定性盐．石油炼制与化工，2004，35(8)：21-24

Szorb 装置反应器分配盘冲蚀分析及对策

刘自强

（中国石化扬子石化有限公司炼油厂催化裂化联合装置，江苏南京　210048）

摘　要　反应器分配盘表面坑蚀是 Szorb 装置普遍存在的一种腐蚀型式，对设备具有十分严重的危害。分析分配盘表面坑蚀原因，通过 PWHT 后采用 NiCrMo-3 焊材进行 E347 的堆焊，达到分配盘不锈钢堆焊层的修复，提出改进意见。

关键词　Szorb 装置；分配盘；冲刷腐蚀；坑蚀；泡罩

脱硫反应器是 Szorb 装置的重要设备，主要是利用吸附剂中的镍及氧化锌在含氢条件下与汽油中的有机硫发生反应，生成 ZnS 吸附在吸附剂上，从而达到汽油脱硫的目的。扬子石油化工有限公司 90 万吨/年 Szorb 装置的脱硫反应器 R-101 于 2013 年 12 月投用，对催化裂化装置产生的汽油进行脱硫提纯。

1　设备概况

1.1　设备基本情况

设备名称：脱硫反应器；工艺编号：22000-R-101；设计压力：4.26 MPa；设计温度：470℃/80℃；工作压力：2.7 MPa；操作温度：427 ℃；操作介质：H_2，汽油，吸附剂；保温材料/厚度：硅酸铝/190mm；主体材质：2.25Cr-1Mo，分配盘上部及下部堆焊 4mm 厚 E347 堆焊层；建成日期：2013 年 7 月。

1.2　设备部件结构及特点

反应器进料分配器由分配盘及安装于分配盘上的泡罩组成。泡罩的使用可以均布反应介质，改善其流动状况，实现与催化剂的良好接触，进而达到径向和轴向的均匀分布。

反应器及进料分配器分配盘材质为 2.25Cr-1Mo，具有较好的抗高温氢腐蚀性能，但不耐高温 H_2S 腐蚀，为提高设备的抗高温 H_2S 腐蚀，设备内壁及分配盘上下表面各有 4mm 厚的 E347 型不锈钢堆焊层。

2　设备存在问题

2017 年 6 月装置停车大修期间，发现反应器进料分配器泡罩下方分配盘出现大面积坑蚀（见图 1），75 个泡罩共计有 70 个泡罩周围出现凹坑，分配盘表面的堆焊层大量冲蚀。若不及时处理，分配盘基板失去 E347 堆焊层的保护，将出现高温硫化氢腐蚀。

图 1　分配盘坑蚀图

3　原因分析

（1）含氢汽油经加热炉 F101 加热后，温度达 427℃，流量达 119t/h，氢气流量为 6300m³/h。泡罩下方分配盘处含氢汽油流向 180°转向（见图 2），分配盘受高温高压气流（携带吸附剂）冲刷腐蚀作用明显，长期作用下出现坑蚀。

在 427℃（操作温度）及 2.7MPa 反应工况（427℃、2.7MPa）下，经过相关计算，可得到分配盘处压强为 2.2×10^5 Pa。

（2）装置长周期高负荷运行，是冲刷腐蚀的次要因素。自 2015 年装置消缺以来，装置一直以 115～120t/h 高负荷运行，负荷率达

作者简介：刘自强（1987—），男，河南禹州人，2002 年毕业于北京化工大学化工设备与机械专业，学士学位，2003 年在扬子石化炼油厂从事设备管理工作，工程师。

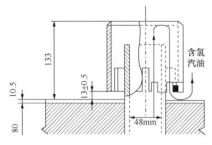

图2　分配盘局部示意图

105%～110%（见图3），加剧了高温高压气流对分配盘的冲刷腐蚀。

图3　Szorb装置加工负荷趋势图

3　处理措施及建议

根据图2可以看出泡罩无法取出，泡罩的高度在130mm以上，泡罩之间的间距较小，给分配盘E347对焊层修补带来较大的难度。与制造厂一起商讨E347堆焊层修补焊接工艺，最终请制造厂现场继续对分配盘堆焊层进行补焊处理。

（1）分配盘表面堆焊层进行清理打磨。由于70个坑蚀缺陷集中在每个泡罩周围，焊接前先对坑蚀部位用内磨机进行打磨清理。

（2）分配盘进行消氢热处理。焊接前先对分配盘采用电加热消氢处理，消氢温度为（350±5）℃，恒温36h，如图4所示；消氢处理完成后需清除待补焊面铁锈、氧化皮、油污等缺陷。

图4　PWHT热处理曲线图

（3）焊前对表面进行PT/100%/I检测，合格后方施焊，以保证对焊层的使用性能。

（4）分配盘冲蚀凹坑进行堆焊处理。采用

ϕ2.4mm的NiCrMo-3焊条，用高频焊机进行补焊，施焊时必须按照奥氏体不锈钢的焊接特点，采用小电流、小电压、快速度，确保第一层熔深较浅且不易产生热裂纹。进行焊接前先进行预热，预热温度为150℃左右。基层堆焊完第一层后进行消氢处理，消氢温度为350℃±5℃，恒温2h。焊接前用专用溶剂清除油污，焊条必须严格烘干。

（5）分配盘补焊后进行表面无损检测。焊接完毕后分配盘表面进行100%PT检测，I级合格。

（6）根据分配盘冲刷腐蚀的原因分析，降低分配盘处气体流速与流量可以有效减缓含氢气体对分配盘的冲刷。

建议：①适当提高泡罩安装高度，增加泡罩距分配盘的距离，使含氢气体提前泄压，可以降低分配盘处的流量与流速；②适当提高泡罩侧面导流口开口位置（见图5），使部分气流提前分流，可以降低分配盘处的流量与流速。

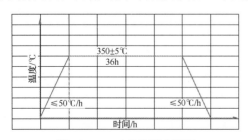

图5　泡罩导流口图

（7）改进分配盘堆焊层材料性能，提高其抗冲刷性能是提高设备可靠性的重要途径。

4　结论

（1）通过补焊处理，分配器分配盘坑蚀的现象暂时得以消除，基板被腐蚀的问题暂时解决，在工艺条件无改善的情况下，堆焊层冲蚀的问题仍旧存在，分配盘冲蚀问题仍需重点关注。

（2）反应器分配盘受反应混氢原料、催化剂三相冲刷腐蚀严重，工况较为恶劣，属于薄弱环节，今后反应器检修中应作为重点进行检查，发现问题及早处理，确保设备能够长周期运行。

参　考　文　献

1　王雪骄，王迎春，晏君文．加氢反应器E309L过渡层经PWHT后堆焊或焊接E347对基层材料的影响．制造与安装，2016，（33）：61-68

定力矩紧固技术在装置大修中的应用

章　文

（中国石化海南炼油化工有限公司，海南洋浦　578101）

摘　要　本文叙述了螺栓定力矩紧固技术在海南炼化公司2017年大修期间的全面应用，通过方案策划、实施过程的管理，阐述定力矩紧固技术具有管理标准化、精细化、数据化、可视化的特点，并对其在石油化工装置检修中法兰密封可靠性管理进行了有益探索。

关键词　定力矩；法兰紧固；装置大修；应用

1　概述

中国石化海南炼油化工有限公司(以下简称海南炼化公司)全部23套主要生产装置和配套的公用工程于2017年11月18日停工实施大修改造，为提高静密封管理质量，决定全面推广实施螺栓定力矩紧固技术，经过调研和技术交流，最终筛选确定采用定力矩紧固技术的法兰共计9299对，其中炼油装置7518对法兰，芳烃装置1781对法兰。由于首次在大修中全面推广使用定力矩紧固技术，因此提高认识、加强管理、统筹协调，克服施工单位多、分包单位人员素质参差不齐、大修任务重、时间紧等困难，显得尤为重要。通过对法兰螺栓定力矩紧固技术的管理方法、实施过程、机具设备及施工技术管理流程的介绍，阐述了法兰螺栓定力矩紧固技术具有管理标准化、精细化、数据化、可视化、施工文明化、装置开车周期短、降低VOCs排放等优点。

2　定力矩紧固方案策划

2.1　确定管理模式

石化装置法兰密封是一个系统性的工程，影响法兰密封的因素很多，密封面、紧固件、密封垫片、紧固方法等任何一个因素的缺陷都可能导致法兰密封失效，给装置长周期运行带来安全隐患；因此，对施工过程的各个环节进行严格管控就显得格外重要。通过专家指导及借鉴兄弟企业的经验，根据公司组织架构和人员实际情况，确定实行"专业技术服务公司+施工单位"的管理模式，即成立项目管理组织机构，由项目主管部门、生产部门、专业服务单位和施工单位组成强有力的项目团队，团队人员实行区域网格化管理，专人负责所属区域的定力矩紧固各项工作，并充分利用现代通信科技，建立微信群，在工作中随时保持沟通。

（1）明确各方责任。公司机动部门，负责全面协调管理；装置所属单元(车间)，指定专人负责定力矩管理；专业公司负责对单元、检修的施工单位人员进行定力矩紧固技术培训，负责力矩计算、现场指导、监督和质量验收；施工检修单位根据定力矩紧固法兰工程量，按要求配置技术管理人员［比例1∶（150～200）］，由专业技术服务公司集中培训，考核合格后发上岗证书，协助专业公司一起完成定力矩紧固施工的全过程管控。

（2）机具实行集中管理。由海南炼化公司统一租赁机具并委托专业公司对机具实行"集中管理、统一调配、统一校验、统一维修"管理模式。根据现场装置特点，配置不同型号及类型的机具，并根据各装置停检开时间，优化每一家施工单位的机具数量，各检修单位安排专人领用及归还，并根据法兰紧固进度提前报备机具使用计划，既提高了机具的使用效率，又便于集中管理、维修，在一定程度上降低了机具租赁成本。本次检修共配备液压扭矩扳手287套、液压扳手138套、气动扭矩扳手50套、锂电扭矩扳手99套(主力紧固工具)，另外还有液压拉伸器6套。

2.2　选择实施范围

由于法兰种类和尺寸多，又是首次应用，考虑到人工成本以及检修时间等问题，编制了

《2017 年海南炼化公司大修改造定力矩紧固法兰筛选原则》，按照风险管控原则筛选出全厂 23 套生产装置的 9299 对法兰（188850 套螺栓）实施螺栓定力矩紧固技术，其中炼油装置 7518 对法兰（螺栓 152088 套），芳烃装置 1781 对法兰（螺栓 36762 套）；同时，针对不同部位、不同介质的法兰关键程度及风险管控要求，对法兰分为 A、B、C 三种等级进行管理（见表 1），不同关键等级的法兰采用不同的紧固方式，以提高定力矩紧固的安全性，确保装置长周期运行。

大修改造定力矩法兰筛选原则：

（1）高温热重油（≥250℃）、轻质热油（≥200℃）部位法兰：FCC（油浆、烟道）、RDS、HC、CCR、柴油加氢、航煤加氢、制氢转化炉出口集合管、芳烃、常减压、S-ZORB 各装置相应部位法兰（含所有设备人孔）。

（2）温度急剧变化部位：加热炉进出口，加氢反应器出入口部位法兰。

（3）换热器：壳程介质温度高的小浮头、头盖、管箱侧，管程介质温度高的管箱部位法兰。

（4）不易热紧部位：常减压塔入口大法兰和其他高空部位热油部位法兰。

（5）3.5MPa 中压蒸汽系统部位法兰。

（6）各装置塔底热油泵出入口阀门部位法兰。

（7）液化汽系统设备管道部位法兰：主要是气分装置、球罐区等。

（8）原油管线法兰：钢引桥部位膨胀节前后部位法兰。

（9）LDAR 检测：泄漏量大的部位法兰。

（10）中高压部位法兰：压力 ≥4.0MPa，螺柱规格 ≥M27。

表 1 法兰分级管理表

等级	分级条件	管理方案
A 级	高温高压介质、中高压临氢设备、有毒有害介质、易燃易爆介质、价格昂贵设备、温度压力交变设备、以前存在泄漏部位，温度 ≥200℃ 且压力 ≥3.5MPa	采用六角自反作用载荷垫圈（LOADISC）
B 级	压力及温度较稳定设备、介质相对安全设备，温度 >200℃ 或压力 >3.5MPa	采用齿形自反作用力垫圈（ZWASHER）
C 级	温度及压力较低、螺栓规格较小、介质安全设备，温度 <200℃ 且压力 <3.5MPa	使用带力矩工具紧固

2.3 策划管理流程

石化装置法兰密封管理是一个系统性的工程，定力矩紧固技术则为解决法兰密封高质量及装置长周期安全运行而产生，所影响的范围广，需要由多个部门、多个岗位、经多个环节协调及有序的工作共同完成，为此需制定标准的管理流程。从项目宣贯及施工人员培训、汇报沟通机制、施工工艺等相关管理流程进行策划，确保项目有条不紊的实施。

严抓关键质量控制点。依照标准化流程，各单位既各负其责又密切合作，专业公司人员对法兰密封面 100% 检查管控，并对检修单位施工过程巡查、监督，保证检修单位按照标准施工；法兰紧固完成后由专业公司人员对每一对法兰螺栓数量的 20% 进行 100% 扭矩值的抽查。

建立汇报沟通机制。定力矩项目组每日向大修指挥部汇报当天工作情况，汇报内容包括项目施工进度分析、施工质量及检查情况、需要沟通协商问题、次日的工作计划安排；检修指挥部掌握每天施工进度、质量和检查情况，并给出指导性意见及协调解决施工过程存在的困难。

2.4 定力矩初始值计算

大修改造前一个月，专业公司迅速加入定力矩项目团队，进入现场开展定力矩紧固技术管理工作，根据筛选的法兰台账数据，按照 GB/T 150.3—2011 标准中关于压力容器法兰螺栓载荷的计算方法，考虑装置正常运行的升降温情况，并根据使用的密封垫片和工程经验，计算出每一对法兰在预紧状态和操作状态下安全运行的密封垫压紧力区间，提供推荐紧固扭矩值。

为验证紧固力矩值，海南炼化公司组织技术人员在常减压及芳烃装置随机抽查采用缠绕垫、规格螺栓分别为 M36、M42 的两对法兰，按照定力矩紧固技术流程完成紧固施工，然后安排施工单位使用大锤松动螺栓，结果捶击不能松动，通过用液压工具才能拆松，检查密封垫及紧固件均完好，说明所推荐紧固的力矩值在安全区间内。

2.5 提前开展宣贯培训

据了解目前国内石化检修装置绝大多数还是采用传统大锤紧固的方法对法兰螺栓紧固，大锤紧固方式具有便携性、工具投资低的特点，至今仍使用普遍；而法兰密封是一个系统性的工程，密封面、紧固件、密封垫片、紧固方法等任何一个因素都可能导致法兰密封失效，为此每一个因素均要做到无缺陷，每个环节都要进行检查确认，这就需要参与检修的管理人员具有系统解决问题的思维，现场施工人员具备多方面的技术能力。

海南炼化公司本次采用螺栓定力矩紧固技术，邀请凯特克集团公司依照 ASME（美国机械工程师协会）制订的 PCC-1-2010（压力边界螺栓法兰连接装配指南）编制培训教材，对负责现场施工的操作人员、技术人员进行培训，按理论和实际操作两方面的内容开展培训，主要是熟悉法兰螺栓定力矩紧固管理流程、法兰密封面的检测方法及质量标准、法兰回装及施工工具（气动扭矩枪、扭矩拉伸机、液压扳手等）的正确使用方法，考核合格后才能进行现场施工。

本次定力矩紧固培训检修施工单位管理人员 77 人（合格 45 人）、操作人员 380 人（合格 334 人），检修期间现场再培训合格操作人员 138 人，海南炼化生产部门的 71 名相关人员也进行了上岗培训，使定力矩紧固的理念在基层单位落地，实施过程中也得到了各单位的高度重视，提前培训取得了较好效果。

3 定力矩紧固实施

3.1 前期准备工作

材料准备要提前。我公司装置 2006 年投产至今有 10 年的时间且处于沿海，检修前配备了 10%螺栓更换量，装置停车后螺栓拆卸清洗中

发现螺栓受长时间盐雾腐蚀严重，又增补了 10%的螺栓更换量。此外所需准备的材料还有螺栓润滑及清洗剂、高温咬合剂；A 级、B 级法兰管理部位所需的自反作用垫圈，本次采用自反作用力垫圈 22000 片。

螺栓清洗及存放点准备。在装置还未停车前就按照装置区域规划、搭建螺栓集中清洗点及存放点，要求装置二层框架及以下位置的螺栓，集中到搭建好的螺栓清洗点进行螺栓清洗、润滑、存放，并使用标识牌按位号做好识别，其余高处塔、容器、罐的人孔螺栓，就地使用螺栓清洗槽清洗，螺栓存放在按要求定制的存放箱内。本次大修共设立临时螺栓清洗点 17 处，购置存放箱 400 余个。

项目办公场所及教具准备。定力矩项目组办公场地及机具存放仓库设置在大修指挥部附近，以便于与各检修单位在工作中及时高效沟通；主要功能有会议室、培训室以及现场实操培训场地。现场实操选用旧换热器以及若干规格尺寸不同的法兰螺栓作为培训教具，培训合格后发证才能上岗。

3.2 制定标准可视标牌

为了方便管理，每对法兰都根据法兰位号进行编号，确保每对法兰编号的唯一性。每一对法兰均制作法兰标识挂牌，包括法兰编号、法兰位置、螺栓规格数量、紧固该法兰所需使用的扭矩、紧固的步骤及方法等内容；要求施工单位按照此挂牌要求的紧固方式、施工扭矩及施工步骤进行分步骤同步紧固（视机具数量选用双同步或四同步紧固法），先将法兰 4 等份对中的四颗螺栓，分别按 30%、60%、100%的力矩值同时进行紧固，然后对所有螺栓用 100%的力矩值分别对称紧固，必须采用能控制扭矩或预紧力的机具进行紧固，禁止使用大锤进行紧固；对检修现场的装置部位法兰实施挂牌，做到定力矩紧固实现可视化管理。

3.3 现场巡视质量监督

大修期间，定力矩项目专业公司分区域安排专人每天进行现场检查监督，重点有以下几个方面：

（1）螺栓螺母的清洗检查。螺栓是法兰连

接的重要组成部分，在法兰连接中，螺栓连接不仅要承受温度载荷、介质压力和螺栓载荷，还要承受由设备和管道系统作用引起的附加载荷以及其他随机载荷，所以需要对螺栓的损伤程度进行检查；其次，检查现场设置螺栓集中清洗点，对送清洗的螺栓按法兰编号进行分类放置并标注，避免回装时混用、错用螺栓。螺栓拆卸清洗中检查发现，螺栓受长时间盐雾腐蚀非常的严重，约5%螺栓腐蚀不能再次使用，另外部分的螺栓存在混用，螺母重载及非重载混用占1%，有的螺栓咬牙无法拆卸或一端的螺母无法拆卸占4%，为此检修中期再增补了10%的螺栓更换量。通过检查，螺栓的质量等到了保证。

（2）法兰及密封面检查。法兰及密封面是装置形成密封的重要硬件，不同的密封垫片对密封面的表面粗糙度要求不同，专业公司依照ASME PCC-1-2010的相关要求，对法兰进行100%检查。累计检查发现156件法兰密封面存在影响密封的缺陷，通过对法兰密封面采取机加工、研磨等方式，这些缺陷得到消除，显著提高了法兰密封的可靠性。

（3）法兰及螺栓回装时检查，检查的基本内容包括：

① 确认新更换垫片无划痕、缺陷。

② 法兰回装（设备本体、管线法兰）需正确对中，具体对中要求：螺栓能顺畅穿过法兰，紧固前旋紧螺母且平行紧靠法兰；为安装新垫片预留合适空间。

③ 法兰螺栓回装时所有螺栓需做全面检查。

④ 螺栓的规格、材质必须正确一致。

⑤ 避免回装过程中螺栓损坏，螺柱两端应露出相同的螺牙长度。

⑥ 螺柱穿过螺栓孔后，遭遇颗粒物污染，必须重新清理。

⑦ 螺栓穿过法兰后，露出法兰外表面的两端必须均匀涂抹润滑剂。

⑧ 螺母与法兰承载面必须润滑，建议常温部位法兰使用二硫化钼润滑脂，温度≥250℃的部位法兰使用抗咬合润滑脂。

3.4　现场数据复核

装置在经历上一周期的运行以后，可能存在螺栓更新、更换、密封垫更换等现象。因此待装置停车以后，专业公司根据停车前整理的法兰台账对螺栓的规格、密封垫规格、法兰厚度等参数进行复核，对发现现场使用错误的紧固件或密封件，及时进行修正；如果发现实际数据与法兰台账不符，则对台账数据进行更新，重新计算紧固扭矩，更换制作挂牌。

现场数据复核过程中发现检修数据不符的主要表现为：管线法兰部位螺栓大小混用、螺栓长短不一，在设备人孔发现螺母重载与非重载混用、螺栓粗牙与细牙螺栓混用，换热器及塔类设备的缠绕垫与波齿垫互换。本次大修发现数据不符项约为10%，均重新进行计算，更换制作挂牌。

3.5　编制回装网络计划

各检修单位按照全厂大修计划网络图，编制装置的法兰拆开-回装网络图，确保每对法兰预留出足够的时间进行密封面的检查（或修复，如有必要）及紧固件清理清洗（或换新）的时间。同时根据装置开工时间和各重点设备回装节点，提前编制机具使用计划、螺栓回装紧固计划，由专业公司统一调度、统一安排，避开机具使用高峰期，做到错峰回装，提高了机具使用率。

3.6　检查校验

检修单位法兰螺栓紧固完成后立即通知专业公司人员，使用经过校验合格的机具，对该法兰20%的螺栓进行抽检。校验合格以后由施工方、监督方及单元设备人员共同在《法兰螺栓施工步骤表》上签字确认。螺栓规格M20以下且螺栓数量12颗以下的法兰按不低于20%比例随机抽检，抽检以达到目标扭矩值±10%以内为合格标准。具体校检分为三步骤：

（1）设定抽检力矩为最终力矩的90%，被抽检的螺母转动则判定该法兰紧固为不合格（力矩值低于目标值10%以下），需重新紧固直到验收合格为止，若螺母没有转动则进入校验第二步骤。

（2）设定抽检力矩为最终力矩的100%，被抽检的螺母转动则判定该法兰螺栓紧固合格，若螺母不转动则进入校验第三步骤。

（3）设定抽检力矩为最终力矩的110%，被抽检的螺母转动则判定合格，不转动则判定该法兰螺栓过度紧固，不合格(力矩值超过目标值10%以上)，验收不通过，需重新紧固直到验收合格为止。

检修刚开始时，部分回装的法兰在校验时有不合格的情况，主要是检修单位在实施紧固过程中存在个别螺栓漏紧或减少紧固步骤所致。通过采取检修会通报、质量曝光、严格考核等措施，引起检修单位对质量问题的高度重视，检修中后期的一次校验合格率显著提高，校验合格率接近100%。

3.7 资料整理归档

完工资料需确保每一对关键法兰的紧固过程都有记录、可追溯化。定力矩紧固管理完工资料包括"法兰紧固完工报告"以及与之相对应的每对法兰的过程控制签字表。"法兰紧固完工报告"包括纸质打印文件，以及电子版的数据库文件、法兰管理台账及施工记录，过程验收确

认签字达80184人次。

4 定力矩实施效果

4.1 装置开工及运行情况

2018年1月19日常减压装置引入原油，1月20日产出合格产品；1月24日催化裂化装置14：40分沉降器喷油，23：00分出合格产品，标志2017年大修改造工作圆满完成。全厂采用定力矩紧固的9299对法兰，气密一次性合格，升温检查过程中只有一台常减压装置减渣换热器E-305管箱法兰底部一处存在微渗现象，主要是1个螺栓漏紧，按100%力矩值紧固后漏点消除；23套装置整个升温过程没有出现其他明显的影响装置开工的泄漏现象，也没有进行热紧。

4.2 检修前后VOC排放对比

装置开工两个月后委托专业检测单位陆续对各生产装置开展LDAR检测工作，表2为连续重整装置单体设备检修前后VOC排放量数据对比，表3为部分装置检修前后VOC排放量数据对比。

表2　连续重整装置单体设备检修前后VOC排放量数据对比

设备名称	法兰部位及尺寸	检修前			检修后		
		检测浓度/10^{-6}	排放量/(kg/a)	设备排放量/(kg/a)	检测浓度/10^{-6}	排放量/(kg/a)	设备排放量/(kg/a)
连续重整四合一反应器	一反入口DN900	1000	5.19	19.21	23	0.37	2.74
	一反出口DN900	600	3.12		37	0.51	
	二反入口DN900	630	3.23		69	0.79	
	二反出口DN900	730	4.09		20	0.33	
	三反入口DN900	200	1.03		5	0.13	
	三反出口DN900	50	0.63		10	0.15	
	四反入口DN900	30	0.49		20	0.33	
	四反出口DN900	160	1.43		3	0.13	
连续重整四合一炉	F-201 入口DN900	2300	9.32	35.49	13	0.25	4.09
	F-201 出口DN900	1000	5.19		69	0.79	
	F-202 入口DN900	672	3.56		130	1.24	
	F-202 出口DN900	230	1.36		22	0.34	
	F-203 入口DN900	100	1.03		36	0.5	
	F-203 出口DN900	1230	6.39		21	0.34	
	F-204 入口DN900	560	3.45		6	0.13	
	F-204 出口DN900	1000	5.19		37	0.5	

续表

设备名称	法兰部位及尺寸	检 修 前			检 修 后		
		检测浓度/10^{-6}	排放量/(kg/a)	设备排放量/(kg/a)	检测浓度/10^{-6}	排放量/(kg/a)	设备排放量/(kg/a)
连续重整反应进料换热器E201	氢气入口DN500	100	1.03	27.43	29	0.43	2.55
	液相入口DN150	300	2.23		30	0.44	
	油气出口DN900	6500	19.35		17	0.3	
	产物入口DN900	590	3.58		63	0.73	
	产物出口DN1050	130	1.24		52	0.65	

注：检测仪器为美国 Thermo Fisher TVA2020 有毒挥发气体检测仪。

表3　部分装置检修前后 VOC 排放量数据对比

序号	装置名称	检修前/(kg/a)	检修后/(kg/a)	序号	装置名称	检修前/(kg/a)	检修后/(kg/a)
1	连续重整	18210.21	7496.55	6	70万吨/年航煤加氢	2214.14	527.78
2	炼油异构化	2591.05	749.75	7	S-Zorb	11129.95	2046.38
3	制氢	431.29	247.88	8	芳烃二甲苯	5351.44	1096.15
4	柴油加氢	2693.85	1324.11	9	芳烃异构化	2779.43	523.75
5	30万吨/年航煤加氢	1545.11	702.48	10	芳烃吸附分离	3687.32	947.88

注：检测仪器为美国 Thermo Fisher TVA2020 有毒挥发气体检测仪。

从表2可以看出，实施定力矩紧固技术后，单件法兰的 VOC 排放量大幅下降，平均下降90%以上；表3中的数据则表明，10套装置总的 VOC 排放量下降幅度平均300%，S-Zorb、芳烃异构化两套装置的下降幅度均达到530%以上，10套装置年减排34971kg。检测数据验证了本次螺栓定力矩紧固技术在环保方面的显著效果，大大减少了装置的 VOC 排放，有力促进了装置的安全、环保、长周期运行。

4.3　定力矩紧固发挥管理效用

本次大修改造，指挥部要求其他法兰均参照定力矩紧固技术要求进行管理，即每一对法兰必须做到挂牌施工，标明法兰相关数据、施工单位、施工人员姓名，做到出现问题能够追溯。在实际施工过程中，由于定力矩紧固技术便捷可靠，尤其是使用锂电池枪紧固快速方便，绝大部分法兰回装杜绝了大锤，均采用力矩紧固。本次大修定力矩紧固技术的应用，使各参建单位充分认识到运用专用机具检修，不仅可以提高检修质量，降低劳动强度，而且能使检修管理更加标准化、规范化、精细化。

5　总结及展望

定力矩紧固技术并不复杂，关键在于认识

要到位，组织管理、方案策划符合实际。一是各级管理人员高度重视，认真参与学习、培训，提高对定力矩紧固技术的认知；二是建立符合本单位切实可行的项目管理体系，确保各项规定、要求、指令执行到位；三是参检单位具备相应的管理能力，检修人员技术素质有一定的保障；四是检查、考核执行到位，不留情面、不留盲点。总之，企业根据实际情况，从组织保障、人员培训、机具管理、方案策划等方面做好统筹工作，严抓关键环节不放松，螺栓定力矩紧固技术一定会取得较好实施成效。

近几年，定力矩紧固技术在关键装置检修的部分法兰回装中得到广泛应用，使得法兰密封的检修管理水平有了较大的提升，检修质量得到了有效管控和提高。海南炼化公司2017年大修装置首次全面推广螺栓定力矩紧固技术，有力保证了检修装置气密一次通过率，降低了装置泄漏风险，同时检修过程管理更加标准化、数据化、精细化，机械化作业带来的益处越来越显著。通过不断实践，总结经验，吸取不足，相信不久的将来，定力矩紧固技术必定在装置的检修中全面推广普及，助力石化装置的安稳长运行。

烟台万华2018年大修法兰连接完整性管理案例

孙井明

(实用动力(中国)工业有限公司，江苏太仓　215400)

摘　要　本文介绍了实用动力(中国)工业有限公司Hydratight业务部门推出的法兰连接完整性管理服务在烟台万华2018年大修中的应用，对法兰连接完整性管理过程进行了简明的阐述。通过对石化企业装置关键节点实施完整性管理，以保证装置一次开车成功，降低泄漏率，提高安全性，保障装置平稳运行。

关键词　法兰连接完整性管理；环保无泄漏；一次开车成功；平稳运行

1　背景概述

目前，随着国家对化工企业安全生产、环保要求的日益提高，各化工企业对安全环保工作的重视达到了空前的高度，各企业充分认识到加强泄漏管理的意义。万华化学集团股份有限公司作为全球化工50强企业，对于安全、环保更是有着至高的追求。

实用动力(中国)工业有限公司Hydratight业务部门(以下简称Hydratight)自成立以来一直专注于为客户提供安全、无泄漏的螺栓连接解决方案，其在螺栓拉伸和扭矩紧固方面有着丰富的专业知识和经验，在法兰紧固领域具有无可匹敌的技术和工艺领先优势，可为客户提供法兰连接完整性管理、螺栓可靠连接方案、法兰和管道在线机加工等的产品及服务。

2017年11月Hydratight为烟台万华MDI装置HCL氧化工序过滤器上下筒体法兰提供了法兰连接完整性管理服务，该处法兰之前经常出现运行一段时间后就泄漏的状况，烟台万华曾尝试多种不同的紧固方案，但都无法避免泄漏，导致生产受到严重影响。Hydratight工程人员在对该法兰实施连接完整性管理服务后，顺利通过气密性测试以及装置开车升温过程，法兰节点运行状况良好且在下个检修周期前未出现泄漏。经过此次应用后，万华化学决定在其2018年大修中选择Hydratight为其多个装置关键节点实施法兰连接完整性管理服务。

2　项目执行实施

2.1　全面的工况收集分析

在石化行业，高温高压装置是各企业风险把控的重中之重。由于高温高压装置所在的法兰连接点位置，伴随着温度的大幅升高与降低，螺栓本身的应力以及垫片所承受的压紧力会处于一个较大的变化区间，必须充分考虑紧固的均匀性，确保每颗螺栓在实施紧固后其预紧力的同步性，这样才能保证在温度变化时不会在某颗螺栓位置出现紧固失效的现象。

在项目开始前，Hydratight技术人员根据客户给出的工作范围清单以及节点信息，结合实际运行时的特点，充分考虑包括温度、材质等多种因素的影响为所有的节点选择最合适的紧固数值和工具。

此次烟台万华大修PDH装置的四组反应器法兰连接是重点任务，因其是高温装置所在的法兰连接点位置，并且法兰直径较大，螺栓数量较多，紧固工具的选择对紧固效果影响较大。Hydratight技术人员对此处工况作了重点分析，收集了节点相关的一系列数据，结合以往工程实例经验并了解该处装置实际运行特点和情况，制定了完备可行的技术方案。

2.2　精准的紧固数值计算

Hydratight技术人员拥有多年的螺栓载荷计算经验，在这些经验的基础上Hydratight开发了包括Informate和Bolt-Up的专业载荷计算软件。在本次项目中，Hydratight技术人员应用

Informate 计算软件(见图1)对本次大修涉及的螺栓节点紧固载荷进行了精确的计算,整个计算过程中充分考虑了多种因素,包括:节点法兰/螺栓/垫片的尺寸节点法兰的构造形式节点试压及运行时的操作压力节点运行时的介质温度节点所在管线的介质特性。

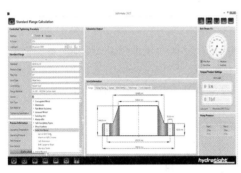

图1　Informate 计算软件

所得出的计算结果,既保证了达到节点的密封需求,同时也确保了不会对材料,包括螺栓、螺母、垫片以及法兰本体造成破坏(见图2)。由于现场的节点多为关键位置,一圈螺栓数量众多,因此选择使用拉伸器作为本次大修紧固用工具,这同时就要求计算得出的结果还需考虑拉伸器的工作特点。在综合考虑一系列影响因素后,为各节点提供了最佳紧固数值。

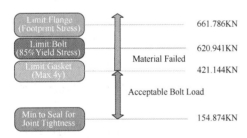

图2　最终紧固数据充分考虑材料特性

2.3　资深的现场服务团队

此次烟台万华大修,Hydratight 派出了一支由6人组成的现场服务团队。对于关键节点的紧固实施,施工人员的技术能力与现场经验对于最终的紧固质量起着决定性的作用。Hydratight 现场服务团队专业且经验丰富,可以为客户提供全球最高标准的螺栓紧固服务,团队的所有人员都具备以下条件:

(1)参加过国外专业讲师的螺栓紧固培训课程,并且通过评估考核,获得 Hydratight 总部颁发的相关资质证书;

(2)具有多年的液压工具使用经验,能够熟练地使用和维护工具;

(3)具有多年的项目施工经验,能够妥善地处理现场出现的各类问题;

(4)具有极强的安全作业意识和工作责任心。

Hydratight 不仅可为客户提供专业的现场服务人员,同时也可为客户员工提供 API/ECITB/ASME 认证培训课程,包括螺栓节点的组装和拆卸,螺栓紧固操作规范等理论和实践模块。

这些培训课程的设置完全符合现场施工的实际需要,且完全贴合专业培训机构及标准的课程设置要求,作为 ECITB 直接授权以及 ASME-PCC-1 全球唯一授权认可的公司,Hydratight 的螺栓紧固培训课程得到了客户的广泛认可。参加过 Hydratight 螺栓紧固课程培训并通过考核的人员,将会被授予相关资质证书,持证书者可以在欧盟、北美以及亚太地区直接从事法兰节点紧固的施工操作。除标准课程外,Hydratight 也可根据客户的特定要求量身定制培训内容。

2.4　专业的工具选择与配置

此次施工在经过前期充分的工况调查分析后,Hydratight 技术人员结合现场实际干涉、空间阻碍等工况问题定制了一批满足现场施工需要的拉伸器;同时,考虑到其他工况的可能需求,现场还配备了部分规格的液压扳手,共计配备液压扳手8套,各尺寸螺栓拉伸器150余套,这些工具充分满足了现场紧固的需求。

对于螺栓节点连接的重要元件——法兰,因其本身状况对于最终的紧固质量有着很大的影响,法兰密封面如果存在缺陷,若未经处理便直接参与紧固,那么其所在节点处发生泄漏的风险将大大提高,故而法兰面的检测是法兰连接完整性管理重中之重的环节。但由于现场很多位置的法兰难以进行拆卸或移动,Hydratight 的在线法兰修复设备就应运而生,其设备完全由国外设计制造,具有良好的操作性和很高的加工精度及使用寿命,如图3所示。

在对各工况尺寸进行梳理分析后,Hydratight 在现场配备了覆盖直径 3/4in~3m 法兰尺寸范围的法兰端面加工机8套,包括手摇

图3　各类法兰端面加工设备

式、电/气等多种驱动方式，可修复 FF、RF、RTJ 等多种密封形式，加工精度最高可达到 $Ra1.6$。同时 Hydratight 现场服务人员具备专业的法兰密封面在线修复能力，可为现场提供各类法兰密封面修复服务。

图4　现场法兰密封面修复

此次大修期间，Hydratight 共计完成计划内外各种尺寸、形式的法兰面修复42片（见图4）。所有法兰密封面的修复均完全符合 ASME-PCC-1 标准要求。

2.5　完善的流程控制与监理

在法兰节点的具体装配操作中，对于整个流程的监督把关与技术指导必不可少，Hydratight 现场服务人员在螺栓连接紧固领域具有多年的实际操作经验，并且参加过专业的法兰连接完整性管理课程培训，具有扎实的理论基础，可为现场法兰节点连接提供高水平的质量管控。在法兰节点连接的具体操作中，Hydratight 现场服务人员特别关注以下几个方面：

（1）材料是否符合图纸要求；
（2）装配是否符合公差要求；
（3）紧固是否符合规范要求；
（4）工具是否符合使用要求；
（5）人员能力是否达到操作要求；
（6）元件的安装是否符合操作性要求；
（7）节点的工艺状态是否符合操作前提；
（8）节点的状态辨识度是否可以保证；
（9）作业的安全性是否可以得到保障。

3　总结展望

此次大修期间，Hydratight 工程团队为烟台万华的7处关键节点提供了全面的法兰连接完整性管理服务，这些节点均为高温、大尺寸法兰，是传统紧固作业中的重难点。在 Hydratight 实施完法兰连接完整性管理后，这些节点在后续的气密性测试及装置开车升温过程中运行状态良好，没有出现任何泄漏。尤其是在整个升温过程中，没有出现螺栓螺母松动的现象，这就意味着无需再进行传统意义上的热紧，真正地实现了"一次紧固到位"，降低了作业风险，实现了装置平稳运行。

早在1998年，Hydratight 便参与了北海海域 Brent 油田平台的法兰连接完整性管理工作，自2004年起，Hydratight 开始其在亚太地区的石油石化工程法兰管理业务。从2011年开始，随着 Hydratight 为中国海洋石油工程公司青岛分公司承建的 Gorgon 项目模块提供法兰管理服务，至今 Hydratight 中国区已先后为国内三个大型 LNG 项目提供了法兰管理业务，积累了丰富的经验。

近年来，国家职能部门也充分认识到"泄漏导致的危害"，2014年8月国家安全监管总局颁布了"关于加强化工企业泄漏管理的指导意见"，各企业对法兰连接的规范化管理是大势所趋，是未来企业安全管理必不可少的部分，Hydratight 法兰连接完整性管理服务通过专业的管理模式和流程将法兰节点连接处的泄漏风险降至最低。近年来 Hydratight 在为万华化学等石化企业关键节点提供法兰连接完整性管理服务的过程中，积累了大量为石化企业提供定制化法兰连接完整性管理服务的经验。Hydratight 将不断总结经验，吸取不足，提升改进，为各石化企业提供更高效、更可靠的定制化法兰连接完整性管理服务，助力各石化企业的平稳、安全、长周期运行，实现共赢共发展。

整机全速动平衡技术现场解决机组高振动问题

兴成宏　王绍鹏　李迎丽

（中国石油辽阳石化公司机动设备处，辽宁辽阳　111003）

摘　要　现场动平衡技术是一个消除旋转部件振动的过程，该技术是机械制造业所广泛应用的一门专业技术。本文通过一个具体案例说明动平衡技术在化工企业旋转机械中的巨大作用。

关键词　动平衡；现场；高振动

旋转机械转子及其他旋转部件，由于在制造过程中造成的偏差或其他外部原因的影响，都会使其振动过大，运行不稳定。由于转子质量偏心、部件松动等种种原因，造成几何中心线与旋转中心线不重合，导致转子的位移和振动，这时就需要通过现场动平衡技术，使转子质量中心线与旋转中心线重合，使整机运行平稳。

1　转子动平衡具体方法

1.1　试重块重量的选择

利用试加重量，使机组振动振幅发生变化，得出不平衡重量与振幅之间的对应关系。试重块重量的大小至关重要，合适的试重块重量有利于减少机组平衡启停次数，缩短平衡时间。

1.2　试重方位的选择

到目前为止，试重方位的选择主要依靠经验。

2　现场动平衡案例分析

2.1　机组概况

机组概貌如图1所示，机组基本参数如表1所示。

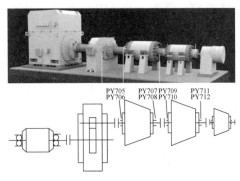

图1　机组概貌图

表1　机组基本参数

机组名称	空气压缩机	机组位号	83C102
生产厂家	RATEAU	主体结构	两缸十级
电机/压缩机转速/(r/min)	1492 / 15750		
出入口压力/MPa	0.098 / 2.6		
出入口温度/℃	30 / 167		
轴振动/μm	30(报警)，60(停车)		

2.2　机组试车过程

6月30日~7月8日机组进行5次试车，前4次均未达到工作转速。将联锁延迟3s后启动，机组达到工作转速，但振动严重超标（186μm）。频谱图中1倍频明显，判断机组存在轴系不平衡问题。进行初步动平衡试验，根据齿套联轴器的去重情况，在4#、6#位置进行配重，并将联锁值设至120μm。应用频谱分析仪第一次测得机组振动的原始数据为：

测点1：振值78，相位90.57°；

测点2：振值72，相位153.09°。

在联轴器上2#、3#位置分别加重1.45g和1.37g，启动机组，应用频谱分析仪第二次测得机组振动的原始数据为：

测点1：振值56，相位64.21°；

测点2：振值60，相位131.16°。

经频谱分析仪计算应加重6.45g，345.66°。

将联轴器上3#位置的1.45g拿掉换上

作者简介：兴成宏（1972—），男，辽宁辽阳人，博士，高级工程师，现任中国石油辽阳石化公司机动设备处副总工程师，从事旋转机械故障诊断及管理工作。

4.96g，启动机组，705、706 测点振值分别降至 32μm、31μm，再次将 3# 位置的 4.96g 拿掉换上 7.2g，启动机组，705、706 测点振值分别降至 18μm、17μm，机组运转恢复正常。

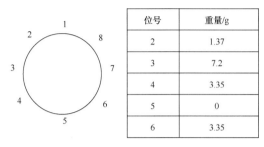

位号	重量/g
2	1.37
3	7.2
4	3.35
5	0
6	3.35

图 2　联轴器配置位置分布及配重情况

3　现场动平衡应注意的问题

（1）平衡的关键在于平衡前的准备，正确的不平衡故障判定，能保证平衡的省力、省时并取得明显效果。

（2）每次数据记录要准确，同时将第一次加重后的振动幅值和相位与原始记录比较，考虑其大小和位置。

（3）试重块的安装要合理，转子运转时，不能掉下，同时还要考虑能方便取下。

参　考　文　献

1　杨国安．机械设备故障诊断实用技术．北京：中国石化出版社，2007
2　沈庆根，郑水英．设备故障诊断．北京：化学工业出版社，2007

超高压压缩机的故障模式及维修策略

彭 飞　曹文军

（中国石化上海石油化工股份有限公司塑料部，上海　200540）

摘　要　文章基于超高压压缩机组多年检修数据的统计分析，结合设备管理者多年管理经验，对机组进行了失效模式及后果分析（FMEA）。分析明确了机组的主要故障模式，及其对应的故障后果、原因、预防措施、预警措施和应对措施；根据检修数据的统计分析结果明确了制约机组长周期运行的主要故障模式和提升机组可靠性的突破点，为机组管理工作提供了参考。基于失效模式及后果分析，参考以可靠性为中心的维修（RCM）的基本理念和方法，针对机组主要的故障模式，推荐了机组主要零部件的维修策略。

关键词　超高压压缩机；故障模式；维修策略；RCM；FMEA

1　前言

超高压往复式压缩机组（下文简称"机组"）是高压聚乙烯装置的重要组成部分。某炼化公司两台超高压压缩机组是公司级关键机组。两台超高压压缩机为6缸往复式压缩机，由日本日立制造所生产，服役达到40年。工作介质为含有少量油、空气、丙烯和过氧化物的乙烯气体，工作压力为 $200 \sim 2800 kg/cm^2$。

基于机组近25年来的停车数据分析可知，压缩机组故障直接或间接导致的计划或非计划停车次数在总体停车次数中占比高达70%左右。

由此可见，机组是装置设备管理工作的关键，采用合理的维修策略来提高其可靠性意义重大。另一方面，机组的运行工况较为特殊，因此这两个机组长达40年的运行管理经验是一种宝贵的资源。为了系统地整理和传承这份管理经验，也为了明确和完善机组的维护策略，本文参考失效模式及后果分析（FMEA）和以可靠性为中心的维修（RCM）方法对该机组进行较为全面的分析，整理和完善机组的维护策略。

2　超高压压缩机组检修数据分析

根据机组近25年的停车检修数据进行统计分析，结果如表1所示。

表1　超高压压缩机组近25年停车检修数据

统计时间段	总停车次数	停车频率/(次/年)	机组检修次数	机组故障主导停车次数	机组故障主导停车次数占比	机组检修次数占比	机组主导停车次数与检修次数之比
1992~2016	580	11.60	389	211	36.38%	67.07%	0.54
1997~2016	408	10.20	278	138	33.82%	68.14%	0.50
2002~2016	227	7.57	171	68	29.96%	75.33%	0.40
2007~2016	130	6.50	102	45	34.62%	78.46%	0.44
2012~2016	65	6.50	56	20	30.77%	86.15%	0.36
1992—2011	515	10.30	333	191	37.09%	64.66%	0.57

据表1数据可得出以下结论：①近年来装置停车频率逐步降低，说明得益于管理经验的积累，装置和机组的运行日趋平稳；②对比近

作者简介：彭飞，男，2014年毕业于华东理工大学化工机械专业，硕士学位，现在上海石化塑料部聚烯烃联合装置从事设备运行管理工作。

5年和之前20年的数据，机组故障主导停车次数占比由37.09%降至30.77%，说明近年来机组的管理水平有所提高；③机组故障主导停车检修次数与机组检修次数之比由原来的0.57降至0.36，这表明管理者逐步掌握了机组部件的故障概率特性，机组维修工作中事后维修所占的比例大幅降低，而计划维修和状态维修逐步占据主导地位；④随着停车次数的降低，压缩机的维修次数在总停车次数中的占比由原来的64.66%上升至86.15%，这表明停车次数和机组的维修次数逐步趋近，而且当该比值逐步趋近1时，压缩机的维修将直接制约装置的运行周期；⑤机组故障主导停车在总停车次数中的占比日趋稳定在30%左右，表明当前的管理经验和维护策略在提升机组可靠性上遇到了瓶颈。因此，为了进一步推进装置的长周期运行，则必要详细分析机组的管理工作，并明确和优化机组部件的维修策略。

为了明确机组管理过程中的难点，这里对机组多年的维修内容进行了统计分析。通过统计分析零部件更换记录，得出以下几项结论：①组合阀的更换频率为3次/年左右，也就是组合阀的使用寿命在4个月左右，其中以二段组合阀的使用周期相对稍长；②气缸故障主要集中发生在二段气缸上，更换频率为1次/年，一段气缸故障率远低于二段气缸；③活塞杆的更换频率在1.45次/年，而柱塞杆的更换次数则远低于活塞杆，考虑到活塞杆和柱塞杆的更换通常都是根据磨损情况进行更换，因此很明显一段活塞杆的磨损要比二段柱塞杆的磨损速度高得多；④底环故障主要出现在二段底环上，更换频率在0.26次/年，而一段底环的可靠性很高；⑤止逆阀故障频率相对较高，但其故障主要在90年代频发，通过改善维修之后，近年来可靠性得到了明显提高，但内部油注入系统仍然是故障高发对象。

进一步分析机组各零部件的维修记录表明，检修过程中维修频率最高的对象是组合阀、活塞杆和气缸。分析三者维修次数及所占压缩机维修次数的比例可知：机组、组合阀和气缸的维修频率逐步降低，但在近5年相对之前有明显增加，而活塞杆的维修频率一直较为稳定。

可见，组合阀和气缸故障率高是提高压缩机可靠性的核心问题。考虑到每台压缩机有6只组合阀，机组常规运行周期短于单个组合阀寿命。因此，通过协调多个组合阀维修策略，理论上可以一定程度上降低压缩机停车检修频率。

3　超高压压缩机机组的维修策略

3.1　超高压压缩机组的故障模式分析

这里将机组分为压缩机本体、内部油系统、气缸冷却油系统、曲轴箱润滑油系统、中间杆冷却冲洗系统、中间冷却分离系统、泄漏气体回收系统、仪表控制和连锁系统。根据机组各类系统、设备和零部件的功能分析，综合大量的压缩机停车维修记录和现场工程师的工作经验，明确了机组的主要功能失效模式以及各类设备或零部件的故障模式。借助故障模式及后果分析（FMEA）方法的基本理念，进一步对机组的主要故障模式、故障后果和故障原因进行了分析和梳理。并在分析机组的报警系统、连锁系统、日常管理和检维修情况的基础上，系统地整理和明确了机组各类故障的预防、预警和应对设施和管理工作内容。其中，故障模式如表2所示。

基于对机组停车检修记录的分析，文章对各类故障模式导致机组故障停车的次数进行了统计，统计结果如图1和图2所示。

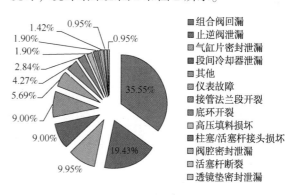

图1　1992～2016年各类故障模式
主导机组停车次数占比

图1所示结果显示近年来导致压缩机故障停车次数较多的故障模式主要包括组合阀故障、气缸密封泄漏、止逆阀泄漏、段间冷却器泄漏、接管开裂和底环开裂和仪表故障。其中组合阀主导机组故障停车的次数最多，频率为1.4次/年左右。气缸密封泄漏、段间冷却器泄漏、

接管开裂和仪表故障导致机组故障停车的频率　　　为 0.35 次/年左右。

表 2　超高压压缩机组的故障模式

系统名称	功能失效模式	主要故障模式
压缩机本体	压缩机打气量异常	组合阀回漏
	无法升压	组合阀打不开
	高压填料密封泄漏量过大	高压填料过量磨损、填料安装不当、柱塞异常磨损、活塞环异常磨损、活塞体过量磨损
	工艺气体由气缸外漏	阀腔开裂、阀腔端面硬密封损坏、阀腔侧面透镜垫密封损坏、弹性螺栓松动、弹性螺栓或螺母断裂
	工艺气漏入气缸冷却油系统	气缸片开裂、气缸片密封面泄漏、底环开裂、底环气缸侧密封面损坏、低压填料损坏
	接管及接头外漏	透镜垫密封泄漏、接管法兰段开裂、接管支撑部位开裂
	传动机构故障	传动部件异常磨损、传动部件断裂、传动部件过量变形、辅助十字头异常磨损、柱塞/活塞杆异常磨损、柱塞/活塞杆断裂、轴承故障、接头损坏、联轴器损坏
	压缩机本体漏油	润滑油外漏、冲洗油外漏、汽缸头液压油外漏
内部油系统	内部油油泵出口压力低	内部油注入泵故障、注油器故障
	油路堵塞	内部油油路堵塞
	内部油油温异常	内部油加热器故障
	内部油泄漏	内部油管路泄漏、内部油管路接头泄漏、底环开裂、止逆阀开裂、止逆阀密封面损坏
曲轴箱润滑油系统	润滑油泵出口压力低	润滑油注入泵故障、油泵电机故障、温控阀故障、油冷器换热效果差、加热器异常启动、过滤器堵塞、油管泄漏、油管接头泄漏
	润滑油局部供油不畅	油路堵塞、油管泄漏、油管接头泄漏
	油品劣化	曲轴箱油封窜油、润滑油氮封系统故障
	润滑油外漏	油(静)密封泄漏、油管泄漏、油管接头泄漏、
气缸冷却油系统	冷却油泵出口压力低	冷却油注入泵故障、油泵电机故障、温控阀故障、油冷器换热效果差、加热器异常启动、过滤器堵塞、油管泄漏、油管接头泄漏
	冷却油外漏	油(静)密封泄漏、油管泄漏、油管接头泄漏
冲洗油系统	冲洗油泵出口压力低	冲洗油注入泵故障、温控阀故障、油冷器换热效果差、加热器异常启动、过滤器堵塞、油管泄漏、油管接头泄漏
	冲洗油外漏	油(静)密封泄漏、油管泄漏、油管接头泄漏
中间冷却分离系统	工艺气体泄漏	缓冲罐开裂、分离罐开裂、工艺气管路泄漏、透镜垫密封泄漏、排油阀外漏、排油阀内漏、段间冷却器泄漏
	冷却效果差	换热器严重结垢、冷却水调节阀故障
	分离效果差	工艺气体含油量大、工艺气体中低聚物含量过高、排油阀卡塞
仪表及控制系统	仪表故障	误报警、误连锁、误动作、显示故障
	工艺气体外漏	导压管泄漏、导压管接头泄漏、热电偶松脱

根据图 2 对比分析可知：①近 10 年来，段间冷却器泄漏、仪表故障和高压填料损坏主导机组故障停车次数所占比例明显增加，这表明段间冷却器、仪表系统和高压填料的可靠性没有得到相应的提高，甚至有所降低；②组合阀回漏、止逆阀泄漏、气缸片密封泄漏、接管法兰段开裂等故障模式主导机组故障停车占比均有不同程度降低；③底环开裂、柱塞/活塞杆接头损坏、活塞杆断裂和透镜垫密封泄漏主导故障停车次数占比明显降低，这表明近年在控制这几类故障模式上取得了很好的成效。根据统计结果，建议今后应该加强段间冷却器、仪表系统和高压填料的可靠性管理工作。此外，对于组合阀、止逆阀和气缸等故障主导停车次数较多的零部件，应当考虑优化其维修策略。

3.2 维护策略的分析建立

基于上文对机组中设备或零部件的系统功能、主要故障模式、早期故障原因、故障后果和故障率特性的分析，这里将针对各类故障模式给出设备或零部件的维修策略。借助 RCM 的逻辑决策思路，综合考虑机组当前的管理工作以及现有的故障预警、应对和预防措施，建立了如图 3 所示的逻辑决策图。

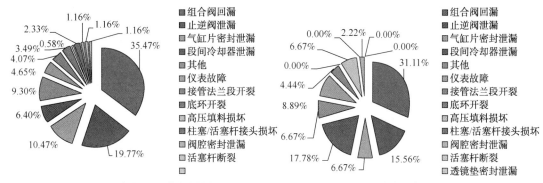

(a) 1992~2006年各类故障模式主导停车次数占比

(b) 2007~2016年各类故障模式主导机组故障停车次数占比

图 2　近 10 年及其之前 15 年各类故障模式主导机组停车次数占比

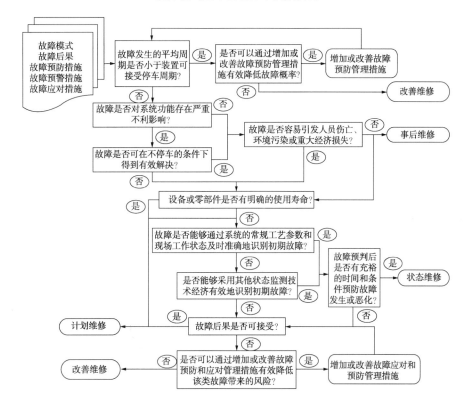

图 3　超高压压缩机维修策略逻辑决策图

在分类应用不同维修策略时，应该在设备或零部件的维护和备件管理上予以却别对待。对于事后维修的对象，在执行常规维护工作的同时，伺机进行隐患排查即可；若该对象的备件采购周期超过可容忍的故障期，则应该配备事故备件。对于状态维修的对象，只需在状态监测发现早期故障时采取措施。对于计划维修的对象，若存在明确的使用寿命，则应该根据其故障周期特性进行定期更换；否则应该合理安排检查周期，并根据检查结果采取措施。对于采用状态维修和计划维修策略的对象，若其备件采购周期过长，则应该考虑配备事故备件；但对于备件成本过高而且故障率很低的情况，可不考虑备件。

现实中应该综合利用几类维修策略。例如对于可以采用事后维修策略的故障模式，若能够状态维修或计划维修经济可行，则可以考虑实施状态维修或计划维修。状态监测经济可行时应优先采用状态维修策略，否则，将需要管理者根据对象的寿命周期甚至个人经验实施计划维修策略。针对不同的故障模式，维修策略所针对的维护、检查和维修项目则各有不同。例如对于辅助十字头，可能发生的故障模式有"辅助十字头异常磨损"和"辅助十字头断裂"。对于辅助十字头的异常磨损可以通过监测其沉降量、振动等情况实施状态维修；而对于断裂失效则难以实现状态监测，此时则需要通过定期安排检查工作以防此类事故的发生。

合理应用维修策略能够有效提高设备检维修的效率，甚至能够降低因过度检修带来的经济损失和设备事故。基于图 3 给出的逻辑决策图合理选取维修策略，对各类故障模式对应的设备或零部件给出了推荐维修策略，如表 3 所示。

表 3　超高压压缩机组的推荐维修策略

系统	故障设备或零部件	主要故障模式	故障对应的设备或零部件的维修策略
压缩机本体	组合阀	组合阀回漏、组合阀打不开	计划维修（定期或伺机更换组合阀）；状态维修（根据压缩机温度、压力、声响等状态因素判断，视情安排停车更换组合阀）
	高压填料组件	高压填料过量磨损、填料安装不当	计划维修（定期或伺机更换填料组件）；状态维修（根据高压泄漏气体流量判断高压填料状态，合理安排停车检查，视情更换填料组件）
	柱塞/活塞杆	柱塞异常磨损	状态维修（根据柱塞状态监测及填料泄漏情况合理安排停车进行柱塞检查，视情更换）
	活塞环	活塞环异常磨损	状态维修（根据柱塞状态监测情况合理安排停车检查，更换活塞环）；计划维修（定期或伺机更换活塞环）。
	活塞体	活塞体过量磨损	计划维修（定期进行活塞体检查，视情更换）；状态维修（根据填料泄漏量监控情况合理安排停车进行活塞体检查，视情更换）
	阀腔	阀腔开裂、阀腔端面硬密封损坏、阀腔侧面透镜垫密封损坏	计划维修（定期或伺机拆检阀腔，视情修复或更换）
	弹性螺栓	弹性螺栓松动、弹性螺栓或螺母断裂	计划维修（定期或伺机检查弹性螺栓和螺母，视情更换）
	气缸片	气缸片开裂、气缸片密封面泄漏	计划维修（定期或伺机安排气缸拆检和维修工作）
	底环	底环开裂、底环气缸侧密封面损坏	计划维修（定期或伺机安排底环拆检和维修工作）
	低压填料组件	低压填料损坏	状态维修（基于低压填料泄漏情况合理安排拆检工作，视情更换填料）；计划维修（定期或伺机更换密封组件）
	透镜垫密封	透镜垫密封泄漏	计划维修（定期或伺机拆检，视情修复或更换密封件）
	接管	接管法兰段开裂	计划维修（定期或伺机检查接管法兰段，视情更换接管）
		接管支撑部位开裂	计划维修（定期或伺机检查接管支撑部位进行检查，视情更换接管
	传动部件（曲轴、连杆、十字头销、辅助十字头）	传动部件异常磨损、传动部件过量变形、传动部件断裂	状态维修（根据机构振动、油样测试等情况安排拆检，视情更换受损部件）；计划维修（定期或伺机拆检传动部件，视情更换受损部件）
		辅助十字头异常磨损、辅助十字头断裂	状态维修（根据其振动情况及油封使用状态视情安排拆检，视情更换）；计划维修（定期或伺机安排拆检，视情更换受损辅助十字头）

续表

系统	故障设备或零部件	主要故障模式	故障对应的设备或零部件的维修策略
压缩机本体	柱塞/活塞杆	柱塞/活塞杆异常磨损、柱塞/活塞杆断裂	状态维修(根据柱塞沉降、填料使用状态合理安排拆检,视情更换受损柱塞/活塞杆);计划维修(定期安排拆检,视情更换受损柱塞/活塞杆)
	轴承	轴承故障(曲轴主轴瓦、连杆大头瓦、十字头滑道、辅助十字头滑道)	状态维修(根据传动机构振动情况以及油样测试情况,合理安排拆检,视情更换受损轴瓦)
	传动部件接头	接头损坏(辅助十字头接头、柱塞/活塞杆接头)	状态维修(根据传动机构振动及异声情况合理安排拆检,视情更换受损部件);计划维修(定期安排拆检,视情更换受损部件)
	联轴器	联轴器损坏	计划维修(定期或伺机检查联轴器状况,视情更换联轴器)
	压缩机本体视镜及连接处密封	润滑油/冲洗油外漏	事后维修(根据油泄漏情况,伺机进行消漏);计划维修(定期或伺机更换密封圈)
	气缸头液压密封	汽缸头液压油外漏	计划维修(定期或伺机更换密封圈)
内部油系统	内部油泵	内部油注入泵故障	状态维修(根据油泵振动、异声等情况合理安排检修);计划维修(定期或伺机更换油泵轴承、油封等易损件)
	注油器	注油器故障	事后维修(故障发生后及时更换注油器);计划维修(定期或伺机更换长周期运行的注油器)
	内部油管路	内部油油路堵塞	计划维修(定期或伺机对内部油路进行清理和疏通)
	内部油加热器	内部油加热器故障	事后维修(加热器异常启动后及时手动关闭,并实现修复);计划维修(定期或伺机检查和更换电气或仪表元件)
	内部油管路及接头	内部油管路泄漏	状态维修(根据管路磨损情况合理安排管路更换)
		内部油管路接头泄漏	状态维修(视情紧固或更换油管接头);计划维修(定期更换油管接头密封件)
	止逆阀	止逆阀开裂、止逆阀密封面损坏	计划维修(定期安排止逆阀拆检工作,视情更换受损止逆阀)
曲轴箱润滑油系统	润滑油注入泵	润滑油注入泵故障	状态维修(根据油泵振动、异声等情况合理安排检修);计划维修(定期或伺机更换油泵轴承、油封等易损件)
	润滑油温控阀	温控阀故障	计划维修(定期测试温控阀,视情修复或更换)
	润滑油冷却器	油冷器换热效果差	状态维修(根据换热情况合理安排清洗工作);计划维修(定期或伺机进行换热器捉漏工作)
	润滑油加热器	加热器异常启动	事后维修(加热器异常启动后及时手动关闭,并实现修复);计划维修(定期或伺机检查和更换电气或仪表元件)
	润滑油过滤器	过滤器堵塞	事后维修(故障发生后对堵塞过滤器滤芯进行清洗或更换);状态维修(根据过滤器压差合理安排滤芯清洗和更换)
	润滑油管道	油管泄漏、油路堵塞	状态维修(根据管路磨损和腐蚀情况合理安排管路更换);计划维修(定期或伺机更换油封;定期疏通和清理油路)
	润滑油管道接头	油管接头泄漏	状态维修(视情紧固或更换油管接头);计划维修(定期更换油管接头密封件)。
	曲轴箱油封	曲轴箱油封窜油	计划维修(定期或伺机更换曲轴箱气缸侧油封)
	氮气密封系统	润滑油氮封系统故障	事后维修(氮封系统消漏);状态维修(视情或伺机维护氮封系统)
	曲轴箱体密封	油(静)密封泄漏	事后维修(油密封消漏);计划维修(定期或伺机更换密封圈)

续表

系统	故障设备或零部件	主要故障模式	故障对应的设备或零部件的维修策略
气缸冷却油系统	冷却油注入泵	冷却油注入泵故障	状态维修(根据油泵振动、异声等情况合理安排检修)；计划维修(定期或伺机更换油泵轴承、油封等易损件)
	冷却油温控阀	温控阀故障	计划维修(定期检查温控阀,视情修复或更换)
	冷却油冷却器	油冷器换热效果差	状态维修(根据换热情况合理安排清洗工作)；计划维修(定期或伺机进行换热器捉漏工作)
	冷却油加热器	加热器异常启动	事后维修(加热器异常启动后及时手动关闭,并实现修复)；计划维修(定期或伺机检查和更换电气或仪表元件)
	冷却油过滤器	过滤器堵塞	事后维修(故障发生后对堵塞过滤器滤芯进行清洗或更换)；状态维修(根据过滤器压差合理安排滤芯清洗和更换)
	冷却油管道	油管泄漏	状态维修(根据管路磨损和腐蚀情况合理安排管路更换)
	冷却油管道接头	油管接头泄漏	状态维修(视情紧固或更换油管接头)；计划维修(定期更换油管接头密封件)
	气缸与定距块油密封	油(静)密封泄漏	事后维修(油密封消漏)；计划维修(定期或伺机更换密封圈)
冲洗油系统	冲洗油油泵	冲洗油注入泵故障	状态维修(根据油泵振动、异声等情况合理安排检修)；计划维修(定期或伺机更换油泵轴承、油封等易损件)
	冲洗油温控阀	温控阀故障	计划维修(定期检查温控阀,视情修复或更换)。
	冲洗油换热器	油冷器换热效果差	状态维修(根据换热情况合理安排清洗工作)；计划维修(定期或伺机进行换热器捉漏工作)
	冲洗油加热器	加热器异常启动	事后维修(加热器异常启动后及时手动关闭,并实现修复)；计划维修(定期或伺机检查和更换电气或仪表元件)
	冲洗油过滤器	过滤器堵塞	事后维修(故障发生后对堵塞过滤器滤芯进行清洗或更换)；状态维修(根据过滤器压差合理安排滤芯清洗和更换)
	冲洗油管道	油管泄漏	状态维修(根据管路磨损和腐蚀情况合理安排管路更换)。
	冲洗油管道接头	油管接头泄漏	状态维修(视情紧固或更换油管接头)；计划维修(定期更换油管接头密封件)
	定距块O形圈	油(静)密封泄漏	计划维修(定期或伺机更换密封圈)；事后维修(油密封消漏)。
中间冷却分离系统	缓冲器	缓冲罐开裂	状态维修(视腐蚀和起裂情况修复或更换)；计划维修(定期检验,视情修复或更换)
	分离器	分离罐开裂	状态维修(视腐蚀和起裂情况修复或更换)；计划维修(定期检验,视情修复或更换)
	工艺气管道	工艺气管路泄漏	状态维修(视腐蚀和起裂情况修复或更换)；计划维修(定期检验,视情修复或更换)
	透镜垫密封	透镜垫密封泄漏	计划维修(定期或伺机检查、修复或更换密封)
	排油阀	排油阀外漏、排油阀内漏、排油阀卡塞	状态维修(视情检查或更换排油阀)；计划维修(定期或伺机检查、修复或更换排油阀)
	段间冷却器	段间冷却器泄漏	状态维修(视腐蚀情况进行更换)；计划维修(定期检验和更换)
		换热器严重结垢	状态维修(视换热情况安排清洗)
	温度调节阀	冷却水调节阀故障	计划维修(定期检查、修复或更换调节阀)

续表

系统	故障设备或零部件	主要故障模式	故障对应的设备或零部件的维修策略
仪表及控制系统	报警系统	误报警	计划维修（定期或伺机测试报警系统）
	ESD 系统	误连锁	计划维修（定期或伺机测试连锁系统）
	控制系统	误动作	计划维修（定期或伺机测试控制系统）
	现场仪表	显示故障	事后维修（故障后修复或更换显示仪表）
	导压管	导压管泄漏	状态维修（根据导压管磨损情况视情更换导压管）
	导压管接头	导压管接头泄漏	计划维修（定期或伺机检查导压管接头，视情紧固或更换导压管接头）
	热电偶	热电偶接头松脱	计划维修（定期或伺机检查热电偶接头，视情紧固或更换接头）。

参 考 文 献

1　李葆文．设备管理新思维新模式(第三版)．北京：机械工业出版社，2010：1-121

2　张孝桐．设备点检管理手册．北京：机械工业出版社，2013：114-116

3　Marvin R. Reliability centered maintenance. Reliability Engineering and System Safty, 1998, (2)：121-132

4　GJB 1379—1992　装备预防性维修大纲的制定要求与方法

5　王稍印．故障模式和影响分析．广东广州：中山大学出版社，2003

高速迷宫式压缩机气阀故障分析与处理

史何秋

（中国石化海南炼油化工有限公司，海南洋浦　578101）

摘　要　本文针对聚丙烯装置高速迷宫式压缩机气阀寿命短的情况，从工艺、气阀结构及阀片材质等多方面进行了原因分析，并提出了改进意见，成功地解决了气阀寿命短的难题，实现了机组的长周期运行，降低了设备维修费用及装置运行费用。

关键词　聚丙烯；CP阀；升程；阀环撞击速度

某公司20万吨/年聚丙烯装置自建成投产以来，高速迷宫式压缩机气阀使用情况一直不理想，平均寿命约为三个月。具体表现为循环气量下降，个别气阀出现阀盖温度偏高等现象，不能满足工艺装置长周期生产需求，需不定期停机检修、更换气阀。因该机未设备机，为维持装置反应系统正常运行，在机组气阀损坏检修更换期间，需将大量丙烯气放火炬，从而造成丙烯介质严重浪费，机组维修费用高，人员劳动强度大，同时也给装置安全生产带来风险。

1　机组介绍

该高速迷宫式压缩机采用国外某品牌立式往复迷宫压缩机，两级压缩，级间设冷却分离设施，其主要设计技术参数见表1。

表1　压缩机主要技术参数

压缩机机型	工艺介质	转速/(r/mim)	流量/(m³/h)	进气压力/MPa	排气压力/MPa	进气温度/℃	排气温度/℃
3K160-2D_1	循环气，主要含丙烯，丙烷等	744	2240	0.056/0.5	0.5/1.75	40/42	110/108

机组气阀为非金属材质环状阀，气阀故障主要表现为阀环断裂。通过对气阀解体检查，具体拆检情况为：阀环断裂，阀环密封面轻微磨损，阀环背面与弹簧接触部位印痕较深且不均匀，弹簧无断裂，阀座与阀盖无异常磨损，如图1所示。

图1　损坏的气阀

2　可能存在的原因分析

2.1　工艺方面

聚丙烯高速迷宫式压缩机有着不同于其他炼油化工装置机组的明显特征：当聚丙烯产品牌号及后期分离程度变化时，可能会有一定量的粉尘、绿油及三乙基铝络合物被带入压缩机。虽然压力工况范围波动不大，排气压力也不高，但因其压缩介质为聚丙烯低压闪蒸回收气，其主要成分是丙烯、丙烷气体，虽然经过了油洗，但还是会携带微量的聚丙烯粉尘及副反应产物（绿油）；另外，少量含有三乙基铝（TEAL）络合物的洗涤油也会随压缩气体进入压缩机。

2.1.1　排除杂质进入的可能性

考虑到聚丙烯高速迷宫式压缩机介质工况的复杂性，一方面在装置高速迷宫式压缩机入口管线上增加了两台篮式过滤器，精度为150目，并配有差压表，过滤器一用一备，在运行过滤器因杂质堵塞造成差压高时切换至备用过滤器；另一方面就是在检修过程中，尽可能让设备保持氮封保护，将入口充氮阀保持一定的开度，尽量减少空气与设备内壁接触，减少设备内壁黏附络合物的氧化，能清理的黏附物尽量清理干净。

从拆检情况看，过滤器后管线及设备较为干净，气阀阀片及阀道表面无异物，阀片与阀座基本上无磨痕，可以排除杂质的影响可能性。

2.1.2　排除介质带液的可能性

因该机组为迷宫式压缩机，气缸与活塞、填料与活塞杆均为非接触设计，故气缸无需设计注油润滑，所以就排除了常见的注油量过大引起的气阀损坏的可能。

工艺气介质为丙烯，在正常操作条件下被液化的可能性很小，但在生产高熔融指数产品时，由于反应系统的氢气浓度较高，副反应也会加剧，气体中携带绿油量会增加，当绿油分离不及时会进入压缩机气阀，造成气阀损坏。

为避免介质液化及形成的绿油分离不及时，在机组一级和二级之间设置了级间缓冲罐，并在缓冲罐上设有液位报警和联锁，严格控制分液罐的液位，所以介质液化及形成的绿油进入压缩机的可能性也可以排除。

2.2　气阀设计及选型原因分析

由于机组为往复式迷宫压缩机，采用立式布置，一、二级缸布置在公共的中体上，设计结构紧凑，气阀结构型式采用非金属材质环状阀，阀环材质为填充碳纤维的聚醚醚酮（英文简称PEEK），这是一种目前在炼油化工装置往复式压缩机上得到广泛、成功应用的阀型，其特殊的环状密封元件及型面化的结构设计，使该阀在抵抗杂质、油黏滞及阀损等方面有着较好的优势。但是，当弹簧力布置不均、气流不均匀分布的时候，气阀各环开启/闭合动作可能不同步，阀环的开启/闭合的撞击速度也不尽相同。

2.2.1　气阀升程偏大，气阀开启/闭合撞击速度高

在气阀开启/闭合时，密封元件（阀片或阀环）移动的相对位移称为升程。升程是气阀设计中一个很重要的参数，主要受气体流速和阀道通流面积影响，是控制气阀效率和可靠性的关键参数。在往复式压缩机设计中，气阀升程一般控制在1.5~3mm之间，升程越大，阀损越小，经济性越好，但阀环撞击阀座的速度也越快，产生的撞击力也越大，气阀也越容易损坏。

该压缩机一、二级共用一个曲轴箱，一、二级气缸也布置在一起，一、二级气阀共计20个，结构设计特别紧凑，为了适应该压缩机紧凑的阀窝结构，尽可能降低阀损，原配阀的升程高达3mm，属于升程较高的阀型，加之该机组转速亦较高，达744r/mim，造成气阀阀环在开启/闭合过程中撞击阀座速度高达5.1m/s，产生较大的撞击力，超过PEEK材质所能承受的撞击速度上限值（5m/s），导致阀环容易断裂损坏。

由此可以得出结论，在气阀的高升程和机组的高转速影响下，阀环开启/闭合时撞击阀体的速度较大，当超出阀环所能承受的速度后，对气阀的可靠性造成了很大的影响。

2.2.2　阀环材质耐冲击性较差

气阀的阀片或阀环是气阀在开启/闭合过程中不断受到撞击的元件，材质不同，冲击韧度也有千差万别。一般而言，金属材料冲击韧度较差。非金属材料的冲击韧度较好，但也会因材料的成分（基料+填充物）、加工工艺不同而有所不同。通过对原气阀阀环（PEEK+碳纤维）研究，得出所能承受的最大撞击速度为5m/s，而通过模拟工况计算所得的理论阀环撞击速度为5.1m/s，已经超出了该材质阀环所能承受的撞击速度的上限，选用能够承受更高撞击速度的阀环材质或降低实际撞击速度成为了燃眉之急。

2.2.3　阀环开启/闭合动作不同步，个别阀环受力较大

环状气阀相对于网状气阀消除了筋板的结构，通流性能明显改善，但受其结构所限，各阀环相对独立，各阀环的开启、关闭时存在不同步的现象。

由于压缩机周期性地向管道中吸气和排气，容易引起管道内气体压力和流动速度的周期性变化，并激发气流脉动，气流脉动会改变气阀阀片的正常开启和关闭，该机组紧凑的阀窝设计以及经常变化的介质工况又加剧恶化了气流脉动情况，造成个别阀环启闭偏离最佳设计的运动状态，在启闭过程中很可能会发生动作不同步的问题。同时气阀弹簧布置也很难做到各阀环受力完全一致，在两个因素的共同影响下，

就造成了个别阀环受力较大，阀环表面产生弹簧压痕和裂纹，当弹簧压痕较深影响到阀环强度或裂纹扩展时，阀环就会出现断裂。

从气阀的拆解图中（见图1）可以清晰的看到，各阀环表面压痕深浅不一，在压痕最深的阀环出现了阀环断裂，由此可以判断，受气流不均和阀环弹簧力分布的影响，环状阀的各阀环同步性出现了问题，并对阀环的可靠性造成了很大的影响。

3 改进方案

3.1 创新阀片设计，兼顾考虑阀环的同步性、通流性和密封性

改变气阀阀片的结构型式，采用一种网状阀和环状阀相结合的新型阀片结构的气阀——CP阀（见图2），新阀型吸收了网状阀和环状阀各自的优点，一是各阀环之间的连接筋厚度比阀环厚度薄一些，这样就能够实现将阀环与阀座接触面都加工成斜面结构，环状阀片的密封面结构设计使得阀片密封性能得以保证；二是网状阀连接筋的结构设计实现了各阀环的开启/闭合动作同步，解决了个别阀环受力不均、倾侧严重的问题，克服了个别阀环撞击速度高、局部接触点撞击阀座的现象，阀片的工作状况大大改善

图2 环网结合阀型面

3.2 改变阀片材质，优化弹簧设计，提高阀片的抗撞击性能

根据该聚丙烯高速迷宫式压缩机的工况特点，选用了贺尔碧格公司新研发的一种非金属材料——含氟聚合物材质制造阀片，相对于原填充碳纤维的聚醚醚酮材质，冲击韧度更高，在受力不变的情况下可承受的撞击力更大，所

能够接受的阀片撞击速度更高，抗撞击性能提高至原来的1.6倍，且热稳定性好，不易变形。同时优化弹簧设计，整张阀片弹簧力实现了均匀分布。图3为使用一年后的新型阀片，与改造前的阀片（见图4）相比，表面仅有轻微磨痕。

图3 改造后的阀片弹簧磨痕

图4 改造前的阀片弹簧磨痕

3.3 改变气阀气体流通通道，实现更大流通面积，减少功率损失

原气阀设计有4个阀道，通流面积为79.8mm²。通过优化设计，槽道数增加至7道槽后，通流面积增加至89.6mm²，且阀片阀座接触的型面仍然设计为斜面结构，流通性能和密封性能好，降低了气体阀阻损失和紊流程度。

根据气体压力损失方程可知，气阀流通面积增加后，气体流速会下降，气阀损失得到了降低。

3.4 通过降低升程，实现撞击速度在可控范围之内

原气阀的升程（3mm）和阀环撞击速度（5.1m/s）均属于靠近或略超设计上限，不利于阀环的长周期运行，需进行下调。而通过增加阀道通流面积有效降低了阀损，给下调气阀升

程和阀环撞击速度提供了优化空间。

根据 API 618《石油化工和天然气工业用往复式压缩机》，关于气阀升程的相关计算公式：

$$f = \frac{FC_{\mathrm{m}}}{W}$$

式中

f——气阀实际升程与气阀各阀孔周长之和的乘积，cm^2；

F——活塞面积，cm^2；

C_{m}——活塞平均速度，m/s；

W——气体平均速度，m/s。

得知，在活塞面积、活塞平均速度、气体平均速度不发生较大变化的情况下，通过增加气阀各阀孔周长之和可以有效降低气阀升程，阀环撞击速度也可以随之降低。

对于本机组，只对气阀设计进行优化，机组本身没有进行改造，机组的转速、曲轴直径、活塞、气缸、余隙容积都不发生改变，那么其活塞面积 F、活塞平均速度 C_{m} 也是不变的，由于上述阀道设计的优化，增加了阀道流通面积，气体在气阀处平均速度 W 得到了降低。

由于气体在阀道流速的降低，阀阻明显下降，故阀的升程也可以进行相应调整，经重新设计，升程由原来的 3mm 降低至 2mm。气阀开启时阀环最高撞击速度由 5.1m/s 降低至 3.5m/s，改进后的气阀阀片撞击速度降低了 31%，阀片撞击速度的降低提高了阀片耐用性、可靠性。

改造前后气阀主要参数对比见表 2。

表 2　改造前后气阀主要参数对比

气阀	槽道数	阀环型式	阀环与阀座接触型式	通流面积/mm²	阀环材质	升程/mm	该阀环材料允许的撞击速度/(m/s)	开启时撞击速度/(m/s)	弹簧数量	弹簧规格尺寸/(mm)
原气阀	4	环状	线密封	79.8	PEEK+碳纤维	3	5	5.1	24	外径 8.25，线径 0.9，总圈数 8.9，自由长度 18
新气阀（CP阀）	7	网状型面阀片	线密封	89.6	含氟聚合物	2	8	3.5	18	外径 8.25，线径 1，总圈数 7.4，自由长度 14.6

4　结语

通过对聚丙烯工艺管理和压缩机气阀本身进行分析，排除了杂质、介质带液等工艺因素，最终通过对气阀优化选型解决了气阀寿命短的难题，实现了机组长周期运行。总结此次气阀改造的过程，有以下几点值得总结和推广：

（1）通过优化增加阀道通流面积，降低阀阻和升程，并降低了阀环开启/闭合时的撞击速度，提高了阀环的耐用性。

（2）在高撞击速度的环境下，通过更换阀环材质，选用柔韧性、耐温性更好的材质，可提高阀环使用寿命。

（3）在高压比的环境下，通过选择网状型面阀，不但保证了阀环密封性，还实现了阀环的同步性，解决了个别阀环冲击、磨损较大的情况。

通过系列改进措施，气阀的使用寿命得到了很大的提高，平均使用寿命由原来的 3 个月左右提高到现在的 18 个月左右，减少了通过装置放火炬维持正常反应来抢修机组的情况。经初步统计，每年节约的丙烯排放、气阀备件和检修人工费用总计可达 120 万元人民币，装置的运行安全风险也得到有效控制，取得了较好的经济效益，对于同类型压缩机的运行、维修改造等方面具有一定的借鉴意义。

参 考 文 献

1　郁永章. 容积式压缩机技术手册. 北京：机械工业出版社，2000

2　API 618　石油化工和天然气工业用往复式压缩机

挤压机齿轮锁紧螺栓断裂的分析及处理

杨鹏飞

（福建联合石油化工有限公司，福建泉州　362800）

摘　要　国内各大炼化一体化项目都有使用 CWP 生产的挤压机，其中 ZSK 350 系列属于中大能力挤压机型号，根据国内各炼油化工项目投产运行初期的经验总结：CWP ZSK 350 系列的挤压机主减速箱中的空心双向齿轮锁紧螺栓的断裂事故时有发生，造成挤压机减速箱故障停车，损失严重。本文通过对调速大齿轮的锁紧螺栓进行强度校核，查找到根本原因，最终确定对调速大齿轮的锁紧螺栓进行强度升级和安装加强销，采用高强度螺栓替代低等级螺栓，提高其承载力，成功解除了挤压机减速箱的隐患，确保了挤压机的安全稳定运行。

关键词　挤压机；齿轮；螺栓；断裂；高强度

1 背景

福建某石化公司聚乙烯装置的两条造粒线 PA7040/7340 选用的是德国 Copeiron W&P 的 ZSK350 系列产品，其中主齿轮箱采用的是 RENK AG 的专利技术。主齿轮箱主要用于带动挤出机的双螺杆，由一主电机提供主动力，另外安排一变频辅助电机增加驱动，起到调整挤压机转速的作用。动力传输的核心部位是由一对太阳轮和六个小行星轮组成，通过合理的组合程序同时达到传输动力和调整输出轴转速的功能。这种造粒机减速箱的专利技术广泛运用于国内聚烯烃装置的后处理造粒加工，如镇海45 万吨/年 HDPE、茂名 35 万吨 HDPE、扬子30 万吨 PP 等。福建某石化公司的 PA7040 在投料试车阶段，在设备运行稳定，运行负荷正常的情况下，发生了主减速箱调速大齿轮螺栓断裂事故。通过与中国石化同行业专家的沟通，发现该型号的的挤压机主减速箱在不同的项目上也出现过类似的故障。为了更好地查找齿轮锁紧螺栓的断裂原因，遂对调速大齿轮的锁紧螺栓进行强度校核，通过对螺栓受力分析找到解决螺栓断裂的办法。

2 主减速箱运行情况

挤压造粒机机组（下文简称：挤压机）在塑料工业中广泛用于塑料的成型和造粒，将通过聚合反应得到的聚烯烃粉料调入各种配方，通过热熔、挤压、混炼、剪切、过滤、水下造粒、干燥等工序，塑造成各种塑料牌号的粒料，使其达到下游各种塑料加工的需求。挤压机造出的塑料粒料具有抗氧化性良好，便于运输的优点。挤压机接受命令开机启动时，首先辅助电机运行，主电机停止，依靠变频辅助电机带动，通过空心双向齿轮传动，将动力传递给齿轮箱中的主转轴带动挤压机螺杆低速运行；辅助电机转速不断提高，当螺杆的转速达到克服物料粘连力临界值后，主转轴的扭矩会降低。如图 1 所示，经过特殊设计的活塞式减速箱气动离合器把主电机转轴套到主电机输入轴上，主电机启动，辅助电机随即停止，由主电机带动挤压机螺杆恒定高速运转。挤压机需要提负荷时，可以再次启动辅助电机，同转向对空心双向齿轮输送功率，提高主转轴的转速。（注：副转轴是由主转轴通过辅助转轴的同步齿轮带动的，主要是保证螺杆在挤压机筒体内的间隙配合。）

如图 2 所示，空心双向齿轮（2211）安装在一个鞍架上面，单面由 16 根（两面 32 根）规格为 M16×90、材质为 35CrMoA、强度为 8.8 级的高强度螺栓（2213）锁紧，螺栓的预紧力矩要求

作者简介：杨鹏飞（1981—），男，福建漳州人，2004 年毕业于四川大学过程装备与控制工程专业，现就职于福建联合石化机械设备部，任 MCL 经理，工程师。

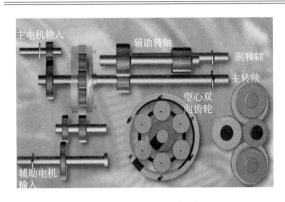

图 1　挤压机主减速箱模型

为 $M_A = 200N \cdot m$，外齿面与传输辅助电机动力的齿轮组啮合，空心齿轮（2211）内齿面与固定在行星架上的六个行星齿轮啮合，将辅助电机的动力传递给减速箱的主转轴，带动挤压机螺杆运行。空心双向齿轮（2211）在运行过程中所承受的扭矩全部作用在 32 根锁紧螺栓上面，造成红色标记位置的螺栓在挤压机运行过程中时常发生断裂。

主减速箱主数据见表 1。

表 1　主减速箱主数据

额定功率	
主电机输出功率	$P = 9463kW$
辅助电机输出功率	$P = 4250kW$

转速一览表		
电机转速/（r/min）		输出转速/（r/min）
DS 主电机	DA 辅助电机	主转轴
1480	0	161
1480	1500	233
0	1500	72

传动比	$I_{ds} = 9.2$
	$I_{da} = 20.77$
输入轴扭矩	$T_{mx} = 281000N \cdot m$
空心齿轮重量	2059kg
齿轮螺栓预紧力矩	$M_A = 200N \cdot m$

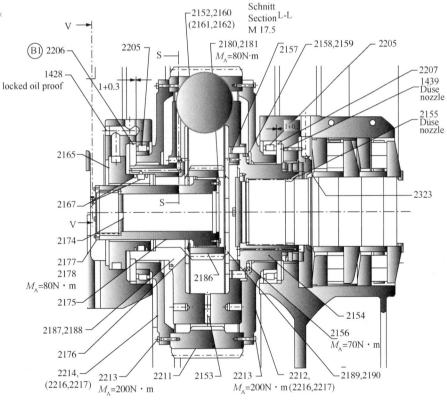

图 2　空心双向齿轮（2211）坡面图

3　断裂螺栓受力分析

针对已经出现的螺栓断裂事故，分析潜在的设备设计隐患，遂对这个空心双向齿轮（2211）的锁紧螺栓（2213）进行受力分析，校核该螺栓的强度。

3.1　计算螺栓受力

如图 3 所示，空心齿轮（2211）的锁紧螺栓在垂直于螺栓中心线方向只承受提供齿轮转动的剪切力。受力方向：沿外齿圈切线方向。

图3　螺栓受力方向图

辅助电机在额定功率转动时：

齿轮箱主转轴的转动功率

$P_{输出} = P_{辅助} \times 98\% \times 98\% \times 98\%$

$= 4250 \times 0.98 \times 0.98 \times 0.98 = 4000kW$

齿轮箱主转轴承受的扭矩

$T_{输出} = 9550 \times P_{输出} / N$

$= 530556N \cdot m$

空心齿轮通过两级齿轮传动，将动力传给齿轮箱主转轴，在动力传递过程中由于齿轮啮合情况良好，各部件润滑到位，结构设计合理，忽略能量损失，根据作用力与反作用力大小相等的原理：

空心双向齿轮承受的扭矩

$T = T_{输出} = 530556N \cdot m$

空心双向齿轮锁紧螺栓受力

$F_a = T/r/Z = 530556/0.706/32 = 23484N$

式中　r——锁紧螺栓中心到受力中心（齿轮圆心）距离，查图纸得 $r = 0.706m$；

Z——锁紧螺栓个数，32个。

3.2　计算螺栓应力幅

锁紧螺栓规格：M16×1.5×90-8.8级。

螺栓应力截面积：查GB/T3098.1—2000得到，$A_c = 167mm^2$。

螺栓应力幅：$\sigma_a = F_a / A_c = 140.62MPa$

3.3　确定许用应力幅

受剪螺栓连接的许用应力计算：

螺栓性能等级为 8.8 级，$[\sigma_b] = 8 \times 100 = 800MPa$

$$[\sigma_s] = 8 \times \sigma_b / 10 = 640MPa$$

螺栓许用应力：

$$[\tau] = \sigma_s / [S_s]$$

式中　$[\sigma_b]$——材料的拉伸强度极限，MPa；

$[\sigma_s]$——螺栓的屈服极限，MPa；

$[S_s]$——安全系数，受剪螺栓变载荷取3.5~5。

螺栓许用应力：

$$[\tau] = \sigma_s / [S_s] = 640/5 = 128MPa$$

出于安全考虑，$[S_s]$取最大值。

3.4　螺栓应力校核

针对锁紧螺栓有：

$$\sigma_a = 140.62MPa > 128MPa = [\tau]$$
$$\sigma_a > [\tau]$$

从计算结果得出结论：锁紧螺栓在机组启动受剪切应力作用时，所承受的剪切力高于它的许用应力，使得锁紧螺栓处于不安全状态。该部位的锁紧螺栓在机组启动和停止时，反复承受超过许用应力的剪切力作用，导致其最终断裂。螺栓断裂如图4所示。

图4　挤压机减速箱在运行过程中断裂的螺栓

4　改进措施——采用高强度螺栓

鉴于各炼油化工一体化聚烯烃装置挤压机在投产初期都出现了主减速箱齿轮锁紧螺栓折断的故障，在对减速箱进行整体力学分析以后，判断为主机制作厂家在主减速箱设计时，对该部位的螺栓选用不当，导致其无法承受机组开停车时的巨大扭矩。需要对该部位的锁紧螺栓作出改进，以求得挤压机更加安全稳定地运行。拟从以下几方面进行提升改进：

4.1　将锁紧螺栓的强度升级（从原来的8.8级升级到10.9级）

锁紧螺栓规格：M16×1.5×90-10.9级。

数量：32个。

螺栓性能等级：10.9级，$[\sigma_b] = 10 \times 100 = 1000MPa$，$[\sigma_s] = 9 \times \sigma_b / 10 = 900MPa$。升级后的螺栓许用应力：$[\tau] = \sigma_s / [S_s] = 900/5$

=180MPa。

针对升级后的锁紧螺栓有：$\sigma_a =$ 140.62MPa<180MPa=$[\tau]$。

结论：锁紧螺栓经过升级后，10.9 级的高强度螺栓满足强度校核，可以承受齿轮所需的扭矩(见图 5)。

图 5　高强度螺栓更换

4.2　增设加强销

加强销规格：直径为 25.03mm。

长度：60mm。

材质：45#。

数量：28 个。

配合加强销堵头：M30×25，数量为 28 个。

圆柱形的加强销利用微量过盈的形式，冷缩后安装在铰光的小孔中，并靠外部的螺纹堵头固定。圆柱销选型及制造参照 GB119 标准。

5　改造效果及结论

经过校核计算数据的对比和 CWP 设计部门的最终确认，对挤压机主减速箱的螺栓进行了更换，并增设了加强销。通过改进升后，挤压机一次投料成功，并实现了第一个长周期四年的稳定运行，于 2013 年 10 月挤压机主减速箱首次大修时，对目标锁紧螺栓进行了全面检查，未发现任何缺陷。

通过对锁紧螺栓的受力分析可以清楚地看到：原先机组所选用的 8.8 级高强度螺栓无法承受挤压机开停车时的扭矩，所以会出现齿轮箱锁紧螺栓剪断的故障。把锁紧螺栓升级到 10.9 以后，螺栓的强度进一步提高，可以满足挤压机开停车及正常运行的扭矩要求，并且增加了 28 根加强销，使得空心齿轮在运行中更加稳定，力学性能更加优良，消除了挤压机主减速箱的一个重要隐患，为挤压机能够长期、可靠、安全、平稳运行奠定了基础。

参 考 文 献

1　GB/T 3098.1—2000　紧固件机械性能 螺栓、螺钉和螺柱

2　邱宣怀，等．机械设计．北京：高等教育出版社，1997

高压合金管道焊缝裂纹原因分析及处置措施

张志强

（中国石化扬子石化有限公司芳烃厂，江苏南京　210048）

摘　要　针对加氢裂化装置反应系统高压合金管在停车检修全面检验中发现出现大量的焊缝裂纹，对裂纹产生的原因进行初步分析，对相类似工况管线进行全面检查，并对出现的裂纹制定打磨与补焊措施，消除了管线运行隐患。

关键词　高压合金管线；焊缝；裂纹；处理

1　前言

某加氢裂化装置在停车大修阶段，在对压力管道实施全面检验过程中，发现反应系统高压合金管道焊缝存在大量裂纹，管道材质为TP321，裂纹形态以浅表裂纹为主，分布位置规律不明显。为彻底消除该隐患，决定对所有同材质相近工况的管道焊缝进行检测，经过梳理，共计32条管道，527道焊缝。

2　高压合金管道焊缝缺陷检测及梳理情况

经过梳理统计，同材质相近工况的高压合金管道位于反应器与各高压换热器之间的反应进出料高温工况部位，共计32条，规格从$\phi550\times58mm$ 至 $\phi50\times8.5mm$ 不等（见表1）。

表1　高压合金管道明细表

序号	管道编号	介质	安装年月	投用年月	管道规格			设计/操作条件		管道材质
					公称直径/mm	公称壁厚/mm	管道长度/m	压力/MPa	温度/℃	
1	201-PHH10401-500-9K1S1C(H.120)	精制反应器流出物	2013.12	2014.02	500	53.97	40	17.22/16.4	445/440	TP321
2	201-PHH10402-550-9K1S1C(H.130)	反应流出物	2013.12	2014.02	550	58.73	23.	16.8/16	445/440	TP321
3	201-PHH10501-300-9K1S1C(H.80)	原料油	2013.12	2014.02	300	34.93	9	17.976/17.12	295/275	TP321
4	201-PHH10502-300-9K1S1C(H.80)	原料油	2013.12	2014.02	300	34.93	36	17.976/17.12	295/275	TP321
5	201-PHH10503-300/400-9K1S1C(H.100/110)	原料油	2013.12	2014.02	300/400	34.93/42.86	56	17.9655/17.11	388/383	TP321
..	…	…	…	…	…	…	…	…	…	…

对该批次32条管道的保温局部拆除，统计焊缝共527道。经过大量的检测工作，总计检测出有裂纹的焊缝180道。通过对各裂纹打磨做进一步检查，发现其中1处焊缝缺陷裂纹深度达13mm，其余裂纹缺陷均为深度约3mm的

作者简介：张志强，男，江苏邳州人，高级工程师，2001年毕业于南通工学院机械工程及其自动化专业，2010年获得华东理工大学动力工程领域工程硕士学位，公开发表论文3篇，现在中国石化扬子石化芳烃厂从事设备管理工作。

浅表裂纹(见图1和图2)。

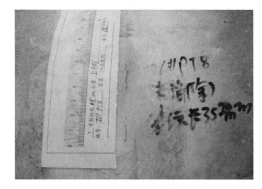

图1 深度裂纹缺陷形貌

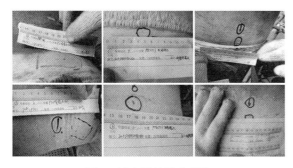

图2 浅表裂纹缺陷形貌

3 焊缝缺陷原因分析

3.1 裂纹缺陷分布及形貌分析

180道缺陷焊缝中，裂纹缺陷数量总计473处，其中分布的位置有母材、焊缝、热影响区，三者数量分别为188处、109处、176处，占比分别为39.7%、23.1%、37.2%。母材部位缺陷数量与热影响部位数量相当，略大于焊缝部位缺陷的数量。

缺陷形貌方面，有放射状、横向、纵向裂纹，其中放射状裂纹占比约80%，横向及纵向占比相当，合计20%。

3.2 管道原始焊接记录分析

查阅原始焊接记录、焊缝热处理记录、硬度检验报告及无损检验报告(包括PT/RT/UT)，均按照标准验收，焊接作业完成初期出现裂纹缺陷的可能性不大。

3.3 缺陷产生原因的理论分析

因目前管道在用，无法取样做作一步分析。经过讨论分析，据现有的检测数据和施工经验来看，该批次焊缝缺陷更多地呈现出冷裂纹特征。一般情况下，焊接时产生冷裂纹的三大主要因素为：钢种的淬硬倾向、焊接接头含氢量及分布以及接头所承受的拘束应力状态。焊后形成的马氏体组织在氢元素的作用下，配合以拉应力，便形成了冷裂纹，其形成一般是穿晶或沿晶的。

钢种的淬硬倾向主要决定于化学成分、板厚、焊接工艺和冷却条件等。焊接时，钢种的淬硬倾向越大，越容易产生裂纹。钢淬硬之后会引起开裂的原因可归纳为两方面：一是形成脆硬的马氏体组织，马氏体是碳在α铁中的过饱和固溶体，碳原子以间隙原子存在于晶格之中，使铁原子偏离平衡位置，晶格发生较大的畸变，致使组织处于硬化状态。特别是在焊接条件下，近缝区的加热温度很高，使奥氏体晶粒发生严重长大，当快速冷却时，粗大的奥氏体将转变为粗大的马氏体。从金属的强度理论可以知道，马氏体是一种脆硬的组织，发生断裂时将消耗较低的能量，因此，焊接接头有马氏体存在时，裂纹易于形成和扩展。二是会形成更多的晶格缺陷。金属在热力不平衡的条件下会形成大量的晶格缺陷，这些晶格缺陷主要是空位和位错。随焊接热影响区的热应变量增加，在应力和热力不平衡的条件下，空位和位错都会发生移动和聚集，当它们的浓度达到一定的临界值后，就会形成裂纹源。在应力的继续作用下，就会不断地发生扩展而形成宏观的裂纹。

氢是引起高强钢焊接冷裂纹重要因素之一，并且有延迟的特征，因此，在许多文献上把氢引起的延迟裂纹称为"氢致裂纹"。试验研究证明，高强钢焊接接头的含氢量越高，则裂纹的敏感性越大，当局部地区的含氢量达到某一临界值时，便开始出现裂纹，此值称为产生裂纹的临界含氢量。各种钢产生冷裂的临界含氢量值是不同的，它与钢的化学成分、钢度、预热温度以及冷却条件等有关。

焊接接头含氢量偏高主要是由焊接时，焊接材料中的水分、焊件坡口处的铁锈、油污以及环境湿度等造成的，它们都是焊缝中富氢的来源。一般情况下母材和焊丝中的氢量很少，而焊条药皮的水分和空气中的湿气却不能忽视，成为增氢的主要来源。氢在不同金属组织中的溶解和扩散能力是不同的，氢在奥氏体中的溶解度远比铁素体中的溶解度大。因此，在焊接时由奥氏体向铁素体转变时，氢的溶解度发生突然下降。与此同时，氢的扩散速度恰好相反，由奥氏体向铁素体转变时突然增大。焊接时在高温作用下，将有大量的氢溶解在熔池中，在随后的冷却和凝固过程中，由于溶解度的急剧降低，氢极力逸出，但因冷却很快，使氢来不及逸出而保留在焊缝金属中形成扩散氢。

4 焊缝缺陷处置措施

4.1 浅表裂纹打磨处理

对不锈钢管道焊缝进行着色检测，查出裂纹位置，确定裂纹的长度及深度，由检测人员对焊缝的缺陷标位，作好检查记录并对检查部位、深度、宽度、长度等进行确认签字，安排专人指导打磨返修。打磨用的砂轮片要用不锈钢专用的，施工前安排专人检查所使用工具是

否符合要求，严格控制施工机具材料中的氯离子含量$< 20 \times 10^{-6}$，打磨应采用轻微、间断方式，控制好表面温度不可过高。

当打磨深度小于6mm时确认裂纹已经消除，焊缝圆滑过渡着色检查合格即可，不再补焊。裂纹打磨方向：由裂纹两侧向裂纹中心打磨。经过检测及打磨处理，180道缺陷焊缝中的179道裂纹深度在3mm左右。

4.2 深度裂纹的补焊修复

第176#管道，管道号201-PHH10505-550-9K1S1C（H.110），其PT8焊口缺陷经打磨确认，最终打磨长的尺寸为190mm×27mm×13mm。针对该裂纹，采取以下补焊修复措施：

4.2.1 补焊前消氢处理

焊缝在缺陷消除后进行补焊前需要去氢处理，工艺卡如图3所示。

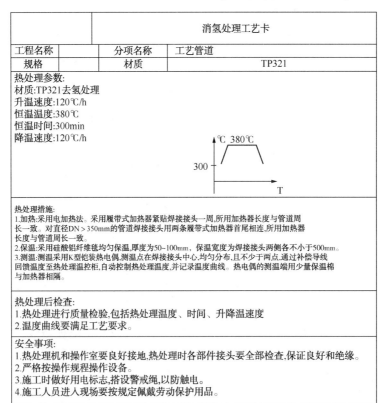

图3 焊前消氢处理工艺卡

消氢处理加热范围：焊接接头中心线两侧各不小于500mm，消氢处理结束的焊缝必须在温度降到100℃以下后尽快焊接，不宜超过2h。管道焊接接头采用履带式加热器紧贴一周，加热器长度与管道长度一致。管道直径较大时，

采用两条履带式加热器首尾相连，加热器长度之和应与管道焊接接头长度一致。热处理过程应准确控制加热温度，使焊件温度均匀；恒温期间，最高与最低温度差应小于50℃。

保温采用硅酸铝纤维毡均匀包扎，厚度一

般为 50~100mm，宽度为焊接接头两侧各不小于 500mm 的范围。由于该管线为高压管线，未设置法兰连接，无法进行两端封堵。因此在焊接接头部分，保温棉覆盖面不得小于 500mm。

4.2.2　热处理后检查

(1)焊接接头热处理后应进行下列项目检验：外观、热处理温度曲线。

(2)温度变化曲线应符合热处理工艺卡规定。

4.2.3　补焊

裂纹缺陷消除后，对焊缝进行拓宽、延伸处理，即在缺陷深处再向下磨 5mm，两侧宽度延长磨 5mm，长度方向延长 2~3 倍，打磨的沟槽底部棱角应打磨平，坡口制作成 60° 左右的 V 形坡口。

焊接前再次 PT 检测坡口是否存在缺陷，确定没有缺陷再准备焊接，焊接之前坡口边缘 30mm 范围内不得有飞屑、毛刺及其他对焊接有害的物质。本次返修采用氩电联焊，前三层采用钨极氩弧焊（GTAW）焊接，焊丝采用焊条直径为 φ2.5（ER347）；剩余部分采用焊条电弧焊（SMAW）焊接，焊条直径为 φ3.2（NC-37）。

焊接过程控制：

(1)焊接时要严格执行焊接作业指导书（WPS）的规定，采用小电流，多层多道焊，使用较小的线能量进行焊接，特别是仰焊的时候，更要采用小的线能量焊接。

(2)在焊接过程中要严格控制层间温度，且不超过 100℃，并由焊接查检员用红外线测温仪监测，并对焊接过程中层间温度控制的情况进行记录。

(3)管道焊接过程中，多层焊接时每层接头应错开，每条焊缝宜一次焊接完成。焊接时应整口连续焊接，不得单侧多层多道焊接。

(4)在填充过程中要注意道与道之间的结合，形成良好结合，圆滑过渡，保证道与道之间没有尖锐夹角。

(5)焊道多层焊接之后要对层间表面进行清理，将飞溅、药皮清理干净，使用不锈钢铁锤进行层间锤击，消除焊接应力。最先两层焊接完成后机械打磨，然后做着色检测，检测合格后继续施焊，焊接至返修厚度的三分之二时再做着色检测，检测合格后再继续焊接。焊接完全结束后，将焊道打磨与母材平齐，然后做着色检查。

(6)着色检测后，及时用清洗剂将焊道及周围清洗干净，再用不锈钢磨片把着色残迹磨除清理，然后及时酸洗钝化。

(7)在过程中使用的工具、磨具等要使用不锈钢专用工具，以防造成不锈钢的污染，造成不锈钢铁素体含量增加。

(8)在焊接过程中要严禁与镀锌材料接触，如果在焊接时锌进入焊道，将造成此区域铬和镍含量下降，从而形成晶界开裂。

5　结语

通过对 179 道焊缝的浅表裂纹打磨，对 1 道焊缝的深度裂纹补焊，180 道问题焊缝的裂纹缺陷全部消除，经 PT 检测合格。截至目前已运行近一年，情况正常。后续的管道检验时，要根据装置停工时间，尽量缩短检验周期，重点对这 527 道焊缝进行检验，根据检验结果决定是否扩大检测比例，并做好打磨或补焊修复的施工力量准备。

参　考　文　献

1　惠伟山. 奥氏体不锈钢管道焊缝裂纹产生原因分析. 焊接质量控制与管理，2004，33(12)

2　赵永翔，高庆，王金诺. 锈钢管道焊缝金属疲劳短裂纹行为的实验研究. 金属学报，2009，36(9)

金属软管泄漏的带压堵漏方法

莫建伟　刘　建　胡平贵　杨　健　刘　玉

（岳阳长岭设备研究所有限公司，湖南岳阳　414000）

摘　要　本文结合金属软管的结构特点，提出了多种处理泄漏的设想。通过某炼油厂加热炉燃料气金属软管泄漏的成功处理案例，表明碳纤维修复技术适用于金属软管的泄漏处理。

关键词　金属软管；碳纤维复合材料；捆扎；夹具；堵漏

1　前言

金属软管是现代工业管路中一种高品质的柔性管道，在各种输气、输液管路系统以及长度、温度、位置和角度补偿系统中可作为补偿元件、密封元件、连接元件以及减震元件，其特点是耐腐蚀、耐高温和低温（−196～＋420℃）、重量轻、体积小、柔软性好。

尽管金属软管具有很多优越的特性，但在实际应用中经常出现介质泄漏的情况。在不能停工进行更换的情况下，在线进行带压堵漏处理显得尤为重要。但由于金属软管的结构不同于金属管道，强度和硬度都远低于后者，而且软管表面的细空洞结构很难形成局部密封，导致带压堵漏处理难度非常大。

2　带压堵漏方法选择

金属软管的带压堵漏原理是在软管网套表面形成一个新的密封结构，通过新密封结构阻止管内介质向外泄漏扩散，从而达到消除泄漏的目的。经过研究和实验，对金属软管的带压堵漏方法一般有以下三种：捆扎堵漏、碳纤维修复补强＋捆扎的混合堵漏和碳纤维修复补强＋夹具注胶的混合堵漏。

2.1　捆扎堵漏

对于长度≤500mm、管内介质压力≤1.0MPa且管径不超过 DN80 的金属软管，可以直接采用捆扎堵漏的方式处理泄漏。一般从金属软管一头开始，先用生胶带缠绕软管外侧两层，再采用专业堵漏捆扎带逐段逐层对软管缠紧，直到最终消除泄漏。

2.2　碳纤维修复补强＋捆扎混合堵漏

对于长度大于500mm、管内介质压力低于1.0MPa、管径不超过 DN80 的金属软管的泄漏，捆扎止漏耗材和耗时都非常大，此时可以采用碳纤维修复补强与捆扎堵漏并用的方法。

为彻底消除泄漏，清除安全隐患，具体的施工可分为三个阶段进行。

第一阶段：金属软管中间段直接采用碳纤维复合材料进行修复补强，两端各预留30～50mm长不做处理。

第二阶段：待碳纤维复合材料彻底固化变硬后，采用捆扎的方式对两端预留段进行止漏处理，如图1所示。

图1　捆扎止漏

第三阶段：捆扎止漏处理结束，并确定泄漏已被消除后，再次采用碳纤维修复补强的方式对捆扎部位进行修复。

2.3　碳纤维修复补强＋夹具注胶混合堵漏

对于长度大于500mm、管内介质压力高于1.0MPa、管径超过 DN80 的金属软管的泄漏，可以通过碳纤维修复补强与夹具注胶堵漏并用的方式进行处理。具体的施工也需要分阶段进行。

第一阶段：金属软管中间段直接采用碳纤维复合材料进行修复补强，两端各预留 30～50mm 长不做处理；

第二阶段：待补强段固化变硬后，采用夹具注胶的方式对两端预留段进行止漏处理，如图 2 所示；

图 3　堵漏前

图 2　补强夹具实图

第三阶段：注胶结束且确定泄漏已被消除后，再次采用碳纤维修复补强的方式对夹具进行修复补强。

3　应用案例

2017 年 11 月，某炼化企业重整装置圆筒炉底部两条燃料气管线发生泄漏，泄漏管线均为 *DN*25 的金属软管，介质压力为 0.2MPa，温度为 80℃，金属软管采用螺纹形式与主管道连接。由于泄漏介质易燃易爆，且泄漏软管处于加热炉炉子底部，环境温度较高，必须进行带压处理。

根据泄漏情况和现场条件，我们制定的施工方案是采用碳纤维修复补强+捆扎堵漏的方式对泄漏金属软管进行堵漏处理。先用碳纤维复合材料修复补强金属软管的 U 形段，软管接头两端各预留了 50mm 长度不处理；再采用捆扎的方式将两端接头的预留段进行止漏处理；用肥皂水检测无泄漏后，再采用碳纤维复合材料将捆扎段进行修复补强，耗时一天，该两条金属软管的泄漏被成功堵住，安全隐患得到了消除，同时也保障了生产装置设备的安全稳定运行。堵漏前后的照片如图 3 和图 4 所示。

图 4　堵漏后

4　结束语

尽管金属软管的柔性结构特殊，强度也与金属管道不同，但在常规带压堵漏的基础上辅以碳纤维修复补强等其他方式可使金属软管泄漏的处理得以成功实施。该起成功堵漏的案例，也证明了带压堵漏可适用于金属软管的泄漏处理。

参 考 文 献

1　曹月凤，曹荣林，陈亚群．金属软管泄漏原因分析及处理．大科技，2016，（17）

2　潘军利，魏光辉．金属软管的修理方法．设备管理与维修，2001，（5）

凝汽式汽轮机抽真空系统中水环式真空泵替代抽气器的优势与实践

许 超

（中国石化荆门分公司，湖北荆门 448039）

摘 要 从凝汽式汽轮机运行的实际出发，通过对其抽真空系统的结构特点及引起系统不稳定的关键点进行分析，结合凝汽式汽轮机抽真空系统的故障案例分析及其解决方案，得出了结论：在炼厂用凝汽式汽轮机的抽真空系统中使用一开一备的双水环式真空泵作为抽气器的替代对安全运行是有保障的，且有经济优势。也可以采取双真空泵+一台抽气器的配置。

关键词 凝汽式汽轮机；抽真空系统；水环式真空泵；抽气器

1 概述

根据用途、工厂的蒸汽平衡等原因，凝汽式汽轮机在低压蒸汽富余的炼厂中被广泛使用，而凝汽式汽轮机的必要辅助系统之一就是抽真空系统。抽真空系统运行的好坏直接关系着汽轮机组的安全平稳运行和能耗物耗，结合笔者的生产实践与比较心得，在条件允许的情况下，抽真空系统的动力源优先选用水环式真空泵，会有利于汽轮机组整体的稳定运行，且综合能耗相对较低。

2 凝汽式汽轮机抽真空系统的结构特点及引起系统不稳定的关键点分析

2.1 凝汽式汽轮机抽真空系统的通用流程及设备

凝气式汽轮机的抽真空系统通用流程如图1所示。包含的主要设备有输水膨胀箱、热井、冷凝器（通常是空冷器）、抽气器/真空泵。

2.2 结构特点分析

从抽真空系统的通用流程可以看出，系统由输水集液、冷却、排气及凝结水输送等主要单元组成。整个抽真空系统的作用是在汽轮机排汽口建立并保持高度真空。具体方法包含以下两个方面：一是依靠汽轮机排汽在凝汽器内迅速凝结成水，体积急剧缩小而形成真空；二是依靠射水抽汽器连续抽出凝汽器内的不凝结气体。

凝汽器中真空的形成是由于汽轮机的排汽被凝结成水，其比容急剧缩小。同质量蒸汽的

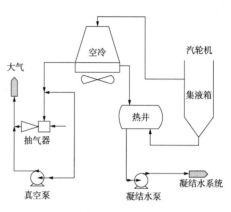

图1 抽真空系统通用流程图

体积比水容积大3万多倍。当排汽凝结成水后，体积就大为缩小，使凝汽器汽侧形成高度真空，它是汽水系统完成循环的必要条件。而在排汽凝结的过程中会产生不凝气，主要以空气为主。这些不凝气需要及时排出系统，否则积累起来会挤占蒸汽凝结后缩小的体积，破坏真空度。

排出不凝气的设备目前工业应用上主要有射汽或射水抽气器及真空泵。

2.3 易引起系统不稳定的关键点分析

在整个抽真空系统中，为达到保持机组运行所需的真空度的要求，一是要求凝气系统工作正常，汽轮机做功后排出的蒸汽能快速凝结成水，缩小体积；二是抽不凝设备运行正常，能及时将不可凝结的气体排出系统外；三是系统漏气量在可接受范围内。汽轮机工作蒸汽中夹带空气造成的影响本文不作讨论。

这三个关键点中第一个是凝气系统的工作

情况，以炼厂常用的空冷器来说，主要是对空冷器的冷却效果提出要求，具体包括风机运行转速、扇叶角度、空冷器翅片积灰程度、换热管内结垢程度，蒸发式或喷淋式空冷还要考虑水泵运行情况和喷淋水分布情况。第二个关键点是抽不凝气设备的运行情况，主要考验的是动力设备运行工况与负荷设计是否匹配，以及设备本身的完好。第三个关键点是系统的漏气量，考验的是系统整体气密性能。

对于第二个关键点，一是抽气器或真空泵设计负荷要能满足需求，否则会造成启动时真空上升慢和运行过程中真空度低的问题。二是设备本身的完好性对抽真空效果影响也很大。目前常用的抽不凝气设备有射汽抽气器、射水抽气器、真空泵这三种，由于射水抽气器用的压力循环水需要增压系统，且在实际运行中真空状态下水、气、汽混合物产生强烈的扩容混合作用，对扩压管形成强烈的冲蚀，能耗较高且寿命较短，故炼厂汽轮机常用的是射汽抽气器或真空泵。射汽抽气器的常见故障有喷射泵磨蚀、喷射泵喷头安装位置不正确、冷却器换热管结垢、穿孔、冷却介质温度高、凝结水排放不畅等。而常用的水环式真空泵影响抽空效果的故障现象有气蚀、轴端密封效果变差、旁路阀内漏、工作液液位过高或过低、工作液温度高等、叶轮冲蚀等。

3　凝汽式汽轮机抽真空系统的故障案例分析和解决方案

某加氢装置循环氢压缩机采用凝气式汽轮机（以下简称 A 机组），压缩机轴功率为 1490kW。抽真空设备采用射汽抽气器。射汽抽气器并联两组运行抽气器及一台启动抽气器。自 2015 年 2 月开始发现射汽抽气器中的一组存在故障，初步判断是水冷器内漏或堵塞。投用水环真空泵与射汽抽气器并联运行一段时间，后来投用启动抽气器，与一级、二级抽气器并行，停掉真空泵，汽轮机排气真空度维持在 -83kPa。因汽轮机排气真空度过低引起过停机，在 2016 年 1 月开始汽轮机操作变得更加困难，真空度不好控制，持续下降至 -70kPa，还有汽轮机后冷的凝结水温度过低，低时达到 0℃；此时还出现了不凝气温度过低的现象，达

到 26℃。

因此前同类型另一套加氢装置的凝汽式汽轮机组（以下简称 B 机组）也出现过真空度异常下降的情况，该汽轮机后冷采用两台立式板式湿空冷，单台换热面积为 970m²，板片材质为 316L。原设计喷淋用水为除盐水，为减少能耗，在 2016 年 1 月改为新鲜水。运行至 2 月份，汽轮机排气真空度开始出现不稳定现象，有时会较快下降，由 -85kPa 降低至 -70kPa，排气温度也由不到 60℃ 上升到 75℃，此时除了射汽抽气器运行外，需要并联投用水环真空泵来维持真空。进入 2016 年 3 月中旬后，汽轮机排气真空运行工况在数天内急剧恶化，连 -60 kPa 都很难维持，重新启用真空泵也无法阻止真空度下降。装置被迫做出调整，降低汽轮机转速，增大高分气外排降低循环氢流量，减小汽轮机负荷。经排查发现板式湿空冷的板片表面结有大量硬质水垢，板片间缝隙基本被堵死。针对这种情况，决定对板式空冷进行化学清洗。采用在水箱中掺入有机酸浸润，并配合高压水枪冲洗板片的方法，经过连续十天的清洗，除掉了绝大部分水垢，板片间隙重新恢复透光。化学清洗后，汽轮机排气真空度由 -60kPa 上升到了 -82kPa，在停掉了真空泵后只投用射汽抽气器，排气真空度依然可维持在 -82kPa。之后湿空冷补水改回除盐水。

因此借鉴 B 机组的经验，且 A 机组在此前也出现过空冷翅片积灰影响真空度的先例，因此也对 A 机组的凝气空冷也进行了外部水冲洗，但这次水冲洗没有收到预期效果。

再检查凝结水排放的情况，此前 B 机组的射汽抽气器一级、二级凝结水管线都出现过堵塞的情况，造成凝结水夹带并在器内形成水封，水无法从低点排走，只有从抽气器二级末端不凝气排大气的高点位置喷出，造成抽真空效率下降。通过检查，A 机组的一级和二级凝结水管线温度有 40℃，排水口有水持续滴出。先排除这种故障可能。

通过进一步排查发现抽不凝气管线在出空冷段温度的确很低，但在进入射汽抽气器段温度很高，达到 70℃ 以上，并且真空泵入口温度也很高，也在 70℃ 以上。通过各种方法反复调

节射汽抽气器与真空泵，都无法解决此问题。

通过对此现象分析，推断整个汽轮机真空度过低及凝结水和不凝气温度异常的原因是射汽抽气器出现了故障，并且随时间发展出现了恶化，基本没有抽真空效果，而且导致喷射蒸汽从喷射泵反窜入不凝气系统，使得不凝气无法排出，进而造成了空冷运行温度异常。

查明原因后，采取了相应措施，以水环真空泵运行为基础，彻底停用射汽抽气器。汽轮机排气真空度提高至-80kPa，空冷冷后凝结水温度与不凝气温度也恢复正常。之后通过对两组射汽抽气器的一级、二级共4个喷射泵进行拆检，发现喷头基本完好，而喷头与泵座之间因采用螺纹连接，螺纹冲蚀现象非常严重，密封垫处冲蚀出数道2mm深的沟槽，并有2个泵座已被贯穿（见图2）。可以想见在使用过程中大量工作蒸汽未能从喷嘴射出，而是从沟槽和穿孔处喷出，通过混合室反窜入不凝气管线，造成汽轮机抽真空系统运行异常。

图2　泵座贯穿

找出问题后，更换了新泵座，为防止因螺纹连接出现间隙造成冲蚀，采用了热装配，将泵座用蒸汽加热后对喷头螺纹进行再次热紧。

同时对射汽抽气器水冷管束也进行了排查，水冷管程走热井凝结水作为冷却介质，壳程走蒸汽与不凝气，通过对管束进行检查，确认管束不漏。因发生过抽气器排凝管线堵塞造成凝结水排不出去形成水封的先例，也通过壳程给汽试验，包括疏水管线一并检查，也未发现堵塞。对射汽抽气器拆开边盖和中段进行检查，确认管程内壁很干净，单独对喷射泵进行给汽试验，在进气侧能形成真空，但受蒸汽带水影响很大，一旦带水，则真空消失。

组装好射汽抽气器后再次试投，经过实验两组抽气器如果单独投用都无法满足工况需要，汽轮机排气真空度仍持续下降，最后并联投用两组抽气器，在不开水环式真空泵的情况下，汽轮机排气真空度可保持在-80kPa。标定结论

显示修复后的抽气器效果可以满足生产需要，但未恢复到最初性能（投用一组抽气器即可使汽轮机运行真空度达到-85kPa）。

4　结论

通过以上案例分析，对比射汽抽气器与水环式真空泵在应用中可能会影响到真空度的因素见表1。

表1　射汽轴气器与水环式真空泵
影响真空度的因素对比

射汽抽气器	水环式真空泵
喷射泵磨蚀	气蚀
喷射泵喷头安装位置不当	轴端密封效果差
换热管结垢	旁路阀内漏
换热管穿孔	工作液液位高度过高或过低
冷却液温度高	工作液温度高
凝结水排放不畅	叶轮冲蚀

射汽抽气器属于静设备，其优势是结构简单，正常运行时维护工作量少，基本不需特别维护。其缺点是一旦设备出现故障，问题原因不易查找，且开机状态下处理起来不方便。另有部分机组的射汽抽气器冷却依靠的是泵送热井凝结热水，易受温度及流量变化的影响。

在2016年7月装置检修中，对A机组抽真空系统进行了改造，增加了一台与原来同型的水环式真空泵，达到了双泵互为备用。在开工后投用新的水环式真空泵，另一台水环式真空泵与射汽抽气器作为备用，效果很好，满足了机组安全平稳运行的要求，也节约了蒸汽消耗。原来投用射汽抽气器时需投用两组，消耗1.0MPa蒸汽量为0.8t/h，折合约100元/h。现投用真空泵，耗电12kW/h，折合约8.2元/h。合计年节约（100-8.2）×8400＝771120元（77万元）。且为机组安稳长运行提供了更可靠的保障，间接效益更显著。

结合应用实践，凝汽式汽轮机采用的水环式真空泵的标准配置至少应包括：①泵入口配备快速切断阀及止回阀；②与泵体出口及底部联通的分离缓冲器；③分离缓冲器上配备根据液位调节的自动补水电磁阀。

综合以上分析和实践，在炼厂用凝汽式汽轮机的抽真空系统中使用一开一备的双水环式真空泵作为抽气器的替代是具有保障的，且有经济优势。也可以采取双真空泵+一台抽气器的配置。

端焊式套管换热器温差应力校核

李 臻

(中国石化工程建设有限公司，北京 100101)

摘 要 介绍了套管换热器的结构特点，分析了端焊式套管换热器的失效形式，推导了应力评定公式以及给出了评判标准，提出了设计套管换热器应注意的问题。

关键词 套管换热器；温差应力；轴向位移

1 概述

套管式换热器(见图1)是管壳式换热器的一种，通常由一段或几段内管和外管组成，段与段之间由内管弯头相连，然后由角钢或槽钢焊成的支架组装而成。一种流体走内管，另一种流体走内外管之间的环隙，内外管流体介质经过几段加热或冷却，温度逐渐升高或降低，这种换热器具有若干突出的优点，所以至今仍广泛用于石油化工等工业领域。它的主要优点是：①结构简单，传热面积增减自如。因为它由内外管件组合而成，安装时无需另外加工，特别适合老装置升级改造。②传热效能高。它是一种纯逆流型换热器，同时还可以选取合适的截面尺寸，以提高流体速度，增大两侧流体的给热系数，因此它的传热效果好。③套管换热器设计相对简单、制造容易、维护方便和改造简便。④可以根据安装位置任意改变形态，利于安装。在以往的工程实际当中，套管换热器设备规模普遍较小，每段换热器的有效长度比较短，内外管的热膨胀差相对较小，因此在设计中通常忽略内外管的膨胀差和温差应力。

近些年来，随着装置规模的大型化和品种的多样化，套管换热器也开始使用于大型套管式反应器和在线废热锅炉等场合，拓宽了套管换热器的应用领域；国外工程公司利用套管换热器适合于高压、小流量、递给热系数流体换热的特点，相继在高压聚乙烯装置上使用套管换热器和套管反应器以及在乙烯裂解装置中运用在线废热锅炉。有的套管换热器的单程内外

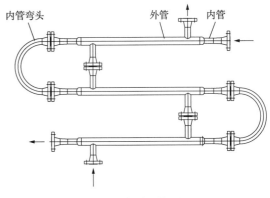

图1 套管换热器

管长度可达几十米，而且有时专利商要求在机械设计中不仅考虑正常操作工况，还要考虑非正常操作、蒸汽吹扫等极端苛刻工况。内外管因介质温度不同产生的膨胀量很大，两者的膨胀差也很大。此时，设计中就不能忽略内外管的膨胀差和温差应力。

内外管端焊接结构的套管换热器是在工程实际运用较多的一种套管换热器，此种换热器外管通过管帽、锥形封头或平端板等(见图2)与内管焊接而成。由于内管和外管流体介质之间存在温差，操作使用过程中会因内管和外管各自的膨胀量不同而导致膨胀差的产生，造成内外管件受到轴向拉伸或压缩，产生了比较大的温差二次应力。如应力控制不当，将会使内外管以及二者的连接焊缝处发生机械破坏，对焊缝结构产生削弱，影响焊缝寿命，严重时会发生泄漏，这是套管换热器的主要失效形式。为避免内管和外管的拉伸或压缩破坏以及保证二者之间连接焊缝处强度，在设计当中，应校核内管及外管上所产生的应力以及内管与外管

连接焊缝的拉脱力（即剪应力）。现有的标准规范仅对套管换热器的设计、制造安装以及检验作出了一般规定，没有给出端焊式套管换热器温差应力的计算方法。下面就这个问题通过公式推导，进行探讨。

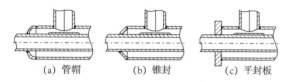

(a) 管帽　　　(b) 锥封　　　(c) 平封板

图 2　套管换热器焊接方式

2　公式推导及应力校核

不考虑端板约束，由于热膨胀及压力的作用外管轴向位移：

$$\Delta L_{Ps,ts} = l\alpha_s(t_s - t_0)$$
$$+ \frac{P_s[D_i{}^2 - (d_i + 2\delta_t)^2] + (P_t - P_s)d_i^2}{4D_i\delta_s E_s} \cdot l \quad (1)$$

式中　α_s——外管材料线膨胀系数，$℃^{-1}$；

t_s——沿长度平均的外管金属温度，$℃$；

t_0——制造环境温度，$℃$；

P_s——外管设计压力（即壳程设计压力），MPa；

P_t——内管设计压力（即管程设计压力），MPa；

E_s——外管材料弹性模量，MPa；

D_i——外管内径，mm；

d_i——内管内径，mm；

δ_s——外管壁厚，mm；

δ_t——内管壁厚，mm；

l——外管和内管的总长度（每程），mm（注：套管换热器内外管长度基本相等，此处取成一个值）。

不考虑端板约束，由于热膨胀及压力的作用内管轴向位移：

$$\Delta L_{Pt,tt} = l\alpha_t(t_t - t_0) + \frac{(P_t - P_s)d_i}{4E_t\delta_t} \cdot l \quad (2)$$

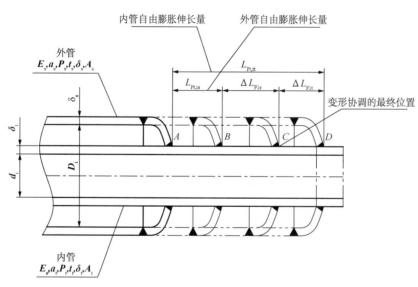

外管
$E_s, a_s, P_s, t_s, \delta_s, A_s$

δ_s

δ_t

d_i

D_i

内管
$E_t, a_t, P_t, t_t, \delta_t, A_t$

内管自由膨胀伸长量　　外管自由膨胀伸长量

$L_{Pt,tt}$

$L_{Pt,ts}$　ΔL_{Fls}　ΔL_{Flt}

变形协调的最终位置

A　B　C　D

图 3

式中　α_t——内管材料线膨胀系数，$℃$；

t_t——沿长度平均的内管金属温度，$℃$；

E_t——内管材料弹性模量，MPa。

则由于热膨胀及压力的作用下的内外管位移应变差为：

$$\gamma = \frac{\Delta L_{Pt,tt} - \Delta L_{Ps,ts}}{l}$$

$$= \alpha_t(t_t - t_0) + \frac{(P_t - P_s)d_i}{4E_t\delta_t} - \alpha_s(t_s - t_0)$$

$$- \frac{P_s[D_i{}^2 - (d_i + 2\delta_t)^2] + (P_t - P_s)d_i^2}{4D_i\delta_s E_s} \quad (3)$$

内管与外管的端部为焊接结构，属于刚性连接，因此内外管间会产生一个轴向力 F_1。如图 3 所示，内管端部在压力和热膨胀作用下由 A 点移至 D 点，而后又在轴向力 F_1 作用下由 D

点移至 C 点；外管端部在压力和热膨胀作用下由 A 点移至 B 点，而后又在轴向力 F_1 作用下由 B 点移至 C 点。此时由虎克定律可知：

外管在轴向力 F_1 作用下的位移

$$\Delta L_{F1s} = \frac{F_1 l}{E_s A_s} \quad (4)$$

式中 A_s ——外管管壁金属横截面积，mm^2。

内管在轴向力 F_1 作用下的位移：

$$\Delta L_{F1t} = \frac{F_1 l}{E_t A_t} \quad (5)$$

式中 A_t ——内管管壁金属横截面积，mm^2。

此时可得位移变形协调方程：

$$\Delta L_{F1s} + \Delta L_{F1t} = \Delta L_{Pt, tt} - \Delta L_{Ps, ts}$$

将式（1）、（2）、（3）、（4）、（5）代入上式可得内外管间的轴向力：

$$F_1 = \frac{\gamma A_s E_s A_t E_t}{A_s E_s + A_t E_t} \quad (6)$$

（1）外管上产生的应力：

$$\sigma_s = \frac{F_1}{A_s} + \frac{P_s [D_i^2 - (d_i + 2\delta_t)^2]}{4(D_i + \delta_s)\delta_s}$$

当 $\sigma_s > 0$ 时，则外管承受拉应力：

$$\sigma_s \leq 3\phi [\sigma]_s^t$$

当 $\sigma_s < 0$ 时，则外管承受压应力：

$$|\sigma_s| \leq [\sigma]_{scr}$$

式中 $[\sigma]_s^t$ ——外管材料在设计温度下许用应力，MPa；

$[\sigma]_{scr}$ ——外管保持稳定的许用压应力，MPa。

（2）内管上产生的应力：

$$\sigma_t = \frac{-F_1}{A_t} + \frac{(P_t - P_s) d_i^2}{4(d_i + \delta_t)\delta_t}$$

当 $\sigma_t > 0$ 时，则内管承受拉应力：

$$\sigma_t \leq 3\phi [\sigma]_t^t$$

当 $\sigma_t < 0$ 时，则内管承受压应力：

$$|\sigma_t| \leq [\sigma]_{tcr}$$

式中 $[\sigma]_t^t$ ——内管材料在设计温度下许用应力，MPa；

$[\sigma]_{tcr}$ ——内管保持稳定的许用压应力，MPa。

（3）外管与内管之间的拉脱力：

$$q = \left| \frac{\sigma_t A_t}{\pi(d_i + 2\delta_t) h} \right| \leq 3 [q] = 1.5 [\sigma]_t^t$$

式中 h ——内管与外管连接焊缝的焊角高度，mm；

$[q]$ ——许用拉脱力，MPa，$[q] = 0.5 [\sigma]_t^t$。

（4）内、外管稳定许用压应力：

系数 $$C_r = \pi \sqrt{\frac{2E^t}{\sigma^t}}$$

式中 E^t ——内、外管材料分别在各自设计温度下的弹性模量，MPa；

σ^t ——内、外管材料分别在各自设计温度下屈服极限，MPa。

内外管的回转半径 i：

$$i = 0.25 \sqrt{d^2 + (d - 2\delta)^2}$$

式中 d ——内、外管各自的外径，mm；

δ ——内、外管各自的壁厚，mm。

当 $C_r < l_{cr}/i$ 时，$[\sigma]_{cr} = \frac{E}{2} \cdot \frac{\pi^2}{(l_{cr}/i)^2}$

当 $C_r > l/i$ 时，$[\sigma]_{cr} = \frac{\sigma^t}{2} \cdot \left(1 - \frac{l_{cr}/i}{2C_r} \right)$

式中 l_{cr} ——内、外管受压失稳的当量长度（此处 $l_{cr} = l$），mm。

$[\sigma]_{cr}$ 不应大于内、外管材料在各自设计温度下许用应力 $[\sigma]^t$。

如果以上计算结果 σ_c、σ_t、q 低于许用值时，说明应力合格。反之，则必须通过设置膨胀节等补偿元件或将管件的一端设计为自由浮动结构或可拆结构，以达到降低或消除膨胀差的目的，从而以减小温差应力。

3 结语

通过对内、外管上所产生的应力以及内、外管之间的拉脱力公式推导及应力校核，可以得知：

（1）在套管换热器工艺传热计算阶段，应尽量控制内外管件的金属平均壁温以降低膨胀差带来的影响。

（2）在材料选择时，可以通过选择内外管

件不同材料、不同膨胀系数，甚至同一管件由不同材料组成来达到较小膨胀差的目的。

（3）另外内外管连接的焊缝质量也是需要保证的，应从焊接工艺上来保证此焊缝能够全焊透，同时保证必要的焊角高度，对该焊缝应提出严格的无损检测要求。

（4）应合理地编制套管换热器开、停车操作手册，以避免出现温差过大的极端苛刻工况。

此外，本文所给公式推导及应力校核也可以指导在线废热锅炉、套管式反应器的设计。

参 考 文 献

1 GB/T 151—2014 热交换器器
2 SH/T 3119—2016 石油化工钢制套管换热器设计规范
3 秦叔经，叶文邦，等.换热器（第一版）.北京：化学工业出版社，2003

GD-501膨胀干燥机故障分析及改进措施

陈孝辉

（中国石化北京燕山分公司储运厂运行保障部，北京　102500）

摘　要　本文针对某厂乙丙橡胶中试装置后处理单元膨胀干燥机（GD-501）运行过程中出现的故障进行统计、分析，得出影响机组长周期运行的主要因素和其主要故障原因经过与机主沟通对机组进行了改造，改造后机组的"吃料"比以前更加平稳，控制参数达到了理想控制值，使产品质量得到保障，延长了机组稳定运行周期，为国产乙丙橡胶工艺化装置设备选型积累了宝贵的经验。

关键词　膨胀干燥；螺杆；螺套；支撑；线性膨胀系数

1　前言

2011年，某中国石化下属某分公司新建了一套乙丙橡胶中试装置，进行乙丙橡胶国产化工艺包的研发及验证。在国内现有的乙丙橡胶工业化生产装置中，所有的工艺包技术均来源于进口，相应专利费用相当高，主要掌握在朗盛、陶氏化学、埃克森美孚和三井等国外技术专利商手中。此次乙丙橡胶技术的研发，为我国首套自主知识产权的乙丙橡胶生产技术，意义重大，既能打破国外对乙丙橡胶的垄断，又能优化、延长国产橡胶的产品链，为乙丙橡胶国产化工业装置提供重要设计数据。

GD-501膨胀干燥机是乙丙橡胶中式装置后处理单元的关键设备，主要处理来自挤压机出口含水率为8%~12%的乙丙橡胶，通过膨胀闪蒸的方式使胶料中的水与胶料分离，对胶料进行干燥，使膨胀干燥机出口的胶料挥发分含量达到≤2%。自2012年3月第一次开车后，机组在较短时间内（2~3个月），便出现螺套磨损变形、开裂，衬套磨损严重等故障，导致乙丙橡胶产品中含金属颗粒，膨干机出口模头温度、压力异常，经常出现塑化胶，机组无法连续运行，使乙丙橡胶产品质量无法得到保障，给中试装置后处理单元安稳运行造成很大隐患，机组的频繁检修也造成设备检修费用的损失。

1.1　GD-501膨胀干燥机技术特点简介

合成橡胶后处理的主要设备是挤压脱水机和膨胀干燥机（简称为"两机"），其中对生产影响最大、能耗最大的设备是膨胀干燥机。在膨胀干燥机内，胶料处于相对密闭的空间里，螺杆对它实施剪切。从能量守恒的角度来看，膨胀干燥过程所必需的能量是由膨胀干燥机主电机和外部蒸汽提供。

对于合成橡胶后处理的"两机"，在国内橡胶行业中使用的进口设备主要厂商包括美国的安德森（Anderson）、French及瑞士的Welding等。部份橡胶生产厂已经采用了国产设备，对于技术比较成熟的顺丁橡胶、丁基橡胶等胶种，应用比较广，也能满足相关性能要求。在此次乙丙橡胶中试装置的后处理单元，为了节省投资及研究国产技术的"两机"在处理乙丙橡胶时的相关性能要求，选用了国产设备。设备供应商虽然具有较为丰富的橡胶后处理设备的制造经验，但也是第一次制造处理乙丙橡胶的"两机"，同时因乙丙橡胶具有牌号较多、门尼值跨度大等特点，对"两机"的适应能力提出了更高的要求，也给"两机"的设计带来一定难度。

GD-501膨胀干燥机采用"三段论"的设计理念，整个螺杆分成进料段、压缩段和发热段，最大造压可达10~16MPa；由于膨胀干燥机附带补充脱水功能，首先胶料在锥筒体段受到挤

作者简介： 陈孝辉，男，云南镇雄人，2004年毕业于北京石油化工学院过程装备与控制工程，2014年获得中国石油大学（北京）机械工程专业工程硕士学位，现任中国石化北京燕山分公司储运厂运行保障部主任，高级工程师，已发表论文4篇。

压作用，进一步脱除部分游离水，胶料在机筒内被向前输送的过程中，受到螺杆的挤压和摩擦，以及胶料和筒壁的摩擦、胶料内部的摩擦，使胶料的温度和压力上升，在机头部分，胶料中的水分温度急剧上升，但是由于机筒内压力高于水的饱和蒸汽压，水分仍处于液态，并弥散在胶料之中，当胶料从模孔喷出时，压力突然降低，胶料中的水分发生闪蒸，由液态变为气态，水汽通过引风机引出，膨化的胶料落入用于补充干燥的振动流化床，胶料中的水分与胶料分离，从而实现胶料的干燥，经膨胀干燥机干燥后的胶料挥发分含量≤2%。其中膨胀干燥机发热段采用螺杆强烈剪切的设计，使胶料在极短的时间内达到需要的膨化温度。同时对机头发热段设计较短，尽量减少胶料在高温区

的停留时间，既达到胶料膨化所需温度和压力，又防止胶料发生交联和产生凝胶，胶料膨化后，立即实现气固两相的分离，避免膨化后的水蒸气以及过冷水附着在胶料表面，保证膨化干燥效果。

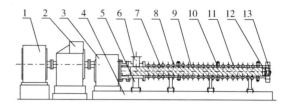

图 1　GD-501 膨胀干燥机结构简图
1—电机；2—耦合器；3—减速机；4—主机底座；
5—下料段支撑板；6—下料段；7—主轴；8—螺套；
9—主机机体；10—支撑套；11—剪切螺钉；
12—螺杆头；13—模板

1.2　GD-501 膨胀干燥机结构简图(见图 1)

1.3　GD-501 膨胀干燥机主要参数(见表 1)

表 1　GD-501 相关参数

型号	输入转速/(r/min)	输出转速/(r/min)	电机功率/kW	设计能力/(kg/h)	介质	模头温度/℃	模头压力/MPa
PG120	1480	30~255	160	200	含水乙丙橡胶	155~160	5.5~6.0

2　GD-501 膨胀干燥机常见故障及原因分析

GD-501 膨胀干燥机经安装，调试后，随着乙丙橡胶中试装置聚合单元产出乙丙橡胶胶液，经过凝聚单元的乙丙橡胶胶粒水进入后处理，实现了国产化膨胀干燥机第一次处理乙丙橡胶。对机组在运行近一年的时间里的故障情况进行统计，同时认真分析和总结每次设备故障情况及原因，其主要存在以下几种情况：

(1)机组开车初期出现"吃料"不稳定，堵料频繁。来自凝聚单元的乙丙橡胶胶粒水进入后处理后，经两个脱水振动筛、一个缓冲罐及挤压脱水机后，将胶中含水量降至8%~12%进入膨胀干燥机。由于装置的工艺技术特性，对胶粒水的相关控制指标尚未成熟，如胶粒尺寸、pH 值大小、分散剂的加入量及后处理进料量的控制等，导致进入挤压机、膨胀干燥的乙丙橡胶含分散剂量较大，胶粒在机体内出现"打滑"、反胶现象，影响机组的平稳运行。在装置投料初期或乙丙橡胶切换生产牌号时此类故障较多，但通过及时调整工艺参数、控制指标及

加强操作人员水平的培训，能使故障得到有效解决。

(2)润滑油系统故障。GD-501 机组润滑油系统包括液力耦合器及减速机两部分，分别配置冷却器、互为备用的齿轮油泵及出口过滤器。在机组运行过程中，出现过由于润滑油压力过低、温度升高的故障情况，但通过及时清理油过滤器及冷却器，调整润滑油压力，能在较短时间内解决故障，保证机组润滑油系统稳定运行。

(3)机组衬套磨损，螺套变形、开裂，模头出口乙丙橡胶产品中含金属颗粒，严重时模头出现塑化胶现象。GD-501 运行 2 个月左右后，机组运行电流偏高，模头温度较之前升高，调节模板的开孔率，效果不明显，对出口乙丙橡胶进行金属检测发现其中含有金属颗粒，严重时膨干机模板出口产品出现塑化现象，影响产品质量；初步判断螺套及衬套磨损，解体机组直筒体及锥筒体，发现螺套磨损变形、局部出现开裂，螺套也出现较为严重的磨损，出现"扫膛"现象，如图 2 和图 3 所示。

图2　GD-501螺套磨损图

图3　GD-501衬套磨损图

由于GD-501机组螺杆原设计为单支撑结构，衬套的磨损，使得螺杆下垂更加严重，螺杆头的锥套与筒体衬套之间出现相互磨损，转速越高，磨损越严重，尤其是在机组排料或刚起动时，产生大量的金属磨粒，容易造成出口模孔的堵塞；且螺套本体上的螺棱损坏后，减小了胶料向前的推动力，使得胶料在筒体发热段停留时间较长，随螺杆旋转产生大量摩擦热，容易出现胶料的塑化，产品质量得不到保障，机组损坏造成装置停车时间较长，维修费用也较高。

通过对机组进行解体，对主轴的直线度、每一节螺套及衬套的磨损情况进行检查、分析，得出造成此类故障的主要原因如下：

①机体内进入异物，尤其是进入金属物品，导致螺套及衬套磨损。由于GD-501机组运行初期，工艺操作参数调整比较频繁，乙丙橡胶的性能也不稳定，导致机组"吃料"不畅，堵料比较频繁，每次必须清理机体内胶料后才能重新启动主机。在清理胶料的过程中，容易造成异物进入机体内，如手套、金属等，造成螺套、衬套磨损及模孔堵塞，机组无法连续运行。

②GD-501螺杆的螺套、衬套及主轴材质不一致，不同材料的热膨胀系数不同，在出现一定的温差后产生缝隙、膨胀，螺套数量、长度尺寸及预留间隙不能满足材料受热后热膨胀变形量，导致在相同的工作温度下，各部件的热变形量不一样，在螺套设计制造、装配及筒体配合等相应间隙控制不合理，造成机组在工作状态下出现螺套变形、局部产生裂纹。螺套一旦变形，其与筒体衬套、剪切螺钉之间的间隙发生变化，出现磨损，整个螺杆的运行不稳定，机组输送胶粒不均匀，局部（尤其是发热段）出现胶料过热，严重时出现塑化现象，被迫停机清理、检查。

③GD-501螺杆支撑结构不适宜于机组实际运行工况。乙丙橡胶中试装置原设计为24h连续运行，但受到凝聚单元负荷的限制，后处理"两机"只能实行12h的连续运行，造成机组启、停较为频繁。同时由于GD-501螺杆设计为悬臂结构，如图4所示，即将螺杆轴一端插入到减速器的输出轴上并用螺母锁紧，在螺杆旋转过程中，螺杆头部因为没有支撑，会产生径向力，从而会产生"扫膛"现象，如果胶种门尼过高"扫膛"现象会更加严重，尤其是膨胀干燥机在启动后到出料的时间段及停运前的排料阶段，极易出现机筒内壁与螺杆头部产生磨擦，使螺杆使用寿命减少，随着筒体与螺杆的摩擦不断加剧就会使螺杆与筒体的间隙不能保持恒定，造成输送胶料不均匀，出现反胶、塑化等异常情况，机组被迫停车检修。

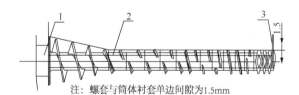

注：螺套与筒体衬套单边间隙为1.5mm

图4　GD-501螺杆单支撑结构简图
1—芯轴；2—螺套；3—螺杆头

通过对GD-501机组运行过程中出现的故障现象、原因进行统计分析，得到影响机组稳定运行的主要原因一方面为工艺操作，膨胀干燥机的运行与前系统的稳定操作及产品性能息息相关，通过对工艺操作的控制，确保进料平稳、产品性能在控制范围内，同时不断提高操作人员的技术水平，能实现机组的稳定长周期运行；另一方面是设备本身设计选型及制造、装配问题。在国内，已有的乙丙橡胶装置工艺包均为进口技术，对后处理"两机"的选用也是进口厂商，但价格很贵。本次乙丙橡胶中试装置后处理"两机"选用了国产技术，厂商也是第一次制造处理乙丙橡胶的挤压机脱水机及膨胀干燥机，在对膨胀干燥机的选型、制造上与实际工况存在偏差。通过对机组本身结构型式及相关部件进行调整、改造，使其能与装置上游单元实现匹配运行，提高机组的运行可靠性，延长运转周期。

3　GD-501膨胀干燥机故障措施分析

3.1　调整GD-501螺套尺寸及预留间隙

GD-501机组螺杆设计为三段，即进料段、造压段、发热段。进料段是带补充脱水功能，设置了漏水筛，提高膨胀干燥效果；造压段是对物料实施强力压缩；发热段是能使胶料在短时间内达到需要的膨化闪蒸所需的温度。其主要由芯轴、螺套、螺杆头三部分组成，螺套与芯轴通过平键在螺杆的圆周方向定位，螺杆头芯轴使螺套轴向定位，其主要参数见表2。对于螺杆的芯轴主要需要强度高及抗冲击性，选用材质为42CrMo，轴套、及衬套需要满足耐腐蚀性，选用材质为316不锈钢。从GD-501的实际运行工况来看，螺杆各部件的材质不一致及加工、装配预留间隙不合适会造成螺套在实际运行过程中出现开裂、变形问题。一方面为了满足螺杆的强度及有效防止后处理胶粒水的腐蚀，螺套与芯轴的材质不可能实现统一，只能两者兼顾；其次是为了利用原设计的减速机、设备基础等，在不改变螺杆直径、总长的前提下，从螺套数量、尺寸及预留间隙方面考虑，找到有效的解决方案。

3.1.1　螺套与主轴伸长量在运行工况下的计算

螺杆的主轴与螺套的材料不一致，由于其线性膨胀系数不一样，在运行工况下变形量也不相同。基于室温20℃及工作状态为160℃情况下的螺套及主轴变形量分别进行计算。

表2　GD-501螺杆相关参数

螺杆长度/mm	主轴直径/mm	主轴材质	螺套数量/件	螺套材质
1882	125	42CrMo	12	316

经过计算，可得到芯轴的受热伸长长度为3.2mm，螺套的受热伸长长度为4.4mm，表明芯轴和螺套组在运行工况下轴向线性热膨胀量差值较大，螺套组比芯轴伸长 4.4 − 3.2 = 1.2mm。

GD-501机组螺杆由主轴及多个尺寸不尽相同的螺套组成，螺杆进料端主轴及螺套均被轴向定位，在运行过程中，两者均向出料端膨胀伸长，末端由锥套锁紧，螺套组较主轴膨胀伸长量为1.2mm，螺套组也可以认为在出料端也相对固定，在停机与运行过程中存在温差，使得螺套组件变形，所以材质不同导致的受热伸长量的变化是引起螺套开裂、变形的主要原因。

3.1.2　解决措施分析

从计算结果得到，螺套与芯轴在工作温度下的轴向膨胀量差值较大。在螺杆设计制造及装配过程中，螺杆头末端锥顶锁紧后，预留间隙1.2mm，机组开车达到正常运转温度下，螺套的受热膨胀可以得到有效补偿；其次因为GD-501螺杆套是由12个尺寸不尽相同的螺套组成，如图5所示，为了有效避免因材质不同带来的膨胀变形量不一致引起的螺套变形、开裂等故障，在保证螺杆总长不变的前提下，可以缩短各螺套的长度，增加螺套数量，此次改造，将螺套由之前的12个增加到13个，缩短每节螺套的长度。

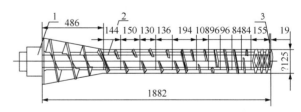

图5　GD-501螺杆改造前示意图

3.2　GD-501螺杆前端增加支撑，提高螺杆运行的稳定性

GD-501螺杆设计为单支撑结构，从实际运行工况及故障情况来看，其螺杆悬臂设计不能满足机组长周期运行，对螺杆在无前端支撑时的失稳载荷进行核算，同时对螺杆在单支撑工况下所产生的挠度进行计算，并与筒体间隙对比，得到螺杆原始设计存在的问题，提出对前端加装支撑的必要性，保障螺杆运行的稳

定性。

3.2.1　螺杆单支撑工况下的失稳计算

在 GD-501 机组运行过程中，螺套组受螺套末端锥顶锁紧产生的预紧力，指向进料侧因热膨胀因素，螺套组伸长量较之主轴伸长1.2mm，故锥顶受力拉伸，方向指向出料侧，螺纹伸长，螺套组受锥顶反作用力，指向进料侧。经相关计算得到，当由锥顶套受拉伸补偿螺套组与主轴热膨胀量差值为 1.2mm 时，螺套组受轴向力大于 5.54×10^6N，第一节螺套出现失稳。尤其是当机组磨损严重或出现进入异物的非正常工况下，机头压力增大，出现超压运行时，机组螺套所受轴向力加大，会出现失稳，引起开裂、变形，同时会对机组的模板、筒体衬套及剪切螺钉等部件造成严重磨损。

3.2.2　螺杆前端无支撑工况下的挠度计算

由于 GD-501 螺杆的单支撑，螺杆在自身重力的作用下，在螺杆的最远端处会产生最大的挠度。通过对螺杆在远端挠度的计算，得到螺杆在单支撑型式下螺杆头与筒体套的径向间隙，从而确认螺杆运转时在启动或排料阶段螺杆与筒体的间隙是否会影响螺杆的正常运行。

经相关计算可知螺杆前部挠度较大，已知螺杆与筒体之间的径向间隙为 1.5mm，螺杆的挠度值与预留间隙非常接近。若考虑螺杆受热膨胀变形，当机组在运转状态下出现给料不足、胶料未充满时，螺杆头与筒体极易出现干磨，造成螺套磨损，尤其是螺套上的螺棱出现磨损后，改变了螺套与剪切螺钉的间隙，出现螺钉磨损，产生金属磨粒，一方面容易堵塞模孔，模头压力、温度急剧上升，严重时出现塑化，甚至着火事故，更加剧了螺套、衬套的磨损，主轴出现弯曲；另一方面乙丙橡胶产品质量也无法得到保障。

通过对膨胀干燥机 GD-501 螺杆原设计条件下的失稳载荷及挠度计算，结合机组不能实现连续24h运行的实际工况，得到机组运行过程中螺套容易出现失稳及螺套、衬套磨损变形，说明螺杆的单支撑结构不能满足运行工况。

3.2.3　解决措施分析

由 GD-501 螺杆的悬臂结构及上述相关计算，得到对将螺杆由之前的单支撑结构改造成双支撑的必要性，并通过机组的实际运行参数，在保证机组基础尺寸不变的前提下，调整螺套的数量、尺寸，控制好新增加支撑轴套及轴承座之间的间隙，如图6所示。螺套与芯轴通过平键周向定位，并通过螺杆头轴向固定，同时结合上述核算，严格控制螺杆头与螺套组的间隙，螺杆头前部与支撑套内孔配合，形成对螺杆的前部支撑。

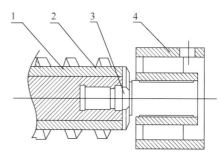

图 6　螺杆前端加装支撑示意图
1—螺套；2—芯轴；3—螺杆头；4—支撑套

4　GD-501 机组螺杆改造实施及效果

通过对膨胀干燥机 GD-501 在运行过程中出现的故障情况进行统计，结合对机组结构型式及相关部件的热膨胀分析，得到螺套、衬套及剪切螺钉等短时间内出现磨损、变形的主要原因，并针对不同的影响因素提出了解决措施，及时联系主机厂进行实施。一方面在保证主轴总长不变的情况下，对螺套数量、部分螺套的长度进行了调整，对锥顶锁母把紧后，预留出螺套组的热膨胀间隙；其次是对螺杆前端加装支撑，锥顶螺套与筒体的 1.5mm 间隙变成与支撑座合金套之间的 0.5mm，接触长度由螺套上的螺棱宽度(12mm)变为带支撑螺杆头与支撑套的接触宽度(80mm)，轴套及轴承座均选用耐磨性很好的合金钢，对螺杆前部起到很好的支撑作用，提高了螺杆的稳定性，如图7所示。

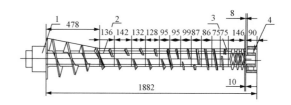

图 7　GD-501 螺杆改造后结构示意图
1—芯轴；2—螺套；3—螺杆头；4—支撑套

由计算得到加装支撑后，螺杆的最大挠度得到大幅减小，使螺杆的运行更加稳定可靠，尤其是机组排料、进料初期及胶料不稳定时，螺杆不易出现与筒体的大面积干磨。

对 GD-501 机组螺杆进行改造后，一方面既考虑到了热膨胀，同时又优化为两点支撑结构，增强了螺杆支撑的可靠性和螺杆在筒体内的稳定性，可以有效地防止螺杆前部"夺头"现象，从而杜绝在螺杆工作过程中，因为缺料、胶粒料不稳定及胶种门尼过高使螺杆在工作过程中出现严重的"扫膛"现象，避免了筒体与螺杆的摩擦，减少了产品中铁屑的产生，使产品质量得到保证；另一方面是延长了螺套、衬套等部件的使用时间，每次只需定期检查螺杆前端轴承磨损情况，出现磨损较大时及时进行更换，节省了机组的维修费，创造了客观经济效益；第三方面是机组螺杆进行改造后，整个机组运行效果明显改善，工艺操作也能实现远程控制，在"吃料"及机组模头压力、温度等方面均比较平稳，特别是在装置生产门尼值较高的三元乙丙橡胶产品时，与改造前相比，优势更加明显，使得困扰乙丙橡胶中式装置后处理稳定运行及保障产品质量的问题得到解决，也为国产乙丙橡胶工艺化装置的建设、设备选型及后处理设备国产化积累了丰富经验。

参 考 文 献

1　包林康．乙丙橡胶基本性能和应用．橡塑技术与装备．2006，（10）：32
2　彭遂平，雷翔光．合成橡胶膨胀干燥过程的热平衡分析．企业技术发展．2008，（27）：7
3　邓肖明．膨胀干燥机的技术改造机应用．茂名学院学报，2001，（11）：1
4　吕英民．材料力学．山东东营：石油大学出版社，2007：130-175
5　苗恩铭，费业泰．两种膨胀系数热变形计算误差分析．合肥工业大学学校，2003，（37）：9

G831 液化气球罐裂纹产生原因分析及修复

陆培渊

（中国石化扬子石化有限公司炼油厂设备管理科，江苏南京　210048）

摘　要　对扬子石化炼油厂油品车间液化气球罐 G831 内外裂纹缺陷分布进行了统计，结合液化气罐工艺运行特点和腐蚀机理，对球罐焊缝热影响区母材出现的球墨化裂纹和湿 H_2S 腐蚀原因进行了详细分析。此外，对球罐裂纹进行了修复处理、强度试验和安全评估，并提出了今后确保安全运行的保障措施。

关键词　液化气；球罐；裂纹；硫化氢腐蚀；球磨化

1　概述

扬子石化公司炼油厂油品车间液化气球罐 G831 始建于 1994 年 11 月，由广州重型机器厂制造，中化集团第三建设公司负责承建现场安装，于 1995 年交付，其具体参数见表 1。该球罐主要作为催化裂化 C4 液化气储罐，存储过合格和不合格液化气，特别是近几年以来随着炼制高硫高酸原油，该储罐存储过 H_2S 含量高达 7×10^{-3} 以上的不合格液化气，给该球罐的安全运行带来极大的隐患。球罐运行到期后对该罐进行了全面的检验，通过检验发现内外壁焊缝热影响区存在裂纹 54 条。以下对该球罐的检修和裂纹产生的原因进行总结和分析。

表 1　G831 设计参数

材质	容积	设计压力	操作压力	壁厚
16MnR	1000m³	1.625MPa	1.360MPa	34mm

2　球罐裂纹缺陷分布

委托江苏省特种设备安全监督检验研究院对 G831 进行了全面检验，经检验外壁下温带焊缝热影响区发现了 35 条裂纹，内壁下赤道带焊缝热影响区发现了 19 条裂纹，西北侧 C6、C7、C8 靠近裂纹处母材中度 3.5 级球墨化。G831 球罐靠近裂纹处母材（20110526）现场外壁不同部位金相组织 200 倍如图 1 所示，磁粉探伤焊缝编号如图 2 所示，C-D 焊缝放大示意图如图 3 所示（单位 mm），其中 C-D 焊缝放大示意图中的粗线代表裂纹位置，编号 C11、C20 裂纹位置如图 4 所示。

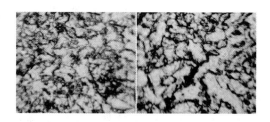

图 1　球罐外部裂纹金相组织 200 倍形貌图

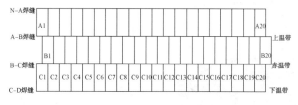

图 2　球罐外部磁粉探伤焊缝编号

B-C 焊缝放大示意图如图 6 所示（单位 mm），其中 B-C 焊缝放大示意图中的圆点代表裂纹位置。球罐内部裂纹形貌如图 7 所示。

内壁不同部位磁粉探伤焊缝编号如图 5 所示，球罐

作者简介：陆培渊（1963—），男，江苏南京人，2005 年毕业于南京工业大学化工过程控制专业，现任扬子石化炼油厂油品车间设备副主任，工程师。

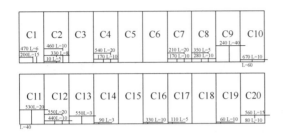

图3　C-D焊缝放大示意图

图4　编号C11、C20裂纹位置图

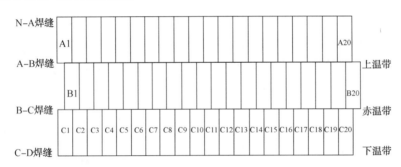

图5　球罐内壁磁粉探伤焊缝编号分布图

B-C焊缝

1 $L=10$ $X=10$
2 $L=20$ $X=50$
3 $L=10$ $X=110$
4 $L=15$ $X=200$
5 $L=10$ $X=450$
6 $L=60$ $X=550$
7 $L=40$ $X=750$
8 $L=10$ $X=10$
9 $L=10$ 中间
10 $L=20$ $X=50$（距左端）
11 $L=20$ $X=50$（距右端）

图6　B-C焊缝放大示意图

图7　球罐内部裂纹位置图

3　裂纹缺陷分析

材料的球墨化是在高温的作用下产生的，常用16MnR材料的渗碳组织的石墨化转变是在450~550℃左右的温度且温度变化较快的条件下开始进行的，而G831使用温度一般在40℃以下，从检测结果来看，球罐母材球墨化发生在极板C6、C7和C8处，而这几处的极板位置正好在球罐的西北方向。该球罐是从1994年11月开始安装，1995年5月投用。纵观整个安装周期均在冬季进行，而南京地区在冬季降温时常受西北风的影响，可以推测出该球罐在做热处理时，热处理的处理温度和保温的温降速率有可能受到冷空气的影响，致使温降过快，导致靠西北侧的极板在焊缝热影响区的母材出现球墨化，并且焊接应力未完全消除，球罐的外裂纹在西北侧附近出现得比较多，故母材的球墨化应该是由设备制造过程所造成的。查阅《化工机械工程手册》得知材料球墨化后在常温下的抗拉强度δ_b和屈服强度δ_a要会降低，查手册得知中度球墨化强度指标降低10%~15%。

该球罐在近期存储过H_2S浓度高达7×10^{-3}以上的不合格液化气（球罐的最大允许H_2S浓

度<5×10⁻⁵），同时随着炼制高硫高酸原油，空气中 SO_2 和 H_2S 含量也比过去高。对于处在溶液中的钢材，溶液的 pH 值越低，发生氢脆的倾向就越大，在含 H_2S 的环境中不同形式的 H_2S 对渗氢的作用也不同，依次为 $H_2S>HS^->S^{2-}$。由于球罐存储液化气时液化气带水，球罐在湿 H_2S、环境中的酸雨、大气中 H_2S 和焊缝热影响区的应力共同作用下产生裂纹。在氢致应力开裂的过程中，氢是沿着浓度梯度或应力梯度的方向局部区域自由扩散和聚集，当局部区域的氢浓度达到某个极限时开裂就会发生。

从检测的结果来看，裂纹均产生在球罐储存物料易产生湿 H_2S 的下半部，以及在该球罐检修的初期，由于未做前期消氢处理，在裂纹打磨和补焊的过程中又产生了新的裂纹。调整检修方案后，对裂纹安排做打磨补焊前的消氢处理解决了这个问题，这也就充分验证了球罐的裂纹是由氢脆引起的。

氢脆与环境温度的关系较为密切，钢材的氢脆仅在 -100~150℃ 之间的温度下发生，而在 -30~30℃ 的温度范围内材料的氢脆敏感性最高，而该球罐的工作温度恰恰在这温度区间内。

4　裂纹处理及修复

4.1　焊前处理

先对需要打磨的裂纹处进行电加热预热 250℃ 消氢处理，以防止在打磨时裂纹扩展或产生新的裂纹。对裂纹缺陷用电动磨光机进行打磨，直至裂纹完全打磨干净，对打磨处进行磁粉检验，直至合格。针对最深的两道裂纹，打磨结束后对其进行 X 光机拍片检测，直至合格。

4.2　焊接

彻底清除着色后的脏物，施焊前电加热预热 150℃，采用 J507 焊条焊接，使用前烘干（350~400℃），冷却至 100~150℃ 放入保温筒。

焊接接头时先完成各焊层后再熔敷后续焊层，禁止分段多层焊。各焊道焊接完成后，清除焊渣和夹渣之后再进行下一焊缝的焊接，焊后打磨焊缝与母材基本平齐。

4.3　焊后热处理

（1）焊接完成后立即用陶瓷远红外加热垫进行热处理，焊后热处理温度控制采用型号为 WDK-240 电脑温度控制柜，温度控制范围为 0~1100℃，控制精度为 ±1℃，控制回路为 12 个，配有 XWFJ-300 自动平衡记录仪一台。根据相应的热电偶传来的温度指示值自动控制工件的温度。感温元件选用 K-001M 表面热电偶丝，铜-康铜补偿导线（2×1.5mm²）并与电脑温度控制柜相连。

（2）热电偶布置在焊道上且紧贴在焊道上，为防止加热器对热电偶直接加热，在热电偶上放了一些保温棉。每道焊缝放置一支热电偶，共使用了六个热电偶。

（3）热处理曲线由电脑温度控制柜设定生成，并在热处理标准记录纸中反应出热处理曲线。局部热处理：对补焊处加热，温度为（620±5）℃，靠近加热区的部位采取保温措施，保温时间不少于 1.5h。热处理数据如表 2 所示。

（4）热处理后对补焊处进行 100%X 射线探伤和硬度检测，直至焊接合格。

表 2　G831 热处理工艺

参数	内　容			热处理曲线
升温速度	1. 升温过程中对 300℃ 以下可不控制			
	2. 升温至 300℃ 后，加热速度不应超过 220×25/S（℃/h），且不大于 220℃（式中 S 为壁厚，mm）			
热处理温度	钢号	壁厚/mm	温度/℃	
	16MnR	34	620±5	
恒温时间	不少于 1.5h			
冷却速度	1. 恒温后的冷却速度不应超过 275×25/S（℃/h），且不大于 275（℃/h）			
	2. 300℃ 以下自然冷却			

4.4　检修后强度试验

因球罐装载的液化气的密度比水小很多，如全用水压试验有恐设备基础无法承受，依据《特种设备安全技术规范》的4.7.8的规定，采用气液混合耐压试验，试验数据如表3所示。

表3　G831气液混合耐压试验数据

设计压力/MPa	1.625	介质	LPG
设计温度/℃	50	型号规格	φ12300×34
工作压力/MPa	0.9	材质　壳体	16MnR
工作温度/℃	40	容积（立方米）	974
壁厚/mm	34	气液混合强度试验 MPa	1.13MPa
试压介质	水和氮气	压力表规格　0～2.0 MPa	数量　2 只

试压前，检查球罐各连接部位的紧固螺栓是否装配齐全和紧固妥当。用工业水进行充水至5m，充水完毕后，开始充氮气，缓慢进行升压。先缓慢升压至0.1MPa，保压5～10min，对焊缝和连接部位进行初次检查，无泄漏继续升压至0.5MPa。如无异常，开压缩机升压至试验压力1.13MPa，保压1h检查压力是否下降。检验结束后用氮气将水压出并吹干。

4.5　球罐的安全评估

球罐的裂纹消除补焊，所有的焊封均做100%X射线探伤，检测结果显示该球罐的缺陷已处理完毕。但由于该球罐母材球墨化影响钢材的强度指标，是否满足原设计要求，需要对该球罐的强度进行重新校核。

$$\delta = [PD/(4[\sigma]'\psi - P)] + C$$

式中　δ——球罐壁厚，mm；
　　　P——设计压力，MPa；
　　　D——球壳内径，mm；
　　　$[\sigma]'$——许用应力，MPa；
　　　ψ——焊缝系数；
　　　C——厚度附加量，mm。

查表所得16MnR材料的设计温度50℃下的材料的许用应力$[\sigma]' = 163$MPa；设计压力$P = 1.625$MPa；球壳内径$D = 12300$mm；球罐壁厚$\delta = 34$mm；双面焊钢材的焊缝系数取$\psi = 1$，代入数值解得厚度附加量$C = 3.268$mm。取母材球墨化强度下降15%，得$[\sigma]' = 138.55$MPa，代入公式解得：$P = 1.38$MPa。

经核算目前的许用压力已非常接近该球罐的工作压力1.36MPa，存在很大的安全风险，依据省特检院的通知要求，为此特申请进行了技术变更，使操作压力控制在0.9Mpa以下，安全阀起跳压力调整到1.0MPa，确保球罐的安全运行。

5　总结

调整球罐最大操作压力，重新整定安全阀的起跳压力，确保球罐的本质安全。做好球罐的内外防腐，减少H_2S对设备本体的影响。控制好球罐运行时的操作压力，严禁超压运行。定期分析液化气中H_2S的浓度，尽可能避免超标H_2S进入球罐。一旦球罐内H_2S的浓度超标，可采用氮气置换，避免采用水洗的方式处理。对焊缝按要求定期安排检查。

参　考　文　献

1　王鹏，叶栋．液化石油气球罐应力腐蚀裂纹分布情况浅析．当代化工研究，2017，（4）

2　周翰卿，周阳，刘亢．超声技术在球罐检测的应用．广州化工，2017，（7）

3　乔桢遴．液化石油气球罐裂纹的分析及处理．石油化工安全环保技术，2015，（3）

喷淋清洗法在酸性水罐清洗中的应用

许国平　陈　安　李　珏　卢　浩

（岳阳宇翔科技有限公司，湖南岳阳　411400）

摘　要　本文分析了酸性水罐中臭气和硫化亚铁来源，筛选出高效 YX-DH-LS6 除臭钝化清洗剂，并采用喷淋-循环清洗法完成对某炼厂酸性水罐的除臭钝化清洗。清洗后罐中 H_2S、甲硫醇、甲硫醚的去除率分别为 99.56%、98.96%、90.39%，内壁表面洁净，未见污垢附着，气体检测合格。

关键词　喷淋清洗；酸性水罐；硫化亚铁

酸性水罐位于炼油厂含硫污水集中区，为酸性水汽提装置进料提供脱油脱烃预处理，以满足汽提塔工艺要求，经过汽提后的净化水可供各炼油装置回用或外排。运行中，污水中焦粉、油类、硫铁化合物以及杂质等会逐渐黏附沉积在罐底和罐壁，影响储罐安全平稳运行。由于罐内含硫化氢、二氧化硫、硫醇类、硫化铵、硫氢化铵、挥发酚、氨、二硫化碳、二甲基二硫以及其他油气类等有毒有害气体，罐壁上黏附有硫铁化合物，检修时易发生硫化氢中毒和硫化亚铁自燃事故，因此进入罐检修前必须进行除臭清洗。

目前针对酸性水罐除臭清洗方法一般采用水置换、氮气吹扫以及密闭循环的方法，但都存在较多缺陷：①水用量大，要达到人员进入的条件，需要消耗大量的新鲜水，同时产生大量污水；②耗时长，都需要较长时间才能达到清洗效果，易造成检修工期滞后；③吹扫过程中的有毒有害气体，污染环境；④清洗时难于控制终点，有时会出现清洗效果不彻底、达不到进罐条件的情况。

某炼厂炼油一单元酸性水罐检修时，采用喷淋-循环化学清洗技术，克服上述缺陷，取得较好的清洗效果。

1　罐中臭气和 FeS

1.1　臭气

酸性原料水中臭气主要有 H_2S、氨氮、油气等，其浓度随污水的性质变化而波动。浓度高时，每立方米可达几万毫克，浓度低时，也达到每立方米几百毫克，远超过报警浓度。其中 H_2S 的密度大于空气、氮气、水蒸气的密度，易聚集于罐的底部，故对罐进行吹扫、置换时，H_2S 难于置换完全。必须完全清除罐中 H_2S，才能打开人孔进入罐内作业。

1.2　FeS 污垢

酸性水罐的材质一般为碳钢，在 250℃ 以下的无水 H_2S 中基本不腐蚀。但有水存在的情况下，将导致明显的化学和电化学腐蚀，从而使罐内壁生成还原性的 FeS。

硫化氢在水中离解：

$$H_2S \rightarrow H + HS^-$$

$$HS^- \rightarrow H^+ + S^{2-}$$

硫化物水溶液对金属电化学腐蚀：

阳极反应：$Fe \rightarrow Fe^{2+} + 2e$

阴极反应：$2H^+ + 2e \rightarrow H_2$

Fe^{2+} 与 S^{2-} 及 HS^- 反应：

$$Fe^{2+} + S^{2-} \rightarrow FeS \downarrow$$

$$Fe^{2+} + HS^- \rightarrow FeS \downarrow + H^+$$

另外罐内防腐涂层脱落后，造成裸露的铁及其氧化物与原油中的 H_2S、单质 S 和硫醇等活性硫发生反应，从而生成氧化活性很高的硫铁化物。反应方程式如下：

$$Fe_2O_3 + H_2S \rightarrow FeS + S + H_2O$$

$$Fe_3O_4 + H_2S \rightarrow FeS + S + H_2O$$

$$FeO(OH) + H_2S \rightarrow FeS + S + H_2O$$

因此酸性水罐的内壁上都黏附有 FeS 污垢，特别是在罐顶位置，FeS 污垢量较多。若打开人孔，与空气接触，易出现发热或冒烟，甚至发生自燃或闪爆。

2　喷淋–循环化学清洗

正是这些罐中臭气和内壁上 FeS 污垢的存在，在停工检修时，需对其进行清除，才能保证检修施工的安全。

2.1　清洗方式确定

1) 浸泡清洗

浸泡清洗方式是将清洗液充满酸性水罐，该法可较好去除罐内壁的 FeS 污垢和罐中臭气。为了保障清洗施工安全性，清洗液的液位一般为罐的 2/3 处，故在罐的上部、顶部，与清洗液接触不到，FeS 污垢难于去除。浸泡清洗需要大量的清洗液，成本太高，经济上也不可行。清洗完成后，产生大量清洗废液，增加污水排放量。

2) 喷淋–循环清洗

喷淋–循环化学清洗技术，通过专用喷淋装置将化学清洗溶液均匀喷洒到罐内表面上，借助清洗液自身重力而沿罐壁流到底部，使清洗液与罐内壁上的污垢进行充分接触，发生化学及电化学反应或溶解脱落，达到清洁罐内壁的目的。流到罐底的清洗液达到一定高度后，开启回液泵将清洗液再抽回到清洗液储槽内，完成清洗液的循环。该技术不仅可将清洗液均匀喷淋到罐顶部、内壁，实现全覆盖，还可大大降低清洗废液的排放。

2.2　清洗药剂确定

从现场采集酸性原料水、硫化亚铁垢样，进行清洗剂优化筛选试验，最终确定了 YX–DH–LS6 除臭钝化清洗剂。其由弱氧化剂、螯合剂和助剂组成，弱氧化剂、螯合剂与 FeS、H_2S 接触后反应机理如下：

1) 脱硫钝化反应

$$FeS + NaROm \longrightarrow FeO + NaROn + S \downarrow$$
$$H_2S + NaROm \longrightarrow H_2O + NaROn + S \downarrow$$

反应产物为单质硫及部分过量氧化后产生的硫酸盐，从而使 FeS、H_2S 清除干净。

2) 螯合反应

$$FeS + Na - Y \longrightarrow Fe - Y + Na_2S$$
$$H_2S + Na - Y \longrightarrow H - Y + Na_2S$$

Fe–Y 和 H–Y 等容易溶于水中，从而使 FeS、H_2S 清除干净。

可知，FeS、H_2S 钝化清洗过程中，无 H_2S、O_2 等气体产生。

实验室污垢、酸性水钝化清洗试验结果如表 1 所示。

表 1　钝化清洗试验结果

样品	用量/%	初始 S^{2-} 含量/(mg/L)	处理后 S^{2-} 含量/(mg/L)	去除率/%
酸性水	0.2	10468	1468	86.08
	0.4		231	97.81
	0.6		15	99.86
	0.8		12	99.88
	1.0		10	99.89

样品	用量/%	初始 FeS 含量/g	处理后 FeS 含量/g	去除率/%
FeS	0.2	0.0469	0.0097	79.24
	0.4	0.0501	0.0046	90.82
	0.6	0.0486	0.0015	97.01
	0.8	0.0489	0.0014	97.10
	1.0	0.0471	0.0013	97.15

注：钝化试验均为常温下进行。

从表 1 看出，投加 0.6% 清洗剂时，酸性水中 S^{2-} 去除率达到 99.86%，FeS 样品中 FeS 钝化率达到 97.01%。

2.3　喷淋装置研制

要实现清洗药剂对罐内壁的全覆盖，喷淋装置是关键。为此我们开展了精心研制，进行大量模拟试验，试验表明该装置用于现场清洗是完全可行的。

3　现场应用

某炼厂脱硫装置检修期间，对酸性水罐 V501/6(见表 2)进行钝化除臭处理。

3.1　清洗流程设计

表 2　酸性水罐 V501/6 参数

设备编号	V501/6	容积	2000m³
直径 ϕ	15700mm	材质	A3
高 h	13100mm	介质	原料污水
厚度	100mm	压力等级	常压
制造日期	1989.9	投用日期	1989.9

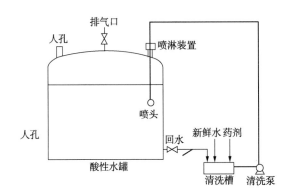

图 1　清洗工艺流程

清洗工艺流程如图 1 所示，清洗流程说明：清洗药剂通过泵输送至罐的顶部人孔处，利用喷淋装置将药剂均匀喷淋到罐的内壁，药剂沿着内部缓慢流下至罐底部，然后回流至清洗槽，从而形成循环清洗。

3.2　过程控制

清洗过程中，对清洗液进行分析检测，指标有 pH 值、总 Fe 离子含量、硫离子含量、腐蚀率，同时采样分析罐内气体中 H_2S、甲硫醇、甲硫醚含量。每 1h 采样一次，进行分析。当接近清洗终点时，清洗液中总 Fe 离子含量不再增加，硫离子含量检测不出，说明硫化亚铁已被完全清除，清洗达到终点。

3.3　质量验收标准

质量验收标准如下：硫化氢清除率>98%；硫化亚铁清除率>90%；碳钢腐蚀率<6.0g/m²·h；清洗后打开设备不发热、不冒烟。

3.4　清洗效果分析

3.4.1　采样分析结果

清洗液、罐内气体检测结果如表 3、表 4 所示。

表 3　清洗液检测结果

采样时间	总铁/(mg/L)	S^{2-}/(mg/L)	螯合剂含量/%	腐蚀率/[g/(m²·h)]	pH 值
9：00	160	67.8	4.67	0.149	8
10：00	456	33.1	3.83	0.170	8
11：00	936	9.2	2.96	0.167	8
12：00	1010	2.5	2.05	0.136	8
13：00	1190	未检出	1.45	0.155	8
14：00	1235	未检出	1.24	0.171	8

从表 3 可以看出：

（1）清洗液中 S^{2-} 从初始的 67.8mg/L，快速降至未检出，说明 S^{2-} 基本被钝化完全。

（2）总铁含量先快速升高后基本不变。初期阶段快速升高，表明硫化亚铁被大量溶解，致使清洗液中总铁含量升高；后期基本不变，表明到达清洗终点。

（3）螯合剂一直可被检测出来，说明清洗液中有效含量足以清除罐中的所有 FeS。

（4）清洗液 pH 值一直保持在 8，腐蚀率远低于控制指标 6.0g/(m²·h)，说明清洗药剂对设备非常安全。

表 4　罐内气体检测结果

采样时间	H_2S/(mg/m³)	甲硫醇/(mg/m³)	甲硫醚/(mg/m³)
9：00	104.101	217.01	43.90
10：00	23.324	103.23	22.97
11：00	3.514	25.84	11.74
12：00	1.109	10.17	7.68
13：00	0.482	2.36	4.36
14：00	0.463	2.25	4.22
总去除率/%	99.56	98.96	90.39

从表 4 看出：

（1）罐中 H_2S、甲硫醇、甲硫醚含量呈快速降低趋势，说明钝化效果明显。

（2）H_2S 含量从 104.101mg/m³ 降至 0.463mg/m³，去除率为 99.56%；甲硫醇含量从 217.01mg/m³ 降至 2.25mg/m³，去除率为 98.96%；甲硫醚含量从 43.90mg/m³ 降至 4.22mg/m³，去除率为 90.39%，达到清洗质量验收标准。

3.4.2　清洗后检查

清洗完成后，打开人孔对罐内检查，内壁

表面洁净，未见污垢附着；表面钝化层呈现黑褐色；未发生硫化亚铁自燃的现象；罐中气体检测合格，达到进罐要求。

4 结论

（1）利用研制的 YX-DH-LS6 除臭钝化清洗剂对酸性水罐进行喷淋-循环化学清洗，取得了良好的清洗效果，具有很好的应用前景。

（2）罐中 H_2S、甲硫醇、甲硫醚的去除率分别为 99.56%、98.96%、90.39%，满足清洗质量要求。

（3）清洗后内壁表面洁净，未见污垢附着，气体检测合格，表明喷淋装置可对内壁清洗无死角。

参 考 文 献

1　马恒亮，唐战胜，朱自新. 炼油厂酸性水罐恶臭治理探讨. 炼油技术与工程，2013，8(43)：52-56

2　汪五四. 污水汽提装置原料水罐清洗方法. 中国，CN201710376909.0

3　相自全，陈宜仁，张东岩. 喷淋法在储罐清洗中的应用. 清洗世界，2016，11(11)：15-18

浅谈钢制氮封储罐泄漏防治措施

吕　朋　丁少军

（中国石化北海炼化有限责任公司，广西北海　536000）

摘　要 本文阐述从消除储罐泄漏点到加强日常管理方面入手，做好氮封储罐泄漏治理与预防，并对如何加强储罐泄漏防治提几点建议。

关键词 氮封储罐；泄漏处理；日常管理；建议

1 引言

在石油石化行业，泄漏普遍存在于生产、加工、储运乃至销售各个环节，泄漏给生产带来了极大危害和无穷烦恼。随着人们环保意识的提高，特别在人民日益追求美好生活的今天，泄漏不容忽视，消除泄漏，杜绝事故，保证安全生产，保护环境，责任重大，势在必行。作为炼油厂储存油品的储罐，特别是介质易挥发的轻质油罐，由于其存储量大，具有有毒有害、易燃易爆的特性，一旦发生泄漏，后果不可估量，必须加强安全管理。我厂采取的做法是及时处理储罐运行中产生的泄漏点，然后通过强化储罐日常管理的办法来预防泄漏，以下介绍具体实施办法。

2 氮封储罐概况

我厂现有氮封储罐20座。其中低压拱顶罐4座，2座3000m³，2座2000m³；内浮顶储罐16座，5000m³7座，3000m³2座，2000m³3座，1000m³4座。

3 油罐泄漏点的处理

众所周知，氮封内浮顶储罐相对于拱顶罐、无氮封内浮顶罐来说，泄漏是最小的，但还是存在由于设计、施工、管理不当及储罐"大、小呼吸"等造成的泄漏。2012年年初投用以来，在储罐运行过程中，发现不少泄漏点，现将处理情况介绍如下。

3.1 氮封储罐罐壁与消防泡沫管连接法兰处的泄漏处理

在氮封储罐投用初期，氮封储罐罐壁与消防泡沫罐连接法兰密封面产生泄漏，罐壁涂层被泄漏气体喷成黑色(见图1)。分析原因，罐壁为弧形，泡沫管法兰密封面为平面，配合面差异造成泄漏。根据储罐不能清罐以及清罐不经济等原因，不能采用动火补焊处理，本厂采用某公司双组分环氧基高分子复合材料进行黏接补漏，有效封堵漏点，材料具有强度、塑性好、抗压、耐腐蚀、耐紫外线、耐高温、固化时间短(约2h即可投入使用)等特点，封堵后效果良好，4~5年未出现泄漏。对于以后到期清罐的储罐，我厂认为消防泡沫管与储罐连接无需拆卸，于是利用清罐时机，将消防泡沫管连接法兰与储罐罐壁密封面进行密封连续焊接处理，彻底消除漏点。

图1　泡沫管与罐壁连接泄漏

3.2 呼吸阀泄漏处理

根据调研，目前国内绝大多数厂家生产的储罐呼吸阀、紧急泄放人孔都不符合要求，都

作者简介：吕明(1985—)，男，工程师，2008年学士毕业于四川大学化学工程学院，现从事油品储运设备管理工作。

存在通气量不足、正负压阀盘密封面有严重漏气的现象，更有严重者设备本体密封面存在泄漏以及本体存在铸造缺陷（有沙眼）等缺陷。呼吸阀、紧急泄放人孔到使用单位后，一般不进行检定就投入使用。我厂在储罐投用时，发现部分呼吸阀不能正常工作，进行检查，发现呼吸阀入口防尘盖未拆就直接安装在储罐上，导致入口堵塞不能呼吸（见图2）。

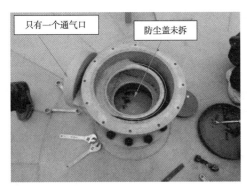

图2　呼吸阀防尘盖未拆

拆除防尘盖，投用时发现呼吸阀在开启压力范围内都存在漏气，于是将呼吸阀、紧急泄放人孔送到检定单位检定，通过检定装置检定，呼吸阀、紧急泄放人孔在开启压力范围内任意压力下都存在泄漏，无法保压。通过通气量试验，通气量偏小，无法保证储罐通气量。仔细检查阀体（铸铝）外观，发现部分呼吸阀有砂眼。于是我厂对所有呼吸阀、紧急泄放人孔进行全部更换，呼吸阀、泄放人孔到货后，严格验货，检定合格方可安装使用。经过更换，全部消除因呼吸阀、泄放人孔造成的泄漏。比较新、旧呼吸阀，新呼吸阀通过在本体两侧开通气口，加大总出口截面积，保证通气量；原不合格呼吸阀阀座密封面是在阀体上车削加工，与阀体成一体，由于铸铝材质偏软，且铸造时存在气孔、夹渣等缺陷，不能将密封面车削得很窄（见图3），密封面平整度、光滑度也很难保证，所以阀盘密封面与阀座密封面贴合不好，无法密封而泄漏。新呼吸阀解决正负压阀盘密封面泄漏主要是对阀座密封面进行改进，选用304不锈钢加工密封座，彻底解决铸铝难以加工产生密封不严的问题，密封座加工完成后，用专用黏接剂黏接在呼吸阀内（见图4），同时要求阀座密封面要车削的尽量窄而锋利，这样

与阀盘密封（阀盘密封面也用砂纸做了打毛处理）配合时几乎形成线接触，在阀盘重力下，接触良好，密封严密。

图3　不合格呼吸阀阀座密封面宽而钝

图4　新呼吸阀阀座密封面窄而利

3.3　切水器切水带油泄漏处理

目前石化行业轻质油品储罐均采用机械式切水器。切水器安装在油罐下部，由壳体、进出口阀以及自动控制装置组成。在壳体上部设有进水口，下部设有排水口，内部有一浮球通过连接杆与另一端的排水阀相连接。利用阿基米德定律、杠杆原理和充满液体的容器内部压力均匀的原理，依靠浮球在油水介质中的浮力差，使浮球上下运动，通过高灵敏度杠杆系统对获得的浮力差进行倍率放大，实现控制排水阀开启和关闭，从而达到自动运行。排水完成后能自动关闭，不需要人工干预，不消耗能源，不存在防爆问题，既保障了生产的安全运行，也减轻了工人的劳动强度和对环境的污染。

但机械式切水器对密度与水密度非常相近的油品（如直馏柴油、轻污油等），会造成脱水带油现象，造成油品泄漏。针对这种情况，我

厂对此类油品采用智能传感器式切水器来解决。智能传感器切水器采用先进的传感技术，检测介质密度和黏度的微小差异，根据密度和黏度的微小差异，能定性地检测水中的油含量，传感检测到油不切水，反之切水。并且能自动适应温度的变化，消除温度对密度和黏度的影响，又能有效地防止切水带油。为加强切水可靠性，我厂智能切水器采用双传感器、双阀门控制型结构，设定程序控制，只有两个传感器未检测到油才切水。

　　无论机械式切水器，还是智能传感器切水器，对于水包油的油品，均无能为力，均无法避免切水带油。为有效避免切水带油，我厂采取的方式是白天切水，夜间停止切水，生产有特殊需求时可安排夜间切水，但无论白天还是夜间切水，均安排专人看守，切水不离人，切水完后停用切水器。

3.4　储罐边缘板外部与基础圈梁之间的预防泄漏处理

　　储罐建成后，罐底板边缘板与混凝土基础圈梁之间存有缝隙，裂缝的大小会随着储罐的运动变化不断地膨胀与收缩，结果给外界的一些腐蚀介质如雨水、露水等的侵入提供了一条通道，这些腐蚀介质日复一日地入侵，由于缝隙很小，水分不易发挥发而长年积存于底板与基础之间，从而发生严重的电化学腐蚀，最终导致底板的锈蚀穿孔。由于这种腐蚀发生在罐底与基座之间，一般无法观察，故最容易被人们忽视，也是最危险的。据有关调查资料分析，在油罐腐蚀中，底板腐蚀占80%；在底板腐蚀中，底板下面的腐蚀占60%；在底板下面的腐蚀中，边缘板下面的腐蚀占60%。可见，底板的边缘板腐蚀是油罐失效的主要原因之一。事实上，该调查统计数比实际发生数要偏低。所以，加强油罐底板边缘板的防腐，对于提高油罐的使用寿命，减少油罐底板泄漏事故发生率将是至关重要的。因此需要对储罐底部边缘板的进行防护处理，切断上述的入侵通道，有效防止环境因素等从储罐底部四周入侵，达到保护储罐底板(特别是边缘板)，将其与水、大气等隔离的目的。目前国内的油罐底板防水的习惯做法是沥青灌缝或敷沥青砂，但投入使用后

检查没有一例是成功的，也有用橡胶沥青或环氧玻璃布进行防水，但前者的耐老化性能差，黏接强度不够；后者的弹性差，使用后发生开裂、拉脱等现象，效果也都不理想。针对这种情况，我厂采用CTPU罐底专用密封胶进行防腐处理，密封胶自身有良好的弹性、抗老化、耐腐蚀，同时与钢板和混凝土基础有很强的黏接强度，有效地防止了罐底变形造成的罐底与基础的缝隙，防止了因罐底变形造成的罐底腐蚀(见图5)。

图5　CTPU罐底边缘板防水效果

3.5　内浮顶储罐装配式铝浮盘泄漏处理

　　目前大多数铝浮盘铺板搭接缝之间靠密封胶条来密封见图6，在运行初期，一般2~3年内，效果良好，但随使用时间加长，密封胶条逐渐老化，失去密封效果，造成泄漏。利用清罐检修，我厂对泄漏严重的浮盘进行更换，新浮盘采用顶部为半圆形的、预先装有过盈装配螺栓的主横梁与特制压条配合来紧压铺板(见图7)，无需密封胶条即可保证密封，不仅消除了以往螺栓(或铆钉)与主梁间隙配合产生的泄漏，同时大大提高了浮盘的使用寿命。同时新复盘具有可拆卸性，能重复使用，经济性强。

　　除此之外还有一种值得推荐的内浮盘——全接液蜂巢内浮盘，其主要特点是浮盘下表面为全平面，与介质全接触，消除气相空间(见图8)，不仅安全可靠，而且大大降低了挥发损耗。全接液蜂巢内浮盘由多个浮盘模块单元(蜂窝箱)组成，模块内部放置铝制蜂窝巢(每平方米超过2500个蜂窝孔，蜂窝孔相对独立且不连续)，模块整体密封，实现了独立的空间，即使受到穿刺性破坏，液体也只能进入单个蜂窝孔

的空间，不会流入其他蜂窝孔内，不影响浮盘整体浮力，不会造成卡盘、沉盘。此外浮盘密封采用全接液密封，密封也无气相空间，同时

对液位计管、量油孔管等多处进行密封处理，彻底消除浮盘泄漏。

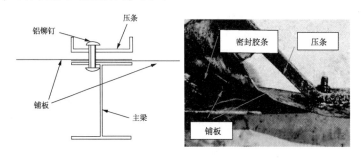

图 6　旧浮盘铺板的搭接

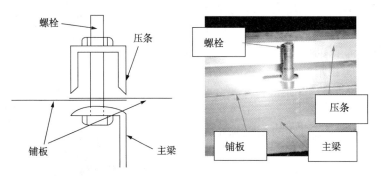

图 7　新浮盘铺板的搭接

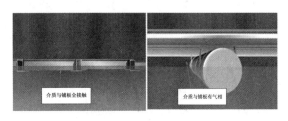

图 8　全接液蜂巢内浮盘与传统铝浮盘比较

4　储罐日常维护管理

（1）加强对氮封储罐氮封阀日常维护保养。氮封储罐氮封压力通过氮封阀调节，正常工作时，氮封压力均低于呼吸阀、泄放人孔开启压力，使罐内大部分是氮气，保证罐的安全性，同时减少油品挥发。但氮封阀失效后（一般是向罐内补充氮气不停止），导致罐内压力超过呼吸阀开启压力，造成泄漏（罐内是氮气与油气混合物）。这种情况一般都是氮封阀阀体夹渣，关闭不严所致，要及时解体清理，同时要经常清理阀膜引压罐上的过滤器，保证氮封阀正常工作。

（2）切水器定期清理，呼吸阀定期检查检定。为避免切水器失效，切水带油，我厂制定了《自动脱水器维护管理规定》，明确维护内

容、周期，制度规定每三个月对用于污油、燃料油等类油品的脱水器需进行一次开盖检查、排渣、排堵、清除油泥；每年对用于轻质油（汽油、柴油、航煤、石脑油等类油品）的脱水器进行二次以上开盖检查、排渣、排堵、清除油泥。对长时间未清罐的储罐的脱水器，适当增加清洗维护频率。

每月对呼吸阀检查一次，在有物料动态（车船装卸、倒罐等）作业时，每 2h 检查一次，主要检查阀体外观是否完好，正负压阀盘动作是否灵活、是否密封等。根据呼吸阀使用情况及入口阻火器清理情况，我厂把呼吸阀检定安排随同储罐清理进行，如运行中存在问题，另行安排处理检定。

（3）储罐静 LDAR 挂牌及检测。对储罐阀门、人孔等各静密封点统计、挂牌，形成台账，每年安排专人对各密封点用专门仪器进行检查，发现泄漏，及时处理。

（4）储罐罐壁及顶部定期测厚。每年安排专业测厚单位对储罐壁及顶部进行一年一次的腐蚀测厚，并将测厚数据录入 EM 腐蚀监测系统，及时分析了解储罐腐蚀情况，避免腐蚀产

生泄漏。

（5）加强有毒、可燃报警仪、液位计、维护管理，利用视屏监控加强管理。对有毒、可燃报警仪，安排仪表做好日常检查，每月抽查测试是否好用，每年做好定期检验。对于液位计，内操加强盯盘，发现异常，通过检尺比对，故障及时处理。利用视屏监控，实时观察储罐动态，加强储罐管理。

（6）加强储罐巡检管理。除储罐日常检查外，要求各班组按印发的"储罐月度检查记录本"，每月、每年专项检查储罐运行情况，专业管理人员做好抽查、检查签名及考核工作。及时解决存在问题，保证储罐安全长周期运转。

（7）规范岗位操作，加强储罐泄漏应急演练。严禁储罐超工艺指标参数运行，严禁超温、超压；严禁浮盘落底操作，消除静电引发爆炸泄漏的风险，同时减少油气组分挥发泄漏。针对新投用储罐，采取先用连通相邻储罐缓慢压油至空罐内，直到浮盘浮盘起浮后才开始改收装置来油。对于无备用储罐的油罐，收油时严格控制收油速度。定期开展储罐泄漏应急演练，训练班组对事故的应急处置能力。

（8）做好消防系统维护工作，确保事故状态下好用。安排班组每周试运一次消防泡沫泵，每季度试运消防喷淋系统一次，并作好记录。

（9）做好定期清罐检修、全面检查工作。定期清罐检修、全面检查不仅可以发现现有问题，加以整治，还为同介质储罐及下一次清罐提供依据，是预防储罐泄漏、着火、爆炸的必要措施。我厂编制了储罐定期清罐管理规定，针对不同存储介质的储罐，安排不同清罐检修周期，定期清罐，及时发现存在问题，及时消除问题，确保储罐完好，极大程度地避免了因事故或腐蚀造成的泄漏。清罐主要是以检查储罐内腐蚀情况及铝浮盘损坏情况等为主要工作，如有损坏则做好防腐及浮盘修复更换工作，消除因储罐腐蚀穿孔及浮盘密封不良造成的泄漏。

5　建议

其实，储罐泄漏的防治主要在于加强储罐管理，储罐管理得好，泄漏自然也就少。此外针对做好储罐管理有以下建议：

（1）管理好储罐要做好储罐设计、制造、安装、使用、维护、修理、改造、更新直至报废整个寿命周期的全过程管理。在设计阶段把控好设计图纸审查、设备选型及选材，在施工阶段监控好储罐焊接施工、防腐、浮盘安装等关键工序的质量，从源头上消除设备隐患，提升泄漏防治水平。建议泡沫发生器消防泡沫管与罐壁连接方式采用连续焊接方式（见图9），确保连接处不产生泄漏。建议在资金充足的情况下，轻质油罐尽量安装铝浮盘，铝浮盘尽可能采用全接液蜂巢内浮盘，以减少挥发泄漏。储罐本体内外防腐，采取在所有动火作业完工后，现场喷砂防腐，除锈等级Sa2.5，防腐每道工序，联合检查确认签字，合格才进入下道工序，避免采用厂房预防腐；储罐盘梯附件采用热镀锌整体定制构件，不建议现场焊接制作，那样容易产生防腐不到位问题。储罐呼吸阀、紧急泄放人孔要严格验收，检定合格方可投用。

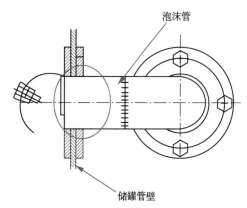

图9　泡沫管与储罐采用连续焊连接

（2）要加快储罐VOCs治理进度，尽快出台彻底治理方案。目前，虽然我厂采取一系列措施防治储罐泄漏，但是对于氮封储罐，储罐的"大小呼吸"也会导致罐内工作压力超过呼吸阀开启压力，向外产生泄漏（氮气与油气混合物）；对于无呼吸阀的内浮顶储罐，储罐的"大小呼吸"造成的油品挥发泄漏更加严重。目前，环保要求更加严格，已有多省开展VOCs排污收费征收工作。

《石油炼制工业污染物排放标准》（GB 31570 2015）规定了石油炼制工业企业及其生产设施的水污染物和大气污染物排放限值、监测和监督管理要求。其中对非甲烷总烃的排放限值作了明确的要求。根据此要求，现有储罐多数达不到排放标准，如果不加以整治，在污染环境的同时，将会收取大量 VOCs 排污费，所以 VOCs 整治势在必行。但是目前国内还没有成熟的 VOCs 治理方案，建议加快储罐 VOCs 工艺处理的研究步伐，及早整治处理。

参 考 文 献

1　刘国良．CTPU 涂覆工艺在大型储罐边缘板防护中的应用．石油化工腐蚀与防护，2007

云南天安化工高压锅炉水预热器及换热器包焊封头拆除案例

康文博

（云南天安化工有限公司，云南昆明　650300）

摘　要　目前现场对于泄漏法兰口的处理，常用的一种方式为临时带压堵漏，即通过注胶的方式填满法兰口的泄漏途径，是一种临时性的快速解决方案。但这种方式往往只能短期内控制住泄漏，且常常伴随着法兰口的包焊，这样就会导致后期一旦需要打开法兰口，会遇到极大的困难。本文所述的内容便是提供针对此类问题的一个实际解决方案，最终通过一系列的方式实现了包焊法兰口的打开，并且在重新回装后实现了无泄漏连接。

关键词

1　前言

云南天安化工 E04101 换热器封头采用法兰连接的方式，由于之前在该法兰位置处发生了泄漏，因此当时紧急选用了带压堵漏的方式进行了快速处理。同时，客户对于一圈的连接螺栓（共 68 颗）在螺母与法兰接触的位置都实施了满焊操作，防止泄漏在螺栓孔所在位置发生。在之后的运行过程中，法兰口又多次发生泄漏，客户选用了多次注胶堵漏的方式来进行临时处理，并最终将法兰口整体包焊。这样的操作方式虽然能暂时解决泄漏问题，但是也导致了一旦封头需要拆除，施工难度将会极大，因此这也成为了客户在后来不得不面对的一个难题。

另外，天安化工现场的 123C1 高压锅炉水预热器封头也存在同样的问题，之前的不断泄漏逼迫客户不得不把法兰口也整体包焊，导致了拆除难度大大增加，同样成为了一个亟待解决的难题。

在之前的 2016 年及 2017 年，对于 123C1 装置，天安化工方面曾经寻求专业的施工队来尝试封头的拆除。2016 年在拆下 3 颗螺栓后，由于后续的进一步拆除工作完全无法再进行只能作罢。而在 17 年，没有任何施工队敢接下这个拆除工作，活导致装置只能继续维持原状态运行。由于装置始终无法打开，必要的维护无法执行，使得该装置成为现场运行段上的一个隐患。

2　解决方案

2018 年 4 月，实用动力中国工业有限公司拜访了云南天安化工本部，就该公司旗下 HYDRATIGHT 业务板块的"法兰连接完整性管理"及"现场机加工服务"这块向天安化工的相关领导作了介绍，其中提及的"无泄漏连接"的理念与实施以及现场机加工作业，包括断丝取出、管道切割及坡口、法兰面修复，让天安化工方面产生了浓厚的兴趣。正好现场存在上述内容所提及的难以拆除的法兰连接位置，天安化工希望该公司能够给出解决办法。

在与天安化工涉及装置负责人进行初步交流，并对现场进行勘探后，该公司给出了初步的解决方案：

（1）对于 E04101 换热器，由于螺栓和法兰口都已经焊上。可以考虑使用液压磁力钻先将一圈所有螺栓打掉，在螺栓去除后，使用坡口机固定在法盘上，通过圆周切削作业去除法兰口的包焊层以及内部的注胶层等，从而实现法兰的整体打开。

（2）另外，如果工期要求很紧，可以省去螺栓去除这一步骤，直接尝试用坡口机切断螺栓，这样可以大大加快封头打开的进度，节省施工时间。

（3）对于 123C1 高压水预热器，由于螺栓并没有焊上，可以考虑使用液压扳手或者拉伸器来拆松螺母，然后取出螺栓。对于卡死在螺纹孔的螺栓，将会使用液压磁力钻或者在线数控铣床 Genisys 来取出断丝。在螺栓整体拆除完毕后，使用坡口机去除包焊层及内部的注胶层。通过上述的一系列操作，实现法兰口的打开。

基于以上的初步方案，考虑到装置打开进行维护后需要重新回装，该公司建议在装置回装前和回装中做如下的一些工作：

（1）对于 123C1 装置法兰密封面的平面度和圆度进行检测，同时检查密封面的腐蚀程度和损伤情况，一旦发现任何缺陷，使用法兰端面加工机对密封面实施精确修复。

（2）在封头法兰装配前，该公司现场人员对垫片/螺栓等进行检查，对整个装配过程进行监督，务必确保材料符合要求，装配环节执行到位。

（3）回装时将采用液压拉伸器（50%覆盖）来进行整体紧固，所有的紧固工具和数据将由该公司来提供，紧固作业也由该公司的专业技师来执行。

（4）紧固作业完工后，使用超声波检测仪对所有螺栓的预紧力进行测量，得出螺栓预紧力的直观数据。

通过这一系列的操作，可以确保封头回装后法兰位置将不会再发生任何泄漏，这样可以避免下次装置再需打开时碰到和这次同样的状况，从而实现根本上问题的解决。

3　工机具准备

由于本次作业涉及到的环节很多，包括螺栓的拆除（打掉）、包焊层的切割、螺栓的拆松（液压扳手或拉伸器）、法兰面的检测与修复、法兰的回装紧固、螺栓预紧力的测量等，因此该公司为本次作业准备了大量的机具，涵盖各类作业，并且所有的机具都由该公司的国外工厂自行生产，务必确保在整个作业周期工机具能够有效工作，从而保证施工进度。

3.1　螺栓的拆除（打掉）

该公司拥有国外进口的液压磁力钻设备，以及国外工厂设计生产的 Genisys 在线数控铣床，可用于断裂螺栓或者卡死螺栓的整体打掉作业，如图1所示。

3.2　包焊层切割

该公司专有的在线坡口机设备由美国工厂

图1　液压磁力钻（左）及
Genisys CNC 在线数控铣（右）

设计及制造，拥有极高的加工精度和稳定性，刀具可绕着机体轴线方向做圆周方向转动，特别适用于法兰包焊位置的焊层去除，如图2所示。

图2　坡口机机体（左）及实际作业演示（右）

3.3　法兰的检测与修复

实用动力集团目前已经收购全球最大的法兰在线加工设备设计制造商 Mirage，其产品——在线法兰端面加工机在所在领域处于最先进的位置，可用于法兰密封面的精确加工与修复（见图3）。

另外，该公司拥有专门用于法兰密封面平面度检测的激光测量仪，可以对长期使用后法兰面的变形程度进行精确测量。

图3　激光平面度测量仪（左）
及在线法兰面修复设备（右）

3.4　螺栓的拆松及法兰回装紧固

该公司拥有专为石油石化行业设计的液压

拉伸器及液压扳手设备(见图4),可用于螺栓的拆卸以及回装。

区别于传统意义上的紧固方式,如大锤敲击、普通开口(梅花)扳手拧紧,液压拉伸器和液压扳手可以实现预紧力或者扭矩的精确输出,因此紧固效果相比传统的紧固方式要提升很多,是无泄漏连接实现的最重要环节。

图4　液压拉伸器(左)及液压扳手(右)

3.5　螺栓预紧力的测量

在紧固完成以后,希望能够有一种直观的方式了解螺栓内部的预紧力的确切数值。

该公司的超声波螺栓测量仪可以精确地测得螺栓在紧固后其内部预紧力达到了多少,因此能对关键法兰节点的实际紧固效果作出直观的判断(见图5)。

图5　设备本体(左)及测量后显示界面(右)

4　实际作业

现场实际开工从5月4号开始,首先进行作业的装置为E04101换热器封头的打开。

在使用液压磁力钻取下1~2颗满焊螺栓以后,客户的工期计划发生了更改,缩短至3~5天必须打开换热器两边的封头。考虑到如果还是执行原有计划,取下总共136颗满焊螺栓然后再切除包焊层,那样将肯定没法达到工期要求。该公司当机立断,决定跳过打掉螺栓的步骤,直接使用坡口机来将包焊处、螺栓、注胶层整体切断去除(见图6)。

经过24h的连续奋战,整个执行计取得了令人满意的结果,第一个封头顺利拿下,比计

图6　坡口机作业

划施工时间还缩短了不少时间。

在继续切除第二个封头时,该公司现场技师通过更换进口合金刀具,将整个作业时间缩短至16h,至此E04101的封头打开工作顺利完成。整体作业时间跨度为3天,远远小于最初的工期计划天数。

紧接其后的便是123C1封头打开的作业,相比于E04101,由于其螺栓尺寸大,且采用螺纹孔固定的方式,施工难度也相应地增大了不少。

该公司首先通过使用坡口机将法兰的包焊层完全切除,这样操作可以方便之后的取螺栓工作。

取螺栓时该公司使用的是大扭矩液压扳手(见图7),考虑到螺栓外螺栓与螺纹孔内螺纹之间充满了胶状物,导致了螺栓啮合处的摩擦系数大大增加。因此,准备了2把大扭矩输出扳手(40000N·m),通过螺母并排同向转动的方式,将螺栓一一从螺纹孔内转出。通过使用这一方式,一圈24颗螺栓中,最终20颗得以取下。

图7　大扭矩液压扳手作业

但仍有4颗螺栓怎么都无法转动,认为是螺纹处已经彻底卡死,这样就必须使用Genisys在线数控铣床来打掉螺栓,并进行螺纹孔的修复。

Genisys打掉卡死螺栓(图8左)及螺纹孔修

复完成后使用测试螺栓进行检查(图 8 右)。

图 8　Genisys 在线数控铣床作业

至此，所有螺栓都已取下，并且由于之前已经去除了包焊层，封头得以顺利打开。

在对现场封头法兰面进行检测后，确认法兰面的平面度符合标准要求，并且在密封面上并没有发现有磕伤、刮伤以及锈蚀等存在，法兰面的状况符合要求，可以回装。

回装时采用液压拉伸器 50% 覆盖的方式(见图 9)，这样由于一圈螺栓任何位置都参与紧固，可以绝对确保紧固的均匀性，从而保证了紧固效果。

图 9　液压拉伸器 50%覆盖图示

紧固完成后，使用超声波测量仪对于螺栓内预紧力进行了测试，最终紧固效果令人满意。

5　最终效果

装置从 6 月份开车至今，封头法兰位置并没有出现任何泄漏，整个装置平稳运行，再也无需采用临时注胶堵漏这种会对后续作业造成很大困难的方式。

这次施工充分调用了各类螺栓紧固工具以及现场机加工工具，在各个环节上这些机具都发挥了重要的作用，协同作战最终确保了客户现场多年存在的难题被顺利攻克，获得了高度评价与认可。

BLSBLG630FR 满液式冷水机组
进水故障与应急维修

李小鹏

（中国石化泰州石油化工有限责任公司，江苏泰州　225300）

摘　要　介绍了泰州石油化工有限责任公司 BLSBLG630FR 满液式冷水机组发生的进水以及一系列的后续故障，详细分析了故障原因。阐述故障发生后的应急处理措施及故障处理的经验教训。

关键词　冷水机组；进水；回油

泰州石油化工有限责任公司 BLSBLG630FR 满液式冷水机组，由一台压缩机、一台蒸发器、一台冷凝器、一个热力膨胀阀等组成，采用 R22 作为制冷剂，为两条造粒生产线提供冷却水。2013 年 1 月投用，2015 年极寒天气蒸发器 7 根管束冻裂，全部用铜销封堵。2018 年 4 月蒸发器 2 根管束再次发生泄漏，未严格按规程检修，发生了进水及后续故障。

1　故障经过

2018 年 4 月 12 日，冷水机组维保，更换了润滑油，补充 R22，13∶30 正常开车，17∶10 巡检人员通过蒸发器视镜发现液态 R22 内有冰花，确认蒸发器管束有泄漏，紧急停机。13 日造粒生产线停车，冷水机组检修，拆检发现过滤干燥器、压缩机进口阀等处有水，判断整个系统已经进水，于是将润滑油放出，发现已经乳化，所幸停机及时，机头未烧坏。往蒸发器壳程引入 1MPa 干燥氮气，发现 2 根铜管泄漏，用铜销堵死，保压 12h，压力无明显变化，判断管程已无泄漏。用 0.4MPa 仪表风吹扫蒸发器管程 12h，干燥过滤器无水后回装，更换润滑油，抽真空补充 R22 后开机运行，当天冷却效果良好，满足造粒 2 条线生产。第二天机组虽能运行，但降温效果偏差，只能开一条生产线，至第三天运行，压缩机低油位报警。

2　故障原因分析

12 日机组控制动作显示满载运行，用钳形表测量机组运行电流，始终在 100A，而机组满载电流要达到 200A 左右。观察压缩机供油油镜，发现润滑油稀少，判断压缩机过滤器可能有堵塞，致使润滑油不能供给加载滑块管道。13 日机组低油位报警后停机检修，放出润滑油，拆卸油过滤器（见图 1），过滤器已经严重堵塞，堵塞物经过化验，主要是铁锈和污泥。

图 1　拆卸下的油过滤器

本次蒸发器管束泄漏，虽然已经把这些泄漏的管束堵掉，但由于水分已经进入整个制冷系统，没有及时处理干净，致使整个碳钢壳体、管道产生污泥、铁锈。随即更换洁净的油过滤器，注入润滑油油，开机运行调试，机组满载时，电流达到 198A，降温效果良好，机组运行正常。20 日冷水机组又出现油位过低保护，原因相同，清洗油过滤器后投用运行正常，22 日又出现反复，可见系统内脏堵大量存在。

作者简介： 李小鹏（1988—），男，江苏泰州人，2010 年毕业于南京工业大学过程装备与控制工程专业，工学学士，现在石油化工有限责任公司机械动力部副主任，助理工程师。

3　故障处理

这样运行两天机组就有故障，决定先把整个氟利昂系统的脏堵处理掉。拆卸压缩机，将R22收至低压端，全关冷凝器出口阀，使冷凝器R22形成密闭。

3.1　蒸发器处理

检查发现蒸发器管束腐蚀减薄，已不能满足长周期运行，且管束已堵9根，接近换热面积10%，重新更换整套管束，对壳程进行清洗，烘干72h后充入1MPa氮气进行气密性试验，保压12h，无泄漏。

3.2　压缩机处理

拆卸压缩机(见图2)，拆卸后压缩机油槽内含较多杂质，与之前的判断一致，用煤油清洗压缩机各个零部件，再进行烘干处理72h。

图2　拆卸后的压缩机

3.3　其他部分处理

(1)25日组装压缩机，抽真空，充入制冷剂，开机运行调试。运行半个小时，机组无法加载，拆卸50%加载电磁阀，已经损坏，更换新的电磁阀。

(2)更换新电磁阀后机组运行至满载时又出现油位保护，润滑油全部跑入蒸发器。查找原因，发现机组50%运行时，蒸发器的出油口管道温度发烫，说明压缩机的高压气体经过引射器没有回到压缩机，而是产生倒流，堵住蒸发器内的润滑油流回压缩机。该套机组引射器出口至压缩机向上有两道90°弯头，这明显产生很大的阻力，另外系统进水、脏东西也有可能堵塞引射器，拆卸引射装置进行清洗改造，27日安装上改造好的引射装置，开机运行，通过视液镜，可以清晰地观察到蒸发器内的油液源源不断地流回压缩机，不到10min，压缩机油槽清晰地观察到润滑油，可以确定机组具备正

常运行的条件。机组降温效果明显，设备运行正常。

(3)考虑到系统内仍含有大量杂质，拆卸内置油过滤器清洗需要停机放油，成本较大，将机组做技术改造，取消原油过滤器，加装外置油过滤器组，便于油过滤器拆卸、清洗。液管干燥过滤器处加装角阀，便于更换干燥过滤器时泄压及回收、充入制冷剂。

3.4　效果跟踪

经过改造，检修人员只需每天将外置油过滤器拆卸清洗，这样经过7次清洗过滤，系统内已经没有污泥和铁锈，本次外置油过滤改造效果良好，机组正常运行至今。

4　经验教训

(1)冷水机组冬季停车时，应将蒸发器、冷凝器内水排干净，如短期停车，应加大巡检频次。

(2)如发生进水故障，应严格按照检修规程进行烘干处理，防止系统进水。

(3)控制好循环水及冷冻水水质，加装过滤器，防止腐蚀及硬质物损伤蒸发器、冷凝器管束。

5　结束语

本次BLSBLG630FR满液式冷水机组检修，从故障发生到正常运行，检修时间长达1个月，检修费用近10万元，影响了装置正常生产。由于没做好烘干处理，带来了后续一系列的问题，所幸找到问题原因并一一解决，由此可见，每次检修都应严格按照检修规程，避免不必要的故障。

参　考　文　献

1　薛荣. 冷水机组进水原理及处理. 一重技术，2003，(6)

2　李培颖. 30HK115冷水机组进水故障分析与处理. 深冷技术，2010，(1)

BA-3601加热炉对流段蒸汽炉管
弯管开裂原因分析

李保全

（中国石化扬子石化有限公司芳烃厂设备管理科，江苏南京　210048）

摘　要　芳烃厂二甲苯联合装置BA3601加热炉对流段蒸汽炉管弯管开裂泄漏，针对此情况对蒸汽炉管弯管开裂泄漏进行失效原因进行分析。

关键词　加热炉；炉管弯管；腐蚀；应力；开裂；泄漏；分析

1　对流段蒸汽炉管概况

BA-3601是扬子石化芳烃厂二甲苯联合装置3600#装置邻二甲苯塔再沸器加热炉，对流段副产中压蒸汽，对流段蒸汽炉管规格为$\varphi168\times8\times5360$，对流段蒸汽炉管弯管规格为 $\varphi168\times8-R150$，对流段炉管、弯管材质为15CrMo。对流段炉管操作温度为180～270℃，操作压力为0.89～0.91MPa。对流段炉管设计温度为270℃，设计压力为1.22MPa，炉管系统水压试验压力3.8MPa。蒸汽炉管外壁接触加热炉天然气燃烧产生的烟气，炉管内介质为EA3601汽包锅炉水产生的蒸汽。水蒸气含弱碱性物质，药罐FA3404的磷酸三钠蒸发混入形成，锅炉水中加磷酸三钠是工艺需要，目的是防结垢，当锅炉内碱度过量时，磷酸根离子就会和水中的钙镁离子形成泥浆状的、流动性能好的羟基磷酸钙，这种泥状的悬浮物分散在炉水中很容易随排污排出炉外，从而防止结垢。

2　对流段蒸汽炉管弯管开裂损坏情况

2016年10月24日在日常巡检中发现BA3601炉处噪音较大，经排查噪音来源于对流段东南侧上部，同时弯头箱处有蒸汽泄漏，初步判断为对流段蒸汽盘管弯头或焊缝处出现穿孔、裂纹导致蒸汽泄漏。随即安排停车降温检查。在打开东、西弯头箱检查发现：东侧北面第三排第一个弯管处的弯管母材、焊缝等部位出现多处环向裂纹；东侧南面第三排第一个弯管处的弯管母材、焊缝环向、炉管直管纵向等

部位出现多处裂纹，西侧出现六处焊缝裂纹和二处母材裂纹，东侧一处焊缝出现裂纹。炉管弯管裂纹如图1所示。

图1　对流段蒸汽炉管弯管裂纹

3　对流段蒸汽炉管弯管开裂损坏分析

为了分析蒸汽炉管弯管开裂的原因，对失效的炉管弯管进行物理性能分析、断口扫描电镜分析和腐蚀垢样化学分析。物理性能分析实验包括：材质成分分析、金相组织分析、力学性能测试（拉伸性能和硬度）；化学腐蚀分析包括：管内介质分析、腐蚀垢样分析（EDS和XRD分析）。

3.1　对流段蒸汽炉管弯管材质分析、金相分析、力学性能分析

3.1.1　弯管材质成分分析

根据BA-3601图纸，炉管弯管段材质为15CrMo耐热钢，利用直读光谱仪对炉管弯管进行材质成分分析。

作者简介：李保全(1971—)，男，江苏连云港人，1994年毕业于兰州化工学校化工机械专业，现在扬子石化芳烃厂设备管理科从事设备维护管理工作。

弯管材质分析结果主要成分数值如表1所示，通过与标准 GB/T3077《合金结构钢技术条件》对比，检测结果表明，弯管段 Mo 含量略低于 15CrMo 钢的技术要求含量，弯管段成分中含有一定量的 V。

表1 弯管材质成分表 %

	C	Si	Mn	P	S	Cr	Mo	V
测试值	0.153	0.230	0.53	0.020	0.015	0.91	0.311	0.178
	0.151	0.229	0.53	0.020	0.014	0.92	0.315	0.178
	0.150	0.236	0.53	0.021	0.014	0.92	0.315	0.178
平均值	0.151	0.232	0.53	0.020	0.014	0.917	0.314	0.178
15CrMo	0.12~0.18	0.17~0.37	0.4~0.7	≤0.035		0.8~1.1	0.4~0.55	—
判断	正常					偏低	多出

3.1.2 弯管金相分析

根据弯管切割下来的金相试样，利用对金相试样拍照，分别获取在放大 200、500 和 700 三个倍数下的金相组织图片。从图 2 可以看出弯管段组织均主要由铁素体和珠光体构成，其中在视野内均匀分布有不同大小的二次渗碳体。在铁素体和珠光体晶界上有明显的三次渗碳体析出，其密集分布，形成的网状结构大大降低了材料的耐腐蚀性能，由于三次渗碳体在晶界的连续集聚使材料内部形成了特定的腐蚀通道，导致弯管在腐蚀介质下容易发生腐蚀，并形成炉管开裂。

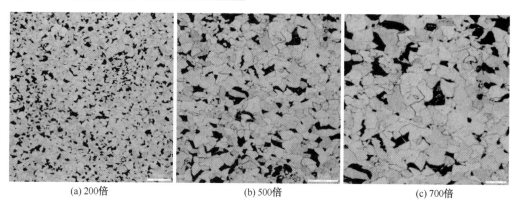

(a) 200倍   (b) 500倍   (c) 700倍

图2 弯管金相组织图

3.1.3 弯管拉伸性能测试

根据拉伸实验标准 GB/T 228.1《金属材料拉伸试验-第一部分：室温试验法》中规定的试验方法和数据处理方法，利用 MTS880 万能液压试验机对炉管弯管取得的拉伸试样进行拉伸力学性能测试。

炉管弯管(母材)段取得的试样拉伸试验应力应变结果如图3所示。试验之后，读取出试样测试值中的屈服强度值和最大拉应力值，通过直尺对拉后试样的原始标距位置进行测量，计算其断后延伸率，数值读取和计算参考 GB/T 228.1，测试弯管试样的屈服强度、抗拉强度和断后延伸率结果如表2所示。通过弯管试样的力学性能测试结果与标准 GB/T 3077《合金结构钢技术条件》中的技术要求对比发现，弯管的拉伸性能符合标准技术要求。

表2 弯管拉伸性能测试结果

编号结果	屈服强度/MPa	抗拉强度/MPa	断后伸长率/%
试样 1	401.63	538.87	36.69
试样 2	425.49	563.08	40.83
测试平均值	413.56	550.98	38.76
15CrMo	≥295	≥440	≥22

3.1.4 弯管硬度测试

根据切割下来的弯管两个试样进行硬度测试，根据布氏硬度试验标准 GB/T 23.1《金属材料布氏硬度试验 第1部分：试验方法》，利用 HX-1000TM/LCD 自动转塔式显微硬度计对弯管段所取的试样进行硬度测试，测量得到的结果如表3所示。与标准 GB/T 3077《合金结构钢技术条件》相比(标准中硬度测试材料所处状态为钢材退火或高温回火状态)，弯管的硬度符合标准技术要求。

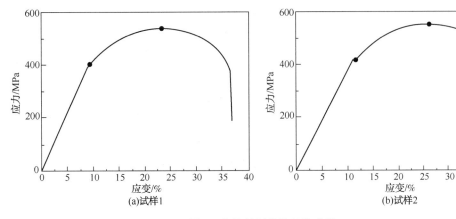

图 3　弯管材料拉伸性能曲线

表 3　弯管试样硬度测量数据（HBW）

编号	1	2	3	4	5	6	7	8	9	10	平均值
1	168.5	186.1	182.2	165.7	167.8	174.9	176.1	180.6	169.4	174.1	174.54
2	182.3	183.3	188.5	186.9	202.5	173.1	174.0	175.7	182.0	175.2	182.35
均值	178.45										
标准	钢材退火或高温回火状态布氏硬度不大于179										

3.2　炉管弯管开裂处腐蚀垢样分析（包括 EDS 和 XRD 分析）

3.2.1　腐蚀垢样 EDS 能谱分析

弯管内壁腐蚀垢样 EDS 分析，在两个弯管各取一份垢样，对两份垢样进行烘干和研磨，进行 EDS 能谱分析，分析结果如图4和表4所示。通过表中数据对比发现：垢样的成分元素基本相同，主要含有 Fe、O、Na、P 等元素，其中一只弯管垢样中氧元素含量为10.13%，另一只弯管垢样中氧元素含量为9.56%，平均值为9.85%，推测弯管的腐蚀产物主要为含氧的化合物组成，且含有 Na 和 P 等元素，说明蒸汽中含碱性物质，即蒸汽中存在磷酸钠物质蒸发混入，且对炉管的腐蚀产生影响。

表 4　弯管内壁垢样成分分析　　　　　　　　　　　%

元素　编号	O	Na	Al	Si	P	S	Cl	K	Ca	Cr	Mn	Fe
1	10.13	3.29	2.57	5.43	1.48	0.5	0.6	0.63	0.6	0.92	0.8	72.81
2	9.56	3.86	1.34	2.64	1.3	0.37	0.57	0.37	0.38	1.2	1.19	77.23
均值	9.85	3.575	1.955	4.035	1.39	0.435	0.858	0.5	0.62	1.06	0.995	75.02

3.2.2　腐蚀垢样 XRD 射线衍射分析

利用 Bruker D8 Advance 型 X 射线衍射仪对弯管内垢样样品进行 XRD 测试，进一步验证垢样物相，以确定化合物种类。样品进行 XRD 测

3.3　开裂断口形貌分析

3.3.1　开裂断口宏观形貌分析

通过宏观分析两只开裂的弯管发现：①炉管弯管段连接直管段的焊接接头附近有纵向裂

定后，得到样品衍射图谱，之后利用 JADE5.0 物相分析软件进行物相分析。

弯管内壁腐蚀垢样 XRD 射线衍射分析结果如图5所示。垢样成分主要含有 FeO 和 Fe_2O_3，即铁的氧化物为形成炉管垢层的主要沉积物。

纹和环向裂纹；②两段弯管中性面位置出现环向裂纹；③弯管内壁有一定面积的腐蚀坑，腐蚀部位有深色腐蚀产物堆积，并与内壁表面贴合。炉管直管内外壁均有深色腐蚀产物堆积，

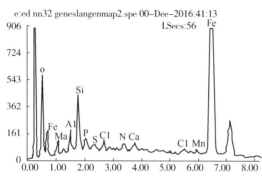

图 4　弯管内壁腐蚀垢样 EDS 能谱分析

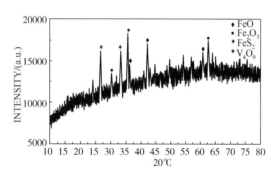

图 5　弯管垢样的 XRD 图谱

并与内外壁表面贴合。

对直管段用肉眼观察，未发现内壁存在宏观裂纹，采用着色渗透探伤方法进一步对直管段内表面进行无损检测，如图 6 所示。通过观察显像后的直管段的内表面，该炉管直管段内壁靠近焊缝位置有许多微小裂纹，其余部位无裂纹。

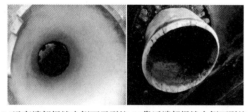

(a)远离端部焊缝内侧面无裂纹 (b)靠近端部焊缝内侧面裂纹

图 6　炉管内侧无损检测结果

3.3.2　开裂断口微观分析

根据弯管宏观图可以发现，断口裂纹主要发生在炉管弯管段和焊缝两侧位置，有部分断口腐蚀较为严重。利用扫描电镜分别对取下的断口试样进行放大不同倍率的微观形貌观察，其中弯管 A 取得的编号为 a1、a2、a3 的断口和弯管 B 取得的编号为 b1 的断口位于焊缝附近位置(见图 7)。在扫描电镜放大不同倍数下，分析 A 和 B 两段弯管的断口形貌(图略)。

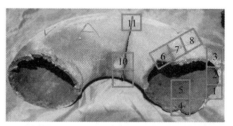
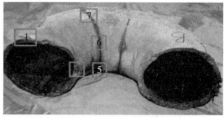
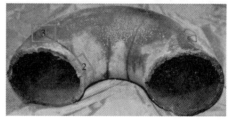

图 7　弯管 A、B 端口编号

通过开裂端口微观形貌分析可知，弯管 A 发生在焊接接头附近位置的 1# 环向断口，腐蚀产物中含有一定量的氧、钠和磷等元素，表明腐蚀产物中含有钠和磷等元素的物质存在，为沿晶开裂特征，并伴有腐蚀的特征；弯管 A 发生在焊接接头位置的 2# 环向断口，为典型的脆性沿晶开裂特征；弯管 A 发生在焊接接头位置的 3# 环向断口，发现有二次裂纹，且断口表面有解理特征。弯管 A 发生在焊接接头位置的 4# 纵向断口，裂纹的扩展方向从焊缝边缘指向弯管内侧，断口形貌发现有沿晶断裂特征；弯管 A 发生在焊接接头位置的 5# 纵向断口，有明显的沿晶断裂特征，表面腐蚀产物 EDS 分析的结果，同样发现腐蚀产物中含有氧、钠和磷等元素；弯管 A 边侧段发生的 6# 环向断口，有沿晶断裂和部分解理的特征；弯管 A 边侧段发生的 7# 环向断口，有明显的解理特征，断口表面有二次裂纹产生；弯管 A 边侧段发生的 8# 环向断口，有明显的解理特征；弯管 A 中间段发生的 9# 环向断口，有明显的解理特征，且断口表面有二次裂纹产生；弯管 A 中间段发生的 10# 环向断口，炉管穿透裂纹的扩展方向为由内壁向外壁，且图有明显的解理特征；弯管 A 中间段发生的 11# 环向断口，显示内壁有附着的腐蚀产物，且有明显的解理特征。

弯管 B 发生在焊接接头位置的 1# 断口，断口表面附着大量的腐蚀产物；弯管 B 发生在边侧段的 2# 环向断口，裂纹的扩展方向为由内壁向外壁，且内壁附近有腐蚀凹坑，外壁附近有明显的解理特征；弯管 B 发生在边侧段的 3# 环向断口，裂纹的扩展方向为由内壁向外壁，且内壁附近有腐蚀凹坑，裂纹扩展断口凸凹不平，扩展方向具有放射状，相互交叉、连接、分叉，具有多裂纹特征；弯管 B 发生在边侧段的 4# 环向断口，裂纹的扩展方向为由内壁向外壁，且外壁附近有解理特征；弯管 B 发生在中间段的 5# 环向断口，裂纹的扩展方向为由内壁向外壁，且内壁附近附着大量的腐蚀产物；弯管 B 发生在中间段的 6# 环向断口，内壁附近附着大量的腐蚀产物，且外壁附近有解理特征；弯管 B 发生在中间段的 7# 环向断口，断口表面附着大量的腐蚀产物，并呈现晶粒脱落凹坑。

3.4　腐蚀机理分析
3.4.1　炉管内碱性物来源

炉水中游离碱含量[(1~1.5)×10^{-6}]是发生碱腐蚀的必要条件，发生碱脆的必要条件和充分条件是炉水中存在过量游离碱且炉管存在局部过热，炉水中碱来源一般有：添加入炉水中的 NaOH、加入磷酸盐中隐匿的 NaOH、磷酸盐分解产生的 NaOH、补给水中含有 NaOH 和磷酸盐碱度。

蒸汽炉管内介质为 EA3601 汽包锅炉水产生的水蒸气，含碱性物质 OH⁻ 和 PO₄³⁻ 离子，pH 值为 9~11，碱性物质是由药罐 FA3404 的磷酸三钠蒸发混入形成，磷酸三钠含量为 0.3~

1.0mg/L，同时磷酸盐隐匿了一定量的 NaOH，锅炉水中加磷酸三钠的是工艺需要，目的主要是防垢反应剂，当锅炉内碱度过量时，磷酸根离子就会和水中的钙镁离子形成泥浆状的、流动性能好的羟基磷酸钙，这种泥状的悬浮物分散在炉水中很容易随排污排出炉外，从而防止结垢。锅炉给水阻垢反应方程式为：

$$10Ca(HCO_3)_2 + 5Na_3PO_4 + 2NaOH = [Ca_3(PO_4)_2]_3 \cdot Ca(OH)_2\downarrow + 10Na_2CO_3 + 10CO_2\uparrow + 10H_2O$$

3.4.2　腐蚀开裂的应力来源

炉管弯管原制造及交货状态存在缺陷，弯管加工制造工艺差，弯管交货热处理工艺不严格，弯管内弧壁壁面应力未消除。炉管与弯管焊接工艺及热处理工艺有缺陷，焊接应力未消除。组对安装时残余应力未消除。炉管内高速蒸汽流动对炉管的冲击振动。

3.4.3　腐蚀开裂受影响部位

大部分碳钢设备碱脆发生在应力残留集中区域的弯管内弧壁壁面、没有消除应力焊缝区域、没有消除应力焊缝热影响区域、流体流动不连续冲击区域、组对安装时残余应力未消除区域。

3.4.4　碱腐蚀机理

碱腐蚀有开裂和腐蚀减薄两种。碱裂是指在高温下存在柯性碱的情况下，金属在拉应力和腐蚀共同作用下的开裂，柯性碱或碱性盐引起局部腐蚀通常在蒸发或高传热条件下发生，根据碱溶液的浓度，全面腐蚀也可能发生。受影响的材料主要为碳钢、低合金钢、300 系列不锈钢。碱裂裂纹在本质上主要是晶间裂纹，以网状细小裂纹在碳钢中发生。碱液浓度、金属壁温、拉伸应力是决定碱裂敏感度的主要因素，碱裂有的在几天内就会发生，有的需要一年或更长的时间发生，碱裂一旦发生，金属遭到破坏的速度会加快，当觉察到裂纹时，金属损坏已达到严重程度。

增加碱液浓度或提高金属壁温会加快开裂速度，几乎 2% 以上的 NaOH 全部浓度范围内，均可产生应力腐蚀开裂。当 NaOH 的浓度逐渐增加，碳钢设备产生应力腐蚀开裂的使用温度则相应下降。当 NaOH 浓度由 40% 上升到 60%，可能产生应力腐蚀开裂的使用温度则由48℃降到40℃。同理当使用温度上升时，产生应力腐蚀开裂的NaOH浓度极限则降低。碳钢设备经焊后消除应力热处理，可提高设备使用温度。

低碳钢在NaOH溶液中的应力腐蚀开裂主要是由电化学反应的阳极过程引起的。碳钢在NaOH溶液中受氢氧根的钝化而形成表面钝化膜。但碳钢的钝化膜容易破口。在钝化破口处热浓度NaOH对碳钢产生强烈腐蚀，反应式如下：

$$Fe+ 4OH^- = FeO_2^{2-}+ 2H_2O+2e$$

$$3FeO_2^{2-}+ 4H_2O = Fe_3O_4+6 OH^-+H_2$$

部分氢渗入钢材内部引起脆化，导致裂纹扩展，钢表面的钝化膜被NaOH溶液溶解，露出钢的活性表面，产生连续腐蚀开裂。

碳钢应力腐蚀开裂属典型的晶间开裂，金相检查裂纹沿铁素体晶粒边界，裂纹断面的断口形貌为脆性穿晶形貌，并有大量混晶的二次裂纹，裂纹上有氧化物腐蚀产物。

4 结论与建议

4.1 结论

通过对炉管、弯管断口形貌、腐蚀垢样、材质成分、金相组织和力学性能等分析测试结果及碱腐蚀开裂机理进行分析，推断出以下结论：

（1）炉管弯管段发生严重的开裂现象，管外壁腐蚀严重，且弯管段内壁有腐蚀坑和横向裂纹、纵向裂纹，直管段端部靠近焊缝部位内壁通过着色探伤发现内裂纹。

（2）通过对不同位置的断口SEM形貌分析（炉管焊接接头位置的环向断口、纵向断口和弯管中性面位置的环向断口分析）和内壁腐蚀产物的化学成分分析，炉管断口具有沿晶脆性断裂的特征；裂纹源起于炉管内壁，并由内向外扩展；裂纹扩展断口凸凹不平，扩展方向具有放射状，相互交叉、连接和分叉，裂纹呈现出多裂纹特征。

（3）腐蚀垢样分析表明，内壁的腐蚀产物主要由含氧的化合物组成，同时含有Na和P等元素，说明蒸汽中含碱性物质并对炉管的腐蚀产生影响，即存在碱腐蚀；外壁的腐蚀产物主要由含氧的化合物组成，同时在直管C段外壁垢样含有Na和P等元素，即在裂纹贯穿的情况下炉管的外壁腐蚀产物也会检测到含钠碱性物质的存在，表明蒸汽中含碱性物质并对炉管的腐蚀产生影响。

（4）炉管、弯管材质成分符合15CrMo耐热钢的技术要求。

（5）炉管和焊缝的金相组织主要有铁素体和珠光体，弯管段的金相组织中晶界有明显的三次渗碳体析出；炉管直管的金相组织较为均匀，且晶粒相对细小；弯管焊接接头的焊缝组织发现存在偏析现象。

（6）炉管的拉伸性能包括屈服强度、抗拉强度和断面收缩率符合标准技术条件要求，其中A段弯管的硬度符合标准技术要求，B段弯管的硬度略高于标准规定，弯管焊接接头A和接头B热影响区的硬度均高于母材和焊缝。

依据炉管开裂部位的SEM显微断口特征、裂纹形态和扩展及表面腐蚀产物EDS能谱分析，表明炉管的开裂表现为沿晶脆性断裂，断口表面受到腐蚀破坏，有较多的二次裂纹和腐蚀坑。蒸汽炉管的开裂主要发生在两个部位，一是在焊接接头部位（包括两种开裂特征：环向裂纹和纵向裂纹），二是在U形弯管中性面处，裂纹一般由内壁萌生。在整个焊接接头部位，由于存在不同程度的组织和应力状态的不连续性，易产生应力集中，是炉管断裂失效的起源。在弯管中性面处，在弯管成形过程中，管道经历了外侧管壁减薄、内壁管壁增厚以及由圆变椭圆的过程，弯管残余应力较大；另一方面，U形弯管处受到较大的应力作用，在弯头侧面以及靠近弯管的内侧处内壁环向应力为拉应力，因而炉管弯管中性面处是应力集中的部位，体现为应力分布的不均匀性。同时，工作时炉管内外压力差及温差作用而产生的工作应力以及由载荷、操作或振动等引起的外加应力或热应力，炉管内结垢造成的管内、外温差等，以及开、停车等引起的温度波动或应力波动，为蒸汽炉管的开裂提供了应力条件。因此，蒸汽炉管在服役过程中，在应力与腐蚀介质的联合作用下，即在高温碱性蒸汽腐蚀环境下，在炉管的上述两处薄弱位置（焊接接头和弯管中性面处）发生典型的应力腐蚀开裂。

4.2　建议

（1）炉管、弯头焊接时，保证焊接工艺、热处理工艺的规范性（注重焊前预热、焊后热处理等措施），获得高质量的焊接接头，并减少炉管的残余应力分布及焊缝应力。

（2）避免长时间高温过热和温度波动、炉管超温运行影响炉管的应力状态。

（3）加热炉炉管弯头需严格控制制造工艺、材料交货状态，降低设备加工残余应力。

（4）炉管投入使用过程中，对蒸汽炉管内介质进行监控，尽量控制碱性物质的进入。运行过程中严格控制锅炉水游离碱，采用适当的分散剂，严格控制磷酸根含量及 pH 值。

参 考 文 献

1　GB/T 3077—1999　合金结构钢技术条件
2　GB/T 231.1—2009　金属材料布氏硬度试验-第 1 部分：试验方法
3　GB/T 228.1—2010　金属材料拉伸试验-第 1 部分：室温试验方法
4　程宏辉，曹磊，靳惠明，等 . 15CrMo 高温过热器弯管的失效分析 . 扬州大学学报（自然科学版），2011，14（2）：51-54
5　中国石油和石化工程研究会 . 炼油设备工程师手册（第 2 版）. 北京：中国石化出版社，2009

创新设备培训模式和创建标准润滑油站
助推传统设备管理上台阶

钱广华　彭乾冰　刘剑锋　杨　超

（中国石化天津分公司，天津　300270）

摘　要　建立标准的润滑油站、规范油品和加油器具的管理，实现油品及器具的定置摆放、色标对应、对照表上墙、取(加)油签字、回(收)油确认，把设备的缺油、少油、加错油的故障减少，良好润滑为动设备稳定运行提供基础，动设备的故障率明显降低。创建实物培训大课堂，利用废旧零部件筛检、剖分、制作成为实物教具，内部的结构展示一眼即明，培训效果得到了提升，尤其是学员看得明白，听得有兴趣，结合微电影、动漫、PPT及OPL(十分钟课件)等形式，为装置设备操作、维护和管理人才培养打下了基础。好的装备固然重要，更重要的是好的人才才能管理好好的装备。标准的润滑油站和实物培训大课堂在炼化行业具有推广价值。

关键词　标准润滑油站；实物培训大课堂；定置；标识；剖分

如何实现设备的安全、稳定、高效和长周期的目标，是炼化企业始终追求的目标。企业的良性发展，必须进行人、设备和企业三个方面的改善。首先要对人的体制进行改善。改变对设备的管理模式，建立更有效的思考方式，形成设备管理不是一个人或一个专业而是全员全过程全天候参与的氛围，创新设备培训模式和创建标准润滑油站，做到熟知设备结构、性能、操作和维修保全的技能与技术，达到我的设备我来维护，造就设备专家级的管理、维护、操作人员。再者对设备的本质进行改善。增加设备的安全性、稳定性和高效率，就是确保设备在可控的范围内运行，有效地消除设备的6大损失(生产调整/设备故障/正常生产/非正常生产/品质不良/再加工)，达到效益的最大化。其三在人和装备的改善基础上，综合改善企业的体质，达到管理高效、规范，进入良性发展的轨道。几年来创建的标准润滑油站和实物培训大课堂已经起到了提升设备管理的作用，助推传统设备管理上台阶。

1　建立标准润滑油站和实物大课堂的因由

1.1　良好润滑是动设备稳定运行的基础

石化行业的发展趋势就是炼化装置大型化、控制智能化，一台设备的故障可能造成装置或局部装置停工，损失相当可观甚至很大，确保设备稳定运行要从安装、检修和日常维护来保证，规范润滑就是日常维护的重要内容。建立标准的润滑油站，规范油品和加油器具的管理，实现油品及器具的定置摆放、色标对应、对照表上墙、取(加)油签字、回(收)油确认，把设备的缺油、少油、加错油的故障减少，良好润滑为动设备稳定运行提供基础。

1.2　实物大课堂提升培训效果助力人才的成长

设备培训员工坐在教室，老师讲解很卖力气挖空心思，学员听得枯燥乏味，理解得不透彻，培训效果打了折扣。尤其对于很多操作人员和技术员来说，虽然天天和设备打交道，但能看到内部构造的机会并不多，对设备内部了解不够，很多操作都只知其然而不知其所以然，如何创新培训模式，提高学员听和学的兴趣和效果，成为设备管理人员的攻关课题。创建实物培训大课堂，利用废旧零部件筛检、剖分、制作成为实物教具，内部的结构展示一眼即明，培训效果得到了提升，尤其是学员看得明白，听得有兴趣，结合微电影、动漫、PPT及OPL(十分钟课件)等形式，为装置设备提供操作、维护和管理人才打下了基础。好的装备固然重要，更重要的是好的人才才能管理好好的装备。基于提升员工装置掌控能力的需要、增强培训生动性和吸引力的需要、培养高素质员工队伍的需要，创建实物培训大课堂是应运而生的创新产物。

2 创建标准的润滑油站

2.1 油品油具定置摆放

天津石化公司化工部 PTA 装置 2000 年 5 月建成投产，动设备种类繁多、油脂复杂，称得上是设备的百科全书。PTA 车间的润滑管理，秉承传统的管理理念，推行红旗管理模式，在润滑油站管理方面，已经成为石化行业的标杆。PTA 润滑油站管理着整个装置动设备的润滑油脂，存放着 11 种润滑油，3 种润滑脂，保证了装置中所有润滑油、脂的供应。

首先对润滑油站进行整理，做出摆放的标识线；第二步根据油品的数量进行规划摆放位置；第三步进行"排列组合"，根据油品的使用频率和色标具体摆放。这样既利于取放油品，又保证不会错取和错放，从哪里拿的就放回到哪里，大大提高了加油的准确率。对于不常用的手摇油泵放到封闭的储物柜当中，防止积尘和二次污染(见图 1)。

2.2 做到器具专用，防止油品交叉污染

标准润滑油站体现的是一种油品配齐一个油枪、一个中桶、一个油壶和三个级别的过滤网。特别注重细节的管理，每个油壶配备壶嘴防尘小帽，确保油品的洁净。北方风沙较大，设置两道防尘隔离门，防止油品在中桶和油壶添加油时被尘土等污染(见图 2)。

2.3 制度、对照表上墙增加可视化

如何让加油的职工对加油的规定、三级过滤内涵了解得更透彻，结合设备传统管理理念，PTA 车间润滑油站实行标准化管理，制度上墙、

区域分块、色标管理、专具专用、专人管理，建立起了一套高效的管理办法(见图 3 和图 4)。每台设备加什么油品，全在对照表中体现。只要知道设备位号，就能快速查到需要添加的油品。

2.4 建立油品色标

为了更好地把油品和加油器具统一起来，首先建立油品色标对照表，然后再把同一种油品的油桶、油壶、加油泵、过滤网等用同一种色标，按照标识色一一对应，彻底做到了一种油品专用一套器具。

为了规范润滑管理，把标准润滑油站的管理与设备信息管理系统结合起来，较好地体现了设备润滑管理的效率、及时性和准确率。

图 1　油品器具的定置摆放

图 2　油站设置防尘隔离门

图 3　管理制度、油品对照表等上墙

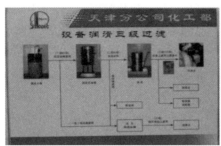
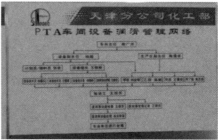

图4　三级过滤和管理网络上墙

3　创建实物培训大课堂

3.1　变废为宝，精心收集实物教具

自己动手，变废为宝。通过收集废旧备件进行筛选和剖分制作实物教具，共制作教具156件，制作OPL247个，FLASH课件166个，拍摄DV23个，内容涵盖设备、生产、技术、安全、企业文化等。制作教具坚持：第一，典型、实用、可操作性强是自制教具的关键；第二，充分利用废旧材料，因地制宜，就地取材；第三，发挥全体员工的创造性，三个"臭皮匠"顶个"诸葛亮"。以被"开膛破肚"的离心泵来说，泵体内部的叶轮、机械密封、轴承、油封等结构一览无余（见图5）。

3.2　全员动手，精心制作多媒体课件

培训需要多种多样的形式，不仅仅是需要了解设备的结构，重要的是把"实物展示、仿真动画、动漫课件、DV摄像三位一体"作为创新培训体系的内涵（见图6），利用多媒体的声、形、图、色相结合的特点来调动员工的感官，激发员工学习的兴趣，以此达到传授知识的目的。由有经验的技师进行现场实操演练，切换设备的每一步骤及要领进行操作讲解，起到了引领示范作用（见图7）。

图5　高速泵增速箱和离心泵内部剖视图

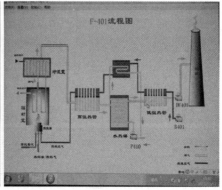

图6　职工自己制作的加热炉动漫和专业的转阀DV

图7　现场实际操作演练培训

3.3　教学相长，精心推动互促互学

倡导人人当讲师。打破了原来划定的岗位界限，开展各具特色的跨岗学习，激励和引导职工在学习他人之长的同时，主动奉献自己的"绝活"，这一举措有效缩短了"系统操作"的培训进程，使一线员工较快地对装置的生产特点有了明确的操作对策，对一些技术难点找到了突破的方向，为更好地驾驭装置安全稳定运行奠定了基础。员工既是老师，又是学生，既学

又讲，形成了一种互促互学的良好机制，推动了工作学习化、学习工作化，实现了知识共享、成果共享，激发了员工的学习力。凡是已有过讲课经历的都有一个感觉，就是自己的收获比听众更大。

3.4　实物解剖，精心打造"生动课堂"

通过设备的关键部位被解体，参与学习的员工可以自己动手拆卸、组装，观察设备内部的运行情况，了解设备的工作原理，思考日常工作中出现异常情况的处理措施（见图8）。大量的实物教来自装置，本身就有一种亲近感装置，起到了学起来直观、易懂、学有所思、学能致用的效果。实物培训大课堂的教学，是讲师与学员、学员与设备之间的信息传递、思维碰撞、情感交流的过程。特别是针对现场设备的故障进行讲解，从故障的起因、事故发生的过程、采取的措施到今后举一反三的过程了解，起到了事半功倍的培训效果。

图8　磁力泵和螺杆压缩机内部结构剖分图

4　效果分析

4.1　规范添加油，设备故障率降低

标准润滑油站的建立，不仅使润滑管理标准化，而且使加油工的行为更加规范，错加混加的现象基本消失，缺油少油现象明显减少，设备运行过程中由于润滑造成的故障三年以来减少了80%以上，产生直接和间接效益在115万元以上。标准润滑油站具有在炼化行业推广的价值。

4.2　培训效果提升，为企业人才成长搭起桥梁

剖分的内部结构、看得懂的微电影、听得明白的十分钟教育、上讲台的自豪感充分体现

了实物培训大课堂的突出作用。三年来，实物培训大课堂已经进行了133场专题培训，上讲台讲师达到了95人次，培训学员1235人次。目前已经取得了初步的成果，员工实战技能明显提升、装置连续多年实现安全平稳运行、员工学习主动性积极性明显提高。在实物大课堂这个空间里，老师愿意讲，学员愿意听，人人都想当讲师，当讲师成为了一种荣誉，形成了浓郁的学习氛围，为装置的安全稳定高效提供了人才储备，创造了潜在的巨大的经济效益。天津石化的实物大课堂成为了中石化的培训标杆。

炼油设备润滑油国产化选型优化与整合

张柏成

（中海油惠州石化有限公司，广东惠州　516086）

摘　要　介绍了惠州石化有限公司二期新建1000万吨/年炼油，生产装置15套，POX煤制氢联合装置1套，及配套动力和储运系统，润滑油牌号设计杂乱繁多，进口润滑油牌号占近一半，增加了生产成本，同时给设备管理带来难度，决定对进口的润滑油尽可能地进行国产化，国产牌号润滑油重新选型优化。设备经过一年多的运行，安全可靠，收到好的效果，企业创造了较好的经济效益和社会效益，已在一期推广应用，在同行具有借鉴意义。

关键词　生产装置；转动设备；润滑油；国产化；选型优化；整合；应用；运行；可靠；效果；效益

1　前言

中海油惠州石化有限公司一期一次加工原油能力为1200万吨/年，国内单系列最大炼油联合装置，共有装置17套及完善的配套系统。集中加工海洋高酸重质原油，各项技术经济指标处于行业领先水平，获得了国际国家各种大奖。新建二期1000万吨/年炼油和120万吨/年乙烯工程，15套炼油生产装置、12套化工生产装置，以及POX煤制氢、动力站联合装置、配套公用工程和辅助生产设施等，项目投资总概算为466亿元，润滑油设计选用品牌繁多、进口多，会增加企业的生产成本和管理难度，我们决定对进口润滑油进行国产替代，国产润滑油重新选型优化。

2　润滑油国产化及选型优化

2.1　项目背景及概况

2016年下半年，二期部分炼油装置机械竣工验收，15套炼油装置和POX煤制氢装置转动设备陆续进行试车阶段，2300多台转动设备，类型繁多，设计选用润滑油及润滑脂品种杂乱繁多，给采购、运输、储存及管理带来很大的难度，特别是进口油费用高、采购时间长，给设备运行带来影响。二期设备润滑油国产化、选型优化及整合非常有必要和有价值。经过反复现场摸底和资料收理，最终确定润滑油和润滑脂86种，已知一期油品种类有42种。

根据石化行业设备润滑管理理理经理经验，

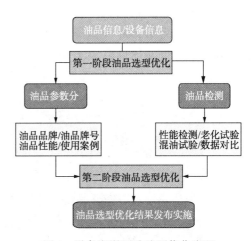

图1　设备润滑用油选型优化流程

以及广州机械科学研究院设备润滑油所在我公司多年的油液监测分析数据，对二期设备86种润滑油和润滑脂进行国产化及选型优化，为使选型优化和整合更具法律性，我们与广州机械科学研究院设备润滑管理咨询顾问中心合作，一起完成这项工作。

2.2　优化整合方案

润滑油国产化选型优化项目以减少润滑油品种为目标，工作整体内容共分为两次优化，开展模式及相关内容如图1所示。

2.3　信息收理及现场调研

为摸清二期设备润滑油情况，确保没有遗

作者简介：张柏成（1965—），男，黑龙江肇源人，设备资深工程师，就职于中海油惠州石化有限公司设备中心，从事设备管理工作27年，发表论文14篇。

漏的润滑油和润滑脂。我们与广州机械科学研究院技术人员，反复现场信息收集和调研，现

场润滑点确认。主要转动设备统计调研情况见表1。

表1　二期运行部主要动设备

运行部门	重点生产装置	主要动设备类型
炼油四部	制硫磺	硫磺造粒机、包装机、氨压机、起重机、油雾润滑泵及其他设备
炼油五部	常减压、重催	烟气轮机组，单轴离心压缩机组、轴流风机、油雾润滑泵及其他设备
炼油六部	渣油、蜡油加氢	往复式压缩机、单轴离心压缩机组、多级离心泵、油雾润滑泵及其他设备
炼油七部	连续重整、芳烃	轴流风机、单轴离心压缩机组、油雾润滑泵及其他设备
动力部	动力站、污水场	汽轮发电机组、燃气轮机组、刮泥机、空压机、压滤机、轴流风机、泵
POX 煤制氢	制氢、煤处理	单轴离心压缩机组、堆取料机、磨煤机、轴流风机、破碎机等其他机泵
储运部	罐区、码头	离心泵、输油臂、登船梯、绞缆机

2.4　各类润滑油选型优化分析

2.4.1　液压油

1）计量泵液压端和往复机无极调节用油选型分析

计量泵不承担大的载荷，对其工作的稳定性和准确性有非常高的要求，根据我们对同类设备润滑管理经验，推荐使用 MOBIL DTE 10 EXCEL 15。该牌号油同样推荐使用在往复压缩机无极气量液压站用油，MOBIL DTE 10 EXCEL 15 基础油精制程度高，具有稳定的抗剪切力和高黏度指数，能在较大温度区间发挥稳定性能，抗氧化和抗泡、抗乳化能力强，油品寿命高，换油周期长，在一期实际使用中效果出色，因此推荐该油。

2）设备液压装置选用昆仑抗磨液压油 L-HM46 分析

480 万吨/年重油催化装置，烟机入口蝶阀为普通液控阀，无含铜、银的部件，工作环境温度约在 20~50℃ 之间，BP 安能高系列、美孚 HLPD 系列和壳牌 S2 M32 油等同于国内 L-HM 抗磨液压油标准，昆仑 L-HM46 在理化指标与其他油品相差不大，最大无卡咬负荷优于其他油品。电动液控蝶阀拟用 L-HV46 耐低温液压油，适用于严寒的气候条件，惠州石化的工作环境常年在 10℃ 以上，不需要耐低温性能的油品，推荐使用昆仑 L-HM46 抗磨液压油。

3 机泵轴承润滑选用昆仑抗磨液压油 L-HM68 分析

我公司各生产装置机泵滚动轴承部位，安

装油雾润滑系统达到 90% 以上，该系统能有效降低轴承温度，在线机泵轴承箱原厂家设计都带冷却系统，正常生产中，由于轴承箱中的润滑油按规定进行定期替换，所以对油品的抗氧化性要求不高。液压油使用在滚动轴承上，具有抗磨特性，在承受冲击负荷、降低轴承磨损方面比透平油要好，推荐使用昆仑 L-HM68 抗磨液压油。

2.4.2　透平油

该牌号油在石化行业离心、轴流和各种透平机组中普遍采用，基本都选用国产透平油，结合我公司一期设备使用情况，基本推荐使用国产 L-TSA46 透平油。

SHELL VITREA 32 透平油与昆仑 L-TSA32 透平油属于同一性能级别，可以替换；POX 煤制氢丙烯压缩机属于普通单轴多级离心压缩机，可以使用昆仑 L-TSA46 透平油。POX 煤制氢 711 单元压缩机组带有增速齿轮箱，且压缩介质中含有氨类气体，该机组主机同样是单轴多级离心压缩机，在迷宫密封和干气密封良好工作下能有效控制压缩介质泄漏，对油品品质影响不大，故 POX 煤制氢 711 单元的三台压缩机组推荐使用昆仑 L-TSA46 透平油。

2.4.3　工业齿轮油

1）计量泵用油选用分析

计量泵齿轮动力端的载荷非常低，实际应用中，计量泵齿轮端对润滑油性能要求不高。根据在其他企业设备的实际应用经验及工作稳定性，推荐使用昆仑 L-CKC150 齿轮油。

昆仑 L-CKC150 与 L-CKD150 性能相差不

大，两种油都是由同一种基础油调配的，差异主要是在添加剂的配方。美孚 600XP 系列等同于国内 L-CKC 中负荷齿轮油，美孚 600XP 150 和美孚 600XP 220 使用于隔膜泵上，泵结构相同且作用相似。使用昆仑 L-CKC150 替换美孚 600XP 150 和美孚 600XP 220。

2）POX 装置磨煤机、皮带机、滚轴筛润滑选型分析

POX 装置磨煤机、皮带机、滚轴筛润滑设计选用的是长城 L-CKD220 重负荷齿轮油，国产 L-CKC 和 L-CKD 油的基础油性能相似，区别在于添加剂配方，两种油的综合性能差别不大，昆仑 L-CKC220 具有足够强的承受冲击载荷能力，皮带机和滚轴筛的润滑点都是工作稳定的闭式齿轮箱。因此，推荐使用昆仑 L-CKC220 齿轮油。

3）POX 装置磨煤机和堆取料机减速箱齿轮油选型分析

POX 装置磨煤机和堆取料机两种设备工况恶劣，粉尘污染风险较大。使用过程中，经常承受冲击负荷，影响油膜厚度和强度。齿轮油润滑过程中，齿轮啮合处考验的是添加剂成分，但黏度决定了初期油膜厚度和强度，黏度越大油膜越厚。考虑地理位置环境天气长期炎热，使用过程中油温基本维持在 40℃ 以上，推荐使用国产 L-CKD460 重负荷齿轮油。

4）其他齿轮油选型分析

渣油加氢装置往复式压缩机注油器使用 L-CKD460 重负荷齿轮油，该设备比一期同设备排气压力高 4MPa，对气缸和活塞的润滑与密封要求较高，建议继续使用 L-CKD460 重负荷闭式齿轮油；动力系统机械格栅减速机、盘车齿轮箱、造粒机齿轮减速箱、起重机、风机减速机、搅拌装置齿轮箱、离心鼓风机、螺杆泵，推荐使用昆仑 L-CKC 220 中负荷工业闭式齿轮油；硫磺装置绞缆机用油，仍推荐使用国产 L-CKD 460 重负荷工业闭式齿轮油。

2.4.4　压缩机油

（1）往复式压缩机用油选型分析

往复式压缩机润滑系统可以分为两部分，一部分是压缩气体直接接触部分的内部润滑，即活塞填料密封处；另一部分是压缩气体不接触的外部润滑，即曲轴连杆等传动部分。二期往复式压缩机内部和外部大多使用同一牌号润滑油，L-DAB 等级油品综合性能要高于 L-DAA，所以推荐使用 L-DAB 系列油，选用具体牌号结合排气压力、润滑方式及 100℃ 运动黏度等因素。重整、汽油脱硫和汽油加氢装置往复式压缩机排气压力小，推荐使用国产 L-DAB100 压缩机油；渣油加氢、蜡油加氢和煤油加氢等装置，出口排气压力高，往复机推荐使用国产 L-DAB150 压缩机油。

2）空压机用油选型分析

空压机专用油金技油是英格索兰机专用油的俗称，属于聚醚类基础油。与 kluber Summit Supra Coolant 同样属于聚醚类空压机油，性能等级相同，在实践应用中，kluber Summit Supra Coolant 有非常好的润滑表现。因此，推荐该油替换金技油。

2.4.5　冷冻机油

冷冻机油的设备有动力系统空调、硫磺装置氨压机和重整装置丙烷压缩机，分别使用冰熊 RL32H、昆仑 L-DRA46 和 Frick#12b 油。这几种油性能成熟稳定，使用效果良好，用油量少，不作替换。

2.4.6　车用类油

动力系统燃气轮机辅机为柴油发动机，与柴油消防泵，都推荐选用昆仑天威 CH-4 15W40 柴油机油；离心机差错器所用进口油，推荐选用昆仑天鸿重负荷车辆齿轮油 GL-585W-90。

2.4.7　润滑脂

二期设计选用润滑脂牌号 22 种，脂润滑点比较复杂，有普通要求的电机轴承润滑，也有工况恶劣的矿山设备和高温的燃气轮机润滑。润滑脂的优化程度非常大，优化后润滑脂数量为 3 种。滚动轴承润滑用脂的选择，主要看轴承的运行温度、转速、负载情况来进行选择。

1）选用 00 号昆仑极压锂基脂

现场设备造粒机支撑轮、齿轮和润滑脂喷射装置适用于低稠度润滑酯，Aralub 00 号润滑脂为钠基润滑脂，在高温和抗水性能都比较差，极压性能低于昆仑 00 号极压锂基脂。根据广研院的数据库，BP EP00 有两种不同皂基的润滑

脂，分别是锂基和钙基，综合性能与昆仑 00 号极压锂基脂相似，因此最终选用昆仑 00 号极压锂基脂。

2）选择昆仑 2 号通用锂基脂

一期设备选用通用 2 号和 3 号锂基脂，这两种脂都能满足润滑要求。二期设计选用长城 2 号通用锂基脂和福斯 GP 2、GP 3，都属于通用锂基脂，与昆仑 3 号通用锂基脂性能等级相同。因此，最终推荐统一使用昆仑 2 号锂基脂。

3）选用高温极压润滑脂

二硫化钼润滑脂在高温环境下有非常好的润滑效果，广泛应用于矿山机械，符合破碎机工况，长城牌 7019-1 2#极压高温润滑脂满足各项指标要求。Shell Aeroshell Grease22 对低温和高温的适应性很强，但是极压性能较差，不适合现场工作环境。Mobil plex 47 是一款矿物基础油复合钙基脂，极压性能接近于 7019-1 2#。因此，推荐长城牌 7019-1 2#极压高温润滑脂。

2.4.8　其他油品选型

1）导热油选型分析

设计选型有三种，这里导热白油 10 号因性能原因不参与对比。CASTROL PERFECTO HT5 和昆仑牌 KS-QC310 进行对比，两种都属于矿物油，嘉实多精制程度相对较高，但性能相差不大。推荐昆仑 KS-QC310。

2）传动油选型分析

二期使用的传动油对油品品质没有特殊需求，推荐昆仑天工 8#普通液力传动油。

3）链条油选型分析

二期设备链条油只有压滤机和包装机，用油量少，因此从采购清单中选择安治化工 CCX-77 钢丝绳、链条润滑油。该油具有出色的防锈抗磨性能，在高温等特殊工况下也具有出色表现。

3　优化结果及效益

通过选型优化，设计选用 86 种油品牌号优化至 22 种，优化率达到 74.4%，见表 2。

表 2　油品优化结果

油品种类		油品牌号	使用部门
液压油	1	MOBIL DTE 10 EXCEL 15	四部、五部、六部
	2	昆仑抗磨液压油 L-HM46(高压)	五部、七部、动力、储运、POX
	3	昆仑抗磨液压油 L-HM68(高压)	四部、五部、六部、七部
汽轮机油	4	昆仑 L-TSA32 汽轮机油(A 级)	五部、六部、七部、动力
	5	昆仑 L-TSA46 汽轮机油(A 级)	四部、五部、六部、七部、动力、储运、POX
齿轮油	6	昆仑 L-CKC150#中负荷工业闭式齿轮油	四部、五部、六部、七部、动力
	7	昆仑 L-CKC220#中负荷工业闭式齿轮油	四部、动力、POX
	8	昆仑 L-CKD460#重负荷工业闭式齿轮油	六部、储运、POX
压缩机油	9	昆仑 L-DAB 100 中负荷空气压缩机油	七部、POX
	10	昆仑 L-DAB 150 中负荷空气压缩机油	六部
	11	Klüber Summit Supra Coolant 46	动力
冷冻机油	12	冰熊 RL32H(POE)	动力
	13	昆仑 L-DRA46	四部
	14	约克 frick #12B	七部
车用油	15	昆仑天威 CH-4 15W40 柴油机油	动力
	16	长城重负荷车辆齿轮油 GL-5 85W-140	动力
导热油	17	昆仑牌 L-QC310	四部、五部、六部

续表

油品种类		油品牌号	使用部门
润滑脂	18	昆仑极压锂基脂00号	四部、动力、POX
	19	昆仑通用锂基脂2号	四部、五部、六部、七部、动力、储运、POX
	20	长城牌7019-12#极压高温润滑脂	六部、七部、动力、POX
传动油	21	昆仑天工8#普通液力传动油	POX
链条油	22	安治化工CCX-77(绳链可)钢丝绳、链条润滑油	四部、动力

二期设计选用进口润滑油共计41种，占国产用油的一半，进口油相对国产较贵，国产化替代后，每年大约节省资金279万元；从运输成本、储存成本和管理成本计算，每年大约节省资金171万元；每年总计节约资金450万元。由于品种减少，运输次数降低，储存量减小，降低了污染，所以具有较好的社会效益。

4 结语

二期油品由86种优化至22种，在国内同行具领先水平，常年使用中，企业获得可观的经济效益和社会效益，同步在惠州石化一期推广应用，在全国同类行业具有很好的借鉴和参考价值，为企业打造"集约化、差异化、大型化、一体化"的世界一流石化基地，具有现实意义。

裂解气压缩机组润滑油漆膜问题分析

凌国裕

（中国石化上海石油化工股份有限公司烯烃部，上海　200540）

摘　要　介绍了上海石化烯烃部 2# 烯烃新区裂解气压缩机组漆膜倾向指数的升高现象，对漆膜问题进行了较为详细的描述，最后对引起漆膜升高的原因进行了分析，并提出了相应的处理措施与结果。

关键词　裂解气压缩机组；漆膜原因分析；处理

1　前言

E-GT/GB2201 是上海石化烯烃部 2# 烯烃装置新区裂解气压缩机组，是由"杭汽与沈鼓"合作，首台国产的乙烯"三机"之一。机组主要参数见表1。

表1　乙烯制冷压缩机主要参数

透平型号	EHNK50/56/75	压缩机型号	DMCL804/2MCL804/2MCL706
透平结构型式	水平剖分、抽汽冷凝式	压缩机结构型式	水平剖分离心式、三缸五段压缩
透平额定功率/kW	20435	压缩机额定功率/kW	20435
透平蒸汽额定流量/(t/h)	195	压缩机额定流量/(kg/h)	155547
透平额定转速/(r/min)	6666	压缩机进气压力/MPa	0.142/0.267/0.523/0.956/1.845
透平跳闸转速/(r/min)	7700	压缩机进气温度/℃	40.9/39.8/39.9/41.0/54
透平进汽压力(正常/最大)/MPa	10.3/11.3	压缩机排气压力/MPa	0.287/0.544/1.025/2.002/3.828
透平进汽温度(正常/最大)/℃	500/510	压缩机排气温度/℃	85.4/85.7/86.7/96.3/63.7
透平排汽压力/MPa	0.011	压缩机进气温度/℃	63.7
透平轴端密封	迷宫密封	压缩机轴端密封	浮环密封
透平制造厂商	杭汽	压缩机制造厂商	沈鼓

本机组于 2012 年进行了解体大检修，2015 年 6 月的例行润滑油分析中发现漆膜倾向指数升高到 28.4，5 月份是 11.1（见图1，图中数据点情况说明见表2）。漆膜是一种积聚在机组油系统中的不溶物，易黏附在金属表面。冷却器上沉积的漆膜会导致散热不良、油温上升、油品氧化加速、热效率降低；漆膜还会加速润滑油降解，附着的固体颗粒会造成间隙减少；降低油膜强度，使轴承温度上升，损坏轴承；严重时导致控制阀、错油门、油动机黏接而动作失灵（见图2），对于机组长稳安满优运行危害巨大。

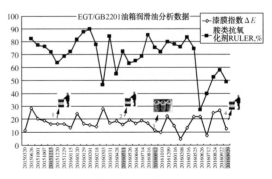

图1　EGTGB2201 油箱漆膜指数 ΔE 和胺类抗氧化剂 RULER 数据

表1　图2中数据点情况说明

1	2015 年 10 月 12 日	置换润滑油 38 桶、更换树脂滤芯
2	2016 年 05 月 04 日	更换树脂滤芯（ESP136 出口 ΔE：更换前为 26.2，更换后为 21.7）
3	2016 年 08 月 18 日	置换 68 桶油
4	2017 月 09 日 22	置换 50 桶后一天采样

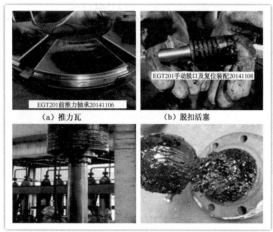

（a）推力瓦　　　　　（b）脱扣活塞

（c）调速阀油动机活塞　　　（d）油气分离器

图2　老区裂解气压缩机漆膜指数高后现场照片

2　漆膜概念

2.1　漆膜的定义

漆膜也称之为积碳、结胶、漆状物质、弹性氧化物、漆皮等，是一种薄、硬、亮且不溶于油液的沉着物。主要由有机残留物构成，而且可以很容易从色彩明暗度分辨出来。用洁净、干燥、柔软的擦拭纸很难将其擦除，也很难用饱和溶剂擦除。它的颜色会变化，但是通常呈现为灰色、棕色或琥珀色。其主要成分为高分子烃类聚合物，典型的元素为 C（81%～85%）、H（7%～9%）、O（7%～9%）、N（2%～3%）。漆膜在使用一段时间的机械设备的油液中普遍存在，尤其在工作压力较高的油系统中更为常见。

2.2　漆膜生成的原因

2.2.1　油品的配方

润滑中的酚类抗氧剂不易生成漆膜，而胺类抗氧剂较易生成漆膜。透平油主要由基础油和添加剂两部分构成，其中基础油组分占99%。添加剂中添加了更复杂、更有效的抗氧化添加剂，但此类抗氧剂的降解也极易产生油泥，形成漆膜。相比较而言，漆膜的生成温度高一些，而低温更有利于油泥的生成；油泥中含有一定

量的水分。

2.2.2　氧化降解

油品在使用过程中，遇到高温、水分、金属（铜和铁）和空气都会加速氧化，生成羧酸、酯、醇等氧化产物，并进一步缩聚形成高分子聚合物—漆膜。高温氧化环境中，机组巴氏合金轴承可承受的温度高达120℃，但轴承周围的密封空气温度更高，那里油膜温度可达130℃，有的最高甚至达到 140～150℃，这已达到或超过矿物油及添加剂的温度极限，加上暴露于密封空气中，油的氧化非常剧烈，并且由于箱装式油箱容积不大，油循环较快，无疑会加快油质老化，不利于滑油的寿命。

2.2.3　热降解

高温燃气、蒸汽或高强度摩擦会使金属表面温度升高，引发基础油和添加剂的热降解，生成漆膜；油液温度每提高 10℃，氧化速率增加 1 倍；超过一定量的水分可使油品氧化速度增加 10 倍以上；随着油液中空气含量的增加，氧化生成的漆膜也线性增加，如图 3 所示。对于同一个油样，如图 4 所示，在 65℃的温度下老化和在 80℃的温度下老化后进行漆膜倾向指数的对比测试，温度越高、老化时间越长，越有利于漆膜的生成。另外，低温会影响污染物的溶解度，压力增加，会加速沉积物的沉积。

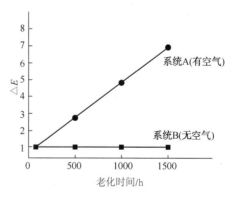

图3　漆膜形成与空气含量的关系

2.2.4　静电流降解

分子的内摩擦及流体与机械表面的电势差会产生静电流。当电势累积到适当的程度时，会产生火花放电现象，温度可高达几百甚至上千摄氏度，造成油液微区"微自燃"，生成极小尺寸的不溶物，附着在金属表面形成漆膜。相对而言，油品氧化是一个缓慢的过程，而油品

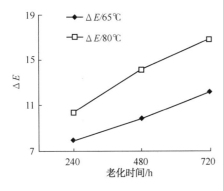

图4　温度对漆膜形成的影响

绝热"微自燃"生成漆膜的速度要快得多。

3　漆膜的检测方法与标准

3.1　滤膜比色法（MPC）

采用 ASTM D 7843—2012 标准，用直径为 47mm、孔径为 0.45μm 硝基纤维素材料的微孔滤膜将不溶物从运行涡轮机油中分离出来，并用色差仪来测量该膜的颜色，结果用 CIELAB 色度中的 ΔE 来表示（见图5）。滤膜的颜色等级即表征油样中降解产物的多少，而降解产物是形成漆膜和油泥的必要条件。ΔE 反映了油品的漆膜倾向：$\Delta E < 15$ 为正常状态；$15 < \Delta E < 30$ 为监测状态；$30 < \Delta E < 40$ 为不正常状态；$\Delta E > 40$ 为严重状态。

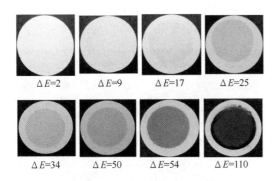

| $\Delta E=2$ | $\Delta E=9$ | $\Delta E=17$ | $\Delta E=25$ |
| $\Delta E=34$ | $\Delta E=50$ | $\Delta E=54$ | $\Delta E=110$ |

图5　漆膜倾向比色测试

3.2　超级离心指数（简称UCR）

美孚公司开发的 UCR 方法过程如下：一定量的油液在 17500r/min 以上转速下离心 30min，然后观察离心管底部沉积物，评估出超级离心指数（见图6）。UCR 数值范围为 1~8 级，如果 UCR 介于 1~4，则漆膜倾向正常；如果 UCR 为 5 级或 6 级，则应注意；如果 UCR 大于 7 级，则漆膜倾向严重。由于该方法测试复杂，费用高，一般很少采用。

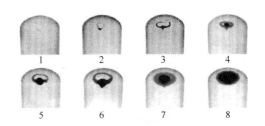

图6　超级离心指数图示

3.3　漆膜的其他辅助检验判断检测手段

如黏度、酸值（GB/T 28552—2012）、水含量、氧化安定性（SH/T 0193—2008 及 ASTM D272-2009）旋转氧弹法等。旋转氧弹法测得的油液氧化诱导期能够从一定程度上反映油品的氧化安定性。但该指标已经不能及时反应当代透平油的劣化情况，而 RULER 和 MPC 两项指标却可以在早期及时预警润滑油的变化，因此更有指导意义。RULER（单类抗氧剂剩余含量监测 ASTM D6971）和 MPC（漆膜倾向指数）测试是可以知道润滑油中软性污染物含量多少的，因此要定期做这两项检测，一旦发现含量不正常了，可以及时采取措施而避免一些重大问题的产生，保证了机械设备的可靠性。

4　漆膜升高原因确认

4.1　压缩机运行参数分析

针对老区裂解气通过压缩机漆膜造成油液污染的途径[浮环密封泄漏后高温裂解气（需控制低于 100 ~ 110℃）会加剧聚合与结焦]对运行参数进行检查：裂解气中易聚合的组分主要是苯乙烯、丁二烯、双烯烃等不饱和组分，选取了 2007 年 1 月~2008 年 9 月和 2015 年 1~7 月的分析数据，将碳四馏分、裂解汽油、碳五馏分、加氢-反进料分析数据进行对比，通过对比发现：①碳四组分中的丁二烯含量变化不大；②裂解汽油的苯乙烯含量变化不大，但是双烯值增加了 3gI/100g；③根据裂解汽油的分析数据对碳五馏分进行对比，发现双烯烃含量也没有大的变化；④遂对加氢—反进料进行了对比，发现双烯值增大了将近 4gI/100g。

4.2　脱气槽检查

对脱气槽 EFA22015 解体检查发现漆膜沉积比较严重（见图7）。

4.3　密封气压差控制系统检查

气压差就是缓冲气（习惯上叫做密封气）压

图7 脱气槽加热管束漆膜沉积

力减去平衡气压力的值,这个压差是用来密封裂解气的,如果这个值控制得不当,则会有大量的裂解气进入到油气分离器中,甚至超过油气分离器的处理量,这样的油气分离器的液相中会含有油沫,在其液位控制阀阀芯上也会形成油污(一种软性污染物)。对各缸密封气压差、油气压差导压管、密封油调节阀进行检查:高压缸 LV-22607/22608 有漆膜沉积(见图8)。

图8 油气分离器液位控制阀
(LV-22607/22608)阀芯漆膜沉积

4.4 管线倒淋检查

对密封气总管倒淋及各气气压差调节阀阀前倒淋排放检查,开始时有一些残留的灰尘,无液相。

4.5 压缩机缸体排污管线检查

对高、中、低三个缸体排污检查,高压缸南侧一根有少量液相,北侧二根堵,中压缸一根堵,低压缸一根有少量液相。

4.6 压缩机缸体压差控制值检查

将三个缸气气压差控制值由50kPa提高至55kPa,并调整洗涤油的注入量;对油箱EFA22011、油气分离器 EFA22014AS/22017AS/22019AS 的漆膜指数 ΔE 和胺类抗氧化剂 RULER 进行分析,但数据无明显变化。

4.7 内浮环运行情况检查

对参考气 22643/22644 及油气分离器导淋进行全组分分析:通过取样分析数据可以看出,这两个点的组分与 DA-2265 塔顶组分相同,证明内浮环运行正常。

5 对策与处理

5.1 油箱油液在线置换

运行中对油箱油液进行置换:先放油至油箱最低工作液位,再加新油至工作液位,反复一次。2015 年 10 月 12 日置换润滑油 38 桶,2016 年 8 月 18 日置换 68 桶油,2017 年 9 月 22 日置换 50 桶。由图2可见效果明显——漆膜指数 ΔE 下降,胺类抗氧化剂 RULER 上升(见图2中"1"、"2"、"4"点)。但该方法不仅处理成本高(170kg/桶)、流程繁琐,而且油路中没有完全除净的漆膜会进一步催化加速新透平油的降解,新油的劣化速度就非常地快,漆膜问题可能会暂时消失,但很快就又会发现漆膜问题了。

5.2 投用 ESP136 滤油机

采用 FLUITEC 公司开发的 ESP136 滤油机(见图9):其滤芯采用特制的离子交换树脂,选择性地去除溶解态的已经降解了的抗氧化剂、基础油(软性污染物),降低油品的漆膜倾向,而不会对有效的成分有任何影响,效果明显(见图2中"3"点)

图9 FLUITEC ESP136 滤油机

5.3 定期作业完善

定期对压缩机机体、油气分离器、导压管进行排污检查;密切监测平衡管、密封气、参考气、密封油压力;定期校验各调节阀开度;定期分析监测检查油液、裂解气等数据。

5.4 相关参数调整

调整加热温控器,把脱气槽 EFA22015 的温度由80℃上调至85℃,增强脱气能力;及时调节油箱 EFA22011 的氮封压力保持微正压状态。

5.5　机组运行状态检测

密切监测压缩机各轴承的轴温与振动状况，控制好多段压缩机各段排气温度。

6　结语

目前，国内外研究者正在积极开展漆膜处理相关技术的研究，并引进了一些漆膜检测手段和处理设备。但对漆膜形成机制的认识仍不是十分明确，漆膜处理手段不一定有效。

裂解气压缩机是乙烯装置生产线上的核心设备，通过本次分析，我们认为氧化降解是漆膜生成的主要原因，不排除浮环密封泄漏(双烯值增大)的影响、结焦及压差控制方面的因素。

通过正确及时地应对、处理，有效地控制了漆膜的发展，稳定了压缩机的运行，为装置长周期平稳运行提供了有力的保障，也为存有类似问题的机组改造提供了借鉴依据。

参　考　文　献

1　钱艺华. 大型调峰机组透平油漆膜问题研究现状. 润滑与密封, 2016, (10)
2　林瑞玲, 庞晋山, 丘晖饶. 润滑油漆膜倾向指数测试及应用研究. 润滑油, 2017, 32(2)
3　钱艺华, 孟维鑫, 汪红梅. 涡轮机油氧化与漆膜产生的相关性试验. 热力发电, 2017, 46(5)

高温油泵机械密封和集中供油改造及应用管理

顾 泓

(中国石化泰州石油化工有限责任公司，江苏泰州　225300)

摘 要 介绍了泰州石化常减压装置高温油泵泄漏率偏高的原因，车间与机封厂家合作分别从机封主体结构、辅助系统进行技术攻关，将高温油泵原有的单端面机械密封升级改造为可靠性更高的双端面机械密封，同时提出了以密封油站形式的集中供油系统的的改造方案，加强机封日常维护操作与管理，对比改造前后的现场情况，高温油泵泄漏率降低，保障了设备的本质安全。另一方面大幅降低了机封检修费用，提高了装置经济效益。

关键词 高温油泵；双端面机械密封；集中供油

1 前言

泰州石化目前只有常减压和酮苯两套装置，而常减压装置又为上游装置，所以常减压装置设备的安全运行状态直接影响着全厂的生产和经济效益。常减压装置是否能长周期运行，除了设备腐蚀防护，还有高温油泵的平稳运行，而高温油泵的操作温度高、处理流量大，一旦泄漏将给装置的安全运行带来严重危害。为了防止高温油泵机封泄漏发生火灾，确保装置安全生产，2012 年开始车间将高温油泵原有的单端面机械密封升级改造为可靠性更高的 PLAN53A 带压双端面机械密封，并同时向厂家提出了以密封油站形式的集中供油 PLAN54G 系统的改造方案。

2 机泵泄漏原因分析及改进措施

机泵发生泄漏的地方主要有动密封、静密封，而出现泄漏较多的地方是动密封中的机械密封，机封泄漏原因主要如下：

（1）机封主体问题：动静密封环使用的材质不合格或机封寿命终结；波纹管结焦开裂；动静环磨损；密封端喉部衬套破损。

（2）机泵产生汽蚀对机封造成损坏导致机封失效泄漏。

（3）机泵长时间停运未盘车，摩擦副因粘连导致密封面磨损。

（4）介质中腐蚀性、聚合性、结焦性物质增多。

（5）环境温度急剧变化。

（6）工况频繁变化或调整。

针对以上问题，车间与机封厂家合作分别从机封主体结构、辅助系统进行技术攻关，在2012 年大检修期间将高温热油泵原有的单端面机械密封升级改造为可靠性更高的双端面机械密封，同时采用 PLAN53A 辅助系统，将密封油引入至密封腔，减少机封的温升，保持密封端面间的良好润滑状态，使机械密封各零件良好、正常地工作。

3 PLAN54G 系统的改造方案

3.1 PLAN54 密封腔细部图（见图1）

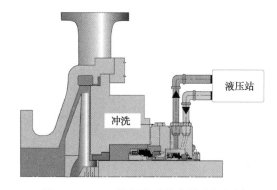

图 1　PLAN54 阻封液系统密封腔细部图

3.2 方案说明

外设加压阻封液系统提供洁净的液体给密

作者简介：顾泓(1988—)，男，江苏泰州人，2010年毕业于西安理工大学机电一体化专业，工学学士，助理工程师，已从事 8 年转动设备管理工作。

封腔，循环用外部泵或压力系统来完成，阻封液压力大于被密封的工艺介质压力。

3.3　PLAN54 应用介质

通常用于输送高温、含有固体颗粒、既高温又含有固体颗粒、常温容易固化、悬浮颗粒、易结晶的工艺介质。

3.4　PLAN53A 同 PLAN54 对比

（1）两套系统均可为双端面密封的大气侧密封腔提供阻封液，实现了密封腔内工艺流体的完全替代。阻封液的压力高于泵密封输送介质的压力 0.14~0.17MPa，可实现对泵输送介质的有效封堵。PLAN53A 阻封液的循环动力由密封处泵送环提供，而 PLAN54 系统的阻封液循环动力来自系统的泵。PLAN53A 系统的压力来自氮气管线，对于炼油化工装置来说是经济型的配置，PLAN54 系统的压力来自系统配置的泵，可应用于没有氮气管网的装置。

（2）API 682 中 PLAN54 系统在实际应用中出现的问题：PLAN54 通常用来为 4~6 个密封腔提供阻封液（即悬臂泵 4~6 台，双支撑泵 2~3 台）。如按 API 682 标准配置的 PLAN54 系统，单个密封腔的泄漏无法判明和监控，无法满足高危离心泵改造安全性要求，需要对 PLAN54 方案进行技术升级，即升级为 PLAN54G‑II 系统。

3.5　PLAN54G‑II

（1）PLAN54G‑II 系统是一个集油站、控制系统一体的液压控制站。其中液压控制站由双油泵、调节阀、PLC 等组成，具有自动启动副泵、自动调节封液压力、集中显示各泵冲洗油流量、密封泄漏报警、油温高报警等功能。配置的压力表、流量计、节流阀、单向阀、溢流阀、阀门、温度表、过滤器等零部件具有调节、显示强制循环的冲洗油温度、流量功能。

（2）油站流程说明：如图 2 所示，润滑油经 1.1（球阀）、2.1（Y 型过滤器）到达 3.1（油泵），3.1（油泵）出口压力经 4.1（安全阀）调压后，流经 5.1（单通阀）、1.3（球阀）、9.1（三通切换阀）、1.6（球阀）进入 8（双冷却器），经过 8（双冷却器）的被冷却后的润滑油，流经 1.7（球阀）、9.2（三通切换阀），经 Y 型过滤器再次过滤，过滤后的润滑油进入单个密封腔系统，出口压力反馈给调节阀 7，再一次对出口压力进行调节。油泵、冷却器均为一用一备。

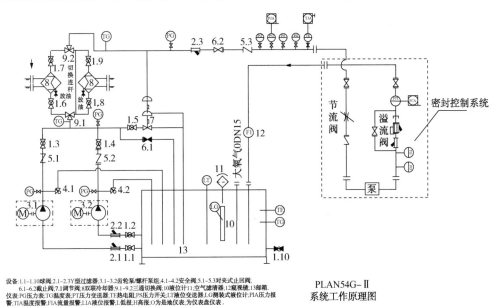

设备：1.1-1.10球阀；2.1-2.3Y型过滤器；3.1-3.2齿轮泵/螺杆泵组；4.1-4.2安全阀；5.1-5.3对夹式止回阀；6.1-6.2截止阀；7.1调节阀；8双联冷却器；9.1-9.2三通切换阀；10液位计；11.空气滤清器；12窥视镜；13邮箱．
仪表：PG压力表；TG温度表；PT压力变送器；TE热电阻；PS压力开关；LT液位变送器；LG测装式液位计；PIA压力报警；TIA温度报警；FIA流量报警；LIA液位报警；L低报；H高报；O为是地仪表；为仪表盘仪表．

PLAN54G‑II
系统工作原理图

图2　PLAN54G‑II 系统工作原理图

PLAN54G‑II 用 Y 型过滤器代替了双过滤器，过滤精度不高，过滤器没有监测仪器，需要定期对过滤器进行清洗。

3.5.1　单个密封腔流程说明

单个密封腔由节流阀控制流量，溢流阀控制压力，流量变送器设置低流量报警，当密封泄漏后，流量变送器报警并传送低流量信号。

3.5.2 监测系统流程说明(见表1)

表1 PLAN54G-II 传感器明细表

名称	个数	作 用
压力开关	2	低压时启动备泵
温度变送器	2	传送温度信号和冷却器高温报警
液位变送器	1	高低液位报警并传送信号给中控室
流量变送器	1	密封泄漏报警并传送信号给中控室
压力变送器	1	传送压力信号至中控室

当主泵不能正常运行时,压力开关监测到低压信号后启动备泵,两个压力开关同时使用,只要有一个压力开关监测到低压信号后就启动备泵,这样可以保证系统的可靠运行。温度变送器有两个,一个装在油箱上面用于监测回油温度,一个装在油站的排出口用于监测经过冷却器的润滑油温度,如果温度过大,温度变送器就会报警并传送高温信号,提示现场维修工切换冷却器至备用冷却器,不必中止系统工作。液位变送器装在油箱上面可以实时监测油箱内的液位,当油箱内液位过高或过低都会报警并传送信号。流量变送器用于监测经过密封腔后的隔离液的流量,如果流量达到低流量值就会报警并传送信号,说明密封有可能发生泄漏,需要维修工人到现场及时处理,压力变送器用来监测油站系统出口压力。

4 PLAN54G 系统功能说明

根据工艺要求,可提供4~6个密封腔的隔离液。

具备完善的报警系统,可以对每个储罐的液位进行监控、可设定高/低限报警。

通过继电器选择共用的模拟量输出对象,可以分别对P1~P5的变频器进行调节、控制。

人机界面以中文文本显示流量、液位、温度等状态参数;同时显示系统报警状态。系统具有485接口,可以实现远程监控。

参 考 文 献

1 郑学鹏. 重油加氢装置液力透平的机械密封选型与探讨. 石油化工设备技术, 2012, 33(3):39-42

2 张欣. 炼油厂高温烃泵机械密封的设计选用探讨. 炼油技术与工程, 2011, 41(4):39-43

3 董晓明. 双端面机械密封泄漏原因及对策. 润滑与密封, 1998,(7)

4 高俊生,高仲,安清泉. 延迟焦化装置热油泵机械密封的改造与应用. 石油化工设备技术, 2012, 33(6)

浅谈丁二烯螺杆压缩机油膜密封系统改进

黄忠明

（中国石化上海石油化工股份有限公司烯烃部，上海　200540）

摘　要　针对丁二烯循环气螺杆压缩机油膜密封长期使用出现的泄漏问题，分析了影响该油膜密封使用寿命的主要因素，并提出了增加氮气保护系统的改进方案。改进后可延长油膜密封的使用寿命，满足机组长周期运行的要求。

关键词　螺杆压缩机；油膜密封；氮气保护；非接触式

B-GB1101 螺杆式压缩机是中国石化上海石油化工股份有限公司烯烃部 53kt/a 丁二烯装置新区的丁二烯循环气压缩机，由英国豪顿公司生产，为单缸、双段、无油干式、垂直剖分双螺杆压缩机，型号为 HPS408/HS255，压缩机轴端密封由英国约翰克兰公司配套，于 2002 年 4 月投用。由于丁二烯自聚，且含 DMF 溶剂，介质结焦现象严重，2011 年对 B-GB1101 压缩机轴端密封进行国产化改造，采用"碳环密环+非接触式油膜单端面密封"组合结构，该密封运行效果较好，但是从最近几年的拆检情况来看，密封使用寿命有缩短现象。就实际情况联合密封厂家进行了详细的分析得出以下结论：由于装置生产量的加大，且装置已运行多年，设备运行时间累积增加，介质组分较初期更复杂、更脏。介质自聚结焦严重，导致前置碳环密封磨损量加大，碳环与主轴间隙超差，介质反窜进入油膜密封部位，从而导致动环端面流体动压槽被物料堵塞，失去流体动压效应。

因此，为了确保设备更安全稳定地运行，保证装置连续化生产，需要对现有密封系统进行改进。可在碳环密封部位增加前置氮气保护措施，为油膜密封创造良好的工作环境。

1　螺杆压缩机油膜密封技术及损坏情况

1.1　B-GB1101 螺杆式压缩机机组简介

B-GB1101 螺杆压缩机的输送介质为丁二烯及少量二甲基甲酰胺（DMF），电机驱动功率为 860kW，设计能力为 7000m³/h，额定转速为 4700r/min，压缩机原来配套的轴端密封为约翰克兰公司生产的接触式机械密封和浮环式碳环密封组合而成，一段、二段共有不同规格的浮环式碳环密封 24 只（每根轴两端各安装三个碳环），机械密封 8 套，密封油采用 46# 防锈透平油。

1.2　油膜密封技术

油膜密封是液膜润滑非接触式密封的一种，它借助密封端面开设的流体动压槽，在密封环高速旋转条件下，依靠黏性剪切作用把液体泵入密封端面，使液体在有限的空间内压力升高，密封端面间隙得到动态稳定并形成具有一定刚度要求的液膜，从而使运行过程中两密封端面分开，处于非接触状态。由此可见，油膜密封可实现密封端面的非接触式运转，避免了介质因接触式密封端面产生的热量而造成自聚。正常运行时，密封端面没有摩擦、磨损，密封使用寿命会大大延长。丁二烯循环气压缩机现用密封为压缩机油膜密封，其结构如图 1 所示。

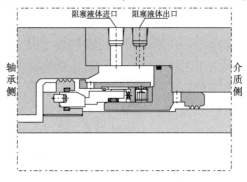

图 1　压缩机油膜密封

作者简介： 黄忠明（1971—），男，上海人，2003 年毕业于上海第二工业大学企业管理专业，副主任师，长期从事转动设备运行管理维护工作，已发表 2 篇论文。

该结构型式密封，在动环端面开设如图2所示的"交叉槽型"结构。新型流体动压螺旋槽由外径侧的吸油槽和内径侧的上游泵送槽组成，两者配合使用。一方面吸油槽可将封油有效导入密封端面，保证端面流体膜存在；另一方面上游泵送槽可将吸入的油泵送回去，保证封油不会泄漏。两组槽的组合使用，保证在密封端面的流体膜形成微循环，增加流体膜刚度，增加流体膜抗干扰能力，特别是在机组振动较大时机械密封能够正常运行。

图2　动环端面槽型结构

当介质、润滑油较脏或长周期运行过程中介质结焦时，固体颗粒进入密封端面螺旋槽内长期聚集，随着时间推移，槽内杂质会堵塞流体动压槽，流体动压效果减弱，导致上游泵送槽能力下降，机械密封出现泄漏。该槽型特点：当机械密封正常运行时，可实现零泄漏；当机械密封动环流体动压槽被堵塞时，将出现泄漏且泄漏会在短期内逐渐增加。

浮动式碳环密封是丁二烯螺杆压缩机的重要组成部分，位于介质和机械密封之间，碳环密封利用小间隙节流降压，阻止介质泄漏至机械密封部位。碳环密封磨损后泄漏量增大，密封部位压力上升，大量介质在密封部位有可能造成介质自聚，加速密封失效。因此，提高碳环密封能力，可对机械密封起保护作用。

浮动式碳环密封性能直接决定机械密封的使用效果，该压缩机转子原设计阴阳螺杆两端各安装3个碳环密封，2011年改造利用流体动压碳石墨浮环技术，运用专用数值计算软件，在碳环内径侧开设一定数量及深度的流体槽，

通过转子旋转时流体槽的反向推挡力，阻止介质气的泄漏，进而保护机械密封。改造碳环密封主要特点如下：

（1）具有反向输送功能。转子旋转时，由于流体动压碳石墨浮环上刻有流体槽（如图3所示），利用流体槽的反向泵送效应，可大大阻止气体通过浮环的泄漏量，有效降低机封处介质压力。

（2）流体槽的动压效应提高了浮环的对中性，降低了浮环与轴的摩擦磨损，既延长了浮环使用寿命，同时也减少了对转子的损坏。

图3　流体动压碳石墨浮环

1.3　螺杆压缩机密封损坏情况

由于介质为丁二烯混合气体，主要成分为丁二烯，有少量的有机溶剂、C_5等，在一定操作条件下易发生聚合反应，机组长周期运行后，结焦物进入碳环与转子间隙使磨损加速[转子磨损情况，见图4（a）]，结焦物进入机械密封腔，堆积在密封动、静环端面，动压槽结焦堵塞、碳环动压槽结焦磨损堵塞[见图4（b）、（c）、（d）]，使机械密封失效，漏油量增大。经过统计，同类机组的机械密封泄漏原因几乎全部都是因为介质较脏、结焦严重造成的，因此需为机械密封运行创造良好工作环境。

2　油膜密封系统改造方案

为进一步提高油膜密封的使用寿命，建议增加前置氮气保护系统。通过近几年密封使用情况分析，密封失效原因主要是前置碳环磨损超差，介质反窜导致密封端面流体动压槽被物料堵塞，而失去流体动压效应。鉴于此原因，可在碳环密封部位增加前置氮气保护措施，为

后面的主密封创造良好的工作环境。

(a)转子磨损情况

(b)动环端面动压槽结焦堵塞

(c)阴转子出口端静环端面

(d)碳环端动压槽结焦磨损堵塞

图4　转子磨损及动/静环、碳环端面结焦情况

油膜密封氮气保护系统目前主要分为以下两类：一种为在碳环密封及油膜密封之间注入一定压力及流量的氮气，少量氮气进入系统，大部分氮气自油气分离罐顶部管线排出，即"氮气隔离系统"；另一种为在碳环间注入氮气，同时进行抽出，抽出的氮气及介质混合气体进行分离回收，即"充抽氮气系统"。

2.1　氮气隔离保护系统

氮气隔离系统流程如图5所示，自压缩机北侧1″氮气软管站引氮气，经1″手阀1、1″单向阀、1″短接（内装100目锥形过滤器过滤氮气内杂质）、手阀2、空气过滤减压阀、表1、流量计、手阀4、三通针形阀1和2（四只针型阀微调压力），纯净减压后被引入压缩机阴阳转子出口端第一、二级碳环之间，其中少部份氮气通过一级碳环进入气缸随介质进入萃取系统，对工艺气体起到隔离作用防止介质进入机械密封处，大部分氮气经过第二、三级碳环由油气排放线进入油气分离罐再返回压缩机入口总管，

最终返回萃取系统（也可去火炬，正常情况火炬线是关闭的）。

为保证氮气隔离起到应有的作用又不致影响系统操作，正常使用时氮气压力要高于第一、第二级碳环间压力0.01～0.02MPa，最低要等于第一、第二级碳环间压力，压力过高则过多的氮气被带入系统造成不凝气增多而操作困难，同时对机械密封润滑有不利影响。压力过低则起不到氮气隔离作用。

该系统的主要特点是结构简单，操作方便，一次性投入小，不足之处是需要对进入系统的不凝气进行再处理，需要加装分离罐。

2.2　氮气充抽气保护系统

为消除不凝氮气进入压缩机后对工艺造成影响，应将氮气抽提出来，进一步进行分离，回收丁二烯，需增加氮气抽提系统。

充气系统是把一定压力和流量的隔离氮气分别注入压缩机两级吸入端和排除端的油膜密封和碳环之间，将工艺气体与机械密封完全隔

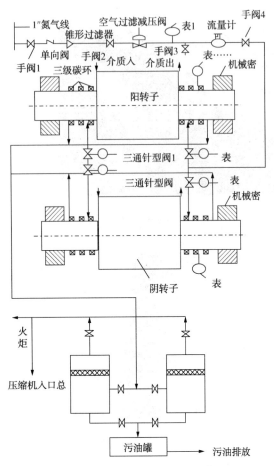

图 5　氮气隔离系统流程图

离开。抽气系统则是把注入的隔离氮气和少量的丁二烯工艺气通过引风机抽出，在避免丁二烯串入机械密封部位的同时，防止隔离氮气进入工艺介质侧而影响工艺生产。另外，抽气系统中包含丁二烯回收系统，该回收系统能把抽取合理量的"氮气＋丁二烯"混合气进行吸收处理后把丁二烯介质气回收，并注入初馏塔循环利用。

2.3　相关企业的应用

经市场调研及与密封制造企业沟通发现：独山子石化同类压缩机上采用前置氮气保护措施，相同密封于 2011 年 10 月投入运行以来，已无泄漏运行一个检修周期，取得了良好的效果；广州石化丁二烯螺杆压缩机同为油膜密封，经系统改造增加充抽氮气系统，改造使用后运行效果较好。

3　结论

根据现场操作要求及现有条件，为确保设备的长周期运行，既可选择氮气隔离保护系统，又可选择氮气充抽气保护系统。综合考虑，建议增加氮气保护系统。油膜密封氮气保护系统的增设，涉及现场仪表、管路等的设计计算以及工程施工等问题，均必须符合相关的国家、行业标准要求，需要具备相关资质的设计院进行设计方可实施。

参 考 文 献

1　顾永泉. 机械密封实用技术. 北京：机械工业出版社，2007：6
2　郝木明，胡丹梅. 新型上游泵送机械密封的性能研究. 化工机械，2001，(1)：12-15
3　郝木明. 机械密封技术及应用. 北京：中国石化出版社，2010
4　赵江平，史富生. J-201 丁二烯气体双螺杆压缩机新型液膜密封结构设计. 液压气动与密封，2011
5　郝木明. 过程装备密封技术. 北京：中国石化出版社，2010.
6　顾永泉. 流体动密封. 山东东营：石油大学出版社，1990

机械密封失效原因及处理措施

司海涛

（中国石化中原石油化工有限责任公司，河南濮阳　457000）

摘　要　本文对机械密封的结构、原理进行了阐述，对失效原因及处理措施进行了总结。同时对公司乙烯装置冷分区苯洗塔底泵 GA213 的机械密封异常损坏现象进行了分析，确定了导致该泵机械密封失效的原因，分别对该泵机械密封冲洗系统、机械密封型式等进行了改造，同时严格控制检修质量。通过一系列措施显著延长了机械密封的使用寿命，确保了设备长周期运行。

关键词　离心泵；机械密封；失效；改造

1　机械密封结构与原理

机械密封又称端面密封，是一种用来解决旋转轴与机体之间密封的装置。主要由摩擦副、缓冲补偿机构、辅助密封圈、传动机构四部分组成，如图 1 所示。

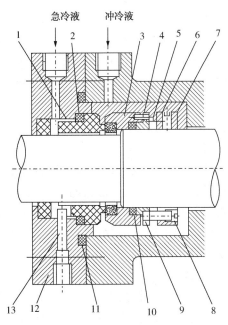

图 1　机械密封基本结构

1—静环；2—静环密封圈；3—动环；4—传动销；
5—弹簧；6—弹簧座；7—紧定螺钉；8—传动螺钉；
9—推环；10—动环密封圈；11—压盖密封圈；
12—压盖；13—防转销

紧定螺钉 7 将弹簧座 6 固定在轴上，动环 3、推环 9、弹簧座 6、弹簧 5 和动环密封圈 10 均随轴转动；静环 1、静环密封圈 2 装在压盖

上，并由防转销固定，静止不动。机械密封依靠介质压力和弹簧力使动静环之间的密封端面紧密贴合，阻止了介质的泄漏，摩擦副表面磨损后，在弹簧 5 的作用下实现补偿。动环随轴转动并与静环紧密贴合是保证机械密封达到良好效果的关键。

机械密封通常有 4 个泄漏部位（亦称密封点），如图 2 所示。密封点 1 在静环与静环座之间，属于静密封点，用有弹性的 O 形（或 V 形）密封圈压于静环和静环座之间，靠弹性密封圈变形而密封。密封点 2 在静环座与壳体之间，也是静密封，可用密封圈或垫片作为密封元件来密封。密封点 3 在动环与轴之间，此处属于相对静密封，考虑到动环可以沿轴向窜动，可采用具有弹性和自紧性的 V 形密封圈。密封点 4 在动环与静环的接触面上，它主要靠泵内液体压力及弹簧力将动环压贴在静环上，防止点 4 泄漏，但两环的接触面上总会有少量液体泄漏，它可以形成液膜，一方面可以阻止泄漏，另一方面又可起润滑作用；为保证两环的端面贴合良好，两端面必须平直光洁。密封点 4 是机械密封中的主密封，是决定机械密封性能和寿命的关键。

2　机械密封失效的原因分析

2.1　冲洗

由于机械密封本身的工作特点，动环与静环端面持续相互摩擦，将不断产生摩擦热，使摩擦副内温度升高，给机械密封造成以下影响：①摩擦副内液膜蒸发、汽化造成干摩擦；②动

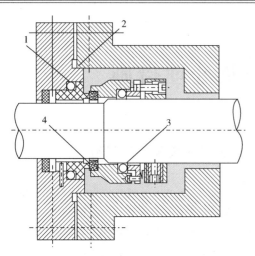

图2　机械密封主要泄漏部位
1—静密封点；2—静密封点；3—静密封点；4—动密封点

静环产生变形；③加速介质的腐蚀作用；④辅助密封圈老化，失去弹性，甚至分解；⑤摩擦副内液膜黏度下降，润滑情况差；⑥摩擦副介质蒸汽压增加，从而产生泄漏。

机械密封端面间存在一定的液膜，起到润滑作用，这是机械密封能正常工作的基本条件。当摩擦副温度过高时，液膜将会汽化遭到破坏，为了消除摩擦热的影响，必须采取适应不同运行工况、介质条件的冷却方法，及时带走产生的热量，保证密封正常工作。介质内含有悬浮颗粒及杂质时，固体颗粒进入摩擦副，使动静环剧烈磨损，同时杂质积淀使静环密封圈失去浮动、弹簧失去弹性造成密封失效，因此对摩擦副进行冲洗的冲洗液应采取净化后的清洁液体、蒸汽，或采取过滤的办法将介质中的颗粒及杂质除去。

常见的因冲洗而造成机械密封失效的情况有：冲洗液管道过滤器堵塞导致冲洗液流量不足；由于缺失过滤器，使冲洗液中含有的杂质进入密封面造成磨损；冲洗液管道无止逆阀导致工艺液体逆行进入冲洗液管道，使冲洗液中杂质颗粒增加，导致使用此冲洗液的机械密封失效。

2.2　静密封失效

静密封点泄漏主要是由于密封圈的缺陷造成，如密封圈尺寸差太大、本身有伤、安装损坏、老化变质等。只要设计（结构和材料选择）正确，密封圈做过仔细检查，确保静密封的安装质量基本可以杜绝静密封的失效。

2.3　动密封点失效。

理论上影响动密封效果的主要有以下几方面：

（1）介质影响：介质压力愈高泄漏量会愈多；黏度低的介质较黏度高的易泄漏；带颗粒和易结垢的介质比干净稳定的易泄漏；易汽化的介质随温度升高容易导致干摩擦。

（2）轴的影响：一般来说，轴越粗则密封面越宽对垂直偏差越敏感，越易泄漏；轴在运转中窜动越大，越易泄漏；转速越高，越易泄漏。

（3）密封结构：最重要的是密封的浮动性，浮动性最好的波纹管密封效果最好，用四氟塑料密封圈效果差。

（4）密封端面在制造和安装质量中以端面平直度与转轴轴线的垂直度最为重要。

2.4　振动偏大

机械设备密封振动过大，容易导致机械密封失效。但机械设备密封振动偏大的原因往往不是机械设备密封本身的原因，其他零部件才是产生振动的根源，如泵轴设计不合理、加工的原因、动静摩擦、轴承损坏、轴承精度不够、同轴度超差、转子不平衡、出现气蚀现象等。

3　提高机械密封效果的措施

3.1　运行平稳

当工厂运行稳定时，即很少有停车、启动和运行条件的变化，正常的操作程序为设备的运转提供了良好运行的环境，减少了机械密封在恶劣的运行工况下的损坏以及突然开停车造成的瞬间破坏的可能。

3.2　连续冲洗

冲洗包括工作介质的自冲洗和相对洁净的工艺液冲洗，冲洗介质不符合设计要求及管路不畅是造成机械密封泄漏的重要原因。一方面通过有针对性的检查、调整，使冲洗介质的压力、流量、温度都符合设计要求，避免介质原因影响使用寿命；另一方面通过重新设计冲洗方案、定期清理冲洗液过滤器、管线等，避免冲洗管路不畅造成的密封损坏。

3.3　技术改造

在运行中不断总结经验，结合失效现象及

原因，通过技术改造使设备的机械处于良好性能。例如通过改变机械密封形式、冲洗方式、调整动静子间隙、改变轴承安装方式或型号、转子动平衡等措施，在不影响泵的使用性能的前提下，减小设备或零部件设计不合理引起的机械密封损坏。

3.4 安装

密封件和设备的安装准确性与精度是机械密封初始泄漏的主要原因。安装误差和对中不良造成的振动和轴与壳体不合理的相对运动对设备和密封都是有害的。为了减少安装引起的设备缺陷问题导致机械密封泄漏，必须保证安装过程的准确细致。正确的装配公差、轴(轴套)有合适的表面粗糙度和正确的尺寸、仔细测量、认真记录设备安装全过程，是实现过程控制的有效保证。同时，对检修队伍的素质教育、培训也从技术上提供了有效保证。

4 主要安装技术要求

(1) 压盖与轴套的直径间隙为 0.75~1.00mm。

(2) 密封压盖与静环密封圈接触部位的粗糙度为 $Ra3.2$。

(3) 安装机械密封部位的轴或轴套，表面不得有锈斑、裂纹等缺陷，粗糙度为 $Ra1.6$。

(4) 采用并圈弹簧传动的机械密封，并圈弹簧的旋向应与泵轴的旋转方向相反。

(5) 机械密封工作压缩量应符合设计要求。泵转子部分的技术要求为：轴的径向运转最大跳动不大于 0.03~0.05mm；泵叶轮口环不大于 0.06~0.1mm；轴套部位不大于 0.04~0.06mm。

(6) 静环装入压盖后，应检查确认静环无偏斜，压盖与密封箱端面间隙最大差值应小于 0.04mm。压盖和静环对轴的径向沿周围各点的最大差值小于 0.10mm。静环向压盖上组装，检查静环密封圈，如果是 V 形圈注意方向，O 形圈不要滚动，防转销与静环间隙保持 1~2mm。压盖螺栓应均匀上紧，防止压盖端面偏斜，压盖与密封面中心线的垂直方向直度差不大于 0.02mm，如炼化工业油类介质可控制在 0.04mm 以下。

(7) 泵机械密封各部件的相对位置公差控制：①密封箱与轴的同轴度为 0.10mm；②密封箱与轴的垂直度为 0.05mm；③转子的轴向串量

为 0.30mm；④压盖与密封箱配合止口同轴度为 0.10mm；⑤泵对电机单独运转时其振幅小于 0.03mm；⑥运行过程中泵与电机的同心度，轴向为 0.08mm，径向为 0.10mm；⑦立式泵采用钢性连轴器的同心度，轴向为 0.04mm，径向为 0.05mm；⑧泵运转时双振幅值最大不超过 0.06mm。

5 案例分析

乙烯装置冷分区苯洗塔底泵 GA213 是某石化公司乙烯装置的重要设备之一，该泵为一开一备，由大连苏尔寿泵及压缩机有限公司制造。该泵为单级单吸悬臂式离心泵，其型号为 ZE40-1160，流量为 8m³/h，转速为 2950r/min，扬程为 25m，入口压力为 2.8MPa，出口压力为 3.4MPa，有效汽蚀余量为 2.0m，输送介质为含苯烃类，介质温度为 1℃，采用串联双机械密封设计，冲洗方案为 Plan11+Plan52，缓冲液为不加压冷却方式。

该泵机械密封泄漏情况频繁，从 2016 年 4 月 26 日至 2016 年 12 月 20 日 GA213A/B 检修 8 次，其中更换新机械密封 6 次，修复机械密封 2 次。机械密封平均使用寿命不足 35 天，使用寿命明显不足。每次更换新机械密封一段时间后，一级机械密封泄漏，不得不停泵拆检。通过调整机械密封压缩量、复查对中等措施，效果不明显，未从根本上解决问题。由于频繁的更换机械密封，给公司带来了较大的经济损失，占用了较多的维修资源。

5.1 机械密封系统简介

此泵的机械密封采用串联双机械密封形式，如图 3 所示，该机械密封两套动环材质为碳化硅(SiC)，静环材质为石墨，一级机械密封为波纹管式机械密封，二级机械密封为多弹簧式机械密封，辅助密封圈材质为丁腈橡胶。机械密封其余材料均为 316 不锈钢。

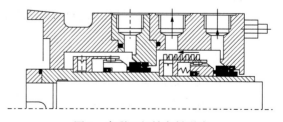

图 3　串联双机械密封形式

机械密封的辅助密封系统采用了 Plan11+ Plan52 冲洗方案（见图4）。一级密封，冲洗液从泵的高压区（泵出口）引出，通过限流孔板流到密封腔中，对密封进行冲洗冷却，同时排空密封腔中的气体和蒸汽。之后，冲洗流体又通过喉口衬套返回到泵送流体中。二级密封缓冲液为甲醇和水（常温常压），采用内侧泵效环为缓冲液循环提供辅助动力，缓冲液从储罐流出，注入隔离室中，经泵效环作用，最后再返回到储罐。缓冲罐内设不锈钢盘管外接循环水冷却。由于缓冲流体的压力小于工艺流体压力，泄漏到缓冲系统中的较高饱和蒸汽压力的介质将会在储罐中闪蒸，然后排放到泄漏收集系统。一级机械密封失效之后由二级机械密封作为主密封阻隔介质，从而避免工艺流体直接排放到大气中造成环境污染。

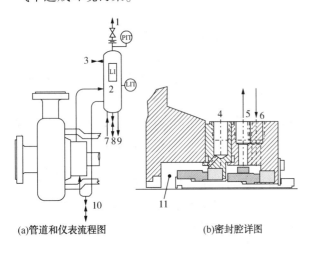

(a)管道和仪表流程图　　　(b)密封腔详图

图4　冲洗方案 Plan52

1—到火炬系统；2—储罐；3—缓冲液加注口；
4—冲洗口（F）；5—缓冲液出口（LBO）；6—缓冲液进口；
7—冷却水进口；8—缓冲液储罐的排液口；9—冷却水出口；
10—缓冲液排液口；11—密封腔；
LI—液位计；LIT—带现场显示的液位变送器；
PIT—带现场显示的压力变送器

5.2　失效现象

（1）泵在运行时，机械密封静环座与机械密封缓冲液出口处管线温度高，可达到65℃以上，缓冲罐进出口管线温度正常；

（2）机械密封泄漏均为一级机械密封波纹管损坏（见图5），二级机械密封未发现明显异常；

（3）一级机械密封摩擦副磨损速度高于正

图5　一级密封波纹管损坏

常磨损，短时间损坏的机械密封动静环灼烧、变色现象（干摩擦引起）明显（见图6和图7）。

图6　一级密封静环磨损

图7　一级密封动环变色

5.3 失效原因分析

通过对失效机械密封的拆检分析，发现引起该机械密封失效泄漏的原因主要为以下三个方面：

（1）工艺介质的特殊性造成机械密封泄漏。

该泵输送介质为含苯烃类，随着压力的降低和温度的升高，液体介质极易转变为气体。由于缓冲罐内不带压的原因，靠近介质侧的一级机械密封摩擦副表面的液膜为介质。密封端面存在压力梯度，一级密封液膜靠近介质侧为液态，靠近非介质侧为气态；温度过高时，将导致密封端面间液膜气化严重，使摩擦副处于干摩擦状态，磨损加剧，同时产生更多热量，加剧汽化。

（2）冲洗系统循环不畅。

① 泵效环设计不合理，泵送缓冲液的能力不足，导致冲洗系统管路循环不畅，缓冲液无法将摩擦热及时带走，造成机械密封摩擦副温度过高(静环座与机械密封缓冲液出口管线温度

达到 65℃ 以上)，使液膜汽化，是摩擦副发生干摩擦的主要原因；② 冲洗管路弯头直径小，管路阻力损失较大；③ 一级密封的泵出口到密封腔的回流管线内有杂质沉积，导致冲洗液流通不畅。

（3）机械密封型式。

一级机械密封的波纹管为焊接金属波纹管。当密封端面介质汽化时，摩擦副发生干摩擦，波纹管承受的扭转力矩大大增加；介质汽化产生气泡，气泡破裂时引起气蚀，振动增加，导致波纹管损坏失效。

同时，工况波动、振动过大、安装误差、对中偏差、机械密封质量等，也会导致此泵机械密封泄漏。

5.4 机械密封改造方案及措施

5.4.1 冲洗系统

（1）改变泵效环形式，增加泵送缓冲液的能力，如图 8 所示。

(a)改造前　　　　　　　(b)改造后

图 8　泵效环结构

（2）采用大直径弯头，减小缓冲液的管路阻力损失。将机械密封缓冲液出口管线弯头由原来的 90° 改为 135°。

（3）一级密封的冲洗管线进行清理，保证冲洗管路畅通。

5.4.2 更换机械密封结构

将一级机械密封形式由波纹管式机械密封改造为多弹簧式机械密封，如图 9 所示。同时经计算，将机械密封工作压缩量调整为 3.00mm（总压缩量为 6.50mm）。

(a)改造前　　　　　　　(b)改造后

图 9　机械密封型式

5.4.3　安装

检查机械密封有无损伤，同时根据要求，复查机械密封工作压缩量，检查静环与轴的垂直度、辅助密封圈压缩率等参数，确保机械密封质量良好，尺寸无误；严格控制转子径向跳动及轴向窜量，调整泵与电机的同轴度等，保证设备在良好状态下运行。

5.5　改造成果

实施上述改造之后，乙烯装置冷分区苯洗塔底泵 GA213 冲洗系统缓冲液循环不畅的问题得到明显改善，机械密封静环座、出口缓冲液温度大幅降低(由原来的 65℃降为 20℃左右)，有效保证了机械密封正常的工作温度，建立了理想的机械密封工作环境。现在机械密封运行状况良好，处于稳定状态。到目前为止 GA213 已经累计运行 3500h 无故障，机泵连续运转的可靠性得到了明显提升，为有毒有害、易燃易爆介质泵长周期运行提供了重要保证，同时降低了维修单位工作量，节约了维修成本。

6　结论

随着设计的优化、工艺操作水平的提高、检修质量的改善、备件质量的保证，机械密封使用寿命越来越长，而其异常失效的情况也相应减少。

机械密封失效的原因很多，采取的措施也不尽相同。当机械密封出现异常失效时，应根据失效现象，结合设备运行状况、机械密封所处环境、介质理化性质等，寻根究底找出失效的原因，并采取相应的措施，才能彻底解决机械密封异常损坏的问题。

参 考 文 献

1　孙玉霞，李双喜，李继和．机械密封技术．北京：化学工业出版社，2014

2　胡国桢．化工密封技术．北京：化学工业出版社，1990

3　闫凯．化工机械密封技术．硅谷，2010，(10)

4　顾永泉．机械密封实用技术．北京：机械工业出版社，2002

干气密封在循环氢压缩机上的应用及故障分析

周文龙

（中国石化武汉分公司设备工程处，湖北武汉　430082）

摘　要　根据干气密封的原理、结构以及实际应用，分析干气密封产生的故障，并针对此故障提出解决方案。

关键词　干气密封；循氢机；应用；故障；分析

1　引言

催化原料加氢处理装置是炼油加工企业中的重要装置，其中的循环氢压缩机是该装置的核心动设备。循环氢压缩机的工艺介质主要为氢气、H_2S，轴端密封运行不好或损坏，会造成计划外停车，带来重大经济损失；氢气、H_2S从轴端泄漏，会造成环境污染，使人难以靠近压缩机组，若发生爆炸，会危及人身安全。所以，该压缩机轴端密封的选择是设备选购中的一个关键问题。该密封应具有运行安全、稳定、可靠的性能并有较好的运行经济性。

中国石化武汉分公司炼油二期改造项目新建装置催化原料加氢处理装置循环氢压缩机（K3102）由沈阳鼓风机股份有限公司制造，压缩机型号为BCL404A，其驱动机形式为背压式蒸汽透平，由杭州汽轮机厂生产，型号为NG25/20。压缩机额定流量为180000m^3/h，正常工作转速为9000～12000r/min，轴功率为1715kW，入口压力为10.3MPa，出口压力为12.06MPa，该机组的轴端密封采用约翰克兰公司生产的带中间迷宫密封的串联式干气密封。

2　工艺气体离心压缩机轴端密封的发展历程

石化行业工艺气体离心压缩机轴端密封的发展历程为：迷宫式抽充气密封→浮环密封→机械浮环组合密封或双端面机械密封气→膜润滑的端面密封。这四代密封在石化行业现运行的离心压缩机上都有应用。

气膜密封是一种新型的、依靠微米级的气体薄膜润滑的非接触式机械密封，目前工程上广泛称之为干气密封（Dry Gas Seal）。从气膜密封的发展历程可以看出，气膜密封是一种新型的、先进的旋转轴用机械密封。它主要用来密封旋转流体机械中的气体或液体介质。与其他密封相比，气膜密封具有低泄漏率、无磨损运转、低能耗、寿命长、效率高、操作简单可靠、被密封流体不受油污污染等特点。在高速离心式压缩机中，气膜密封已经可替代迷宫密封、浮环密封及油润滑机械密封。

3　干气密封的基本原理与结构

3.1　基本原理

干气密封是一种气膜润滑的流体动、静压结合型非接触式机械密封，主要应用于天然气管线、炼油、石油化工等行业的透平压缩机等旋转机械上。

一般来讲，典型的干气密封结构包含有静环、动环组件（旋转环）、副密封O形圈、静密封、弹簧和弹簧座（腔体）等零部件。静环位于不锈钢弹簧座内，用副密封O形圈密封。弹簧在密封无负荷状态下使静环与固定在转子上的动环组件配合，如图1所示。

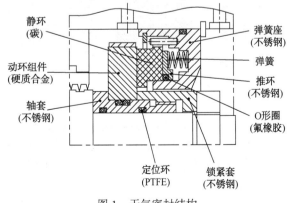

图1　干气密封结构

在动环组件和静环配合表面处的气体径向密封有其先进独特的方法。配合表面平面度和光洁度很高，动环组件配合表面上有一系列的螺旋槽，如图 2 所示。

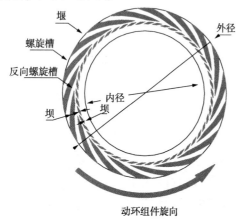

图 2 动环组件

随着转子转动，气体被向内泵送到螺旋槽的根部，根部以外的一段无槽区称为密封坝。密封坝对气体流动产生阻力作用，增加气体膜压力。该密封坝的内侧还有一系列的反向螺旋槽，这些反向螺旋槽起着反向泵送、改善配合表面压力分布的作用，从而加大开启静环与动环组件间气隙的能力。反向螺旋槽的内侧还有一段密封坝，对气体流动产生阻力作用，增加气体膜压力。配合表面间的压力使静环表面与动环组件脱离，保持一个很小的间隙，一般为 $3\mu m$ 左右。当由气体压力和弹簧力产生的闭合压力与气体膜的开启压力相等时，便建立了稳定的平衡间隙。在动力平衡条件下，作用在密封上的力如图 3 所示。

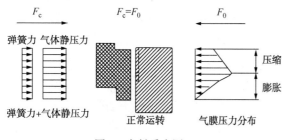

图 3 密封受力图一

闭合力 F_c 是气体压力和弹簧力的总和。开启力 F_0 是由端面间的压力分布对端面面积积分而形成的。在平衡条件下 $F_c = F_0$，运行间隙大约为 $3\mu m$。

如果由于某种干扰使密封间隙减小，则端面间的压力就会升高，这时，开启力 F_0 大于闭合力 F_c，端面间隙自动加大，直至平衡为止，如图 4 所示。

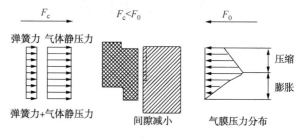

图 4 密封受力图二

类似的，如果扰动使密封间隙增大，端面间的压力就会降低，闭合力 F_c 大于开启力 F_0，端面间隙自动减小，密封会很快达到新的平衡状态，如图 5 所示。

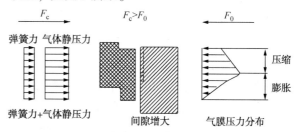

图 5 密封受力图三

这种机制将在静环和动环组件之间产生一层稳定性相当高的气体薄膜，使得在一般的动力运行条件下端面能保持分离、不接触、不易磨损，延长了使用寿命。

通过以上结构的不同组合并配合辅助的密封可演化出用于实际工况的结构。

3.2 基本结构

循氢机 K3102 密封采用约翰克兰生产的带中间迷宫密封的串联式干气密封。该密封结构是在串联密封的中间有一个迷宫密封，压缩机正常运行时将工艺气（开机时为氮气）注入迷宫密封，使得由一级密封泄漏的工艺气不能穿越该迷宫，全部排放到火炬，以实现工艺气零泄漏。该型干气密封的静密封选用 V 形 Polymer（聚酯）密封圈（除隔离气密封）。干气密封在动态运转时具有承载能力，可以把动环和静环分开。同时在动环和静环之间形成压力梯度，达到密封工艺气体的目的。采用介质气作为密封气，不会污染工艺气体，运行维护方便。

在流程布置上，该串联式干气密封分别在

一级和二级密封处注入工艺气和氮气，同时将一级的排气接至火炬管网。

当压缩机正常运行时，采用压缩机出口气（12.45MPa，72.3℃）作为一级密封气源，该气源经KO分液罐除去较大液滴和固体颗粒，经气动薄膜调节阀将压力控制在高于平衡管压力0.3MPa，再经过滤器过滤达到1μm精度，然后进入低、高压端一级密封腔，由流量计下游的节流阀将流量控制在300m³/h。开停车时，当一级密封气源压力较低，不能满足要求时，可采用增压系统为一级密封气增压。

一级密封气的主要作用是防止压缩机内不洁净气体污染一级密封端面，同时伴随压缩机的高速旋转，通过一级密封端面螺旋槽泵送到一级密封放火炬腔体，并在密封端面间形成气膜，对端面起润滑、冷却等作用。该气体绝大部分通过压缩机的轴端迷宫进入机内，只有极少部分通过一级密封端面进入一级密封放火炬腔体。

二级密封气采用0.8MPa氮气进入干气密封系统，过滤达到1μm精度后，一部分经过自励式减压阀将压力减至0.5MPa后分为两路进入二级密封腔，由流量计下游针阀控制流量为4m³/h。大部分二级密封气经中间迷宫后与一级密封泄漏气混合后放火炬，少量经二级密封端面泄漏后安全放空。

隔离氮气经过滤器过滤后的另一部分气体经自励式减压阀将压力减至0.5MPa后，经孔板SO1、SO2进入低、高压端隔离气室，一部分经后置迷宫的前端后与二级密封端面泄漏的气体混合，引至安全地点放空；另一部分经后置迷宫的后端，通过轴承回油放空孔就地放空，此部分气体是为了阻止润滑油污染密封端面。

放空流程分两路：一路为一级密封泄漏气与大部分二级密封气混合，经流量计后放至低压放火炬线；另一路为少量二级密封气与隔离气混合，引至高点放空。

放火炬流量直接影响着机组的安全运行以及联锁停机条件，见表1。

表1　放火炬流量及联锁停机条件

项　目	仪表位号	单位	联锁	设定值	联锁形式
低压端一级泄漏放火炬流量	FNS14605/A				
低压端一级泄漏放火炬流量	FNS14605/B	m³/h	HH	≥36	三取二联锁停机
低压端一级泄漏放火炬流量	FNS14605/C				
高压端一级泄漏放火炬流量	FNS14606/A				
高压端一级泄漏放火炬流量	FNS14606/B	m³/h	HH	≥36	三取二联锁停机
高压端一级泄漏放火炬流量	FNS14606/C				

4　干气密封运行故障分析及处理

干气密封的运行状况，直接关系到核心机组的长周期运行，对于干气密封在使用中遇到的问题，应根据现象，从干气密封的基本原理和结构，以及从监控系统得到的数据等方面进行分析。下面对干气密封投入使用后出现的问题进行分析。

4.1　现象

该套干气密封自2013年4月12日随循氢机开车投入运行。正常情况下干气密封高、低压端放火炬量FISA14606、FISA14605维持在8～12m³/h左右；放火炬压力高压端PIA14612为0.013MPa，低压端PIA14611为0.009MPa；主密封气流量FIA14602、FIA14601均维持在300m³/h左右。

在2013年11月12日6点13分05秒，高压端放火炬流量FISA14606从8.3m³/h突然飙升至33m³/h（高报值为18m³/h），而放火炬压力PIA14611在04秒时从0.013MPa微降至0.103MPa，4s后高压端放火炬流量回落至7.2m³/h，压力跟着恢复到0.014MPa。通过压缩机转速和密封气与工艺气差压等手段发现，两端放火炬流量只随二级密封气量变化，而这种变化是稳定的，并不会产生突然飙升或者降低的影响。

1个月后，2013年12月18日7点17分31秒，高压端放火炬流量FISA14606从11m³/h升至22.3m³/h再升至44m³/h（CCS系统每1s采集采集 1 次数据)导致机组联锁停机(联锁停机值为 36m³/h),高压端放火炬压力 PIA14612 在 30 秒时由 0.013MPa 降至 0.009MPa 后跟随放火炬流量升至 0.023MPa~0.057MPa。低压端放火炬流量和压力分别为 7.6m³/h 和 0.009MPa,一直没有变。主密封气量 FIA14602 在联锁停机前也一直没有变,为 292m³/h。放火炬压力趋势如图 6 所示。

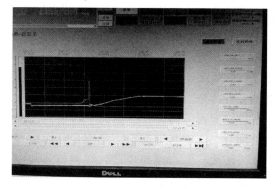

图 6　放火炬压力趋势图

4.2　分析

机组在运行时,压缩机的转速、振动以及轴位移不停地变化,干气密封处于外部干扰不断改变的状态,由于干气密封具有自我调节功能,因此密封端面必须有较好的追随性,才能保证密封正常工作。

放火炬流量是判断干气密封端面运行情况的依据之一。正常情况下,放火炬气的组分应该由大部分二级密封气和少量主密封气构成,由于主密封气进气量(约 300m³/h)远大于二级气进气量(约 15~25m³/h),若干气密封失效,主密封气会从密封侧大量漏出,此时放火炬流量会持续增大。而从实时趋势画面来看,当放火炬量到达峰值后,又开始持续回落,如图 7 所示。

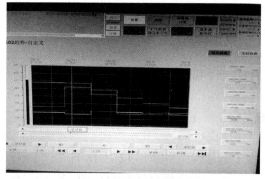

图 7　放火炬量趋势图

对比 11 月 12 日出现的类似情况,放火炬量瞬间增大又回落至正常水平,由此可以判断干气密封是好的,密封没有失效。

检查二级密封气,二级气来自于低压氮气管网(0.8MPa),经压控阀后同时供给高、低压端作二级密封气,而当时管网和低压端密封气均稳定,那么也排除了二级密封气波动导致放火炬量突然升高的原因。

检查放火炬管路,发现从孔板后排凝口排出了轻质油,而且放火炬管路的走向是出干气密封框架后向上一段立管再水平并至低压瓦斯总管,结合两次波动分析:

(1)两次放火炬流量突变的时间是冬天的清晨,环境气温非常低,轻质油的来源是管内轻质组分凝缩而形成;

(2)由于放火炬管线后有一段立管段,凝缩油聚集产生液封;

(3)此套干气密封设计放火炬流量非常小,放空管路很细,轻微的液封就能造成气流的阻碍,当放炬气体受阻产生聚集,前部压力增大,突然冲破液封,造成放火炬流量突然增大,继而联锁停机。

4.3　处理措施

针对上述情况和分析,在确保干气密封本体是完好的情况下,还必须解决该系统在运行过程中由于环境原因或一些外部因素引起的系统误判,导致干气密封系统运行不稳定。在确认原因之后,采取了以下措施保证干气密封的正常运行:

(1)将高低压放火炬联锁停机增加 3s 延迟,以防止放火炬量瞬间波动造成停机的误动作;

(2)整个干气密封系统以及放火炬管线增设强伴热,防止凝液的聚集,同时加强放火炬线的排液;

(3)更改干气密封放火炬流程,不再和其他工艺管线合并再进入管网,而改为单独引出,切除外部干扰;

(4)加强主密封气的压液工作,确保整个干气密封系统不带液;

(5)控制主密封气温度为 72℃,减少带液。

采取以上措施开机后至今,放火炬流量一

直稳定，未出现瞬间升降的情况，没有任何波动。

5　结语

随着时代的发展，机组要求更长周期地运行，辅助系统的平稳运行尤为重要。干气密封属于精密的机械部件，不仅在设计和使用上要全面地考虑，还要采取周全的措施保障干气密封的稳定运行，并针对各种外部因素制定相对应的手段和阻止对其运行有害因素的产生。

参 考 文 献

1　顾永泉．流体动密封．北京：中国石化出版社，1992
2　郝木明．机械密封技术及应用．北京：中国石化出版社，2010
3　李桂芹，王玉华．干气密封基本原理及使用分析．风机技术，2000，（1）

离心式压缩机干气密封故障分析与对策

刘海春

（中国石化长岭分公司设备工程处，湖南岳阳　414012）

摘　要　干气密封在离心式压缩机组上应用越来越广泛，在安装和运行过程中出现故障的频率也在上升，本文通过对几台离心式压缩机组干气密封故障的分析和总结，提出相应有效的处理方法和预防措施，这将有利于防止类似故障的发生，保证核心设备的安稳运行和装置长周期运行。

关键词　干气密封；离心式压缩机；串联式干气密封

1　前言

离心式压缩机组作为石油化工装置的关键设备，对轴封的使用要求越来越严格，干气密封具有密封气体泄漏少、维护成本低、经济实用性好、密封功耗小、密封寿命长和运行可靠等优点，应用越来越广泛，同时干气密封故障对机组安全运行也是致命的危险。因此对现场维护操作水平提出了更高的要求。

某分公司炼油装置系列含常减压、催化裂化、连续重整、柴油加氢、渣油加氢等共计15套装置，共有4台套离心式压缩机组，近年来干气密封出现了不同的故障。为此，进行了详细分析并采取了措施，提出在炼油装置上

应用干气密封容易出现的问题并给出处理的方法。

2　干气密封的基本原理和典型结构

2.1　干气密封基本原理

典型的干气密封结构包含有静环、动环组件、副密封O形圈、弹簧和弹簧座等零部件。静环位于不锈钢弹簧座内，用副密封O形圈密封，弹簧提供弹力使静环与固定在转子上的动环组件贴合，如图1所示。要求动环组件与静环端面平面度和粗糙度很高。动环组件端面加工有一系列的流体动压槽，按槽形式不同可以分为单向螺旋槽、双向T形槽、双向纵树形槽等，如图2所示。

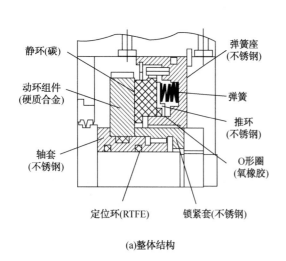

(a)整体结构

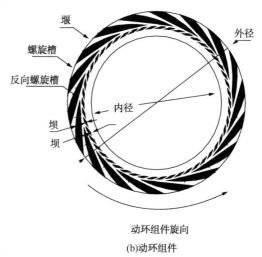

(b)动环组件

图1　干气密封结构示意图

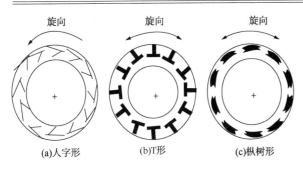

(a)人字形　　　(b)T形　　　(c)枞树形

图2　干气密封动环结构示意图

动环随着转子高速转动，气体被向内泵送到动环螺旋槽的根部，根部以外的一段无槽区称为密封坝，对气体流动产生阻力作用，增加气膜压力。该密封坝的内侧还有一系列的反向螺旋槽，起着反向泵送、改善配合表面压力分布的作用，从而加大了气膜开启静环与动环组件端面产生间隙的能力。反向螺旋槽的内侧还有一段密封坝，对气体流动产生阻力作用，增加气膜压力，配合表面间的压力使静环表面与动环组件脱离，保持一个很小的间隙，一般为3~5μm左右，当介质压力和弹簧力产生的闭合压力与气体膜产生的开启压力相等时，便建立了稳定的平衡间隙，起到密封作用。这种机制将在静环和动环组件端面之间产生一层稳定性相当高的气体薄膜，使得在一般的动力运行条件下端面能保持分离、不接触、不易磨损，延长了使用寿命，同时保持一个微小的、稳定的泄漏量。

2.2　干气密封典型结构

干气密封结构分为单端面、双端面、串联式以及带中间迷宫的串联式干气密封结构，其中炼化行业离心式压缩机组应用较广泛的是双端面和带中间迷宫的串联式干气密封结构。

2.2.1　双端面干气密封

双端面密封相当于面对面布置的两套单端面密封，有时两个密封共用一个动环，其结构如图3所示。它适用于没有火炬条件，允许少量缓冲气进入工艺介质中的情况。在两组密封之间通入氮气作为阻塞气体而形成一个性能可靠的阻塞密封系统，控制氮气的压力使其始终维持在比工艺气体压力稍高(0.2~0.3MPa)的水平，这样氮气泄漏的方向总是朝着工艺介质侧和大气侧，从而保证工艺气体不向大气泄漏。其适用范围为允许微量氮气进入工艺流程，压

力不高的易燃、易爆、有毒介质以及要求零泄漏的场合，长岭分公司连续重整循环氢压缩机和催化裂化装置富气压缩机应用双端面干气密封。

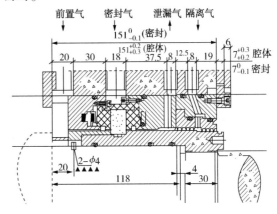

图3　双端面干气密封

2.2.2　带中间迷宫的串联式干气密封

带中间迷宫的串联式干气密封结构为干气密封中安全性、可靠性最高的一种结构，即可以保证工艺介质不会泄漏至大气环境中，同时可以保证干气密封引入的外部气源(氮气)不会泄漏至工艺介质中。该结构所用气体除用工艺气本身之外，还需要另引入一路氮气作为第二密封的工作气体。通过主密封泄漏出的工艺气被氮气封堵后全部引入火炬燃烧，而通过二级密封泄漏到大气的全部为氮气。当主密封失效时，二级密封起到辅助安全密封的作用。该结构相对复杂，但由于其可靠性、安全性高，是目前应用最多的一种干气密封结构形式，适用于所有易燃、易爆、危险的流体介质，长岭分公司240万吨/年汽柴油加氢循环氢压缩机和170万吨/年渣油加氢循环氢压缩机应用带中间迷宫的串联式干气密封，其结构如图4所示。

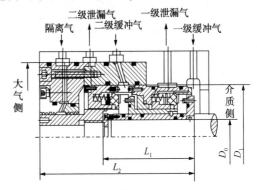

图4　带中间迷宫的串联式干气密封

2.3　干气密封系统配置

干气密封控制盘用于调节、控制、监测干气密封的相关运行参数。以带中间迷宫的串联式干气密封控制系统为例，其共有四个部分组成：

一级密封气供气流程：过滤单元、差压调节单元、流量调节单元、增压单元、聚结器预处理单元；

一级泄漏气监测流程：压力检测单元、流量监测单元；

二级密封气供气流程：过滤单元、压力调节单元、流量调节单元；

隔离密封供气流程：过滤单元、流量调节单元。

干气密封控制系统的作用一是为密封提供干净、干燥的气体，二是实时监控密封的工作情况。

3　干气密封故障分析与处理措施

3.1　主密封气带液

某汽柴油加氢循环氢压缩机为沈鼓 BCL406 离心机，采用带中间迷宫的串联式干气密封，工作压力约 7.8MPa，第一级干气密封为主密封，基本上承受全部的压差，采用从机组出口引出的经过滤、除液后的工艺气体作为主密封气，同时原始设计为保障主密封气的可靠性，从新氢压缩机出口增加一路高压新氢作为主密封气；第二级干气密封为辅助安全密封，采用专用氮气作为其工作气体，同时为隔离气提供气源，通常情况在低压条件下工作，其摩擦副也始终保持非接触状态下运行，当第一级密封失效时，二级密封可以在短时间内承受较大的压差，起到密封作用，可避免密封失效时工艺介质气的现场大量外泄，短时间确保机组安全运行。其工艺流程如图 5 所示。

某年 10 月下旬开始，该压缩机干气密封非驱动端一级泄漏气流量出现大幅度波动，波动范围为 0.5~19.6m³/h，该泄漏量的正常值为 9.77m³/h，一级报警为 18.8m³/h，二级报警为 30.0m³/h，联锁值为 52.5m³/h，同期驱动端泄漏流量、两端密封进气压力和流量相对稳定。判断非驱动端干气密封出现异常磨损，对非驱

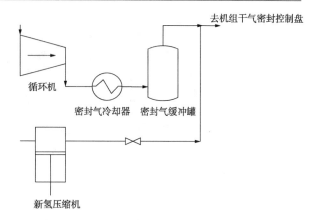

图 5　循环机干气密封流程示意图

动端泄漏气采样组成分析含氢量达到 95.4%，未发现石墨粉等磨损杂质，确认干气密封存在异常磨损，调整干气密封伴热温度、切换过滤器、调整二级密封流量等措施未得到好转。

考虑到二级干气密封作为辅助安全密封功能时效有限，11 月初安排停机检修更换备用干气密封，解体发现非驱动端干气密封动环、静环的配合面存在明显磨损，发现较多的油状液体，驱动端出现轻微磨损，同样含有一定量油状液体，二级密封和隔离密封正常，主密封过滤器存在带液痕迹，如图 6 所示。

图 6　干气密封解体后带液图片

3.1.1　故障原因分析

（1）一级密封气供气流程设计存在缺陷。考虑到一级密封气（介质气）的露点温度约为 40℃，流程设计初衷是将压缩机出口气体冷却至 35℃ 后排出饱和液，以减少密封气带液的情况，但同时也存在隐患：密封气包含重组分未能在缓冲罐中完全析出，且后续流程依靠蒸汽伴热，其实际补偿热能有限，尤其在冬季更为明显，密封气经过管线流动进一步降温后析出

液相组分进入到了干气密封控制盘，最终导致密封气带液污染密封面，影响密封端面气膜的形成，造成动、静环的端面接触摩擦，密封最终磨损失效。

（2）备用气源选择不够严谨。原设计为保障主密封气的可靠性选用了新氢压缩机出口高压新氢气体作为主密封气备用气源。机组自2010年年底开工后一段时间因干气密封缓冲罐液位计失灵投用备用气源，由于新氢压缩机为往复机，采用气缸、填料有油润滑进行注油，高压新氢中不可避免含有一定的高黏度润滑油，而其流程中未设置除油设施，日积月累导致主密封流程管线中带润滑油，最终进入密封面影响密封的运行。从解体干气密封发现一级密封带有高黏度液体，而二级密封和隔离气密封面正常来看，很好地证明了该分析。

（3）操作上没有严格按要求执行，对干气密封伴热和排液措施重视不够，也是导致密封损坏的原因之一。

3.1.2　采取措施

（1）在电伴热暂时无法实施的前提下，增加蒸汽伴热，自缓冲罐出口开始一直到进机组腔体前进行双伴热，同时密封控制盘内的主密封管线也进行伴热保温，从而提高主密封气的温度达到60~80℃，高于露点温度20℃左右。

（2）正常情况下严格禁止高压新氢作为主密封气，废除该流程。

（3）改造控制盘脱液控制和设施，加强干气密封管理。

3.2　机组过临界振动大

某连续重整循环氢气压缩机机为沈鼓BCL457离心机，采用双端面干气密封，工作压力约为0.75MPa，密封前置气、主密封气和隔离气均采用氮气（1.5MPa）经过滤、减压后使用。机组为2001年安装，2012年机组控制系统由W505改为康吉森TICC控制。2014年8月装置检修后开工，机组平稳进行低速、高速暖机后，在升速过临界转速区时振动高高联锁停机，盘车、密封检查无异常后再次开机，机组冲转阀位达到40%，干气密封非驱动端主密封气流量计FI-1521显示其流量异常达到4.5m³/h，现场监测有氢气外泄，判断为压缩机干气密封

失效。停机检修发现：干气密封定位套内侧明显有振动磨损痕迹，大气侧静环2个定位销因扭转力严重变形，石墨材质的静环在定位销处破裂，静环定位卡环扭曲变形，介质侧静环可能被大气侧静环的碎片划伤，密封面上有轻微的划伤，介质侧动静环端面有接触摩擦的迹象，端面上残留有明显石墨粉末及摩擦痕，如图7所示。

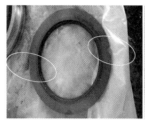

图7　静环在定位销处破裂密封面接触摩擦

3.2.1　故障原因分析

1）干气密封失效原因

机组在首次过临界转速区时振动过高导致密封端面定位错位，端面受到不规则冲击导致静环端面破损。机组再次启动时破损加剧，有静环碎片脱出导致大气侧及介质侧动静环端面划伤磨损，同时对定位套造成磨损，此时主密封气泄漏量明显增大，大量密封气（氮气）通过大气侧端面泄漏值现场，同时因阻塞气体（主密封气）不足，机组内介质反串漏到干气密封内部再经过大气侧端面泄漏至现场。因密封端面有异物在机组运转时对静环产生的冲击力传递到静环定位销，导致销弯曲及静环继续受损。

2）压缩机过临界区时振动高高的原因分析

（1）机组运行近14年，转子存在磨损结垢等情况，结合事后振动数据分析，机组实际临界转速明显下移，2012年ITCC控制系统改造依旧按出厂数据设计，没有及时修正临界区，导致机组在临界区停留时间过长。

（2）机组升速过临界区时工况不稳定，系统多处持续氮气冲压，一来导致工艺介质氢纯度不高且有较大波动，二来导致压缩机入口侧压力（非驱动端）稳定性不够，机组出口背压偏高，机组轴系出现间歇性振动高高。

（3）ITCC控制系统比例度过大，灵敏性不高，进一步延长了临界区停留时间。

（4）通过事后数据分析可以依次排除喘振、盘车卡涩，油膜振荡、蒸汽品质等原因。

（5）不排除转子存在轻微动不平衡。

3.2.2　采取措施

（1）修正 ITCC 控制程序中机组临界区转速的区间与实际相符，将原临界转速区间从 3600~5000r/min 扩大为 3000~5000r/min，使机组在 3000r/min 时就以 3000r/min 的速率开始升速，当实际转速达到 3600r/min 开始过真正的临界区时，汽轮机主汽门已经处于较大的开度，从而就缩短了过实际临界区 3600~5000r/min 的时间，实际证明此改动为机组顺利快速通过临界区起到了关键性作用。

（2）修改 ITCC 控制系统比例度和升速速率，提高灵敏性。首先针对汽轮机在暖机过程中升速速率过慢进行了改进，将暖机升速速率由 127r/min 修改为 300r/min，另外将机组调速 PID 参数的比例度进行了优化，提高了机组冲转速率和转速波动的调整灵敏度。

（3）机组管理进一步规范化，确保工艺流程、介质组成等严格按照机组设计条件操作。

（4）机组下次检修时对转子进行高速动平衡测试，以确保转子本质安全可靠。

3.3　安装尺寸配合公差错误

某渣油加氢循环氢压缩机为沈鼓 BCL409/A 离心机，采用带中间迷宫的串联式干气密封，工作压力约为 17.2MPa，第一级干气密封为主密封，基本上承受全部的压差，第二级干气密封为辅助安全密封，采用专用氮气作为其工作气体，同时为隔离气提供气源。某年 7 月装置新建，组装机组干气密封过程中出现干气密封与压缩机轴咬死现象，轴颈明显受伤，如图 8 所示。

图 8　干气密封安装损坏轴颈

3.3.1　故障原因分析

（1）干气密封厂家尺寸配合公差出现错误，属于产品质量问题。按照干气密封随机结构图，安装干气密封轴颈处的尺寸及配合公差为 $\phi100G5/h6$，为基轴制间隙配合，查阅标准公差得，轴颈尺寸为 $\phi100^{0}_{-0.022}$，密封套内径尺寸为 $\phi100^{+0.027}_{+0.012}$；而实际测量发现轴颈尺寸为 $\phi100^{0}_{-0.016}$，密封套内径尺寸为 $\phi100^{+0.015}_{0}$，变成过渡配合，导致密封套内径最小值与轴外径最大值对等，最终导致密封与轴咬合无法组装。

（2）机组总成时未预组装，事后调查得知本机组出厂前预组装的干气密封临时借调给其他单位开工急需，后面补发的干气密封未送至机组总厂预组装，直接发往机组使用单位，出现了明显纰漏。

（3）干气密封在现场安装前核对尺寸时不够精细，未及时发现尺寸偏差。

3.3.2　采取措施

（1）机组转子整体抽出对轴颈处机加工，上机床单面打磨 0.06mm。

（2）轴颈受伤处进行冷弧焊修复打磨。

（3）对压缩机总成厂家、现场安装单位提出相应的技术要求，追究相应的责任，杜绝类似问题发生。

3.4　梳齿密封腐蚀

某催化裂化富气压缩机为沈鼓 2MCL606 离心机，两段压缩，带级间冷却器和分液罐，采用双端面干气密封，机组入口压力为 0.2MPa，出口压力为 1.4MPa，密封前置气、主密封气和隔离气均采用氮气(0.6MPa)经过滤、减压后使用，密封前置气(氮气)经梳齿密封多级迷宫进入压缩机内部，阻塞工艺介质(富气)外漏，再通过主密封气(氮气)来进行密封，一部分氮气通过介质侧端面泄漏到机组内部，一部分氮气通过大气侧端面泄漏至大气，从而保证了不会用工艺介质泄漏到大气中。2014 年 8 月分开始主密封气与前置气差压逐步降低至 0.08MPa，说明梳齿密封失效或者平衡管堵塞，存在介质反串污染主密封安全运行的风险。监控运行至 2015 年 4 月，检修发现梳齿密封出现严重腐蚀，气封体进气口冲蚀成蜂窝状，气封片腐蚀成高低不一，部分气封片生成高温碳化物瘤硬度非常高，甚至切削轴颈，如图 9 所示。

图 9　梳齿密封腐蚀严重

3.4.1　故障原因分析

（1）催化富气含硫量高且梳齿处存在液态水工况，容易形成低温硫腐蚀。结合化验分析数据看出富气中硫化氢（H_2S）含量约为20620mg/m³，同时对梳齿处垢样分析硫含量达77.5%、碳含量0.85%，梳齿密封处硫腐蚀严重，腐蚀产物由于机械高速旋转摩擦发热高温碳化结瘤；

（2）梳齿密封材质选型过低。梳齿密封采用铸铝材质（ZL102），不耐硫腐蚀，材质强度不高，出现局部腐蚀后，不耐气流冲刷会迅速加剧损伤。

（3）级间冷却分液不好形成液相腐蚀环境。由于安装位置高，级间冷却器循环水总管压力低时出现过气阻，导致级间冷却和分液效果差，部分液相介质进入机组，在入口侧气封处冷凝形成液相环境。此外，开工吹扫过程中，机组未投用前置气，蒸汽吹扫时由于压缩机入口阀内漏反串至压缩机内。

3.4.2　采取措施

（1）梳齿密封材质升级改造，将其改为耐腐蚀性能更好的 PEEK 材质的梳齿密封，并适当调整气封片径向间隙放大到 0.6~0.7mm。

（2）规范干气密封的操作，尤其是开停工过程中的保护，先投用前置气再进工艺介质，做好密封系统排液工作，防止介质反串污染密封。

（3）调整级间冷却器运行参数，确保级间冷却和分液效果。

3.5　气动增压器故障

某渣油加氢循环氢压缩机和某汽柴油加氢循环氢压缩机，均采用带中间迷宫的串联式干气密封，第一级密封气系统均设置增压器，以备在一级密封气压力或流量不足时为其增压保证其流量满足要求，增压泵采用气动往复泵原理增压，由公用工程的氮气提供驱动力，相对整个干气密封辅助系统而言，作为运动件，具有不定期开停、密封件多、损耗大、故障率偏高的特点。该增压器前后出现三次故障：①2014年4月，增压器活塞环磨损无法驱动增压，导致机组提前停运；②2012年11月，增压器控制电磁阀故障未正常启动；③2012年11月，增压器因长时间工作，导致驱动器减压降温导致外部结冰影响驱动效果。

3.5.1　故障原因分析

气动增压器磨损大、易损件多，故障率偏高；电磁阀等仪表元器件具有一定的使用寿命，需要定期更换；机组停工过程中非正常工况运行时间过长，对干气密封系统均有很大的弊端。

3.5.2　采取措施

（1）合理储备干气密封辅助系统备品配件。

（2）按随机资料给出的使用寿命，提前对增压器、过滤器进行检修或更换。

（3）调整开停工方案，减少机组非正常工况运行时间。

3.6　其他故障及注意事项

（1）干气密封的工作环境对干气密封的寿命有很大的影响，使用过程中必须保证一、二级密封气（前置气、主密封气）和隔离气的压力和流量稳定，气源洁净、干燥，过滤器必须6个月检查一次，防止滤芯损坏或堵塞造成密封失效，避免由于过滤器失效导致液滴或固体颗粒进入密封面。

（2）应尽量避免频繁地开停机组，干气密封在压缩机开停阶段最容易出现故障；工艺介质进入压缩机前，务必先投用一级密封气或者前置气；密封气投用前要进行低点排凝及过滤器底部排凝，压缩机密封腔体低点排凝，干气密封泄压速率不能超过 0.5MPa/min，避免压力突降造成 O 形圈损坏。

（3）为避免润滑油系统串至干气密封，应在润滑油系统启动前30min投用隔离气，在润滑油停运30min后再切断隔离气，必要时可以设置隔离气压力与润滑油泵的联锁条件。

（4）密封面在低速条件下无法形成气膜，无法完全分离动静密封面，机组开机过程中低速盘车和低速暖机时间不可太长，避免密封面接触磨损。

4 结语

干气密封在离心式压缩机组的应用具有明显的优势，其破坏性也相当严重，故障失效的形式和案例也非常多，结合实际生产列举的案例和故障很好地展开分析，解决了问题，提出了改进措施，但全面性有限，仅供其他机组干气密封的长周期运行和检维修作一些参考，同时也将不断吸取行业内部应用经验正确使用和检维修，保证机组的长满优运行。

参 考 文 献

1　王树国. 石油化工离心式压缩机干气密封典型故障案例分析. 石油化工设备技术，2014，35(5)

2　文定良. 煤制烯烃装置压缩机干气密封运行与维护. 石油化工设备维护检修技术(2013～2014版). 北京：中国石化出版社，2014

3　姜世庆. 2MCL606富气压缩机蒸汽改干气密封. 石油/化工通用机械，2009，(3)3

4　刘宝军. 干气密封在循环氢压缩机上的应用. 石油化工设备技术，2007，28(4)

5　路永宇. 循环氢压缩机干气密封的故障分析及改进措施. 石油化工设备技术，2011，32(6)

立式轻烃泵干气密封改造

刘　兵

（中国石化扬子石化有限公司储运厂，江苏南京　210048）

摘　要　立式轻烃泵由于泵结构的特殊性，机械密封使用效果较差，一旦密封失效、介质泄漏到大气里，会造成严重的安全隐患。本文详述了将轻烃泵原用机械密封改造为干气密封，大大改善了密封效果，延长了密封使用寿命。

关键词　轻烃泵；机械密封；干气密封

1　概述

石油化工生产线上有大量的轻烃泵，对于这些高饱和蒸气压介质，机械密封的使用一直存在着效果差、寿命短、安全隐患凸出等缺陷。特别是立式轻烃泵，由于泵和介质的特殊性，机械密封端面经常出现干摩擦，造成使用寿命极短，严重影响了设备的长周期运行。

扬子石化有限公司储运厂负责为扬子石化各生产厂卸车、输送原料，以及将各种化工产品装车、装船发运。由于石油化工产品的特殊性，普遍存在易燃、易爆、强腐蚀等工况，就算极少的介质泄漏，都可能造成环境污染甚至燃爆等人身伤害和设备损毁的安全事故。

本文以扬子石化有限公司储运厂 B-902A 丙烯泵的干气密封改造为例，介绍此类泵轴封的应用。

该泵为大连耐酸泵厂生产，立式筒袋泵，1996 年 12 月出厂，原配套密封为单端面波纹管机械密封，冲洗方案为 PLAN11。由于丙烯极易汽化，密封腔内存在大量气态丙烯，开车前需要排气处理，但即使排了气，机械密封运转时产生的热量也会造成端面经常处于气液混合摩擦状态，因此机械密封使用寿命极短，往往只运行 24～48h 机械密封动环端面台阶就被磨损掉，使密封失效。同时还存在丙烯介质泄漏到大气环境里的隐患。

为解决机械密封寿命短、故障率高、介质泄漏到大气里的隐患，必须对现有轴封进行改造。将单端面机械密封改造为串联式结构、冲洗方案 PLAN11+52，但仍然存在二级密封干摩擦运转、密封早期失效的现象。通过大量调研，对于饱和蒸汽压高的易汽化介质，最佳的轴封方案是串联式干气密封，能确保设备长周期稳定运行。

2　干气密封简介

干气密封为气体润滑非接触式端面密封，作为输送气体介质的离心压缩机轴封，已经得到了广泛应用，其性能大大优于机械密封，能充分保证离心压缩机长周期地稳定运行。而对于离心泵，因泵送介质为液体，且运转精度和运转速度远低于离心压缩机，必须通过结构设计、优化干气密封参数，才能达到"气封液"目的。

常用泵用干气密封按结构分为外压式双端面、内压式双端面、串联式三类。根据 B-902A 泵工况条件，宜选用串联式干气密封，且用单旋向方式。串联式干气密封结构上为介质端的机械密封加大气端的干气密封。与机械密封相比，串联式泵用干气密封有如下特点：

（1）干气密封为非接触式端面密封，自身功率消耗极低，仅为机械密封的 5%～10%，节能降耗明显。

（2）干气密封运行平稳，日常无需维护，大大减少了因密封故障引起的计划外停车，保证了生产的连续进行。

作者简介：刘兵（1975—），男，江苏南京人，1999 年毕业于南京机械高等专科学校数控技术及应用专业，工程师，现就职于扬子石油化工有限公司储运厂，从事石油化工设备管理工作。

（3）即使是串联式机械密封，一、二级均为接触式端面密封，二者寿命周期相同，一旦一级密封失效，处于备用状态的二级密封也可能达不到期望的密封效果和寿命。而串联式干气密封的二级密封为干气密封，正常工作时无运行负荷，处于良好的备用状态，即使一级密封失效，二级密封能达到预期的密封性能。

（4）串联式干气密封能通过调整二级干气密封工作气源压力，分担部分一级机械密封工作负荷，从而大大延长一级机械密封使用寿命和性能，增加整套密封的无故障工作时间。

（5）轻烃泵用串联式干气密封，一级机械密封泄漏的介质进入二级干气密封腔内后即刻汽化，而干气密封本身就工作在气体润滑状态，对二级干气密封运行毫无影响。

3　B-902A乙烯泵干气密封改造

由于乙烯介质的特殊性，泵的轴封改造必须满足安全、环保、节能、高可靠、长寿命要求，而串联式干气密封能满实现上述各项要求。

为此，我们联合干气密封厂家，对B-902A立式筒带泵进行了干气密封改造。干气密封型式为串联式，系统方案为PLAN11+72+76。泵运行参数见表1。

表1　B-902A乙烯泵工作工况条件

介质	压力	温度	转速
乙烯	入口1.0MPa/出口2.6MPa	常温	2950r/min

图1为改造后的串联式干气密封结构和控制系统方案。

改造后的串联式干气密封工作原理如下：

介质端一级机械密封工作在液态丙烯中，承受介质负荷（开车前需要打开F_0口进行排气）；大气端二级干气密封工作在缓冲氮气中。如机械密封泄漏，则泄漏的乙烯与二级缓冲氮气混合物经密封压盖CSV口接入现场火炬管网。因此，该干气密封能做到丙烯介质对大气的零排放，安全环保。

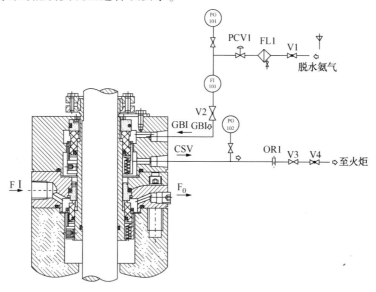

图1　B-902A泵干气密封结构及系统方案

整套密封的工作性能和寿命主要取决于一级机械密封，而一级机械密封针对丙烯特点进行结构优化、参数优化、材料优化，并合理设置二级密封（干气密封）缓冲气压力值，降低一级机械密封的工作压差，即降低机械密封的工作负荷，从而大大延长机械密封的工作寿命，实现成套密封的长周期运行。

3.1　干气密封参数

干气密封作为新型非接触式端面密封，总体结构上与机械密封无异，但有其特殊性。而干气密封特征参数的设计，会直接影响干气密封使用效果和寿命。干气密封特征参数分为两类，一类是与机械密封概念相同的密封参数，如载荷系数、弹簧比压、辅助密封圈压缩率等，但取值范围与机械密封有较大差别；另一类是更为重要的干气密封固有参数,如流体动压槽参数(槽深、槽数、堰坝比等)、气膜厚度、气膜刚度等,会直接影响干气密封抗干扰能力和运行稳定性。

优化后,密封参数取值见表2。

表2 B-902A 丙烯泵干气密封优化参数表

	载荷系数	弹簧比压	螺旋槽深度	螺旋槽数量	气膜厚度
一级机械密封	0.72	0.26MPa	—	—	—
二级干气密封	0.8	0.1MPa	3.5μm	12	3.8μm

3.2 干气密封材质

根据丙烯特性,一级机械密封与介质密切接触,因此要选择耐丙烯的密封材料。其次,密封的使用寿命与摩擦副(动静环)的耐磨性密切相关,因此摩擦副材质的选用极其关键,对成套密封使用性能的影响至关重要。通过对比,结合以往丙烯机械密封所用材质,选用干气密封材质见表3。

表3 B-902A 丙烯泵干气密封材质表

	动环	静环	密封圈	弹簧	金属件
一级机械密封	抗泡疤浸渍石墨	SiC	耐蚀橡胶	哈氏合金	耐蚀不锈钢
二级干气密封	抗泡疤浸渍石墨	SiC	耐蚀橡胶	哈氏合金	耐蚀不锈钢

4 轴封改造前后使用性能对比

B-902A 丙烯泵干气密封改造,装机开车一次成功。从2017年9月开车至今,已经稳定运行1年。干气密封运行平稳,日常无需维护,大大减少了计划外停车检修。同时,从根本上解决了由于轴封失效而导致丙烯泄漏到大气的安全隐患,具有显著的社会效益和经济效益。

B-902A 丙烯泵干气密封-机械密封性能比较见表4。

表4 干气密封与机械密封性能对比

	使用寿命	安全环保性	自身功率消耗	维护费用
机械密封	24~48h	低	>0.6kW	高
干气密封	>2年	高	<0.1kW	低

5 结语

设备运行实际表明,丙烯泵干气密封改造是非常成功的。与原机械密封相比,干气密封安全、环保、节能、长寿命等性能突出。本次轴封改造的成功,为泵用干气密封在立式液态烃筒袋泵的使用做了有益尝试。

参 考 文 献

1 李桂芹,王玉华.压缩机干气密封基本原理及使用分析.风机技术,2000,(1):19-23

2 杨惠霞,王玉明.泵用干气密封技术及其应用研究.流体机械,2005,33(2):1-4

3 赵亮.泵用螺旋槽气膜机械密封的应用研究:[硕士论文].北京:北京化工大学,2000

4 顾永泉.机械密封实用手册.北京:机械工业出版社,2001

5 左景伊,左禹.腐蚀数据与选材手册.北京:化学工业出版社,1995

6 沈锡华.密封材料手册.北京:中国石化出版社,1991

旋转式组合密封在离心水泵的应用

文建强

（中国石化扬子石化有限公司水厂设备管理科，江苏南京 210048）

摘 要 本文对对机械密封损坏原因进行分析，并对几种常见的密封结构进行比较，选用旋转式组合密封代替原机械密封，解决了原设备密封经常泄漏问题，延长了设备使用周期。

关键词 过滤泵；机械密封；含颗粒介质；旋转式组合密封

水厂净水一装置负责处理扬子石化公司各生产装置的生产废水以及生产区、生活区的生活污水和扬子-巴斯夫公司(简称扬巴公司)的污水，设计处理能力为 3400m³/h。采用预处理、生化和深度处理三级处理工艺，污水处理水平已达到同行业先进水平。

净一过滤泵负责将纯氧生化出水输送至高效气浮滤池，其稳定运行直接影响到装置的出水。该设备在运行中经常出现泄漏，严重影响设备的正常运行，故选用旋转式组合密封在该设备上进行试用，观察其密封效果。

1 目前状况及原因分析

过滤泵原采用机械密封，在运行过程中经常出现泄漏。有时新更换的机封仅运行 1~2 个月就出现泄漏。经解体检查，发现主要原因有机封动静环密封面磨损严重、机封弹簧断裂、动环 O 形圈损坏、压盖与密封腔之间的密封垫片密封效果不好等，严重影响了装置的正常运行。

（1）动、静环材料选择不合适。原机械密封使用的静环的材质为浸树脂石墨，在高温下膨胀量过大、膨胀不均匀导致静环密封面和动环密封面不平行，在运转的过程中加剧了动、静环的磨损（见图1），同时这种摩擦产生大量的摩擦热，造成了静环的热裂，这种情况在密封解体检查过程中多次出现，是造成密封泄漏的主要原因。

（2）密封的自冲洗水量太小。通过密封的冲洗水量小、流速过慢，对动、静环起不到很好的冷却效果。密封腔内温度高易使密封端面

图1 动环密封面磨损

间液膜产生汽化，液膜承载能力降低，液膜减薄，摩擦副在不稳定的似汽相状态下工作，摩擦热增加，端面温升过大，进而引起更多的组分汽化。如此循环，最终摩擦副在干摩擦状态下工作，使石墨静环磨损加剧。同时，过大的端面温升使碳化钨动环出现径向热裂纹，辅助密封圈老化，介质泄漏增加，密封寿命大为缩短，最终使机械密封迅速失效。

（3）弹簧选择不合适。弹性元件在机械密封主要起补偿、预紧及缓冲作用，要求始终保持弹性，才能保证端面摩擦副紧密贴合和动环补偿。因为弹簧的弹性和高温稳定性直接决定端面密封比压的大小，比压过大，一方面会造成密封面之间的润滑液膜厚度减小，磨损加剧；另一方面也由于密封端面产生大量的摩擦热，破坏了动、静环端面材料原有的性能，从而进一步加剧了密封端面的摩擦，造成热裂。端面

作者简介：文建强（1973—），男，江苏涟水人，1996 年毕业于抚顺石油学院化工设备与机械专业，高级工程师，现从事设备管理工作。

比压过小，密封端面处于液体摩擦状态，弹簧在高温作用下，弹力降低、失去弹性，甚至出现弹簧断裂（见图2），以致不能保证端面摩擦副贴合，此时机械密封的密封性能将无法保证。所以，正确选择弹簧材料，特别是弹簧的高温强度和稳定性，才能保证合适的弹簧比压，从而使机械密封处于最佳的工作状态。

图2　机械密封弹簧断裂

（4）泵抽空。在操作不当时易造成泵抽空，当泵抽空时，泵体产生剧烈振动和噪声，泵内压力波动较大，机械密封端面比压随之变化，使密封环面开启、间歇振荡、干摩擦、敲击造成密封面击溃、严重磨损、炸裂、不接触、倾斜等情况。此现象必然导致密封出现不稳定的工作状态，密封失效泄漏的可能性将大大增加。

2　密封选型

为解决该设备的泄漏问题，对常见的几种密封进行筛选。填料密封易泄漏，且维护工作量大。机械密封因多种原因，也经常损坏。故到同行单位进行调研，选用合适的密封结构。

经了解，上元门水厂和南钢水处理中心均使用南京科赫科技有限公司生产的旋转式组合密封。对已使用旋转式组合密封的用户进行调研，就该密封的使用工况、使用寿命、密封性能、性价比等情况，进行了深入了解。

在上元门水厂，反冲洗泵和源水泵均采用该种密封方式。反冲洗泵已使用了近2年时间，源水泵也使用了近半年，密封效果良好。

在南钢水处理中心，这种密封结构使用在渣浆泵上。渣浆泵输送的介质含有固体颗粒杂质，且出口压力较高，达0.6MPa，使用这种密封结构已有3~4年，密封效果良好。对于这种含颗粒介质，使用过程中需定期维护。

经用户介绍，初次使用时，需更换整套密封。该密封与相同尺寸大小的机械密封价格相当。再次更换密封时，只需更换密封圈，性价比高，价格远远低于机械密封价格。

对几种常见密封进行比较见表1。

表1　几种常见密封比较

填料密封	机械密封	旋转式组合密封
（1）安装简单 （2）经常泄漏，维护工作量大	（1）安装技术要求高 （2）要用清水来冷却，否则影响使用效果 （3）介质中的"微颗粒"适应性较差 （4）一旦出现泄漏，必须解体检修 （5）一旦损坏，必须全套更换	（1）安装技术要求不太高 （2）不需要冷却，只需定期注入适量的"二硫化钼润滑脂"即可正常运转 （3）对介质中的"微颗粒"适应性较好 （4）出现轻微泄漏，可在线维护，无需解体 （5）组合密封中的金属件均为非易损件，以利再用，当密封失效时只需更换其中的弹性密封件即可再用

选用旋转式组合密封代替原机械密封，观察其使用效果。

3　旋转式组合密封使用原理

旋转式组合密封结构如图3所示。

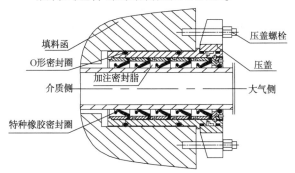

图3　旋转式组合密封示意图

旋转式组合密封是利用水泵吸入处的压力差并作用在组合密封的特种橡胶密封圈上，使密封圈的唇边与轴套表面以微小的线性接触并形成一层油膜来实现密封的，其多道橡胶密封圈起到了逐级降压的作用。橡胶密封圈与轴套表面接触的紧密程度取决于泵吸入口的压力大小，即泵运转的工作状况，压力差大时，它的接触面紧力就大，反之则接触面紧力就小，因此可以实现自动调整密封圈的紧力。

3.1 旋转式组合密封的技术特点

旋转式组合密封的技术特点如下：

（1）摩擦功耗小，节能效果好。由于是用微小的唇边与轴表面接触，因此所产生的摩擦力很小，使轴功率减小，功耗小，达到节能提高效率的目的。

（2）轴封自身不需要冷却水冷却，不发热。

（3）安装调试好的轴封，在运转周期内没有维修工作量。

（4）密封圈的唇边始终随着泵的工作状况变化而自动调节实现密封。

（5）在加注润滑油时，不需要停泵运行。

（6）一次性投资后，易损件即密封圈，消耗低且经济又实惠。

（7）容易实现"无泄漏"文明生产的目标。

3.2 改进措施

改进措施如下：

（1）对YY640过滤泵密封腔进行测绘。由于该设备原安装机械密封，在运行过程中会出现由于轴承损坏造成转子中心往下偏移，从而引起机封动环、弹簧以及弹簧座与密封腔内壁发生轻微磨损。根据密封腔内壁磨损情况，确定组合密封外径O形圈的位置。经测量，在距离密封端面70mm，38mm，10mm处，加工凹槽安装O形圈，能达到最佳密封效果。安装时在旋转式组合密封内填满3#二硫化钼锂基脂，再进行组装。

（2）由于旋转式组合密封安装在轴套上，为避免介质从轴套与轴之间的缝隙泄漏，在轴套与轴接触处加工一环形凹槽，并内置一O形圈（见图4），防止介质从此处泄漏。

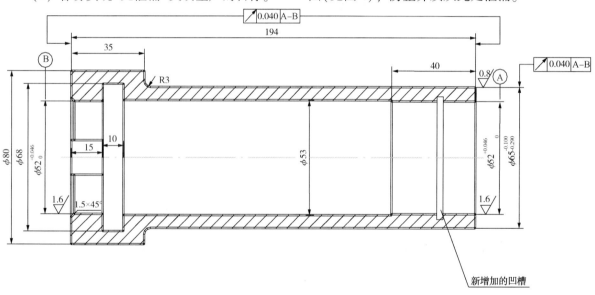

图4　轴套

（3）旋转式组合密封内共有5道密封圈，内侧4道密封圈与轴套接触，最外侧一道密封圈与轴套锁母接触。由于轴套锁母外径较小，经测量轴套锁母外径为64mm，比轴套外径小1mm，而组合密封的密封圈与轴套之间的过盈配合量为0.5~0.6mm，这样最外侧密封圈与轴套锁母之间存在间隙，不能起到密封效果。故对轴套锁母重新加工，外径与轴套外径保持一致，其余尺寸不变，并将其外径公差控制在-0.05mm之内，确保密封圈的密封效果。

（4）为防止介质从轴套锁母与轴套之间的间隙，经锁母与轴之间的缝隙泄漏，在轴套锁母断面加工出一道凹槽，用于安装一O形圈（见图5），防止介质泄漏。

（5）在组合密封的密封圈内外两侧，各加一道四氟圈，可防止运行时密封腔内的润滑脂从密封腔中挤压出来，保证其密封效果。

3.3 改进效果

（1）改造后的过滤泵运行周期明显延长。改造前运行2个月即出现泄漏，改造后已连续运行半年，未出现泄漏。

（2）检修成本降低。过滤泵原每年每台至少检修3次，每次检修约花费8000元，5台过滤泵按每年检修12台次计，需检修费用为8000

元/次×12 次/年＝96000 元/年。

　　改造后，每年共检修 3 台次，需检修费用

为 8000 元/次×3 次/年＝24000 元/年，每年可节约检修费用为 96000－24000＝72000 元。

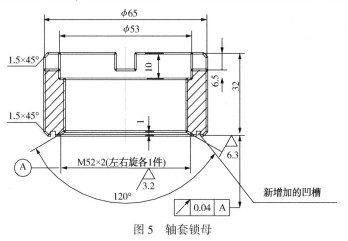

图 5　轴套锁母

4　结语

　　过滤泵在使用填料密封、机械密封都无法保证密封效果的情况下，选用旋转式组合密封。

该密封不仅安装简单，且对介质中的"微颗粒"适应性好，无需安装冲洗水，密封效果良好。该密封维护方便，维修成本低，可广泛适用于各种类型水泵。

压缩机智能化控制与节能增效

邢艳萍

（陕西神木化学工业有限公司，陕西榆林　719319）

摘　要　神木化工年产40万吨煤制甲醇项目2007年投产。空压机和增压机同轴串联运行，空压机导叶控制手动操作。在前期设计中，防喘振控制侧重考虑防喘振保护，装置一有生产波动就快速打开防喘振阀门，由于喘振控制方法存在缺陷，机组防喘振一直处于手动操作，存在安全隐患。针对压缩机控制系统存在的问题，公司进行了大量的调研及技术分析，制定了解决方案，2014年9月实施了机组控制改造。通过改造，机组各段出口压力实现自动控制，喘振控制实现了高精确自动控制，机组运行过程中回流阀全部关闭，取得了显著的经济效益和良好的社会效益。

关键词　压缩机控制系统；防喘振控制；节能增效

1　前言

陕西神木化学工业有限公司（以下简称"神木化工"）60万吨/年煤制甲醇项目是陕西省重点建设工程和陕北能源化工基地启动示范项目之一。该项目一期20万吨/年装置于2003年10月开工建设，2005年10月投产；二期40万吨/年装置于2006年6月开工建设，2008年8月试车成功，具备了年产60万吨精甲醇生产能力，是国内规模较大的煤制甲醇生产企业之一。

二期空压机组由德国曼透平机械有限公司制造，主空压机的主要技术参数：进气流量：287000Nm³/h，出口压力为0.62MPa（A），轴功率为24360kW，工作转速为4944r/min。蒸汽透平机的主要技术参数：正常蒸汽压力为9.2MPa，蒸汽温度为510℃，设计蒸汽用量为145t，正常功率为38653kW，排气压力为0.023MPa（A），工作转速为4944r/min。机组控制系统采用Triconex ITCC系统。

空压机是甲醇生产装置的关键核心设备，运行过程中机组一旦运行异常或停机，装置生产将立即中断，同时再次恢复生产，装置能耗也将大幅增长。因此装置能否实现"安、稳、长、满、优"运行，关键看机组。机组的自控和操作水平也就直接影响到装置的生产水平。同时空压机组也是装置的能耗大户，其能耗水平对装置的运行成本有巨大影响。机组在运行过程中防喘振阀处于手动控制，其控制精度无法

保证，机组能耗自然会升高。在新的市场要求下，如何实现机组控制和操作的智能化，使机组能够按需求及时调整，保证机组安全、高效低耗地运行，是对机组控制提出的新的挑战。

直面新的要求和挑战，选择优秀的控制技术优化机组控制，实现智能控制，是我们在机组控制优化方面努力的方向。

2　压缩机组控制系统存在问题

装置投产以来，空压机组运行基本稳定，装置满负荷运行工况下，空压机入口导叶开度约为32.3%。由于原控制系统喘振线误差较大，导致机组在正常运行期间增压机一段、二段的回流阀FV-1210开度约为13%；增压机三段、四段的回流阀FV-1220开度约为14%，进而导致机组运行能耗过高。

机组防喘振控制逻辑是由主机厂家提供的理论喘振线转换而来，由于种种原因，实际喘振线和理论喘振线往往有较大偏差。在原始的设计理念中机组控制重点强调防喘振保护，装置负荷降量，就大幅、快速打开防喘振阀门；一旦压缩机工作点靠近喘振控制线，便完全打开防喘振阀门。

这种控制和操作方式尽管可以防止机组喘振，保证机组安全，但本质上是一种两位式的控制方法，把压缩机工况分为没有喘振威胁和有危险两类，没有细分压缩机工作点在不同位置喘振威胁程度。这种方法的缺陷也很明显，

就是一旦打开防喘振阀门，由于其开阀速度快、幅度大，往往对过程生产冲击非常大。

正是由于以上原因，所以在工艺控制方面，操作人员根本不敢把防喘振回路置于自动控制，一般情况下，往往采用半自动或手动操作。然而把防喘振阀置于手动位置，一旦机组运行出现异常，操作人员不能及时进行操作，可能会发生机组喘振现象，进而造成机组损坏或停车，也存在很大的安全隐患。同时，在机组运行稳定后，操作工在操作上一般把机组置于固定导叶位置，发生负荷变化时，手动调整防喘振阀门开度，来满足装置负荷要求，这种操作方式再次增加了机组运行能耗。

性能控制技术是通过调整压缩机的运行以满足装置生产需求的控制方案，可以通过控制压缩机入口导叶、入口节流阀、汽轮机转速等多种方式并结合防喘振控制，对主要工艺指标进行调整，如压缩机出口压力、压缩机入口压力等。由于空压机和增压机同轴串联运行，调整一个出口压力往往会影响到其他两个出口压力，一次调整往往要反复多次调整各个导叶才能完成。由于控制方案设计不完善，导致机组投运后，不能实现压缩机出口压力自动控制。但随着公司管理逐渐步入精细化，机组控制系统硬件的进步以及防喘振算法的不断优化，压缩机的控制方案也有了新的发展，机组智能控制改造势在必行。

2013年年底公司提出了机组智能控制与节能增效的改造计划，根据机组的重要性以及功率大小，首批选择改造空压机组控制系统，以提高机组自动控制水平，实现机组节能减排。经过近半年的调研、分析、计算等过程，公司完成了机组的智能控制改造方案。根据机组运行过程中存在的问题，使用专业智能的优化控制系统提供防喘振等核心机组控制，通过安装部分新硬件、软件，对现有机组控制进行升级优化。

3 压缩机控制技术

新增控制系统硬件是真正的实时多任务双重化冗余容错的硬件体系，结合全面的冗余容错技术和独一无二的 Fallback 策略，使得系统可靠性达到 99.99%。先进的实时多任务操作系统将关键任务与非关键任务按优先等级实施控制，保证系统的执行速率不随 I/O 点数增加而下降，如防喘振、调速控制执行速率为 40ms，使机组的精确控制成为可能。

系统软件，透平机械控制应用软件包：包括防喘振控制、速度控制、性能控制等模块。能够在保证机组最大运行可靠度的同时，优化机组运行和工艺操作，实现节能和扩大机组运行区域，从而适应装置负荷的大幅变动。其中软件主要包括工程师组态维护工具软件包、人机界面软件、事件管理功能。

3.1 无量纲坐标系计算

3.1.1 不同工况下的喘振曲线

压缩机在不同工况下有不同的性能曲线，每一条性能曲线都有一个喘振极限点，所有这些点构成了一条喘振极限线（SLL）。但是由于入口条件的不同，如温度、压力、气体组成等因素，造成压缩机在不同的工况下会形成多条分散的喘振线，给喘振控制造成一定困难（见图1）。新的防喘振控制技术通过无量纲坐标算法，自动补偿压缩机入口条件，将所有工况下的喘振线弥合成一条曲线（见图2），提高了喘振控制的精确性。

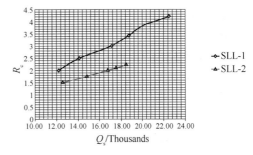

图1 不同工况下的喘振曲线

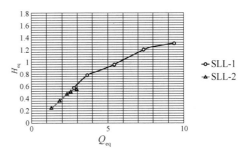

图2 弥合后的喘振曲线

3.1.2 无量纲坐标系下的喘振线计算

如图3所示，图中横坐标 q_r^2 表示简化的流量的平方，h_r 表示简化的压头。压缩机喘振极限线上的流量就是压缩机的喘振流量。

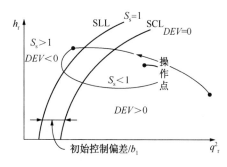

图 3　喘振接近度 S_s 和偏差 DEV 与操作点关系

把喘振接近度定义为一个变量（S_s），它近似等于喘振流量值除以它的实际流量值。

$$S_s = Flow_{喘振} / Flow_{实际}$$

当 $S_s = 1$ 时，操作点在喘振极限线上；

当 $S_s > 1$ 时，它的实际流量值小于喘振流量值，压缩机就会喘振。

当 $S_s < 1$ 时，它的实际流量值大于喘振流量值，压缩机不会发生喘振。

图 3 可以表达出喘振接近度 S_s 与操作点之间的关系。

$S_s = 1$ 实际上是压缩机性能曲线上喘振点到原点所连直线的斜率与操作点到坐标原点所连直线斜率的比。

根据压缩机的结构和防喘振控制系统的不同，S_s 的计算公式也不同。具体计算公式的选择要根据控制系统实际配置情况决定。在 3TY 空压机防喘振应用中，控制算法使用下列数学方程来定义压缩机喘振接近度 S_s：

$$S_s = \frac{K f_1 (H_{p, red}) P_s f_5 (Z)}{\Delta P_{o, c}} \tag{1}$$

$$H_{p, red} = \frac{(R_C)^\sigma - 1}{\sigma} \tag{2}$$

$$\sigma = \log\left(\frac{T_d}{T_s}\right) / \log\left(\frac{P_d}{P_s}\right) \tag{3}$$

式中：K 为喘振控制线系数；f_1 为简化的多变压头特征函数；($H_{p, red}$) 为简化的多变压头；R_C 为压缩比 $\frac{P_d}{P_s}$；P_d 为出口压力；P_s 为入口压力；T_d 为出口温度；T_s 为入口温度；$\Delta P_{o, c}$ 为经过流量测量元件的差压信号；$f_5(Z)$ 为变量 Z 的一般函数，用于进一步定义喘振线。

3.2　防喘振技术

3.2.1　比例积分（PI）控制

是防喘振控制的基本控制方案，控制系统根据工作点和喘振控制线 SCL 的相对位置，作出控制动作。在工作点向左越过喘振控制线后，适当打开防喘振阀门，使工作点重新返回安全区域。

3.2.2　开环控制

对于一个较大较快的工艺扰动，当比例积分（PI）响应与特殊微分（D）响应不足以消除干扰而使操作点瞬间越过了 SCL 左边的阶梯线 RTL，此响应就会使回流阀以阶梯的形式打开，从而使运行点重新回到防喘振控制线上。其控制响应为：

$$| RT | = C_1 (T_{d1} dS_s/dt - C_0 DE V_{RT}) \tag{4}$$

式中：C_0 为阶梯响应增益；C_1 为最大的阶梯响应；DEV_{RT} 为阶梯响应偏差；dS_s/dt 为操作点的变化率；T_{d1} 为阶梯响应时间常数。

3.2.3　安全响应控制

如果因意外情况（如组态错误、过程变化、特别严重的波动）使压缩机的操作点越过 SLL 线而发生喘振，则安全保险响应就会重新规定喘振控制裕度，使喘振控制线右移，增加 SCL 与 SLL 之间的距离，在一个喘振周期内将喘振止住（见图 4）。

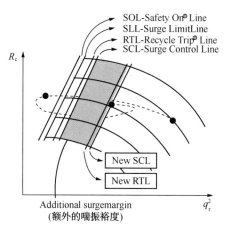

图 4　安全响应

3.3　性能控制技术

3.3.1　主要工艺指标控制

性能控制技术是通过调整压缩机的运行以满足装置生产需求的控制方案，可以通过控制压缩机入口导叶、入口节流阀、汽轮机转速等多种方式并结合防喘振控制，对主要工艺指标进行调整，如压缩机出口压力、压缩机入口压力等。

3.3.2　压力超驰控制（POC）

压力超驰控制是性能控制的特殊应用之一，在控制系统整体控制方案中，防喘振回路起到设备保护作用，当工作点运行在安全区域时，保持防喘振阀门全部关闭，达到节能降耗效果。性能控制回路调整主要工艺控制指标，维持工艺稳定。但当大的工艺扰动发生，造成压缩机出入口压力波动，性能控制回路无法及时调整时，压力超驰控制会通过内部通讯，将其计算输出值叠加到喘振控制器的输出中打开防喘振阀，作为性能控制的补充手段，加快系统稳定速度（见图5）。

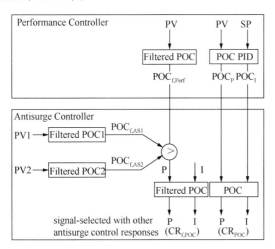

图5　压力超驰控制方案

3.3.3　极限控制

极限控制功能是在压力控制器设定值的上方（或下方）设置一条压力限制线，当出口压力上升或入口压力下降超过限制线时，极限控制响应触发并将其计算输出值送到喘振控制器，叠加到喘振控制器的输出中打开防喘振阀，帮助迅速降低出口压力到限制线下，以维持工艺生产的稳定运行。

3.4　解耦技术

3.4.1　耦合现象

在控制压缩机时，一个显著的问题就是控制回路的相互作用，如两个防喘振控制回路之间的相互影响。

喘振现象发生的最主要原因是压缩机的入口流量降低和出口压力升高，如图6所示，如压缩机二段出口压力上升，造成工作点越过喘振控制线（SCL），二段防喘振阀门会打开，避免二段发生喘振。但是同时会造成一段出口压力的上升，导致一段防喘振阀门被动打开，一段阀门打开又会反作用到二段入口，使二段入口流量降低，造成二段入口阀门继续打开。如此往复，一段和二段防喘振回路互相影响，造成系统失控，这种现象被称为回路间的耦合现象，如果不能很好地处理耦合现象，会造成装置大幅波动，降低控制稳定性。

3.4.2　解耦控制

当多段压缩机组的其中一段工作点越过喘振控制线，该段的防喘振控制回路即将打开防喘振阀门时，会同时计算阀门动作对其他各段工作点的影响，并将计算的输出值送到其他各

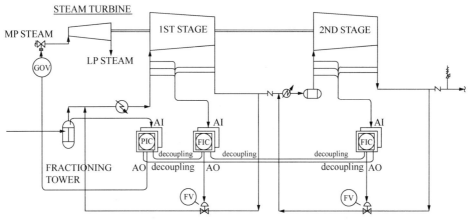

图6　耦合现象

喘振控制器，叠加到各段的防喘振控制输出上，实现多个防喘振控制回路的协调动作，克服耦合影响。

3.5　故障退守策略

当现场检测仪表发生故障时，如控制系统没有相应的应对措施，会导致控制系统根据错误的测量数据对防喘振阀门进行控制，导致阀门误动作，造成装置波动，甚至停车。故障退守策略可以有效地对仪表故障进行判断，并作出相应的反应，即保证设备安全又维持生产稳定。

表1　故障退守策略

序号	动作	结果
1	保持上一周期正常测量值	保持原正常运行状态
2	执行预设保守测量值	执行预设保守测量值
3	执行预设保守阀门开度	性能控制停用进入安全保护状态

如表1所示，系统会根据预先组态参数，执行不同的保护动作，达到保护设备、维持稳定生产的效果。

3.6　喘振实验

在压缩机出厂时，制造厂会根据设计工况，给出一条理论计算的喘振曲线。由于现场设备安装情况及实际工艺气体组分变化等因素，实际的喘振曲线往往与理论喘振曲线有一定偏差。

现场喘振实验能够找到喘振曲线的实际位置，给防喘振控制提供有力的数据依据。

喘振实验步骤：

（1）喘振试验在正常工况下，入口压力接近工况压力时进行。

（2）将压缩机出口阀门全部或部分关闭，在防喘振控制器处于软手动模式下进行。

（3）根据工况不同，在4~5个转速下进行喘振实验。

（4）慢慢关闭防喘振阀门，当捕捉到初始喘振状态，防喘振控制器迅速阶梯打开防喘振阀门。

（5）快速记录仪会记录在上述各个转速下压缩机出现初始喘振状态的各项运行参数，如压缩机的入口流量、入口压力、入口温度、出口压力、出口温度等。

（6）将上述初始喘振状态的各项运行参数输入专门的计算软件后，可以描绘出现场实测的压缩机喘振线。

（7）在实测的压缩机喘振线上加上一定的流量安全裕度，构成压缩机喘振控制线。

4　改造效果

4.1　节能效果

由于回流阀的关闭，在相同工艺参数下：改造后如表2所示，空压机组9.8MPa高压蒸汽用量从150t/h减少到143t/h，节能效果约为5%。

表2　改造前后参数对比

	导叶开度/%			高压蒸汽流量/(t/h)	防喘振阀门开度/%		
	空压机	增压机一、二段	增压机三段		空压机	增压机一、二段	增压机三段
改造前	32.3	84	84	150	0	13	14
改造后	27	49	68	143	0	0	0

按一年运行8000h计算，根据神木化工自身高压蒸汽价格85元/吨，空压机组年节能费用为7×8000×85＝476万元。

相同工况下防喘曲线比较如图7和图8所示。

4.2　工艺效果

该系统采用全冗余控制系统，结合现场回路诊断和退守策略，大大提高了控制系统的可靠性，避免了因仪表故障突变造成生产无辜停

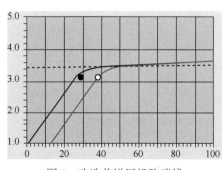

图7　改造前增压机防喘线

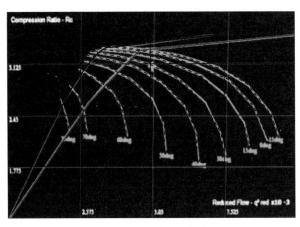

图8　改造后增压机防喘线

机，也解决了因生产波动对机组本身造成的破坏或影响。

经过压缩机防喘振控制系统改造，空压机组实现了回流阀、放空阀的完全关闭。

实现了机组从启机到停机的一键全自动控制开车。

对由于分子筛切换过程中，导致下塔液位波动较大，选用对空压机性能控制模块增加压力控制下限的方法，减小下塔液位波动。

增加了氧泵跳车的控制方案，防止机组的连续跳车，缩短了机组再次开车时间。

由于优化压缩机控制系统的引入，操作人员维护操作工作几乎为零，操作人员只需设定二期空压机/增压机高、低压缸出口压力性能控制器目标值(控制二期空压机入口导叶角度/增压机高、低压缸入口导叶)，有望实现无人值守运行机组或黑屏操作，解决了工艺岗位严重缺员问题。

5　国际压缩机控制发展展望

以上所提压缩机控制技术虽然在一定程度上提高了压缩机的运行效率，起到了节能降耗的效果，但随着压缩机控制系统硬件的进步以及防喘振算法的不断优化，压缩机的控制方案也有了更进一步的发展。比如目前在用的压缩机防喘振控制技术仍然是基于运行点与喘振控制线的相对位置进行判断并作出反应，系统仅在运行点越过喘振控制线之后，开始打开防喘振阀门。这种方案在应对缓慢或不剧烈的波动时是能够满足控制要求的，但在波动非常剧烈迅速的情况下，往往不能及时地作出反应或者反应过度，造成防喘振阀门大幅度打开，牺牲

了装置运行的稳定性和恢复时间。

由于硬件的发展，智能控制系统已可实现过去仅停留在演示/理论上的预判功能。由于生产中会进行各种各样的调整并且工艺波动有大有小，智能控制系统能提供更加完整和适当的预估响应措施，根据波动大小提供不同响应速度。这种控制方案会让控制系统从传统的被动式调节转为主动式控制。智能化主动式控制系统不仅能够进一步提高生产的稳定性而且能够给装置带来更高的安全性。

5.1　智能喘振预判

目前最新的压缩机控制技术已不仅仅局限于运行点的位置，还将运行点移动的方向与速度作为控制的参考因素，这种智能自动化手段可以更进一步加强防喘振控制功能。

如图9所示，当运行点由 t_1 位置快速移动到 t_2 位置时，系统会自动判断运行点的移动速度，当速度 v 超过系统极限值时，喘振控制线将主动向工作点移动，如由虚线位置移动到实线位置，使运行点提前越过喘振控制线，实现防喘振阀门在大幅波动下的提前打开，进行有效的超前调节控制。这种方法解决了传统压缩机控制系统为克服剧烈波动，不得不放大安全裕度、牺牲压缩机运行范围的问题，为压缩机运行提供了更大的可调范围。

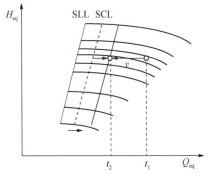

图9　喘振智能预判

5.2　智能阶跃响应

目前在用的控制系统在装置特殊波动，运行点越过阶跃相应线的情况下，出于设备保护的原因，会一次性大幅度地打开防喘振阀门，这种阀门打开方式是开环的，往往会造成过度保护，导致压缩机入口压力急剧上升，装置恢复平稳时间较长，甚至有可能造成放火炬。

如图 10 所示，最新的防喘振技术引入了智能控制概念，在运行点越过阶跃相应线后，会立即快速小幅度地打开防喘振阀门，并在下一个扫描周期继续监视运行点的移动方向和移动速度，如图 10（a）所示，如果运行点仍向喘振区域移动，并且移动速度 v 超过系统极限值，系统会再次小幅度快速打开阀门。控制系统会在每一个扫描周期都重复这种判断，直到运行点移动速度小于系统极限值或运行点向远离喘振区域的方向移动，系统将恢复正常的 PI 控制。这种新的智能控制方案，通过快速、连续、小幅度的打开防喘振阀门的控制方法，完全保证了压缩机组工作点远离喘振区域的安全需要，又始终使防喘振阀门处于一个最合理的开度，不会造成其超调过大，有效地避免了防喘振阀门大幅度打开造成的剧烈工艺扰动和能量浪费。而且由于对防喘振阀门开度的合理控制，使工艺系统始终处于一个合理的可控状态，大幅度减少了工艺波动后的恢复时间。

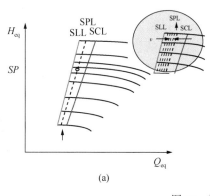

(a)

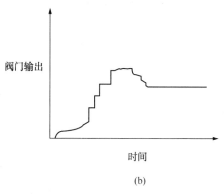

(b)

图 10　闭环阶跃响应

5.3　网络防护

另外，随着互联网时代的普遍及利用大数据来优化运行的发展趋势，集团与各分厂的通讯及数据采集系统需求会日渐增加。通过大数据分析，整体优化运行是各集团及企业的必然发展方向。但是，随着通讯及数据需求的提高，网络安全也成为困扰各个生产企业的一个重要问题。国际上，去年中东地区的部分电厂及其他企业均遭受过黑客的攻击，国内也有遭到此种骚扰的可能性。另外，国内很多企业的控制系统都遭受过蠕虫病毒的入侵，致使操作站瘫痪，造成全厂停车的严重后果，给企业造成巨大的经济损失。

因此控制系统的网络安全措施是未来各企业必须考虑的重要因素，系统的杀毒及木马防范的需求也会逐步提高，只有找到适当的防范措施，才能最大程度地利用互联网，利用大数据及智能化系统的优势给企业带来最大的效益。

6　结语

近年来，我国经济迅速增长，在各个领域实现了大量技术突破，同时也付出了巨大的资源和环境代价，因此，节能减排已经上升到国家高度。一套优秀的压缩机机组控制系统，不仅能够给企业带来可观的经济效益，同时也能帮助化工企业实现"机械化减员，自动化换人"，朝着智能化操作及建设智慧化工厂迈进。

汽油外浮顶储罐 VOC 排放调查分析

殷　高　劳瑞卿

（中国石化金陵分公司储运部，江苏南京　210033）

摘　要　本文介绍了 VOC 的组分与危害，结合油品储运部半成品工区汽油外浮顶储罐 VOC 排放的调查现状，对汽油外浮顶储罐 VOC 的来源及影响汽油外浮顶储罐 VOC 排放的主要因素进行了分析，提出了 VOC 排放治理的相关对策。

关键词　外浮顶储罐；VOC 排放；分析；对策

汽油挥发排入大气的烃类主要有烷烃和芳烃，包括异丁烷、丁烷、异戊烷、戊烷、己烷、苯、甲苯、乙苯、二甲苯等。汽油属于 B 类火灾危化品，闪点为 -50℃，爆炸范围为 1.3%~6.0%。由于汽油的闪点低、挥发性较强，因此在空气中只要有很小的点燃能量就会燃烧。当汽油蒸气与空气混合，浓度达到爆炸极限范围时，如果遇到一定能量的火源，就会发生爆炸。汽油的大量挥发不仅会带来一定的经济损失，而且会对环境造成污染，也对分公司的正常生产构成了极大的威胁。油品储运部半成品工区储存汽油的外浮顶储罐共有 12 台，其中 303#~306# 罐、309#~312# 罐单罐容量为 $1 \times 10^4 m^3$，231#~234# 罐单罐容量为 $2 \times 10^4 m^3$。

1　挥发性有机物排放的危害

（1）储存汽油体积量会减少，储存汽油中的各种组分的蒸气压不同，轻组分最容易挥发，直接影响汽油出厂质量。汽油蒸发造成启动性能变差，抗爆性能下降。

（2）大多数挥发性有机物（VOC）具有大气化学反应活性，是光化学污染的重要污染物。

（3）当空气中烃类蒸气体积分数达到 0.28% 时，人在 12~14min 后会感到头昏，达到 1.13%~2.22% 时就会引发急性中毒。VOC 气体急性中毒症状包括头痛、咳嗽、疲倦、疲劳、头昏眼花、恶心呕吐和情绪低落等。

（4）罐区空气中 VOC 达到爆炸浓度极限范围时，容易导致爆炸和火灾发生，造成严重的安全事故。

2　汽油外浮顶罐 VOC 排放的主要来源

2.1　透光孔

透光孔（见图 1）设在浮顶单盘上，用于油罐安装和清洗时采光和通风，一般为直径 600mm 的圆孔，法兰连接，严密封闭。透光孔法兰与透光孔盖之间为静密封，密封垫规格通常为 DN600、PN6。储罐储存的流体性质、温度、压力、密封面状况、接触宽度、密封面比压、垫片材质性能、尺寸、生产工艺变化、操作波动、外部条件如振动影响、设计、制造、安装缺陷、被连接件刚度不足、螺栓预紧力不当、垫片长期使用后老化、磨损、腐蚀等，这些都是造成透光孔密封面 VOC 泄漏的原因。

2.2　检尺口

检尺口（见图 2）是用来测量罐内油面高低和调取油样的专门附件。每个油罐顶上设置一个，大都设在罐梯平台附近。测量孔的直径为 150mm，设有能密闭的孔盖和松紧螺栓，在孔盖的密封槽内嵌有耐油胶垫。密封槽内嵌的耐油胶垫老化、磨损、腐蚀及检尺口孔盖密闭不严实，是造成检尺口处的 VOC 泄漏的主要原因。

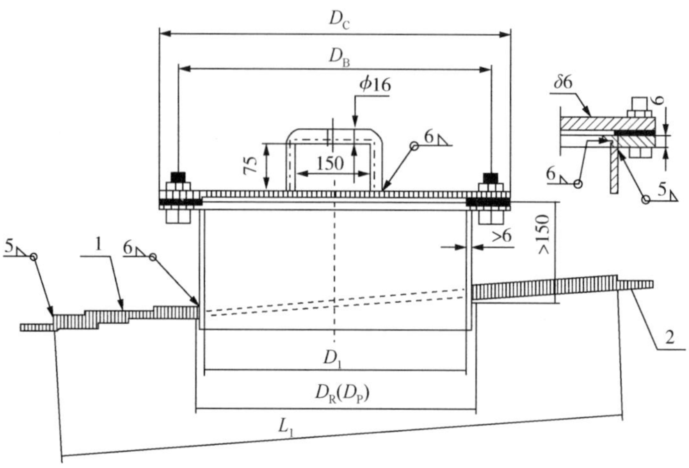

图1 透光孔结构示意

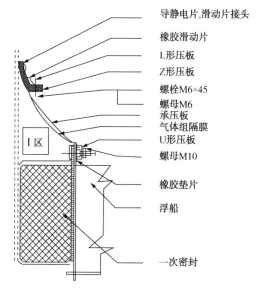

图2 检尺口

图3 外浮顶罐一、二次密封爆炸危险区域Ⅰ区

2.3 外浮顶储罐一、二次密封

外浮顶储罐的密封装置由一次密封和二次密封装置组成。目前一次密封装置通常采用机械密封、弹性填料密封、充液式密封等3种类型，其中弹性填料密封与充液式密封称为软密封。二次密封装置是在一次密封基础上新增的一套装置，覆盖了整个浮盘边缘气相空间，其主要作用是对一次密封泄漏出的油气进一步密封。弹性填料密封和充液式密封目前多数采用非浸液式安装方式，密封带与油面之间存在较大的油气空间，如果密封带老化或在运行中浮盘受液面的扰动而产生位置偏移，密封带与罐壁之间会存在较大缝隙，密封带下的油气将扩散至一、二次密封之间形成油气混合物，该区域也处于爆炸危险区域的Ⅰ区范围(见图3)。

2.4 单盘支柱

单盘支柱(见图4)穿透单盘且数量众多，对油品的储存损耗有着很大的影响。在支柱和套管之间约有5mm的间隙，并且没有采取密封

措施，造成了一定的储存损耗。由于浮顶单盘上有穿透浮顶的附件，特别是有数十根间隙较大的支柱存在，因此，易挥发油品会通过支柱与套管之间的空隙产生蒸发损耗。

2.5 通气孔

通气孔(见图5)是外浮顶储罐重要附件之一，主要是防止浮盘在运行过程中，浮盘内形成超压或者真空而损坏浮盘。其中阀盖与阀体间用耐油橡胶石棉垫密封。当浮顶处于支撑状态时，通气孔应能够自动开启；当浮顶处于漂浮状态时，通气孔应能够自动关闭且密封良好。密封面为钢板且耐油橡胶石棉垫老化、磨损、腐蚀，这些因素都会造成浮顶处于漂浮状态时，密封效果不理想，是造成通气孔处VOC泄漏的主要原因。

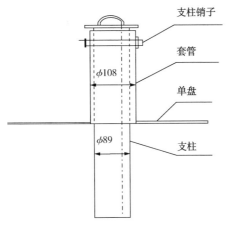

图 4　单盘支柱结构示意图

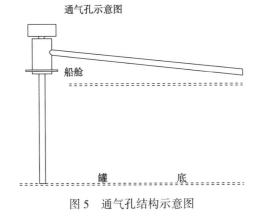

图 5　通气孔结构示意图

2.6　导向柱、量油孔

外浮顶储罐导向柱及量油孔经定位轮固定到浮盘上，其间用石棉板密封，由于浮盘的不对称偏移、导向柱及量油孔的垂直度有偏差等造成导向柱与浮盘间有了较大的缝隙，往往可以直接看到油面，这也是 VOC 排放量大的一个来源。为了保证储罐计量的准确性和采样的真实性，通常在导向柱上开若干孔（孔径约为 21mm，孔间距为 500mm，）与空气直接接触。

3　VOC 排放量检测统计及超标分析

3.1　VOC 排放量检测

本次 VOC 检测主要针对油品储运部半成品工区的 303# ~ 306# 罐、309# ~ 312# 罐、231# 罐、232# 罐、234# 罐（见表 1）。检测的位置是检尺口、导向柱、量油孔、一、二次密封、通气孔、透光孔、单盘支柱。并且确定罐顶检测位置，画出外浮顶罐测点图（见图 6），对储罐进行 VOC 数据检测，为以后进行数据比对、分析治理效果提供依据。为了便于比较，选用储罐均为外浮顶罐，密封形式为一、二次密封，储存介质为汽油。

表 1　汽油外浮顶储罐 VOC 检测值

项　目	罐号										
	303#	304#	305#	306#	309#	310#	311#	312#	231#	232#	234#
储罐油状态	静止	静止	静止	静止	静止	静止	静止	静止	静止	静止	收油
天气	晴	晴	晴	晴	晴	晴	晴	晴	晴	晴	晴
温度/℃	10	10	10	10	10	10	10	10	10	14	14
风力/级	1~2	1~2	1~2	1~2	1~2	1~2	1~2	1~2	1~2	1~2	1~2
油罐液位/m	13.85	2.667	4.569	13.35	3.566	2.852	5.233	2.833	2.666	2.842	9.549
流量	0	0	0	0	0	0	0	0	0	0	674.6
VOC/（μg/g）											
量油孔盖	15.56	15.76	15.26	15.15	17.07	17.49	15.47	11.62	17.32	17.53	13.47
量油孔	2481	1753	2790	2442	1126	2584	3288	1936	2179	460	1795
导向柱	1752	2236	1757	1972	2535	2974	983	2543	1744	1799	1176
通气孔 1	49.56	25.75	178	57.05	2902	11.65	37.66	17.37	35.41	15.60	1771
通气孔 2	1909	437	247	385	1359	13.06	23.48	17.92	37.97	17.20	2223
透光孔 1	49.56	179	145	993	941	17.41	29.99	9.47	135	14.07	914
透光孔 2	15.34	525	320	176	119	49.63	1980	17.68	25.64	17.78	458
二次密封 1	47.61	1564	43.90	43	361	1567	733	2518	29.69	77.35	752

续表

项　　目	罐号										
	303#	304#	305#	306#	309#	310#	311#	312#	231#	232#	234#
	VOC/(μg/g)										
二次密封2	941	1593	3545	93	383	530	1176	1535	27.28	37.53	1798
二次密封3	758	126	87.59	380	37.9	2974	19.63	1778	731	75.59	1123
二次密封4	543	180	326	376	43.34	1703	489	1991	1407	83.13	2580
支柱1	104	19.27	27.18	168	35.58	17.41	35.92	39.37	13.19	14.55	1502
支柱2	15.80	19.45	19.03	19.89	43.17	27.11	47.14	39.93	17.64	13.15	1983
支柱3	113	17.89	1590	24.87	45.69	27.15	108	31.16	13.91	27.35	1742
支柱4	27.51	17.84	37.79	25.66	25.44	107	29.12	25.82	189	25.64	1519

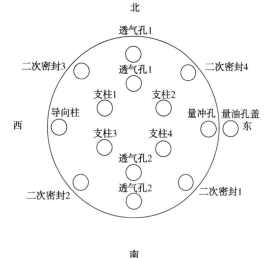

图6　外浮顶罐罐顶VOC检测测点图

3.2　数据分析

分公司规定VOC检测值大于500μg/g为超标。

（1）量油孔盖的高度一般为17.8m左右，与浮盘的距离较大，VOC检测值一般较小。

（2）量油孔与导向柱在外浮顶罐中对称分布，起到限制浮盘偏移的作用。因为导向柱的垂直度偏差及浮盘的偏移，导向柱与浮盘接触点有着较大的缝隙，目前用石棉板密封，效果不够理想，甚至可以直接看到油面，因此，VOC检测值明显超标，是VOC排放的主要来源。

（3）透光孔的VOC检测值存在不规律性。透光孔处为法兰连接的静密封，可以根据VOC检测值判断静密封点的密封情况。根据汽油外浮顶储罐VOC检测的数据发现部分储罐透光孔处的泄漏量超标。

（4）通气孔的检测值有的超标，有的较小，这与浮盘的凸起度以及自身的完好性有关。但是储罐在收油状态下，通气孔的VOC检测值超标，是VOC排放的主要来源。

（5）一、二次密封的VOC检测值基本上超标，分析汽油外浮顶储罐一、二次密封处的VOC检测值，可以发现同一储罐不同测点的VOC检测值存在着明显的差异。这与罐体的几何形状、罐壁的防腐效果、一次密封的补偿、二次密封的压紧力、量油孔和导向柱的垂直度等影响因素有关。在储罐收油状态下，一、二次密封处的VOC检测值超标，是VOC排放的主要来源。

（6）单盘支柱：在静止状态下，单盘支柱处的VOC检测值较小。分析汽油外浮顶储罐单盘支柱处的VOC检测值，在收油状态下，可以看到单盘支柱处的VOC检测值超标，是VOC排放的主要来源。

4　减小汽油外浮顶储罐VOC排放量的措施

（1）透光孔为静密封点，在检修时提高垫片安装水平。垫片与法兰密封面应清洗干净，不得有任何影响连接密封性能的划痕、斑点等缺陷存在。选用合适材质规格的垫片。垫片预紧力不应超过设计规定，以免垫片过度压缩丧失回弹能力。垫片压紧时，最好使用扭矩扳手。安装垫片时，应按对称位置依次拧紧螺母。但不应一次拧到设计值，一般至少应循环2~3次，以便垫片应力分布均匀。同时还应该考虑提高法兰的压力等级。这样可以有效地解决透光孔VOC检测值超标的现象。

（2）通气孔处阀体与套管间是用石棉垫密封，效果不够理想。考虑检修时将通气孔上下面钢板改为法兰端面，并且将石棉垫片更换为橡胶垫片，调整好支柱的垂直度，以便浮船升起来时通气孔密封性能更为理想，从而降低 VOC 排放。

（3）导向柱及量油孔与单盘之间存在明显缝隙，导向柱及量油孔上大量开孔，用石棉板作为密封材料，效果不够理想，考虑储罐检修时安装弹性密封（见图 7）。浮顶油罐导向柱和量油管密封套由柔性波纹管、上卡环、压紧环板、加强环和不锈钢加强绳组成，垂直安装在储油罐浮顶导向柱和量油管外侧，由于柔性材料制成的波纹管可随油品进出时储油罐浮顶上下伸缩移动，能在储油罐浮顶上下移动过程中始终对储油罐浮顶的导向柱和量油管进行密封，防止油气从导向柱和量油管工艺开口中挥发，保护大气环境及人身安全，确保储油罐安全运行。

图 7　导向柱（量油孔）柔性密封保护套

（4）储罐检修时，应该做好内防腐，一、二次密封的运行情况应该作为储罐运行管理的重点，如果发现一、二次密封材料出现损坏的情况，做好及时修补工作。检修时应调整导向管、量油管的倾度，通过管托、支架固定导向管、量油管的上下端，解除罐上部约束，通过垂直吊线重新找正，调整后恢复罐上部约束，使之满足规范中导向柱及量油孔的垂直度不大于 15mm 的要求。通过调整限位滚轴，适量增大或减少浮船与罐壁之间局部的环向间隙，控制间隙数值不超标。密封安装后，对一次密封进行外观检查，检查密封效果，包带有无皱褶、拧挤。一次密封安装后，安装承压板，对浮船起挡雨、增加二次密封与罐壁压紧力的作用，同时也限制了浮船的漂移。其中 232# 罐为新检修储罐，罐壁内防腐情况良好，一、二次密封运行情况良好，VOC 检测值较小。

（5）在检修期间对浮顶单盘上的支柱进行改造。将支柱的套管及支柱伸出单盘以上的部分割除，支柱直接焊接至单盘上，用补强板补强，并且在单盘下用加强筋加强，使油品表面蒸发的气体积聚在其表面形成隔热层，既避免了油气的挥发，又减少了从单盘到油面的热量传递，从而降低了油品的储存损耗。其中 312# 罐单盘支柱已经割除，支柱已经用加强板直接焊接到浮盘上，浮盘下用加强筋加强（见图 8）。

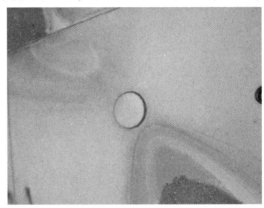

图 8　312# 罐单盘支柱整改效果

2016 年 8 月 19 日，在相同工况下，检测轻质油外浮顶汽油储罐（309# ~ 312#）的 VOC 值见表 2。其中，309# ~ 311# 罐单盘支柱未经过改造，VOC 检测值很大，明显超标。312# 罐单盘支柱处的 VOC 值很小。由此可见，轻质油外浮顶储罐单盘支柱的改造效果很好，不仅可以避免油气的蒸发损耗，而且能满足分公司对降低 VOC 排放的要求，也符合国家环保部的环保节能规定。

表 2　外浮顶汽油储罐顶 VOC 检测值

项　目	罐　号			
	309#	310#	311#	312#
油罐液位/m	3.348	14.015	2.624	2.680
VOC 值/（µg/g）				
单盘支柱 1	2356	3326	3698	8.368

续表

项　目	罐　号			
	309#	310#	311#	312#
VOC 值/（μg/g）				
单盘支柱 2	3256	2587	3587	5.623
单盘支柱 3	3658	6598	4587	5.689
单盘支柱 4	4569	4479	2359	7.356

5　结语

　　通过对汽油外浮顶储罐 VOC 排放量情况的调查和分析，指出降低储罐 VOC 排放的方向。有效地降低外浮顶储罐的 VOC 排放，有利于经济效率提高和环境保护。目前油品储运部已经对内浮顶储罐密封进行初步研究，并取得了一定的效果，外浮顶罐泄漏点的分析及治理势在必行。本文仅仅分析外浮顶汽油罐的泄漏点和治理方案的设想，并且部分整改措施已经取得效果。因此，降低储罐 VOC 排放的前期治理应该作为今后降低储罐 VOC 治理的主要方向，从源头治理，才是解决问题的出发点和立足点。

参 考 资 料

1　郎需庆，高鑫，宫宏，等．降低大型浮顶储罐密封装置内内油气浓度的研究．石油天然气学报，2008，（2）：618

2　赵静，张其琛，刘佳南．浮顶罐一二次密封油气浓度超标问题分析．科技风，2015，（11）：71

E-BA1101 乙烯裂解炉改造新技术应用

陈 林

（中国石化扬子石化有限公司烯烃厂，江苏南京　210048）

摘 要 简要介绍目前乙烯装置裂解炉现状以及国内外的技术水平。针对 E-BA1101 炉存在的问题，分析说明新技术、新材料应用的必要性，并对 E-BA1101 炉新技术的应用情况进行阐述，通过数据说明应用效果，证明新技术、新材料的合理应用弥补了国内裂解炉的空缺，同时也达到了节能目的，保证了裂解炉改造的成功。

关键词 裂解炉；新技术；新材料；应用

裂解炉作为乙烯装置的关键设备，具有技术水平高、投资大且用量广的特点。各种热裂解制乙烯的技术是朝着高温、短停留时间、低烃分压、提高操作弹性、延长运转周期和简化操作等方面努力，以期达到高效率、低能耗、对原料变化适应性强、裂解炉运转周期长以及维修方便的目的。随着乙烯装置规模的不断扩大，裂解炉的能力也相应扩大。乙烯装置的规模由最初的 100~300kt/a 发展到目前的 1000kt/a 以上，单台裂解炉能力也由最初 20~60kt/a 发展到 100kt/a 以上。

开发裂解炉节能降耗技术并在扬子石化完成样板炉改造后，可以根据不同装置裂解炉存在的不同问题，采用开发成功的不同单元技术，或者降低裂解炉排烟温度，提高热效率；或者采用新的炉管构型更换炉管达到提高目的产品收率，延长裂解炉运行周期的目的；或者更新耐火材料，降低散热损失等。

通过项目的实施，一方面提高了国产化裂解技术的技术水平，新技术新材料可以首先在裂解炉上得到验证应用，另一方面提高了裂解炉技术指标达到了降低物耗和能耗的目的，同时也带动了相关制造业的发展，项目实施后还可以对其他裂解炉进行相同方式的改造，节能减排量巨大，而且可以用其验证的单元技术来设计新的裂解炉，具有明显的经济效益和社会效益。

1 裂解炉存在问题

BA-1101 裂解炉原设计是以 LUMMUS 公司的 SRT-VI 型炉技术为基础的 SL-2 型炉，采用 24 组 4-1 型炉管，设计原料为石脑油及轻石脑油，由于受底部燃烧器供热存在局部过热及辐射炉管设计等多种原因影响，实际投油量约为原设计的 90%，裂解炉排烟温度通常在 125℃ 以上，热效率只有 93.3% 左右；同时裂解炉运行周期偏短，裂解石脑油在设计投料负荷的 90% 时，运行周期在 45 天左右。裂解炉的辐射段耐火材料由于长期运行，老化较为严重，同时由于底部燃烧器火焰直接喷到耐火砖造成耐火砖衬里损坏、炉外壁温度偏高，平均温度在 82℃ 以上，局部高温点超过 110℃，散热损失较大。原设计裂解炉采用挡板控制炉膛负压，风机功率较大，负压控制不平稳且能量浪费较大。

2 裂解炉改造新技术特点

2.1 辐射段新技术

扬子乙烯团队与 SEI 设计部门在研究裂解原理和消化吸收国外引进裂解技术的基础上，开发了 CBL 炉型，与国外裂解技术相比，技术水平相当，且在重质油裂解方面有优势。

2.1.1 炉管构型及工艺参数选择

扬子石化 BA1101 炉原为 SL-Ⅱ 型炉。根据此前裂解炉试验成果，对 BA-1101 炉运行状况进行分析研究，结合扬子石化的装置特点和原

作者简介：陈林（1976—），男，1999 年毕业于江苏石油化工学院化工设备与机械专业，现从事设备管理工作，高级工程师。

料情况，决定采用 CBL-Ⅵ型炉(改进 1-1 型辐射段炉管，详见表1)方案进行改造。对比原来的 SL-Ⅱ炉管构型，改变炉管构型后，由原设计的4-1 型炉管改变为 CBL-Ⅵ型改进 1-1 型炉管，停留时间与原设计相当，为 0.26s 左右，炉管平均热强度达到 80kW/m² 以下，裂解炉运行周期可以得到明显延长。配合增加扭曲片强化传热措施后，裂解炉运行周期在裂解 NAP 及 LNAP 时都达到 80 天以上。

在辐射段炉管的机械设计上，将第一、二程炉管之间的连接管由原来的普通弯头型式改为专利设计的大弯管组合件的型式，可以提高辐射炉管的机械性能，对延长运行周期及炉管的使用寿命有很大帮助。

表1　CBL-Ⅵ型炉结构参数表

炉管构型	1-1			
炉管总组数	72			
管程	第一程 (上)	第一程 (下)	第二程 (下)	第二程 (上)
炉管根数	72	72	72	72
炉管内径/m	0.058	0.066	0.066	0.066
炉管外径/m	0.070	0.080	0.080	0.080
炉管壁厚/m	0.006	0.007	0.007	0.007

2.1.2　扭曲片管数量及位置优化

扭曲片管强化传热技术从 1995 年开始在中国石化的支持下，由北京化工研究院和中科院金属所共同开发，金属所负责扭曲片管的制造，北京化工研究院负责扭曲片管的小试和工业试验的整体方案的制定和整个试验工作。1995～1997 年完成小试，1997～1999 年完成在辽化 CBL-I 炉上的初步工业试验，1999～2003 年完成在扬子石化的 SRT-Ⅲ型炉上的进一步的工业试验，2004 年开始在燕山和扬子进行整炉试验。扭曲片管强化传热技术可以有效延长裂解炉的运行周期，自从研发成功以来，得到广泛应用。目前，扭曲片管强化传热技术在众多乙烯装置裂解炉上应用，乙烯生产能力超过 600 万吨/年。中国石化北京化工研究院对扭曲片管进行详细的优化和模拟计算，计算结果表明：在 100% 负荷工况条件下，加入扭曲片管，裂解炉运转周期可达到 80 天以上(见表2，以轻石脑油为例)。

表2　轻石脑油裂解改造方案对比

项　目	原设计	改造方案 (无扭曲片)	改造方案 (加扭曲片)
炉管	24组4-1	72组1-1	72组1-1
投料量/(kg/h)	44550	44550	44550
稀释比	0.5	0.5	0.5
COT/℃	862	858	858
COP/MPa	0.106	0.104	0.104
辐射段压降/MPa	0.054	0.0465	0.0583
辐射段压降/MPa	0.07	0.0690	0.0909
停留时间(SOR)/s	0.247	0.2579	0.2614
运行周期(1115℃)/d	50	66	81
平均热强度/(kW/m²)	99.56	79.86	79.85

根据 BA-1101 裂解炉改造后辐射段炉管的具体情况，在辐射段炉管安装扭曲片管，以增加辐射段炉管内的强化传热效果，提高运行周期。根据计算，第一程炉管设置 1 个扭曲片，第二程炉管设置 3 个扭曲片，每组改进 1-1 炉管共设置 4 个扭曲片。BA-1101 裂解炉辐射段加入扭曲片管之后，比未加扭曲片管的最高管壁温度明显降低(见图1，以轻石脑油为例)，裂解炉运转周期延长。

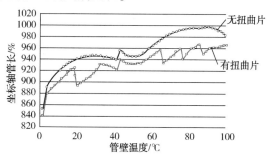

图1　加装扭曲片前后辐射段炉管壁温对比(轻石脑油工况)

2.2　对流段新技术

结合改造要求，改造后的热效率达到 95% 以上，根据裂解炉的实际情况，利用原对流段烟道的位置新增换热管排，引风机位置不变。经过多方案比较优化，最终确定采用模块化，这也是裂解炉对流段的首次应用：在原 UMPH 段预留的位置增加两排换热管，换热管尺寸及翅片设置与原设计相同；在原 BFW 预热段上增加 5 排换热管束，利用原上原料预热段的部分管板，换热管由原来的 7 排增加为 12 排，增加的锅炉给水换热管及翅片规格与原设计相同。上原料预热段的部分换热管束上移，新增部分管板；再新增9排上原料预热段的换热管，换热管外径为73mm，其中最上部4排换热管采用光管，下部5排为翅片管，翅片规格为：翅高/翅片厚度/每米翅片数＝12.7mm/1.27mm/197。增加的换热管为防止腐蚀，材料选用为不锈钢。所有管排均采用模块化安装，既节约检修时间，同时多数弯头在厂家预制，也确保了施工质量。

经过核算，对流段模块化应用，其管壁温度和翅片温度均不超过原设计温度。

考虑到轻石脑油的馏程较轻，汽化点提前，为保证对流段压降适当，选择轻石脑油进料口位置不变，改造后在第11排进入对流段。

改造后的裂解炉对流段采用6大组进料系统。对流段排布自上而下分为七段，分别为：上原料预热器（UFPH）、锅炉给水预热器（BWPH）、下原料预热器（LFPH）、上混合预热器（UMPH）、超高压蒸汽过热器（USSH、LSSH）、下混合预热器（LMPH）。过热至横跨温度的烃类和稀释蒸汽混合物经文氏管分配器进入辐射段炉管。

在两段超高压蒸汽过热器之间设置减温增湿器。通过调节注入减温增湿器的锅炉给水量来控制超高压蒸汽过热后的温度为520℃。改造后对流段主要工艺数据见表3。

表3 改造后对流段主要工艺数据

工艺数据	石脑油 核算原设计	石脑油 改造后	轻石脑油 改造后
投油量/（kg/h）	45509	45509	44550
稀释比	0.5	0.5	0.5
排烟温度（初期）/℃	123	97	108
进料温度/℃	60	45	30
横跨温度/℃	617	600	603
热效率/%	93.5	95.3	94.2

2.3 辐射段衬里新技术

本次辐射段衬里改造，采用了部分国外先进的材料，并且提高了材料等级。这里包括微孔板及派罗快的应用。

微孔隔热材料是通过将超细原料颗粒及其他外加剂进行优化组合形成亚微米级的孔隙结构，最大限度地阻止热传递的三种传热方式（传导、辐射、对流），使得产品具有超低的导热系数，从而达到优秀的保温隔热效果。摩根热陶瓷的微孔隔热材料的导热系数比静止的空气的还低，仅为普通硅酸铝纤维板导热系数的三分之一，是目前为止保温隔热效果最好的材料。

热陶瓷生产的陶瓷纤维派罗块系列是陶瓷纤维炉衬应用技术中的一项独特的创新产品，其特点主要表现在：高温下抗粉化；对红外线辐射的阻隔性能使纤维派罗块在高温下也能保持低导热性；它有一项独特的区别于纤维模块的性能，即在灼烧时，它可以从相对柔软、容易压缩的大块转化成为一种有相当强度、整体无缝的、类似于木板质地的结构，使其具有很好的抗风速能力；可以任意方向压缩，容易加工、切割，适应一些不规则部位；具有独特结构，在做拐角模块时，可以保证角落周围无论内外都是无接缝的内衬；抗热冲击能力强，高温灼烧后有承担负荷的能力；安装极其方便。

这些新材料的应用优化了炉衬的整体性能，同时有效地保证了炉内衬的施工效果。

2.4 引风机永磁技术运用

BA-1101裂解炉引风机改造采用永磁调速技术进行流量调节。永磁调速技术具有改造工作简单、节能、运行稳定、降低维护成本等诸多优点。但投资成本较高，节能效果与变频调速相比还有一定差距。由于裂解炉原设计风机采用6kV电源，如果采用变频则需要采用高压变频，价格较高且稳定性不好；而永磁调速方案原有风机、电机等都能够利旧，只需对设备底座、安装基础等进行简单的修改即可。

永磁调速具体技术原理如下：

永磁调速设备采用美国MagnaDrive公司提供的永磁调速设备。该设备是通过导体转子和永磁转子之间的气隙实现电动机到被驱动设备的转矩传输，采用该设备可以实现电动机和被驱动设备完全没有机械连接，通过永磁转子和另一端导体转子相互作用产生转距，同时通过智能电动执行器调节气隙大小实现电机和被驱动设备之间的转距控制，从而实现转速调节。

电机旋转时带动导磁盘在装有强力稀土磁铁的磁盘所产生的强磁场中切割磁力线，因而在导磁盘中产生涡电流，该涡电流在导磁盘上产生反感磁场，拉动导磁盘与磁盘的相对运动，从而实现了电机与负载之间的转矩传输。

根据扬子 BA-1101 炉的实际情况，最终选择采用永磁调速方案（见图 2）。将原挡板控制改为永磁调速控制。相对于挡板控制，其主要特点是通过调节气隙实现流量或压力的连续控制，在电机转速不变的情况下，调节风机的转速，从而调整炉膛负压。同时由于驱动器采用的是气隙传递扭矩，而不是硬连接，因此对电机和风机的连接精度大大减低，连接精度所造成的机械振动和噪音也随之降低。同时相对于普通高压电机能节能约 20%~30%。

图 2　永磁体安装现场

3　新技术和新材料的应用效果

3.1　新型衬里材料

BA-1101 改造前后的辐射段炉墙外壁温度的测量结果表明，由于保温效果的改善，改造后炉墙外壁温度均值由改造前的 96℃ 下降至 70℃ 左右，降低了 26℃。改造前后性能考核结果对比表明，炉墙散热损失由改造前 1.69% 下降至 0.94%，减少了约 0.5Gkal/h 的热量损失。

3.2　新型对流段原料预热盘管

改造后的 BA-1101 排烟温度由 125℃ 大幅下降至 90℃ 以下，改造前后性能考核对比结果表明，烟气热量损失由改造前 5.25% 下降至 3.31%，减少了约 1.26Gkal/h 的热量损失。采用新型对流段原料预热盘管设计可以有效地避免烟气露点腐蚀，从而保证原料预热盘管长期良好的换热性能。

3.3　新型辐射段炉管

辐射段炉管 TMT 监测结果表明，在运行过程中炉管整体 TMT 较改造前大幅降低并且温度分布更加均匀。其中炉管 TMT 由运行初期至末期平均较改造前下降了 30℃；相邻炉管间温差由改造前的 20~30℃ 降低至 10℃ 以内。

3.4　风机永磁调速装置

统计结果表明，改造后的 BA-1101 炉正常运行期间风机的驱动电机电流由改造前的 18A 降至 13.6A，节电 24.4%，年节约电量约 29.2 万度。

4　结论

改造中采用的新技术和新材料应用效果显著，大大降低了裂解炉的能耗，提升了裂解炉整体技术水平，为后续的样板炉改造提供了借鉴经验和依据。

（1）BA-1101 样板炉改造选用两程改进 1-1 炉管 CBL 型炉管，具有停留时间短、裂解温度高、压降小、烃分压低、裂解选择性高的特点。

（2）对流段盘管模块技术运用合理，有效降低了排烟温度，提高了热效率。LNAP 裂解时，热效率为 95.79%，均超过设计保证值 95.0%。

（3）辐射段新型衬里运用后，辐射段外壁温度明显降低，平均温度低于 70℃，外壁散热损失降低。

（4）永磁风机的合理运用有效降低了机械振动，同时也达到了节能的目的。

采用 CBL 新技术改造设计的 BA-1101 样板炉，改造方案合理，运行周期长，可达到满负荷运行平稳、正常，改造后的生产能力达到了设计值，排烟温度降到 95℃ 以下，热效率达到 95.5%，整体水平达到国际先进水平。

综上所述，扬子 BA-1101 样板炉改造新技术应用成功合理，达到或超过了设计指标。

高效、高压比丙烯气回收单螺杆压缩机的应用

蔡培源[1]　郑京禾[1]　王举贤[1]　陈贞毅[2]　周中华[2]　殷　军[2]

（1. 中国石化九江分公司，江西九江　332004；

2. 好米动力设备有限公司，上海　201100）

摘　要　本文主要介绍由中国石化九江石化分公司和好米动力设备有限公司联合开发的新型石化用水润滑丙烯气回收单螺杆压缩机机组。单螺杆压缩机由于其结构原理的优越性，单级压比高，动力平衡性极好，无泄漏三角形，具有高效、高压、高经济性，符合炼化行业大规模化对压缩机组长周期、大流量、高压比、高能效和环保的要求。

关键词　单螺杆压缩机；水润滑；高效；高压比

1　前言

在聚丙烯生产过程中，丙烯单耗损失是影响聚丙烯生产成本的决定因素，一些气体放空点排放的丙烯气体没有有效回收是丙烯消耗高的主要原因，因此对闪蒸尾气进行回收再利用是降低丙烯消耗、节约成本的有效途径。

九江石化聚丙烯装置排放尾气的回收处理工艺主要是采用压缩冷凝法，低压瓦斯回收系统气柜接收聚丙烯装置的尾气，通过压缩机将气相丙烯增压后冷凝变为液相丙烯回收再利用。由于气柜收集的尾气为常压，需要将其增压至1.8MPa，对丙烯气回收压缩机的排气压力要求较高，通常采用的是两级活塞式压缩机和两级双螺杆压缩机。活塞式压缩机气体处理量小，效率低，故障率高；双螺杆压缩机单级压比低，效率比活塞式压缩机稍高，但进排气压差大会增加转子受力，使轴承负载变大，压缩机故障率升高，增加了使用维护成本。

单螺杆压缩机由于其结构原理的优越性，转子受力平衡，无往复脉动，机组运行稳定可靠；容积效率超过85%，单级压比高达30，可采用喷水润滑，排气温度低，无需润滑油系统，具有很好的经济性且节能环保，很适合在单级高压比工况下应用。

2　聚丙烯装置尾气处理工艺

九江石化聚丙烯装置原设计能力为70kt/a，后扩能至100kt/a，每年排放尾气2800t左右，其中丙烯气含量约为85%，其余为不凝气。尾气回收系统设有一座10000m³的湿式气柜（柜2），原配备两套流量在600~900m³/h的双螺杆压缩机组（机-3和机-4），专用于丙烯回收，工艺流程如图1所示。

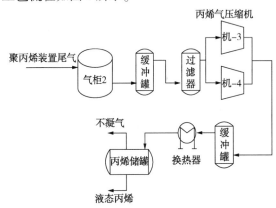

图1　聚丙烯尾气回收工艺流程

丙烯气压缩机旧机-3（见图2）机组排气量为800m³/h，进气压力为4kPa，排气压力为1.8MPa，一级排气压力为0.4MPa，功率为110kW；二级排气压力为1.8MPa，功率为75kW，转速为2960r/min。机组滚动轴承、机械密封和螺杆均用石脑油润滑和冷却，由于丙烯尾气中含固体杂质（碳粉、铁锈、催化剂等）和饱和水蒸气，压缩后析出的水使石脑油乳化变质，导致了一、二级压缩机的轴承和机械密封经常损坏。后改造压缩机将滚动轴承外置，采用油浴润滑，轴承故障率降低，但机械密封仍然会失效。

图2 旧机-3丙烯气压缩机组

3 单螺杆压缩机介绍

1955年英国人古德伊尔（J. W. Goodyear）申请的一种"压能变换装置"的专利获得批准，该装置可用作泵、压缩机、风机、转子发动机和液压马达等。1960年法国人辛麦恩（B. Zimmern）在此基础上提出了单螺杆压缩机的结构，约于20世纪70年代开始正式投产。这种压缩机仅有一根螺杆，因此通常被称作单螺杆压缩机，其主机的典型结构如图3所示。

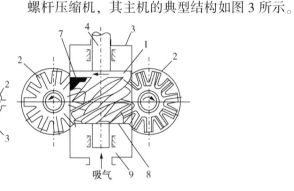

图3 单螺杆压缩机主机简图

1—螺杆；2—星轮；3—机壳；4—主轴；5—气缸6—孔槽；7—排气孔口；8—转子吸气端；9—吸气腔

单螺杆压缩机工作原理：在螺杆1两侧的同一水平面内对称地配置两个与螺杆齿槽啮合的星轮2，螺杆1、星轮2分别在气缸5、机壳3内作旋转运动，类似于涡轮蜗杆之间的啮合关系，螺杆周与星轮轴在空间相互垂直，气体由吸气腔9进入螺杆齿槽空间，经过压缩后，从开设在气缸上的排气孔口7流出。

单螺杆压缩机的主要特点：

（1）单级压比高。结合了往复压缩机和螺杆压缩机及中小型压缩机的优势，单级压比最高可达30。

（2）受力平衡性好。两个压缩腔对称布置在螺杆圆周上的两侧，径向力完全平衡；压缩后的气体从气缸圆周方向排出，螺杆排气端面不与压缩腔连通，进、排气侧端面作用的都是进气压力，故螺杆轴向力平衡。

（3）单机容量大，结构紧凑。单螺杆压缩机螺杆上布置有6个齿槽，螺杆每转动一周，每个齿槽基元容积均排气两次，基元容积的利用频率很高，相对于其他种类的压缩机，可以明显地减小压缩机的尺寸。

（4）无余隙容积，容积效率超过85%。在排气过程中，只有星轮齿与齿槽之间的间隙内的气体未被排出，此间隙的容积相对于排气量可以忽略，所以单螺杆压缩机几乎没有余隙容积。

（5）噪声低，振动小。单螺杆压缩机螺杆有6个齿槽，且每个螺杆与两个星轮配置，这样螺杆转子每转一转，基元容积完成12次吸、排气。当电机转速相同时，单螺杆压缩机每分钟的排气次数为双螺杆式的两倍多，这使单螺杆压缩机的排气脉动小，噪声低。

4 丙烯气回收单螺杆压缩机方案

九江石化和好米动力设备有限公司联合开发的高压比单螺杆工艺气压缩机组应用于八罐区机-3丙烯气回收。

1）丙烯气回收单螺杆压缩机主机方案

丙烯气回收压缩机（以下简称新机-3）采用单级单螺杆压缩机，如图4所示。

图4 丙烯气回收单螺杆压缩机主机

压缩机参照 API 619 设计，由于聚丙烯装置工艺调整时，气柜 2 的回收气量达到 900～1200m³/h，因此将新机-3 排气量增至 1200m³/h，排气压力为 1.8MPa，单级压比为 19，转速为 3000r/min，轴功率为 220kW；压缩机内部采用喷除盐水润滑冷却，排气温度≤70℃。

主轴轴承采用滚动轴承油浴润滑，星轮轴承采用脂润滑滚动轴承和喷水静压滑动轴承；滚动轴承采用外置结构，用集成式双端面机械密封隔离丙烯气和空气，冲洗方案为 PLAN54 系统；壳体采用整体铸钢设计，最大承压可到 5MPa。

2）新机-3 机组方案

新机-3 采用整体撬装设计，系统流程如图 5 所示，除盐水靠排气压力在系统内循环冷却和过滤；由于采用喷水润滑，且无同步齿轮传动，因此节省了一套润滑油系统。

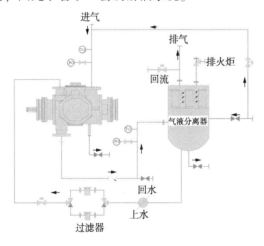

图 5　机组流程图

压缩机主机、防爆电动机、气液分离器、换热器、过滤器、仪表盘及就地 PLC 控制柜等元件集中布置于共用底盘，节省了设备对于安装空间的要求，撬装系统布置合理紧凑，如图 6 所示，设备的安装和检维修极为方便。压缩机入口配置反冲洗过滤器，过滤精度为 50μm，过滤丙烯气中碳粉、催化剂等大颗粒杂质，确保压缩机稳定运行，同时考虑到杂质较多、过滤器滤芯清洗频率高，因此采用自动反冲洗控制，节省人力。

图 6　机组撬装图

5　压缩机机组应用情况

新机-3 空气试车一次启动成功，排气压力升至 1.8MPa 后，机组运行稳定良好，运行参数均达到设计要求。

在机组投入丙烯气压缩运行后，实际运行情况受环境温度、丙烯气及工艺情况变化等影响，部分参数有一定波动，但整体趋于稳定状态，如图 7 所示。

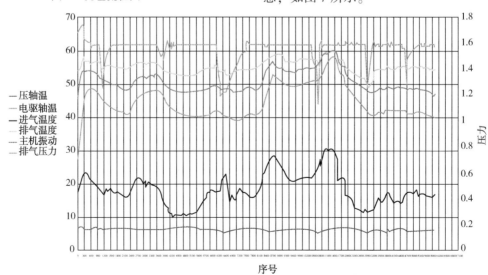

图 7　压缩机机组运行数据曲线

由于气相丙烯在 1.8MPa 下的冷凝温度为 44℃，使用旧机-3 压缩机时，夏季高温天气压缩机排气温度超过 80℃，需要额外对压缩机出口缓冲罐进行喷水冷凝；新机-3 通过调整换热器循环冷却水量，可将排气温度控制在 55～60℃，大大降低了冷却水的消耗，丙烯回收效率高。机组运行过程中，夏季时轴承温度不超过 60℃，主轴轴承振动不超过 5mm/s，满足压缩机长周期运行要求。

6　结语

新机-3 机组单级压比高，相比于其他形式的压缩机初次投入成本低，压缩机容积效率高，提高了丙烯气的回收效率并降低了能耗，经济效益非常好，较好满足了石油化工行业装置高压比工况的需要。机组的稳定性、可靠性、经济性均优于其他形式压缩机，满足了现场的工艺需求，填补了国内此类技术空白，实现了工艺气单螺杆压缩机技术的国产化，是一种较为理想的新型石化用工艺气压缩机。

参 考 文 献

1　郁永章，姜培正，孙嗣莹 . 压缩机工程手册 . 北京：中国石化出版社，2012

2　袁祎 . 九江石化加工损失现状及分析 . 中外能源，2010，15（7）：80-86

3　岳平 . 聚丙烯生产过程中尾气回收系统的应用比较 . 化工设备与管道，2011，48（3）：14-16

输油臂紧急脱离装置在散装液体危险货物码头的应用

吕 游

(中国石化扬子石化有限公司储运厂，江苏南京　210048)

摘 要　本文介绍输油臂紧急脱离装置(ERS)的结构、原理和工作性能，分别从安全生产、规范引文等方面，阐述了紧急脱离装置在散装液体危险货物码头使用的必要性，通过介绍非正常脱离的案例，提出了非正常脱离的有效防范措施。

关键词　输油臂；紧急脱离装置；结构；必要性；防范措施

1 概述

输油臂紧急脱离装置是(见图1)从安全生产的角度出发，在油船装卸船过程中出现紧急(管道泄漏、油船漂移、极端天气、火灾爆炸等)情况下，迅速将油船与岸侧装卸设施快速分离的结构，在防止水体污染、保障人身安全、防止事故扩大方面发挥着重要的作用。

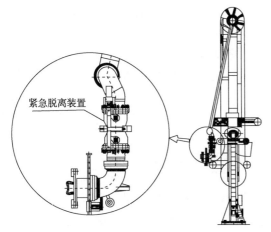

图1　输油臂及紧急脱离装置

扬子石油化工有限公司(下称扬子石化)现有固定式码头1座、浮动式码头6座，散装液体危险品泊位10座，总计70余台输油臂，承担着扬子石化1400万吨/年炼油大部分液体化工原料及产成品进出厂的重要任务。2017年对所有液态烃输油臂进行了更新、改造，其中改造1台进口低温乙烯输油臂(德国SVT制造)，更新3台常温液态烃输油臂(国产)，使得所有液态烃输油臂都具备紧急脱离的功能。

2 结构和原理

2.1 ERS的结构(见图2)

进口的输油臂大多配备紧急脱离装置，主要有两种典型结构，分别以美国FMC和德国SVT为代表，其共同点是主体切断阀(DBV)均是双球阀结构，区别在于紧急脱离接头(ERC)的不同：前者采用四夹板双液压缸控制，驱动机构体现的是液压连锁，结构较为复杂；后者是双夹板单液压缸控制，驱动机构体现的是机械连锁，结构简单明了，切断脱离顺序同步。目前，国内紧急脱离装置的研发制造技术日趋完善，正逐步缩小与进口设施的差距。

国产输油臂大都沿用了德国SVT的双夹板单液压缸控制机械连锁结构，并在材质和性能上逐步缩小与国外同类型产品的差距。

液压缸：ERS的主要执行部件，通过液压推动机械结构。

切断球阀：ERS内的主要部件，能把流动介质封闭在管线内，确保切断后无介质泄漏。

左、右夹板：两个球阀之间的连接装置，正常装卸作业过程中，能确保两个球阀法兰之间压紧并且密封可靠。

剪切销：为安全装置，用来确保整个系统的安全，避免由于手动误操作等造成的脱离，

作者简介：吕游(1992—)，男，2015年毕业于常州大学油气储运专业，现为扬子石化储运厂火炬气回收作业区设备员。

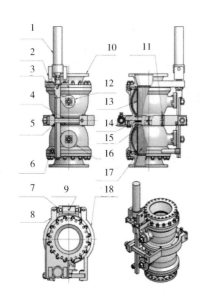

图 2　ERS 结构

1—液压缸；2—液压缸座；3—推杆；4—锁紧杆；
5—剪切销；6—导向轮；7—限位螺栓；8—左夹板；
9—夹板连接头；10—连接法兰；11—复位螺栓；
12—球阀驱动杆；13—臂侧球阀；14—主密封；15—定位销；
16—限位板；17—船侧球阀；18—右夹板

只有当剪切销被剪断后，才能实现正常的脱离动作。脱离后剪切销被破坏，不能再次使用。

控制箱：安装在输油臂一侧的球阀上，装卸船作业时，将其面板上的手柄推到输油臂"连接"位置，在这种情况下，ERS 才能工作，为安全装置，用来避免错误操作。

主密封：装在两个球阀的连接面之间用来防止泄漏，一般是一个增强 PTFE 密封圈，或是一个 O 形圈，为一个易损件。

2.2　ERS 的原理

在紧急情况下，ERS 启动通过上下球阀的分离使输油臂与油船歧管法兰脱开。脱离后，臂侧的部分与输油臂相连保持在臂上，船侧部分保持在槽船上。脱离前，两部分球阀可靠地关闭，确保在输油臂上和油船上均不会发生泄漏。

ERS 驱动力来自液压缸，液压缸伸缩运动通过推杆来控制夹板的开合和切断球阀的启闭。两个切断球阀通过左右夹板连为一体，在切断球阀之间的密封面上有一个主密封用来防止介质的泄漏。当脱离时，左右夹板快速打开，使两个球阀实现脱离（见图 3）。

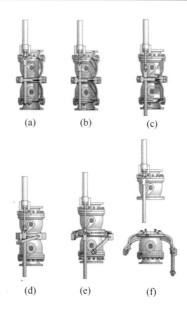

图 3　ERS 脱离过程演示

3　性能要求

3.1　结构要求

（1）紧急脱离装置宜安装在三维接头的垂直管段，减少脱离后输油臂外臂与油船上设备钩挂的可能。

（2）切断阀宜选用球阀，球阀具备密封性好、操作力小、关闭后两阀间残存介质损失量最少的特点。

（3）推杆机构宜采用机械连锁，靠液压缸为动力，先同时关断两球阀，再打开夹紧机构实现装置脱离，可避免脱离后切断阀关闭不严的现象发生。

（4）夹紧机构可采用楔形双夹板结构，确保连接部位的密封和可靠性，确保正常使用的状态下不会自动脱开；同时夹板与切断阀法兰接触面采用圆弧面设计，保证夹板的开启力从大到小均匀变化。

（5）紧急脱离接头应有正确对接的机械确认标识，在紧急脱离后可迅速对位恢复。

3.2　控制要求

（1）紧急脱离装置应由下列途径启动：

① 当输油臂到达规定的报警位置时自动启动，即在输油臂包络范围的脱离区域。

② 在液压控制柜处可由手动按钮操作启动，即工作区域内发生紧急情况可人工紧急脱离，且手动按钮应设有误操作防护功能。

③ 可根据生产控制要求在其他地点设置手

动按钮操作启动，按钮同样具备误操作防护功能。

④ 可根据生产控制要求将紧急脱离信号与装卸船机泵进行连锁，减少水击、憋压等对设备设施的影响。

（2）紧急脱离装置应不能在输油臂接卸对位过程中启动，亦不能在日常维护或维修时启动，但应能够定期在维修时进行紧急脱离试验。

（3）具有声光报警系统，即超输油臂包络范围的工作区域报警，报警信号具备远传中控室 DCS 系统的接口。

（4）在紧急脱离接头分离时，输油臂外臂应以适当速度抬起约 1m 的位置并制动，防止与油船设备挂钩以及误伤作业人员。

（5）紧急脱离接头应尽可能快速脱离，所有部件宜在 1s 内完全释放并远离连接的管端。

（6）紧急脱离装置的液压驱动装置具有独立的液压控制回路。

4 使用的必要性

4.1 安全生产的必要措施

（1）液体化工品输送管道发生泄漏，需立即中断船岸连接管线。

（2）因极端天气或巡检不到位导致缆绳松动、断裂或走锚引起油船漂移，输油臂超出包络范围，需中断船岸连接管线。

（3）当码头或油船发生火灾爆炸等情况时，为避免事故扩大，应立即中断船岸连接管线。

4.2 规范标准的规定要求

（1）GB/T 15626—1995《散装液体化工产品港口装卸技术要求》5.2.2 规定输油臂应具备与船舶段紧急脱离装置，以备异常情况时船尽快离开码头。

（2）SY/T 5298—2002《港口装卸用输油臂》4.1.2 明确规定输油臂应具有快速连接和快速脱离装置。

（3）JTS 165-8—2007《石油化工码头装卸工艺设计规范》6.1.6 明确规定了装卸甲 A 类和嫉妒危害物料输油臂前应设置紧急脱离装置。

（4）HG/T 21608—2012《液体装卸臂工程技术要求》4.7.1 明确规定输送原油、轻油、液化烃、可燃液体、腐蚀性液体介质、有毒液体介质或低温液体介质的液体输油臂，应配备液

压操纵的紧急脱离系统。

5 ERS 非正常脱离及防范措施

5.1 案例与原因分析

2010 年 5 月，一艘 30 万吨级油船停靠在某公司原油码头，码头操作人员对接好油船歧管法兰后，将紧急脱离装置段手动切换阀箱手柄打到"连接"位置，输油臂与油船接口发生非正常脱离。幸好操作人员作业后立即远离输油臂，未造成人员伤亡，若发生在卸船过程中，上下阀门无法正常关闭到位，极可能造成原油泄漏引发水体污染。若输油臂紧急脱离头无法迅速修复，将延长卸油时间。

经回放监控视频，操作人员严格按照操作法操作，未发现违章作业。通过检查电气线路，发现输油臂接近开关进水腐蚀，导致接近开关误报警。经厂家技术人员商定，选用防水型开关。限位开关修复后立即进行脱离恢复工作，发现上部切断阀无法正常复位，经检查发现，由于脱离装置长时间未动作，且为加注润滑油维护，导致阀杆锈蚀卡阻、复位不灵活。

5.2 防范措施

针对类似输油臂紧急脱离装置非正常脱离事件，码头装卸设备和管理可从以下几个方面进行防范，确保码头输油臂装卸作业的安全性与稳定性。

（1）加强设备前期管理。在输油臂设计选型时，宜采用先进、稳定的技术。由于接近开关为机械结构，无法适应码头潮湿、腐蚀的环境，目前大都采用感应式的限位开关，避免腐蚀等带来的短路、卡涩故障。

（2）加强输油臂的维护保养。通过与厂家签订码头维保协议或委托具备相应资质、能力的单位，定期对输油臂的关键部位进行检查调试、维护保养，如定期更换液压油、清洗电磁阀、维护紧急脱离装置切断阀、钢丝绳润滑保养等。

（3）加强日常岗位巡检、落实船岸安全措施。码头作业人员应加强对油船漂移、缆绳松紧度等方面的检查，督促船方甲板留人值守，严格比照《船岸安全检查表》落实船岸安全措施，防患于未然。

（4）定期进行紧急脱离装置试验。每半年

至少进行一次输油臂紧急脱离装置空脱试验。试验前应首先检查输油臂内外臂是否平衡、电液控制系统能否越限报警、输油臂工作包络范围是否正常。试验过程中应着重检查夹紧机构和整个系统的稳定性，以及蓄能器是否能打开紧急脱离装置。复位后应按照有关规范进行气密试验。

（5）加强码头作业人员培训。配备紧急脱离装置的输油臂与早期人力自平衡式输油臂相比，结构较为复杂，应针对性地开展作业人员培训，真正做到懂性能、懂原理、懂结构、懂用途，会操作、会保养、会排出故障。

（6）落实关键零部件备件，以便故障时及时修复，如主密封、电磁阀、溢流阀。

6 结语

输油臂紧急脱离装置在散装液体危险货物码头的应用，大大提高了码头装卸作业的安全性，日常的设备维护管理可有效提高紧急脱离装置的稳定性，相信将会有更多的新技术应用到码头装卸作业中，提高装卸生产作业的安全与稳定。

参 考 文 献

1 伏广东，宋磊．输油臂紧急脱离装置的结构设计．中国电子商务，2012，（21）：198-198

2 韩会林、张圣康、孙兰萍．装卸臂紧急脱离装置的必要性及技术要求．中国石油和化工标准与质量，2013，33(18)：60-61

3 GB/T 15626—1995　散装液体化工产品港口装卸技术要求

4 SY/T 5298—2002　港口装卸用输油臂

5 JTS 165-8—2007　石油化工码头装卸工艺设计规范

6 HGT 21608—2012　液体装卸臂工程技术要求

7 赵飞松．输油臂紧急脱离装置非正常脱离事件分析及预防．安全、健康和环境，2010，10(10)：5-7

新型低氮燃烧器在常压装置加热炉的应用

葛金卫　付安军

（中国石化巴陵分公司炼油部，湖南岳阳　414014）

摘　要　针对常压装置应用的新型低氮燃烧器，分析了其结构原理和特点，以及采用 CFD 计算机模拟的炉膛内的温度分布、速度分布、燃料及氧气的浓度分布等信息，为判断燃烧器性能提供了依据，通过对排放烟气的测量，验证了燃烧器的实际应用效果，为类似加热炉 NO_x 减排达标提供了参考。

关键词　新型低氮燃烧器；空气分级；燃料分级；排放达标

1　背景

随着我国对大气环境保护的重视，对烟气中的有害物质 NO_x 含量限制的要求也逐步提高。大气中 NO_x 含量的增加，是形成雾霾和酸雨的主要原因。氮氧化物（NO_x）是大气的主要污染物之一，温室效应为 CO_2 的 200 倍，并参与臭氧层的破坏，也是形成光化学烟雾的主要组分。全球工业每年排入大气的 NO_x 总量超过 5000 万吨，而且还在持续增长。2015 年 4 月，国家环保部颁布了《石油炼制工业污染物排放标准》（GB 31570—2015）：现有企业自 2017 年 7 月 1 日起执行工艺加热炉氮氧化物小于 $150mg/m^3$ 的排放标准，国外标准排放值更低，因此研究降低及治理 NO_x 排放是环保领域的主要方向之一。

工业管式加热炉是炼油化工、电力、冶金等行业生产装置中的主力设备，降低烟气中 NO_x 排放量可从以下两方面着手：对烟气中的 NO_x 进行脱除处理；采用低 NO_x 燃烧器。而采用低 NO_x 燃烧器是治本之法。因此高效低 NO_x 燃烧器的应用为这些高能耗行业的良性发展提供了前提保证，并有利于其绿色发展。

某石化公司炼油部的常压装置有一台常压炉 F-101，炉底安装有 12 台燃气燃烧器，新标准执行后面临着排放超标的问题。为实现达标排放，该部组织了通过技术调研和必选及论证，选取了一种低氮燃烧器。该燃烧器通过独特的燃料供给形式、耐火砖的特殊结构及限制燃烧反应区的温度来控制 NO_x 产物的大量生成，实现烟气 NO_x 达标排放。

2　燃烧器过程中 NO_x 生成机理

燃烧过程中 NO_x 生成主要有三种途径，分别是快速或直接转化型、燃料转化型、热力型或热转化型。

快速或直接转化型 NO_x 是 1971 年 Fenimore 通过实验发现的，在燃料为碳氢化合物且燃料浓度过高时，在反应区附近会快速生成 NO_x，由于燃料挥发物中碳氢化合物高温分解生成的 CH 自由基可以和空气中的氮气反应生成 HCN 和 N，再进一步与氧气作用以极快的速度生成 NO_x，其形成时间只需要 60ms。快速 NO_x 在燃烧过程中的生成量很小。影响快速 NO_x 生成的主要因素有空气过量条件和燃烧温度。

燃料型 NO_x 是指在燃烧过程中，燃料中的含氮化合物经过热分解和氧化而生成的 NO_x。由燃料中氮化合物在燃烧中氧化而成。由于燃料中氮的热分解温度低于燃料燃烧温度，在 $600\sim800℃$ 时就会生成燃料型 NO_x。首先是含有氮的有机化合物热裂解产生 N、CN、HCN 和等中间产物基团，然后再氧化成 NO_x。

热力型 NO_x 是空气中的氮气在高温条件下氧化生成的 NO_x。温度是空气中氮气转化为 NO_x 的最主要因素，研究认为在 $1600℉$（$870℃$）以下时，反应基本不发生。热力型 NO_x 的生成量和燃烧温度关系很大，在温度足够高时，热力 NO_x 的生成量可占到 NO_x 总量的 90%，随着反应温度 T 的升高，其反应速率按指数规律增加。当 $T<1300℃$ 时，NO_x 的生成量不大，而当 $T>1300℃$ 时，T 每增加 100℃，NO_x 反应速率增大6~7倍。

常压装置加热炉目前使用的是催化干气作为燃料，根据对燃料组分的分析和结合 NO_x 的生成机理，判断烟气中 NO_x 生成的主要来源是燃烧过程中热力型 NO_x。

3　低氮燃烧器结构简介

该燃烧器由主燃料枪、异型耐火砖、壳体和助燃热空气口组成，如图1所示。助燃空气口设置在燃烧器壳体的侧面，并带有调节风门，可调节自加热炉余热回收系统来的热空气量，以控制燃烧效果。单台燃烧器仅设主燃料枪，4支均布（当燃烧器负荷增大时，可偶数递增），分布在异型耐火砖的外侧，主燃料枪上在不同的方位上开大小不同的孔，使燃料分为两路，分别从异型耐火砖的内侧和外侧进入燃烧区域。异型耐火砖在安装主燃料枪的位置开斜孔，斜孔与内侧的圆环形通道连通，圆环形通道上部的挡环开一定角度的斜口，与斜孔位置错开，与主燃料枪数量相同。异型耐火砖外侧与竖直方向成一定夹角，内侧环形通道整体在同一水平面且低于上沿。

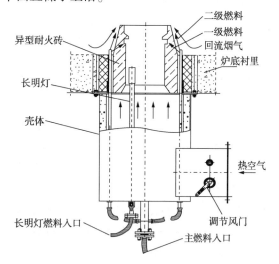

图1　新型低氮燃烧器结构示意图

4　低氮燃烧器结构原理及特点

影响热力学 NO_x 生成的因素主要有燃料组分、氧气浓度和助燃空气温度三个方面。根据研究，低 NO_x 燃烧技术通常从空气分级、燃料分级和烟气回流三方面着手实现低 NO_x 生成。

该燃烧器首先采用4只主燃料枪，主燃料枪上在不同的方位上开大小不同的孔，使燃料分为两路，分别从异型耐火砖的内侧和外侧先

后进入燃烧区域，实现了燃料分级。燃料分级配入并在两个相对独立的燃烧区内完成燃烧，耐火砖内侧在过量空气中完成燃烧，大量的空气会降低火焰中心的温度，避免热力学 NO_x 的大量生成。耐火砖采用独特的异型结构，内侧形成环流，与助燃空气相混合形成圆柱状，扩大了燃烧区域，避免了火焰集中而造成火焰中心温度高的弊端。

采用了烟气再循环技术，经燃料枪小孔从耐火砖外侧进入燃烧区域的二级燃料，由于燃料高速射流在耐火砖外壁附近形成较强的负压，炉内烟气在此负压的作用下，快速填充负压区，将烟气在循环引入到燃烧器气体中。低温惰性的烟气不仅使火焰冷却，还降低氧分压及氧浓度，有效地减少氧气和 NO_x 的反应几率，从而进一步降低 NO_x 的生成和排放。

常压装置加热炉低 NO_x 燃烧器投用后，火焰呈圆柱形，蓝色透亮状态，火焰更稳定、燃烧更充分且刚直有力，实现 NO_x 低含量生成的环保目标。

5　CFD计算机模拟

5.1　计算模型及网格

5.1.1　计算边界条件和几何模型

本燃烧器为外混式燃气燃烧器，为使计算结果与实际运行工况尽量一致，计算时采用边界条件尽可能与实际运行工况一致。实际运行时，炉内布有多台燃烧器，而本模拟的目的是考察燃烧器的性能，只分析单台燃烧器在给定条件下的燃烧效果，因此炉膛采用实验炉结构，最终所建立的计算域集合模型如图2所示。

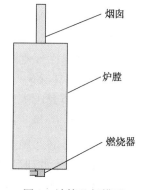

图2　计算几何模型

5.1.2　计算网格

计算采用四面体网格，如图3所示，由于

瓦斯枪喷口直径相对于炉膛非常小，网格划分时采用了局部加密的不均匀网格，最终生成网格量约1000万。

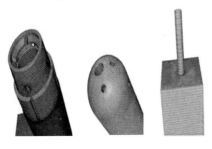

图3　燃烧器、枪头和炉膛网格（局部）

5.2　计算结果

燃烧器本身为外混式燃烧器，中间流道为空气流道，氧气与周边燃气混合后发生燃烧反应，形成基本对称的空心状火焰分布。从图4（b）中可以看出，一侧的高温区面积稍大，这应该是由空气在燃烧器截面上分布不均匀造成的，说明风道内挡板的存在虽然很好地改进了空气的分布，但仍存在改进的空间。从图4可以看出，炉内平均温度约在1200K，该温度相对较低，热力型的NO_x生成量少，有利于降低最终的NO_x排放。

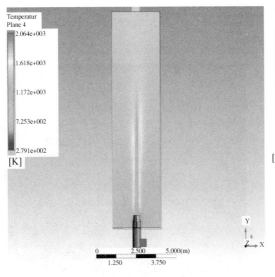

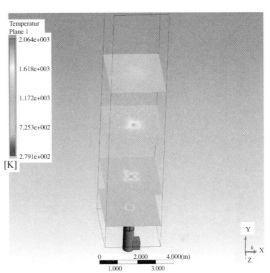

(a)中心截面温度分布　　　　　　　(b)高度方向温度分布

图4　炉内温度分布图

图5显示为炉膛内氧气浓度分布。空气从进风口到达炉膛后，在喷枪附近与燃料气混合，氧气因燃料的燃烧而消耗，而燃烧器中心部位，因未来得及与燃料气混合，浓度较高。耐火砖周边氧气浓度较高则是因为瓦斯枪和耐火砖之间存在空隙，空气从该空隙漏入导致的。

图6为正向及侧向视图下炉膛内甲烷的浓度分布，可以看出，炉膛内达到一定高度后，甲烷浓度分布基本为0。按照火焰端面的定义，此处高度即为火焰的高度，根据炉膛高度判断，火焰高度约为2.5m。图7为炉膛内的速度分布，从图中可以看出炉膛内大部分区域气体流速在5m/s以下，火焰部分速度在13m/s左右。

图5　炉膛内氧气浓度（质量比）分布

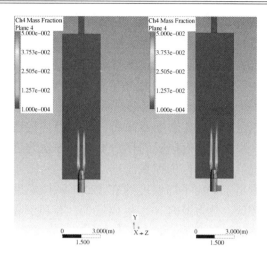

图 6　甲烷浓度分布

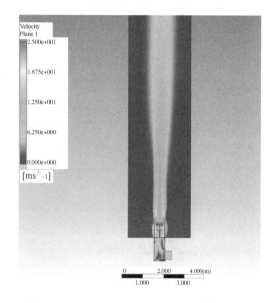

图 7　炉膛内流速分布

5.3　计算结果分析

通过建立模型模拟和计算获得了该种结构燃烧器单台燃烧工况下的性能，主要有炉膛内的温度分布、速度分布、燃料及氧气的浓度分布等信息，为判断燃烧器的性能提供了一定的依据。从计算的数据可以看出，该种结构的燃烧器能够实现燃烧火焰中心温度降低，整个燃烧区域范围扩大，实现了 NO_x 生成大幅减少，从而实现了达标排放。

6　燃烧器的应用效果

常压装置加热炉 F-101 自 2016 年 3 月燃烧器投用后，运行平稳，NO_x 各项经济指标及环保排放均达标，实现了预期的目标。低氮燃烧器投用后，燃烧火焰如图 8 所示，检测数据见表 1。

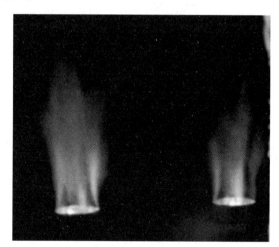

图 8　低氮燃烧器燃烧火焰

表 1　常压炉排放烟气 NO_x 检测数据

检测日期	2016. 3. 29	2016. 6. 20	2016. 9. 27	2016. 12. 21	2017. 3. 35	2017. 6. 28	2017. 9. 22
检测数据/（mg/m^3）	45	48	52	72	68	69	74

检测数据表明，该低氮燃烧器的结构设计使得了燃烧的优化，实现了 NO_x 低排放，取得了良好的效果。

7　结语

控制大气中的 NO_x 排放量是防治大气污染的重要措施。通过采用燃料分级和烟气再循环技术，改变燃烧条件抑制氮氧化物生成，从而从源头上降低 NO_x 的排放，对控制大气中的 NO_x 排放量具有重大意义。采用新型低氮燃烧器对加热炉进行改造，达到了预期的目的，取得了良好的效果，改造后加热炉烟气中 NO_x 低于 $100mg/m^3$，满足了石油化学工业污染物排放标准及石油炼制工业污染物排放标准。文中介绍的燃烧器结构和 CFD 模拟方法对炼油行业中工艺加热炉低氮燃烧器的改造有一定的参考价值，尤其是 CFD 模拟在一定程度上可以模拟燃烧器工况预测烟气中 NO_x 排放浓度，保证了现场改造的成功率，可为同类装置的加热炉改造提供借鉴。

旋转导流式反冲洗过滤器在渣油加氢装置的操作应用

张 晃

（中国石化上海石油化工股份有限公司烯烃部，上海　200540）

摘　要　详细介绍了旋转导流阀结构的反冲洗过滤器在渣油加氢装置上的运行情况，针对过滤器的特点介绍了过滤器的停车和重启操作要点和日常维护措施。采用真空焙烧、酸洗碱洗和超声波清洗的组合工艺，能有效实现对滤芯的清洗，并提出对检验滤芯滤饼厚度和水通量检量化滤芯清洁程度。

关键词　渣油加氢；反冲洗；过滤器；滤芯修复；滤芯清洗

1　前言

近年来，随着世界原油需求的持续走高，原油资源的重质化越来越明显，且全球的重油和油砂剩余储量相当巨大，炼油生产过程中重质原油的加工比例将越来越大。与此同时，轻质油及优质车用燃料油的需求在逐年增加，重质渣油转化为优质的轻质油品已成为世界炼油技术发展的主要方向。固定床渣油加氢技术是比较成熟的渣油加工技术，在相当长的一个时期内仍将是炼厂渣油加氢技术的首选技术。为延长装置的运行周期和加工更加劣质的原料，技术上的改进将从催化剂体系、工艺流程改进、工艺级配和操作条件优化等方面展开。在工艺流程的改进上主要解决的是在加工劣质渣油时，保护和脱金属反应器往往由于床层堵塞或催化剂活性先于脱硫转化主催化剂失活，从而造成装置运行周期缩短或主催化剂利用效率低等问题。

渣油（常压渣油、减压渣油）是原油一次加工（常、减压蒸馏）后剩余的最重部分。与轻质馏分油相比，渣油组成复杂，黏度高，密度大，氢碳比低，残炭值高，含有大量的金属、硫、氮及胶质、沥青质等杂质，这些杂质对固定床加氢装置最大和最直接的危害就是堵塞反应器的催化剂床层，特别是第一床层顶部板结从而使床层压降快速升高，降低催化剂的活性，使装置运转周期缩短。选择运行可靠、精度效能稳定的自动反冲洗过滤器系统，原料油实现有效严格的过滤，有利于加氢装置长周期平稳运行，具有可观的经济效益和重要现实意义。一般地，过滤器的精度设置在 $25\mu m$，过滤效率设置在 98%，能尽可能地将固体颗粒包括 Fe 的悬浮颗粒物过滤掉。关于原料油过滤器的应用和维护的报道较少，本文主要针对渣油加氢装置的反冲洗过滤器日常的操作、维护，及注意事项等进行阐述和对比分析，以期利于装置的操作和运行。

2　项目概况

本装置为固定床加氢脱硫装置，采用中国石化工程设计公司工艺，公程规模为 390 万吨/年，为双系列，年开工时数为 8000h，装置建于 2012 年，并于 2012 年 11 月投产使用。经升压、换热，进入原料油过滤器，以除去原料油中大于 $25\mu m$ 的杂质。该过滤器整个反冲洗过程为全自动 PLC 控制，无需人员值守，在正常工艺和操作条件下，实现有效过滤。本装置采用的过滤器为美国进口的反冲洗过滤器，为旋转导流式，外部反冲洗模式，反洗来源为分馏塔塔底加氢常渣产品。整个过滤器系统的最大特点是减少了阀门的数量，运行稳定，有效实现了对机械杂质的过滤。

3　过滤器运行与操作

本装置采用的是旋转导流式进口过滤器，每台过滤器由六个滤筒组成，六个滤筒圆形布置，由底部进油腔、顶部出游腔、上下两个旋转导流机构、反冲洗入口自动球阀、反冲洗排污自动球阀以及进料置换入口球阀组成。反冲洗启动时，通过上下旋转导流阀的旋转，配合阀门使得六个滤筒中的一个滤筒形成通路，实现对单个滤筒内的滤芯进行反冲洗。在反冲洗之前，设置了进料置换步骤，目的是避免将滤器内的高硫油（未加氢）在反冲洗时排放至加氢渣油产品中去。

3.1　日常操作关键

从过滤器的运行原理看，保持上下旋转导流阀的同步是过滤器正常运行的关键，否则将会报错，所以保持操作条件的稳定至关重要。因此在切换原料油和调整掺渣量时来料管线上的阀门的打开和关闭要缓慢，由 1/2 开度，到 3/4 开度，到全开在 4h 内完成，必要时需手动启动过滤器反冲洗，且原料油温度控制在 260℃以上。旋转导流阀定位的接近开关以及导流阀的锁销气缸需要定期检查，确保其性能和灵敏度。定期对旋转导流阀盘根石墨填料进行维护，结尾时需要手动旋转导流旋转阀的阀杆确保其顺畅。根据装置操作的经验，可以考虑取消进料置换的阀门，在程序上设置该阀门为常闭状态，因为进料置换的动作仅 3~5s，高硫油的混掺有限，且阀门的动作频繁容易造成阀门的疲劳和出现内漏。

3.2　停车与重启

当过滤器正处于反冲洗的状态时，需要待整个过程完之后，再进行停车按钮和断电操作。将渣油管线阀门关闭，接入柴油管线，对过滤器的滤芯进行浸泡，浸泡时间不低于 24h。如果不对滤芯进行外拆清洗，在过滤器重启时，建议接入柴油对滤芯进行反洗，也可以接入蒸汽反向对滤芯进行反洗。在重油重新接入过滤器时，阀门每一个小时 25% 的开度，实现缓慢进料，避免因重油中杂质含量高使滤芯短时间内被堵塞。

4　过滤器滤芯的检修与维护

过滤器滤芯是反冲洗过滤器最为核心的部分，维持滤芯反冲洗后的净压差在一个很低的水平，能有效释放滤芯最大的纳污能力，减少反冲洗的频次，从而减少反冲洗污油的用量和排放量，长周期看能节约催化剂的更换量和费用，具有可观的经济效益。本项目采用的滤芯为 316L 不锈钢楔形丝网，规格为长度 914mm、直径 25mm（长径比 36∶1）。反冲洗的启动压差

设置为 0.1MPa，正常情况反冲洗后压差将恢复到 0.015MPa，维持一定的反冲洗动力，才能保持滤芯的清洁状态，建议该压差为 0.3~1.0MPa，反冲洗排污管线背压的设置和调节至关重要。然而经过三年的运行，反冲洗后滤芯的压差降低到 0.45~0.65MPa 的高压差范围，并且过滤器出现了内漏的现象。为保证过滤器的性能和处理能力，检修期间对滤芯进行了修复和专业的清洗。

4.1　滤芯的修复

4.1.1　损坏滤芯状况及修复的必要性

损坏滤芯主要表现为变形、裂缝、脱落三种情况，其中滤芯底部盖板脱落和裂缝现象如下图所示（A 系列 10-4 和 6-4），出现裂缝的滤芯其缝隙均达到 0.35mm 以上，这些损坏的滤芯都有不同程度的变形，通过修复可继续使用。

4.1.2　损坏滤芯的矫正

渣油加氢装置反冲洗过滤器使用的是不锈钢金属滤芯，为约翰逊楔形丝网，精度为 23μm。损坏滤芯的矫正采用专用模具，既要保证效果又不能对滤芯造成二次损坏。

4.1.3　损坏滤芯的焊接

1）滤芯底部挡板及支架的移除

因为每一组滤芯由 28 根滤芯管束组成，它们共同焊接在一管板上，滤芯组的稳妥固定是所有后续焊接修复工作的重要前提。所以，需要根据滤芯组的尺寸进行工装设计和加工，原则是滤芯组能安全稳固地被夹持，而且还要考虑焊工的焊接姿态，最大限度地确保焊接得心应手。

2）修复新的滤芯管冒

滤芯焊接修复的关键节点为滤芯管冒的选材、加工；管冒与滤芯管束外壁的环焊；焊工经验和技能。

3）制作新的滤芯挡板支架

在完成滤芯管冒的焊接修复工作后，需要重新焊一支架，将 28 支滤芯管束全部固定，有效保护滤芯不受到损坏。这一部分的工作，按照滤芯组的尺寸，重新将每一个管冒与支架牢固焊接。

4.1.4　项目质量检查与检验

损坏滤芯修复工作的成败及焊接修复后的

滤芯的质量，都离不开对项目质量的严格把控，实施有效的质量检查和检验，如不合格则需进行重新焊接修复和质量检查。质量执行伊顿滤芯过滤效率测试标准，检查与检验主要包括焊缝的检验、强度和水通量测试。

4.2　滤芯的清洗

滤芯清洗时，需要确保滤芯不受损。滤芯清洗工序的选择和参数的控制至关重要。本次清洗工作考虑到滤芯金属丝间隙之间残留有沥青质，最终选择增加真空焙烧的工序。且考虑到清洗过程中应尽可能减少清洗废液的排放，本次清洗工序取消焙烧前滤芯的浸泡、软化和清洗工序，直接采用真空焙烧炉，结合添加表面活性剂的酸洗和碱洗工艺以及超声波清洗工序，实现对滤芯的全面清洗。

金属滤芯放入真空烧结炉内焙烧，最高温度设置不得超过450℃，采用分阶段进行升温，最短升温全时长不得短于5h，温度保持时长不低于2h，且炉温退至室温取出滤芯进入后续工段。滤芯的酸洗浓度不超过7%、温度70℃，碱洗槽碱液浓度不得超过10%、温度80℃。在酸洗和碱洗槽中需要添加碳氢类表面活性剂。为减少清洗液和清洗水的用量和排放量，一方面在酸洗完进入到碱洗过程中取消水冲洗的步骤，需监控碱液浓度确保碱洗效果，另一方面在滤芯进入超声波清洗前后均采用压缩空气对滤芯由里到外的方向进行吹扫，最后清洗完成后采用晾干方式。

4.3　滤芯的检验

经过对滤芯的仔细检查和检验后发现，滤芯外表面堆积的滤饼的平均厚度达到1.2mm，高于厂家要求控制的厚度0.8mm。外表面沥青质类焦油类的物质明显，单组滤芯的平均水通量为72L/min，远低于厂家标准的水通量指标150L/min。经过专业的清洗后，金属滤芯表面完全恢复金属本色，透光性检验发现，滤芯整个长度透光均匀，单组滤芯的水通量平均恢复到139L/min的水平，水通量恢复80%。整个装置开车投用，反冲洗后滤芯的净压差为恢复到0.015~0.02MPa，与新滤芯基本一致，清洗达标。滤芯清洗前滤饼厚度和水通盘情况如图1所示，清洗后水通量恢复情况如图2所示。

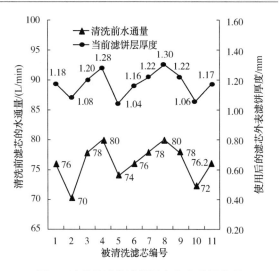

图1　滤芯清洗前滤饼厚度和水通量情况

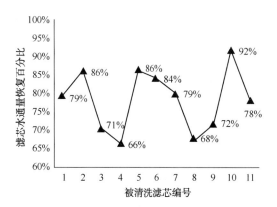

图2　滤芯清洗后水通量恢复情况

5　结语与建议

（1）渣油装置反冲洗过滤器，采用单层楔形丝不锈钢滤芯是首选，且遵守一定的长径比，建议不超过36:1，单滤筒逐一反洗效果佳。

（2）旋转导流阀式反冲洗过滤器，大量减少自动阀门的数量，保持上下导流旋转阀的同步和操作的稳定是过滤器正常运行的关键。

（3）过滤器的停车和启动，可接入柴油浸泡和蒸汽反洗，阀门的关闭和开启4h缓慢完成，避免滤芯短时间内被堵塞。

（4）滤芯的外部清洗，采用程序升温真空焙烧，采用酸洗、碱洗和超声波清洗工艺，配以碳氢表面活性剂和压缩空气的吹扫，实现减少废液排放和滤芯的有效清洗。

（5）滤芯的清洗效果，可以通过透光度和水通量的指标进行判定。

炼油厂污油脱水工艺的研究与应用

周付建　谭　红　杨军文　朱铁光

（湖南岳阳长岭设备研究所有限公司，湖南岳阳　414000）

摘　要　采用"加热-破乳-沉降"脱水工艺，对中石化某炼油厂V110/V111罐中污油进行脱水处理，结果表明：污油含水率可从70%降至1%以下，污油品质较好，达到了进焦化装置回炼的要求；污油脱出的水油含量可以控制在400mg/L以下，经污水处理厂污水处理设施处理后，COD等各项指标均能达到外排或回用要求。

关键词　污油；破乳；加热脱水；处理

在原油加工炼制过程中，炼油厂每年都会产生大量的污油，主要包括排水污油和罐区污油等。据统计，一个炼油厂污油量通常约占原油加工量的0.5%，2012年中石化原油加工量为2.21亿吨，仅中石化全年就有近110万吨污油。污油通常主要由油、泥沙、有机污泥、表面活性物质和水（一般>10%）等组成。其形态受温度、电解液、相比率、黏度、可湿性、亲水性、界面张力等因素的影响，常温下一般以"W/O"或"O/W"型乳化液的形式存在，很难破乳。对于污油的处理，不少炼厂将其作为废品以极低的价格销售出去，这不仅增加了炼厂的加工损失率，影响综合产品收率和轻油收率等指标，同时也意味着企业效益的下降。

当前，污油脱水处理的方法主要有物理法、化学法、超声波法等。为了提高石油资源的利用率，中石化各大石油企业及科研单位做了大量的研究工作。扬子石化、洛阳石化等采用三相分离机进行污油脱水，但处理后仍存在脱后污油含水率高等问题。因此，炼化企业应找到一种最合适的污油脱水工艺，科学、有效地解决污油脱水难题，这不仅关系炼油厂和油气田企业的生产，还关系着企业的社会、经济效益和可持续发展。

1　污油情况

中石化某炼厂每年污油产生量在10000t以上，主要来自污水处理厂及其"五陇"罐区。从2004年开始，污油送往焦化装置进行回炼。但由于污油中成分复杂，水含量（一般高于50%，有时高达70%）及油含量波动较大，且其中含较多的胶质、沥青质、有机污泥、表面活性物等，很难实现油、水分离；再加上现场油水分离设备运行故障频频，给污油脱水回炼工作带来了很大的困难。主要问题有：①固含量高，脱水难度大；②能耗高，占用储罐，易对环境造成污染；③影响设备安全平稳运行。污油以焦炭塔"急冷油"进行回炼，含水率高引发泵抽空现象；送分馏塔回炼后，引发"分馏塔冲塔"现象，损坏塔器、设备，影响装置安全平稳运行。表1为该石化企业污油的主要组成情况。

表1　污油含水及含固率分析表

序号	名称	采样部位	含水率	含油率	含固率
1#	V110	上部	约70%	约15%	约15%
		底部脱水口	约75%	约10%	约15%
2#	V111	上部	约70%	约15%	约15%
		底部脱水口	约75%	约10%	约15%

2　炼油厂污水脱水工艺研究

对污油来源、量、性质（含水率、黏度、灰分、胶质等）追踪分析，采用化学药剂调质改性（破乳）、加热沉降技术方法开展研究。通过试验，摸索出各参数对污油破乳脱水效果的影响；从不同污油破乳剂中筛选出最优的污油破乳剂，找出最优的污油脱水工艺及条件，实现工业化应用。

2.1　实验室研究

2.1.1　试验条件

①试样：该炼厂V110罐污油，含水率约为70%；②脱水温度：50～70℃；③药剂加入

量；结合沉降时间最终确定最满足现场工艺要求的最低加入量；④执行标准：SY/T 5280—2000 和 SY/T 5281—2000；⑤污油含水率分析方法：GB 1989—2006。

2.1.2 破乳剂筛选试验情况

污油破乳剂（调质改性剂）筛选试验情况如图 1 和表 2 所示。

图 1 污油脱水破乳剂筛选试验效果图

表 2 污油脱水破乳剂筛选试验结果

序号	不同时间脱水量/mL						水相	含水率/%
	5min	10min	30min	90min	2h	24h		
1#原样	0	0	0	0	0	0	无水析出	70
2#	67	67	67	68	69	70	较浑	2
3#	65	65	65	65	65	67	浑浊	5.90
4#	70	70	70	70	71	71	清亮	0.80
5#	67	68	68	68	70	71	清亮	0.90

3 工业应用情况

3.1 现场工业应用条件

① 该炼厂水务作业部 V110/V111 罐中污油；②污油处理量：60t/h。根据破乳剂筛选情况，研制出破乳剂 A 剂、B 剂，提前送至现场。

污油脱水试验工艺流程如下：

（1）污油经 V111 罐初步脱水后，通过提升泵输送至蒸汽换热器升温到约 80℃后，加入研制出的污油破乳剂，经管道混合器充分混合。

（2）充分混合后的污油输送至中间污油罐中，沉降不同时间后（沉降时间 0h、24h、48h）采样，进行含水率分析；同时对沉降罐中不同高度的污油采样分析。

3.2 现场工业应用结果

针对 V110、V111 罐中的污油，采用"加热-破乳-沉降"进行处理。处理后其中的水、泥（固相）及油实现了全部的分离。

结合图 1 及表 2 可以看出：针对该炼厂 V110 罐污油，4# 和 5# 破乳剂均有较好的脱水效果，其中 4# 破乳剂相对更佳。其具体表现为：①由于水相、油相密度差，出现了下层水、上层污油的现象，且界面清晰；②在 5min 内就脱出了污油中绝大部分污水，含水率 70% 的污油脱水后可控制在 1% 以下。

破乳的主要原理：以改变污油中固相小颗粒的性状和排列状态，破坏"W/O"或"O/W"型污油强稳定性的乳化体系，降低污油的黏度，使得油滴分子/颗粒从亲水性变为憎水性（疏水性），便于污油中水滴聚集并析出，从而实现污油中的油、水分离。

两轮工业应用处理效果基本一致。加入破乳剂后，24h 采样可发现，污油中的油分已拔出，分析其油水含量为 0.7%，达到送焦化装置回炼要求。经过一段时间沉降后，污油中的油、水、泥分离，从不同高度采样及清罐情况看，污油中的油、水、泥界面非常明显：油在表层，约占总体积的 15%；泥在底层和油的下层，约占总体积的 25%（泥中含有较多水），水（基本不含泥）在中间层，约占总体积的 60%。

1）处理后的污油形貌

处理后的污油形貌如图 2 所示。

分别取少量处理前、后的污油在纸上平铺开，可以发现：处理前的污油铺开后，表面明显可见较多水，部分水浸湿纸张，有大量黑色的油泥黏附在纸上；处理后的污油在纸上平铺开后，呈单一均匀的深棕色，未发现水和固体杂质。

图2　处理前(左)后(右)的污油形貌

对两次工业试验处理后的污油进行全面分析,并与该炼厂加工的原油对比,结果见表3。从表3可看出:①两次处理后的污油水含量均在1%以下,油品品质较好,达到了送焦化装置回炼的要求;②处理后的污油酸值<0.1mgKOH/g;③处理后的污油与该炼厂加工原油类似,反轻组分相对略少。

表3　处理后的污油与仪长原油对比分析数据

分析项目		分析结果		该炼厂原油	
		1#处理后污油	2#处理后污油	2018.3.1	2018.3.15
水分/%		0.82	0.5	0.24	0.4
酸值/(mgKOH/g)		<0.10	<0.10	0.96	0.98
密度/(kg/m³)		893.0	898.5	874.8	880.3
胶质/%		10.63	10.15	12.92	10.9
沥青质/%		1.36	1.37	0.76	1.27
50℃黏度/(mm²/s)		12.34	13.41	13.93	11.96
闪点/℃		70	76	64	56
残炭/%		5.1	5.4	4.8	5.5
灰分/%		0.117	0.502	0.026	0.028
简易蒸馏切割	≤200℃/%	14.56	14.42	17.49	17.49
	200~350℃/%	28.64	28.85	23.77	22.91
	350~510℃/%	23.30	20.19	19.95	23.15
	>510℃/%	32.04	35.58	37.98	35.96
原油四组成	碳含量/%	85.90	86.51	86.37	86.58
	氢含量/%	11.96	11.91	12.39	12.16
	硫含量/%	0.8733	0.8840	0.89	0.9901
	氮含量/%	0.2888	0.3189	0.3325	0.3006
原油馏程	初馏点/℃	91.0	—	68	67
	100.0℃/mL	1.0	—	2.5	3.5
	120.0℃/mL	2.5	—	6	7.5
	140.0℃/mL	5.0	—	10	10.5
	160.0℃/mL	8.0	—	13.5	13.5
	180.0℃/mL	12.0	—	17	17
	200.0℃/mL	16.0	—	20	20
	220.0℃/mL	20.5	—	23	24.5
	240.0℃/mL	24.5	—	26	27
	260.0℃/mL	30.0	—	30	31
	280.0℃/mL	35.0	—	32.5	33.5
	300.0℃/mL	38.5	—	36	38

2）脱出的水

对脱出的污水进行分析，结果见表4。从表4可知：污油处理后脱出的水油含量可以控制在400mg/L以下，达到进该炼厂污水处理厂的要求。污水通过污水处理工艺处理后，COD等各项指标均能达到外排或回用要求。

表4　污油处理后脱出水分析

序号	油含量/（mg/L）	COD/（mg/L）
1#	387	3510
2#	353	2890

3）脱出的泥

取出脱出的泥层，并在白纸上平铺开，具体形貌如图3所示。从图3可以看出：从污油中分离出的泥脱油后呈灰色，带有大量的细颗粒固体杂质和水，纸上未见明显油渍，表明泥中油分很少。

图3　污油处理后脱出的泥形貌

4　结论

（1）用"加热-破乳-沉降"脱水工艺，对中石化某分公司 V110/V111 罐中污油进行处理，结果表明：污油含水率可从 70％降至 1％以下，油品品质较好，达到焦化装置回炼要求；污油脱出的水油含量可以控制在 400mg/L 以下，经污水处理厂污水处理设施处理后，COD 等各项指标均能达到外排或回用要求。

（2）"加热-破乳-沉降"工艺运行平稳，处理效果稳定，安全可靠，可解决该炼厂污油长期占用储罐、脱水困难、能耗高等问题，可为其他炼厂提供很好的借鉴，因此建议在加工原油类似的炼油厂推广使用。

EGSB 处理 HPPO 装置含醇废水试验研究

崔军娥[1]　**晏小平**[2]　**王　湘**[1]　**刘　丹**[1]

（1. 岳阳长岭设备研究所有限公司，湖南岳阳　411400；

（2. 中国石化长岭分公司水务作业部，湖南岳阳　411400）

摘　要　介绍了膨胀颗粒污泥床反应器（EGSB）在中温（35℃±1℃）条件下处理含醇废水的试验研究，结果表明：在合理控制系统温度、pH 值、挥发性脂肪酸（VFA）、碱度等运行条件及进水有机负荷低于 2.5 万 mg/L 情况下，EGSB 工艺处理后的含醇废水出水 COD 可降至 3000mg/L 左右，COD 去除率均值达到了 85% 以上，说明 EGSB 反应器处理 HPPO 装置产生的含醇废水是可行的，且其处理最大容积负荷可达到 15kgCOD/（m³·d）。为氧化法制备环氧丙烷生产过程中产生的含醇废水的处理及工业应用提供了参考。

关键词　HPPO 装置；EGSB；废水

环氧丙烷（PO）是重要有机化工产品，是世界广泛生产的有机中间体。氧化法制备 PO 工艺过程中产生的含醇废水具有排放量大、有机物浓度高、成分复杂、可生化性较差等特点，具有一定的环境危害性。目前，用于处理含醇废水的方法主要分为物化法和生化法，其中物化法主要包括混凝沉淀、超滤-反渗透、电化学氧化法等，生化法主要有活性污泥法、生物接触氧化法、SBR、UASB、EGSB 等，而 EGSB 厌氧处理工艺具有有机负荷高、污泥产率低、低成本等优势，是高浓度含醇废水理想的处理方式。

EGSB 反应器是在 UASB 反应器的基础上发展起来的第三代高效厌氧生物反应器。EGSB 反应器在保留 UASB 反应器优势的同时，增加了出水循环部分，从而提高了反应器内的液体上升流速，使颗粒污泥床层充分膨胀，污水与微生物之间充分接触，加强了传质效果，提高了反应效率。目前，国内外采用 EGSB 反应器处理废水已成熟应用，但处理氧化法制备 PO 工艺过程中产生含醇废水的研究还未见报道。

本研究采用 EGSB 反应器进行 HPPO 装置含醇废水的厌氧生物处理，通过控制 EGSB 反应器运行条件，逐步提升进水有机负荷来培养驯化厌氧颗粒污泥，验证用 EGSB PO 生产含醇废水的可行性，从而为其工程实践提供科学的依据。

1　试验部分

1.1　废水水质

含醇废水取自中石化某 HPPO 生产装置利用甲醇提纯塔对粗环氧丙烷进行提纯产生的废水。废水各项指标如表 1 所示。

表 1　废水各项指标

项目	pH 值	COD/（mg/L）	B/C	总氮/（mg/L）	总磷/（mg/L）	主要组成
含醇废水	3~4	20000~60000	0.19~0.27	134	45.8	醇类、柠檬酸、醚类

营养液自配水：在自来水中加入葡萄糖与醋酸钠（质量比为 0.625:1）作为有机基质，并按 m(COD):m(N):m(P)=300:5:1 加入尿素和磷酸二氢钾，同时加入一定量微量元素和硫化钠。

1.2　接种污泥

取自某装置 EGSB 反应器产甲烷厌氧颗粒污泥，经水稀释、过筛、沉淀接种于 EGSB 反应器，平均粒径为 1.0~2.5mm，接种体积约占反应区总体积的 1/3。

1.3　实验装置

厌氧膨胀颗粒污泥床反应器(EGSB)装置如图1所示。

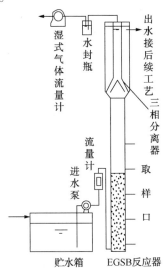

图1　试验装置

EGSB反应器由有机玻璃制成，分为三相分离区和反应区两部分，总容积为72L，并有5个取样口。将接种颗粒污泥投入反应器后，控制HRT为40h。在反应器外表面配置保温套，采用数显恒温仪控制温度在(35±1)℃。进水由蠕动泵从反应器底部打入，经均匀布水设施缓慢向上流动，并在沉淀区三相分离器附近设有回流口，采用微型离心泵实现外循环。

1.4　分析项目及方法

pH值：电极法，雷兹精密pH计；化学需氧量(COD)：快速测定法，美国HACH-45600 COD测定仪；生物需氧量(BOD)：美国哈希Track Ⅱ BOD测定仪；挥发性脂肪酸(VFA)、碱度(ALK)：酸碱滴定法；总氮：紫外分光光度法；总磷：钼酸铵分光光度法。

2　试验过程与条件控制

2.1　试验过程

本试验运行时间共163天。按照实验目的可分为3个阶段：反应器启动运行期(厌氧颗粒污泥碳源均由葡萄糖、醋酸钠提供)、厌氧颗粒污泥培养与驯化期(维持EGSB进水有机容积负荷，逐步提高含醇废水配比，减少葡糖糖和醋酸钠用量)和工艺试验期(厌氧颗粒污泥碳源均由含醇废水提供)。具体试验进程如表2所示。

表2　试验进程

运行阶段	进水有机负荷来源/(mg/L)		运行时间
	环丙含醇废水	营养液	
反应器启动运行期	—	2000~10000	2018.3.13~2018.4.19
厌氧颗粒污泥培养与驯化期	2000	8000	2018.4.20~2018.5.5
	5000	5000	2018.5.6~2018.5.24
	8000	2000	2018.5.25~2018.6.5
工艺试验期	10000~25000	—	2018.6.6~2018.7.30

2.2　试验条件控制

EGSB系统运行过程中的pH值、VFA、ALK变化可以有效地监测和指导反应器的正常运行，VFA的浓度不仅影响到厌氧反应体系中产甲烷菌的活性，还影响到最后阶段产甲烷的总量。定期对系统运行期间进出水的pH值、VFA、ALK等进行监测，使其处于产甲烷菌较适宜条件范围内。

2.2.1　进出水pH值

在厌氧反应正常运行时，进水pH值一般在6.0以上。若处理含有机酸而使pH值偏低的废水时，正常运行时pH值可略低，如4~5左右。出水pH值一般维持在6.6~7.8范围内，最佳范围在6.8~7.2。

EGSB处理含醇废水系统过程中进出水pH值情况如图2所示，可看出：①厌氧进水pH值在3.8~6.8之间波动，因含醇废水主要含有柠檬酸等有机酸，具有一定的缓冲作用，所以未对其进行pH调节；②系统运行整个运行过程中，出水pH值均在6.8~7.8之间波动，说明EGSB处理含醇废水进水pH值控制较好。

2.2.2　挥发性有机酸(VFA)

在厌氧反应正常运行时，VFA最佳值在50~500mg/L之间，正常值在50~2500mg/L之

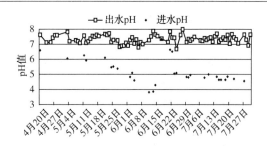

图2　ECSB系统运行过程中进出水pH的变化

间。EGSB处理含醇废水系统运行过程中VFA变化情况如图3所示，可以看出：①系统运行过程中，VFA值除个别数据外，其他均在50～2500mg/L范围内，说明EGSB处理含醇废水VFA控制较好；②5月14日与6月6日，VFA值分别为3786mg/L、4270mg/L，超出了系统正常运行VFA控制范围，故在EGSB反应器内投加一定的碱性物质，碱度由具有一定缓冲作用的$NaHCO_3$溶液提供。

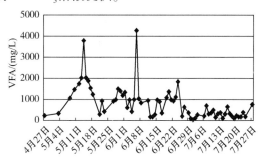

图3　ECSB系统运行过程中VFA的浓度变化

2.2.3　碱度(ALK)

在厌氧反应正常运行时，ALK正常值为1000～5000mg/L。EGSB处理含醇废水系统运行过程中ALK变化情况如图4所示，可以看出：①系统出水ALK在1400～2100mg/L范围内波动，均处于系统运行正常ALK值控制范围内，说明EGSB处理含醇废水ALK控制较好；②8月6日～8月22日，进水ALK均处于较低值，甚至没有，这是因为含醇废水pH呈强酸性，随着含醇废水量增加，pH值降低，碱度降低；③系统运行过程中，进水ALK值＜出水ALK值，这是因为在厌氧反应降解过程有致碱物质产生，如有机氮。

3　结果与讨论

3.1　反应器启动运行期

本阶段历时36天。初期在较低回流状态下

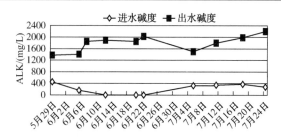

图4　ECSB系统运行过程中ALK的浓度变化

进行，加入接种污泥，采用葡萄糖自配水控制进水有机容积负荷在2kgCOD/(m^3·d)左右，在水力上升流速为5m/h的条件下启动反应器。系统启动运行阶段，进水有机负荷从2000mg/L逐步提升至10000mg/L，容积负荷提至9kgCOD/(m^3·d)，出水COD趋于稳定，均低于2500mg/L。

3.2　厌氧颗粒污泥培养与驯化期

本阶段历时45天，主要目的是在EGSB反应器采用自配水成功启动、污泥培养的基础上，逐步增加实际含醇废水的投加比例，进行厌氧颗粒污泥培养与驯化。从图5可知：①系统初期运行，出水COD由最初1418mg/L升高至2044mg/L，COD去除率下降至74.4%，这是因为接种污泥处于驯化适应阶段。②4月30日～5月20日，逐步增加进水中含醇废水配比，系统出水COD呈上升趋势；5月14日，出水COD升至4285mg/L，同时根据图3可看出，VFA值远超控制指标上限，故将EGSB反应器进水量降至之前80%，提高含醇废水在厌氧反应器内停留时间；5月16日，出水COD降至4000mg/L以下，VFA值下降幅度较平缓(见图3)，恢复EGSB反应器进水量。③5月21日～6月4日，出水COD逐渐降低，最后在1100mg/左右，趋于稳定，说明厌氧颗粒污泥的培养与驯化期已完成。

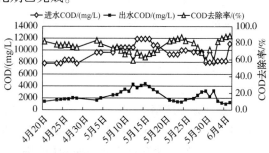

图5　厌氧颗粒污泥培养与驯化期COD的浓度变化

在每次提高含醇废水配比期间，出水 COD 先缓慢升高，达到峰值，再降低，最后趋于稳定，这是由于系统有机负荷突然增加，但出水部分回流缓解了突变的负荷对系统的冲击力，使系统容积负荷缓慢升高，所以出水 COD 缓慢升高。运行一段时间后，厌氧颗粒微生物群开始适应新的容积负荷，COD 达到峰值。系统运行后期，适应的厌氧颗粒微生物群利用有机负荷大量繁殖，COD 降低。最后厌氧颗粒微生物群与容积负荷达到动态平衡，COD 趋于稳定。

3.3　工艺试验期

本阶段共运行 82 天。主要目的是在 EGSB 反应器逐步增加有机负荷（均由含醇废水提供）、提高上升流速至 7m/h 的基础上，研究 EGSB 反应器处理 PO 生产含醇废水的可行性，并确定 EGSB 处理含醇废水最大有机容积负荷。从图 6 可知：①6 月 16 日~7 月 2 日提负荷运行初期，出水 COD 逐渐升高，最高达到了 3880mg/L，运行 1 周左右，出水 COD 逐渐降低，系统运行指标均在正常范围内，说明厌氧颗粒污泥慢慢适应了高有机容积负荷的冲击；②随着系统进水有机负荷提高，从 10000mg/L 逐步提升至 25000×10^{4}mg/L，出水 COD 基本稳定在 3000mg/L 左右，COD 去除率均值达到了 85% 以上，EGSB 反应器有机容积负荷已达到了 15kgCOD/（m^3/d）。

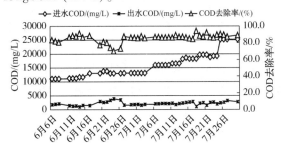

图 6　工艺试验期 COD 的浓度变化

4　结论

（1）将系统 pH 值、VFA 和 ALK 等运行条件控制在正常范围内、进水有机负荷低于 25000×10^{4}mg/L 的情况下，中温［35℃±1℃］ EGSB 工艺处理 PO 生产过程中产生含醇废水，其出水 COD 基本稳定在 3000mg/L 左右，COD 去除率均值达到了 85% 以上；

（2）EGSB 反应器处理 HPPO 装置产生的含醇废水是可行的，且其处理最大容积负荷可达到 15kgCOD/（m^3·d）。

参 考 文 献

1　吕咏梅. 环氧丙烷工业发展三大策略. 中国石油和化工，2002，（8）：26-27

2　马文成，韩洪军，高飞，等. 甲醇废水处理研究进展. 化工环保，2008，28（1）：29-32

3　邢爱华，刘斌，张锐，等. 甲醇制烯烃工艺废水处理技术研究进展. 现代化工，2013，33（9）：17-21

4　于鲁冀. 超滤-反渗透集成膜技术深度处理酒精废水. 环境科学与技术，2012，35（7）：88-91

5　潘孝辉，吴敏. Fenton 氧化工艺深度处理酒精废水的试验研究. 中国给水排水，2010，26（17）：51-53

6　李强，马春稳，彭磊，等. 含油含醇污水处理工艺运行参数标准化研究. 宁夏青年科学家论坛，2010

7　赵金. 两相厌氧工艺处理甲醇废水的生产性试验研究. 哈尔滨工业大学，2008

8　高飞. 水解-外循环厌氧工艺处理甲醇废水的生产性试验研究. 哈尔滨工业大学，2007

9　王军，侯石磊，杨清香，等. 外循环式 UASB 反应器处理高浓度酒精废水. 环境工程学报，2012，6（6）：1841-1845

颗粒污泥活性因素的研究与探讨

刘 丹 王 湘

（岳阳长岭设备研究所有限公司，湖南岳阳 414000）

摘 要 利用实验室厌氧颗粒污泥反应装置，探究温度、基质负荷、COD/SO_4^{2-} 对厌氧颗粒污泥活性的影响，结果表明：当 $COD=8000mg/L$、$2.5<COD/SO_4^{2-}\leqslant4.0$ 时，SO_4^{2-} 浓度对厌氧颗粒污泥产甲烷活性略有影响，$COD/SO_4^{2-}\leqslant2.5$ 时，SO_4^{2-} 浓度对厌氧颗粒污泥产甲烷活性有明显的抑制效应；基质负荷 $\geqslant10000mg/L$，颗粒污泥的活性受到抑制；培养温度由 30℃ 升高到 35℃ 有助于颗粒污泥活性提升。

关键词 厌氧颗粒污泥；COD/SO_4^{2-} 比值；基质负荷

　　厌氧颗粒污泥法是目前较经济的污水处理技术，其对有机物有良好的去除效果、反应速率高、对有毒物质适应性强，在水处理行业中应用十分广泛。但是厌氧颗粒污泥法在实际应用中对反应温度、基质负荷、硫酸根浓度等有严格要求，温度过高、过低均会影响细胞酶的活性。一般认为，厌氧颗粒污泥反应的适宜温度为 30~40℃。增大基质负荷虽有利于颗粒污泥的生长，但是过高时会使颗粒污泥被剪切现象严重，出水恶化。同时，废水中存在过高的硫酸根会对产甲烷菌（MPB）有毒害作用，这主要是因为硫酸盐还原菌（SRB）相对 MPB 具有底物竞争优势，其产生的 H_2S 对 MPB 有毒害作用，会导致甲烷产量减少而 H_2S 增多。本文主要探究反应温度、基质负荷、硫酸根浓度对颗粒污泥活性的影响。

1 试验装置、材料及方法

1.1 试验装置

　　如图 1 所示，将盛有颗粒污泥和配水的锥形瓶置于恒温（30℃ 或 35℃）水浴锅内，锥形瓶（总体积为 250mL）出气口用硅胶管与史式发酵管管口相连。发酵管内充满 3% 的 NaOH 溶液，用于吸收酸性气体（CO_2、H_2S），以确保 CH_4 气体的纯度。

1.2 试验仪器及药剂

　　实验仪器：恒温水浴锅，史氏发酵管，pH 计，锥形瓶，硅胶管，移液管，量筒。

　　实验药剂：

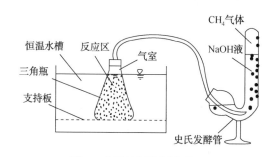

图 1　产甲烷活性测定装置

　　（1）VFA 母液：即醋酸溶液 $COD=100g/L$。根据不同的 COD 负荷要求，将 VFA 母液进行适当稀释取样。

　　（2）营养母液：称取 $170g\ NH_4Cl$，$37g\ KH_2PO_4$，$8g\ CaCl_2 \cdot 2H_2O$，$9g\ MgSO_4 \cdot 4H_2O$ 溶于 1L 水中。

　　（3）微量元素母液：称取 $2000mg\ FeCl_3 \cdot 4H_2O$，$2000mg\ CoCl_2 \cdot 6H_2O$，$500mg\ MnCl_2 \cdot 4H_2O$，$30mg\ CuCl_2 \cdot 2H_2O$，$50mg\ ZnCl_2$，$90mg（NH_4）_6Mo_7O_{24} \cdot 4H_2O$，$100mg\ Na_2SeO_3 \cdot 5H_2O$，$50mg\ NiCl_2 \cdot 6H_2O$，$1000mg\ EDTA$，$1mL\ 36\%HCl$，溶于 1L 水中。

　　（4）硫化钠母液：$100g/L$。

　　（5）酵母膏溶液：$100g/L$。

　　（6）吸收液：3% 的氢氧化钠。

1.3 试验方法

　　将取自某炼厂环氧丙烷污水处理单元厌氧反应器（EGSB）的颗粒污泥，先用 60 目分样筛淘洗 2~3 遍，去掉细小污泥，作为试验颗粒污泥。试验同时开启 4 个反应器（空白、样品各两个)，每个反应器中先接种 20g 筛淘后的颗粒污泥，加入 200mL 的 VFA 稀液，此外，废水中加入适量的微量元素，如铁、镍、锰、铬、铜、硫酸钠等。具体加药方案见表 1。

表 1　试验加药方案

COD 负荷/(mg/L)	营养母液/mL	微量元素母液/mL	VFA 稀释液/mL	硫化钠溶液/mL	酵母膏/mL
2000	0.20	0.20	200	0.20	0.20
4000	0.40	0.40	200	0.20	0.40
6250	0.63	0.63	200	0.20	0.63
8000	0.80	0.80	200	0.20	0.80

注：COD 为 8000mg/L 时，试验开始投加不同浓度的硫酸钠溶液。

整个试验过程分为三个阶段：①污泥活化阶段，共运行 29 天，COD 容积负荷维持在 $2kg/(m^3 \cdot d)$；②提高 COD 负荷阶段，进水 COD 浓度从 2000mg/L 上升至 8000mg/L，相应 COD 容积负荷由 $1kg/(m^3 \cdot d)$ 上升至 $4kg/(m^3 \cdot d)$，该过程共持续 30 天；③提高 SO_4^{2-} 负荷阶段，SO_4^{2-} 容积负荷由 $0.02kg/(m^3 \cdot d)$ 上升至 $4.4kg/(m^3 \cdot d)$，其中 SO_4^{2-} 容积负荷从 $3.0kg/(m^3 \cdot d)$ 开始，试验温度由 30℃ 上调至 35℃。整个试验共持续 113 天，每间隔 24h 或 48h 更换底物，检测出水的 COD、pH 值，并记录甲烷的累积量。

1.4　分析方法

试验的主要分析指标有 pH 值、COD、VSS 等，具体分析方法见表 2。

表 2　试验分析项目及方法

序号	分析项目	分析方法	主要仪器及材料
1	pH 值	电极法	精密酸度计
2	COD	重铬酸钾标准法	电炉、玻璃回流装置
3	VSS	重量法	烘箱、电子天平
4	SO_4^{2-}	重量法	烘箱、电子天平

2　试验结果与讨论

2.1　强化颗粒污泥活性

活化后的颗粒已有较好的活性，但仍需进一步强化，以提高颗粒污泥的抗冲击性能。试验采取逐步提升 COD 负荷的方式强化颗粒污泥抗冲击性能，具体变化趋势如图 2 所示。试验初始 COD 负荷为 2000mg/L，污泥负荷较低，不到 0.2kgCOD/kgVSS·d，出水 COD 平均去除率只有 67%；随着 COD 去除率的增大，缓慢提高污泥负荷，最高达到 1.5kgCOD/kgVSS·d（对应 COD = 8000mg/L），此时出水 COD 去除率在 80%～85% 间波动，正说明颗粒污泥活性已得到强化。

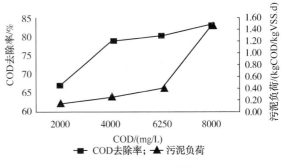

图 2　颗粒污泥活性强化曲线

2.2　30℃、35℃对厌氧颗粒污泥活性的影响

温度对微生物的影响主要表现在温度对细胞酶活性的影响，温度过低，酶活性太弱，温度过高，酶失活。大量试验表明厌氧微生物最适的生存温度在 30～40℃ 之间。在较低的 COD/SO_4^{2-} 比值条件下，改变试验温度，对比不同温度对颗粒污泥的有机物去除效果的影响，如图 3 所示。

由图 3 可知：在相同的 COD/SO_4^{2-} 比值条件下，当温度由 30℃ 上升至 35℃ 时，反应时间从 48h 降至 24h，即处理时间缩短了一半，但 COD 的去除率相差并不大。说明 35℃ 较 30℃ 更适合厌氧颗粒污泥的生存。

2.3　基质负荷对厌氧颗粒污泥活性的影响

颗粒污泥粒径的大小与存在于颗粒污泥中的生物群种的生长、表面剪切力和颗粒污泥的破坏程度有关。增大基质负荷既加快了生物的生长，也加速了颗粒污泥的破坏。微生物的生长与基质降解有关，但基质降解过程产生的气体对颗粒污泥外部有一定的剪切作用，超过其最大的承受范围，会对颗粒污泥造成一定程度的破坏。

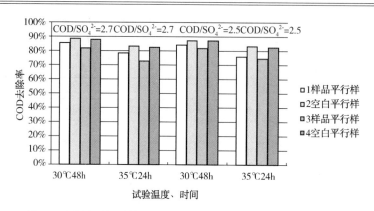

图3 温度对厌氧颗粒污泥活性的影响(COD负荷为8000mg/L)

由图4可知：基质负荷为8000mg/L时，COD去除率为80%左右，基质负荷升高至10000mg/L时，COD去除率出现较大的波动，且整体呈下降趋势，说明基质负荷提升至10000mg/L后，颗粒污泥的活性受到抑制。造成污泥活性减弱的原因：①单位颗粒污泥的COD负荷增大，使得厌氧颗粒污泥反应串联的四个过程中某阶段存在反应物堆积、反应不及时现象，造成活性受抑制；②单位颗粒污泥的产气量增大，气体对颗粒污泥有一定外部剪切作用，超过其最大可承受范围，一定程度对颗粒污泥造成破坏。

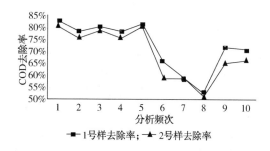

图4 基质负荷对颗粒污泥活性的影响

注：1~6时，COD负荷为8000mg/L；
7~10 COD负荷为10000mg/L

2.4 SO_4^{2-}浓度对颗粒污泥活性的影响

试验中经过强化的颗粒污泥(COD去除率>80%)，在进水维持一定COD的负荷条件下，逐渐提高进水中SO_4^{2-}浓度，其COD去除率变化曲线如图5所示。

由SO_4^{2-}对颗粒污泥有机物去除率的影响的变化曲线图可知：当COD = 6250mg/L、COD/SO_4^{2-}≥3.5时，出水COD去除率较稳定，平均去除率为81%，SO_4^{2-}浓度对有机物的去除效率

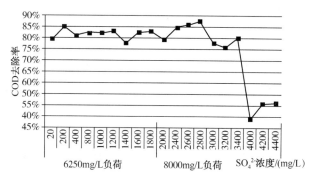

图5 SO_4^{2-}对颗粒污泥有机物去
除率影响的变化曲线图

无明显影响。当COD = 8000mg/L、2.5 < COD/SO_4^{2-}≤4.0时，COD去除率先呈缓慢上升趋势，SO_4^{2-}浓度为2800mg/L时，COD去除率出现峰值，高达88%，随后出现持续下降，最低达75%。当COD/SO_4^{2-}≤2.5时，随着SO_4^{2-}浓度的提高，有机物的去除率急剧下降，去除率不及50%，SO_4^{2-}浓度对有机物的去除效率产生抑制。

废水在厌氧颗粒污泥环境中，适宜的SO_4^{2-}浓度有益于微生物的生长，但过高对MPB有毒害作用。在适宜SO_4^{2-}浓度的厌氧环境中，微生物主要进行同化硫酸盐还原反应，SRB产生的H_2S较少，可有效地被MPB吸收利用，随着SO_4^{2-}浓度的大幅度增大(COD/SO_4^{2-}≤2.5)，SRB快速进行硫酸盐还原反应，产生大量的H_2S，致使MPB活性减弱，从而导致COD去除率急剧下降。

3 结论

(1)厌氧颗粒污泥在C∶N∶P = 250∶5∶1、温度为30℃的条件下培养59天，污泥负荷可以达到1.5kgCOD/kgVSS·d，出水COD去除率稳定在80%~85%，颗粒污泥抗冲击性能

良好。

（2）温度由30℃升高到35℃有助于污泥活性提升。

（3）当基质负荷≥10000mg/L时，颗粒污泥的活性受到抑制。

（4）当COD＝6250mg/L，COD/SO_4^{2-}≥3.5时，SO_4^{2-}对颗粒污泥有机物去除率无明显影响；当COD＝8000mg/L、2.5＜COD/SO_4^{2-}≤4.0时，SO_4^{2-}对颗粒污泥有机物去除率的影响较小，有机物去除率略有下降；当COD/SO_4^{2-}≤2.5时，SO_4^{2-}浓度对厌氧颗粒污泥产甲烷活性有明显的抑制效应。

参 考 文 献

1　李潜．SRB法处理高浓度硫酸盐废水的试验研究．工业水处理，2007

2　贺延龄．废水的厌氧生物处理．北京：中国轻工业出版社，1998

Szorb 装置程控阀日常维护及预防性维修

吴 迪

（中国石化扬子石化有限公司电气仪表中心，江苏南京 210048）

摘 要 Szorb 装置闭锁料斗程控阀是装置稳定运行的核心，一旦程控阀出现开关时间超长、回讯异常、机械卡涩等问题，会导致吸附剂循环中断，造成产品硫含量上升，影响生产及下游汽油调和。因此，如何做好程控阀的日常维护以及预防性维修，确保程控阀的稳定、可靠运行，是仪表专业需要关注的重点问题。

关键词 Szorb；程控阀；日常维护；预防性维修

催化汽油吸附脱硫，简称 Szorb，装置的工艺技术路线采用美国康菲石油公司 Szorb 专利技术，2007 年中国石化整体收购了该技术。该技术基于吸附作用原理对汽油进行脱硫，通过吸附剂选择性地吸附含硫化合物中的硫原子而达到脱硫目的，与加氢脱硫技术相比，该技术具有脱硫率高（可将硫脱至 10^{-5} 之下）、辛烷值损失小、操作费用低的优点。Szorb 装置在中石化汽油国五升级的过程中，功不可没。闭锁料斗是 Szorb 装置的核心，担负着装置催化剂循环的重要任务，而闭锁料斗程控阀则是控制吸附剂循环的重要设备，一旦程控阀出现开关时间超长、回讯故障、机械卡涩等问题时，闭锁料斗将会联锁，所有程控阀回到安全位置，如短时间不能恢复运行，会导致吸附剂循环中断，造成产品硫含量上升，直接影响汽油生产。

扬子石化 Szorb 装置规模为 90 万吨/年，其闭锁料斗共配置了加拿大 GOSCO 程控耐磨球阀 32 台，共有 1″、1½″、3″ 三种规格，使用 Kinetrol 扇形执行机构（弹簧复位、可双向进气），相对于其他品牌阀门，具有安装空间要求小等优点。本文主要探讨参与程序控制的 29 台程控阀日常使用中遇到的问题及处理手段、日常维护以及预防性维修的策略。闭锁料斗流程如图 1 所示。

1 程控阀日常使用过程中遇到的问题及处理措施

由于 Szorb 装置闭锁料斗的特殊性，一旦程控阀的开关时间超限、任一阀门开关回讯与当前控制指令不对应，闭锁料斗都会联锁停运，且控制介质为高温、高压、固体吸附剂粉末、有临氢环境。扬子石化 Szorb 装置开工至今的近五年时间内，闭锁料斗程控阀因各类问题出现过开关时间超限、阀门抱死、磨损、回讯异常等情况，现将问题分类如下。

1.1 阀门开关动作缓慢问题

装置建设完工刚开车期间，XV-2401、XV-2405、XV-2408、XV-2413 四台阀门经常出现关阀时间超长及卡涩现象，由于上述几台阀门均为故障关闭型并且依靠弹簧复位实现关闭，怀疑为执行机构气缸弹簧力偏小，遂将原两位三通电磁阀改为两位五通电磁阀，在弹簧复位侧增加一推动力，解决了关闭时间超长和卡涩问题。后来工艺管道以及阀体保温完善后，这些阀门的关阀时间又有了 1s 左右的下降。对上述情况进行分析，这些阀门皆为热吸附剂循环管线上第一道受料阀，且管线上阀门关闭顺序皆为逆流关闭，待第二道阀门关闭，吸附剂充满管线后，第一道阀才关闭，造成第一道阀门关闭困难，因此仅靠执行机构弹簧复位力不满足关闭要求；另外，闭锁料斗每 20min 左右完成一次循环，接受的热吸附剂在三百多摄氏度，阀体有受热、冷却的过程，因此阀内球芯、球座都有冷热态转换的情况，阀体保温完善后

作者简介：吴迪（1986—），男，江苏徐州人，2008 年毕业于辽宁石油化工大学自动化专业，学士学位，工程师，现从事仪表技术管理工作。

冷却过程减缓，因此再次来料时球芯、球座膨　　胀过程也相应减缓，所以关阀时间也有所下降。

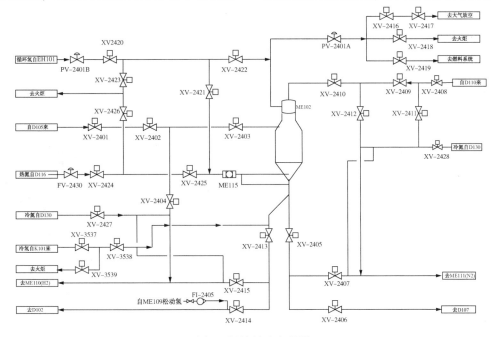

图 1　闭锁料斗流程图

1.2　阀门开关卡涩、抱死问题

此种情况多为阀体内球芯、球座表面磨损、拉伤，如图 2 和图 3 所示，导致开关卡涩。针对于此种情况，则要进行阀体的更换作业。

图 2　球芯拉伤磨损

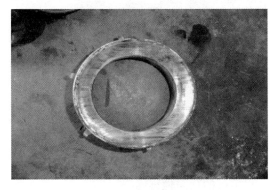

图 3　球座拉伤磨损

装置建设时期，施工单位安装人员私自在线调试程控阀（工艺管道还未处理干净），造成阀体内球芯、球座磨损。因此，磨损的控制要从装置开车前就做好，在阀门第一次上线前建议用手轮将阀门摇到全开位置，上线之后在氮气吹扫、置换完毕前，严禁对阀门进行动作，以防止管道内杂质对阀体球面造成拉伤，影响后期运行效果。在阀体下线检修的过程中，要注意不能对球、座表面进行过度研磨，因为阀球表面为渗硼合金，过度研磨会导致耐磨层丧失，316 材质的球芯及阀座很快被啃坏，造成阀门抱死。阀门抱死还有一种情况，因为是双向密封的浮动球结构，可能是由于阀体装配原因，也可能是因吸附剂过于细腻，会慢慢渗入弹性碟簧与阀体的间隙，一旦间隙被塞满，则导致弹性失效，造成抱死。另外，阀体检修后装配过紧，也是阀门动作卡涩的一个原因，此类问题需要严格做好检修质量把关。

1.3　阀体冲刷磨损，导致内漏严重问题

闭锁料斗工艺特点是压力高，程控阀长期工作在高温、高压催化剂循环的工况下，在开关过程中高速催化剂会对阀内件造成冲刷，经过一阶段的运行后，阀门的内漏、磨损是不可避免的，若装置过滤器效果不好，造成吸附剂

跑剂，控制气相的阀门也会经常出现冲刷内漏问题，而且一旦出现内漏且未被及时发现，磨损过程将急剧加快，尤其是两侧氢、氧工况隔断阀门出现问题，则会出现程序运行时间超长的情况，存在很严重的安全隐患。此时，需要立即对阀门进行更换。阀门内漏的判断更需要工艺操作人员的"火眼金睛"，通过吹烃、吹氧的时间及部分气体流量的数值，来判断阀门的内漏情况。

1.4　阀门开关回讯问题

纵观闭锁料斗运行，程控阀回讯问题乃是导致闭锁料斗停运的最主要问题，因此如何有效保证阀门回讯的正确指示，是一个特别重要的问题。由于装置程控阀门动作频繁，最高的动作频率达到5min一次，因此使用的回讯开关为非接触式感应开关，可以有效避免机械接触触点开关疲劳问题。但非接触式开关对位置的精度要求高，稍微一点点的位置偏差，都会造成回讯无法被感应，因此，要求维护人员要对感应块位置做好良好定位及固定。此外，Kinetrol扇形执行机构的一个优势同时也是劣势，是气缸材质为铝质，虽然能有效减轻阀门整体重量，但回讯器固定的方式存在缺陷。

图4　原装阀位固定支架

由图4可见回讯器固定使用的是长度在10mm左右的M4（下端）、M6（上端）的六角螺栓，上下各四个，支架感官上稍显孱弱。在使用一段时间后，由于回讯器卡涩，固定支架受力会增大，阀门动作时回讯固定支架会跟着扭动，导致螺栓松动，一旦阀门动作传至回讯器固定支架的力大于六角螺栓提供的固定力时，将会出现以下不可修复的问题：①螺丝固定孔的螺纹拉坏；②回讯支架被拧变形（见图5）。

以上两种情况是在装置运行过程中最不希望出现的，因此我们对回讯器的固定方式进行了改进。

图5　固定支架变形、螺纹拉坏情况

如图6所示，我们利用执行机构上现有的四个大螺栓孔，测绘制作新的安装支架如图7所示，新支架使用加厚不锈钢板制作，更加牢固可靠，且使用大螺栓进行固定，从根本上解决了上述螺孔破坏、支架变形的问题。后期根据预防性维修的情况，又对回讯器固定支架进行了升级改良。

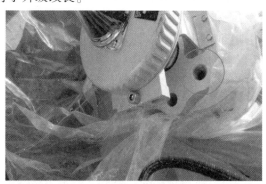

图6　可利用的螺栓孔

图7　新制作的回讯器安装支架

2　程控阀的预防性维修

当程控阀在运行一段时间后，会出现阀门

动作不畅、阀门内漏、阀内件磨损、回讯器传动卡涩等一系列问题，为了及时发现问题，确保程控阀的稳定、可靠运行，提前预判程控阀的故障，我们采取了日常巡检以及定期维护相结合的预防性维护模式，主要内容如下。

2.1　每周进行的检查项目

每周对所有程控阀门动作时间的历史趋势进行检查（见图 8），对历史趋势有明显升高的阀门重点关注，有针对性地做好现场检查，判断阀门的可用性，对存在的问题及时处理或做好提前更换准备。

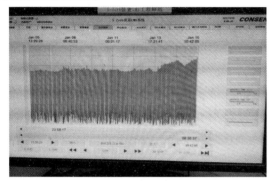

图 8　动作时间历史趋势截屏

2.2　每半个月进行的检查项目

（1）检查程控阀的风表、气源管线、电磁阀等阀门附件是否完好，是否存在气源管松动、漏气现象，发现问题及时处理，并作好记录。良好的气路环境，能让驱动气压稳定在有效数值（通常为 0.55MPa），既保证阀门动作时间的稳定，也有助于对阀门动作时间的历史趋势记录进行正确分析。

（2）做好回讯器防水情况的现场确认（防水处理为塑料薄膜包裹回讯器并捆扎），不完好的进行整改，作好记录。由于回讯器材质为铝质，中间传动部分无轴承，且轴与回讯器壳体之间无密封，存在进水的可能，会对铝材质产生一定的腐蚀，长此以往，传动轴与密封面间就会结垢，最终导致抱死。图 9 为故障回讯器中轴拆检的情况。

2.3　每两个月进行的检查项目（需停闭锁料斗）

（1）阀门动作确认：提前与生产车间沟通，在合适时机停闭锁料斗，对程控阀门进行逐个动作确认，对有卡涩、摩擦异响、开关缓慢的阀门，做好准备，提前更换；

图 9　故障回讯器中轴

（2）回讯器固定情况确认：现场阀门动作试验时，注意观察回讯器的情况，对有松动的回讯器进行重新紧固或更换大支架（目前 3″阀门已全部更换为大的回讯安装支架），并作好记录；

（3）如遇长假，假期前加做一次检查。

2.4　每半年进行的检查项目（需停闭锁料斗，关放射源）

（1）回讯传动部件动作力度的检查：需将回讯器拆下，人工确认传动部件动作所需力度，同时判断回讯器轴的磨损情况，根据情况采取润滑处理或更换回讯器的措施，并作好记录。

（2）回讯器的维护：对所有回讯器及其连接部件进行润滑、除锈、除垢，并对处理的情况及回讯器的状况作好记录。由于每次允许仪表专业处理的时间不超过 1h，所以为了提高维护效率，我们对改造后的支架又进行了改良升级，将原有大支架两边增加小耳朵，如图 10 所示。升级后只需要使用现有回讯器上的两颗不锈钢内六角螺丝，就可以把回讯器良好固定，如图 11 所示。这样在之后的维护当中，就不再需要拆卸大支架的 4 颗（M30）固定螺丝以及固定回讯器的 4 颗小螺丝，从而大大减少维护过程中的拆卸时间，提高了工作效率。

图 10　改良后安装支架

图 11　现场安装效果

（3）对回讯器进行防水处理：对各信号电缆密封接头做好紧固；对回讯器做好防水处理；对于防雨塑料薄膜，为保证有效性，每周期须进行更换。

3　程控阀备件问题

3.1　常用备件

根据程控阀近 5 年的运行情况来看，需要准备的备件主要有：回讯接近开关、整台回讯器、两位三通电磁阀、两位五通电磁阀、1″阀体、3″阀体、整阀。

根据程控阀分布情况，按装置结构每层备用整阀或阀体，以保证出现问题时第一时间进行更换。目前扬子石化采取的策略是：装置结构 3 层、4 层各备用一台 3″整台程控阀；3 层、4 层、5 层各备用一台 3″程控阀阀体；4 层、5 层各备用一台 1″程控阀阀体。对备用阀门，均应做好防护处理，如法兰接口的保护及各电、气接口的密封。

3.2　阀体国产化

由于装置原用程控阀为进口品牌，备件订购时间长、价格高，有必要开展国产化工作，重点是阀体、阀球和阀座，最为关键的是提高阀球和阀座的硬度。目前，此项工作进展顺利，已有阀体在气相工况上试用，效果良好。

4　结语

本文主要针对 Szorb 装置程控阀近五年的运行情况，探讨常见问题及预防性维护。随着使用时间的推移，后期在执行机构等部件上可能也会暴露出方方面面的问题，因此预防性维护是一个长期的工作，没有终点。

参 考 文 献

1　张文吉 . Szorb 装置闭锁料斗常见故障分析及处理 . 炼油技术与工程，2016，46(12)

化工仪表蒸汽伴热防冻防凝方案优劣势分析

黄国禄

（中国石化齐鲁石化分公司生产运行维护中心，山东淄博 255400）

摘　要　本文从石油化工仪表防冻防凝措施采用的蒸汽伴热方案进行优劣势分析，蒸汽伴热作为一种利用蒸汽伴热管道散热补充被保温体的热损失的传统伴热方式，具有高热输出、高可靠性、安全性等优势，但蒸汽伴热由于系统复杂，管路、阀门较多，"跑冒滴漏"现象明显，存在能耗大、维修成本高、设计与投用不合理造成资源浪费等缺点。本着节能降耗的原则，本文针对近几年石油化工企业应用推广的冬季防冻防凝采用的电伴热、自伴热等新技术与传统技术展开比较和分析。

关键词　仪表防冻防凝；蒸汽伴热；电伴热；自伴热；优劣势分析

化工企业冬季里影响安全生产的最大问题就是仪表的防冻防凝。北方地区进入冬季后，当被测介质通过测量管线传送到变送器时，常出现环境温度过低发生冻结、凝固、析出结晶等现象，当温度过低而超出所使用仪表的正常工作温度区间时，直接影响到仪表测量显示的准确性。而压力、流量、液位等各类仪表，其测量介质多为液体，受低温的影响，更容易造成测量误差，严重者可能引发中毒、火灾、爆炸等安全事故。每年一入冬，仪器仪表的防冻防凝工作显得尤为重要。

为保证仪表的正常运行，目前石油化工企业采用的主要防冻防凝方法一般为保温、蒸汽伴热加保温或加装防冻隔离液的措施。本文主要探讨冬季仪表蒸汽伴热方式进行防冻防凝工作的优势和劣势，并分析借鉴更加优质高效的管理措施及方法。

1　蒸汽伴热的优势和劣势分析

1.1　蒸汽伴热

蒸汽外伴热是目前国内外石化装置普遍采用的一种通过蒸汽伴热管道散热来补充被保温管道热损失的一种传统的保温方式。

1.2　蒸汽伴热的优点

（1）高热输出：伴热管放出的热量，一部分补充主管内介质的热损失，另一部分通过管外保温层散失到四周环境。采用硬质保温预制外壳要使主管与伴热管间有一定空间，这样使伴热小管放出的热量可几乎全部补偿主管的热损失。蒸汽伴热系统为管道提供大量的热。金属伴管和金属管道之间有非常高的导热率，即使在保温损坏的情况下对伴热系统温度影响也不会很大。

（2）高可靠性：当然许多因素会导致蒸汽伴热系统故障，例如管道泄漏、蒸汽疏水器故障等，但很少有潜在的问题会影响其温度。

（3）安全性：尽管蒸汽灼伤也是很普遍的，但相比于电伴热其安全性还是很高的。

（4）废汽利用：石化工厂内有过量低压蒸汽，那么就可将其用于伴热，同时为了节约蒸汽，可在装置区内设两个蒸汽伴热系统，分别供常年及冬季伴热用，到夏季可将冬季伴热管阀门关掉，从而降低伴热经济费用。

1.3　蒸汽伴热的缺点

（1）节能性差：蒸汽伴热系统总能量消耗通常是保持伴管在所需温度实际能量的 20 倍。蒸汽伴管本身就消耗掉过量能量，若蒸汽伴热管冷凝水管保温维护不好，时有冻结而影响生产，特别是在输送、储存一些腐蚀性强的物料时，易造成管材局部蚀穿，严重影响正常生产。同时蒸汽疏水器、蒸汽泄漏以及供给及返回系

作者简介：黄国禄，男，吉林长春人，2008 年毕业于北京化工大学自动化专业，学士学位，现任中国石化齐鲁石化分公司生产运行维护中心炼油仪表车间副主任，高级工程师，从事 PLC、ESD、DCS 工业控制系统运行维护管理工作。

统都浪费了大量能量。

（2）温度控制能力差：蒸汽伴热系统对温度的控制能力很差，管子只能达到一个蒸汽温度与环境温度之间的平衡温度。由于蒸汽温度要远远高于物料所需保持的温度范围，一旦调温不当，便会造成局部物料过热。

（3）高的安装和维护费用：除原始安装外，在操作中泄漏维修、蒸汽疏水器检查或更换（故障）、热管线维护等，这都需要很高的费用。

2 目前蒸汽伴热在化工企业的应用

蒸汽伴热是化工企业最常见的伴热形式。对于蒸汽伴热，由于冬天气温变化很大，温差可达20℃左右，仪表工应根据气温变化调节伴热蒸汽流量。蒸汽流量调节裕度是很大的，因为蒸汽伴热是为了保证导压管内物料不冻。要注意的是伴热蒸汽量不是愈大愈好，因为化工物料冰点和沸点各不相同，对于沸点比较低的物料若保温伴热过高，会出现汽化现象，导压管内出现汽液两相，引起输出振荡，所以根据冬天天气变化及时调整伴热蒸汽量是十分必要的。

对仪表和仪表测量管线进行防冻处理，需要伴热保温的对象主要有安装在仪表保温箱内的变送器，外浮筒式液位变送器或其他形式的露天安装的液位变送单元，压力、差压、流量等仪表的检测管线和测量管线。一般仪表的防冻凝措施有选型、保温伴热、维护（点巡检、排污）等。

2.1 选型措施

（1）选带保温装置型仪表。根据仪表的类别用途及拟安装地理位置，提出该仪表的保温防冻需求，再提交于厂家来处理。

（2）信号远传仪表、显示表头要考虑耐环境温度要求，带隔离液要考虑隔离液耐环境温度要求。

（3）金属转子流量计、电动靶式流量计、容积式流量计、质量流量计等一般不需要单独伴热。

（4）选型时一般首要考虑的是仪表的实用性和经济性，实用性是指维修方便、测量准确，经济性说白了就是便宜。二者要相互结合，不能只为了方便、免维护都选用质量流量计、金

属转子、电靶等。所以正确选型也是防冻防凝的一种措施。另外，安装仪表时应充分考虑仪表的防冻防凝，如导压管尽可能短、要便于伴热、排污等，否则再好的选型也不管用。

2.2 保温措施

用保温材料保温，即用保温材料将仪表易冻或怕冻的部位包起来。冬季来临时要检查及经常排污，防止保温材料破损。

2.3 伴热措施

冬季保温送汽之前要检查一下蒸汽保温管路是否畅通或堵塞。最好蒸汽是24h通的，不要太热，有时还要根据天气温度变化来调整供保温汽量，以防止温度太高使变送器引压管内冷凝液汽化影响变送器工作，或因温度太低使变送器引压管内冷凝液冷冻影响变送器工作畅通。

2.4 防冻预案

为应对仪表防冻，石化企业应在冬季来临前加强预防，提前做准备工作，比如保温破损的及时恢复、防冻隔离液的置换、上一年出现冻凝的仪表本年增加防冻凝措施等。蒸汽伴热在冬季日常巡检时，应注意伴热管线的温度，伴热管线出现问题会使仪表测量受到影响，甚至造成生产波动，要增加巡检次数和人员。

为了保证工艺的正常运行，必须全方位提前做好仪表的防冻凝工作，如做好仪表防冻凝台账、防冻凝应急预案处理等，才能提高对各种非正常状态的及时处理能力，保证仪表本身的正常工作状态。

2.5 维护巡检

冬季防冻效果不好，通常是制度落实不到位。冬天仪表工巡回检查应观察仪表保温状况，观察保温材料有否破损，还要检查差压变送器和压力变送器导压管线的保温情况，检查保温箱保温情况。检查仪表保温伴热，是仪表工日常维护工作的内容之一，它关系到节约能源、防止仪表冻坏、保证仪表测量系统正常运行，是仪表维护不可忽视的一项工作。

3 蒸汽伴热的机会和威胁分析

3.1 蒸汽伴热与电伴热方案的比较

当前很多企业和单位都已经逐步将蒸汽伴热改造成电伴热，这也是一种必然的趋势，暂

不能说电伴热防冻保温是最好的，也许技术发展下去，还有更好的替代方式，但就目前来讲，电伴热还是一种较好、较有效的伴热方式。

电伴热在设计安装好的情况下，升温速度较快，热效率较高，安装便捷，操作方便，可拓展性强，可通过远程实现控制管理。比如可通过 PLC 设备实现定时、定况的实时开启和关闭，是真正意义上的无人值守。电伴热通过温控器或温控系统，控温精确，伴热均匀，以电作为动力，对环境不会造成太大的污染。

蒸汽伴热前期投入较大，后期维护成本也较高，还经常出现跑、漏、冒等现象。比如前期的锅炉建设、管路布置等，其伴热温度控制不很好，伴热温度不均匀。平时需要安排人员定时维修、更换，这也是一笔不小的开支。蒸汽伴热多使用锅炉，燃烧的煤会造成环境污染。油、煤正在逐步枯竭，也是人们生活生产中的必要品，所以价格是不会长期一直走低的，而直接安装电伴热，采用科学化的管控方式，电伴热系统的耗能并没有想象中的那么高，可为企业节省不少的开支。目前正在利用的风力、水利、太阳能发电作为动力能源。节能环保、清洁无污染是日后重要的发展方向。

自控温电伴热因本身根据感应管壁（介质）的温度而自调发热量，是一种节能措施。蒸汽伴热只能利用一部分热能，大量热能由高品位变为低品位，无法利用，白白损耗掉了，经国外的专业伴热产品公司测算，电伴热与蒸汽伴热的耗能之比为 1：5.8。另外，由于自控电伴热可以有效地杜绝跑、冒、滴、漏现象，因此还可改善企业生产环境。

由以上技术经济分析可知，采用自控温电伴热虽然一次性投资较高，但运行费用却有较大降低，经济效益非常显著。目前的市场中的电伴热产品主要可分为国产及进口两种。国产电伴热线具有价格优势，一次性投入相对较低，其不足之处为相当一部分国产的电伴热线仍采用落后的恒功率伴热技术，在使用过程中会浪费大量能源；另外，其工作效率、安全性及使用寿命尚需改进。进口自控温电伴热线具有快速启动、温度均匀、安装简便及使用寿命长等技术优势。

3.2　蒸汽伴热与自伴热方案的比较

实际应用中，仪表检测管道（$\phi 18mm \times 3mm$）细长，仪表蒸汽伴热管线（见图1）错综复杂，日常维护受蒸汽压力及回水压力等干扰，维护量大，且伴热效果也不好，仪表维护中稍有疏忽，就会造成仪表伴热冻凝或泄漏，存在安全隐患。

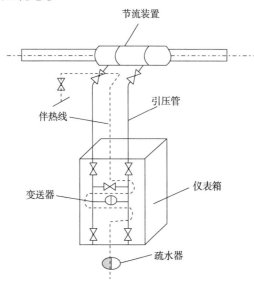

图 1　伴热管线示意图

近几年来，多家企业经过摸索实践，在检修期间组织技术力量，在原伴热管线疏通处理基础上，对导压管的取压方式和伴热线进行彻底改造，采用自伴热的方式，将仪表导压管从孔板法兰取压后向上引压，冷凝液冷凝后自动进入工艺管道，加上工艺管道自身的热量传导到导压管管道，再根据工艺介质正常的温度，温度>100℃的导压管不能长于1m，导压管采用较薄保温；工艺温度<60℃的导压管不能大于60cm，保温层加厚采用全保温。

根据介质不同的检测元件设计不同的改造方案，对于气体介质仪表，采用就近取压，竖直安装的原则，使引压线尽量短（见图2，虚框内为加保温部分）；对于轻质油、蒸汽及水等介质，选择竖直安装，对于重油仪表，需保留隔离包（见图3）。

上述仪表自伴热方案中，将仪表箱和仪表伴热去掉，隔离包视实际介质决定是否加装，对于蒸汽管道和高温管道，变送器的安装位置一定要与管道悬空间隔大于10cm以上。

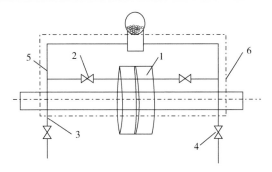

图2　气体介质仪表伴热方案

1—流量装置取压短管；2—承插焊闸板阀；

3—单丝头；4—不锈钢针阀；

5—引压管；6—铁皮盒子

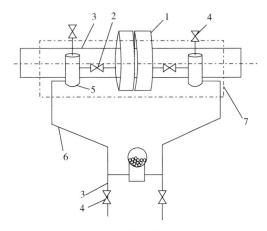

图3　重油仪表伴热方案

1—流量装置取压短管；2—承插焊闸板阀；

3—单丝头；4—不锈钢针阀；5—隔离包；

6—引压管；7—铁皮盒子

3.2.1　社会效益分析

　　仪表采用自伴热方式，社会效益优于蒸汽伴热。蒸汽伴热方案需要的截止阀、保温箱、疏水阀、引压管线和跟部阀，若采用自保温方案仅需保留根部阀，这样材料使用及安装费用将大大降低，节约了成本。另外自保温后日常消耗的伴热蒸汽及冲洗液等都大大减少，降低了日常维护的工作量。

　　总之，为了装置的长周期平稳运行，仪表的防冻防凝举措也将越来越节能，越来越安全，最终实现节能降耗。

参 考 文 献

1　刘刚.浅谈冬季仪表伴热技术.城市建设理论研究，2012，(6)：12

2　裴炳安，邱敬敏，张嘉尹.一体化自伴热节流装置技术开发及应用.石油化工自动化，2013，49(3)：23-25

3　于娅茹，樊欣.蒸汽伴热与电伴热在化工工程中的应用浅述.化工管理，2016，(36)

4　毛苗.浅谈蒸汽伴热系统的设计.广州化工，2016，(1)

5　冯万军.合理改造仪表保温伴热实现节能降耗.化工自动化及仪表，2014，(8)

热电部活塞式脉冲阀使用情况分析

陈　斌

（中国石化上海石油化工股份有限公司电气仪表中心，上海　200540）

摘　要　布袋除尘器脉冲阀是布袋除尘器的关键部件，脉冲阀的性能不良经常使除尘器整体失效。因为一个阀的损坏，导致整个气包（集气箱）压力降低，使同组气包（集气箱）上的阀门不能正常喷吹，从而造成布袋糊袋等现象。如果除尘器布袋积灰严重，布袋差压上升，除尘效果将下降，粉尘排放值将上升，无法满足环保要求，造成环保事故。同时，布袋差压上升，会影响除尘器和锅炉的运行状态，使锅炉负荷出力受到制约，严重影响电站的经济性指标。上海石化热电部1#、2#、6#锅炉布袋除尘器都使用着ALSTOM的活塞式脉冲阀，近年来故障率较高。脉冲阀不动作、活塞卡涩、膜片破损等现象明显。本文就脉冲阀的故障原因进行分析，并提出解决方案。

关键词　活塞式脉冲阀；活塞；膜片；气包（集气箱）；气源

1　活塞式脉冲阀的主要工作原理

活塞式脉冲阀的结构主要包括先导部分、阀盖、膜片、O形圈、缓冲环、壳体、活塞（见图1）。

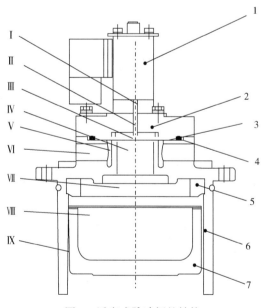

图1　活塞式脉冲阀的结构

1—先导部分；2—阀盖；3—膜片；
4—O形圈；5—缓冲环；6—壳体；7—活塞

脉冲阀开启：如图1和图2（a）所示，通过先导部分1动作使先导部分1上的排气通道Ⅰ与阀盖2上的通道Ⅱ联通，膜片3上部腔体Ⅲ内的压缩空气瞬间从阀盖2上的通道Ⅱ与先导

部分1上的排气通道Ⅰ排放出去，同时膜片3由于上下压缩空气压差的作用向上运动，使壳体6上的通道Ⅳ、排气通道Ⅴ、排气通道Ⅵ与缓冲环5上的通道Ⅶ及活塞7上部的腔体Ⅷ连通，腔体Ⅷ的压缩空气通过通道Ⅴ、Ⅵ、Ⅶ排放出去，活塞7在上下两端的压缩空气的压力差作用下迅速向上运动，最终使气包（分气箱）中的压缩空气从阀门出口喷出以达到清灰的目的。

脉冲阀关闭：如图1和图2（b）所示，通过先导部分1的动作，使压缩空气通过通道Ⅰ、Ⅱ进入腔体Ⅲ，由于膜片上下的压缩空气压力差使膜片向下运动，隔断壳体6通道Ⅳ、排气通道Ⅴ之间的连通，气包（分气箱）内的压缩空气通过通道Ⅸ进入活塞7上部的腔体Ⅷ，活塞由于压力差的作用向下运动，封住气包（分气箱）的排气口。

2　活塞式脉冲阀主要问题及原因分析

2.1　主要问题

热电部1#、2#、6#锅炉布袋除尘器使用的是ALSTOM的活塞式脉冲阀。其中1#、2#炉为2012年改造后投入使用，6#炉为2010年改造后

作者简介：陈斌（1985—），男，上海金山人，2008年毕业于长沙理工大学自动化专业，工学学士，仪表四站副站长、、仪表工程师，现从事仪表管理工作。

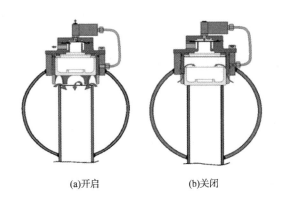

(a)开启　　　　　(b)关闭

图2　活塞式脉冲阀的工作原理

投入使用。使用至今，存在的主要问题是脉冲阀不回座，即脉冲阀活塞上升后不回落，气包内的压缩空气不断地进入喷吹管。脉冲阀长时间不回座，会造成整个气包(分气箱)失压。

另外还存在脉冲阀不动作、膜片破损、缓振环破损等故障现象。脉冲阀不能正确动作，布袋长期不能得到喷吹，长此以往，布袋积灰严重，影响除尘效果，并减短布袋使用寿命。同时限制锅炉负荷出力，影响经济效益。

2.2　原因分析

2.2.1　活塞与壳体附着杂质

活塞式脉冲阀的活塞与壳体间隙非常微小，在正常阀门关闭动作时，活塞依靠自身重量，缓慢回落，阀门关闭。但是当活塞或壳体上附着有杂质后，其间隙变小，摩擦力增大，活塞不能依靠自身重量回落。活塞与壳体附着杂质后的另外一种情况，即在脉冲阀打开的情况下，活塞不能正常上升。

这是目前运行情况下最常见的状态。当活塞上附着杂质后，人为手动都难以将活塞推进或拔出。

2.2.2　膜片破损

由于阀盖的通气口径小，受先导气作用，膜片中心点长时间受压，容易破损(见图3)。当膜片破损后，膜片不能在先导气作用的情况下，紧压在壳体上。这种情况下，与脉冲阀打开时的情况基本类似，活塞上升，但无法正常回座。而长时间不回座后，又会造成气包(集气箱)压缩空气不断地喷入喷吹管，造成气包(集气箱)失压。

图3　膜片破损

2.2.3　先导气压力与气包压力不匹配

因脉冲阀安装在气包(集气箱)上，活塞与壳体的腔体压力与集气箱压力一致。集气箱内为用于喷吹的压缩空气，压力可通过压缩空气母管上的减压阀进行调节。

先导气压力是用于控制脉冲阀打开或者关闭的压力，也是压缩空气，也可进行调节。

正常情况下，脉冲阀应处于关闭状态，此时，脉冲阀膜片需紧压在壳体上，保证活塞与壳体内腔的空气不往外泄。因此，先导气的压力必须要大于集气箱压力。如果先导气压力小于集气箱压力，则会造成脉冲阀常开。

2.2.4　先导部位电磁阀故障

脉冲阀的打开或关闭通过电信号作用于先导头的电磁阀线圈。先导头动作，控制先导气的进出，此时膜片压紧或松开壳体，从而阀门打开或关闭。当先导头线圈故障时，电信号无法作用于先导头，就无法起到正确控制脉冲阀的作用。

3　确保脉冲阀正确动作解决方案

3.1　提高压缩空气品质

根据目前对压缩空气的排水情况分析，热电部压缩空气的水分较多，特别是在压缩空气母管末端，其现象更为明显。在多次锅炉停炉检修后启动过程中发现，活塞式脉冲阀不动作或不回座现象发生概率较高，经过解体，里面含有水分。当脉冲阀活塞和壳体上附着水分后，增加了活塞上下动作的阻力，即造成活塞卡涩，脉冲阀将不能正常开、关。

因此，一是要控制好压缩空气露点温度，保证干燥系统的正常运行，从而确保气源的干燥可靠;二是要在布袋除尘压缩空气母管或储气筒低点处,增加自动排水装置;三是要加强巡检,对先导气和气包(集气箱)压缩空气母管上的油水分离器定期排水;四是要在锅炉检修后启动之前,对先导气和气包(集气箱)用气进行排放。通过以上措施确保气源品质符合活塞式脉冲阀的使用要求。

3.2　提升气包(集气箱)和喷吹短管材质

通过几次检修发现,脉冲阀活塞和壳体有不同程度的锈蚀痕迹,但并不是由脉冲阀本身腐蚀造成的。分析为由气包(集气箱)或喷吹管腐蚀后产生的金属碎屑造成。

由于除尘器通过的是烟气介质,含有硫等腐蚀性物质,对气包(集气箱)或喷吹管能够产生腐蚀。当气包(集气箱)或喷吹管腐蚀后,其金属颗粒通过压缩空气不断地作用于活塞和壳体上,金属物质长时间地摩擦接触,在活塞和壳体上产生一层杂质,当杂质越积越厚,逐渐减小活塞与壳体的间隙,增加了活塞动作阻力,造成脉冲阀不能正确动作。

因此,需将气包(集气箱)和喷吹短管更换为不锈钢耐腐蚀的材质,避免因金属杂质对脉冲阀的正常开、关产生影响。

3.3　正确调整先导气与气包(集气箱)压力

先导气压力必须大于气包(集气箱)压力,否则膜片不能够在先导气作用下紧压于壳体上,造成脉冲阀长期喷吹。

当然,其压力必须控制在脉冲阀和布袋的适用范围之内。由于先导气腔体的空间小,如果有小颗粒杂质存在,此时先导气作用后的微小颗粒将同子弹一般,作用于膜片上,容易将膜片击穿。

同样的,除尘器布袋有压力等级的限制,如果喷吹压力过大,也会造成布袋损坏。

根据布袋气包和脉冲阀膜片特性,压缩空气压力必须在合理范围以内。一般来说,先导气压力应设置在 0.5MPa 左右,气包压力设定在 0.45MPa 左右。

3.4　定期更换脉冲阀膜片和缓冲环

脉冲阀的壳体与活塞因材质关系,不容易老化变形,也不容易破损,但是膜片在经过长时间的动作后,容易老化、破损。应制定脉冲阀配件定期检修更换周期,对膜片进行检查和更换,确保脉冲阀动作正常。

脉冲阀的缓冲环主要作用是当脉冲阀打开时,活塞上升过程中,通过缓冲环可避免活塞与壳体的直接碰撞,保证脉冲阀在长时间动作后,活塞与壳体的完好。但是,缓冲环经过长时间的碰撞后,容易出现破损,因此需及时进行更换。

3.5　定期检查脉冲阀喷吹状态

因一个气包(集气箱)上有 18 台脉冲阀,当任何一台脉冲阀出现不回座的情况时,整个气包(集气箱)会失去压力。这时必须通过逐台阀门解体检查,才能确认是哪台阀门故障,工作量巨大。

因此需定期对脉冲阀喷吹状态进行检查。现通过对阀门排气孔塞纸条的方式,当阀门正常动作后,纸条喷出,阀门状态应为正常;如果纸条未喷吹,则说明阀门不能正常动作,此时需进行解体判断阀门故障原因。

3.6　注意阀门安装垂直度

由于活塞式脉冲阀的活塞与壳体间的间隙较小,如果在安装时存在倾斜角度,那么活塞与壳体间必然存在不平行度,活塞在动作过程中会出现卡涩,造成阀门动作不正常。

因此,在安装过程中,首先要确保气包(集气箱)的水平状态,在此基础上,阀门安装紧固过程中要保证四周螺丝的松紧度一致,阀门处于水平状态。

3.7　更换脉冲阀形式

活塞式脉冲阀的结构决定了其对压缩空气品质、气包(集气箱)和喷吹短管材质的要求。在目前无法提升压缩空气品质的情况下,用淹没式脉冲阀来替换活塞式脉冲阀会是更好的选择。

淹没式脉冲阀由电磁先导头、膜片和阀体组成,膜片后腔的面积大于前腔的面积,气压作用力大,使膜片处在关闭位置。当输入电信号时,电磁先导头吸合动柱,打开卸荷孔,膜片后腔的压力气体迅速排出,膜片前腔的压力气体将膜片抬起,打开脉冲阀通道进行喷吹。电信号消失后,电磁先导头的弹簧动柱立即复位封闭卸荷孔,膜片后腔气体压力的弹簧作用力使膜片关闭通道,阀停止喷吹(见图4)。

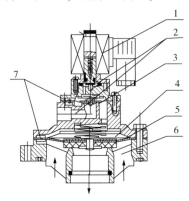

图4 淹没式脉冲阀
1—电磁线圈;2—卸荷孔;3—小膜片;
4—膜片后腔;5—大膜片;6—膜片前腔;
7—阻尼孔

这种阀门最大程度避免了压缩空气品质和气包(集气箱)腐蚀对脉冲阀的影响。

由于该形式的阀门不存在活塞结构,因此当压缩空气中含有一定水分的时候,也不会对膜片动作产生较大影响,脉冲阀仍旧能够起到喷吹作用。同样的,当气包(集气箱)和喷吹管出现腐蚀现象时,其杂质也不会对脉冲阀喷吹造成较大影响。

另外,从经济性上考虑,淹没式脉冲阀具有很大优势。根据热电部目前的使用情况,两种脉冲阀的使用寿命相差不大。但脉冲阀的价格却差异较大。1台活塞式脉冲阀的售价为2300元左右,1台淹没式脉冲阀的售价在900元左右。活塞式脉冲阀的1张膜片为800元左右,淹没式脉冲阀的1张膜片为400元左右。以热电部6号炉为例,一套布袋除尘器脉冲阀共272台。假设1个检修周期对所有脉冲阀或脉冲阀膜片进行更换,其所需费用相差巨大,计算结果见表1和表2。

表1 阀门整体费用对比

阀门整体	单价	总价(272)台	相差
活塞式脉冲阀	2300元	62.56万元	38.08万元
淹没式脉冲阀	900元	24.48万元	

表2 阀门膜片费用对比

膜片	单价	总价(272)台	相差
活塞式脉冲阀	800元	21.76万元	10.88万元
淹没式脉冲阀	400元	10.88万元	

另外,淹没式脉冲阀的拆装较活塞式脉冲阀更加简单,对阀门的安装垂直度要求比活塞式脉冲阀要低。日常运行过程中,不会出现活塞式脉冲阀活塞卡涩、不动作情况,减少了日常维护量。

4 结语

活塞式脉冲阀结构精巧,材质稳定,能偶保证喷吹的平稳性。但要使用好它,必须从安装、使用、日常维护等方面进行跟踪和分析,从而确保其能达到应有的使用效果。根据布袋除尘器的使用状态,还需要从气源品质和气包(集气箱)材质上入手,改变目前的情况。或者,避开目前的薄弱环节,选择能够更加适应目前工况的产品,以确保布袋除尘器的除尘效果,确保环保排放符合标准,保证锅炉负荷出力,提高经济效益。

参 考 文 献

1 沈建斌,李明,兰俊. 活塞式脉冲阀在布袋除尘器喷吹系统中的应用. 冶金设备管理与维修,2010,(6)

快速切换装置在石油化工企业的应用研究

毛以俊

（中韩(武汉)石油化工有限公司，湖北武汉　430000）

摘　要　大型炼油化工企业电网各级电压供电，一般都是按照一级供电负荷安全要求设计的，正常运行方式下两路供电电源互为备用，运行过程中一旦一路电源出现故障，将自动切换到另一路电源运行。因石油化工生产工艺连续性，对连续性供电要求极高，传统检残压的电源备自投切换方式，因切换方式时间过长已不能满足石油化工安全连续生产的需要。本文通过分析传统备自投装置在石油化工企业应用的不足，结合中部某大型乙烯供电系统情况，通过采用快速切换装置降低供电线路、变压器等系统电源故障对连续性生产造成的影响，为企业的安全连续供电进一步夯实了基础。

关键词　石油化工；快切；晃电；残压

石油化工行业由于对生产连续性要求非常高，又属于易燃易爆危险行业，为石油化工行业提供动力的电力系统的安全稳定运行，对石油化工安全连续运行尤其重要。据不完全统计，近年来国内某大型石油化工集团公司下属各企业2014~2017年，共发生供电线路故障、变压器等电源系统性故障25起，其中18起因故障后备自投等切换时间过长，导致相应企业电网系统供电短时中断，造成部分装置停车事故发生，给相应企业造成了巨大经济损失，部分甚至还带来了一些安全环保问题。作为为企业各电压等级供电的两路电源，正常运行方式下，一路电源故障，如何快速切换至另一路电源供电，尽可能缩短供电中断的时间，最大程度降低电源故障对企业安全经济生产造成的影响，一直是我们石油化工行业电气专业人员思考的重点问题。

1　传统备自投技术的不足

图1为石油化工行业各级变电所典型供电示意图，正常情况下，1#进线通过1DL开关带母线Ⅰ运行，2#进线通过2DL开关带母线Ⅱ运行，母联3DL处于热备用状态，1#、2#进线互为备用。运行过程中若二路供电电源中的一路发生电压跌落或失电时，会通过备自投装置主动合上母联开关，实现由另一路电源继续供电。

对一般企业来说，虽然备自投装置有一定的延迟，但由于多数企业对生产的连续性要求

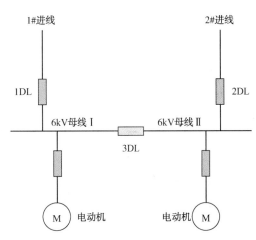

图1　变电所供电系统示意图

并不太高，生产的短时中断不会对产品质量造成影响，也不会造成生产装置停车等重大事故发生，因此，备自投已经可以满足企业电源故障时自动切换的要求。但在石油化工企业等连续生产要求高的企业，电源故障时备自投切换效果从时间上来说满足不了生产的要求。原因是这些企业的主要用电负荷为异步电动机，当进线或主变因故障被断开时，虽然母线已然失电，但由于电动机残压的存在，母线电压不能立即满足备自投的启动条件，一般备自投失压启动定值为额定电压的50%~70%，而从失电

作者简介：毛以俊（1980—），男，硕士研究生，电气高级工程师，主要从事大型炼化企业电气设备管理、技术管理工作。

产生到电压下降到失压启动定值，需要数百毫秒乃至数秒的时间，再加上备自投固有的延时（系统变电站要躲电源系统重合闸时间以及高压电机低电压整定时间，一般要至少大于0.5s，下级变电所的备自投延时设置则逐级增加），最后还须经检残压合闸（残压整定值一般为额定电压的20%～40%）。待备自投动作成功，恢复供电时离失电发生时刻已经有少则1s左右多则数秒的延时。此期间由于电压中断的时间过长，高压电动机基本已经都跳闸，或转速已经很低，对生产已造成了影响。对400V系统设备来说，低电压已经造成电动机接触器脱扣，变频器因低电压已经停止工作，造成了生产装置停车。

2 快速切换技术的应用

2.1 快速切换技术的原理

2.1.1 启动方式

根据故障电源的不同特点，其故障启动方式有保护启动、失压启动、误跳启动、无流启动、逆功率启动等启动方式。

2.1.2 切换方式

快切装置启动后，会按一定的顺序自动跳开工作电源开关和合上备用电源开关，按照其顺序不同，可分为串联切换、并联切换、同时切换三种切换方式。实际使用过程中，充分考虑系统的安全性，事故切换一般采用串联切换方式。

2.1.3 实现方式

任何启动方式都对应四种实现方式：快速切换、同期捕捉、残压、长延时。究其以何种方式实现，取决于当时频差、角差、电压等参数，并控制其合闸角度，使两个电源叠加电压施加在电机设备的电压小于电机额定电压的1.1倍，即所谓的安全切换。

1) 快速切换

此实现方式为最理想的一种合闸方式，由于合闸前有关频差、角差较小，故障段母线失电的时间为进线开关跳闸时间与备用开关合闸时间之和，即最短的时间，失去电源的母线电压还维持比较高，备用电源合闸后母线上所带电机等设备仍能维持正常运行。其原理如下：图1反应的为两段母线正常运行方式，若正常

运行中1#进线跳闸，即原动力电源失电，6kV母线I段由于所带的负荷为转动的三相异步电动机设备，虽说定子回路与电源断开定子电流突然降为零，但因转子、匝链定的磁通不能突变，所以转子中产生瞬间感应电流，以抵消定子电流突然失去引起的磁通变化。该感应电流为以转子绕组时间常数衰减的直流电流分量，该直流电流产生的气隙磁场以转子转速进行旋转，定子绕组因切割旋转磁场而产生感应电势，这就是电动机突然失电后形成的反馈电压，简称残压。残压衰减的快慢与母线所带电机机群的容量大小有关，与机群的负荷特性有关，一般来说机群容量越大，衰减的速度越慢，风机类负荷机群较一般水泵性负荷衰减慢。母线残压向量变化轨迹图详见图2。

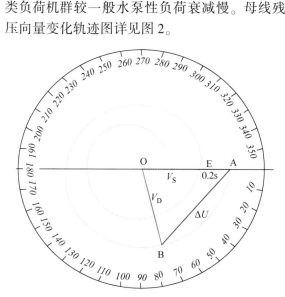

图2 母线残压向量变化轨迹图
V_S—备用电源电压（对应图1中6kV母线II电压）；
V_D—母线残压（对应图1中1#进线跳开，6kV母线I电压）；
ΔU—母线残压与备用电源之间的电压差

图1中1#进线跳开，6kV母线I通过母联开关3DL自投到6kV母线II的等效电路图见图3。

图3中电动机绕组承受的电压 $U_M = K(V_s - V_M) = K\Delta U$，其中 $K = X_M/(X_S + X_M)$。

依据《电力工程电气设计手册》指出：$U_M = K\Delta U < 1.1 U_e$，即 $\Delta U(\%) < 1.1/K$，其中 $K = X_M/(X_S + X_M)$，设 $X_S : X_M = 1 : 2$，则：$K = 0.67$，$\Delta U(\%) < 1.64$，即如图4中的A'—A"的右侧为备用电源允许合闸的安全区域。

如能在A-B段内合上备用电源，则既能保

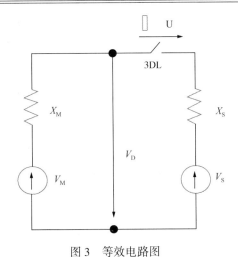

图 3　等效电路图

V_S—备用电源等值电势；X_S—备用电源等值电抗；
V_M—电动机等值电势；X_M—电动机等值电抗

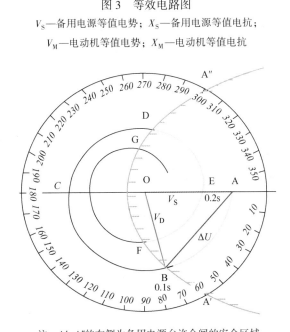

注：A′—A″的右侧为备用电源允许合闸的安全区域

图 4　合闸安全区域图

证电动机安全，又不使电动机转速下降太多，这就是所谓的"快速切换"。能否在如图 4 中 A-B 段内合上备用电源（快速切换），主要受 3 个因素影响：频差、角差、开关合闸时间。

影响快速切换成功的三个因数中，频差整定因受制于系统固有特性，一般不可改变。图 1 中 1#进线电源跳开后角差（失电 6kV 母线 I 与备用电源 6kV 母线 II 之间的角度）大小，与故障性质及持续的时间有关，故障性质越严重、故障点离母线越近则角度拉开越大，同种故障性质时间越长则角度拉开越大。要保证快速切换成功率高，则快速切换角差整定则越大，那么开关合闸时间因越短。如若能使开关合闸时

间由 80ms 变为 10ms，则频差整定值由 22.8°变为 60.6°，大大提高了快速切换的成功率，这也是目前解决电源故障设置快切装置的同时，还应缩短母联开关的合闸时间，即相应的开关采用快速合闸开关，如目前上海合凯开关设备公司所研制的新型开关，就能够将开关合闸时间缩短至 10ms，此新型开关的使用必将大大提高快速切换的成功率。

2）同期捕捉

如图 4 所示，从 B 到 C 区间为不安全区域，不允许合闸，C 到 D 区间，由于实际负荷的固有特性，角度变化速度、频率变化速度是可以实时跟踪并可以推测下一时段的变化的，根据有关变化，在 C 到 D 区间提前发合闸命令，以致在 D—E 区间反馈电压与备用电压之间的角差较小，即接近反馈电压与备用电源电压第一次相位重合点实现合闸，这就是"同期捕捉切换"。

以相位差 360°同期捕捉为合闸目标：

$$|360-\varphi(t_1)+\omega(t_1)\times T+0.5\times\omega'(t_1)T^2|<\varepsilon$$

只需按备用电源开关实际合闸时间整定 T 就可了。

实际应用中，影响频差、相差变化速度的因数有电机的容量、负荷的转动惯量、电机类型、负荷多少等，是较为复杂的。但实际过程中，由于经 360°后的同期捕捉，往往所持续的时间不太长，电机的转速还较高，残压还维持比较高，备用电源合闸后电机自启动电流还较小，对系统冲击不大，可以保证生产的连续平稳运行。

3）残压切换

残压切换为快速切换、同捕切换的后备方案，等同于传统的备自投检残压合闸，残压切换的合闸条件为电压已下降到 20%～40%以下，经历的时间较长，很多电机基本上已经跳闸或停止运转了，残压切换后生产往往已造成较大影响。

从图 5 可以形象的看出切换方式所对应的位置，区域 1 为快速切换、区域 2 为同期捕捉、区域 3 为残压切换。

2.2　快切装置实际应用配置

中部某大乙烯电网母线主要由 220kV、

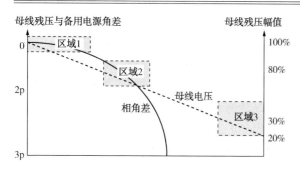

图 5 母线残压与备用电源角差、幅值、时间示意图

110kV、35kV、6kV、0.38kV 几个电压等级构成，其中 220kV、110kV 为双母线接线方式，采用合环运行方式，其他 35kV、6kV、0.38kV 母线均为单母分段接线方式，采用分列运行方式。由于 220kV、110kV 采用合环运行方式，单电源停电对系统运行影响有限，不存在所谓备用电源切换问题，故 220kV、110kV 系统不需配置快切装置。充分考虑其电网运行特点以及投资问题，在 110kV 变电站 2 个 35kV 单母分段及 9 个 35kV 中心变电所 6kV 单母分段上装设 2 级快切装置，共 11 套，其他 6kV、0.38kV 单母分段均采用传统备自投装置。

2.2.1 35kV 母线快切配置介绍

图 6 和图 7 为 110kV 变电站 35kV 系统图，正常运行方式下 110kV1#、2#主变带 35kV1#、2#母线分列运行，即 1#、2#进线开关合闸、母联开关处于分位热备用状态，在此系统设置一套 MFC-5103A 快切装置；110kV3#、4#主变带 35kV3#、4#母线分列运行，即 3#、4#进线开关合闸、母联开关处于分位热备用状态，在此系统也设置一套 MFC-5103A 快切装置。设置快切的目的是解决了 110kV 变压器故障对 35kV 及以下电网系统造成停电的影响。主要工作情况为：110kV 主变若出现内部故障，变压器差动、非电量等主保护会迅速切除变压器高、低压侧开关，同时主保护装置会发送给相应的快切装置一个保护启动信号，若此时失电 35kV 母线段电压与处于同一单母分段的另一 35kV 电源之间的角差、频差在允许范围之类(一般角差整定值为 30°，频差整定值为 1.5Hz)，则快切装置会迅速发出至母联的合闸信号。由于变压器主保护跳闸时间、35kV 母联合闸时间均约为 50ms，故此种故障对电网的影响一般不超过

100ms，当然若故障切除后两电源的角差、频差不满足快速切换条件，那就只能进入同期捕捉了，相应的时间就会大大增加，从故障到合上电源往往需要 300ms 左右，快切实现过程中若母线残压已低于 20% 额定电压，则不用判断其他条件进行合闸；若运行过程中 110kV 变压器高压侧出现误跳闸，则不同于上述的保护启动方式了，此时快切装置会通过无流启动方式(即电流低于正常最低负荷电流，一般为 0.1A,，频差超过正常运行频差，一般高于 0.2Hz)迅速将 35kV 进线开关跳开，然后依据跳开时的角差、频差、残压情况决定是通过快速切换方、同期捕捉方式还是残压方式对母联进行合闸；若 35kV 系统出现失压，则快切可以通过失压启动方式(失压启动值一般为 50% ~ 60% 额定电压)延时跳开相应的失压进线，然后依据跳开时的角差、频差、残压情况决定是通过快速切换方、同期捕捉方式还是残压方式对母联进行合闸。

2.2.2 35kV 中心变电所 6kV 母线快切配置

在全厂每个 35kV 中心变电所 6kV 母线处设一套快切装置，共设置 9 套快切装置。其目的是解决 35kV 变压器故障对 6kV 及以下电网系统造成停电的影响。主要工作情况类同于上述 35kV 快切装置，快切定值上除分合闸时间因开关固有特性、失压启动延时、无流启动延时因上下级配合问题存在差异外，其他整定基本一致。

3 快切动作案列效果

2014 年 6 月 26 日 12：01 分，110kV1#主变因设备制造厂家压力释放阀继电器防雨措施不到位，继电器误动，导致运行中的 110kV1#主变"压力释放"信号动作跳闸，造成所带的 35kV 1M 短时失电 137ms，此次快切动作启动方式为保护启动，实现方式为快速切换，期间电压最低为 78%U_e，由于快切动作成功以及下游装置终端电机、变频器抗电压暂降措施到位，除 HDPE、LLDPE 装置后工段挤压机因设备安全问题正常联锁停车外，其他裂解、加氢、低温罐、三循、EOEG、丁二烯、MTBE、芳烃抽提等装置都运行良好。

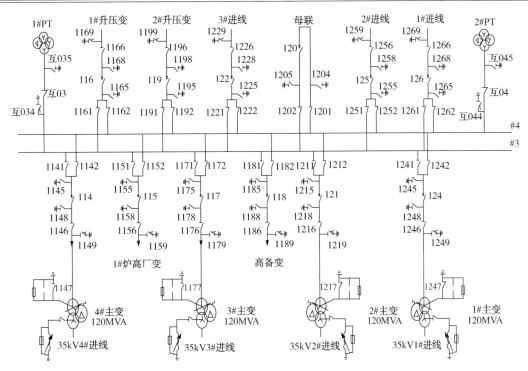

图 6　110kV 变电站一次系统图

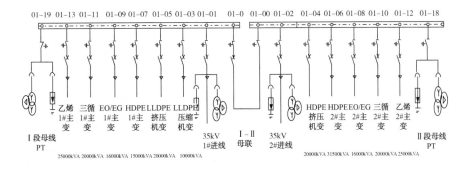

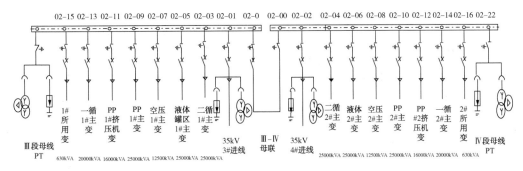

图 7　110kV 变电站 35kV 一次系统图

4　结语

合理地使用快切装置，对炼化企业系统电源故障后尽快恢复尤其重要。本文对传统备自投不足的分析、快切原理的阐述以及结合企业特点对快切装置进行的应用；希望能够为炼化企业提供一定的借鉴和经验，以使炼化企业电力系统能够更好地安全稳定运行。

参 考 文 献

1　许建安 . 电力系统继电保护 . 中国水利水电出版社，2004

无线测温监控技术在低压大电流供电回路中的应用

李 超

（中国石化扬子石化有限公司电仪中心，江苏南京　210048）

摘　要　本文介绍了 GEL-SAW 无线测温监控系统的特点，论述了无线测温及监控系统的构成及其优点和存在问题。通过安装无线测温监控系统解决了大电流回路异常给供电系统带来的困扰，便于早期缺陷的发现和处理，为设备的检修和预防性维护提供了便利，对供电系统的安全运行具有重要的作用。

关键词　GEL-SAW；无源无线测温；大电流回路；集中监控系统

在石化企业的生产过程中，存在着大功率电机的频繁启动的情况，冲击大电流在配电系统中普遍存在。供电系统在长期的运行过程中不可避免地会出现低压母线表面氧化腐蚀、紧固螺丝松动、接触插接件老化等问题，易引起接触电阻过大，造成接触点过流、设备发热的情况。并且温度是电力设备运行的重要状态量，温度异常变化如果无法及时发现或检测，使其在隐患初期得到有效地处理和消除，极易产生电气设备的短路、爆炸、起火，乃至于引发恶性事故，对连续生产的化工装置造成不可挽回的重大经济损失。因此及时有效地发现及预防低压供电系统中大电流回路的温度异常，对电力系统及化工装置实现长周期的安全平稳运行有着重要的意义。

目前供电回路测温方式有：有线测温、无线测温、红外测温、光纤光栅测温等技术。考虑到低压柜内空间狭小、带电部位裸露，无线测温技术有其先天的优势，不仅成本低，而且不存在绝缘的问题，进年来逐步得到了推广应用。2016 年上半年某化工厂 LTAG 装置在 400V 低压系统改造过程中引进了 CEL-SAW 无线测温技术，不仅提高了设备的自动化水平，实现了 24h 不间断的在线监测及自动报警，并且消除了人工测温监测时的触电风险。

1　系统结构及主要设备

1.1　无线测温系统介绍

CEL-SAW 开关柜无线温度在线监测系统为电力系统提供实时、智能、高效的温度监测方案。该系统可以为开关柜中的关键连接部位提供连续不断的温度在线监测，实时记录温度监测点的温度变化趋势，实现温度监测点的实时预警报警功能，有效提高开关柜的运行可靠性。

GEL-SAW 开关柜无源无线测温系统由基于声表面波技术的新型无源无线温度传感器、智能分析器天线、智能分析器、智能管理器、高性能吸波材料、本地显示多功能表、测温系统管理平台组成。其系统框图如图 1 所示。

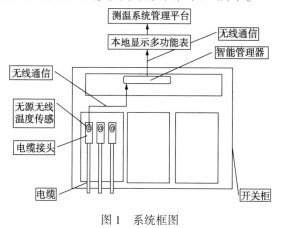

图 1　系统框图

1.2　无线测温系统功能

（1）温度测量：测温系统中利用基于声表面波技术的新型无源无线温度传感器，采用接触式测温模块，无源无线，具有测温数据刷新

作者简介：李超（1986—），男，山东济宁人，2008 年毕业于青岛理工大学电气工程及其自动化专业，副主任，现从事电气管理工作，已发表论文 2 篇。

快的特点。

（2）报警功能：可以在测温系统中设置温度预警值和报警值，温度异常及时预警报警提示，预报警信息可以实时发送至本地显示终端或上传远程监控系统。

（3）历史查询：系统可以保存历史数据，并形成历史数据曲线，可以分析监测点的温度变化趋势，查询预警报警历史记录。

（4）平台管理：可以实现对大量分散无源无线温度在线监测系统的统一管理，快速实时地完成大量数据的收据、优化处理、合理调度、智能决策、安全监控等综合工作。

（5）通讯预警：系统可以与移动客户端通讯，支持温度异常预警报警信息实时发送推送功能；授权客户端也可以查询系统实时数据和历史曲线等数据。

2 系统主要部件

2.1 无源无线温度传感器

（1）无源无线温度传感器采用高可靠性的压电晶体材料，能够长期稳定地监测被测物体温度，具有测温范围宽、精度高、高线性度、反应灵敏、稳定性高等特点，可无源无线实时监测。

（2）无需配置电源，温度传感器可编辑地址，可在集中显示装置中准确唯一配置，非常适合大面积温度监测使用，无电缆敷设，节约了成本，消除了电压隐患。

（3）无线温度数据传输，温度传感器与显示装置可实现无线连接，既方便了系统的安装维护，又减少了对电气运行的安全影响，使系统的安全性、灵活性得到了极大的提高。

（4）技术指标：测温范围-40~125℃；测量精度±1℃；器件耐温-40~150℃；使用寿命>10年。

2.2 智能分析器天线

智能分析器天线体、磁力吸附座和射频电缆，通过射频电缆与智能分析仪无线连接。

2.3 智能分析仪

智能分析仪通过智能分析器天线与安装在同一设备上的一组无源无线温度传感器通讯。信息采用应答式传输，无源无线温度传感器返回带有温度信息的射频信号被接收后，由智能分析器进行信号的放大、下变频、滤波进而转换成数字信号，从而实现温度的检测和信息的上传。

2.4 高性能吸波材料

在使用过程中要避免主母排把射频信号干扰传输到同母排的所有开关柜的情况，需要使用吸波材料。该材料安装在相邻的开关柜母排连接处。当其中一组开关柜测温系统工作时，智能分析器天线所发射的射频信号，对到达相邻开关柜的信号抑制，可以有效地消除信号干扰的问题。

2.5 智能管理器

智能管理器能控制多台智能分析仪，使其按照时序进行工作，并将所有智能分析仪获取的温度数据进行统一的编辑和管理。

2.6 本地显示多功能表

本地显示多功能表能够从智能分析器获取温度测量数据，实现就地显示，可以实现日报表、月报表显示功能。该显示表具有温度显示和预警报警功能，可以设置预警和报警阈值，以实现预警报警时指示灯闪烁和相关数据变色提醒。并且该显示表具有数据存储和依据常用规约进行数据通讯的功能。

2.7 测温系统管理平台

测温系统管理平台可实现大型电力系统中的多点温度群测群控功能，集中管理监测数据，能快速实时完成数据的收存、优化处理、合理调度、智能决策、全面监视等综合管理。同时还可以对预警和报警信息及时发送和推送，指导相关人员及时处理报警信息和异常处理。

3 无线测温系统的应用

某化工厂2016年上半年在LTAG装置改造期间针对400V低压系统大电流回路温度监测问题，引入了CEL-SAW无线测温技术。选择测温监测回路10个，安装无源无线测温模块（见图2）30个，智能管理器（见图3）6台，就地显示器（见图4）1台。该监测技术的采用，实现了LTAG装置400V低压系统大电流回路的温度实时监测（见图5）和预警报警，有利于异常和隐患的早期发现和处理，有效地保证了供电系统的安全和装置的生产平稳。在实际的使用过程中，曾发生过大电流回路的温度异常预警，提醒电气运维人员及时检查处理了接线头松动的隐患，体现出其在温度检测预警和隐患早期发现方面的优势。

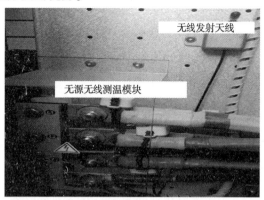

图2　无源无线测温模块

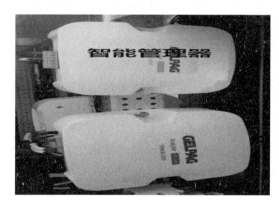

图3　智能管理器

图4　就地显示多功能表

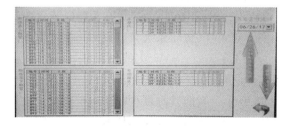

图5　实时监测数据

4　无线测温技术的优点

无源无线测温系统在现场的实际应用证明其具有如下优点：

（1）安装使用便捷。温度传感器采用了无源无线技术，比传统的接线方式更加安全，安装方便、施工便利。无电源要求，只要一次设备带电就可以实现长周期免维护运行；无接线要求，避免了干扰，消除了高压击穿的危险，简化现场配线，提高了系统的安全性能。

（2）实现了温度在线监测功能。具有对大电流回路进出线接线处进行实时不间断的温度采样、数据上传、数据存储和查询温度曲线的功能。并可根据实测数据进行汇总分析，温度异常实现了实时的预警报警，方便了隐患和异常的前期分析和处理。

（3）实现了集中显示。每个测温通道可单独设置预警和报警阈值，为了便于及时了解大电流回路的温度异常情况，可在个变配电所集中安装集中显示装置。该装置具有声光报警、上传数据、巡检和数据查询功能，针对温度异常还可以设置报警状态调整告警级别，快速通知电气运维人员检查异常、处理故障。

（4）实现了与监控系统的通讯。通过光纤和通讯协议，方便与上位机实时监控、查询分析。通过数据的比对和分析能方便电气运维人员及时掌握设备的运行情况和异常趋势，便于早期发现和处理隐患，有效地避免因异常导致电气设备短路、绝缘击穿、设备烧毁等事故的发生，保证了系统的长期稳定运行。

5　使用中存在的问题及建议

（1）在温度检测的时间扫描周期上，现最短只能设置1min（见图6），电气设备的温度异常变化到设备出现问题的时间非常短，过长的扫描周期，对于温度异常变化无法迅速地给予警示，对于监控点多的区域，此问题较为突出。建议设备能够提供更快速的温度检测技术，改进温度异常数据扫描及数据分析算法，针对温度对比变化异常点给以更快的检测和报警。

图6　实时扫描数据记录

（2）无源无线测温模块固定方式存在安全隐患，有金属绑扎和橡胶绑扎两种方式。金属绑扎时，存在触及带电部位或掉落时易引起短路的运行风险。现模块固定方式为用橡胶绑扎带捆扎（见图7）在带电易发热部位。但橡胶绑扎带材质有老化情况存在，并且橡胶的老化速度对温度较为敏感，长期处于发热高温部位，易加速绑扎带的老化，导致绑扎不牢使模块掉落或引起短路的运行风险。建议选择非导电耐高温材料制作固定部件，杜绝短路的运行风险及温度检测模块脱落情况的发生。

图7　橡胶带绑扎方式

（3）系统正常运行时，室温下温度检测系统因未达到温度测量最低值存在数据不记录的情况。只有在系统带电运行时，测量部分温度上升后，测量及记录才正常，此情况的存在不便于对测量部位的温度变化做全面的数据分析。建议优化温度测量范围，全面涵盖设备使用全过程的温度监测。

6　结语

目前，低压大电流回路等配电设备基本都采用定期巡检的方式保证设备的正常运行。对易发生异常或故障的部位采用人工目视化检查或红外线成像的方式检查，现常用检查方法存在局限性，无法做到实时的监测和隐患故障的早期发现和处理。变电所改造时确定引入通过400V低压系统大电流回路温度检测技术，实现了LTAG装置低压系统大电流回路的24h不间断监测，可及时发现关键大电流回路接线处的老化、接头松动、表面氧化、电化腐蚀、过载等不安全运行状态，提高了400V低压系统的安全运行水平。目前，该无源无线测温系统运行稳定，曾早期预警出某大电流回路的温度异常，方便了运维人员及时检查处理，消除了隐患，确保了供电系统的安全平稳运行。无源无线测温技术的应用必将深受企业的欢迎，其在保障石化企业生产装置的安全、平稳、长周期运行中必将发挥更大的作用。

参　考　文　献

1　吕刚. 无线测温技术在变电站电力电缆的应用. 自动化应用，2014，5（5）：103-105

2　邹应全. 基于无线的高压输变电的温度测量系统设计. 现代电子技术，2008，（13）：125-127，131

3　秦国防. 分散性高压电气设备温度巡回监测系统的研制. 重庆大学，2007

4　刘国巍. 低功耗无线温度传感器的设计和实现. 工矿自动化，2007，（4）：72-74

5　姜万东. 一种新型自供电无线测温传感器控制系统. 技术与应用，2007，（6）：77-80

永磁调速器在裂解炉风机中的应用与分析

周 焱

（中国石化扬子石化股份有限公司电仪中心，江苏南京 210048）

摘 要 本文系统地分析了永磁调速器的原理及应用情况，并对变频调速技术在裂解炉风机控制的应用作了论述。对项目实施前后能耗数据作了分析和比较，论证了永磁调速器的原理分析的正确性和巨大的节能潜力。

关键词 永磁调速器；风机；应用

裂解炉风机容量是根据满负荷情况选取的，然而在实际生产运行中大部分时间并非工作于满负荷状态，由于风机自身不能调速，常用挡风板来调节风量的大小，从而控制炉膛负压。因此，不论生产的需求大小，风机都要全速运转。在生产过程中，控制精度受到了限制，在用风量很小的时候，风机仍然要空载运行；同时在启动过程中，电流较大，对设备的冲击很大，轴承磨损大，造成了大量能源浪费和设备损耗，从而导致生产成本增加，设备使用寿命缩短，设备维护、维修费用居高不下。

若能采用永磁调速器，可以提高用风量的控制精度；可以实现电机的软停、软启，避免启动时对电机的冲击，减少电动机故障率，延长使用寿命；同时当用风量减小时，就可以降低风机的转速，从而较大幅度减小电机的输出功率，可以实现节能的目的。

1 永磁调速器原理及应用情况

1.1 永磁调速器工作原理

如图1(a)所示，根据楞次定律，当磁铁棒N极垂直接近导体板时，在导体上会产生1个N极磁场来抵抗磁棒N极接近，该抵抗磁场由逆时针方向的感应电流（涡电流）所产生。同理，如图1(b)所示，当磁铁棒N极平行于导体板移动时，在导体板上会产生抵抗磁铁棒N极前进的方向相反的2个磁场，在磁铁棒N极的前方产生N极磁场、后方产生S极磁场抵抗磁铁棒前进。而且当磁铁棒越靠近导体板时，导体板上抵抗磁铁棒相对运动的力越大。

永磁耦合技术即是由楞次定律引申而来的，

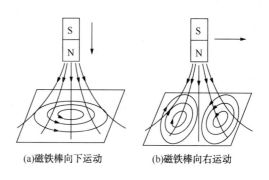

(a)磁铁棒向下运动　(b)磁铁棒向右运动

图1 磁铁棒与导体板发生相对
运动时引起的感应现象

电动机旋转时带动导磁盘（铜盘）在装有强力稀土磁铁的磁盘所产生的强磁场中切割磁力线，在导磁盘（铜盘）中产生涡电流。该涡电流再到磁盘上产生反向磁场，阻止导磁盘（铜盘）与磁盘的相对运动，从而实现了电动机与负载之间的转矩传输，带动负载作旋转运动。当两者越靠近时，磁力线密度越密集，转矩越大。

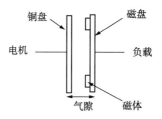

图2 永磁调速器工作原理

作者简介： 周焱（1980—），男，四川合江人，2002年毕业于南京师范大学电气工程及其自动化专业，工学士，高级工程师，现从事化工电气设备的运行及管理工作。

从图2可以看出，永磁调速器是通过气隙传递转矩的传动设备，电动机与负载设备转轴之间无需机械连接，电机与负载之间的转矩传输是通过气隙连接的，通过执行器调节两个转体之间空气间隙的大小，就可以控制转矩的大小，从而获得可调整、可控制的负荷转速，实现负荷转速的调节，间隙越大转速越低、间隙越小转速越高。

1.2 永磁调速器的基本组件结构

永磁调速器一般由三个部分组成：与电动机连接的导磁体、与负载连接的永磁体(这两个转动体之间有一定的空气间隙)和一个执行器，其结构如图3所示。

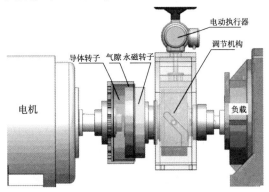

图 3 永磁调速器结构

图3中，镶有永磁体(强力稀土磁铁)的铝盘与负载连接；导磁体盘(铜或铝)与电动机轴连接；气隙调节机构调节气隙大小，即输出转矩的大小，来实现对转速的调节与控制。

1.3 节能原理

在实际工程设计与应用中，为了保证负荷最大时风机系统满足输出要求，通常需要按系统的最大输出能力配备风机系统，而真正实用中，绝大多数情况下并非需要系统在满负荷下使用，而是根据负载的实际需要，通过流量控制元件如风门挡板等实现流量控制，以满足生产过程的需要。最典型的控制流量的方法是使用阀门或风门挡板。

整个风机系统的效率=电机效率×调节流量或转速或压力控制设备的效率×风机或水泵效率×输送管道的效率。

在其他效率恒定的情况下，系统效率取决于调节流量或转速或压力控制设备的效率。由于风门挡板通过调节开度实现输出流量或压力的调节，电机和负载的转速并未发生变化，从相似定律可以看出，输入功率并不会因为风门开度变化而变化。当风门挡板开度<100%或调节器非直通型时，流体经过风门挡板会造成非常大的能量损失，同时在风门挡板两端会产生很大的压差，特别是在风机输出端的压力增高，使得风机的运转点偏离最佳效率点。因此，阀门开度减小时，电机输入功率不会随着减小，很多能量由此浪费掉。

永磁调速器在风机上的应用就是用通过调节气隙实现流量或压力的连续控制，来代替挡风板控制风流量。

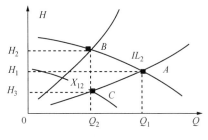

图 4 风机特性曲线

风机的特性曲线如图4所示。在用挡风板控制额定风量 $Q_1 = 100\%$ 输出时，则轴功率 N_1 与面积 AH_1OQ_1 成正比，若风量减半 $Q_2 = 50\%$ 输出时，则轴功率 N_2 与面积 $BH_{20}Q_2$ 成正比，它比 N_1 减少不多，这是因为需要克服挡风板阻力增大风压所致。如果采用调速控制同样风量减半时，转速由 n_1 降至 n_2，按风机参数比例定律画出 n_2 时的特征曲线，C 点为新的工况点，这时轴功率 N_2 与面积 $CH_{30}Q_2$ 成正比，在满足同样风量 Q_2 的情况下，轴功率降低很多，节省的功率损耗与面积 BH_2H_3C 成正比，可见节电效果十分显著。

2 裂解炉风机永磁调速控制改造技术方案

2.1 永磁调速器改造方案

1) 基础改造

为了安装永磁调速器，现将电动机与风机连接轴拆下，重新确定电动机的固定位置(要求电动机向后移动205mm距离)，并将永磁调速器安装在电动机和风机之间。

电机底座向后加长205mm，加长部分采用钢板焊接支架，原风机底座和减震垫不变，执行器安装在侧面用小型支架支撑。

2）控制方案

风机的作用是用来保证燃料充分燃烧并维持炉膛内保持负压。当用风量改变时，通过负压自动调节系统来达到自动控制和节能的效果。负压自动调节系统是通过调剂风机速度来实现的。其中采用风机速度前馈，当风量增加（减少）的同时增加（减少）风机转速，保证炉膛负压满足工艺参数。系统结构如图5所示。

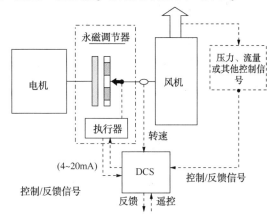

图5　系统结构图

2.2　改造前后效果对比

1）改造前工况

（1）在风机转速不能改变的情况下，只能通过机械挡风板来控制调节负压情况，误差比较大。

（2）风量靠机械挡风板调节，机械挡风板受到高速风的冲击，引起振动，导致整体风机系统振动大，影响轴承寿命；对轴承损伤比较大，造成维修率增加。

（3）在用风量非满负荷情况下，电机仍全速运行，浪费能耗。

2）改造后工况

（1）采用永磁调速器控制后，由于风门全开，同时由于电机与风机无刚性连接，振动减小，基本消除了风机系统的振动问题，提高了轴承的寿命。

（2）风机实现软启动，实现无级变速，速度可无级调节，减少了启动冲击，机械传统更加平稳。对用风量的调节更加精确、稳定。

（3）由于电流减小，节能效果明显。

2.3　工程效能分析

1）工艺分析

（1）节约能源，降低运行成本；

（2）优化工艺过程，提高用气量控制精度；

（3）延长设备，尤其是轴承的使用寿命；

（4）降低风机系统的噪音；

（5）控制电机的启动电流，启动时需要的功率更低，降低电力线路电压波动。

2）经济分析

电机额定功率为 110kW，电机额定电流为 16.16A。

（1）改造前数据：运行电流为 14A。

每年耗电量（全年运行 330 个工作日）：

$$W = 110 \times (14/16.16) \times 24 \times 330 = 754752.5 (kW \cdot h)$$

（2）改造后数据：运行电流为 10.5A。

每年耗电量（全年运行 330 个工作日）：

$$W = 110 \times (10.5/16.16) \times 24 \times 330 = 566064.4 (kW \cdot h)$$

（3）每年节省的电量

$$\Delta W = 754752.5 - 566064.4 = 188688.1 (kW \cdot h)$$

节电率：（14 - 10.5）/14 = 25%

每年节约电费（按 0.5 元/度计）：188688.1 × 0.5 = 94344.05 元

由此可看出，采用变频调速系统后，节电效果非常明显，经济效益显著。

3　永磁调速器的优点

（1）永磁调速器为精密的纯机械设备，采用负载滑差调速技术。因为该设备与电无关，因此对电网电压不敏感，不影响原系统的可靠性，不会产生谐波。

（2）永磁调速器允许在 -50～100℃ 环境下工作，甚至可以在 0～100% 相对湿度环境下工作，一般不需要提供任何环境条件。

（3）该技术采用了气隙传递扭矩的方法，系统的震动、冲击和噪音完全取决于电机与风机或水泵的自身精度，而与安装精度关系很小，在极限情况下，可以降低振动80%，从而极大地减少了机械能耗和磨损，轴对准精度的允差很大，安装和维护十分方便快捷。

（4）由于系统简单、维护技术要求低，因此维护费用较低。

4　结论

永磁调速技术是近年来国际上开发的一项新技术，它具有高效节能、高可靠性、无刚性连接传递转矩、可在恶劣环境下应用、极大减少整体系统振动、减少系统维护和延长系统使用寿命等特点。尤其是不产生高次谐波且低速下不造成电动机发热的特性，使其成为风机及泵类设备节能技术改造的优选之一。

天津固特节能环保科技有限公司
天津固特炉窑工程股份有限公司

新型密闭式节能看火门

产品介绍

在加热炉衬里上做一锥形孔，用楔形隔热屏封堵锥形孔，隔热屏与看火门的金属盖板连接，金属盖板与加热炉器壁连接成整体，隔热屏厚度为150mm，与锥形孔间隙小于2mm，很好地解决了看火门漏风和散热问题。

产品结构

产品优点　安全·节能·简便

- 🔥 防止空气从看火门处漏入，减少排烟中的氧含量，提高加热炉的热效率。
- 🔥 降低看火门的表面温度，减小加热炉的热损失。
- 🔥 减小SO_2向SO_3转化，降低加热炉炉壁的露点腐蚀。
- 🔥 防止局部高温引起看火门及炉壁钢板变形。
- 🔥 降低看火门因高温引起烫伤的风险。

使用效果

新型密闭看火门表面温度比老式看火门表面温度降低60~200℃。

节能看火门红外热像图　　　　一般看火门红外热像图

产品用户

中国石化天津石化、中国石化海南炼化、中国石化燕山石化、中国石化茂名石化、中国石化扬子石化、中国石油大港石化、中海油惠州石化、中沙（天津）石化、恒力（大连）石化、山东京博石化、寿光联盟石化

地址：天津市滨海新区育才路326号
网址：www.tjgtcl.com
电话：022-63310566
E-mail：tjgtcl@126.com

南京扬子动力工程有限责任公司
Nanjing Yangzi Power Engineering Co., Ltd.

DCS系统改造安装

南京扬子动力工程有限责任公司是按照国家和中国石化相关政策改制分流后成立的企业，位于国家级新区南京江北新区内，毗邻京沪、京洛高速公路，紧邻长江，交通方便，周边施工资源丰富。

公司经营范围主要包括：工厂风及电厂设备管理等公用工程服务；机械、电气、仪表设备安装与修理（含电站锅炉机组、汽轮发电机组、燃气轮机组、透平压缩机组和特种设备）；变配电站工程；电子工程；环保工程；防腐保温工程；化工石油设备管道安装工程；设备加工、制造、检测与维护；酸洗、清洗；建筑安装工程施工；工程监理；工程技术开发与转让；咨询服务；粉煤灰、炉渣、烟气脱硫产物处理、加工、开发与销售；提供劳务服务；设备租赁服务；工业设备清洗；机械清洗设备维修及技术咨询；工业封堵技术服务；石油管道技术服务 。

公司拥有一支具有中、高级职称和经国家注册执业的机电、建筑工程等专业的建造师、安全工程师、质量工程师、质量检验员的技术和管理人员队伍以及技术精湛的工人队伍。

公司成立十余年来，建立实施QHSE管理体系，不断新增、升级检修安装资质，为实现长远发展的战略目标而提高企业的综合能力。目前具备的主要资质有：机电工程施工总承包二级、电力工程施工总承包三级、电子与智能化工程专业承包二级、防水防腐保温工程专业承包二级、石油化工工程施工总承包三级、环保工程专业承包三级、特种设备安装改造维修许可（锅炉1级、压力容器1级，压力管道GC1和GD1级）、国家电监会颁发的承修类《承装（修、试）电力设施许可证》四级资质、防爆电气设备安装、修理资格证书、天然气施工资质、中国石化工程建设市场资源库成员证书施工A级以及30项石油化工检维修资质。

脱硫装置安装维护

公司始终坚持"团结、自信、开拓、创新、和谐、提高"的企业精神，培育以人为本的企业价值观，强化以共赢为目的的企业发展观，建立诚实守信的市场经营观，以顾客至上为服务理念，以创一流的服务、一流的质量、一流的效益为目标，持续满足顾客、员工、相关方的需求，创造和谐、健康、安全的环境。

化工装置运行维护

发电厂汽轮机检修

发电厂电气系统的维护

发电厂锅炉检修

地址：江苏省南京市化学工业园区湛水路1009号 邮编：210048
电话：025-57771029 传真：025-57789890
邮箱：yzdl@npec.cc 网址：www.njyzdl.com

GB/T 50430—2007
GB/T 24001—2016
GB/T 28001—2011
Q/SHS 0001.1—2001
QHSE管理体系

上海高桥捷派克石化工程建设有限公司是一家集石化装置运行维护、检维修、工程项目承包及管理和设备制造于一体的特大型专业公司。公司汇集了机械、仪表、电气、工程和设备制造各类以"上海工匠""浦东工匠"等为代表的高素质、高技能人才。公司具有丰富的检维修和项目管理经验，以先进的技术装备和雄厚的技术实力、出色的质量管理和优质服务，长期承担着各类大中型炼油、化工和热电等生产装置设施的建设、日常维护保养和特种设备的专业保养工作，在石化工程检维修行业中赢得了良好声誉。

石油化工工程总承包壹级资质证书　安全生产许可证书　上海设备管理50强　上海著名商标

捷派克凭借对石化用户群体和市场的长期深刻了解，确定了以装置运行维护为基础，形成装置检维修、工程项目总（分）包、项目管理、设备制造、产品研发等众多业务为一体的综合型格局。捷派克以用户的需求为第一动力，运用其长期服务于石化行业的丰富的实践经验、出色的技术和质量、完善的应急响应体系以及强大的专家资源网络，为用户群体既带来了长期稳定的高附加值的服务，又长期致力于与用户建立稳定互利的合作关系，并为用户提供及时、高质量、高附加值的服务。

近年来，捷派克坚持"以发展促管理，以管理助发展"，在以高桥石化为核心用户的基础上，"走出去"拓展了中国石油、中国海油以及一系列外资和民营企业的运行维护和检维修市场。为了给各类用户以最可放心的优质服务，同步大力提升了资质品牌，建立了高科技产品研发基地、学生兵速成实训基地，逐步形成了辐射型覆盖整个长三角地区的业务网络。

SGPEC石油化工工程检维修介绍

各类装置检修

1. 大型机组检修
2. 进口泵检修
3. 电机维护修理
4. 电试检测
5. 主变压器检修
6. 各类仪表维护
7. 仪表组态分析

公司主要产品

1. 密闭型采样器
2. 原油在线自动取样器
3. 蓄电池在线监测系统
4. 高压直流不间断电源系统
5. 静态转换开关

密闭型采样器

高压直流不间断电源系统

上海高桥捷派克石化工程建设有限公司

地址：上海市浦东新区大同路1250号 邮编：200137 电话：021-51786139 联系人：范伟林 13641710390 E-mail：fanweilin@sinogpc.com

广州石化建筑安装工程有限公司

广州石化建筑安装工程有限公司（以下简称建安公司）位于广州市黄埔区，毗邻广深公路、广园东路和黄埔码头，地理位置优越，水陆交通便利；其前身是原广州石油化工总厂建筑安装工程公司，成立于1978年，该公司现有资产5000多万元，拥有焊接、起重、运输机械、转子动平衡、阀门试压、机械加工以及大型机具、设备运行状态监测仪等先进设备和系统近2000台/套。公司现有职工近2000人，工种齐全，各类专业技术人员近250人，高级工程师15人，一级建造师12人、二级建造师6人，注册安全工程师7人以及经济师、会计师等中级职称的有177人，高级技师33人，技师49人。

公司主要业务范围：石油化工设备、装置维修保运；石化设备（包括压力容器及相关设备）的设计、制造、安装、修理、改造、检验；压力容器、钢结构和热交换器的制造；压力管道安装；锅炉改造维修；电气安装维修；化工石油装置安装；土建工程施工；机械加工产品；动平衡试验；设备运行状态监测；金属无损检测、化学成分分析和机械性能试验；容器现场热处理；起重机械安装、修理和检验；大型储罐现场组装；阀门试压、修理、安全阀定压和修理；容器和管道的橡胶衬里和硫化处理；设备防腐和大型物件的吊装；空调维修等。

公司长期负责中国石油化工股份有限公司广州分公司、华德石化股份公司、珠海BP、中海壳牌等单位的动、静设备、电气设备保运、检维修工作。经过不断实践和总结，已形成了一套有效的保镖保运生产管理制度，成为装置设备安稳长运行的坚实后盾。多年来，公司始终秉承"凭技术开拓市场、凭管理增创效益、凭服务树立形象"的理念，不断建立完善各项管理制度，先后取得了化工石油工程施工二级资质证书、ISO 9001质量管理体系认证证书、检维修资质、压力管道安装、压力容器设计制造、起重机械安装改造维修、防爆电气设备安装修理资格证书以及国家实验室认可证书、无损检测机构核准证、锅炉压力容器管道及特种设备检验许可证、防腐蚀施工资质证等二十多个资质证书。通过各种体系的有效运行和持续改进，为顾客提供了符合法规标准、安全可靠的产品（工程）和优质服务。在所有承担的装置和管道安装工程中，产品合格率均为100%，优良率达70%以上，开车投用均一次成功，未发生过重大的质量事故，获得用户好评。多项工程获得中国石化集团公司、中国施工企业管理协会、中国工程建设焊接协会、中国安装管理协会等单位授予的国家优质工程银质奖、优质工程奖、优秀焊接工程奖。

地址：广州市黄埔区石化路550号　　电话：020-62122212 62122226　　传真：020-82398042

南京金炼科技有限公司
Nanjing jinlian Technology Co.,Ltd.

诚信为本、优质服务、技术创新、追求卓越!

南京金炼科技有限公司成立于2005年3月,系由"中国石化股份公司金陵分公司研究院"改制分流而成。现有加热炉节能专业、腐蚀与防护专业、纤维膜高效传质反应脱硫技术、低碳烃综合利用专业等。

金炼科技自成立以来,已形成健全的组织机构。公司已获防腐保温工程施工资质及安全生产许可证,建立了ISO 9001国际质量标准认证体系,加大了对公司自主知识产权项目的投入规划以及保护力度,申请注册了商标,"加热炉优化控制"专利也得到了国家专利部门的授权,2008年获得南京市民营科技企业称号,建立了包含公司日常管理、财务管理、销售管理及建设成本管理的信息化管理系统,并逐步导入CIS系统。

优质服务、良好信誉是金炼的经营理念,公司坚持以市场为导向,以客户需要为天职,推崇绿色科技为石化企业保驾护航的理念,以技术和服务赢得市场信赖。

目前,金炼科技正以科学发展为核心,努力加大公司的各项软、硬件设施建设,加强技术创新,全面提升公司实力,为社会发展作贡献。

主要项目:

一、加热炉节能(测试评价/复合衬里施工/燃烧器/优化控制系统)

二、炼油工艺与设备防腐(定点测厚/在线监测/腐蚀调查/牺牲阳极保护/中和剂/缓蚀剂/阻垢剂等)

三、纤维膜传质反应脱硫技术(液化气/汽油/C4原料精制等)

四、低碳烃综合利用(丙烷脱氢制丙烯/异丁烷脱氢制异丁烯)

山东华星石化液化气精制

中国石化加热炉测评中心　　　　山东昌邑汽油精制

上海赛科石化加热炉改造

南京金炼科技有限公司

地址:江苏省南京市玄武大道699-8号徐庄软件园研发一区7幢3层(210042)
电话:13905150363　13951707923　13505159385

烟台龙港泵业股份有限公司
YANTAI LONGGANG PUMP INDUSTRY CO.,LTD.

烟龙

烟台龙港泵业股份有限公司(股票简称：龙港股份；股票代码：870615)位于烟台高新技术产业开发区，注册资金6000万元，是一家专注于耐腐蚀泵及配件的研发、生产和销售于一体的现代化高新技术企业，主要生产30大系列、400多种规格的耐腐蚀泵、机械密封和化工配件等产品，广泛应用于石油、石化、化工、制碱、制盐、制酸、化纤、化肥、医药、冶金、电力、印染、造纸、环保、水处理、天然气等行业。产品畅销全国二十多个省市，并出口到亚洲、非洲、欧美等多个国家。

公司拥有专业的设计团队，成熟的铸造、加工、装配车间，先进的实验和检测中心，产品技术和质量处于国内同业领先水平。公司注重研发，与江苏大学等科研机构合作，不断开发出适应市场需求的新产品，并取得二十余项发明和实用新型专利（ZL2015 1 0100661.6、ZL2014 2 0849779X等）。公司先后成为中国石油甲级供应商、中国石化、中海油、中国化工、中盐集团等知名企业合格供应商，得到客户的一致好评。

公司注重产品质量体系管理，通过API Q1认证和ISO 9001:2008质量管理体系认证，不断提升公司的质量管理工作。同时还通过了ISO1400:2004环境管理体系认证、OHSAS18001:2007职业健康安全管理体系认证及节能产品认证等。公司注重品牌建设，坚持"质量提升、争创品牌"的发展战略，以品牌效应提升公司的核心竞争力，公司先后荣获"重合同守信用企业""山东名牌""山东著名商标"等荣誉称号。

地址：烟台高新技术产业开发区经六路12号　　电话：0535-6766052　6766056
邮箱：apec@vip.163.com　网址：www.lg-pump.com　传真：0535-6766055

环保
创新 价值观 开放
分享

岳阳恒盛

欢迎用户来电咨询，欢迎莅临公司参观、考察、技术交流及指导！

经营范围

炉门类配件

燃烧器及其配件

烟/风道挡板

吹灰器（蒸汽/声波）

快开风门
非金属/金属补偿器

空气预热器

加热炉系统：
→热工计算
→选型设计
→控制系统设计
→模块化设计
→制造
→安装

岳阳恒盛石化科技有限公司成立于2016年1月，注册资金5263万元人民币，是一家专业以高效、节能、环保工业燃烧器技术为核心，设计、采购、制造石油化工加热炉的企业。产品广泛应用于冶金、石油、化工、制药、玻璃等众多领域，是中国石化、中国石油、中国海油及各大中型炼化厂家可靠的网络供货商。公司现有员工80余人，其中具备高、中级技术职称人员16名；是拥有多项自主知识产权的国家高新技术企业。生产场地5000多平方米，拥有各类专业制造设备40余台套；拥有国内领先的燃烧器热态实验中心，3台套大型燃烧器热态试验炉系统均含空气预热系统、配气系统、炉管控温系统及在线监测系统。

现有高效、环保、节能超低NO_x/低NO_x燃烧器4个系列共11个品种的产品，技术指标达国内领先：超低NO_x型≤50mg/Nm^3，低NO_x型≤80mg/Nm^3，CO≤40mg/Nm^3。

热态燃烧试验中心

1. 热态实验炉一/二/三
2. 空气预热系统
3. 炉管取热温控系统
4. 配气系统
5. 实验炉控制中心

岳阳恒盛石化科技有限公司
Yueyang Hengsheng Science & Technology Co Ltd

地址：岳阳现代装备制造产业园6栋
电话：0730-8668209　　传真：0730-8665209
网址：www.yyhssh.com　　邮编：414000

岳阳长岭设备研究所有限公司
Yueyang Changling Equipment Research Institute (Co., Ltd.)

岳阳长岭设备研究所有限公司由中国石化长岭炼化公司设备研究所改制而成，是湖南省高新技术企业。

公司经过三十多年的发展，在设备长周期运行保障技术、环保技术、节能技术、工业与民用设备清洗技术方面，先后取得中国石化等省部级科技成果十多项，近年来获得国家发明专利近十项。现已拥有一支技术力量雄厚、装备先进且具有丰富现场经验的专业化团队。

公司面向石油石化、冶金、电力等行业，开展节能环保等多方位的科技开发、产品生产和技术服务工作，获得了用户的充分认可。近年来，公司在保温新材料研发和石化污水处理、"三泥"无害化资源化处理等领域取得了较大突破，发展前景广阔。

微纳米气泡气浮除油装置

公司自主研制的"一体式微纳米气泡气浮除油装置"（专利号：ZL201520669942.9；ZL201620550304.X），主要应用于炼油厂含油污水处理领域，尤其对于高浓度、高乳化的含油污水处理，效果显著，如焦化污水、电脱盐污水、化工污水等。与传统气浮装置相比，具有气泡粒径小、密度大、能耗低、操作简单等特点。目前已在中国石化北海炼化、长岭炼化以及中海油大榭石化等多家炼厂成功投用。

现场设备形貌及污水处理效果如下：

微纳米气泡气浮除油设备形貌

焦化含油污水处理前后对比　　　　电脱盐污水处理前后对比

污水中污染物的去除效果见下表：

污水	色度		油含量/(mg/L)			COD/(mg/L)		
	原水	出水	原水	出水	去处率	原水	出水	去处率
焦化污水	深黄色	无色	15300	77.4	99.5%	51000	1310	97.4%
电脱盐污水	浊黑	无色	2317	19.6	99.2%	6970	430	93.8%
化工污水	黑色	无色	5780	21.3	99.6%	11800	927	92.1%

污油脱水新技术

炼厂炼厂污油成分复杂，通常含有聚合物、胶质、沥青质、石蜡基、油、泥沙、有机污垢、表面活性物质等，常规方法很难将污油乳化体系平衡打破，实现油、水、泥分离。公司成功开发出一种污油破乳脱水新技术，已申请国家发明专利。

该技术具有以下特点：
（1）工艺简单，可直接利用现场设备进行处理；
（2）高效、快速，单次污油处理最大可达10000m³；
（3）能耗低，只需将污油加热至70℃即可。

污油经处理后，其中的油、水、泥可彻底分离：
（1）处理后污油含水率<1%，品质较好，可送炼油装置回炼；
（2）脱出的水油含量<100mg/L，可达到进污水处理厂的要求；
（3）脱出的泥可通过公司专有的油泥减量化资源化技术处理，也可以进炼厂油泥处理单元集中处理。

污油处理前形貌　　　　污油处理后油水泥分离形貌

三泥减量化资源化处理成套技术

石化石化企业每年都会产生大量的"三泥"，包括（池、罐）底泥、含油浮渣和生化污泥。三泥中含有苯系物、酚类等有毒有害物质，处置方式不当极易造成污染，已被列入危废（HW—08，2016）。

公司研发出"撬装式三泥脱水干化处理工艺"（专利号：ZL201620512719.8），实现了炼厂三泥的减量化、资源化及无害化处理：处理后的三泥含水率可达到20%以下，可去焚烧炉掺烧，实现资源化处理。脱出的水油含量可以控制在100mg/L以下，同时还可以回收油泥中的绝大部分油。该工艺实现DCS自控，集脱水、油泥干化、密闭输送、尾气治理为一体，整个处理过程密闭环保，无二次污染。

"三泥"减量化资源化设施

油泥处理前　　　油泥处理后（含水<20%）　　脱出的油　　　脱出的水

地址：湖南·岳阳　电话：0730-8478568　8451977　传真：0730-8478568　E-mail：sbs407.clsh@sinopec.com

诚达科技
CANDOR TECHNOLOGY

更少消耗 更美好未来

通过化学-电化学方法，在不锈钢表面生成致密的纳米新材料膜层。

CTS纳米新材料技术是诚达科技针对工业装置中不锈钢腐蚀问题研发的一种材料表面改性技术。CTS膜层中氧化铬含量高达70%(wt)以上，点蚀指数（PREN）达到45~58，覆盖了材料表面的晶间腐蚀区和应变贫铬区，具有优秀的耐蚀性能和稳定的工艺性能。

通过化学-电化学方法，在不锈钢表面生成致密的纳米新材料膜层。

可延长设备使用寿命2~5个生产周期，降低设备投资成本和更换成本。

中国石化某分公司，800万吨/年常减压装置减压塔，含硫含酸原油，减三线段底部填料，CTS填料明显优于普通填料。

304

CTS-304

中海油某分公司，1200万吨/年常减压装置减压塔，低硫高酸原油，减四线顶部填料，CTS填料使用寿命延长3倍以上。

317L

CTS-317L

CTS技术经过20多年的工业测试和应用，技术安全可靠，性能稳定优良，保障装置安全长稳优运行。

中石化某分公司，250万吨/年常减压装置减压塔，高硫含酸原油，整塔填料更换。改造后由22mmHg下降至12mmHg，减炉出口控制点温度较检修前降低10~14℃，改造后减压蜡油拔出率及分馏效果有所提高，装置吨油能耗降低。

深圳市诚达科技股份有限公司
地址：深圳市南山区高新北六道16号东方信息港2栋303室
联系方式：0755-82915900 网址：www.candortech.com

沈阳金锋公司

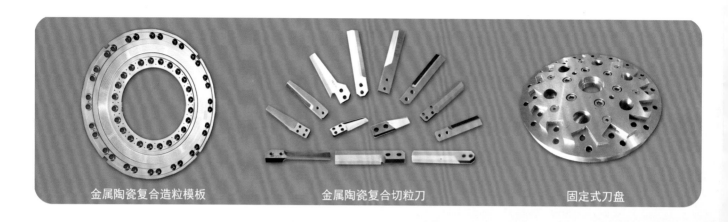

金属陶瓷复合造粒模板　　　　金属陶瓷复合切粒刀　　　　固定式刀盘

沈阳金锋创建于1993年10月，始终致力于大型挤压造粒机组关键易损耗部件的研制、生产与销售，旗下拥有沈阳金锋特种刀具有限公司、沈阳金锋科技控股有限公司和沈阳金锋特种设备有限公司共三家全资子公司，正在向集团化方向发展。沈阳金锋是国内石化造粒设备备品、配件的著名生产制造企业，已同中国石油、中国石化、中国海油、国家能源集团煤化工、台塑集团等国内外众多大、中型化工企业建立了长期稳定的商务合作关系。

　　沈阳金锋主要产品为：金属陶瓷复合切粒刀、造粒模板、切粒刀盘、齿轮泵滑动轴承、模板隔热密封垫片、气动树脂切割锯、离合器摩擦片。并提供造粒模板和切粒刀盘等部件的设计、制造和维修服务，以及导热油加热系统的设计和制造。

　　沈阳金锋秉持敬业、专业、职业、乐业的企业精神，坚守科技创新、诚信务实、客户至上、合作共赢的核心价值观，努力成为全球知名塑料造粒装备部件生产制造企业。

　　沈阳金锋产品在国内多家大型能源化工企业得到推广应用，并出口美国、台塑、捷克、巴西、泰国和西班牙等国际市场。产品技术指标达到或超过国外同类产品先进水平。在科研技术方面，沈阳金锋从创建伊始就同中国科学院金属研究所和俄国科学院强度物理与材料科学研究所建立了深度的合作。产品获得过国家多项专利；多次获得国家、省、市奖励和荣誉。

　　沈阳金锋不仅提供优质产品，而且提供完整的、最佳的技术和服务解决方案；努力成为中国塑料造粒装备部件制造的领导者，用科技创新推动中国制造进步，为客户和社会创造有价值的产品和服务！

地址：辽宁省沈阳市铁西区沈阳经济技术开发区开发南二十六号路29号
邮编：110027
电话：024-25268423　　传真：024-25268423
网址：www.syjfdj.cn　　邮箱：syjfdj@aliyun.com

努力成为中国塑料造粒装备部件制造的领导者